Tobias Kraft

Figuren des Wissens bei Alexander von Humboldt

Mimesis

Romanische Literaturen der Welt

Herausgegeben von
Ottmar Ette

Band 59

Tobias Kraft

Figuren des Wissens bei Alexander von Humboldt

Essai, Tableau und Atlas im amerikanischen Reisewerk

DE GRUYTER

Gedruckt mit Unterstützung der Potsdam Graduate School.

ISBN 978-3-11-035051-7
e-ISBN [PDF] 978-3-11-035120-0
e-ISBN [EPUB] 978-3-11-039403-0
ISSN 0178-7489

Library of Congress Cataloging-in-Publication Data
A CIP catalog record for this book has been applied for at the Library of Congress.

Bibliografische Information der Deutschen Nationalbibliothek
Die Deutsche Nationalbibliothek verzeichnet diese Publikation in der Deutschen Nationalbibliografie; detaillierte bibliografische Daten sind im Internet über http://dnb.dnb.de abrufbar.

Satz: Meta Systems Publishing & Printservices GmbH, Wustermark
Druck und Bindung: CPI books GmbH, Leck
♾ Gedruckt auf säurefreiem Papier
Printed in Germany

www.degruyter.com

Meinen Eltern

An ferne Wanderungen gewöhnt, habe ich ohnedieß vielleicht den Mitreisenden den Weg gebahnter und anmuthiger geschildert, als man ihn finden wird. Das ist die Sitte derer, die gern Andere auf den Gipfel der Berge führen. Sie rühmen die Aussicht, wenn auch ganze Theile der Gegend in Nebel verhüllt bleiben. Sie wissen, daß auch in dieser Verhüllung ein geheimnisvoller Zauber liegt [...].

Humboldt, Alexander von: *Kosmos. Entwurf einer physischen Weltbeschreibung.* Ediert und mit einem Nachwort versehen von Ottmar Ette und Oliver Lubrich. Frankfurt am Main: Eichborn 2004, S. 25.

Meine Neugierde auch über Dinge, die man nicht wissen kann!

Humboldt, Alexander von: Umschlag mit dem Titel «Alte Noten zur Geschichte». Collectaneen. Noten. Aegyptiaca. Staatsbibliothek zu Berlin Preußischer Kulturbesitz. Nachlass Alexander von Humboldt, großer Kasten 8, Nr. XVIII, Nr. 167, Blatt 1 verso.

Inhalt

Vorwort

Es versteht sich, dass die vorliegende Arbeit, die nach ersten Anläufen im Jahr 2008 ihre eigentliche Konzeption erst in den Folgejahren bekam und durch Forschungsreisen nach Kuba, in die USA und nach Mexiko sowie durch zahlreiche Fachtagungen, Doktorandenforen und Kolloquien vielfach angeregt, erprobt und weiterentwickelt werden konnte, nicht ohne die Unterstützung zahlreicher Institutionen, Kollegen und Freunde möglich gewesen wäre. Ihnen möchte ich im Folgenden meinen besonderen Dank aussprechen: Ottmar Ette hat in den vielen Jahren meiner Zeit an seinem Lehrstuhl, zuerst als studentische und wissenschaftliche Hilfskraft, schließlich als wissenschaftlicher Mitarbeiter, weit mehr für meine Entwicklung getan als allein das Interesse und die Begeisterung für Alexander von Humboldt in mir zu wecken. Seine Zuversicht, der Optimismus auf das Gegenwärtige und Zukünftige, die geduldige Unterstützung meiner Forschung, sein Vertrauen und die kontinuierliche Inspiration durch die gemeinsame Arbeit haben mich stets begleitet und angetrieben. Seine Leidenschaft, eine ebenso fröhliche wie ernsthafte Wissenschaft zu betreiben, die den Mut hat, das Leben von der Literatur und die Literatur vom Leben her zu denken, haben mich sehr inspiriert und neue Wege im Feld ausgewiesen. Und schließlich war er es, der mir gezeigt hat, dass zu den Geheimnissen der Wissenschaft das Schreiben gehört; dass im Schreiben eine Quelle der Kraft liegt und der Abschluss eines Buches nicht allein auf den Weg dahinter, sondern auf das Kommende voraus weist.

Das akademische Umfeld der Potsdamer Romanistik war mir bei diesem Weg stets ein Ort der Freundschaft und Unterstützung: besonders danke ich deshalb meinen 'Mentoren' Albrecht Buschmann und Gesine Müller, meinen Kollegen und Freunden Vicente Bernaschina, Katharina Einert, Jens Häseler, Anne Kraume und Markus Messling, sowie den Habilitanden und Doktoranden des Romanistischen Kolloquiums Literaturwissenschaft. Der Kreis um Carsten Dedert, Malte Gephart, Olaf Post und Daniel Schad hat mir auf dieser Reise gezeigt, wie gewinnbringend und anregend der Austausch weit über die Fächergrenzen hinweg sein kann. Die Kontinuität in dieser Runde, sowie das Zustandekommen des 'Realistischen Salons' verdanke ich der langjährigen Freundschaft zu Julian Drews, dessen Neugier ich ebenso bewundere wie sein Gespür für die gemeinsamen Pfade intellektueller Wanderschaft. Im Zusammenspiel mit Michael Andrick wurden dabei einige Gipfel bestiegen; eine Anstrengung, der ich nicht wenig Weitblick und Schärfung des Gedankens schulde. Agnes Bethke hat mit dem gleichen Weitblick und der gebührenden Schärfe die Redaktion dieses Textes begleitet und mir manches Mal den richtigen Weg gewiesen. David Blankenstein, Amrei Buchholz, Dominik Erdmann, Johannes

Görbert, Christian Thomas und Romy Werther danke ich für die Gespräche, Anregungen und freundschaftliche Zusammenarbeit im Club der promovierenden Humboldtianer. Auch Dank der Alexander von Humboldt-Forschungsstelle der Berlin-Brandenburgischen Akademie der Wissenschaften konnte sich dieser Kreis so kontinuierlich treffen. Ihren Mitarbeitern, besonders Eberhard Knobloch, Ulrike Leitner, Ingo Schwarz und Petra Werner, verdankt diese Arbeit zahlreiche Anregungen und Hinweise. Vera M. Kutzinski und Giorleny D. Altamirano danke ich für die freundschaftliche Zusammenarbeit, die Ausdauer und den Enthusiasmus beim Kooperationsprojekt einer 'Humboldt in English'-Edition, sowie für die gemeinsame Forschungsreise nach Florida auf den Spuren der «Early American Borderlands». Während meiner Forschungsaufenthalte in La Habana, Washington D.C. und México, D.F. haben mich zahlreiche Kollegen und Freunde unterstützt, beraten und begleitet: Laura Cházaro García, José Enrique Covarrubias, Lindy von Eichel, Francisco Omar Escamilla González, Jorge Felipe González, Miguel Guzmán-Stein, Maritta Koch-Weser, Josu Landa Goyogana, Yadhira Mata, José Matos, Ana María Medeles Hernández, José Omar Moncada Maya, Valentina Pérez Botero, Tomas Robaina, Eduardo Torres Cuevas und Alex Trefz. Ihnen allen danke ich sehr herzlich. Ein besonderer Dank gilt der Studienstiftung des Deutschen Volkes, dem DAAD, der Potsdam Graduate School, dem TransCoop-Programm der Alexander von Humboldt-Stiftung sowie dem Center for the Americas der Vanderbilt University, ohne deren finanzielle und institutionelle Unterstützung die mit den hier genannten Personen, Reisen und Projekten verbundene Arbeit nicht möglich gewesen wäre.

Kaum angemessen beschreiben lässt sich der Anteil, den meine Familie am Zustandekommen dieser Arbeit hat. Adriana, Leonard und Lothar haben in diesen Jahren meine Wege durch das Humboldt'sche Jahrhundert ebenso ertragen wie inspiriert und gefördert. Ihre Liebe, Geduld und Solidarität ist das Fundament, auf dem alles steht.

Berlin, im Juni 2013

1 Einleitung

1.1 Amerikanische Schlaglichter

A) Nur wenige Monate nach Beginn seiner berühmten, im Hafen von La Coruña begonnenen Reise durch die spanischen Kolonien des amerikanischen Kontinents und der Karibik gelingt dem damals gerade 30-jährigen Forschungsreisenden Alexander von Humboldt ein bedeutender wissenschaftlicher Durchbruch. Im Angesicht der je nach Höhengrad veränderten Natur und Pflanzenwelt wird ihm klar, welche Verbindungen sich zwischen den botanischen, geognostischen sowie barometrischen Studien seiner Ausbildungsjahre in Berlin, Göttingen und Freiberg ziehen lassen: im Angesicht der Landschaft der Tropen eröffnen sich für Humboldt neue Möglichkeiten für ein wissenschaftliches Programm, das er als komplexes Netzwerk aus miteinander zu verbindenden Disziplinen und Perspektiven konzipiert. In immer neuen Expeditionen durch die Täler und in die Hochgebirge der Äquinoktial-Gegenden überzeugt sich Humboldt empirisch von der immer konkreteren Idee einer wissenschaftlich begründbaren, räumlichen Verteilung aller pflanzlichen Organismen. Er legt damit den Grundstein für die Pflanzengeographie; sein *Essai sur la géographie des plantes* sowie das dazu gehörige 'Tableau physique des Andes et pays voisins' gehören zu den Gründungsdokumenten dieser Disziplin.

B) Während seiner fast einjährigen Reise durch Neu-Spanien von April 1803 bis März 1804 erlebt Alexander von Humboldt eine Gesellschaft im Umbruch. In dieser Zeit durchreist er das Vizekönigreich einmal vom pazifischen Acapulco bis zum atlantischen Veracruz. Zwischen dem 16. und 22. Breitengrad vermisst er das Land an zahlreichen Punkten astronomisch, barometrisch und gelegentlich auch trigonometrisch. Für mehrere Monate arbeitet er in der Hauptstadt, recherchiert und engagiert sich in den wissenschaftlichen Zirkeln und Institutionen der mexikanischen[1] Metropole. Die Gesellschaft Neu-Spaniens, die er in seinem 1811 zum ersten und schließlich zwischen 1825 und 1827

1 Die Bezeichnung *Mexiko* oder *mexikanisch* geht zurück auf die Mexica-Kultur (alternativ: Mexi'ca') mit ihren kulturellen Zentren in Tenochtitlan und Tlatelolco. So bezeichnete sich jenes Volk, das in Europa und der Welt seit den Werken des jesuitischen Historikers Francisco Javier Clavijero vor allem als *Azteken* bekannt geworden ist. Vgl. Prem, Hanns J.: *Die Azteken. Geschichte – Kultur – Religion.* 2., durchgesehene Auflage. München: C.H. Beck 1999 (Beck'sche Reihe, 2035), S. 9 f., 18. Humboldt, der Clavijeros 10-bändige *Historia antigua de Mexico* gut kannte, übernimmt diesen Begriff, benutzt ihn aber noch nicht konsequent. So spricht er ebenso in einem älteren Sinne von «les Mexicains», wenn er eigentlich die Azteken meint, wie er das Wort in dem hier gebrauchten Sinne verwendet. Vgl. zu Humboldts Anteil an der Verbreitung der Bezeichnung Azteken auch Fn. 46 in Kapitel 5.

in überarbeiteter Auflage zum zweiten Mal veröffentlichten *Essai politique sur le Royaume de la Nouvelle-Espagne* skizziert, leidet an sozialer und politischer Instabilität. Aus Europa kommen Signale der Schwäche: Das durch den Vertrag von Fontainebleau und die französische Okkupation vor allem mit sich selbst beschäftigte Spanien tut sich schwer, gegen die vielstimmigen Reform- und Emanzipationsbewegungen in seinem wichtigsten und größten Überseegebiet erfolgreich zu bestehen. Humboldt bringt das in eine schwierige Situation: Sein Selbstverständnis ist das eines beobachtenden, rational analysierenden und in der Empirie fundierten Wissenschaftlers, nicht das eines interventionistischen Revolutionärs. Dennoch ist seine Vermessungswissenschaft mehr als das Ergebnis geographischer Feldforschung und kartographischer Repräsentation eines Herrschaftsraums. Es ist die Neuvermessung eines Landes und einer Gesellschaft, für deren Selbstverständnis Formen und Normen des Zusammenlebens[2] auf den Weg in eine eigene Moderne erst noch gefunden werden mussten. Sie findet ihren Niederschlag ebenso in den Texten des *Essai* wie in den Text-Bild-Komposita des *Atlas géographique et physique du royaume de la Nouvelle-Espagne.*

C) Auf der Zuckerinsel Kuba ist die soziale und politische Gemengelage während Humboldts Aufenthalten 1800–1801 sowie 1804 eine gänzlich andere. Hier dominieren die kreolischen Oligarchen der Plantagenwirtschaft. Auf den Monokulturfeldern der Tabak-, Kaffee- und vor allem Zuckerrohrindustrie arbeiten unzählige versklavte Schwarzafrikaner, importiert im 18. Jahrhundert als billige Arbeitsressource. Humboldt muss zusehen, wie man ihr Schicksal auf den Sklavenmärkten verhandelt wie das von Vieh. Die im Vergleich zu britischen und französischen Gewohnheitsrechten angeblich humanere spanische Rechtsprechung mildert diesen Eindruck nicht. Die Insel sitzt auf einem Pulverfass, gerade angesichts der ebenso blutigen wie erfolgreichen Sklavenrebellion auf der Nachbarinsel Saint Domingue. Vor Ort bemüht er sich um einzelne Verbesserungen in den Arbeitsabläufen in der Zuckerproduktion, aber viel erreichen kann er nicht. Die kubanischen Eindrücke lassen Humboldt in den folgenen Jahren nicht mehr los. Während zwei Jahrzehnten sammelt er alle ihm zur Verfügung stehenden Materialien und bündelt sein Wissen über die Insel in einem wissenschaftlichen Text-Experiment, das ebenso wie sein Werk

---

2 Diese Formulierung entlehnt sich der Programmatik des 2012 in der Reihe *linguae & litterae* des Freiburg Institute for Advanced Studies erschienenen und von Ottmar Ette herausgegebenen Bandes *Wissensformen und Wissensnormen des ZusammenLebens* und bezieht sich ganz wesentlich auf die von Ette kultur- wie literaturtheoretisch entwickelte Konvivenz-Forschung. Vgl. Ette, Ottmar: *Konvivenz. Literatur und Leben nach dem Paradies*. Berlin: Kulturverlag Kadmos 2012 (Ableger, 13).

über Neu-Spanien das Politische im generischen Namen trägt: Zuerst als Teil seines Reiseberichts 1825 und schließlich in veränderter Form 1826 erscheint zusammen mit einem zu jener Zeit an Präzision konkurrenzlosen Kartenmaterial in zwei Bänden der *Essai politique sur l'île de Cuba.*

D) Zwischen 1799 und 1804 reist Alexander von Humboldt auch durch die Provinz Venezuela und entlang der amerikanischen Hochgebirge durch die ehemaligen Herrschaftsgebiete der Inca. Später führt ihn sein Weg in das Tal von Anahuac und in die Hauptstadt Neu-Spaniens. Aus heutiger Sicht können wir diese Reise als doppelte Initiation verstehen: Zum ersten Mal kommt Humboldt hier in Berührung mit einer Natur, auf die ein Europäer seiner Zeit sich kaum vorbereiten konnte. Nicht nur die Fülle der Tier- und Pflanzenwelt überwältigte den jungen Forscher. Es stellte sich auch bald die Frage, wie man diese in ihrer schieren Größe und Vielfalt noch kaum verstandene Natur einem europäischen Publikum vermitteln, auf welchem Wege die europäischen Sehgewohnheiten an diese Ansichten der Tropen herangeführt werden könnten. Die Herausbildung eines europäischen Landschaftsbildes der Americas, die visuelle Kodierung einer Vorstellung von amerikanischer Natur findet hier ihren für das 19. Jahrhundert folgenreichsten Auftakt. Doch sind die Kordilleren Südamerikas, ebenso wie die Hochebenen Neu-Spaniens nicht nur der Ort eines einzigartigen Naturerlebnisses, das Humboldt Rückschlüsse auf die Gewohnheiten und Sitten der dort lebenden Zivilisationen und Völker zu ermöglichen scheint. Sie beherbergen auch in Europa zur damaligen Zeit kaum bekannte Kulturmonumente aus einer längst vergessenen und mit der europäischen Eroberung untergegangenen Epoche. Dies gilt besonders für einige spektakuläre Funde der Mexica-Kultur, auf die Humboldt unter den Straßen, in den Archiven Mexiko-Stadts und 1805 in den römischen Bibliotheken des Vatikans stößt und zu deren wissenschaftlichen Erschließung und kulturellen Deutung er in der Folge sein vielleicht radikalstes Werk verfasst: die zwischen 1810 und 1813 zunächst zweibändig als Text und Atlas erschienenen *Vues des Cordillères et monumens des peuples indigènes de l'Amérique.*

1.2 Essai – Tableau – Atlas

Die bisher genannten Schriften machen neben der *Relation historique*, Humboldts in Europa ungeduldig erwartete und breit rezipierte Reisebeschreibung, den wohl bedeutendsten Teil des 29-bändigen[3] amerikanischen Reisewerks *Vo-*

3 Zur Frage der korrekten Gesamtzahl der Bände des amerikanischen Reisewerks vgl. Fiedler, Horst/Leitner, Ulrike: *Alexander von Humboldts Schriften. Bibliographie der selbständig erschie-*

yage aux régions équinoxiales du Nouveau Continent aus. Sie alle sind als Einzelwerke immer wieder behandelt und in zahlreichen Studien untersucht worden. Bisher wurde dabei aber kaum berücksichtigt, dass diese für Humboldts Wissenschaftsverständnis sicher als Schlüsselwerke zu bezeichnenden Texte formal und inhaltlich in einem engen Bezug stehen und zugleich der vielleicht deutlichste Ausdruck sind für Alexander von Humboldts lebenslange Ringen um das ebenso alte wie stets neue Problem des angemessenen Verhältnisses von Inhalt und Form.

Dieses Verhältnis äußert sich im Wechsel von Gattungskonformität und Gattungswandel auf der einen und dem flexiblen Einsatz epistemischer Figuren auf der anderen Seite. Als Beschreibungsinstanzen kommen in Humboldts Werk dafür drei Formbegriffe infrage: der Essai, das Tableau und der Atlas. Sie finden sich in unterschiedlicher Qualität und Quantität in allen vier hier bereits erwähnten Werken der *Voyage aux régions équinoxiales du Nouveau Continent* und erzeugen eine intratextuelle Binnenstruktur, auf die bisher noch kein Augenmerk gerichtet worden ist.

Im Zentrum dieser Binnenstruktur steht der Essai. Von hier gehen die drei Untersuchungsfelder Essai politique, Tableau und Atlas ab. Sie sind die sprachliche und visuelle Antwort auf ein spezifisches Orientierungsbedürfnis der Humboldt'schen Epoche, das sich sowohl in einem Umbruch der Ordnungen des Wissens,[4] als auch in den Folgen der politischen Umbrüche zwischen den europäischen Kolonialherren und den amerikanischen Unabhängigkeitskämpfern äußert.

---

nenen Werke. Berlin: Akademie Verlag 2000 (Beiträge zur Alexander-von-Humboldt-Forschung, 20), S. 68 f.

4 Die Grundannahmen zu dieser These dürfen als bekannt vorausgesetzt werden und beziehen sich vor allem auf die diskursanalytischen, bzw. wissenschaftshistorischen und soziologischen Arbeiten von Michel Foucault, Wolf Lepenies und Rudolf Stichweh: Foucault, Michel: *Archäologie des Wissens* [1973]. 14. Aufl. Frankfurt am Main: Suhrkamp 1981 (suhrkamp taschenbuch wissenschaft, 356); Foucault, Michel: *Die Ordnung der Dinge. Eine Archäologie der Humanwissenschaften* [1971]. 21. Aufl. Frankfurt am Main: Suhrkamp 2009 (suhrkamp taschenbuch wissenschaft, 96); Lepenies, Wolf: *Das Ende der Naturgeschichte. Wandel kultureller Selbstverständlichkeiten in den Wissenschaften des 18. und 19. Jahrhunderts*. Frankfurt am Main: Suhrkamp 1976; Stichweh, Rudolf: *Zur Entstehung des modernen Systems wissenschaftlicher Disziplinen. Physik in Deutschland 1740–1890*. Frankfurt am Main: Suhrkamp 1984. Darüber hinaus hat gerade die Reiseliteraturforschung herausgearbeitet, in welch grundlegender Weise der (wissenschaftliche) Reisebericht das sich herausbildende Bürgertum zu orientieren half. Als entscheidendes Darstellungsmedium 'fremder' Kulturen schärften die Reiseberichte des 18. und 19. Jahrhunderts sowohl das Bewusstsein für die eigenen, gesellschaftlichen Verhältnisse, als auch die Auseinandersetzung mit anderen politischen, sozialen und kulturellen Normen. Studien zum Verhältnis zwischen Reiseliteratur und deutschem Bürgertum beispielsweise ha-

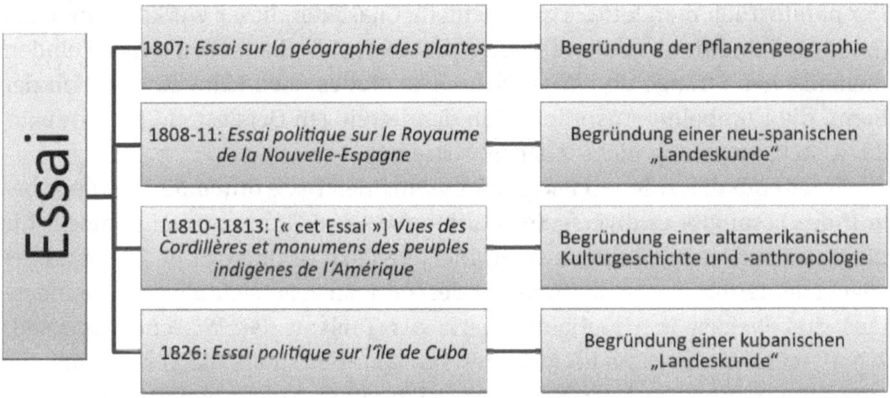

Wenn die Kantsche Frage der Zeit lautete: «Was heißt, sich im Denken zu orientieren?» (1786),[5] dann ist die Antwort Alexander von Humboldts im Berliner und Pariser Kompositionslabor seines amerikanischen Reisewerks zu finden. Für das Bedürnis nach Orientierung und als Antwort auf gleich mehrere, aus der Herausbildung disziplinärer Spezialisierungen und Erweiterungen des allgemeinen Horizontes sich ergebende Krisen des Wissens bietet Humboldt das Innovationspotenzial seines wissenschaftlichen Schaffens. Der Essai, markiert als Gattung der Unschärfe, steht hier für diverse, durch Humboldts Arbeit ausgelöste Entwicklungsschübe, wie folgende Übersicht stichpunktartig darstellen soll (hierauf wird später noch genauer einzugehen sein).

Gerade weil Humboldt davon überzeugt ist, dass die Gegenstände der Natur genauso wie die politischen, ökonomischen, geographischen und sozialen Parameter einer Gesellschaft eng miteinander zusammenhängen, wählt er für die hier aufgelisteten und in ihrem Inhalt so unterschiedlichen Texte die gleiche unsystematische Rahmung durch den formal offenen Begriff des Essai.[6]

---

ben aufgezeigt, wie «die Institutionen der Literaturverhältnisse [...] die materielle Bedingung dafür [werden konnten], daß das ideologische Bedürnis als literarisches Interesse aktualisiert werden konnte». Peitsch, Helmut: *Georg Forsters* Ansichten vom Niederrhein. *Zum Problem des Übergangs vom bürgerlichen Humanismus zum revolutionären Demokratismus.* Frankfurt am Main, Bern, Las Vegas: Peter Lang 1978 (Europäische Hochschulschriften Reihe 1, Deutsche Sprache und Literatur, 230), S. 198.

5 Kant, Immanuel: Was heißt: Sich im Denken orientiren? In: Königlich Preußische Akademie der Wissenschaften (Hg.): *Kant's gesammelte Schriften. Abt. 1: Kant's Werke.* Berlin: Reimer 1912 (Gesamtausgabe Bd. 8: Abhandlungen nach 1781), S. 133–148.

6 Wie die Überblicksgrafik zeigt, sind die *Vues des Cordillères* nicht auf einer paratextuellen sondern textinternen Ebene als Essai markiert. Gleich im ersten Absatz der 'Introduction' zu seinem Text spricht er von seinem Werk als «cet Essai». Humboldt, Alexander von: *Vues des Cordillères et monumens des peuples indigènes de l'Amérique.* Paris: Schoell [1810–]1813, S. I.

Der paratextuell markierte, experimentelle Charakter dieser Werke ist zugleich das Eingeständnis eines Bewältigungsproblems: Für die hier zu entwickelnden thematischen Stränge und Wissensmodelle gibt es noch keine Konvention der Form, die Humboldts Ansprüchen an den jeweiligen Gegenstand gerecht würde. Also kann er sich nicht in sie einschreiben.

Innerhalb dieser laborgleichen Rahmung der Texte durch den Gattungsbegriff des Essai gibt es diverse Strukturierungs- und Ordnungsmaßnahmen, für die insbesondere das Tableau steht. Die gerade zu Beginn des 19. Jahrhunderts gegebene, terminologische Pluralität des Tableau zeigt sich dabei auf mindestens drei Weisen in Humboldts Werk: als Tableau des Wissens, als Landschaftsmalerei, sowie als literarisches Tableau. Besonders die Verbindung aus Landschafts- und Textbegriff führt dabei zu einer ganzen Reihe von Darstellungsformen, die neben pflanzengeographischen auch reiseliterarische, (kultur-)historische und politische Landschaften umfassen können und stets der Idee eines Gesamteindrucks des Wissens folgen. Dies sollen vor allem die Kapitel 3 und 4 ausführlich sowie 7.3 exemplarisch zeigen.

Auch der Atlas spielt für alle vier hier zu untersuchenden Schlüsseltexte eine zentrale Rolle. Als medialer Ort kartographischer und landschaftsmalerischer Darstellungen fungiert er bei Humboldt auch als Experimentierfeld für visuelle Innovationen. Dies gilt für alle hier aufgelisteten Werke. Darüber hinaus verweist Humboldts Bezeichnung der *Vues des Cordillères* als «Atlas pittoresque»[7] auf verschiedene Möglichkeiten des Sehens, welche sich nicht allein aus dem Karten- und Bildmaterial der Atlanten selbst, sondern auch aus dem Wechselverhältnis zwischen Karte/Bild und diesen als Korrelate gegenüber gestellten Texten ergeben. Dies wird besonders am Beispiel des *Essai sur la géographie des plantes* deutlich. Denn erst die Erläuterungen des als *geographical memoir* (s. hierzu Kap. 2.3.4) lesbaren Erläuterungstextes[8] zum berühmten 'Tableau physique des Andes' zeigen, dass Humboldt hier bereits die Möglich-

Die Liste müsste mit Blick auf Humboldts selbständig erschienenen Schriften eigentlich noch ergänzt werden um den *Essai géognostique sur le gisement des roches dans le deux hémisphères* von 1823. Hier gelingt Humboldt die erstmalige systematische Darstellung einer global angelegten geologischen Studie. Da der *Essai géognostique* jedoch von Humboldt nicht zu den Partien des amerikanischen Reisewerks gerechnet wurde, wurde auf ihn in dieser Übersicht verzichtet.

7 Ebda., S. V.

8 Humboldt, Alexander von/Bonpland, Aimé: *Essai sur la Géographie des Plantes accompagné d'un tableau physique des régions équinoxiales. Fondé sur des mesures exécutées, depuis le dixième degré de latitude boréale jusqu'au dixième degré de latitude australe, pendant les années 1799, 1800 1801, 1802 et 1803*. Avec un planche. Paris, Tübingen: Schoell, Cotta 1805, S. 37–145.

keiten kartographischer, diagrammatischer und landschaftsmalerischer Darstellungen im Integrationssystem seines 'Tableau physique' anlegt und zusammenführt. Mit anderen Worten: In seinem pflanzengeographischen *Essai* ist das Kompositionsprinzip des thematischen Atlas in einer synoptischen Karte kondensiert. In der gemeinsamen Lektüre von Karte und Text werden die Möglichkeiten und Herausforderungen kartographischer Projektion und Komposition besprochen und beispielhaft entwickelt. Aus der einen Karte wird so die Möglichkeit vieler Karten in einem Bild.

Die Germanistin Bettina Hey'l hat in ihrer Habilitationsschrift *Das Ganze der Natur und die Differenzierung des Wissens. Alexander von Humboldt als Schriftsteller* auf diese auffälligen paratextuellen Markierungen in Humboldts Reisewerk hingewiesen und sieht in ihnen den für Humboldts Arbeitsweise typischen Erprobungscharakter besonders deutlich angezeigt. Auch sie spricht den «Genres literarischer Naturdarstellung» (so ein Kapiteltitel) eine herausgehobene kompositorische und epistemische Funktion in Humboldts Werk zu:

> Einzelne Teile des Reisewerks [...] üben sich in einer solchen Vorläufigkeit und bewältigen eben darum die Fülle des empirischen Materials besser. Es hängt mit dem Gattungscharakter dieser Texte zusammen, der sich schon im Titel oder in den Überschriften einzelner Abschnitte ankündigt: Ideen, Ansichten, Naturgemälde, Physiognomik im Deutschen oder Vues, Tableaus, Atlas pittoresque oder Essais, wenn man sich an französische Bezeichnungen hält. Diese Titel oder Überschriften benennen gebräuchliche Gattungen oder aber zumindest Darstellungskonventionen, die formal wenig bindend sind. Sie lassen vermuten, dass subjektive Wahrnehmungen zur Darstellung kommen, und die Pluralbildung in einigen dieser Titel verweist auf eine gewisse Vorläufigkeit des Exponierten. Dennoch sind die gemeinten Genres auf Zusammenhänge, Einheitliches, Ganzheitliches, repräsentative Totalitäten angelegt, so wie die 'Landschaften', ein zentrales Konzept in Humboldts Schriften. Die repräsentierte Totalität scheint in diesen Texten von Organisationsprinzipien abzuhängen, die ursprünglich künstlerischen oder poetischen Charakters sind. Setzt man die Autonomie von Kunst und Wissenschaft einmal voraus, dann bedient sich der Schriftsteller Humboldt eines Tricks, indem er künstlerische Modi der Darstellung für eine vermeintlich empirische Ganzheit einstehen lässt. In der historischen Rekonstruktion aber lassen sich Kunst und Wissenschaft unbeschadet ihrer angenommenen Autonomie denken. Die Konventionen und Genres der literarischen Darstellung konstituieren dann nicht nur eine symbolische Welt, sondern ein wissenschaftlich relevantes Wissen.[9]

Damit spricht Hey'l genau die Elemente an, deren relational und dynamisch organisiertes Zusammenwirken im Sinne eines «Mobile des Wissens» die Leitfragen dieser Arbeit orientieren soll. Etwas Entscheidendes berücksichtigt sie

9 Hey'l, Bettina: *Das Ganze der Natur und die Differenzierung des Wissens. Alexander von Humboldt als Schriftsteller.* Berlin, New York: de Gruyter 2007 (Quellen und Forschungen zur Literatur- und Kulturgeschichte, 47), S. 214.

hier und auch im Folgenden jedoch nicht: die Genres, bzw. Formbegriffe literarischer, epistemischer oder visuell kodierter Naturdarstellung stehen nicht voneinander getrennt mal für dieses, mal für jenes Repräsentationsziel, sondern gehören in ihren Funktionen als Darstellungstechniken und -konventionen im Rahmen der Humboldt'schen Werkkonzeption zusammen.

In einem text-, bzw. text-/bildtheoretischen Sinne ergibt sich aus den hier in aller Kürze vorgestellten Formbegriffen ein Feld mit zwei Polen. Auf der einen Seite gibt es einen klaren Gattungsbegriff, angezeigt durch die Gattungsgeschichte und (wenn auch widersprüchliche) -systematik des Essai. Auf der anderen Seite steht das, was hier im Sinne einer vorläufigen Definition als *epistemische Figur*[10] bezeichnet werden soll. Hierfür steht das Tableau. Der Atlas wiederum bewegt sich als Text-Bild-Kompositum in genau dem Zwischenraum, den die beiden Formbegriffe des Essai und Tableau als Pole markieren. Innerhalb dieses Bedeutungs- und Bestimmungsfeldes zwischen Gattung und Wissensfigur erstreckt sich das analytische Feld dieser Arbeit. Dieses Feld ist keineswegs statisch. So lassen sich der Essai und der Atlas als epistemische Figuren verstehen, während verschiedenen Typen des Tableau gewisse gattungskonforme Tendenzen zugeschrieben werden können. Gerade die Schwankungen der architextuellen[11] und – in leichter terminologischer Verschiebung – der *archifiguralen* Bezüge zwischen diesen Formbegriffen in ihrer konkreten Manifestation in Humboldts Reisewerk gilt es besser zu beschreiben. Es soll den Erwartungshorizont heutiger Humboldt-Leser auf eben diese Besonderheit des Humboldt'schen Text-Bild-Korpus ausrichten helfen.

Theoretisch sind die möglichen Bezüge und begrifflichen Trennungen zwischen Text und Bild nicht leicht zu bestimmen. In ihrer autobiographietheoretischen Dissertation *Topik der Referenz* von 2007 fasst die Germanistin und Medienwissenschaftlerin Gabriele Schabacher die fächerübergreifende und diverse *turns* produzierende Diskussionen zum Text-Bild-Verhältnis seit den 1990er Jahren bündig zusammen. In Ablösung der jahrzehntelangen Theoriedebatten

---

10 Der hier verwendete Begriff der epistemischen Figur im Sinne von 'Figuren des Wissens' orientiert sich an dem Forschungsansatz des Zentrums für Literatur- und Kulturforschung so wie ihn Sigrid Weigel 2008 zur Neuausrichtung des ZfL in *Trajekte* formulierte: «Figur [wird] dabei in einem sehr viel weiteren Sinne verstanden denn als sprachliches Phänomen übertragener Bedeutungen. Die *Figur* bezeichnet vielmehr eine – zu untersuchende – Konfiguration der Wissensgeschichte, die in sehr unterschiedlichen Medien zur Darstellung kommen kann: sei es in der Sprache oder im Bild, in der materiellen Kultur der Wissenschaften oder im Diskurs, in technischen Verfahren, in rituellen oder ästhetischen Praktiken.» Weigel, Sigrid: Editorial. In: *Trajekte. Zeitschrift des Zentrums für Literatur- und Kulturforschung* 9 (2008) H. 16, S. 3.
11 Vgl. Genette, Gérard: *Palimpseste. Die Literatur auf zweiter Stufe*. Aus dem Französischen von Wolfram Bayer und Dieter Hornig 1993 (Edition Suhrkamp, Neue Folge, 683), S. 13 ff.

um den ontologischen wie epistemologischen und performativen Status von Text und Schrift gilt seit dieser Zeit die Aufmerksamkeit freilich vor allem dem theoretischen Status von Bild(ern) im Verhältnis zu Text(en). Schabacher unterscheidet vor dem Hintergrund dieser heterogenen Diskussion vier Aspekte in den zeitgenössischen (Text-)Bild-Theorien:

> So wird unter 'Text' einmal Sprache, ein anderes Mal Schrift verstanden oder die Unterscheidung selbst für unerheblich erklärt. Auch für den Terminus 'Bild' sind mindestens vier verschiedene Bedeutungen anzugeben [...]: Im *kunstgeschichtlichen*, d. h. im 'eigentlichen Sinn' bezeichnet der Begriff das 'Gemälde und ähnliches', findet sich also dort, wo unter 'Bild' das 'anschaulich Dargebotene' gefasst wird. *Psychologisch* gilt als 'Bild' eine 'innere Vorstellung im Sinne einer erinnerten oder erdachten Wahrnehmung', diese Variante findet sich im Rahmen von Text-Bild-Debatten bezogen auf die Frage nach dem Imaginären von Bildern oder nach dem Verhältnis von Bild und Blick. *Ontologisch-typologisch* werden unter 'Bild' alle Arten stellvertretender Repräsentation (Abbild, Ebenbild, Präfiguration, Inbegriff) verstanden. Dabei ist die Rede von 'Bild' als Abbild überall dort wirksam, wo die Differenz von Text und Bild gemäß ihrer je verschiedenen Relation zum Repräsentierten gefasst wird: Ähnlichkeit im Fall des Bildes, Konvention im Fall des Textes. Auf *sprachlicher* Ebene schließlich betrifft der Bildbegriff Verfahren (wie etwa die Metapher), die ein Bild enthalten oder erzeugen, weshalb in den Diskussionen auch vom 'sprachlichen Bild' die Rede ist. Nicht nur derartig terminologisch-epistemologische Probleme, die sich hinsichtlich einer Definition von Text und Bild zwischen bzw. innerhalb der verschiedenen Diskussionsbeiträge ergeben, machen nun in der theoretischen Bearbeitung der Text-Bild-Beziehung Schwierigkeiten, vielmehr erweist sich die Annahme einer prinzipiellen medialen Differenz von Text und Bild ihrerseits als problematisch.[12]

Es wird noch zu zeigen sein, dass der Humboldt'sche Einsatz von Bild und Text alle hier genannten Dimensionen von Bildlichkeit und Textualität in jeweils unterschiedlicher Weise und mit jeweils verschiedenen Schwerpunkten miteinbezieht. Für das hier ausgewählte Text-Korpus gilt aber vor allem Schabachers letzte Feststellung. Denn gerade weil Humboldt keine grundsätzliche Trennung des Status und der Funktion von Text und Bild in seinem Werk vorgenommen hat, ist es von so großer Dringlichkeit, die Beziehung zwischen beiden Bereichen insofern sie eben nicht auf einer ontologischen Differenz beharren, genauer zu untersuchen.

Woran aber erkennen wir überhaupt eine Gattung, eine epistemische Figur? Wie Gérard Génette in seinen Überlegungen zu seinem «Literatur auf zweiter Stufe» untertitelten Buch *Palimpseste* ausgeführt hat, besitzt die Literaturtheorie spätestens seit den Arbeiten von Philippe Lejeune zur Autobiographie

12 Schabacher, Gabriele: *Topik der Referenz. Theorie der Autobiographie, die Funktion 'Gattung' und Roland Barthes'* Über mich selbst. Würzburg: Königshausen & Neumann 2007 (Studien zur Kulturpoetik, 7), S. 240 ff.

ein Bewusstsein vom Gattungsvertrag, der bei der Lektüre eines Werkes, das sich einer spezifischen durch Gattungskonventionen etablierten Form zugehörig zeigt, wirksam wird.[13] Mit anderen Worten: Gattungs- und Formbewusstsein ist das Ergebnis von gewissen Wiedererkennungseffekten, durch die ein Werk seine Zugehörigkeit zu einem gewissen Repertoire an bereits bekannten Ausdrucksmöglichkeiten anzeigt. Natürlich lassen sich auch Humboldts Werke im Sinne eines solchen *pacte génerique* begreifen. Zugleich aber überschreitet Humboldt immer wieder den Rahmen etablierter Formkonventionen und nutzt die gegebenen generischen und figuralen Taxonomien als Vorlagen, um sie zu erweitern, kritisch zu hinterfragen oder gleich ganz hinter sich zu lassen.

Wie aber lässt sich das hier angedeutete Desiderat vor dem Hintergrund der jüngeren Humboldt-Forschung noch genauer abgrenzen? Sofern in der Vergangenheit Studien zum Werk Alexander von Humboldts einer literarästhetischen, bzw. literatur- oder kulturhistorischen Fragestellung folgten, standen dabei jene Texte im Mittelpunkt, die im allgemeinen Verständnis am ehesten als 'literarisch' klassifiziert werden können: Sei es, weil sie wie im Fall des wissenschaftlichen Reiseberichts klar einer literarischen Genregeschichte zugeordnet werden können oder weil sie, wie im Falle des *Kosmos* und der *Ansichten der Natur* bewusst auf breitere, auch nicht-wissenschaftliche Leserkreise ausgerichtet waren und damit Humboldts Projekt einer «Demokratisierung des Wissens»[14] erfolgreich den Weg bahnten.[15]

Ein Schwerpunkt der Forschung lag bisher auf narratologisch, epistemologisch und kulturtheoretisch zu untersuchenden Spezifika einer Humboldt'schen *écriture*. Ottmar Ette führte in diesem Kontext den einflussreichen und Susan Faye Cannons wissenschaftshistorisches Modell einer die Entwicklungen des 19. Jahrhunderts prägenden *Humboldtian Science*[16] aufgreifenden Begriff des *Humboldtian Writing*[17] in die Fachdebatte ein. Ein weiteres Hauptinteresse lag auf der Herausarbeitung einer postkolonialen Ästhetik, wie sie zum

---

13 Genette, Gérard: *Palimpseste*, S. 12.

14 Ette, Ottmar: Unterwegs zu einer Weltwissenschaft? Alexander von Humboldts Weltbegriffe und die transarealen Studien. In: *HiN – Internationale Zeitschrift für Humboldt-Studien* VII (2006) H. 13, S. 34–54, S. 42. <http://www.hin-online.de>

15 Vgl. hierzu ausführlicher S. 50 f.

16 Cannon, Susan Faye: *Science in Culture: The Early Victorian Period.* New York: Dawson 1978, S. 73–110.

17 Ette, Ottmar: Eine «Gemütsverfassung moralischer Unruhe» – Humboldtian Writing: Alexander von Humboldt und das Schreiben in der Moderne. In: Ette, Ottmar/Hermanns, Ute u. a. (Hg.): *Alexander von Humboldt. Aufbruch in die Moderne.* Berlin: Akademie Verlag 2001 (Beiträge zur Alexander-von-Humboldt-Forschung 21), S. 33–55

Beispiel in den Arbeiten von Oliver Lubrich fruchtbar gemacht wurde.[18] Für die letzten Jahre kennzeichnend war zudem ein weiterer Ansatz, der die bereits erwähnten, breitenwirksamen deutschen Schriften *Kosmos* und *Ansichten der Natur* unter dem Gesichtspunkt einer «epistemischen Poetik» im Zeichen einer «esoterischen Moderne»[19] oder als «unzeitgemäße» Wissenschaftspopularisierung[20] verstanden wissen wollten. Die Arbeiten von Erdbeer und Daum stehen dabei exemplarisch für eine Traditionslinie der Humboldt-Rezeption, welche die Wissenschaftlichkeit von Humboldts Schriften mit eben den ästhetischen Bezügen und Verfahrensweisen, die sie herausarbeiten, zu widerlegen sucht. Dafür wird aber so gut wie nie das Gesamtwerk herangezogen, sondern vornehmlich jene deutschsprachigen Texte (*Ansichten der Natur*, *Kosmos*), denen eine germanistisch geprägte Humboldt-Forschung zwar aus pragmatischen, aber nicht notwendig sachlich gegebenen Gründen stets eine privilegierte Position eingeräumt hat. Obgleich die genannten Autoren also auf der einen Seite eine dezidierte und hochgradig selektive Werkauswahl treffen, erlauben sie sich auf der anderen Seite ein Urteil über den Charakter des Gesamtwerkes. Man kann aber nicht nach dem textästhetischen Charakter der Humboldt'schen Wissenschaft fragen und dabei das Gros eben jener Texte ausgrenzen, die im Unterschied zu den *Ansichten der Natur* und dem *Kosmos* in der Wissenschaftsgeschichte für die in einem engeren Sinne *wissenschaftliche* Leistung Humboldts stehen und auf denen sein Ruhm als eine der Schlüsselfiguren der europäischen Wissenschaften des 19. Jahrhunderts gründet. Dies sind unzweifelhaft die Schriften der *Voyage aux régions équinoxiales du Nouveau Continent*.

1.3 Komposition und transgenerisches Schreiben

Wie aber lassen sich die soeben skizzierten Kompositionsprinzipien bei Humboldt noch näher bestimmen?

---

18 Lubrich, Oliver: «Egipcios por doquier». Alejandro de Humboldt y su visión 'orientalista' de América. In: *HiN – Internationale Zeitschrift für Humboldt-Studien* III (2002) H. 5, o. S. <http://www.hin-online.de> und Lubrich, Oliver: *Das Schwinden der Differenz. Postkoloniale Poetiken. Alexander von Humboldt, Bram Stoker, Ernst Jünger, Jean Genet*. 2., durchgesehene Auflage. Bielefeld: Aisthesis-Verlag 2009.

19 Erdbeer, Robert Matthias: *Die Signatur des Kosmos. Epistemische Poetik und die Genealogie der Esoterischen Moderne*. Mit 31 Farbtafeln und zahlreichen Abbildungen im Text. Berlin, New York: de Gruyter 2010 (Studien zur deutschen Literatur, 190).

20 Daum, Andreas W.: Die Ironie des Unzeitgemäßen. Anmerkungen zu Alexander von Humboldt. In: *Zeitschrift für Ideengeschichte* 4 (2010) H. 1, S. 5–23

Humboldts Absicht, «alles was wir heute [...] wissen, [...] in Einem Werke darzustellen [...], das zugleich in lebendiger Sprache anregt und das Gemüth ergötzt»,[21] wie er es in dem berühmten Brief an seinen Freund Varnhagen von Ense am 27. Oktober 1834 in Ankündigung der ersten Manuskripte seines *Kosmos* formuliert, zeugt von dem so ambitionierten wie leidenschaftlichen Projekt, die Erkenntnisse der Wissenschaft als lustvolle Begegnung mit dem Naturganzen zu vermitteln und zugleich jenes Interesse am Ganzen der physischen Welt als wesentlichen Teil der menschlichen Kulturgeschichte in seiner ideengeschichtlichen Entwicklung nachzuvollziehen. Der Weg dahin war zweifellos schwierig, geradezu riskant. Humboldts Bitte um Rat und Unterstützung darf daher sehr ernst genommen werden und war weit mehr als ein freundschaftlicher Austausch über die Früchte der eigenen Arbeit. Gerade in Fragen der Textgestalt, Stilistik und Komposition war Varnhagen einer von Humboldts wichtigsten Beratern. Auf Humboldts Drängen, der von ihm gerade in Fragen «der anmuthreichsten Schreibart»[22] so verehrte Freund möge doch einen kritischen Blick auf seine ersten Prolegomena werfen, reagiert Varnhagen sofort. Schon am nächsten Tag kann Humboldt ihm daher antworten, der Freund sei «ganz in den Geist meines Bestrebens eingedrungen».[23]

Angesichts der Aufbruchsstimmung der ersten *Kosmos*-Bögen hätte der Austausch zwischen Humboldt und Varnhagen eigentlich unter dem Zeichen der Freude stehen sollen. Doch auf der Korrespondenz der beiden Freunde lag ein großer Schatten. In demselben leider nicht überlieferten Schreiben hatte Varnhagen seinem Freund auch von der Einsamkeit seiner Humboldt-Lektüre erzählt, konnte er diese doch nicht mit seiner ein Jahr zuvor verstorbenen Frau Rahel teilen. Humboldt antwortet seinem verwitweten Freund: «Auch ich würde mich glücklich geschätzt haben, hätte ich der Unsrigen einige dieser *Reisebilder* vorlegen können».[24] Neben der zarten Botschaft an den trauernden Freund enthält dieser Satz freilich eine weitere Bedeutung, die eine tiefere Di-

---

21 Humboldt, Alexander von/Varnhagen Ense, Karl August Ludwig Philipp von: *Briefe von Alexander von Humboldt an Varnhagen von Ense, aus den Jahren 1827 bis 1858. Nebst Auszügen aus Varnhagen's Tagebüchern, und Briefen von Varnhagen und Andern an Humboldt* [Herausgegeben von Ludmilla Assing]. New York: Friedrich Gerhard 1860, S. 12. Die Quellenangabe des Humboldt-Varnhagen-Briefwechsels bezieht sich hier auf eine deutsche Ausgabe aus dem Erstveröffentlichungsjahr 1860, die bei Friedrich Gerhard in New York gedruckt wurde, somit nicht auf das Leipziger 'Original' des selben Jahres. Die Paginierung beider Ausgabe variiert. Eine Volltextansicht der Leipziger Ausgabe findet sich bei Google Books unter http://books.google.com/books?id=FLcPAAAAQAAJ

22 Ebda., S. 14.

23 Ebda., S. 16.

24 Ebda., Kursiv T. K.

mension des Humboldt'schen Wissenschaftsprojekts eröffnet. Humboldts Werke, handeln sie direkt oder nicht von den Forschungs- und Expeditionsreisen durch Amerika, Europa oder Asien, sind in einem umfassenderen Sinne Reisen durch das Wissen seiner Zeit. Und wie jede Reise operieren sie dabei in einem Wechsel von Station und Transfer, von Teil und Verbund. Die Leitmetapher der Reise verweist dabei auf eine epistemologische Dimension. Die Expedition in wenig erforschte Gebiete entspricht zugleich einer Reise an jene Wissenshorizonte, die sich beim Eintauchen in eine neue Wissenschaft erschließen. Entscheidender aber als die einzelnen Stationen dieser Reise – im übertragenen Sinn also die Fülle neuer Informationen und Beobachtungen – ist bei Humboldt stets der Verbund dieser Stationen, die *dynamische*, nicht statisch-lineare Verkettung ihrer Zusammenhänge. In den 'Einleitenden Betrachtungen' zum *Kosmos* greift Humboldt dieses Bild auf:

> Das Studium jeglicher neuen Wissenschaft, besonders einer solchen, welche die ungemessenen Schöpfungskreise, den ganzen Weltraum umfaßt, gleicht einer Reise in ferne Länder. [...] Die Zeit, in der wir leben, vermindert die Schwierigkeit des Unternehmens. Meine Zuversicht gründet sich auf den glänzenden Zustand der Naturwissenschaften selbst, deren Reichthum nicht mehr die Fülle, sondern die Verkettung des Beobachteten ist. [...] Pflanzen- und Thier-Gebilde, die lange isolirt erschienen, reihen sich durch neu entdeckte Mittelglieder oder durch Uebergangsformen an einander. Eine allgemeine Verkettung, nicht in einfacher linearer Richtung, sondern in netzartig verschlungenem Gewebe, nach höherer Ausbildung oder Verkümmerung gewisser Organe, nach vielseitigem Schwanken in der relativen Uebermacht der Theile, stellt sich allmälig dem forschenden Natursinn dar.[25]

Die Anlage einer so verstandenen Epistemologie, die aus dem erfahrungsgesättigten Leitbild der Forschungsreise das Wissen und die Kraft für eine Transformation des wissenschaftlichen Feldes zieht, zeigt sich bereits im amerikanischen Reisewerk. Im *Kosmos* erlaubt sich Humboldt bereits ein «Schweben über den Dingen, die wir 1841 wissen»,[26] wie es in einem Brief an Varnhagen von Ense im April desselben Jahres heißt. Damit zielt er, wie er seinem Freund in gleicher Sache bereits 1834 schrieb, auf «ernste Einfachheit und Verallgemeinerung (ein Schweben über der Beobachtung, wenn ich so eitel sagen dürfte)».[27] In der *Voyage aux régions équinoxiales du Nouveau Continent* aber stellt sich die Herausforderung anders. Die einzelnen Partien des Reisewerks erfas-

---

25 Humboldt, Alexander von: *Kosmos. Entwurf einer physischen Weltbeschreibung*. Ediert und mit einem Nachwort versehen von Ottmar Ette und Oliver Lubrich. Frankfurt am Main: Eichborn 2004, S. 23.
26 Humboldt, Alexander von/Varnhagen Ense, Karl August Ludwig Philipp von: *Briefe*, S. 56.
27 Ebda., S. 15.

sen ebenso disziplinär tradierte wie erst noch zu entwickelnde 'neue Wissenschaften'. Zugleich war bereits hier klar, dass diese Partien die Stationen *einer* Reise, Teile *eines* epistemischen Zusammenhangs waren. Es galt also sowohl den Bedarf eines sich zunehmend ausdifferenzierenden Feldes wissenschaftlicher Teildisziplinen nach Spezialwissen zu bedienen, als auch einen Werkverbund im Blick zu behalten, der die Elemente dieses Wissens auf eine gemeinsame Idee verpflichtet. In dieser Bewegung zwischen Teil und Verbund, im Kompositionsprinzip der Reise zwischen den zwei Aufmerksamkeitstypen von Station und Transfer artikuliert sich Humboldts wissenschaftshistorische Leistung als Vermittlungsfigur zwischen den empirischen Wissenschaften seiner Zeit und den naturphilosophischen Traditionen seiner Vorgänger.[28] Als Alexander von Humboldt 1811 die ersten Seiten der Einleitung seiner *Relation historique* in Paris verfasst, formuliert er bereits die kompositorischen Grundzüge der *Voyage*; jenes Reisewerks also, das zu diesem Zeitpunkt erst zu einem geringen Teil veröffentlicht war:

> Douze années se sont écoulées depuis que je quittai l'Europe pour parcourir l'intérieur du nouveau continent. [...] Dans des circonstances si favorables, parcourant des régions qui, depuis des siècles, sont restées presque inconnues à la plupart des nations de l'Europe, je pourrois dire à l'Espagne même, nous avons recueilli, M. Bonpland et moi, un nombre considérable de matériaux dont la publication sembloit offrir quelque intérêt pour l'histoire des peuples et la connoissance de la nature. Nos recherches ayant été dirigées vers des objets très-variés, nous n'avons pu en présenter les résultats sous la forme ordinaire d'un journal: nous le avons consignés dans plusieurs ouvrages distincts, rédigés dans le même esprit, et liés entre eux par la nature des phénomènes qui y sont discutés. Ce genre de rédaction, qui fait découvrir plus facilement l'imperfection des travaux partiels, n'est pas avantageux pour l'amour propre du voyageur; mais il es préférable pour tout ce qui a rapport aux sciences physiques et mathématiques, parce que les différentes branches de ces sciences sont rarement cultivées par la même classe de lecteurs.[29]

---

28 Vorgänger, die allerdings auch zu Humboldts Lebzeiten noch «heitere Saturnalien» verfassten, wie Humboldt spitz gegenüber Varnhagen betont und mit einer Mischung aus genüsslichem Spott und ernster Klage ausführt. Ebda., S. 55 f. Besonders Carl Gustav Carus' und Friedrich Schellings geradezu lyrischen Ergüsse zur Natur müssen hierfür als Belege herhalten. Pauschal verurteilen will Humboldt die Naturphilosophie jedoch nicht, gerade Schellings Arbeiten zur Chemie schätzte er sehr. Dem Würzburger Professor schreibt Humboldt in einem Brief aus Paris vom 1. Februar 1805: «Die Naturphilosophie kann den Fortschritten der empirischen Wissenschaften nie schädlich sein. Im Gegenteil, sie führt das Entdeckte auf Prinzipien zurück, wie sie zugleich neue Entdeckungen begründet.» Zitiert nach Humboldt, Alexander von: *Es ist ein Treiben in mir. Entdeckungen und Einsichten*. Herausgegeben von Frank Holl. München: dtv 2009, S. 114. Vgl. hierzu S. 52 f.

29 Humboldt, Alexander von/Bonpland, Aimé: *Voyage aux régions équinoxiales du Nouveau Continent, fait en 1799, 1800, 1801, 1802, 1803 et 1804. Première Partie. Relation historique. Tome premier*. Paris: J. Smith et Gide Fils 1814 [–1817], S. 1 f. Dt. Übers.: «Zwölf Jahre sind nun verflos-

Mit anderen Worten: Das Wissen der Reise verteilt sich auf das Textkorpus zur Reise nicht chronologisch, sondern in Form spezialisierter und unterschiedlichen Vermittlungsstrategien folgender Tranchen. Humboldt suggeriert eine Art Zweiteilung seiner Arbeiten zur amerikanischen Reise in Werke für das Fachpublikum der Einzeldisziplinen (wie Botanik, Zoologie, Astronomie, Geognosie) und Werke für das interessierte Breitenpublikum, deren interne Struktur aber eine komplexe Intratextualität verspricht: Station und Transfer, Teil und Verbund. Es ist ein Werk, das sich dem spezialisierten (und für Spezialisten aufbereiteten) Wissen zugleich verpflichtet, wie es über die engen Grenzen eben dieser Wissensordnungen hinausgeht. Aus dieser Spannung zwischen Spezialisierung und Generalisierung zieht das Humboldt'sche Œuvre seinen eigentümlichen Charakter und erschwert zugleich den Versuch einer textästhetischen wie generisch-diskursiven Bestimmung.

Dabei geht es mit Blick auf die ästhetische Dimension des Humboldt'schen Œuvres nicht um eine an impliziten Kategorien von Faktizität und Fiktionalität orientierten Lektüre, in der sich 'Tatsachen' und 'Imagination' als letztlich unvereinbare Kategorien gegenüberstehen,[30] sondern um eine Ästhetik im Sinne

sen, seit ich Europa verließ, um das Innere des neuen Kontinents zu durchreisen. [...] Während wir auf diese Art unter den günstigsten Umständen Länder durchreisten, die seit Jahrhunderten den meisten Völkern Europas, ja ich möchte sagen, selbst Spanien unbekannt geblieben waren, brachten wir, Herr Bonpland und ich, eine Menge Materialien zusammen, deren Bekanntmachung für Natur- und Völkerkunde nicht unwichtig schien. Da aber die Gegenstände unserer Forschungen überaus vielfältig gewesen waren, konnten wir die Resultate derselben nicht in der gewöhnlichen Form eines Tagebuches mitteilen. Wir taten es daher in mehreren einzelnen Werken, die aber in *einem* Geiste bearbeitet und durch die Natur der darin abgehandelten Phänomene miteinander verbunden sind. Diese Redaktionsart, bei der die Unvollkommenheit der einzelnen Arbeiten eher sichtbar wird, ist für die Eigenliebe des Reisenden gewiß nicht von Vorteil; allein, sie ist bei allen physischen und mathematischen Gegenständen vorzuziehen, weil selten dieselbe Klasse von Lesern die verschiedenen Zweige dieser Wissenschaften zu betreiben pflegt.» Humboldt, Alexander von: *Reise in die Äquinoktial-Gegenden des Neuen Kontinents. Band 1.* Herausgegeben von Ottmar Ette. Mit Anmerkungen zum Text, einem Nachwort und zahlreichen zeitgenössischen Abbildungen sowie einem farbigen Bildteil. Frankfurt am Main, Leipzig: Insel 1991, S. 11f. Im Folgenden wird, wo möglich und vorhanden, bei französischen Originalzitaten aus Humboldt Werk die deutsche Übersetzung ergänzend hinzugefügt. Der Mehrsprachigkeit von Humboldts Reisewerk soll damit – zumindest in ihren Dominanten Französisch und Deutsch – Rechnung getragen werden. Sehr kurze Humboldt-Zitate werden aus Gründen der Textökonomie zumeist im Französischen belassen. Auf Übersetzungen anderer Texte, sei es aus dem Spanischen, Englischen, Französischen oder Italienischen, wurde in der Regel verzichtet.

30 Werner, Petra: Himmelsblau. Bemerkungen zum Thema «Farben» in Humboldts Alterswerk *Kosmos. Entwurf einer physischen Weltbeschreibung.* In: *HiN – Internationale Zeitschrift für Humboldt-Studien* 7 (2006) H. 12, S. 83–96, S. 86. <http://www.hin-online.de>

eines literarischen und intermedialen Verfahrens, um die an generischen Formprinzipien orientierten Transferprozesse zwischen Textualität und Visualität des amerikanischen Reisewerks. Wenn damit also ein Aspekt in Humboldts Werk betont und ausgearbeitet werden soll, der sich als Praxis dem Feld der textuellen und visuellen Ästhetik zuordnen lässt, so heißt dies nicht, dass damit die Einsicht revidiert werden soll, dass just zur Lebenszeit von Humboldt und auch in der Entwicklung seiner eigenen Auffassung von zeitgemäßem wissenschaftlichen Tun ein Wandel statt gefunden hatte, der die noch im 18. Jahrhundert üblichen Verbindung von Kunst und Wissenschaft durch eine striktere Trennung beider Bereiche ablöste.[31] Was hier als Ästhetik verstanden wird, ist also nicht der Einbildungskraft zuzuordnen, sondern einer ästhetischen Theorie und Praxis, die ihre in dieser Untersuchung privilegierten Gegenstände – geographischer sowie politischer Raum, Staats- und Gemeinschaftswesen sowie kulturelles Erbe der amerikanischen Hochkulturen – komplex miteinander verbindet und in eine Wissensordnung überführt, deren epistemische Qualitäten weiterhin zu entdecken sind.

Folgen wir Humboldt, dann ist diese Werkkonzeption zwischen Spezialisierung und Überblick verfasst «in *einem* Geiste». Die Herausforderung besteht nun darin, diesen offenen, dynamischen Raum der Wissensproduktion und -vermittlung in seiner Vielverbundenheit genauer auszuloten. Von Humboldts Lesern verlangt dieses Kompositionsprinzip die Flexibilität ab, sich auf die Offenheit und Skalierbarkeit dieser wissenschaftlichen Perspektive einzulassen. Es ist eine (zeitintensive) Schule für ein Denken in Komplexität:

> Humboldt nahm [...] mehr und mehr Abstand von der einseitigen Beschäftigung mit Einzelheiten der physikalischen, anatomischen oder botanischen Wissenschaften, von dem endlosen Anhäufen roher Materialien ebenso wie von dem enzyklopädischen Sammeln. [...] An die Stelle des enzyklopädischen Gedankens setzte Humboldt [...] den Anspruch der

31 Dieser für die Entwicklung der europäischen Wissenschaft fundamentale und gerade auch in Humboldts Werk sichtbare und durchaus konfliktive Paradigmenwechsel ist in der Humboldt-Forschung vielfach herausgearbeitet worden, z. B. bei Werner, Petra: *Himmel und Erde. Alexander von Humboldt und sein Kosmos.* Berlin: Akademie Verlag 2004 (Beiträge zur Alexander-von-Humboldt-Forschung, 24). Das überträgt sich bekannterweise auch auf die Künste. Die Frage von Realbezug und künstlerischer Idealität im Kunstwerk ist gerade im Ausklang der Romantik zur Mitte des 19. Jahrhunderts ein wichtiges Thema der ästhetischen Reflexion. Vgl. Holz, Hans Heinz: Realität. In: Barck, Karlheinz/Fontius, Martin u. a. (Hg.): *Ästhetische Grundbegriffe (ÄGB). Band 5: Postmoderne – Synästhesie.* Studienausgabe. Stuttgart, Weimar: J. B. Metzler 2010, S. 197–227, S. 217 ff. Vgl. hierzu beispielsweise zur Musikästhetik Martin Deutingers (1815–1864), Theologielehrer, Philosoph und ein Zeitgenosse Humboldts, die aufschlussreiche Studie Kraft, Lothar: *Martin Deutinger. Das Wesen der musikalischen Kunst.* Inaugural-Dissertation. Bonn 1963.

> Totalität, einer Gesamtkonstruktion des Wahrgenommenen, die als Leitidee und geheimer Deutungshorizont seine Schriften durchzieht und eine veränderte Form der Gelehrsamkeit erzwang.[32]

In Ableitung von Humboldts berühmtem Ausspruch zur Konzeption des *Kosmos*[33] ließe sich daher für die 29 Bände umfassende *Voyage aux régions équinoxiales du Nouveau Continent* von dem Vorhaben sprechen, die ganze *Neue* Welt in einem Werk darstellen zu wollen. In seiner Zeit wohl nur vergleichbar mit der *Description de l'Egypte* (1809–1822)[34] ist das Mammutprojekt *Voyage* Humboldts zum einen der Versuch, das persönliche Resümee und den wissenschaftlichen Ertrag seiner amerikanischen Reise- und Forschungserfahrung über einen 30-jährigen Publikationszeitraum immer ausdifferenzierter und vielschichtiger auszuarbeiten (das sind die Stationen). Zum anderen galt es ein

---

32 Müller, Irmgard: Alexander von Humboldt – ein Teil, Ganzes oder Außenseiter der Gelehrtenrepublik. In: Knoche, Michael/Ritter-Santini, Lea (Hg.): *Die europäische Republique des lettres in der Zeit der Weimarer Klassik.* Göttingen: Wallstein 2007, S. 193–209, S. 196.

33 Am 27. Oktober 1834 schreibt Humboldt an Varnhagen von Ense: «Ich habe den tollen Einfall, die ganze materielle Welt, alles, was wir heute von den Erscheinungen der Himmelsräume und des Erdenlebens, von den Nebelsternen bis zur Geographie der Moose auf den Granitfelsen wissen, alles in *einem* Werk darzustellen, und in einem Werk, das zugleich in lebendiger Sprache anregt und das Gemüt ergötzt.» Humboldt, Alexander von/Varnhagen Ense, Karl August Ludwig Philipp von: *Briefe*, S. 12.

34 Die 22-bändige (nach anderer Zählung: 20-bändige) *Description de l'Égypte* ist das wissenschaftliche und kulturhistorische Ergebnis des militärisch letztlich verheerenden Ägypten-Feldzugs unter Napoléon Bonaparte von 1798–1801. Über 150 Wissenschaftler haben an ihr gearbeitet, mehr als 2000 Künstler, Kupferstecher und Buchmacher waren an der Erstellung der Karten, Tafeln und naturhistorischen Zeichnungen beteiligt. Vgl. International School of Information Sciene (ISIS): *Description de l'Egypte.* Digital Collection. <http://descegy.bibalex.org> In ihrem Werkcharakter bündelt die *Description* in einer komplexen intertextuell und intermedial organisierten Sammlung Feldforschung und multidisziplinäre Analyse mit einer visuellen Strategie, die sowohl ethnologisch wie naturhistorisch sowie landschaftsmalerisch und kartographisch ein neues Bild Ägyptens für Europa entwirft. Praktisch zur selben Zeit entstanden wie Humboldts Amerika-Werk revolutioniert sie den europäischen Blick auf die ägyptische Antike und Gegenwart im geostrategisch wichtigen, nordafrikanischen Mittelmeerraum: «As a coherent body of knowledge – as a microarchive – the *Description* depended on the fifty-sheet *Carte topographique de l'Egypte*, published in 1825. These maps provided not only the spatial frame of reference for the reader [...], they also constructed the *Description's* own spatial structure. [...] It was the entire process – the field examination and the office compilation – and it was the whole representation – texts, numbers, graphics, and maps – which together encompassed Egypt, which together defined and appropriated its essence, and which together reproduced it for the understanding and edification of Europeans.» Edney, Matthew H.: Reconsidering Enligthenment Geography and Map Making: Reconnaissance, Mapping, Archive. In: Livingstone, David N./Withers, Charles W. J. (Hg.): *Geography and Enlightenment.* Chicago: The University of Chicago Press 2000, S. 165–198, S. 171.

Textkorpus anzulegen, das in Form einer *mise en abyme*[35] die Erfahrungen, Messungen, Sammlungen und Analysen des reisenden Wissenschaftlers mit der historische wie zeitgenössische Materialien und globale Korrespondenzen berücksichtigenden Vergleichsarbeit des Kompilators am Schreibtisch zu bündeln und dabei stets in jedem Teil die Anlage des Ganzen zu spiegeln versucht (das ist der Transfer). Anders gesagt: Jede der einzelnen Partien des Reisewerks ist eigenständig und zugleich modularer Teil eines anderen Ganzen. Jeder Text beinhaltet eine Entscheidung: für ein Genre, für eine Schreib- und Darstellungstechnik, für ein wissenschaftliches Verfahren.

Jede generische Wahl aber – also die eines Genres wie etwa den politisch-geographischen Bericht, die 'Ansicht', die Reiseerzählung, die Datensammlung, die historiographische Studie –, jede Wahl einer epistemischen Figur wie etwa das Diagramm, die tabellarische Reihe oder das Landschaftsbild, ist in gewissem Sinne eine Mehrheitsentscheidung und erzeugt formtypische Dominanzverhältnisse, ohne diese absolut zu setzen. Stattdessen lässt sich bei Humboldts Texten von einem *transgenerischen* Schreiben sprechen. In konstanter Überschreitung und Querung textspezifischer und generischer Wissenskonfigurationen erlaubt dieses Schreiben erst die Anlage des amerikanischen Reisewerkes und macht es als ein in steter Veränderung und Perspektivenverschiebung erlebbares Ganzes möglich.[36]

Der Begriff des Transgenerischen ist bisher noch kaum bestimmt. Ein Blick in die seit den 1980er Jahren wieder verstärkt geführten gattungshistorischen wie -theoretischen Debatten zeigt kaum Ergebnisse.[37] Überlegungen zu einer transgenerischen Begrifflichkeit finden sich nach Kenntnis des Verfassers bisher nur in den Arbeiten von Vera und Ansgar Nünning. Hier ist der Begriff vor allem erzähltheoretisch motiviert und bettet sich ein in eine jüngere Theorielandschaft rund um den seit Ende der 1990er Jahre formulierten *narrative turn*. Dabei erfasst ein transgenerischer Ansatz «die Grenze zwischen narrativen Genres im engeren Sinne und Erscheinungsformen des Narrativen in anderen, vormals als nicht-narrativ eingestuften Gattungen»,[38] wobei sich diese «pro-

---

35 Ette, Ottmar: Unterwegs zu einer Weltwissenschaft?, S. 43.

36 Robert Matthias Erdbeer spricht in diesem Zusammenhang von «für [Humboldts] Zugangsweise zum modernen szientifischen Diskurs zentralen genre-, fach- und medientransgressiven Strategien», die seine Werke «zum geeigneten Exempel des dynamischen Kulturverfahrens [macht], das sich an den Rändern der exakten Fachdiskurse finden und im Paradigma einer Poetologie des Wissens diskutieren läßt.» Erdbeer, Robert Matthias: *Die Signatur des Kosmos*, S. 48 f.

37 Vgl. Lamping, Dieter: Einführung. In: Lamping, Dieter (Hg.): *Handbuch der literarischen Gattungen*. Stuttgart: Alfred Kröner Verlag 2009, S. XV–XXVI, S. XIX ff.

38 Nünning, Vera/Nünning, Ansgar: Produktive Grenzüberschreitungen: transgenerische, intermediale und interdisziplinäre Ansätze in der Erzähltheorie. In: Nünning, Vera/Nünning,

duktive Grenzüberschreitung»[39] hauptsächlich auf die Übertragung narrativer Kategorien auf die Lyrik oder das Drama beziehen. Der Nünning'sche Begriff ist demnach zwar homonym, aber nicht in allen Belangen synonym zu der hier vorgeschlagenen Terminologie.

Was im Folgenden als transgenerisches Schreiben bezeichnet wird, soll ein Verfahren erfassen, in dem unterschiedliche Darstellungskonventionen – auf einer Makroebene erfasst in den Begriffen Essai, Tableau und Atlas – ebenso aufgerufen wie in ihrem komplexen Verhältnis zueinander überblendet und – im Sinne Nünnings – produktiv entgrenzt werden. Dies zeigt sich am deutlichsten auf der bereits erwähnten, meso- wie mikrotextuellen, *modularen* Struktur des amerikanischen Reisewerks.

Anstatt von einer modularen Struktur ließe sich an dieser Stelle auch vom *Fragment*charakter der Humboldt'schen Schriften sprechen. In diesem Zusammenhang ist Humboldt in der Forschung ein romantisches «Pathos»[40] oder eine «Poetik des Fragments»[41] attestiert worden. Dies geschah unter anderem in Rückgriff auf das von Humboldt belegte Zitat an Varnhagen von Ense, im *Kosmos* sollten die «einzelnen Fragmente [...] so erscheinen, daß die welche mich begraben sehen, in jedem Fragmente etwas Abgeschlossenes haben».[42] Bettina Hey'l weist darauf hin, dass dieses Zitat vervollständigt werden muss durch Humboldts Einschub, dass die einzelnen Fragmente «in Massen von zwölf bis fünfzehn Bogen»[43] erscheinen sollen. Humboldt, so das Argument, habe also nicht werkästhetisch, sondern letztlich rein drucktechnisch argumentiert und von einzelnen Lieferungen gesprochen. Daher scheine es hier plausibler, «von abgeschlossenen Folgen und Bruckstücken im technischen Sinn [...], nicht von einer Poetik des Fragments»[44] zu sprechen. Hey'l argumentiert hier zugunsten eines produktionsbedingten, also unbeabsichtigten, und nicht eines konzeptionsbedingten, also unabschließbaren Fragments.[45] In ihrer eigenen Begründung setzt sie aber trotz ihres Einspruchs beide fragmentari-

---

Ansgar (Hg.): *Erzähltheorie transgenerisch, intermedial, interdisziplinär*. Trier: WVT 2002 (WVT-Handbücher zum literaturwissenschaftlichen Studium 5), S. 1–22, S. 4.

39 Ebda., S. 3.

40 Blumenberg, Hans: *Die Lesbarkeit der Welt*. Frankfurt am Main: Suhrkamp 1981, S. 285.

41 Ette, Ottmar: Die Ordnung der Weltkulturen. Alexander von Humboldts Ansichten der Kultur. In: *HiN – Internationale Zeitschrift für Humboldt-Studien* 5 (2004) H. 9, S. 10–32, S. 18 ff. <http://www.hin-online.de>

42 Humboldt, Alexander von/Varnhagen Ense, Karl August Ludwig Philipp von: *Briefe*, S. 56.

43 Ebda.

44 Hey'l, Bettina: *Das Ganze der Natur und die Differenzierung des Wissens*, S. 212.

45 Vgl. Braun, Michael: Fragment. In: Lamping, Dieter (Hg.): *Handbuch der literarischen Gattungen*. Stuttgart: Alfred Kröner Verlag 2009, S. 281–286, S. 283 f.

schen Formen gleich. Denn wenn Humboldt schreibt, es sollten vom *Kosmos* die «einzelnen Fragmente, in Massen von zwölf bis fünfzehn Bogen» als jeweils eigenständige Teile des Ganzen zu lesen sein, also Abschlüsse des Ganzen in einem seiner Teile bilden, so widerspricht das erstmal nicht der These von Blumenberg und Ette. Im Gegenteil: Zwischen der «abgeschlossenen Folge» des Hey'l'schen Arguments und der These einer «Poetik des Fragments» gibt es nur insofern einen Unterschied, als dass Hey'l aus Humboldts gegenüber Varnhagen formuliertem Anspruch keine konzeptionelle Aussage ableiten will. Damit unterschlägt sie allerdings Humboldts Überzeugung, dass sich ein Erkenntnisfortschritt durch Wissenschaft nur als ein langsamer Prozess herausbildet, in dem man zwar zu in sich abgeschlossenen Teilergebnissen gelangen könnte, die Vorstellung eines abgeschlossenen Werks aber ebenso aussichtslos ist wie sie auch dem Gegenstand unangemessen erscheint. Aussichtlos wird sie durch die begrenzte Lebenszeit des Einzelnen, Humboldt äußert sich hierzu an selber Stelle unmissverständlich: «Daß ein solches Werk [der *Kosmos*, T. K.] nicht vollendet wird von Einem aus dem Kometen-Jahr 1769 ist sonnenklar.» Sein eigenes Alter aber war sicherlich nicht der Hauptgrund für die Entscheidung, seinen *Kosmos* als *Entwurf einer physischen Weltbeschreibung* zu bezeichnen. Jeder der Humboldt'schen Essais ist ein solcher *Versuch*, *Entwurf* oder *Ideen*, wie die deutschen Übersetzungen mangels eines etablierten Genrebegriffs in der Entstehungszeit des Reisewerks anzeigen (s. Kap. 2.1.2). Unangemessen erscheint der Anspruch auf Vollständigkeit aufgrund der Sache selbst. Humboldts konzeptionelle, der prinzipiellen Unabschließbarkeit seiner Arbeit geschuldeten Überzeugung lässt sich nicht nur auf der para-, sondern auch auf der peritextuellen Ebene der Vorworte nachweisen, wenn Humboldt zum Beispiel im *Essai géognostique sur le gisement des roches dans les deux hémisphères* über den prozessualen Charakter seiner Forschung schreibt: «Après avoir discuté l'ensemble des rapports géognostiques, je me suis arrêté à ce qui m'a paru le plus certain ou le plus probable. Partout j'ai annoncé avec franchise ce qui exige un examen plus approfondi.»[46]

Diese Haltung allerdings äußert sich bei Humboldt ebenso als Pragmatik wie als Werkästhetik und insofern durchaus als poetisches Konzept. Dies gilt

46 Humboldt, Alexander von: *Essai géognostique sur le gisement des roches dans les deux hémisphères*. Paris: Levrault 1823, S. V. Dt. Übers.: «Nachdem die Gesammtheit geognostischer Beziehungen von mir war untersucht worden, verweilte ich bei dem, was ich als das am meisten Gewisse erachtet, oder bei dem Wahrscheinlichsten. Ueberall habe ich freimüthig dasjenige bemerkbar gemacht, was einer gründlichern Forschung bedarf.» Humboldt, Alexander von: *Geognostischer Versuch über die Lagerungen der Gebirgsarten in beiden Erdhälften*. Deutsch bearbeitet von Karl Cäsar Ritter von Leonhard. Straßburg: Levrault 1823, S. V.

dann, wenn wir Humboldts Werk als zusammenhängendes Korpus von Fragmenten verstehen wollen, die «Teile einer nie dagewesenen, absichtlich verfehlten Ganzheit»[47] darstellen, als *notwendig* offenes Werk. Das Fragmentarische an diesem Werk ist dann nicht Konsequenz einer nicht erreichten Totalität, sondern einer Einsicht in eine über das eigene Werk – ja sogar über das Menschenmögliche – hinausgehende Totalität der Naturerkenntnis. Zu den so verstandenen Aufgaben und Grenzen im Streben nach Wissen schreibt Humboldt im *Kosmos*:

> Ist demnach die Natur (Inbegriff der Naturdinge und Naturerscheinungen), ihrem *Umfang* und *Inhalte* nach, ein Unendliches, so ist sie auch für die intellectuellen Anlagen der Menschheit ein nicht zu fassendes, und in allgemeiner *ursachlicher* Erkenntniß von dem Zusammenwirken *aller* Kräfte ein unauflösbares Problem. [...] Wenn aber auch das ewige Streben, die Totalität zu umfassen, unbefriedigt bleibt, so lehrt uns dagegen die *Geschichte der Weltanschauung* [...], wie in dem Lauf der Jahrhunderte die Menschheit zu einer *partiellen Einsicht* in die relative Abhängigkeit der Erscheinungen allmälig gelangt ist. Meine Pflicht ist es, das gleichzeitig Erkannte nach dem Maaß und in den Schranken der Gegenwart übersichtlich zu schildern.[48]

Dieser konzeptionelle Fragmentcharakter ist allerdings etwas anderes als der editionsphilologische Befund, dass zahlreiche Einzelprojekte wie die *Relation historique* oder der *Kosmos* nicht den Umfang erreichten, den Humboldt für sie usprünglich vorgesehen hatte, sei es durch Überlastung wie im ersten oder durch den eigenen Tod wie im zweiten Falle. Der fehlende vierte Band der Reise- und das unvollständige fünfte Buch der physischen Weltbeschreibung sind produktionsbedingte Fragmente, also tatsächlich «Bruchstücke im technischen Sinn». Von einem konzeptionsbedingten, poetischen Fragment sollte demnach im Fall in sich abgeschlossener, aber in ihrer Funktionsweise als fragmentarisch aufzufassender Texte gesprochen werden, schließlich von einem produktionsbedingten, unbeabsichtigten Fragment, wenn es sich schlicht um einen Abbruch der Textproduktion handelt. Beides, Einsicht in die epistemisch notwendigen wie Kapitulation vor den pragmatisch unausweichlichen Grenzen des eigenen Vorankommens, gehört zu Humboldts Werkverständnis. Dazu kommt nun aber eine dritte Dimension, welche spezifische textkompositorische Verfahren innerhalb des Gesamtwerkes betrifft, deren Charakter am ehesten als 'modular' zu bezeichnen ist. Von 'Modul' oder einer 'modularen' Verbindung soll im Sinne des Transgenerischen dann gesprochen werden, wenn sich voneinander unterscheidbare formale Textkonventionen (Genre)

---

47 Braun, Michael: Fragment, S. 284.
48 Humboldt, Alexander von: *Kosmos*, S. 39.

oder Darstellungsstrategien (epistemische Figur) in der Komposition ergänzen, zueinander überleiten oder verändern.

Somit wäre das transgenerische Schreiben eine poetologische Technik, welche die Grundannahme der Humboldt'schen Wissenschaftskonzeption – die Einheit in der Vielheit – überhaupt erst möglich macht. Im Sinne eines in der Humboldt-Forschung bereits länger etablierten *work in progress*-Prinzips[49] können wir daher auch davon sprechen, dass das Humboldt'sche Œuvre der Amerika-Reise als ein komplexer und in immer wieder neuen Formationen ausgeprägter Groß-Essai zu lesen ist. Dem Grundprinzip dieser experimentellen Anordnung, die wir auf einer paratextuellen Makroebene mit den Typen Essai (politique), Tableau und Atlas leicht erfassen können, entspricht ein Kompositionsverfahren auf der Mikroebene des Textes, an dem wir eine permanente Verhandlung und Überschreitung der generischen 'Grenzen' von Text und Bild ablesen können. Damit vollzieht sich auf der Text- und Bildebene das, was Humboldt – wie bereits angedeutet – in den 'Einleitenden Betrachtungen' des *Kosmos* in der Vorstellung eines «netzartig verschlungenen Gewebes»[50] zum Grundprinzip alles Natürlichen erklärt. Dieser der Natur abgeschauten relationalen Logik – deren Komplexität das Projekt einer umfassenden Naturerforschung zweifelsohne an die Grenze zum Unbeherrschbaren führt – gilt es daher auf die epistemologischen wie poetologischen Prämissen, mithin also auf die Grundlagen des Humboldt'schen Naturwissens wie Naturschreibens zu übertragen. Die Verschränkung des Partiellen mit dem Allgemeinen, die Überführung des Spezialwissens in den Kompositionsrahmen des relationalen Panoramas überträgt das Prinzip des Lebendigen auf die Ebene des Werkes. Humboldts transgenerische Komposition beruht darauf, dass sie nicht nachträglich in ihre Einzelteile zergliedert jedoch durchaus in ihrer Funktionsweise analysiert werden kann.

Als Movens einer (auch) ästhetisch verstandenen Wissenschaftspraxis sowie als Grundlage ihrer politischen Ausrichtung ist die transgenerische, auf modular organisierten Transfers beruhende Bewegung bei Humboldt immer mehr als eine Form- oder Kompositionsvorgabe. Sie ist als Gestaltungmodus selbst Bedeutungsträger und damit in hohem Maße selbstreflexiv. In der Ausprägung ihrer generischen Dominanten wird dies besonders deutlich. So lässt sich der paratextuelle Hinweis auf das Sehen in den *Vues des Cordillères* als

---

49 Ette, Ottmar: Der Blick auf die Neue Welt. Nachwort. In: Humboldt, Alexander von: *Reise in die Äquinoktial-Gegenden des Neuen Kontinents. Band 2.* Herausgegeben von Ottmar Ette. Mit Anmerkungen zum Text, einem Nachwort und zahlreichen zeitgenössischen Abbildungen sowie einem farbigen Bildteil. Frankfurt am Main, Leipzig: Insel 1991, S. 1563–1597, S. 1580.
50 Humboldt, Alexander von: *Kosmos*, S. 23.

entscheidender Hinweis auf einen Topos wissenschaftlicher Praxen verstehen, der das Werk über die Natur und Kulturmonumente Amerikas an Kriterien des Visuellen und den verschiedenen Möglichkeiten des Sehens ausrichtet. Anders formuliert: Die transgenerische Komposition in ihrer intermedialen Figur des Atlas bildet einen Begriff des lektüregesteuerten Sehens, der in den *Ansichten der Kordilleren*, wie Humboldts Titel in der deutschen Übersetzung heißt, in besonders prägnanter Weise moduliert wird. Der vielfach variierte Verweis auf das Sehen (im Plural) formuliert einen Anspruch des Denkens, das stets auf die Möglichkeit eines Anders-Sehens abzielt und die gerade erst etablierte Perspektivierung eines Gegenstandes infrage stellt und neu kontextualisiert. Ausgestattet mit hochwertigem und zum Teil exklusivem Bildmaterial der amerikanischen Natur und der durch eben diese Natur gerahmten Kulturmonumente präsentieren sich die *Vues des Cordillères* als eine Mischung aus Galerie (respektive Vitrine), Reiseerzählung, kulturhistorischem und anthropologischem Kommentar, kritischem Apparat und erläuterndem Sachtext. Die in einer Doppellogik von Alexander von Humboldt angelegte Textordnung favorisiert eine nicht-lineare Lektüre, die sich ebenso als Teil der Metaerzählung des Reiseberichts verstehen lässt wie sie den Anspruch dieser Metaerzählung zugleich unterläuft und dabei das Ereignishafte, das Unabgeschlossene und Unabschließbare der Reise miterzählt (s. Kap. 5). In der Gegenüberstellung von Text und Bild als sich gegenseitig bedingende Komplementäre ergibt sich zudem eine formale Übereinstimmung mit dem Verhältnis von Text und Karte der 'Analyse(s) raisonné(es)', die dem jeweiligen Essai politique (zu Neu-Spanien, zu Kuba) als kartographische Raumordnungen vorangestellt sind und die in dieser Arbeit ausführlich am Beispiel des *Atlas géographique et physique du royaume de la Nouvelle-Espagne* analysiert werden sollen (s. Kap. 6).

Das Humboldt'sche Tableau (s. Kap. 3 und 4) variiert dieses komplexe, an den Darstellungsmöglichkeiten des Visuellen orientierte Text-Bild-Verhältnis. Mit dem berühmten 'Tableau physique des Andes et pays voisins' (s. Kap. 3.2) etabliert Humboldt eine diagrammatische Darstellungsform, die wir als Zusammenführung verschiedener generischer Experimente und Darstellungsmodelle verstehen können. Die epistemische Figur des Tableau, die wir vorläufig als gestaltete und räumlich organisierte Reduktion komplementärer empirischer Ordnungen bezeichnen können, geht allerdings weit über die geradezu ikonische Darstellung des Chimborazo als pflanzengeographischen Exemplarraum hinaus. Als textgenerische Form findet sich das Tableau ebenso in Humboldts literarischen Naturgemälden, für die beispielhaft die Textanalyse zum 'Erdbeben von Cumaná' stehen soll (Kap. 4.5.5), wie in seinen Vorstudien zum *Essai politique sur le Royaume de la Nouvelle-Espagne*. Die an den neu-spanischen Vizekönig Iturrigaray gerichteten *Tablas geográficas* basieren zwar auf der

Formvorgabe statistischer Tabellen (und repräsentieren damit einen der möglichen Ordnungsprinzipien des staatsökonomischen Tableaus), überschreiten deren kompositorisch engen Rahmen jedoch bereits in der ersten Redaktionsphase und erlauben eine transgenerische Lektüre, in der eine Formvorgabe – das Tableau – zu einer anderen – dem Essai – überleitet (s. Kap. 7.2).

Der Essai ist – und das natürlich nicht nur bei Humboldt – die transgenerische Form par excellence, deren einzige Konstante der Verweis auf die eigene Vorläufigkeit zu sein scheint. Ergibt sich diese in der Gattungstradition aus der Konstellation einer subjektiven, formal weitgehend ungebundenen Rede und Reflexion, liegt im wissenschaftlichen, speziell Humboldt'schen Essai der Grund im Gegenstand. Der Versuch, die experimentelle Anordnung, ist bedingt nicht so sehr durch die Spezifika einer subjektkonstituierenden Rede, sondern durch das stets unvollständige Datenmaterial selbst. Doch nicht allein das Material ist unvollständig, es fehlen auch die Standards für dessen wissenschaftliche Verarbeitung. So verstanden ist der Essai eine prospektive Versuchsanordnung, für das es in einem generischen und disziplinären Sinne kein Vorbild gab, sondern das es erst noch zu etablieren galt.[51] Humboldts *Versuch über den politischen Zustand*, wie der *Essai politique sur le Royaume de la Nouvelle-Espagne* in der deutschen Erstübersetzung noch von Humboldt selbst genannt wurde,[52] ist ein generisches und disziplinäres Experiment, das sich der metho-

51 Gerade Humboldts *Essais* stehen damit an einer wissenschaftshistorischen Schwelle, über die Wolf Lepenies schreibt: «Der wachsende Erfahrungsdruck, unter den die Wissenschaften in dieser Zeit geraten, führt zur Spezialisierung und zur Professionalisierung; Einzeldisziplinen entstehen, die sich auf eng begrenzte Gegenstandsbereiche konzentrieren. [...] Dem Wissenschaftler als Autor werden Grenzen gesetzt, die die Methoden seines Faches und die Spezifität der von ihm untersuchten Objekte vorgeben. Sichtbar wird dieser Umbruch auch im Konflikt, in den nunmehr die Rollen des Schreibenden und des Beobachtenden, des Autors und des Wissenschaftlers geraten.» Lepenies, Wolf: Vorbemerkung. In: Lepenies, Wolf: *Autoren und Wissenschaftler im 18. Jahrhundert. Linné – Buffon – Winckelmann – Georg Forster – Erasmus Darwin*. München, Wien: Carl Hanser Verlag 1988, S. 7.

52 Im Unterschied zum *Essai politique sur le Royaume de la Nouvelle-Espagne* wurde der *Essai politique sur l'île de Cuba* nicht als eigenständige Publikation ins Deutsche übersetzt, sondern erschien nur als Teil der deutschen, von Paulus Usteris und Ferdinand Gottlob Gmelin besorgten Erstübersetzung der *Relation historique*, die von ihren Zeitgenossen und Humboldt selbst allerdings sehr kritisch aufgenommen und ab 1859 von Hermann Hauffs Neuübersetzung verdrängt wurde. Vgl. Fiedler, Horst/Leitner, Ulrike: *Alexander von Humboldts Schriften*, S. 83 ff. Ein Pendant zur monographischen Ausgabe gab es nicht bis zu Hanno Becks *Cuba-Werk*, das allerdings nicht nur den paratextuellen Charakter des Werks veränderte, sondern auch in die ursprünglich von Humboldt vorgesehene Komposition eingriff und an zahlreichen Stellen kürzte. Vgl. Ebda., S. 122. In ähnlicher Weise problematisch ist die 2002 von Irene Prüfer-Leske herausgegebene und in Spanien veröffentlichte Ausgabe *Politischer Essay über die Insel Kuba*. Tatsächlich verfügt die deutschsprachige Leserschaft bis heute über keine verlässliche Text-

dologischen und begrifflichen Herkunft wissenschaftlicher Schulen wie der französischen Économie politique und der deutschen Statistik verbunden sieht, aber sich dennoch von beiden Denominationen paratextuell absetzt (s. hierzu ausführlich Kap. 2.1.3). Mit der deutschen Übersetzung «Versuch» markiert Humboldt den Charakter des Essai als einer literarischen Form, die wir mit René Pfammatter als produktiven Gattungsbegriff der Unschärfe lesen können und die sich in Deutschland erst 1859, im Todesjahr Alexander von Humboldts, mit den kunsthistorischen Aufsätzen von Herman Grimm als «Essay» etabliert (Kap. 2.1).[53]

Doch was heißt «literarische Form» bei einem Textkorpus, das in der zumindest für die deutschsprachige *Humboldt industry* wegweisenden Lesart von Hanno Beck als Gründungsdokumente der modernen Geographie und Landeskunde bezeichnet wird und sich damit als rein faktuale Textsorte auszuweisen scheint? Sicher geht es hier nicht um eine Untersuchung fiktionaler Darstellungsmittel in Humboldts Schriften. Mit literarisch sind hier vielmehr die Anteile am Text gemeint, die wir als nicht-pragmatischen Diskurs verstehen dürfen.[54] Neben dem offensichtlichen wissenschaftlichen Gebrauchswert und besonders im politischen Sinne expliziten Appellcharakter der Texte gibt es demnach einen durch ihre Form und darin enthaltene spezifische Verfahren motivierten Überschuss, der sich der reinen Textpragmatik entzieht.

Die Untersuchungen zu einem transgenerischen Schreiben zielen auf die Verbindungslinien zwischen der pragmatischen und nicht-pragmatischen Qua-

---

ausgabe des kubanischen *Essai politique*, so wie sie etwa für den spanischsprachigen oder angelsächsischen Sprachraum vorliegen: Humboldt, Alexander von: *Ensayo político sobre la Isla de Cuba* [Edición de Miguel Ángel Puig-Samper, Consuelo Naranjo Orovio, Armando García González]. Madrid: Edición Doce Calles, Junta de Castilla y León 1998 (Theatrum naturae. Colección de Historia Natural. Serie: Textos clásicos); Humboldt, Alexander von: *Political Essay on the Island of Cuba. A Critical Edition*. Edited with an Introduction by Vera M. Kutzinski and Ottmar Ette. Translated by J. Bradford Anderson, Vera M. Kutzinski, and Anja Becker. With Annotations by Tobias Kraft, Anja Becker, and Giorleny D. Altamirano Rayo. Chicago, London: The University of Chicago Press 2011 (Alexander von Humboldt in English, 1).

53 Pfammatter, René: *Essay – Anspruch und Möglichkeit. Plädoyer für die Erkenntniskraft einer unwissenschaftlichen Darstellungsform*. Hamburg: Verlag Dr. Kovac 2002 (Poetica. Schriften zur Literaturwissenschaft, 67), S. 8 ff.

54 Das Prinzip der *Entpragmatisierung* gilt in der Literaturtheorie als einer der definitorischen Prämissen für die Literarizität von Texten. Nach Jochen Mecke ist darunter eine Textwirkung zu verstehen, die «Gespräche, Texte und Handlungen ihres alltäglichen praktischen Zwecks beraubt, funktional entlastet und somit frei für eine literarische Nutzung» werden lässt. Mecke, Jochen: Literatur und Literaturwissenschaft. In: Mecke, Jochen/Wetzel, Hermann H. (Hg.): *Französische Literaturwissenschaft. Eine Einführung*. Mit CD-ROM. Tübingen: Narr Francke Attempto Verlag 2009, S. 1–24, S. 15.

lität eines *Humboldtian Writings* ab, das als ästhetische Praxis ein poetisches Äquivalent zur Komplexität seiner Gegenstände erzeugt und damit im Sinne der von Roman Jakobson definierten poetischen Funktion des sprachlichen Zeichens «das Prinzip der Äquivalenz von der Achse der Selektion auf die Achse der Kombination [überträgt]».[55] In ihrer poetischen Funktion verweisen die Experimentalanordnungen von Essai, Tableau und Atlas in ihrer Tendenz zur transgenerischen Formüberschreitung auf die Eigenlogik der hierin erprobten wissenschaftlichen Praxis und richten damit die Aufmerksamkeit auf das Sprach- und Zeichensystem der Wissenschaft selbst. Sie über*schreiben* die Konventionalität der Form, an die sie aufgrund ihres Status als wissenschaftlich-funktionaler Text gebunden zu sein scheinen und erzeugen so eine kontinuierliche Spannung zwischen gattungskonformer Darstellung und transgenerischer Innovation.

1.4 Wissenschaft im Zeichen amerikanischer Kolonialgesellschaften: Thesen zur politischen Dimension der *Essais politiques*

Ein zweites Leitinteresse dieser Arbeit gilt der politischen Dimension des amerikanischen Reisewerks. Denn neben der Frage nach einem spezifisch disziplinären, bzw. *wissenschaftlichen* Orientierungsbedürfnis, das sich zu Humboldts Zeit in einer Krise des Wissens und den Möglichkeiten seiner Verarbeitung äußert, gibt es ein gerade für den 'Neuen Kontinent' komplexes, *politisches* Orientierungsbedürfnis, das sich als Krise der politischen Systeme entlädt und aus Humboldts Perspektive in der Frage kulminiert, wie politische Veränderung in Kant'scher 'weltbürgerlicher Absicht', mithin in der Errichtung bürgerlicher Gesellschaften zu ermöglichen sei.

---

55 Ausführlicher heißt es bei Jakobson zu diesem Prinzip: «Was ist das empirische linguistische Kriterium der poetischen Funktion? Anders gesagt, worin besteht die unabdingbare Eigenschaft eines Dichtwerks? Um diese Frage zu beantworten, müssen wir uns die beiden grundlegenden Operationen vergegenwärtigen, die jedem verbalen Verhalten zugrundeliegen, nämlich Selektion und Kombination. [...] Die Selektion vollzieht sich auf der Grundlage der Äquivalenz, der Ähnlichkeit und Unähnlichkeit, der Synonymie und Antinomie, während der Aufbau der Sequenz auf Kontiguität basiert. *Die poetische Funktion projiziert das Prinzip der Äquivalenz von der Achse der Selektion auf die Achse der Kombination.* Die Äquivalenz wird zum konstitutiven Verfahren der Sequenz erhoben.» Jakobson, Roman: Linguistik und Poetik [1960]. In: Jakobson, Roman: *Poetik. Ausgewählte Aufsätze 1921–1971.* Herausgegeben von Elmar Holenstein und Tarcisius Schelbert. Frankfurt am Main: Suhrkamp [9]2010 (suhrkamp taschenbuch wissenschaft, 262), S. 83–121, S. 94.

Die Koordinaten des politischen Handelns und Wirkens eines Kosmopoliten, der im Unterschied zum offiziellen 'Gesandten' Wilhelm von Werther für seinen diplomatischen Einsatz im Dienste Friedrich Wilhelms III. und Friedrich Wilhelms IV. in den französischen Salons anerkennend der «Geschickte»[56] genannt wurde, seien hier kurz erinnert: In Paris ist er auf seiner Europa-Reise mit Georg Forster im Sommer 1790 Zeuge der Französischen Revolution. Deren Idealen wird er ein Leben lang treu bleiben, auch wenn er sich vom späteren Verlauf und den politischen Folgen des Umsturzes klar distanziert. Nachdem Humboldt aus dem sicheren Staatsdienst als Oberbergmeister und später Obergrat in Franken freiwillig austritt und sich mit dem Erbe seiner 1796 verstorbenen Mutter Marie Elisabeth von beruflichen wie ökonomischen Zwängen frei machen kann, tritt er 1799 die Überfahrt «dans un monde que nous appelons nouveau»[57] an. All dies ohne hoheitliche Weisung und Einschränkung; auch politisch ist er damit völlig unabhängig. Der Passierschein für die spanischen Kolonien, in Madrid bewilligt mit der Unterstützung des sächsischen Gesandten Philipp Baron von Forell und des spanischen Ministers Luis Mariano de Urquijo, gestattete dem 30-jährigen preußischen Forschungsreisenden uneingeschränkten Zugang zu den spanischen Überseekolonien, sowie Zugriff auf die staatlichen Kolonialarchive.[58] José A. Ortega y Medina gibt zu bedenken, dass nicht erst mit dem Auftreten und der Reise des Preußen die hispanoamerikanischen Territorien aus ihrer durch die spanische Abschottung auferlegten Isolation gelöst worden seien. Auch stimme es nicht, dass vor Humboldt kaum

56 Dove, Alfred: Alexander von Humboldt auf der Höhe seiner Jahre (Berlin 1827–59). In: *Alexander von Humboldt. Eine wissenschaftliche Biographie im Verein mit R. Avé-Lallemant, J. V. Carus, A. Dove, H. W. Dove, J. W. Ewald, A. H. R. Grisebach, J. Löwenberg, O. Peschel, G. H. Wiedemann, W. Wundt. Bearbeitet und herausgegeben von Karl Bruhns.* Zweiter Band. Leipzig: F. A. Brockhaus 1872, S. 95–484, S. 194.

57 Humboldt, Alexander von: *Vues des Cordillères*, S. I. Dt. Übers.: «in die Welt, die wir neu nennen». Humboldt, Alexander von: *Ansichten der Kordilleren und Monumente der eingeborenen Völker Amerikas.* Aus dem Französischen von Claudia Kalscheuer. Ediert und mit einem Nachwort versehen von Oliver Lubrich und Ottmar Ette. Frankfurt am Main: Eichborn 2004, S. 3.

58 Die in der Humboldt-Biographieforschung längst topische Reisefreiheit durch die spanischen Besitzungen in *ultramar* darf allerdings nicht darüber hinwegtäuschen, dass den Preußen stets ein Argwohn von Seiten der spanischen Kolonialverwaltung in Madrid wie Übersee begleitete. Dies führte in mehreren Fällen dazu, dass Humboldts Briefverkehr während seiner amerikanischen Reise gestört, zensiert oder sogar gänzlich unterbunden wurde; ein Umstand, dessen sich Humboldt stets bewusst war. Vgl. Rebok, Sandra: *Alexander von Humboldt und Spanien im 19. Jahrhundert: Analyse eines wechselseitigen Wahrnehmungsprozesses.* Frankfurt am Main: Vervuert 2006 (Editionen der Iberoamericana: Serie C, Geschichte und Gesellschaft, 11), S. 200 ff.

ein ausländischer Reisender Informationen über den 'Neuen Kontinent' in die Welt habe tragen können.[59] Vielmehr sei die Öffnung, mit der Spanien seit den 1780er Jahren die wissenschaftliche Erschließung seiner amerikanischen Besitzungen gerade auch durch ausländische Spezialisten systematisch vorangetrieben habe, der entscheidende Grund für die von vielen so bewunderte Leichtigkeit, mit der Humboldt seine wissenschaftliche *carte blanche* am Madrider Hof schließlich in Empfang nahm.

> [D]ie Vollmachten des Madrider Hofes verschafften ihm den in den spanischen Kolonien notwendigen Spielraum für seine Untersuchungen, öffnetem ihm den Zugang zu Archiven, Bibliotheken und Institutionen des Kolonialreichs, ermöglichten vielfältige Kontakte zu Persönlichkeiten des öffentlichen Lebens in den Überseegebieten.[60]

Besonders im Vizekönigreich Neu-Spanien war der Zugang zu jeglicher Art von Quellen, selbst geheimen Staatsdokumenten, ohne Auflage: «[Humboldt] prácticamente vio y extractó todo lo que quiso, pues el virrey Iturrigaray se mostró desinteresado y generoso».[61] Sicher ist, dass vor Humboldt niemand die Bewegungs- und Forschungsfreiheit so ausgiebig und umfangreich zu nutzen und in ein entsprechend breitenwirksames und ausdifferenziertes Werk zu übersetzen wusste wie der Verfasser der *Voyage aux régions équinoxiales du Nouveau Continent*. Während der berühmten fünfjährigen Amerika-Reise sieht sich Humboldt beinahe an jeder seiner Stationen mit den offensichtlichen Misständen der spanischen Kolonialgesellschaft konfrontiert und kritisiert diese in seinen Tagebüchern, Briefen und späteren Publikationen ebenso deutlich, wie er für die Rechte der indigenen Lohn- und afrokaribischen Sklavenarbeiter eintritt. Seine Stimme erhebt sich gegen Korruption und moralische Heuchlerei in den katholischen Missionen, den kolonialen Verwaltungen und bei den wirtschaftlichen Eliten. Bei all dem lässt er sich in seiner Entrüstung jedoch nie zu Pauschalurteilen hinreißen, zumindest nicht in den zu Lebzeiten veröffentlichten Schriften. Ein Beispiel: Nachdem sich Humboldt in seinem amerikanischen Reisetagebuch seitenlang über die Willkürherrschaft der Missionare in ihren Reduktionen auslässt und in wilden Farben das Sittenbild einer korrupten und amoralischen Kolonialgesellschaft entwirft, ändert er schlagartig den Ton und

---

59 Ortega y Medina, Juan A.: Estudio preliminar. In: Humboldt, Alexander von: *Ensayo político sobre el Reino de la Nueva España*. Estudio preliminar, revisión del texto, cotejos, notas y anexos de Juan A. Ortega y Medina. México, D.F.: Editorial Porrúa ^{3}1978 [1966], S. IX–LIII, S. XXVII.

60 Ette, Ottmar: Der Blick auf die Neue Welt. Nachwort, S. 1564.

61 Ortega y Medina, Juan A.: Estudio preliminar, S. XLIII.

schreibt, in einem transgenerischen Sinne den diaristischen Rahmen überschreitend, in direkter Ansprache an seine zukünftigen Leser:

> Ich habe gesprochen, weil ich mit meinen eigenen Augen gesehen habe und ohne Haß gegen die Mönche, die mir niemals persönlich etwas zuleide getan haben, unter denen ich eine Anzahl achtungswürdiger Personen kennengelernt habe und über die ich mich in meinem [gedruckten] Werk mit viel mehr Vorsicht äußern werde als ich es hier tat; denn ich möchte, daß dort eine Gesinnung des Friedens, der Gerechtigkeit und des Wohltuns herrscht. [...] Ein Historiker hat keine andere Verpflichtung als die der Wahrhaftigkeit, und sie muß ihm umso heiliger sein als das Unglück der ausgedehntesten Gebiete davon abhängt.[62]

Humboldts Abwägen zwischen Plastizität der Eindrücke und Positionen im Tagebuch, der Ausgewogenheit des publizierten Berichts und der Verpflichtung des Historikers – wir dürfen hier 'Chronist' lesen – auf 'Wahrhaftigkeit' beschreibt genau das Spannungsfeld, in dem sich emotional, generisch und strategisch Humboldts politische Schriften zu den amerikanischen Kolonialbesitzungen bewegen.

Zweifelsohne sind Humboldts *Essai politique sur le Royaume de la Nouvelle-Espagne* (1808–1811/1825–1827) und der *Essai politique sur l'île de Cuba* (1826) die ebenso deutlichsten wie bedeutendsten Zeugnisse dieser die politischen Verhältnisse in Übersee analysierenden und systematisierenden Beschäftigung mit sozialem Unrecht und Unterdrückung. Sie tragen den politischen Anspruch bereits in ihrem Namen.[63] Interessanterweise ist bisher nicht der Versuch unternommen worden, diese beiden Werke einer gemeinsamen Studie zu unterziehen und hinsichtlich der für das Verständnis der politischen Dimension Humboldt'scher Wissenschaft entscheidenden Implikationen zu untersuchen. Diese Lücke zu schließen setzt sich die vorliegende Arbeit in einer ersten Annäherung und unter Bevorzugung ihrer generischen Spezifika zum Ziel.

Humboldt trifft mit seinen beiden Studien politische Schlüsselmomente in der lateinamerikanischen Geschichte. So umfasst der *Essai politique sur le royaume de la Nouvelle-Espagne* in dem Zeitraum, der zwischen seiner Erst- und Zweitauflage liegt, genau jene Übergangszeit, die Mexiko auf dem Weg von einem kolonialen Vizekönigreich zu einer unabhängigen Nation durch die kon-

---

62 Humboldt, Alexander von: *Lateinamerika am Vorabend der Unabhängigkeitsrevolution. Eine Anthologie von Impressionen und Urteilen aus seinen Reisetagebüchern.* Mit einer einleitenden Studie von Manfred Kossok. 2., durchgesehene und verbesserte Auflage. Berlin: Akademie Verlag 2003 (Beiträge zur Alexander-von-Humboldt-Forschung, 5), S. 145.

63 Zu den begriffsgeschichtlichen Implikationen des Politischen als 'politische Ökonomie' im französischen, bzw. 'Politische Geographie' und 'Statistik' im deutschen Sinne sowie auf die generischen Implikationen eines Essai politique als diskursive Versuchsanordnung s. Kap. 2.1.

tinentalamerikanischen Emanzipationskriege führte. Diskursiv wirft dieser Befund eine Reihe von Fragen auf: Wie reflektiert Humboldt dieses Transformationspotenzial im Text, welche Rolle spielen Gesellschaft und Staat und wie werden letztere sprachlich markiert? Wie äußert sich das Transformationspotenzial im *Essai politique sur l'île de Cuba*, für den insofern Vergleichbarkeit beansprucht werden kann, als hier ebenfalls ein Gesellschaftswandel im Zentrum steht: von einer großindustriellen Sklaven- hin zu einer sozial gerechteren Kolonialgesellschaft freier Bürger, eingebettet in das regionale Wirtschafts- und Kulturgefüge des zirkumkaribischen Raumes?

Für beide Texte ist zudem zu berücksichtigen, dass sie als geographische Schlüsselwerke des 19. Jahrhunderts Teil einer wissenschaftshistorischen Entwicklung sind, in welcher sich die politische im Verbund mit der physikalischen Geographie zunehmend als Leitwissenschaft ihrer Zeit behauptet. Diese hervorgehobene Rolle erwarb sie sich auch dadurch, dass sie sich als umfassende Raumwissenschaft in einem hohen Maße zur ideologischen Funktionalisierung anbot. Dieser Befund gilt besonders für die politische Landeskunde der zweiten Hälfte des 19. Jahrhunderts sowie für das an großgeographischen Projekten reiche frühe 20. Jahrhundert.[64] Jedes dieser Projekte hat neben dem genuin wissenschaftlichen Beitrag zur Geographie spezifischer Länder sowie zur Entwicklung des Fachs auch stets einen ideologischen Überschuss produziert, der im Sinne der 'großen Erzählungen' wesentlich zur Herausbildung nationaler Identitätspolitiken und der Schaffung kollektiver Mythologeme beitrug.[65]

Humboldt war sich dieser Gefahr der Instrumentalisierung der eigenen wissenschaftlichen Arbeit stets bewusst. Nicht umsonst legte er größten Wert auf die Tatsache, dass seine Amerika-Reise weder in finanzieller Abhängigkeit von einem Staat oder einem Souverän zustande gekommen war, noch auf Geheiß oder im Auftrag irgendeiner Regierung durchgeführt wurde. Dass in der Folge der über drei Jahrzehnte andauernden Veröffentlichung seines amerikanischen Reisewerks zahlreiche seiner der Geographie geschuldeten Werke in

---

64 Für das 19. Jahrhundert sei hier exemplarisch verwiesen auf Jules Michelets *Tableau de la France* (Paris 1833) (vgl. auch Kap. 2.2.5). Für das frühe 20. Jahrhundert sei hier nur eine Auswahl der größten Projekte genannt: Paul Vidal de la Blaches monumentales *Tableau de la géographie de la France* (Paris 1903), Halford J. Mackinders *Britain and the British Seas* (Oxford, London 1902), Friedrich Ratzels *Deutschland. Einführung in die Heimatkunde* (Leipzig 1898), sowie Ellen Churchill Semples *American History and its Geographic Conditions* (Boston 1903). Vgl. Robic, Marie-Claire: Introduction. In: Robic, Marie-Claire (Hg.): *Le 'Tableau de la géographie de la France' de Paul Vidal de la Blache. Dans le labyrinthe des formes*. Paris: Éd. du CTHS 2000 (Mémoire de la section de géographie physique et humaine, 20), S. 7–17, S. 7 f.

65 Vgl. Ebda.

dem oben angedeuteten Sinne instrumentalisiert wurden, konnte auch er nicht verhindern. Dennoch zeigt sich die Unabhängigkeit der Forscherpersönlichkeit Alexander von Humboldt nicht nur in der organisatorischen Rahmung und programmatischen Setzung seiner Reiseaktivitäten, sondern eben auch im Werk selbst als diskursive Praxis und Arbeit an der Form, die – in Gestalt spezifischer Text- und Darstellungskonventionen – dem wissenschaftlichen Inhalt zu einer gewissen Immunität verhelfen sollte. Eine erfolgreiche *Impfung* bewirkte diese Praxis, wie bereits angedeutet, nicht. Aber zumindest erschwerte sie jegliche ideologische Instrumentalisierung. Die zahlreichen historischen wie zeitgenössischen Polemiken rund um eben diese Widerständigkeit seines Werkes geben hierfür einen besonders deutlichen Nachweis, sei es die Hass-Liebe der Mexikaner,[66] die ebenso positive wie ablehnende Haltung der Wissenschaftler und Intellektuellen Spaniens,[67] die frühe Zensur[68] und spätere Verklärung der Kubaner,[69] die je nach politisch-ideologischer Gesamtwetterlage anders betriebsblinde Vereinnahmung der Deutschen[70] oder die zwischen Verleumdung[71] und politisch tendenziöser Textkenntnis schwankende US-amerikanische Rezeption.[72]

---

66 Bündig dargestellt in Labastida, Jaime: Humboldt, México y Estados Unidos. Historia de una intriga. In: Humboldt, Alexander von: *Atlas geográfico y físico del reino de la Nueva España*. México, D.F.: siglo veintiuno editores 2003, S. 131–147

67 Rebok, Sandra: *Alexander von Humboldt und Spanien im 19. Jahrhundert*, S. 128–166.

68 Vgl. Andrés de Zayas in Puig-Samper, Miguel Ángel/Naranjo Orovio, Consuelo u. a.: Estudio introductorio. In: Humboldt, Alexander von: *Ensayo político sobre la Isla de Cuba*. [Edición de Miguel Ángel Puig-Samper, Consuelo Naranjo Orovio, Armando García González]. Madrid: Edición Doce Calles, Junta de Castilla y León 1998 (Theatrum naturae. Colección de Historia Natural. Serie: Textos clásicos), S. 19–98, S. 91.

69 Ortiz, Fernando: Introducción biobibliográfica. In: Guiteras, Pedro José: *Historia de la Isla de Cuba. Tomo I.* Segunda edición con correcciones inéditas por el autor y una introducción por Fernando Ortíz. La Habana: Cultural 1927 (Colección de libros cubanos 1), S. I–XXIV; später v. a. Bayo, Armando: *Humboldt*. La Habana: Editorial de Ciencias Sociales del Instituto del Libro 1970.

70 Einen guten Überblick geben Rupke, Nicolaas A.: *Alexander von Humboldt. A Metabiography*. Frankfurt am Main, Berlin, Bern u. a.: Peter Lang 2005, sowie Schuchardt, Gregor: *Fakt, Ideologie, System. Die Geschichte der ostdeutschen Alexander von Humboldt-Forschung*. Stuttgart: Franz Steiner Verlag 2010 (Boethius. Texte und Abhandlungen zur Geschichte der Mathematik und der Naturwissenschaften, 63).

71 Thrasher, John S.: Preliminary Essay. In: Humboldt, Alexander von: *The Island of Cuba*, S. 13–95

72 Pratt, Mary Louise: *Imperial Eyes. Travel Writing and Transculturation*. London, New York: Routledge 1992, S. 111–143.; Cañizares-Esguerra, Jorge: *Nature, Empire, and Nation. Explorations of the History of Science in the Iberian World*. Stanford: Stanford University Press 2006, S. 112 f.

Die Pointe des für Humboldt schon oft beanspruchten Mehrwerts eines wissenschaftlich-ästhetischen Schreibens erschöpft sich hier nicht darin, dass Natur simuliert oder Wissen demokratisiert wird, sondern dass der politische Einsatz seiner Texte in den visuellen und diskursiven Potenzialen von Essai, Tableau und Atlas ihre Entfaltung findet und auf neuen Wegen Raumwissen und Gesellschaftskunde miteinander verbindet. Von dieser Prämisse ausgehend rücken Aspekte seines Werkes in den Vordergrund, die sich stilistisch als komplexe Transitionsmetaphorik fassen lassen. Der Kerngedanke beider Studien wäre so gelesen dieser: Die behandelten Kolonialgebiete Neu-Spaniens und Kubas bilden komplexe soziokulturelle, ökonomische und territoriale Einheiten, deren innere Verfasstheit und jüngere Geschichte hin auf eine fundamentale Veränderung zusteuert, die es positiv zu beeinflussen gilt. Humboldts «unvollendete[s] Projekt einer anderen Moderne»[73] findet hier einen prominenten Vollzug, geht es doch darum, mit den Mitteln der Wissenschaft die komplexen Einzelteile einer politisch, sozial wie kulturell heterogenen Gesellschaft zusammenzuführen und im Sinne einer prospektiven Versuchsanordnung politisch zu beeinflussen. Humboldts *Versuche* zu Neu-Spanien und Kuba versuchen, auf Basis wissenschaftlicher Expertise Verantwortung für das Werden einer Gesellschaft zu übernehmen, die – so lässt sich nach Humboldt schlussfolgern – massiven politischen Beratungsbedarf hatte, aus sich selbst heraus aber kaum in der Lage zu sein schien, den notwendigen Transformationsprozess einzuleiten, sei es aufgrund ökonomischer Abhängigkeit, sei es aufgrund fehlender Möglichkeiten gesellschaftlicher Teilhabe oder aufgrund einer auf Besitzstandswahrung fixierten Oberschicht.

Es ließe sich gegen diese These ein diskurskritisches Argument anbringen. Das Interesse eines Europäers an der Beratung von vermeintlich zu eigener Entwicklung kaum fähigen kolonialen Verwaltungen birgt durchaus die Gefahr, selbst wieder kolonialer Natur zu sein. Auch das Interesse am Wissen *über* den wie Wissen *aus* dem 'Neuen Kontinent' wird wohl vornehmlich das eigene Wissenschaftsprojekt, nicht aber die Absichten anderer im Blick haben. So ist denn auch der gegen Humboldt geäußerte Eurozentrismus-Vorwurf im Zuge des *postcolonial turn* ein durchaus geläufiger, wenn auch vor allem in der US-amerikanischen Forschung seit Mary Louise Pratts Studie *Imperial Eyes* erfolgreicher Topos.[74] Bis heute finden sich prominente Studien, welche mit einer Selbstverständlichkeit, die sich ohne den publizistischen Erfolg von *Imperial Eyes* nicht erschließen ließe, Humboldt zum ideologischen Gefährten eu-

---

73 Ette, Ottmar: *Weltbewußtsein. Alexander von Humboldt und das unvollendete Projekt einer anderen Moderne.* Weilerswist: Velbrück Wissenschaft 2002.
74 Pratt, Mary Louise: *Imperial Eyes.*

ropäischer Expansions- und Besitzbestrebungen machen, indem sie ihm beispielsweise offen plagiatorische oder doch zumindest seine Quellen verschleiernden Textpraktiken unterstellen.[75] Nur sind diese Vorwürfe schlicht falsch und entbehren offensichtlich einer genauen Textkenntnis; ein Umstand, der wohl zu gleichen Teilen einem kolonialismuskritischen Vorurteil der Autoren[76] wie der zumeist unzureichenden Textgrundlage zuzurechnen ist, jenem editionsphilologischen Notstand der Humboldt-Forschung also, der für den angelsächsischen Bereich erst in den letzten Jahren etwas Milderung erfahren hat.[77]

Mit anderen Worten: Tatsächlich ist für eine Analyse des politischen Charakters von Humboldts Schriften nicht ausschließlich die Frage entscheidend, ob Humboldt nun als Europäer oder Preuße oder Kubaner seine Texte verfasst. Vielmehr ist die Verfasstheit der Texte selbst das entscheidende Kriterium.

1.5 Bewegung als analytisches Leitmotiv

Die Grundlagen für eine so verstandene, literarästhetische und generische Transitionsprozesse berücksichtigende Untersuchung finden sich in Überle-

---

75 Vgl. Cañizares-Esguerra, Jorge: *Nature, Empire, and Nation*, S. 112 ff. In den letzten Jahren hat sich der Status von Pratts Schriften in der US-amerikanischen Forschung etwas relativiert. Vgl. Sachs, Aaron Jacob: The Ultimate «Other»: Post-Colonialism and Alexander Von Humboldts Ecological Relationship with Nature. In: *History and Theory* 42 (2003) H. 4, S. 111–135

76 Für einen differenzierten Umgang mit dem Begriff Kolonialismus angesichts diverser aufklärungskritischer Schnellschüsse der post-colonial studies plädiert Jürgen Osterhammel und betont dabei dezidiert die Rolle Alexander von Humboldts: «Die Kolonialismuskritik der Aufklärung bis hin zu Alexander von Humboldts messerscharfen Analysen der Kolonialsysteme in Mexiko und auf Kuba wiegt intellektuell schwerer als die gelegentlich zu findende Apologie. Eroberungen im Namen aufklärerischer Prinzipien wurden nicht gemacht. Wissenschaftliche Kolonisierung durch messende Kartographen, sammelnde Botaniker und notierende Ethnologen ist nicht dasselbe wie militärische Unterwerfung.» Osterhammel, Jürgen: Welten des Kolonialismus im Zeitalter der Aufklärung. In: Lüsebrink, Hans-Jürgen (Hg.): *Das Europa der Aufklärung und die außereuropäische koloniale Welt*. Göttingen: Wallstein 2006 (Das achtzehnte Jahrhundert. Supplementa 11), S. 19–36, S. 35.

77 Allein seit 2009 sind drei zum Teil umfangreich annotierte Neuübersetzungen aus dem amerikanischen Reisewerk in den USA erschienen: Humboldt, Alexander von/Bonpland, Aimé: *Essay on the Geography of Plants*. Edited with an introduction by Stephen T. Jackson. Translated by Sylvie Romanowski. Chicago, London: The University of Chicago Press 2009; Humboldt, Alexander von: *Political Essay on the Island of Cuba. A Critical Edition*. Edited with an Introduction by Vera M. Kutzinski and Ottmar Ette. Translated by J. Bradford Anderson, Vera M. Kutzinski, and Anja Becker. With Annotations by Tobias Kraft, Anja Becker, and Giorleny D. Altamirano Rayo. Chicago, London: The University of Chicago Press 2011 (Alexander von Humboldt in English, 1); Humboldt, Alexander von: *Views of the Cordilleras and Monuments of the Indigenous Peoples of the Americas. A Critical Edition*. Edited with an Introduction

gungen, die Ottmar Ette bereits 1991 im Nachwort der von ihm besorgten Neuausgabe der *Reise in die Äquinoktial-Gegenden des Neuen Kontinents* formulierte. Für die Humboldt-Forschung wird hier eine Analyseperspektive eröffnet, die Humboldts Texte in ihrer literarischen Dimension umfassend erschließt, sein lebenslanges Ringen mit Form und Komposition seiner Schriften ernst nimmt und die literarästhetischen wie medialen Darstellungsweisen seines Werks in den Blick rückt. Sie steht von Beginn an auch unter dem Zeichen einer editionsphilologischen Kritik am (Zu-)Stand der Humboldt-Forschung. Zwei bis dahin dominante Rezeptionsmuster – Humboldt als Naturforscher, Humboldt als Popularisierer – werden hierbei entscheidend ergänzt und in Teilen korrigiert. So ist die Engführung von Werk und Person Alexander von Humboldts mit einem rein oder vornehmlich naturwissenschaftlichen und schließlich populärwissenschaftlichen Projekt weniger eine Folge des tatsächlichen Werkcharakters als vielmehr die einer das Werk in seiner Vielschichtigkeit radikal reduzierenden Lektüre. Mit anderen Worten: Nicht Humboldt ist der 'reisende Populärwissenschaftler', sondern die Art und Weise, wie sein Werk in der Rezeptionsgeschichte emendiert, bzw. auf wenige, wenngleich prominente Einzeltexte reduziert wurde, hat zu einer Popularisierung geführt, die in ihrem Gestus selbst sich viel eher den Vorwurf einer 'Pop Science' gefallen lassen müsste als dies für Humboldts Werk gelten kann.

> Warum wurde [...] der literarische Charakter der *Relation historique* so lange übersehen? Man kann an dieser Stelle eine Erklärung dieses Phänomens wagen. Die Betonung philosophischer, mehr aber noch narrativer Aspekte, die Hervorhebung des Gefährlichen, Abenteuerlichen, Exotischen führte dazu, daß das Humboldt'sche Werk in einer Zeit, die durch eine zunehmende Arbeitsteilung im Bereich des Wissens wie der Wissenschaften geprägt wird, in eine wunderliche Sackgasse geriet. Was Naturwissenschaftlern als zu unwissenschaftlich, Literaturwissenschaftlern als zu unliterarisch und Altamerikanisten oder Geologen als zu generalistisch erschien, wurde aus den verschiedensten Bereichen des Wissens ausgebürgert: Die Gesamtkonzeption der Humboldt'schen Wissenschaft verschwand aus dem Horizont und ging vollständig verloren. Wie hätte das Interesse von Philologen durch Ausgaben geweckt werden können, die weniger als zehn Prozent des ursprünglichen Reiseberichts boten und die literarische Struktur des Reisewerks vollständig preisgaben?[78]

Ettes literaturwissenschaftliche Lektüre öffnet den Blick auf «das Prinzip scheinbarer Digressionen, die aber doch einer Gesamtkonstruktion, einem zu-

---

by Vera M. Kutzinski and Ottmar Ette. Translated by J. Ryan Poynter. Annotations by Giorleny Altamirano Rayo and Tobias Kraft. Chicago, London: The University of Chicago Press 2012 (Alexander von Humboldt in English, 2).

78 Ette, Ottmar: *Alexander von Humboldt und die Globalisierung. Das Mobile des Wissens.* Frankfurt am Main, Leipzig: Insel 2009, S. 294.

grundeliegenden, einheitlichen Plane zugeordnet sind [...] [und] einer Ästhetik des Kontrasts, der sinnlichen Gegensätze, literarischen Ausdruck verleihen».[79] Die lineare Naturbeschreibung tritt zurück zugunsten einer Gestaltungsmaxime, die das enorme Spektrum der im Modus der Forschungsreise erfahrbaren wie wissenschaftlich erfassbaren Natur bündeln und in ihrem Verbund darstellen will. Das nicht-lineare Prinzip äußert sich auch in der die Chronologie der Reise nur vermeintlich befolgenden narrativen Ordnung der *Relation historique*, wobei sich durch die anachronische Verschachtelung verschiedener Zeitebenen der Reise ein Effekt narrativer «Quasi-Simultaneität»[80] einstellt.

Dieser Erfekt wird unterstützt durch einen literarischen Stil, der deutliche «Spuren der Mündlichkeit»[81] enthält und so die Fiktion einer Gesprächssituation erzeugt, die den erwünschten «Eindruck der Unmittelbarkeit»[82] weiter verstärkt. Daran schließt sich der häufige Verweis auf die Tagebücher an, aus denen der Pariser Autor des Reiseberichts beständig zitiert, um so die unmittelbare Anschauung des amerikanischen Reisenden im Bewusstsein des Lesers präsent zu halten: «Der stetige Verweis auf die Tagebücher, also auf das Sehen und Schreiben im Bereich der erzählten Zeit, verleiht gerade der zentralen Erzählerfigur ihre Glaubwürdigkeit».[83] Zugleich dynamisiert sie den wissenschaftlich-narrativen Text in einer Weise, die mit den Mitteln einer Erzähltechnik neue Wissensbezüge erkennbar werden lassen. Eine Technik, die Humboldt wohl auch im mündlichen Vortrag[84] und der unmittelbaren Begegnung fruchtbar zu machen wusste.

> Die Gegenwart des Herrn Berg Rath v. Humboldt macht mir, ich darf wohl sagen, eine ganz besondere Epoche, indem er alles in Bewegung setzt was mich von so vielen Seiten interessiren kann, ich darf ihn wohl in seiner Art einzig nennen, denn ich habe Niemanden gekannt der mit einer so bestimmt gerichteten Thätigkeit eine solche Vielseitigkeit des Geistes verbände, es ist incalculabel was er noch für die Wissenschaften thun kann.[85]

---

79 Ette, Ottmar: Der Blick auf die Neue Welt. Nachwort, S. 1571.
80 Ebda., S. 1575.
81 Ebda., S. 1576.
82 Ebda., S. 1575.
83 Ebda., S. 1579.
84 Die von Ette bereits früh erkannte 'Mündlichkeit' des Humboldt'schen Diskurses harrt noch ihrer weiteren Untersuchung, erfährt aber zur Zeit wieder eine neue Aufmerksamkeit und wird – wie seine bisherigen Beiträge eindrucksvoll zeigen konnten – wohl bald in der Dissertation zu Wissenspoetiken im Reisebericht um 1800 von Johannes Görbert eine wichtige Fortsetzung finden.
85 Goethe, Johann Wolfgang von: *Goethes Werke. IV Abteilung: Goethes Briefe. Bd. 12: Briefe 1797.* Herausgegeben im Auftrag der Großherzogin Sophie von Sachsen. Weimar: Böhlau 1893, S. 79 f.

Was Johann Wolfgang von Goethe hier in einem Brief aus Jena vom 28. März 1797 an den Buchhändler Johann Friedrich Unger (1753–1804) anspricht und so vorteilhaft auslegt für den jungen fränkischen Bergrat, den er in jenen Märztagen fast täglich in Jena erlebte,[86] verdeutlicht gleich zwei wesentliche Aspekte: zum einen die Fähigkeit Humboldts, die Wissensordnungen seiner Zeit in Bewegung zu setzen und aufgrund der ihm eigenen «Vielseitigkeit des Geistes» produktiv weiterzuentwickeln; zum anderen den damit verbundenen Effekt, das Wissensspektrum der eigenen Zeit sichtbar und im unmittelbaren Austausch ebenso wie in der Lektüre erfahrbar zu machen.

Goethes Formulierung, Humboldt setze «alles in Bewegung» ist gewiss nicht allein einem metaphorischen Sprachgebrauch zuzuschreiben, sondern kann als Prämisse für seine (literar-)ästhetische sowie wissenschaftspraktische und -theoretische Arbeit verstanden werden. Die Dimensionen einer Humboldt'schen Wissenschaft in Bewegung werden in Ottmar Ettes 2001 veröffentlichter Studie *Literatur in Bewegung* ausgearbeitet. Die umfangreiche, (Reise-) Literaturkorpora mehrerer Jahrhunderte querende Untersuchung zu «Raum und Dynamik grenzüberschreitenden Schreibens in Europa und Amerika» (so der Untertitel) erklärt die (Denk-)Figur der Bewegung – nicht nur für die Analyse von Humboldts Werk – zum analytischen Leitmotiv. Schon in seinen einleitenden Sätzen artikuliert dieses Buch damit einen dezidierten Anspruch an unsere Jetztzeit. Es geht um nicht weniger als die Überwindung einer am Ende des 20. Jahrhunderts vor allem der Erfahrung des Mauerfalls geschuldeten Vorstellung einer *posthistoire*, ebenso um die Überwindung der Postmoderne als eine die heutige Theoriebildung zweifellos prägende, aber auch vergangene Epoche. Angesichts einer Gegenwart, die ihr Globalisierungsbewusstsein nur unter Rückgriff auf die eben dieser jüngsten Globalisierung zugrunde liegenden Geschichte adäquat reflektieren kann, öffnet Ette den analytischen Blick für «andere Räume, Dimensionen und Bewegungsmuster [...], welche die Literaturen des 21. Jahrhunderts prägen werden».[87] Diese «in Erwartung einer Neubestimmung kultureller Zielsetzungen»[88] formulierte Grundlagenschrift stellt damit nicht weniger als die Prämissen unseres an den politischen, sozialen und kulturellen Lebensbedingungen des 20. Jahrhunderts geschulten Begriffshorizontes zur Disposition. Sie fragt nicht, was wir nach der Postmoderne noch

86 Schwarz, Ingo: Alexander von Humboldt Chronologie. Basierend auf *Alexander von Humboldt. Chronologische Übersicht über wichtige Daten seines Lebens*. Bearbeitet von Kurt-R. Biermann, Ilse Jahn und Fritz G. Lange. <http://avh.bbaw.de/chronologie>

87 Ette, Ottmar: *Literatur in Bewegung. Raum und Dynamik grenzüberschreitenden Schreibens in Europa und Amerika*. Weilerswist: Velbrück Wissenschaft 2001, S. 10.

88 Ebda., S. 9.

wissen können, sondern vielmehr was wir angesichts veränderter Zeiten uns vornehmen wissen zu wollen. Es geht mithin um eine strategische Setzung: «Feste Standorte und Wohnsitze von Kulturen gehören größtenteils der Vergangenheit an».[89] So geht die Studie mit Blick auf Analysen literarischer Raumkonzeptionen von einem Forschungsdesiderat aus, dass die Konsequenzen kultureller Globalisierung «für die Literatur und mehr noch [für] jene Wissenschaften und Wissensbereiche, die sich mit ihr beschäftigen»[90] erst noch formulieren muss. Die historische Gattung des Reiseberichts bildet den Anfang dieser Überlegungen. Dieser transformiert, so Ette, die konkrete Reiseerfahrung in ein prozessual organisiertes Wahrnehmungsmodell,

> das die Dynamik zwischen menschlichem Wissen und Handeln, zwischen Vor-Gewußtem und Nicht-Gewußtem, zwischen den Orten des Lesens, den Orten des Schreibens und den Orten des Berichteten [...] in ein vom Leser leicht nachvollziehbares dynamisches Raummodell überführt.[91]

Dieses räumlich-dynamische und prozessual organisierte Wahrnehmungsmodell können wir – so eine der Prämissen dieser Arbeit – durchaus auf die Konzeption nicht nur des Humboldt'schen Reiseberichts beziehen, sondern auch auf die des Reisewerks ausdehnen. Damit knüpft das hier im Rahmen der Trias Essai – Tableau – Atlas eingeführte Konzept eines transgenerischen Schreibens auch an die Konzeption eines *Humboldtian Writings* an, insofern es darin einen Darstellungsmodus erkennt,

> der nicht nur eine beschreibende, darstellende, bekanntmachende, sondern auch eine fundamental transformatorische Funktion [besitzt], die es erlaubt, empirisch überprüfte und nachprüfbare Sachverhalte innerhalb komplexer und vielfältig deutbarer Zusammenhänge in ihrer Vielstimmigkeit zu erfahren.[92]

Dieses Prinzip äußert sich, wie Ette 2009 in *Alexander von Humboldt und die Globalisierung* ausführt, im Sinne einer Humboldt'schen Gesamtkonzeption schließlich in einem «Mobile des Wissens» (so der Untertitel), welches das zuvor bereits eingeführte, analytische Leitmotiv der Bewegung auf die (mindestens) in einem Doppelsinn zu verstehende Denkfigur des Mobile/n erweitert. Diese Figur erlaubt es, Wissen und Wissenserzeugung bei Humboldt als dynamischen Prozess zu beschreiben, der das Staunen mit dem Verstehen engführt, das Mobile der Reise mit den Ordnungsmodellen des Schreib- und Kompositi-

89 Ebda., S. 13.
90 Ebda.
91 Ebda., S. 25.
92 Ebda., S. 114.

onsprozessses in einer kontinuierlichen Text-Bild-Bewegung zwischen den beiden Polen von Wahrnehmung und Wissen verbindet:

> Erkenntnisprozesse setzen bei Humboldt Bewegungen – gerade auch in materieller, topographischer Hinsicht – voraus. Sein ganzes Denken und Forschen ist auf das Mobile, auf das alles miteinander verbindende und zusammenführende Reisen gegründet.[93]

Zugleich erzeugt eine so verstandene Konzeption wissenschaftliche Artefakte im Sinne eines modularen Mobile, das die einzelnen Elemente des Humboldt'schen Werkes in komplexe Wechselbezüge zueinander stellt, so dass stets neue Anordnungen (der Lektüre) möglich werden. Für ein so komplexes Werk wie das der Amerika-Reise gibt es nach diesem Verständnis keine Lektürevorgabe nach Partien, keine Chronologie der Lektüre im eigentlichen Sinne. Vielmehr entfaltet sie sich aus dem jeweiligen Winkel, von dem heraus man das Werk betrachtet und studiert.

> Die Humboldtsche Wissenschaft wie das Humboldtsche Schreiben sind in einer kontinuierlichen Pendelbewegung zwischen Auseinander-Setzen und Zusammen-Denken begriffen. Die mit einer verwirrenden Vielzahl an Details argumentierenden Analysen Humboldts, welche die zergliedernde Scheidekunst seiner Auseinander-Setzungen darstellen, werden stets durch die überraschende Kombinatorik eines Zusammen-Denkens komplettiert, das gerade kein Zusammenschreiben ist, sondern den Versuch darstellt, ein ethisch fundiertes und an der in Entstehung begriffenen Wissensgesellschaft seiner Zeit ausgerichtetes Wissen gesellschaftsfähig zu machen und gesellschaftlich fruchtbar werden zu lassen.[94]

1.6 Humboldt überall

Doch wie gestaltet sich der rezeptionshistorische Rahmen, vor dessen Hintergrund und unter dessen Einfluss diese Arbeit entstanden ist? Was heißt es eigentlich, heute im (nicht mehr ganz so) frühen 21. Jahrhundert zum Autor des *Kosmos* zu arbeiten?

Zweifellos gilt: Die Auseinandersetzung mit dem Werk, der Person und der Wirkungsgeschichte Alexander von Humboldts hat seit den 1990er Jahren eine neue Dynamik entwickelt, sowohl mit Blick auf seinen Platz in einer sich zunehmend kulturwissenschaftlich begreifenden Wissenschaftsgeschichte wie hinsichtlich der spezifischen Wissenschaftspoetik, -theorie und -praxis, die das acht Jahrzehnte umspannende Œuvre Humboldts entfaltet. Als Meilensteine

93 Ette, Ottmar: *Alexander von Humboldt und die Globalisierung*, S. 248.
94 Ebda., S. 254 f.

dieser jüngsten und bis heute in höchst produktiver Weise sich proliferierenden Humboldt-Renaissance dürfen die bereits erwähnte deutsche Neuausgabe der *Relation historique* als *Reise in die Äquinoktial-Gegenden des Neuen Kontinents* (2 Bde., Insel 1991) gelten und die national sowie international überaus erfolgreiche Wanderausstellung zum 200-jährigen Jubiläum der Amerika-Reise.[95] Damit war der Anfang für eine grundlegende Neubewertung des Humboldt'schen Erbes gemacht, schickte sich Alexander doch zunehmend an, in der öffentlichen Wahrnehmung aus dem Schatten des zumindest in Deutschland lange übermächtigen älteren Bruders herauszutreten. Seit den vom Eichborn Verlag publizierten, von Hans-Magnus Enzensberger herausgegebenen und von Ottmar Ette und Oliver Lubrich editorisch verantworteten Bänden der 'Humboldt-Edition' steht diese Neubewertung auch auf einer ebenso lese(r)-freundlichen wie wissenschaftlich zeitgemäß aufbereiteten Textbasis. Die Bedeutung dieser Editionen ist für eine eindringliche Neubeschäftigung mit Humboldt, sowohl seitens der Wissenschaften als auch seitens eines breiten Leserpublikums, gar nicht hoch genug zu bewerten. Erst auf der Basis verlässlicher Textausgaben, die – wie hier geschehen – auch die ästhetische Dimension der Humboldt'schen Wissenschaft ins rechte Licht rücken, kann es überhaupt gelingen, Humboldt nicht nur in feierlicher Erstarrung zu erinnern, sondern ihm in seinen Schriften neu zu begegnen. Nicht das Reden und Schreiben *über*,

---

95 Die von dem Münchner Historiker Frank Holl kuratierte Ausstellungsreihe zu Humboldts Amerika-Reise ging mit Einzelschwerpunkten zu seinen jeweiligen Stationen zwischen 1997 und 2006 um die Welt, jeweils begleitet von aufwendig gestalteten Ausstellungskatalogen: México, D.F. (1997), La Habana (1997–1998), Caracas (1999), Berlin (1999), Bonn (1999–2000), Bogotá (2001), Quito (2001), Lima (2002–2003), México D.F. (2003–2004) und Madrid (2005–2006). Eine auf Humboldts Spanien-Reise fokussierte Ausstellung wurde zwischen 2006 und 2009 in Berlin, Bremen, München, Manchester, London, Wien, sowie auf den Kanarischen Inseln gezeigt. 1999, im Jahr der 200. Wiederkehr des Auftakts zur amerikanischen Reise, fanden darüber hinaus an buchstäblich jeder Station kleinere Festveranstaltungen statt, so auch in La Coruña (dem spanischen Hafen, von dem Humboldt und Bonpland am 05. Juni 1799 an Bord der spanischen Korvette Pizarro zu ihrer Reise aufbrachen), auf Teneriffa (der ersten Station der Reise) und selbst auf der Kanarischen Insel La Graciosa, obgleich Humboldt hier nur wenige Stunden zubrachte. Vgl. Rebok, Sandra: *Alexander von Humboldt und Spanien im 19. Jahrhundert*, S. 229 ff.
Als wirkungsvolles Sprachrohr dieses neuen Interesses an der Amerika-Reise darf darüber hinaus die von Margarete Kraft (bis 2007) und Isabel Rith-Magni (bis zur Einstellung der Print-Ausgabe 2013) redaktionell verantwortete Kulturzeitschrift *Humboldt* bezeichnet werden, die zum Jubiläumsjahr eine Sondernummer ausschließlich zu Alexander von Humboldt veröffentlichte und damit einen programmatisch wichtigen Akzent setzte, der vor allem den lateinamerikanischen Lesern deutlich machte, dass nun auch Humboldts Herkunftsland die Bedeutung einer seiner herausragendsten Figuren (wieder)erkannt hatte.

sondern das Lesen *von* Humboldt steht am Anfang einer erneuten Renaissance seiner Rezeption.[96]

Auch die Menge und thematische Breite der wissenschaftlichen Monographien, vor allem seit der Jahrhundertwende, gibt ein beeindruckendes Bild einer neuen Diskussions- und Forschungsvielfalt, deren Ergebnisse in Form zahlreicher Anregungen in diese Arbeit eingeflossen sind.[97] Diese jüngste und für das zukünftige Verständnis von Leben und Werk Alexander von Humboldts vielleicht folgenreichste Humboldt-Renaissance speist sich unter anderem aus der von früheren Generationen augenscheinlich so nicht geteilten Erkenntnis, dass sich das Werk des preußischen Naturforschers, Schriftstellers, Wissenschaftsorganisators und polyglotten Diplomaten eben nicht (mehr) auf Schlüsseldeterminanten wie die des 'Universalgelehrten' oder 'Geographen' herunterkürzen lässt, sondern sich sein Werk vielmehr bis heute «[hartnäckig] einer

---

96 Dieser jüngsten Renaissance gehen zweifellos andere voraus, die in vielerlei Hinsicht die Grundlage für jegliche heutige Humboldt-Forschung bilden. Das betrifft vor allem die Aktivitäten anlässlich der beiden Jubiläumsjahre 1959 (100. Todestag) und 1969 (200. Geburtstag), welche die Alexander von Humboldt-Forschung innerhalb der *scientific community* der deutschen Wissenschafts- und Geistesgeschichte rehabilitierten und im Zuge der deutsch-deutschen Alexander von Humboldt-Kommission trotz aller Widrigkeiten und politischen Auseinandersetzungen zunehmend institutionalisierten. Damit war der Anfang einer *wissenschaftlichen* Rückbesinnung auf Leben, Werk und Wirkungsgeschichte des preußischen Forschungsreisenden gemacht. Vgl. hierzu Schuchardt, Gregor: *Fakt, Ideologie, System.*

97 Die aktuelle Humboldt-Forschung bietet ein gewohnt breites Spektrum, auch wenn in jüngerer Zeit die literatur- und kulturwissenschaftlichen Arbeiten ein deutlich stärkeres Gewicht einnehmen als dies in der Vergangenheit der Fall war. Das betrifft Studien zu Humboldt als Schriftsteller, sowohl in Gesamt- als auch Einzelwerkanalysen. Vgl. exemplarisch Hey'l, Bettina: *Das Ganze der Natur und die Differenzierung des Wissens*, sowie Richter, Thomas: *Alexander von Humboldt: Ansichten der Natur. Naturforschung zwischen Poetik und Wissenschaft.* Tübingen: Stauffenburg 2009 (Stauffenburg Colloquium, 67). Der *Kosmos* ist der Fluchtpunkt zahlreicher jüngerer Arbeiten. Dabei lassen sich jene mit einem wissenschaftshistorischen und praxeologischen, bzw. wissenssoziologischen, epistemologischen und gattungshistorischen Interesse unterscheiden von Studien zur Wirkungsgeschichte des *Kosmos*, sowohl in Deutschland als auch in den USA. Vgl. Werner, Petra: *Himmel und Erde*; Daum, Andreas W.: *Wissenschaftspopularisierung im 19. Jahrhundert: bürgerliche Kultur, naturwissenschaftliche Bildung und die deutsche Öffentlichkeit, 1848–1914.* 2., ergänzte Auflage. München: Oldenbourg 2002; Erdbeer, Robert Matthias: *Die Signatur des Kosmos*; Walls, Laura Dassow: *The Passage to Cosmos. Alexander von Humboldt and the Shaping of America.* Chicago, London: The University of Chicago Press 2009. Daneben stehen wichtige Arbeiten zu Humboldts diplomatischer Mittlerfunktion zwischen Preußen und Frankreich sowie zur Geschichte der ostdeutschen Alexander von Humboldt-Forschung, vgl. Päßler, Ulrich: *Ein Diplomat aus den Wäldern des Orinoko. Alexander von Humboldt als Mittler zwischen Preußen und Frankreich.* Stuttgart: Franz Steiner Verlag 2009 (Pallas Athene. Beiträge zur Universitäts- und Wissenschaftsgeschichte, 29) und Schuchardt, Gregor: *Fakt, Ideologie, System.*

teleologischen Rekonstruktion»[98] widersetzt und vielmehr neue Perspektiven für die Wissenschaftsgeschichte des 19. Jahrhunderts bereit hält. Darüber hinaus wird der von den Verantwortlichen wie von der Presse im Dezember 2013 einvernehmlich als «Jahrhundertkauf»[99] bezeichnete und mit einem großen Festakt in Berlin im März 2014 gewürdigte Rückkauf der Amerikanischen Reisetagebücher dem Werk und Wirken Alexander von Humboldts zweifelsohne eine noch größere Aufmerksamkeit zukommen lassen. Die nun neu einsetzende und auf den in der Humboldt-Forschung der DDR geleisteten Grundlagen[100] aufbauende Erschließung wird ebenso ein neues Kapitel in der Erforschung der berühmten Amerika-Reise eröffnen wie Einblicke in die Ausdifferenzierung des europäischen Wissens von der Welt im 19. Jahrhundert bieten. Die in der Transkription mehr als 4000 Seiten umfassenden Reisenotate sind daher nicht nur die Geburtsurkunde des amerikanischen Reisewerks, das Humboldt nach seiner Rückkehr in über dreißigjähriger Arbeit entwickeln wird. Sie sind zugleich ein ebenso wissenschaftshistorisch wie poetologisch und bildwissenschaftlich zu erschließendes Dokument für ein weit über seine Zeit hinauswirkendes Wissensmodell, dessen Potenziale auch politisch genutzt werden wollen, soll das Berliner Humboldt-Forum tatsächlich einmal, wie es der Präsident der Stiftung Preußischer Kulturbesitz Hermann Parzinger formuliert hat, die Humboldt'schen Tagebücher zu seinem kommunikativen Zentrum, zu seiner «SIM-Karte»,[101] machen.

Zur anhaltenden Renaissance der Alexander von Humboldt-Rezeption gehört freilich auch eine erneute Popularisierung seiner Person. Das prominenteste Beispiel ist zweifelsohne Daniel Kehlmanns Bestseller *Die Vermessung der Welt*, der mittlerweile allein in deutscher Sprache insgesamt 2,1 Millionen mal verkauft wurde.[102] An diese Veröffentlichung schließen sich allein in den Jah-

98 Schuchardt, Gregor: *Fakt, Ideologie, System*, S. 11.

99 Vgl. hierzu den entsprechenden Beitrag auf der Informationsplattform *avhumboldt.de* unter <http://www.avhumboldt.de/?p=9104>

100 Vgl. Schuchardt, Gregor: *Fakt, Ideologie, System*, S. 217 ff.

101 Wulff, Matthias: Ein Jahrhundertcoup. Alexander von Humboldts Reisetagebücher werden der Öffentlichkeit gezeigt. In: *Die Welt kompakt* (5. 3. 2014). <http://www.welt.de>

102 Angaben des Rowohlt Verlags, Email-Korrespondenz vom 9. Januar 2012. Diese Zahl versteht sich laut Presseabteilung exklusive Lizenzen. Die in Regie von Detlev Buck in Zusammenarbeit mit Kehlmann produzierte Filmadaption (2012) wird sowohl die nationale als auch die internationale Verbreitung des Romans sowie die durch ihn entstandene Humboldt-Wahrnehmung zweifellos weiter steigern. Dies gilt selbst vor dem Hintergrund, dass der Film äußerst durchwachsene Rezensionen erhalten hat. Zur Debatte um den Roman, auch mit Blick auf seine Stellung in der Humboldt-Rezeption, vgl. Schwarz, Ingo: «Humbug und Taktlosigkeit» oder «ein anlockendes Aushängeschild». Alexander von Humboldt als Held einer Novelle – 1858. In: *HiN – Internationale Zeitschrift für Humboldt-Studien* 8 (2007) H. 14, S. 74–79. <http://

ren 2009 und 2010 drei neue Lesebücher an, die sich als reich bebilderte Textsammlungen und kommentierte biographische Fragmente mal auf der Höhe der Forschung,[103] mal journalistisch,[104] aber immer erfolgreich in eine lange Tradition publikumswirksamer Humboldt-Anthologien einschreiben. Sicher auch im Zuge dieser enormen Breitenwirkung, die dazu beigetragen hat, dass der Name Humboldt mittlerweile automatisch und fast ausschließlich den Vornamen Alexander mitdenken lässt, ist zudem eine Ikonisierung festzustellen, die in den letzten Jahren medial wie künstlerisch umfassend angetrieben wurde.

Fallen Buchtitel wie der *Fritten-Humboldt* des TV-Darstellers und Dittsche-Sidekicks Jon Flemming Olsen als launiges Reisetagebuch auf den Spuren deutscher Bratölgastronomie noch in die Kategorie der Kuriosa,[105] wird das Konterfei Alexander von Humboldts – auch ohne die Nennung des Namens – doch zunehmend als Markenzeichen und Chiffre für Innovation und die ungebrochene Faszination an wissenschaftlichem Erkenntnisgewinn eingesetzt. Als vielleicht prominentestes Beispiel für diese mit der erneuerbaren Ressource Humboldt betriebenen Wertschöpfung mag die Werbekampagne zum Auftakt des Berliner Wissenschaftsjahres 2010 gelten, für das auf allen Plakaten und Flyern zur 26. Berliner «Langen Nacht der Museen» (30. 1. 2010) mit dem 30-jährigen 'Tropen-Humboldt' geworben wurde, wie man ihn von Friedrich Georg Weitschs 1806 entstandenen Portrait weithin kennt. Zu diesem affirmativen Gestus passt die Formulierung des Projektleiters Wolf Kühnelt im Programmflyer, «Ahnherr der Wissenschaft in Berlin ist ganz unbestritten Alexander von Humboldt».[106] In diesem Zusammenhang muss auch die 2012 erfolgte Grün-

---

www.hin-online.de>; Ette, Ottmar: De cómicos e histéricos. Una réplica a la sátira sobre eruditos de Daniel Kehlmann. In: *Humboldt* 48 (2006) H. 145, S. 19–21; Nickel, Gunther (Hg.): *Daniel Kehlmanns* Die Vermessung der Welt. *Materialien, Dokumente, Interpretationen.* Reinbek bei Hamburg: Rowohlt Taschenbuch 2008 (rororo, 24725). Zur Filmpremiere erschien eine Sondernummer von *HiN-Humboldt im Netz* (XIII, 25, 2012) mit weiteren Beiträgen zur Debatte um Kehlmanns Adaption.

103 Humboldt, Alexander von: *Mein vielbewegtes Leben. Der Forscher über sich und seine Werke.* Ausgewählt und mit biographischen Zwischenstücken versehen von Frank Holl. Frankfurt am Main: Eichborn 2009; Humboldt, Alexander von: *Das große Lesebuch.* Herausgegeben von Oliver Lubrich. Frankfurt a. M.: S. Fischer Verlag 2009.

104 Kulke, Ulli: *Alexander von Humboldt. Reise nach Südamerika.* München: Frederking & Thaler Verlag 2010.

105 Olsen, Jon Flemming: *Der Fritten-Humboldt. Meine Reise ins Herz der Imbissbude.* München: Goldmann Verlag 2010.

106 Der Flyer sowie alle Informationen zum Programm finden sich auf den Archivseiten der Berliner Langen Nacht der Museen unter <http://archiv.lange-nacht-der-museen.de/26/>. Bezeichnenderweise wirbt er mit einem der populärsten und – wie so oft bei Humboldt – zugleich allographen, also nicht in Humboldts Werk nachweisbaren Zitat, nach dem jedem späteren

dung des von Google finanzierten und in Berlin Mitte ansässigen 'Alexander von Humboldt Institut für Internet und Gesellschaft' (http://www.hiig.de) gesehen werden. Dass Humboldt in diesem Fall vor allem als Stichwortgeber für ein Projekt fungieren muss, dass sich im Wesentlichen rechtlichen, ökonomischen und sozialen Fragen zum Digitalen Zeitalter stellt, ist offensichtlich. Hier geht es (natürlich) nicht um einen neuen Zweig der Humboldt-Forschung. Dass es aber im Jahr 2012 offenbar schon selbsterklärend ist, den Namen Alexander von Humboldt als Label für Innovation, vernetzte Gesellschaft und Globalisierung im 21. Jahrhundert zu verwenden, verweist doch auf einen erstaunlichen und im Grunde sehr erfreulichen Mentalitätswandel, der in den letzten Jahren – auch als Ausdruck der Deutungskraft der jüngeren Humboldt-Forschung – statt gefunden hat.

Parallel zur offenbar ungebrochenen Humboldtphilie der Marketingstrategen, die schon seit Ende des 19. Jahrhunderts sein Konterfei zum besseren Absatz von Liebigs Fleisch-Extrakt oder von französischer Kinderschokolade verwendeten,[107] hat die neue massenmediale Aufmerksamkeit auch ihre künstlerische und narrative Seite. Das ZDF erhob ihn im Jubiläumsjahr 2009 zu Ostern zu einem ihrer deutschen *Giganten*, die Deutsche Welle produzierte das Online-Hörspiel *Eine rein botanische Liebe* und am ersten und zweiten Weihnachtsfeiertag desselben Jahres zeigte die ARD den SWR-Zweiteiler *Expedition Humboldt*. 2008 wurde in Hamburg das begehbare Hörspiel *Kosmosklandestin* gezeigt, 2010 in Berlin das Musical *Humboldt!* uraufgeführt und die Jazz-Combo Mardi Gras.bb tourte zwischen 2010 und 2011 durch Deutschland, Frankreich und die Schweiz mit ihrem neuen Studioalbum *Von Humboldt Picnic – A Journey with Mardi Gras.bb*. Der Hörbuchmarkt, ohnehin gesättigt mit zahlreichen

Wissen ein früheres Ahnen vorausgehe. Nicht, dass er nicht über den Unterschied zwischen Wissen und Ahnen geschrieben hätte: Im ersten Band des *Kosmos* trennt er bewusst beide Begriffe. Doch ist seine Auseinandersetzung mit der hierin angelegten, kulturanthropologischen Frage nach den verschiedenen Erkenntnisstufen im Naturwissen komplexer als es eine kurze Sentenz vermuten lässt, vgl. Humboldt, Alexander von: *Kosmos*, S. 16 f. Im zweiten Band schließlich steht: «Vor allem müssen sorgfältig ein frühes *Ahnden* und ein wirkliches *Wissen* scharf von einander getrennt werden.» Ebda., S. 241. Ich danke Ingo Schwarz für den Hinweis auf diese Stellen. Das Beispiel zeigt, dass der erwähnte Werbeflyer auch ein typisches Beispiel ist für das offenbar unvermeidliche Missverhältnis zwischen wachsender Popularität und abnehmender Werkkenntnis.

107 Vgl. Zeller, Joachim: *Bilderschule der Herrenmenschen. Koloniale Reklamesammelbilder*. Berlin: Ch. Links 2008 (Geschichte in Bild und Text), S. 31, sowie Humboldt, Alexander von/ Arago, François: *Correspondance d'Alexandre de Humboldt avec François Arago (1809–1853)*. Publiée avec une préface et des notes par le Dr E.-T. Hamy. Paris: E. Guilmoto 1907 (Bibliothèque d'Histoire Scientifique, 1), S. 118. Für den Hinweis auf Liebigs Sammelbilder danke ich Vera M. Kutzinski.

Werkanthologien, veröffentlichte neue Humboldt-Erzählungen und -Hörspiele für ein Kinder-,[108] Jugend-[109] und Erwachsenen-Publikum.[110] Angesichts dieser Vielfalt fragt man sich bloß, wann endlich das erste Computerspiel zu Alexander von Humboldt den Stand der Marktreife erreicht.[111]

Zweifelsohne ist diese medial hoch adaptive Humboldt-Popularisierung in ihrer Vielfalt und Omnipräsenz beeindruckend und gewiss ein Ergebnis der bereits diagnostizierten Anstrengungen, die in Deutschland und weltweit seit nunmehr über 20 Jahren unternommen werden, das wissenschaftliche wie öffentliche Interesse wieder auf eine der vielseitigsten und interessantesten Persönlichkeiten des europäischen 19. Jahrhunderts zu richten. Sie zeigen aber ebenso, dass die Entwicklungen insbesondere der letzten Jahre die latente Gefahr in sich tragen, in der totalen Verfügbarkeit seines Namens als Chiffre für allerlei exotische Schablonen eben jene Maßnahmen rückgängig zu machen, mit welchen die Forschung in dieser Zeit dazu beigetragen hat, Alexander von Humboldts Werk in einem umfassenderen Sinne kennen zu lernen. Die große Präsenz seines Namens hat somit auch zu einer ebenso neuen, wie altbekannten Oberflächlichkeit geführt.

Es kann nicht darum gehen, Humboldt nur deswegen in Erinnerung zu rufen, weil er vor zweihundert Jahren seinen Leser die tropische Fülle der amerikanischen Natur näher brachte oder später das Weltganze als holistisches Panorama vermittelte. Es geht auch nicht allein um eine literaturhistorische Revision, nach der Humboldts Texte fortan zum Höhenkamm einer stilistisch anspruchsvollen wie ästhetisch wirkungsmächtigen Wissenschaftsprosa gehören. Das alles ist seit langem topischer Bestandteil der *Humboldt industry.* Vor

---

108 Rebling, Gaby: *Oskar trifft Alexander von Humboldt.* Dortmund: Aktive Musik 2009.

109 Barth, Reinhard: *Alexander von Humboldt. Abenteurer, Forscher, Universalgenie.* 300 Min. Dortmund: Aktive Musik 2008.

110 van Geuns, Jan: *Tagebuch einer Reise mit Alexander von Humboldt durch Hessen, die Pfalz, längs des Rheins und durch Westfalen im Herbst 1789.* Bearbeitete Hörbuchfassung. Bochum: tacheles! 2011; Steudtner, Robert: *Alexander von Humboldt. Bis ans Ende der Welt.* Feature-Hörspiel mit Originaltönen und Musik. Köln: Headroom 2011.

111 Es ist für die Argumentation dieses Kapitels geradezu folgerichtig, dass der Verfasser diese Mitte 2013 geschriebenen Zeilen Ende März 2014 ergänzen darf um den Hinweis, dass nun tatsächlich im Juli 2014 das von der Berliner Digitalagentur Exozet gemeinsam mit dem Naturkundemuseum Berlin entwickelte Spiel *The Secret Legacy* für das iPad erscheinen wird. In diesem Spiel entdeckt die Protagonistin Sara, eine fiktive Nachfahrin Alexander von Humboldts, im Nachlass ihres berühmten Ahnen die Reste einer Schatzkarte und begibt sich in der Folge durch allerlei Rätsel auf eine abenteuerliche Suche. Das Lernspiel richtet sich vor allem an junge Schüler und soll ihr Interesse für Naturwissenschaften fördern. Vgl. Röhlig, Marc: Humboldts letzte Rätsel lösen. Wie die Sammlung des Berliner Naturkundemuseums zum Computerspiel wird. In: *Der Tagesspiegel* (28. 3. 2014), S. 25.

allem bedeutet die Neubeschäftigung mit Humboldts Erbe die Einsicht in seine zuweilen radikale Aktualität: Dies gilt – um nur einige Beispiele aus der jüngeren Vergangenheit zu nennen – ebenso auf dem Gebiet früher Globalisierungstheorien und -praktiken[112] wie mit Blick auf seine ökologischen Prognosen *avant la lettre*[113] oder angesichts seines konsequenten Muts, der Wissenschaftspublizistik durch ambitionierte Buchprojekte den Weg zu neuen Formen der medialen Wissensvermittlung zu weisen.

Die Humboldt-Forschung muss diese Spannung zwischen oberflächlicher Popularisierung und diskursiver Aktualität ihres Gegenstandes berücksichtigen. Humboldts Werk ist in hohem Maße anschlussfähig an global wirksame Diskurse unserer Zeit. Zugleich provoziert der eben skizzierte massenmediale Rückfall in alte Stereotype, ein bereits erreichtes Reflexions- und Forschungsniveau wieder rückwirkend einzuebnen. Die möglichen Gefahren wie Chancen dieser Spannung sind der beste Grund, auch weiterhin sorgfältig und vielseitig aufgestellt zu Alexander von Humboldt zu forschen, sei es im Rahmen institutionalisierter Editionsarbeit der Tagebücher, Briefkorrespondenzen und Schriftenverzeichnisse durch die Alexander-von-Humboldt-Forschungsstelle der Berlin-Brandenburgischen Akademie der Wissenschaften, sei es in Form interna-

---

112 Ottmar Ette bezeichnet Humboldts kosmopolitische, in weltweiten Bezügen denkende Wissenschaftspraxis als Ausdruck einer frühen Globalisierungstheorie, vgl. Ette, Ottmar: *Alexander von Humboldt und die Globalisierung*. Jürgen Osterhammel verweist auf «Humboldts einzigartige Stellung im Geschichtsdenken seiner Zeit, die ihn für Schul- und Epochenkategorien unklassifizierbar macht [...]. Humboldt war kein *Universal*historiker, dem eine Idee von Weltgeschichte wichtig gewesen wäre. Aber er war ein Globalhistoriker. Dem Amerika- und Rußlandreisenden war der sich verdichtende Weltzusammenhang seiner Epoche deutlicher bewusst als den meisten seiner gelehrten Zeitgenossen. [...] Humboldt [hat] die Europäisierung der Erde in ihrer Tragweite so deutlich erfasst wie kaum ein anderer Autor seiner Epoche.» Osterhammel, Jürgen: Alexander von Humboldt: Historiker der Gesellschaft, Historiker der Natur. In: *Archiv für Kulturgeschichte* 81 (1999), S. 105–131, S. 116. Vgl. auch Valentin, Jean-Marie: Alexander von Humboldt – une icône du monde globalisé? In: *Études germaniques* 66 (2011) Janvier-mars, 1, S. 11–20

113 Hierauf hat 1969 wohl als erster Carl Troll hingewiesen: Troll, Carl: Die Lebensformen der Pflanzen. Alexander von Humboldts Ideen in der ökologischen Sicht von heute. In: Pfeiffer, Heinrich (Hg.): *Alexander von Humboldt. Werk und Weltgeltung*. München: Piper 1969, S. 197–246. Einen Überblick über die Rezeptionsgeschichte eines «Green Humboldt» seit den 1990er Jahren liefert Nicolaas A. Rupke in seiner metabiographischen Studie zu Humboldt: Rupke, Nicolaas A.: *Alexander von Humboldt. A Metabiography*, S. 185 ff. Laura Dassow Walls resümiert 2005, dass die Arbeit der amerikanischen Ökologie-Pioniere Henry David Thoreau, George Perkins Marsh und John Muir ohne die an Humboldts Werk geschulte Vorstellung der Natur «as a sublime network of mutually interdependent elements with humans as full participants» nicht zu verstehen sei. Walls, Laura Dassow: Rediscovering Humboldts Environmental Revolution. In: *Environmental History* 10 (2005) H. 4, S. 758–760, S. 758.

tionaler Editionsprojekte wie *HiE – Humboldt in English* (Vanderbilt University, Universität Potsdam), sei es durch den internationalen Austausch innerhalb der hauptsächlich deutsch-, spanisch-, französisch- und englischsprachigen Forschergemeinde über das Open Access Journal *HiN – Humboldt im Netz* oder am Beispiel der jüngsten Initiativen zu Humboldt im Forschungsfeld der Digital Humanities.[114]

1.7 Humboldts Erbe

Die gerade erwähnte Spannung zwischen der Relevanz des Werks und der Projektionsfläche der Figur Alexander von Humboldts hat selbst historische Wurzeln. In der Beurteilung des Humboldt'schen Erbes für die europäische Wissenschaftsgeschichte des 19. Jahrhunderts lassen sich gewöhnlich zwei Ansätze unterscheiden. Der erste orientiert sich an Fragen des Inhalts und setzt sich auseinander mit Humboldts Leistungen auf dem Gebiet konkreter wissenschaftlicher Innovation, seien diese epistemologischer, methodischer, terminologischer oder konzeptioneller Natur. Schon in der Geburtsstunde der wissenschaftlichen und biographischen Rezeption zu Werk und Person Alexander von Humboldts war diese Frage klar umrissen. Die berühmte dreibändige *Wissenschaftliche Biographie* unter Leitung des Leipziger Ordinarius für Astronomie Karl Christian Bruhns unterteilte die Humboldt'schen Beiträgen zur Wissenschaft seiner Zeit in die Bereiche Mathematik, Astronomie und mathematischer Geographie (Bruhns), Erdmagnetismus und Chemie (Gustav Wiedemann), Meteorologie (Heinrich Wilhelm Dove), Geologie (Julius Ewald), Erd- und Völkerkunde, Staatswirtschaft und Geschichtschreibung (Oskar Peschel), Pflanzengeographie und -botanik (August Grisebach), Zoologie und vergleichende Anatomie (Julius Viktor Carus), sowie Physiologie (Wilhelm Wundt).[115] Die Humboldt-Forschung der letzten fünfzig Jahre steht hierzu in einer klaren Kontinuität, nicht ohne zugleich weitere zentrale Wirkungsgebiete zu ergänzen. Dabei werden in der hier nur stichpunktartig zusammengefassten Forschungslandschaft meist folgende Punkte angeführt: Humboldt als Begründer der

---

114 Einen Überblick gibt das Spektrum der Vorträge im Rahmen des im Dezember 2012 in Berlin veranstalteten Workshops «Alexander von Humboldt und die Digital Humanities». <http://avhdh.wordpress.com>

115 Vgl. Bruhns, Karl: *Alexander von Humboldt. Eine wissenschaftliche Biographie im Verein mit R. Avé-Lallemant, J. V. Carus, A. Dove, H. W. Dove, J. W. Ewald, A. H. R. Grisebach, J. Löwenberg, O. Peschel, G. H. Wiedemann, W. Wundt. Bearbeitet und herausgegeben von Karl Bruhns. Dritter Band.* Leipzig: F. A. Brockhaus 1872.

Pflanzengeographie und -Physiognomik,[116] seine theoretisch-methodologische sowie empirische Ausarbeitung der physikalischen Geographie und politischen Landeskunde,[117] seine geologisch-mineralogischen Untersuchungen, die ihn als «father of rock coating research»[118] ausweisen, seine Beiträge zu Kartographie,[119] Pasigraphie,[120] zu Geodäsie[121] und zum Erdmagnetismus,[122] seine Rolle

116 Humboldts Auseinandersetzung mit der Physiognomik in der Pflanzengeographie (z. B. in seinen *Ideen zu einer Physiognomik der Gewächse*, 1806) hat eine durchaus wechselvolle Rezeptionsgeschichte erfahren, wie Brigitte Hoppe in ihrer Untersuchung herausarbeiten konnte. Auf pflanzengeographische Konzepte nach Humboldt'schem Muster wird während des ganzen 19. Jahrhunderts mit wechselnden Urteilen, doch selbst bis in die 1960er Jahren hin auch zustimmend zurückgegriffen, vgl. Hoppe, Brigitte: Physiognomik der Vegetation zur Zeit von Alexander von Humboldt. In: Lindgren, Uta (Hg.): *Alexander von Humboldt. Weltbild und Wirken auf die Wissenschaften*. Wien: Böhlau 1990 (Bayreuther Historische Kolloquien, 4), S. 77–102, S. 86 ff.

117 Beck, Hanno: Geographie und Statistik. Die Lösung einer Polarität. In: Rassem, Mohammed (Hg.): *Statistik und Staatsbeschreibung in der Neuzeit. Vornehmlich im 16.–18. Jahrhundert. Bericht über ein interdisziplinäres Symposion in Wolfenbüttel, 25.–27. September 1978*. Paderborn: Schöningh 1980 (Quellen und Abhandlungen zur Geschichte der Staatsbeschreibung und Statistik, 1), S. 269–281; Kohlhepp, Gerd: Scientific findings of Alexander von Humboldt's expedition into the Spanish-American Tropics (1799–1804) from a geographical point of view. In: *Anais da Academia Brasileira de Ciências* 77 (2005) H. 2, S. 325–342.

118 Dorn, Ronald I./Krinsley, David H. u. a.: Revisiting Alexander von Humboldt's Initiation of Rock Coating Research. In: *Journal of Geology* 120 (2012) H. 1, S. 1–14, S. 1.

119 Engelmann, Gerhard: Alexander von Humboldts kartographische Leistung. In: Lehmann, Edgar (Hg.): *Wissenschaftliche Veröffentlichungen des Geographischen Instituts der Deutschen Akademie der Wissenschaften (bisher Deutsches Institut für Länderkunde)*. Neue Folge 27/28. Leipzig: VEB Bibliographisches Institut 1970, S. 5–21; Beck, Hanno: Alexander von Humboldts Beitrag zur Kartographie. In: Hein, Wolfgang-Hagen (Hg.): *Alexander von Humboldt. Leben und Werk*. Ingelheim am Rhein: C. H Boehringer Sohn 1985, S. 239–248.

120 Beck, Hanno: *Alexander von Humboldt und Mexiko. Beiträge zu einem geographischen Erlebnis*. Bad Godesberg: Inter Nationes 1966, S. 24–29.

121 Kautzleben, Heinz: Die Förderung von Geodäsie und Geophysik durch Alexander von Humboldt und seine Wirkung bis in die Gegenwart. In: Heikenroth, Heinz/Deters, Inga (Hg.): *Alexander-von-Humboldt-Ehrung in der DDR. Festakt und Wissenschaftliche Konferenz aus Anlaß des 125. Todestages Alexander von Humboldts 3. und 4. Mai 1984 in Berlin*. Berlin: Akademie Verlag 1984, S. 76–82.

122 Reich, Karin: Alexander von Humboldt und Carl Friedrich Gauß als Wegbereiter der neuen Disziplin Erdmagnetismus. In: *HiN – Internationale Zeitschrift für Humboldt-Studien* 12 (2011) H. 22, S. 35–55 <http://www.hin-online.de>; Roussanova, Elena: Russland ist seit jeher das gelobte Land für Magnetismus gewesen: Alexander von Humboldt, Carl Friedrich Gauß und die Erforschung des Erdmagnetismus in Russland. In: *HiN – Internationale Zeitschrift für Humboldt-Studien* 12 (2011) H. 22, S. 56–83 <http://www.hin-online.de>; Reich, Karin: Sternschnuppen und Erdmagnetismus – ein von Alexander von Humboldt und Carl Friedrich Gauß während der Universitätsfeierlichkeiten in Göttingen im September 1837 initiiertes Projekt. In:

als Vordenker und Impulsgeber einer global angelegten Klimaforschung (s. Fußnote 113), der Altamerikanistik,[123] einer spezifisch amerikanischen Kulturanthropologie,[124] sein Wirken als Impulsgeber, Förderer und Motivquelle der Landschaftsmalerei und Kunstgeschichte,[125] sowie seine Bedeutung als Begründer einer mexikanischen[126] und frühkolonialen Wissenschaftsgeschichte, deren Fokus auf die globalen Entwicklungen seit dem 15. und 16. Jahrhundert im *Examen critique de l'histoire de la géographie du Nouveau Continent, et des progrès de l'astronomie nautique aux quinzième et seizième siècles* (Paris 1834–1838) prominent entwickelt werden.[127]

Der zweite Ansatz in der Beschäftigung mit dem Erbe der Humboldt'schen Wissenschaft befasst sich mit Fragen der Form und betrifft die Erneuerungen, die sein Werk als publizistisch-literarisches Projekt mit sich gebracht hat, also in seiner text- und bildästhetischen Konzeption und Komposition. Auch hier

---

HiN – Internationale Zeitschrift für Humboldt-Studien 12 (2011) H. 23, S. 41–67. <http://www.hin-online.de>

123 Löschner, Renate: Alexander von Humboldts Bedeutung für die Altamerikanistik. In: Hein, Wolfgang-Hagen (Hg.): *Alexander von Humboldt. Leben und Werk*. Ingelheim am Rhein: C. H. Boehringer Sohn 1985, S. 249–262.

124 Minguet, Charles: *Alexandre de Humboldt. Historien et géographe de l'Amérique espagnole (1799–1804)*. Nouvelle édition entièrement révisée et refondue. Paris, Montreal: L'Harmattan 1997, S. 181–189. Eine kritische Position zu Minguets These einer Humboldt'schen Kulturanthropologie findet sich bei Covarrubias, José Enrique: ¿Un estudio del hombre desde el concepto de naturaleza humana o el de especie humana? Algunas observaciones críticas sobre la tesis de un Humboldt antropólogo. In: *Históricas. Boletín del Instituto de Investigaciones Históricas, UNAM* (2003) 68 (Septiembre–Diciembre), S. 4–17.

125 Diener, Pablo: Humboldt und die Kunst. In: Holl, Frank (Hg.): *Alexander von Humboldt. Netzwerke des Wissens. Katalog der Ausstellung im Haus der Kulturen der Welt (Berlin) vom 6. Juni bis 15. August 1999 und in der Kunst- und Ausstellungshalle der Bundesrepublik Deutschland (Bonn) vom 15. September 1999 bis 9. Januar 2000*. Bonn: Kunst- und Ausstellungshalle der Bundesrepublik Deutschland 1999, S. 136–151.

126 Trabulse, Elías: *El círculo roto. Estudios históricos sobre la ciencia en México*. México, D.F.: Fondo de Cultura Económica ^{3}1996 [1984], S. 9.

127 Ette, Ottmar: *Alexander von Humboldt und die Globalisierung*. Allgemeine Überblicke über die Wirkungs- und Einflussgeschichte von Humboldts wissenschaftlicher Arbeit bieten darüber hinaus Labastida, Jaime: Las aportaciones de Humboldt a la investigación científica. In: Wionczek, Miguel S. (Hg.): *El Humboldt venezolano. Homenaje en el bicentenario de su nacimiento*. Caracas: Edición del Banco Central de Venezuela 1977, S. 23–44; Lindgren, Uta (Hg.): *Alexander von Humboldt. Weltbild und Wirken auf die Wissenschaften*. Wien: Böhlau 1990 (Bayreuther Historische Kolloquien, 4) und als kompakter Überblick Biermann, Kurt-R.: *Beglückende Ermunterung durch die akademische Gesellschaft. Alexander von Humboldt als Mitglied der Berliner Akademie der Wissenschaften*. Berlin: Akademie Verlag 1991 (Beiträge zur Alexander-von-Humboldt-Forschung, 17), S. 14–19.

seien einige, in der Humboldt-Forschung weitgehend etablierte Leiturteile nachgezeichnet.

Für gewöhnlich gilt die Humboldt'sche Konzeption des Reiseberichts als Weiterentwicklung der Tradition der Reiseliteratur des 18. Jahrhunderts, insofern die vom zeitgenössischen Leserhorizont erwartete Tropen und Topoi der Abenteuererzählung zugunsten einer komplexeren, narrativen Strategie ersetzt werden. Denn bei Humboldt wird die anekdotenreiche Dichte des Reisealltags, die personal fokussierte Dramatik des stets neuen 'ersten Eindrucks' und der europäische Topos der Sehnsucht nach einer überseeischen Ferne eines weitgehend unbekannten 'Neuen Kontinents' stilistisch anspruchsvoll und wissenschaftlich fundiert verbunden mit der Beobachtungsgabe und Genauigkeit des vorbildlich ausgebildeten und instrumentell hochgerüsteten Forschungsreisenden. Die *Relation historique* ist die Vollendung der Gattung des wissenschaftlichen Reiseberichts und als

> Humboldts bedeutendste schriftstellerische Leistung, ein verkanntes Hauptwerk der Weltliteratur des 19. Jahrhunderts. Humboldt verwirklicht hier im traditionsreichen Genre der Reisebeschreibung, das er zu seinem Höhepunkt und Ende führt, sein programmatisches Ziel, größtmögliche Exaktheit des beobachteten und gemessenen Details mit höchstmöglicher Anschaulichkeit und 'Lebendigkeit' der Darstellung größerer Zusammenhänge zu verbinden. [...] Es wird der Eindruck eines Maximums an Weltgehalt und unsentimentaler Sachlichkeit erweckt, ohne daß die Illusion eines subjektlosen Fotoplatten-Realismus entstünde.[128]

Den eigenen Anspruch an wissenschaftliche Präzision in Maß und Beobachtung diskutiert Humboldt ausführlich in seinen Tagebüchern, seiner Korrespondenz und seinem selbständigen Schriften. Dabei hatte sich die Praxis des Feldes immer an dem Wissensbedürfnis der jeweiligen wissenschaftlichen Perspektive auszurichten:

> Les besoins du Naturaliste ne sont pas ceux de l'Astronome. [...] Le Naturaliste souvent se contente de savoir si une roche s'élève à 200 ou 400 toises de hauteur. Il est déjà heureux de connaître à peu près l'élévation des cordillères qui temine l'horizont [...], exactitude suffisante pour les besoins de la Géologie physique [...].[129]

Die Zuverlässigkeit der Geräte sowie die Effizienz der Mess- und Berechnungsmethoden stehen damit für zwei Aspekte, die Humboldts Forschung stets aus-

---

128 Osterhammel, Jürgen: Alexander von Humboldt: Historiker der Gesellschaft, Historiker der Natur, S. 120.

129 Humboldt, Alexander von: Voyage d'Espagne aux Canaries et à Cumana. Obs. astron. de Juin à Oct. 1799 [Tagebüch der Amerikanischen Reise, I]. Quart-Format, Ledereinband. Staatsbibliothek zu Berlin Preußischer Kulturbesitz. Nachl. Alexander von Humboldt (Tagebücher) I [1799], S. 80r–81.

zeichnen: eine höchsten Ansprüchen genügende Ausstattung und ein hohes Maß an Produktivität. Auch wenn uns die Unterhaltungsindustrie lieber das Bild des geradezu manischen Datensammlers zeichnet, war das Vermessen in Humboldts Wissenschaftspraxis eben kein schrankenloser oder quasi-autistischer Selbstzweck, sondern vielmehr notwendiges Übel. Messen war, wie das Zitat zeigt, ein ebenso gewissenhaft verfolgter wie pragmatischer Vorgang, der sich an den jeweils anstehenden, praktischen Fragen der Forschungsreise zu orientieren hatte. An gleicher Stelle bekennt sich Humboldt zu der optimistischen Vision einer Wissenschaftspraxis, die auf die Teilnahme breiter Gesellschaftskreise abzielt und die man heute unter dem Begriff der 'Schwarmintelligenz' fassen könnte:

> Le grand problème de la vie est de produire beaucoup en peu de tems et il est certain que si des méthodes de mesurer avec des moyens très simples fussent répandu dans le public, si l'attention des hommes qui vivent dans les champs, les forêts et les montagnes, était plus fixée sur la grandeur des objets et leur distance, qu'après tant de voyages et de recherches faites dans les 2 hémisphères nos idées géologiques [...] seraient triplement avancées.[130]

Vor diesem Hintergrund gelten die *Ansichten der Natur* und der *Kosmos* gemeinhin[131] als Paradebeispiel einer geglückten und auch publizistisch überaus erfolgreichen Strategie einer «Demokratisierung der Wissenschaft»,[132] die – genauso wie die 61 Kosmos-Vorlesungen an der Berliner Universität und die 16 öffentlichen Vorträge in der Singakademie zwischen November 1827 und April 1828 – darauf abzielten, möglichst breiten Bevölkerungsschichten den Erkenntnis- und Wissensfortschritt der modernen Wissenschaften. Sie stehen repräsentativ für Humboldts Anspruch, das wissenschaftliche Fachregister mit der publikumswirksamen Ansprache zusammen zu bringen. In jüngster Zeit lässt sich feststellen, dass diese auch bis heute zumindest in der deutschsprachigen Rezeption wohl bekanntesten Bücher Humboldts mit variabler Emphase als ein früher Meilenstein in einem Genre gelesen werden, das heute als *Pop Science* bekannt ist. Übersehen wird hierbei oft, dass Humboldt in seinen Kosmos-Vorträgen an die beiden Seiten seines Publikums gedacht hat, sich an die Fach- wie die allgemeine Öffentlichkeit richtete, und dafür ein je eigenes Fo-

---

130 Ebda.

131 «Daß Humboldts Vorlesungen und die genannten Schriften [*Ansichten der Natur*, *Kosmos*] die Geschichte der Wissenschaftspopularisierung in Deutschland geprägt, wenn nicht sogar eingeleitet haben, gehört zur Opinio communis der Bildungsgeschichte.» Daum, Andreas W.: *Wissenschaftspopularisierung im 19. Jahrhundert*, S. 274.

132 Ette, Ottmar: Unterwegs zu einer Weltwissenschaft?, S. 42.

rum und Format wählte, wie die Unterteilung in Vorträge an der Universität und solche an der Singakademie bereits anzeigt. Dennoch ist mit 'Demokratisierung' und 'Popularisierung' nicht das gleiche gemeint. Die Formulierung 'Demokratisierung' entwickelt ihr Argument in erster Linie aus einem nicht nur in den *Ansichten der Natur* und im *Kosmos* wirksamen gesellschafts-, wissenschafts- und bildungspolitischen[133] Anspruch und bezieht dabei weite Teile des Werks und öffentlichen Lebens Alexander von Humboldts mit ein. Hingegen konzentriert das Schlagwort der 'Popularisierung' den interpretatorischen Blick auf eben diese zwei Texte, von denen aus Deutungsansprüche auf das ganze Werk sowie auf Humboldts Verständnis von Natur und Naturwissenschaft erhoben werden.

Das Stigma des 'unwissenschaftlich' agierenden Wissenschaftlers findet sich bereits in der frühen Humboldt-Rezeption, dort allerdings als Kritik weniger an Gehalt oder Absicht der Kosmos-Vorträge, als vielmehr an deren Folgen.[134] Aus dieser Perspektive fügen sich die *Ansichten der Natur* und der *Kosmos* in eine Kulturgeschichte populärwissenschaftlicher Literatur ein, die bis ins 14. Jahrhundert zurückreicht, erste Höhepunkte in der Aufklärung feiert und gerade im 19. Jahrhundert für zahlreiche Bestsellererfolge verantwortlich war, wie Andreas Daum in seiner ausführlichen und kenntnisreichen Studie vor allem für Deutschland, Frankreich und England darlegt.[135] Daum weist auch darauf hin, dass Humboldts Projekt einen Schwellencharakter einnehme

> zwischen einer ganzheitlichen, noch ästhetisch verstandenen Naturvorstellung und einem wissenschaftlichen Verständnis von Natur, das sich in den nachfolgenden Jahrzehnten zunehmend auf Spezialgebiete konzentrierte und sich ausdrücklich durch die Ausschaltung außerempirischer Erklärungsfaktoren legitimierte. Humboldt band ein letztes Mal Traditionen kosmologischen Denkens und Gedanken aus den holistischen und organizistischen Entwürfen der deutschen Naturphilosophie mit dem empirisch-analytischen Ansatz der modernen Naturwissenschaft zusammen – ein letztes Mal zumindest, wenn

---

133 So schreibt Humboldts Biograph Alfred Dove angesichts der Diskrepanz zwischen Eliten- und Volksbildung im Berlin der 1820er Jahre: «Die Kosmosvorlesungen sind der erste nahmhafte Versuch gewesen, diese Kluft zu überbrücken. [...] Gerade dass das Wagnis von den Naturwissenschaften aus versucht ward, an dem Punkte, wo der Abstand zwischen der Arbeit, den Fachgelehrten und dem bisherigen Antheil des Laienverstandes am weitesten klaffte, war von folgenreicher Bedeutung. Auf Geschichte und Alterthumskunde, auf Rechts-, Staats- und Wirtschaftslehre die Aufmerksamkeit aller Gebildeten zu lenken, musste danach als eine leichte Aufgabe erscheinen.» Dove, Alfred: Alexander von Humboldt auf der Höhe seiner Jahre (Berlin 1827–59). In: Bruhns, Karl: *Alexander von Humboldt. Eine wissenschaftliche Biographie*. Zweiter Band. Leipzig: F. A. Brockhaus 1872, S. 95–484, S. 150.

134 Ebda., S. 151.

135 Vgl. Daum, Andreas W.: *Wissenschaftspopularisierung im 19. Jahrhundert*.

> man die Höhenlinie naturwissenschaftlichen Denkens verfolgt. Es sollte gerade zur selbstgestellten Aufgabe der popularisierenden Literatur werden, diese Verknüpfung weiterzuführen.[136]

Angesichts der in Humboldts Briefen und im *Kosmos* geäußerten, zum Teil deftigen Kritik an der Naturphilosophie seiner Zeit, vornehmlich an Hegel und Schelling, kann man hier ergänzen, dass Humboldt der deutschen Naturphilosophie nur insofern etwas abgewinnen konnte, als sie epistemologisch und aufgrund ihres Selbstverständnisses Naturwissen gleichsam rhetorisch erzeugen konnten, mehr also auf der Basis einer leitenden Idee als einer überprüfbaren Erkenntnis. Und tatsächlich zeichnet sich das Humboldt'sche Œuvre durch eben solche 'große Ideen' aus. Doch ersetzen diese niemals die eigentliche Erkenntnisarbeit, die sich bei Humboldt stets am Zeitgeist der wissenschaftlichen Entwicklung orientierte.[137] Hier zeigt sich die bisher bereits mehrfach artikulierte Wechselbeziehung zwischen Station und Verbund als Episteme: Humboldts Schwellencharakter zwischen Naturphilosophie und empirischer Naturwissenschaft manifestiert sich in der Zusammenführung vom rhetorisch organisierten 'Ahnen' des Naturphilosophen (Verbund) – bei Humboldt ist es das Prinzip der Wechselwirkung aller natürlichen Prozesse – auf der einen und dem am Objekt fundierten Bezeugen des Empirikers (Station) auf der anderen Seite. Beiden Seiten des Naturwissens seiner Zeit gesteht Humboldt eine eminent wichtige epistemische Funktion zu. So leiste der Naturphilosoph durch seine synthetische Kompetenz den Weg zu größeren Erklärungsmodellen. Der Naturphilosoph muss, wie er in den 1796 in zwei Bänden in Posen veröffentlichen *Versuche[n] über die gereizte Muskel- und Nervenfaser nebst Vermuthungen über den chemischen Process des Lebens in der Thier- und Pflanzenwelt* schreibt, «alle Erscheinungen in Verbindung setzen; durch diese Verbindung allein schon tritt er den Ursachen näher».[138] Dass sich dieser Satz aber gerade in einer Reihe von besonders kritischen Kommentaren zum gegenwärtigen Stand der äußerst spekulativen Forschung zum Wechselverhältnis von Magnetismus und Nervenkraft befindet, zeigt, dass Humboldt auch in jener frühen Phase seines wissenschaftlichen Schaffens mit 'richtiger' Naturphilosophie nicht die schnelle Idee – gewissermaßen die erkenntnistheoretische Abkürzung – meinte, sondern einen Anspruch an das empirisch fundierte Denken formulierte, das sich den Mut zu leitenden Ideen bewahrt.

---

136 Ebda., S. 272.

137 Dove, Alfred: Alexander von Humboldt auf der Höhe seiner Jahre, S. 148.

138 Humboldt, Alexander von: *Versuche über die gereizte Muskel- und Nervenfaser nebst Vermuthungen über den chemischen Process des Lebens in der Thier- und Pflanzenwelt*. Erster Band mit Kupfertafeln. Posen, Berlin: Decker, Rottmann 1797, S. 453, Fn. 1.

Gewiss: In Humboldts Diktion dominiert bei der Suche nach gesichertem und belegbarem Naturwissen stets mehr der Zweifel und die Vorsicht im Urteil als der Hang zur Doktrin oder zur Formulierung ewiger Gesetze. Dennoch bleibt die Verbundfähigkeit im Denken des Naturphilosophen die für Humboldt enscheidende Qualität jener Tradition. So schreibt er an den von ihm in privater Korrespondenz mit Dritten recht heftig gescholtenen Schelling: «Die Naturphilosophie kann den Fortschritten der empirischen Wissenschaften nie schädlich sein. Im Gegenteil, sie führt das Entdeckte auf Prinzipien zurück, wie sie zugleich neue Entdeckungen begründet.»[139] Im gleichen Brief aber weist er unmissverständlich darauf hin, dass die Naturphilosophie betrieben *anstelle* und nicht in Zusammenspiel mit einer empirischen Wissenschaft nur in das Abseits von Ideologie und Eitelkeit führen kann:

> Seit sechs Jahren von Europa abwesend, ohne Bücher, bloß mit der Natur beschäftigt, ist mir eine unbefangenere Ansicht gewährt als manchem Physiker [= Naturwissenschaftler], dem durch die Sittenverderbnis, welche die literarischen Kriege nach sich ziehen, seine alten Meinungen lieber als das Objekt selbst, die Natur, geworden sind.[140]

Mit all dem hatten die Popularisierer in der Nachfolge Humboldts nur wenig gemein. Ihr Fortschreiben der Humboldt'schen Tradition unterlag einem grundlegenden Missverständnis, wie Daums Studie zeigt. Der überlieferte Allgemeinplatz des «erfolgreichsten Popularisierer der ersten Jahrhunderthälfte»[141] war schon Humboldt selbst unangenehm, musste er doch mit der euphorischen Aufnahme des *Kosmos* auch den Vorwurf abwehren, entgegen besseren Wissens die Gegenstände seiner Untersuchung über Gebühr vereinfacht zu haben. Gegen dieses «Problem der Popularität»[142] musste sich Humboldt in der Geschichte seiner Rezeption immer wieder und müssen sich seine Schriften bis heute behaupten.

Jedoch gibt eine genaue Analyse seines Werks keinen Anlass, ihm eine Tendenz zur Trivialisierung zu unterstellen oder ihn umstandslos in das Feld der Dilettantismus-Forschung[143] einzugemeinden.

> Wo es irgend ging, hielt er sich selbst auf dem neuesten Kenntnisstand. Vom älteren Typus des selbstgewissen Enzyklopädisten und Polyhistors – den alten Beireis in Helmstedt,

---

139 Zitiert nach Humboldt, Alexander von: *Es ist ein Treiben in mir. Entdeckungen und Einsichten.* Herausgegeben von Frank Holl. München: dtv 2009, S. 114.

140 Ebda.

141 Daum, Andreas W.: *Wissenschaftspopularisierung im 19. Jahrhundert*, S. 274.

142 Ebda., S. 275.

143 Flegel, Eva: *«Alles ist Wechselwirkung» – Dillentantismus als Lebens-Kunst-Programm. Naturwissenschaftler in der Nachfolge Goethes.* Hamburg: Verlag Dr. Kovac 2010 (Schriften zur Kunstgeschichte, 30).

> den von Goethe verewigten bizarren Spätankömmling dieser Spezies, hat er noch getroffen – und vom neueren Typ des dilettantischen Kosmos-Schwärmers unterscheidet ihn die Einsicht in das 'Gerade-noch' der eigenen Breite. [...] Keine Spur also bei ihm von Generalistentum als fachmenschenfeindlicher Ideologie [...].[144]

Paradoxerweise ergab sich bereits in der frühen Rezeption des *Kosmos* ein anderes Problem. So war der *Kosmos* zwar sofort ein enormer Verkaufserfolg. Doch die Anzahl verkaufter Titel schien sich nicht zu decken mit einer entsprechend breiten Leserschaft. Bald mehrten sich die Stimmen, die das Werk keineswegs als allgemein verständliche oder auch nur zugängliche Lektüre empfanden, sondern konstatierten, «[d]aß der *Kosmos* für Laien und selbst für einen großen Teil der Gebildeten unverständlich blieb, daß man ihn ungleich mehr kaufte als las oder gar verstand».[145] So lässt sich Daum zustimmen, wenn er darin nicht ein Scheitern des Humboldt'schen Projekts, sondern ein Missverständnis zwischen Autor und Leserschaft erkennt: «Er hatte mit dem *Kosmos* keineswegs einen populärwissenschaftlichen Text verfasst, sondern war sich des gegenteiligen Charakters seines Werkes viel mehr bewusst, als es seine späteren Bewunderer wahrhaben wollten».[146]

Dieser Rezeptionsgeschichte, die sich demnach sowohl einer Geschichte wissenschaftlicher Paradigmenwechsel im 19. Jahrhundert als auch einer Wirkungsgeschichte der spezifischen Werk- und Wissenskonzeption einer *Humboldtian Science* verdankt, steht ein schon zu Humboldts Lebzeiten geltender Bekanntheitsgrad zur Seite, der bis heute zahlreichen Projektionen Raum gegeben hat. Humboldts Schaffenskraft bleibt beeindruckend und ist als Lebensleistung eines Einzelnen kaum fassbar. Sie verleitet zugleich dazu, ihm und seinem Werk *alles* zuzutrauen. Der Befund, dass die Humboldt-Rezeption in ihrer Mehrheit eine Hagiographiegeschichte sei, scheint daher geradezu unvermeidbar. Eine beliebte Methode, dem epigonalen Zug dieser Rezeption den inspirationsarmen Geist auszutreiben, ist die ironische Emphase, welche der «immer gleich unleserlich[e]»[147] Verfasser des *Kosmos* schon in seinen Selbstbeschreibungen ausgiebig kultivierte und die auch typisch vor allem für die zeitgenössische Humboldt-Forschung ist. So schreibt Jürgen Osterhammel:

> [N]iemandem trauten die Zeitgenossen mehr zu als diesem preußischen Bergwerksingenieur und Privatgelehrten. Die russischen Bauern und die Indios am Orinoco hielten ihn

---

144 Osterhammel, Jürgen: Alexander von Humboldt: Historiker der Gesellschaft, Historiker der Natur, S. 111.

145 Daum, Andreas W.: *Wissenschaftspopularisierung im 19. Jahrhundert*, S. 278.

146 Ebda., S. 286.

147 Humboldt, Alexander von: *Alexander von Humboldt und das Preußische Königshaus. Briefe aus den Jahren 1835–1857.* Herausgegeben von Conrad Müller. Leipzig: K. F. Koehler 1928, S. 78.

für einen Zauberer und die Moskauer Minister für etwas Ähnliches, nachdem er korrekt Diamantenfunde im Ural prognostiziert hatte. Brasilien und Venezuela unterbreiteten ihm einen Grenzstreit – wie früher dem Papst. Jährlich erhielt er bis zu 3000 Briefe, viele davon Bittgesuche und Anfragen, etwa 1856 eine solche aus Brüssel, ob auch die Wanzen und Mücken in den Himmel kämen: eine Schreckensvorstellung für jemanden, der sich 1799 bei Caracas nachts bis zum Hals in den Sand eingraben ließ, um der Wut der Moskitos zu entrinnen [...].[148]

148 Osterhammel, Jürgen: Alexander von Humboldt: Historiker der Gesellschaft, Historiker der Natur, S. 106.

2 Überlegungen zur Form: Essai – Tableau – Atlas

Studien zu Gattungsfragen und ihrer jeweiligen Ausprägung in einzelnen Werk- oder Epochenkontexten laufen Gefahr, sich dem Vorwurf einer gewisssen Unschärfe auszusetzen. Das Problem der Unschärfe aber hat mit dem Gegenstand selbst zu tun. Der große Romanist Karl Vossler hat hierzu in seinen Vorlesungen aus den 1920er und 1930er Jahren, die posthum aus seinem Nachlass als *Die Dichtungsformen der Romanen* 1951 von Andreas Bauer veröffentlicht wurden, in der für ihn typischen Mischung aus klugem Urteil und scharfer Pointe dazu das Entscheidende bereits gesagt:

> Literarische Gattungsbegriffe sind tückische Gebilde. Zwischen dem, was sie versprechen oder erwarten lassen oder zu fordern scheinen, und ihrer jeweiligen Erfüllung durch die Verfasser ereignen sich ungefähr alle Arten von Überraschung und Enttäuschung, die das literarische Leben zu bringen pflegen.[1]

Daher bedienen sich die folgenden Überlegungen zum Essai, Tableau und Altas einer doppelten Strategie. Zum einen sollen Grundzüge einer historischen Entwicklung der Gattung, respektive der epistemischen Figur aufgezeigt und zugleich entscheidende systematische Aspekte beleucht werden. Wir beleuchten also das, was sie «erwarten lassen oder zu fordern scheinen». Zum anderen aber gehen die folgenden Kapitel auch bereits auf einzelne Aspekte in Humboldts Werk ein, können somit als Ausblick und Vorbereitung auf die sehr viel ausführlicheren Überlegungen in den Kapiteln 3–8 verstanden werden und kündigen damit die eine oder andere «Überraschung und Enttäuschung» an, die sich hieraus ergeben könnte.

Das Projekt einer auf diverse Krisen des Wissens seiner Zeit reagierenden *Humboldtian Science* verhandelt im Kern immer wieder die Frage nach der angemessenen Form. Humboldt war sich aufgrund seiner außergewöhnlichen sprachlichen und kosmopolitischen Weltgewandtheit, seiner fachlichen Breite und seiner bereits in jungen Jahren akkumulierten Lebens- und Arbeitserfahrung wohl wie kaum ein anderer Wissenschaftler seiner Zeit bewusst, dass das Wissen der Welt einen Komplexitätsgrad erreicht hatte, auf den es mit Innovationen der Form, das heißt der textuellen wie visuellen Darstellung, zu reagieren galt. Dabei lassen sich zwei Aspekte beobachten: Form als Tradition und Form als Labor. Sie beide spielen in der Argumentation der nun folgenden,

1 Vossler, Karl: *Die Dichtungsformen der Romanen*. Herausgegeben von Andreas Bauer. Stuttgart: K. F. Koehler 1951, S. 297.

einleitenden Kapiteln über die hier privilegierten Wissensfiguren Essai, Tableau und Atlas eine wichtige Rolle.

2.1 Geschichte und Systematik des Essai-Begriffs

Wie bereits gesehen, taucht der Gattungsbegriff des Essai im amerikanischen Reisewerk Alexander von Humboldts im Titel mehrerer Werke auf. Er verweist auf den laborähnlichen Versuchscharakter dieser Werke, die in jeweils spezifischer Weise vom Vorhaben sprechen, dem Wissen über den 'Neuen Kontinent' eine neue, wenngleich noch keineswegs etablierte Form zu geben. Da im Zentrum jener dem Essai gewidmeten Hauptkapitel dieser Arbeit jedoch die Sonderform des Essai politique steht, orientieren sich die folgenden Ausführungen an zwei Fragestellungen. Zum einen gilt es, die Grundzüge einer allgemeinen Gattungsgeschichte des Essai mit Blick auf die für Humboldts Werk relevanten Zeiträume zu skizzieren. Zum anderen sollen die im Adjektiv *politique* enthaltenen, wissenschaftshistorischen Prämissen der Humboldt'schen Gattung geklärt werden.

2.1.1 Essai als Experimentalanordnung: von der Karriere eines schillernden Begriffs

Der Gattungsbegriff des Essai war zur Zeit der Arbeit am amerikanischen Reisewerk im Französischen längst etabliert (s. Kap. 2.1.2)[2] und begann seine deutsche Begriffskarriere just ein Jahr, bevor Humboldt von Spanien aus den Weg in die amerikanischen Tropen antreten sollte. Sie ging aus von einem Mann, der mit August Wilhelm ein zumindest im deutschsprachigen Kontext ähnlich prominentes Bruderpaar bildete wie Wilhelm und Alexander von Humboldt selbst.

2 Literaturhistorisch wird die Geburtsstunde der Gattung bekanntermaßen mit dem Erscheinen der *Essais* (1580, sowie in erweiterter Ausgabe 1588) von Michel de Montaigne gleichgesetzt. Doch wirkte das Vorbild Montaignes weniger in Frankreich weiter als vielmehr in England, wo die *Essays* von Francis Bacon (1597, sowie in erweiterten Ausgaben 1612 und 1625) der Gattung wesentliche Impulse geben und von der Insel wieder nach Kontinentaleuropa zurückwirken konnten. Vgl. Pfammatter, René: *Essay – Anspruch und Möglichkeit*, S. 11 f.

> Der Essay ist ein wechselseitiger Galvanism des Autors und des Lesers und auch ein innrer für jeden allein: systematischer Wechsel zwischen Lähmung und Zuckung. – Er soll Motion machen, gegen die geistige Gicht ankämpfen, die Agilität befördern.[3]

Tatsächlich ist der romantische Dichter, Philosoph und Literaturkritiker Friedrich von Schlegel der erste, der den Begriff des Essai in seinen zu Lebzeiten jedoch nicht publizierten 'Philosophischen Fragmenten' 1798 im deutschen Sprachraum zuerst verwendete.[4] Schlegels Anspruch an die Form ist zugleich theoretisch und konkret: Der Essay soll elektrisieren, und das meinte in der Sprache der Zeit mehr als die Metapher aus heutiger Sicht suggeriert. Der Galvanismus, den Schlegel assoziiert, war am Ende des 18. Jahrhunderts ein Schlüsselbegriff der experimentellen Physiologie, welche die Frage nach der Lebenskraft aller Organismen stellte und diese vor allem in der elektrischen Affizierbarkeit des Körpers zu finden glaubte. Humboldt selbst steht mit seinem physiologischen Werk *Versuche über die gereizte Muskel- und Nervenfaser* für einen wichtigen Beitrag zum jungen Feld der Bioelektrizität, das der italienische Arzt und Anatom Luigi Galvani während seiner Experimente mit Froschleibern 1780 zufällig durch seine Entdeckung stromleitender Kreisläufe im Tierkörper begründet hatte. Ende des Jahrhunderts galvanisierte jeder junge Naturforscher, der etwas auf sich hielt; so auch Humboldt, der die Methode auf seiner Reise nach Wien 1792 kennen gelernt hatte.[5]

Dass Schlegel sich bei der theoretischen Reflektion zum Essay der Sprache des Galvanismus bediente, dürfte dem zeitgenössischen Leser demnach so vertraut wie heute ein Verweis auf Nanotechnologie oder Reproduktionsmedizin gewesen sein. Diskursiv standen sich beide Felder ohnehin nahe. Humboldt spricht in seinen *Versuchen* ganz im Vokabular der Frühromantiker von «Empfindung» und «Reizempfänglichkeit»,[6] nur dass hier ersteres ein Synonym für Muskelbewegung und letzteres Ausdruck des Organs, nicht eines fühlenden Individuums, ist. Doch es zeigt sich auf den ersten Blick, dass die Sprache

---

3 Schlegel, Friedrich von: *Kritische Friedrich-Schlegel-Ausgabe. Abteilung 2: Schriften aus dem Nachlaß. [Bd. 6]: Philosophische Lehrjahre; 1796–1806; nebst philosophischen Manuskripten aus den Jahren 1796–1828. Band 18.* Herausgegeben von Ernst Behler. Paderborn: Schöningh 1963, S. 221.

4 Vgl. Pfammatter, René: *Essay – Anspruch und Möglichkeit*, S. 14 f.

5 Humboldt, Alexander von: *Versuche über die gereizte Muskel- und Nervenfaser.* Erster Band, S. 3. Zu Johann Wilhelm Ritters und Humboldts frühen elektrophysiologischen Selbstversuchen vgl. Breidbach, Olaf: *Bilder des Wissens. Zur Kulturgeschichte der wissenschaftlichen Wahrnehmung.* München: Wilhelm Fink 2005, S. 31 f.

6 Humboldt, Alexander von: *Versuche über die gereizte Muskel- und Nervenfaser.* Erster Band, S. 13.

elektrophysiologischer Experimentalwissenschaften für das Argument des romantischen Literaturtheoretikers Schlegel wie geschaffen war. Bei Schlegel ist der Essay in seiner epistemischen wie literarästhetischen Funktion beides: reizleitender Verbindungskanal im Gespräch zwischen Autor und Leser sowie Auslöser geistiger Muskelbewegungen beim Essayisten selbst. Die Metapher der Irritabilität – ein für die Galvanismus-Forschung der Zeit zentraler Begriff – schürt dabei die bei Schlegel deutlich erkennbare Vorstellung intellektueller Unruhe. Wer «gegen die geistige Gicht ankämpfen» will, muss reizen und gereizt werden können, und der Essai, so die Herleitung aus den Galvanismus-Laborplatten, ist der textuelle Ort, an dem ein solches Reiz-Reaktionsschema experimentell erprobt werden und «Motion machen» kann. Als Gattung des Experiments steht er ebenso symbolisch wie produktionsästhetisch für die Möglichkeit, für das Vorhaben oder gleich für den Beginn einer neuen Wissensordnung.

Schlegels Einführung des Formbegriffs «blieb jedoch ein Strohfeuer innerhalb der intellektuellen Verhältnisse in Deutschland».[7] Denn auch wenn das späte 18. und frühe 19. Jahrhundert zahlreiche Beispiele essayistischer Prosa kennt (Bodmer, Lavater, Lichtenberg, Winckelmann, Kant, Hamann, Wieland), wird erst der Kunsthistoriker und Publizist Herman Grimm in Alexander von Humboldts Todesjahr 1859 die Sache auf den Punkt bringen und den Begriff als Titel seiner Aufsatzsammlung zur Kunstgeschichte verwenden.[8]

> Das Wort 'Essai' existiert zwar schon vorher in einer latenten Art und Weise, der Sprachgebrauch ist allerdings unbestimmt, zufällig und ist mit keinerlei ästhetischer Verbindlichkeit gekoppelt. Erst durch Grimm, der sich an der zeitgenössischen angelsächsischen Essayistik orientiert, dringt der Essay begrifflich für eine literarische Form stehend in das deutsche Sprachbewußtsein ein.[9]

Dass Grimm die deutsche Literaturgeschichte um den Essay bereichert, ist dabei aber weniger Montaigne oder Bacon geschuldet, sondern verdankt sich der Auseinandersetzung mit dem ab den 1830er Jahren entstehenden essayistischen Werk Ralph Waldo Emersons.[10] Grimm und der US-amerikanische Transzendentalist, Schriftsteller, Gesellschaftstheoretiker und vielleicht «bedeutendste Intellektuelle der USA überhaupt»[11] lernten sich in den 1870er Jahren

---

7 Schärf, Christian: Essay. In: Lamping, Dieter (Hg.): *Handbuch der literarischen Gattungen.* Stuttgart: Alfred Kröner Verlag 2009, S. 224–233, S. 226.

8 Vgl. Pfammatter, René: *Essay – Anspruch und Möglichkeit*, S. 8.

9 Ebda., S. 14 f.

10 Ebda., S. 15.

11 Arnold, Heinz Ludwig (Hg.): *Kindlers Literatur Lexikon. Online-Ausgabe.* 3., völlig neu bearbeitete Auflage. Stuttgart, Weimar: J. B. Metzler 2009. <http://www.kll-online.de>>

in Florenz kennen. Fasziniert von der Kultur des jeweils anderen, hatten sie jedoch bereits seit den fünfziger Jahren einen regen Briefwechsel unterhalten.[12]

2.1.2 Zwischen aufklärerischem Anspruch und unvermeidbarer Bescheidenheit

Angesichts dieser im europäischen Vergleich reichlich spät einsetzenden Begriffs- und Gattungsgeschichte verwundert es nicht, dass Humboldt für seine deutschsprachigen Veröffentlichungen und Übersetzungen aus dem Französischen auf Alternativen angewiesen war und die entsprechenden Schriften wahlweise als *Ideen* (s. u.) oder eben *Versuche* ausgab. Mit der Titelwahl seiner französischen *Essais* hingegen stellte Humboldt seine Forschung in eine Zeitgenossenschaft, die Schriften wie D'Alemberts *Essai sur les éléments de philosophie* (1759) ebenso umfasste wie die zur Jahrhundertwende veröffentlichten *Essai historique, politique et moral sur les révolutions* (1797) von François-René de Chateaubriand oder Jean Baptiste Biots *Essai sur l'histoire générale des sciences pendant la révolution française* (1803). In allen (und hier nur exemplarisch erwähnten) Fällen waren Humboldt Autor wie Werk bestens vertraut. Die enorme Häufung dieser und vergleichbarer Titel im späten 18. und frühen 19. Jahrhundert verweist allerdings auch auf ein – paratextuell eingestandenes – Bewältigungsproblem. Wo die Abhandlung im Sinne eines *Trai(c)té* eine erschöpfende Ausarbeitung des Themas verspricht, erprobt der Essai den noch nicht ausgereizten Bereich des Möglichen.

In dem bereits 1805 auf Französisch abgeschlossenen und publizierten *Essai sur la géographie des plantes* (Paris/Tübingen 1807; dt. *Ideen zu einer Geographie der Pflanzen*) begründet Humboldt die Titelgebung mit dem Hinweis auf die geradezu notwendige Bescheidenheit, mit der er sein Werk, das als unmittelbarer Ausdruck seiner Feldforschung geradezu im Angesicht der Dinge[13] verfasst wurde, seinen Lesern anbieten möchte.

---

12 Wenn auch wohl nicht mit Blick auf die Entwicklungsgeschichte des Genres, aber doch als explizit literarisches und ideelles Vorbild spielt Alexander von Humboldt eine bedeutende Rolle sowohl im Werk Emersons als auch Walt Whitmans. Dies gilt gerade vor dem Hintergrund der politischen Dimension des amerikanischen Reisewerks. Vgl. hierzu ausführlich Walls, Laura Dassow: *The Passage to Cosmos*, S. 148 ff.

13 Das 'Schreiben im Angesicht der Dinge' darf als eine der poetologischen Grundlagen des *Humboldtian Writing* verstanden werden. Ottmar Ette hat hierauf zum ersten Mal 1991 in freier Übersetzung einer Formulierung aus der *Relation historique* hingewiesen. Vgl. Ette, Ottmar: Der Blick auf die Neue Welt. Nachwort, S. 1578 f. Dort schreibt Humboldt im 18. Kapitel in Kommentierung einer daraufhin folgenden Passage, die er direkt aus seinen Tagebuchaufzeichnungen übernommen hatte: «Tout ce qui est écrit à la vue des objets que l'on dépeint,

> C'est à la vue même des grands objets que je devois décrire, c'est au pied du Chimborazo, sur les côtes de la mer du Sud, que j'ai rédigé la plus grande partie de cet ouvrage. J'ai cru devoir lui laisser le titre *d'Essai sur la Géographie des Plantes*; car toute dénomination moins modeste, en découvrant davantage l'imperfection de mon travail, l'auroit aussi rendu moins digne de l'indulgence du public.[14]

In dieser für den paratextuellen Typ des Vorworts geradezu emblematischen *captatio benevolentiae* wird die erste und wohl offensichtlichste Dimension der Begriffsverwendung des Essai bei Humboldt deutlich: der Hinweis auf dessen «imperfection». Dass dieser Text in der deutschen, von Humboldt selbst verfassten Erstausgabe von 1807 den Titel *Ideen* trägt, alle anderen *Essais* in Humboldts Werk aber mit *Versuche* übersetzt werden, markiert genau die beiden Pole dieser ersten Begriffsbedeutung. Der Essai ist Versuch und vorausblickender Prolog, zugleich ein Reservoir von Ideen für ein noch genauer zu entwickelndes Forschungsfeld.

> 'Idee' versteht er offenbar mehr als vorwegnehmende und verkürzende Darstellung eines im Einzelnen erst noch auszuarbeitenden Wissens, wobei die psychologische Intuition und die ästhetische Produktivität ebenso zulässig sind wie die Operationen der Vernunft.[15]

In eben diesem Sinne darf auch die Titelwahl der 1799 erschienenen *Versuche über die chemische Zerlegung des Luftkreises* verstanden werden. Dass Hum-

porte un caractère de vérité (j'oserois presque dire d'*individualité*) qui donne de l'attrait aux choses les moins importantes.» Humboldt, Alexander von/Bonpland, Aimé: *Voyage aux régions équinoxiales du Nouveau Continent, fait en 1799, 1800, 1801, 1802, 1803 et 1804. Première Partie. Relation historique. Tome second.* Paris: J. Smith et Gide Fils 1819 [–1821], S. 211. Dt. Übers.: «Was beim Anblick der geschilderten Gegenstände niedergeschrieben ist, hat ein Gepräge von Wahrhaftigkeit (ich möchte fast sagen von *Individualität*), das auch den unbedeutendsten Dingen einen gewissen Reiz gibt.» Humboldt, Alexander von: *Reise in die Äquinoktial-Gegenden des Neuen Kontinents. Band 2*, S. 778. Eine ähnliche Formulierung findet sich auch gleich im ersten Satz der 'Vorrede' der ersten Ausgabe der *Ansichten der Natur* von 1808. Humboldt, Alexander von: *Ansichten der Natur mit wissenschaftlichen Erläuterungen.* Erster Band. Tübingen: Cotta'sche Buchhandlung 1808, S. V.

14 Humboldt, Alexander von/Bonpland, Aimé: *Essai sur la Géographie des Plantes*, S. VII. Dt. Übers.: «Im Angesichte der Objekte, die ich schildern sollte; von einer mächtigen, aber selbst durch ihren innern Streit wohlthätigen Natur umgeben; am Fuße des Chimborazo, habe ich den größern Theil dieser Blätter niedergeschrieben. Ich habe geglaubt, ihnen die Titel *Ideen zu einer Geographie der Pflanzen* lassen zu müssen. Jeder andere unbescheidnere Titel würde die Unvollkommenheit meines Versuchs auffallender und ihn selbst der Nachsicht des Publikums unwerther gemacht haben.» Humboldt, Alexander von/Bonpland, Aimé: *Ideen zu einer Geographie der Pflanzen, nebst einem Naturgemälde der Tropenländer.* Mit einer Kupfertafel. Paris, Tübingen: Schoell, Cotta 1807, S. III f.

15 Hey'l, Bettina: *Das Ganze der Natur und die Differenzierung des Wissens*, S. 218.

boldt diese Vorarbeiten zu einer umfassenderen (aber nie realisierten) Klimaanalyse beim Versuch beließ, die «imperfection» gewissermaßen auf Dauer stellte, zeigen auch andere Beispiele aus seinem Werk. So waren etwa seine *Ideen zu einer Geographie der Pflanzen* neben den bereits in den *Ansichten der Natur* veröffentlichten 'Ideen zu einer Physiognomik der Gewächse' als Vorarbeiten zu wesentlich umfangreicheren Studien angelegt, die er zwar in den Folgejahren in einzelnen Prolegomena und Ankündigungen skizzierte, aber trotz der selbst 1849 noch geäußerten Absicht, eine Neubearbeitung vorzulegen, nie umsetzte.[16]

Daneben verweist die im Vorwort zum *Essai sur la géographie des plantes* gezogene Verbindung von Textgattung und Feldforschung auf den für das Verständnis von Humboldts Werk fundamentalen Zusammenhang zwischen Wissenschafts- und Schreibpraxis, zwischen *Humboldtian Science* und *Humboldtian Writing* und verknüpft somit die methodologischen und epistemologischen Prämissen des *Erfahrungswissenschaftlers* (vgl. Kap. 1.3) mit dem Stil- und Sprachbewusstsein des Schriftstellers Humboldt. In diesem Sinne dürfen wir auch die Titelgebung der bereits erwähnten *Versuche über die gereizte Muskel- und Nervenfaser* verstehen, heißen sie doch in ihrer französischen Übersetzung nicht *Essai*, sondern *Expériences sur le galvanisme* und verweist damit auch auf die körperliche Dimension der Humboldt'schen Erfahrungswissenschaft, ließ der preußische Nachwuchswissenschaftler aus bestem Hause doch als junger Mann keine Gelegenheit aus, die Wechselwirkung zwischen Nervenbahnen und elektronischer Stimulation selbst auf Reisen und ausgestattet mit einer mobilen galvanischen Ausrüstung zu erforschen – übrigens auch am eigenen Leib.[17]

Dass Humboldt nun für seine pflanzengeographische Abhandlung – «premier fruit des mes recherches»[18] – zum ersten Mal in seinem Werk den Essai im Titel führen sollte, verweist auf eine weitere «imperfection». Denn trotz seines im Deutschen wie im Französischen gut geschulten Sprachbewusstseins

---

16 Vgl. Fiedler, Horst/Leitner, Ulrike: *Alexander von Humboldts Schriften*, S. 21, 240 ff. Überhaupt darf man Humboldts Projekt zu einer Geographie der Pflanzen als *das* Langzeitvorhaben seiner wissenschaftlichen Vita bezeichnen. Dies gilt zumindest dann, wenn man berücksichtigt, dass Humboldt bereits 1790 erste Anregungen bekam und Entwürfe skizzierte, eine pflanzengeographische Arbeit zu entwickeln. Vgl. Hey'l, Bettina: *Das Ganze der Natur und die Differenzierung des Wissens*, S. 254 ff. Zusammen mit der bereits erwähnten Absicht aus dem Jahr 1849, doch noch eine Neubearbeitung in Angriff nehmen zu wollen, dürfen wir hier also von einer beinahe sechs Jahrzehnte andauernden Faszination für dieses Projekt sprechen.

17 Vgl. Humboldt, Alexander von: *Versuche über die gereizte Muskel- und Nervenfaser*. Erster Band, S. 3 f.

18 Humboldt, Alexander von/Bonpland, Aimé: *Essai sur la Géographie des Plantes*, S. XI.

waren der eigene Anspruch sowie der Erwartungshorizont seines Pariser Publikums wohl Anlass genug für eine weitere Rechtfertigung der hier zum ersten Mal vollzogenen Titelwahl.

> C'est pour le style surtout que je dois réclamer cette indulgence: forcé depuis long-temps à m'exprimer en plusieurs langues qui ne sont pas plus les miennes que la françoise, je n'ose espérer de m'énoncer toujours avec cette pureté de style que l'on pourroit exiger dans un ouvrage écrit dans ma propre langue.[19]

Die Bitte um Nachsicht angesichts seiner sprachlichen Unzulänglichkeiten hatte zudem produktionsbedingte Gründe. Schließlich basierte der *Essai sur la géographie des plantes* auf dem Manuskript zu einem Vortrag, den Humboldt am 7. Januar 1805 vor der 'Classe des sciences physiques et mathématiques de l'Institut national' hielt. Auch wenn noch kein halbes Jahr seit seiner Rückkehr nach Europa vergangen war, war dies bereits sein fünfter Vortrag vor der Pariser Akademie der Wissenschaften. Doch der Hinweis auf die Vorläufigkeit der hier vorgestellten Überlegungen war neben fachlichen Kriterien sicher auch der gebotenen Höflichkeit und dem Bewusstsein geschuldet, auch idiomatisch – trotz seiner de facto Zweisprachigkeit[20] und aller bereits erworbenen Meriten – ein Gast an Frankreichs Hochamt der Wissenschaften zu sein.

Genrespezifisch ist diese Herkunft des *Essai* aus einer konkreten Vortragssituation geradezu idealtypisch. Schließlich folgt die Gattungskonvention der Vorgabe, nicht über eine Vortragslänge von maximal drei bis vier Stunden hinauszugehen[21] und damit als Text die in ihm angelegte «Redesituation»[22] nachträglich zu simulieren. Selbiges gilt für den auf einer Pariser Akademierede basierenden 'Essai sur les réfractions astronomiques dans la zone toride', der als Ausgliederung aus dem dritten Buch des *Recueil d'observations astronomiques* (2 Bände, Paris, 1808–1811, hier 1809) 1808 in zwei Teilen erschien (in: *Bibliothèque britannique*, 13 (1808) 39, sowie 14 (1809) 40).

Schließlich ist die Titelwahl *Essai* auch vor einem weiteren, das gesamte Feld wissenschaftlicher Tätigkeit umfassenden Hintergrund zu verstehen, benennt es doch als Gattungsreferenz zugleich einen spezifischen Schreibtstil,

---

19 Ebda., S. VII. Es überrascht nicht, dass Humboldt in seiner deutschen Fassung des Textes auf diese Passage verzichtet.

20 Vgl. zu den biographischen und werkästhetischen Aspekten von Humboldts Mehrsprachigkeit Kraft, Tobias: Von den Sprachen in die Welt und wieder zurück. Anschwellende Redevielfalt und mehrsprachige Textgenesen im Werk Alexander von Humboldts. In: Baillot, Anne (Hg.): *Netzwerke des Wissens. Das intellektuelle Berlin um 1800*. Berlin: BWV Berliner Wissenschafts-Verlag 2011 (Berliner Intellektuelle um 1800, 1), S. 369–398.

21 Pfammatter, René: *Essay – Anspruch und Möglichkeit*, S. 70.

22 Hey'l, Bettina: *Das Ganze der Natur und die Differenzierung des Wissens*, S. 215.

der stilistisch die verschiedenen Stufen des wissenschaftlichen Arbeitens im Text erneut verbindet. Der Essai als Arbeitsprinzip ist der dritte Schritt in einem Prozess, den wir mit Blick auf das gesamte Humboldt'sche Œuvre als Abfolge von Empirie – Vergleich – Versuch beschreiben können. Der französische Zoologe und Paläontologe Georges Cuvier hat diesen Dreischritt beschrieben als Beobachtung der Fakten, Auswertung in der Bibliothek und Skizzierung der Ergebnisse, deren Präsentation eine fortwährenden «méditation» Humboldts zum Ausdruck bringe, mithin eine stetig fortschreitende, intellektuelle Tätigkeit und Reflexion, ein durch die Niederschrift weniger fixiertes als erneut in Bewegung gesetztes Weiterdenken:

> Parcourant tous les climats, affrontant tous les dangers et toutes les fatigues, il a observé plus de faits qu'aucun voyageur [..., mais] quand il présente à son lecteur les grands tableaux de la nature il semble s'avoir toujours contemplé; quand il rapproche les faits, rappelle et pèse les opinions, il semble n'avoir jamais quitté la bibliothèque; quand il trace l'esquisse de ses grands resultats: il semble s'être livré sans cesse à la méditation.[23]

Der Wissenschaftshistoriker Michael Dettelbach resümiert Cuviers euphorischen Ausspruch als «Humboldt's ability to write as though he were at once on the scene being described, yet also immersed in the library and museum».[24] In diesem Sinne gilt es im Folgenden Humboldts Lang-Essais zu verstehen. Sie sind Ausdruck eines Zusammendenkens der Arbeit vor Ort wie der Auswertung durch das Archiv der Bibliothek; elaborierte Skizze von stets vorläufigen Ergebnissen und Schlussfolgerungen; der Versuch, ein Bewältigungsproblem ebenso zu artikulieren wie Text-experimentell zu lösen.

Allerdings stellt sich im Fall seiner politischen Essais, dem *Essai politique sur le royaume de la Nouvelle-Espagne* und dem *Essai politique sur l'île de Cuba*, die Frage, von welchen epistemischen Voraussetzungen sie ausgehen. Denn zweifellos gab es im Feld der staatswissenschaftlich orientierten, politisch-geographischen Schriften eine lange Tradition, die Humboldt nicht nur als Leser sondern auch als Student sehr wohl kannte.

---

23 Cuvier in Dettelbach, Michael: Alexander von Humboldt zwischen Aufklärung und Romantik. In: Ette, Ottmar/Hermanns, Ute u. a. (Hg.): *Alexander von Humboldt. Aufbruch in die Moderne.* Berlin: Akademie Verlag 2001 (Beiträge zur Alexander-von-Humboldt-Forschung, 21), S. 137–149, S. 144.

24 Dettelbach, Michael: Describing the Nation: Local and Universal in Humboldt's Administrative Practice and in Late Eighteenth-Century Cameralism. In: Kutzinski, Vera M./Ette, Ottmar u. a. (Hg.): *Alexander von Humboldt and the Americas.* Berlin: edition tranvía 2012 (POINTE – Potsdamer inter- und transkulturelle Texte, 3), S. 179–204, S. 179.

2.1.3 Politische Ökonomie und Datenverarbeitung im 18. und 19. Jahrhundert

Der Begriff der politischen Ökonomie, wie er im Titel der Humboldt'schen *Essais politiques* anklingt, lässt sich zurückverfolgen bis auf Antoine de Montchrétiens 1615 veröffentlichten *Traicté de l'Œconomie politique*. Montchrétiens umfangreiche, zur Handreichung seines Fürsten gedachte Schrift vereinte zum ersten Mal komplexe staatsökonomische mit gesellschaftspolitischen Analysen und postulierte als neue, wissenschaftlichen Kriterien folgende Disziplin programmatisch «die Allgemeinheit des privaten Interesses und der Konkurrenz [...] und die Bildung der Gesellschaft als Ausdruck der zwangsläufigen Zusammenarbeit ihrer Glieder».[25] Damit wurde ein philosophisch fundierter Individualismus propagiert, der als Leitaxiom die ökonomischen Diskussionen der folgenden zwei Jahrhunderte bestimmen sollte und bis heute das Kernideologem der neoliberalen Ökonomielehre bildet. Intuitiv erkannte Montchrétien «in dem von seinem egoistischen Interesse getriebenen Individuum das eigentliche Subjekt der neuen Disziplin und in der Regulierung der Kollektivität das von ihr eigentlich zu lösende Problem».[26]

Methodologisch verfolgte dieser frühe Versuch einer systematisch ausgestalteten politischen Ökonomie einen «vergleichenden Zugriff, die Suche nach Ursachen, die Deduktion im Unterschied zur bloßen beschreibenden Nacherzählung [und] erweitert[e] [...] dieses positive Wissen zu einer politischen Kunstlehre».[27] Im Unterschied zu seiner heutigen Bedeutung blieb Montchrétiens konzeptionell anspruchsvolles *Traicté* in seiner Zeit eher wirkungslos und wurde schnell vergessen.[28] Auch der Begriff der 'Œconomie politique' wurde

---

25 Perrot, Jean-Claude: Économie politique. In: Reichardt, Rolf/Schmitt, Eberhard (Hg.): *Handbuch politisch-sozialer Grundbegriffe in Frankreich 1680–1820. Heft 8*. München: Oldenbourg 1988 (Ancien Régime, Aufklärung und Revolution 10), S. 51–104, S. 55. Die folgenden Ausführungen konzentrieren sich auf das Feld der in Europa entstehenden, staatsökonomischen Studien in der Neuzeit. Natürlich berufen sich diese auf Vorbilder aus der Antike, wie etwa Herodots Reisebeschreibungen und Strabos *Geographica*, im Sinne einer politischen Bestandsaufnahme ebenso auf Aristoteles *Rhetorik*, der die Beschreibung der Polis gliedert in «fünf Gegenstände der Beratung: Einkünfte, Krieg-Frieden, Landesverteidigung, Einfuhr-Ausfuhr (Ernährung), Gesetzgebung.» Rassem, Mohammed/Stagl, Justin: Exposé. In: Rassem, Mohammed (Hg.): *Statistik und Staatsbeschreibung in der Neuzeit. Vornehmlich im 16.–18. Jahrhundert. Bericht über ein interdisziplinäres Symposion in Wolfenbüttel, 25.–27. September 1978*. Paderborn: Schöningh 1980 (Quellen und Abhandlungen zur Geschichte der Staatsbeschreibung und Statistik 1), S. 11–16, S. 11.

26 Perrot, Jean-Claude: Économie politique, S. 94.

27 Ebda., S. 55 f.

28 Für die Zeit ab 1664 müssen ebenso die staatspolitischen Erhebungen Jean-Baptiste Colberts, Finanzminister unter Ludwig XIV. und Begründer des Merkantilismus, erwähnt werden.

erst wieder in den 1760er Jahren geläufig, ausgelöst durch Rousseaus *Discours sur l'Œconomie politique*, der 1758 als Sonderdruck der bereits drei Jahre zuvor erstmals erschienenen *Encyclopédie* von Diderot und D'Alembert auf den Markt kam.[29] Methodologisch ist Rousseaus Artikel allerdings ein Rückschritt, so wie auch der Bauplan der *Encyclopédie*, das «Système figuré des connoissances humaines» (Abbildung 1), keinen Platz für die umfassende, mikro- wie makroökonomische, staats- wie gesellschaftspolitische Faktoren berücksichtigende Lehre der politischen Ökonomie im Stile Montchrétiens vorsah.[30]

Einflussreicher sind jedoch die zur selben Zeit entstandenen staatsökonomischen Arbeiten von François Quesnay, durch den der Schritt zu einer ausgewachsenen Disziplin vollzogen wird und dessen Lehren ab 1767 durch Nicolas Baudeau als 'physiokratische Schule' in die Geschichte der ökonomischen Theorie eingehen sollten. In den 1770er Jahren entstanden so die ersten ökonomischen Lehrbücher. Mit Quesnay und seinen Schülern Victor Riquetti (besser bekannt als Marquis de Mirabeau) und Pierre Samuel du Pont de Nemours setzte sich – trotz der polemischen Kämpfe um das physiokratische Modell in Frankreich – in der zweiten Hälfte des 18. Jahrhunderts schließlich in ganz Europa der Begriff der politischen Ökonomie in seinen Varianten 'political economy', 'economia pubblica' oder 'Staatsökonomie' durch und war im frühen 19. Jahrhundert, als Humboldt seine Schriften über Neu-Spanien und Kuba verfasste, gänzlich etabliert.[31] Die sich gerade in dieser Zeit rasant entwickelnde Disziplin verfolgte in ihrem Materialumfang und Problemhorizont einen «nahezu maßlosen synthetischen Anspruch»,[32] der die relationalen Beziehungen und

Colbert entwickelte einen ausführlichen Fragenkatalog, der Grundlage einer allgemeinen Landesbeschreibung sein sollte und dabei in der ökonomischen Grundausrichtung durchaus dem Vorbild Montchrétiens folgte. Colberts Untersuchungen zeigen in ihrer fehlenden Systematik und dem sprunghaften Wechsel zwischen pragmatischer Analyse der Staatsfinanzen und allgemeiner ökonomischer Lehre allerdings die fehlende Reife des Projekts. Nach seinem Tod galt das Erhebungsverfahren als gescheitert, der statistische Eifer Colberts jedoch sollte sich in den Folgegenerationen französischer Staatsverwaltung noch steigern, vgl. Hoock, Jochen: Statistik und politische Ökonomie. Zum Wandel der politischen und ökonomischen Wissensformen in Frankreich in der zweiten Hälfte des 17. Jahrhunderts. In: Rassem, Mohammed (Hg.): *Statistik und Staatsbeschreibung in der Neuzeit. Vornehmlich im 16.–18. Jahrhundert. Bericht über ein interdisziplinäres Symposion in Wolfenbüttel, 25.–27. September 1978*. Paderborn: Schöningh 1980 (Quellen und Abhandlungen zur Geschichte der Staatsbeschreibung und Statistik 1), S. 307–323

29 Vgl. Perrot, Jean-Claude: Économie politique, S. 58 f.

30 Ebda., S. 58.

31 Vgl. Ebda., S. 65, 75 ff.

32 Ebda., S. 67.

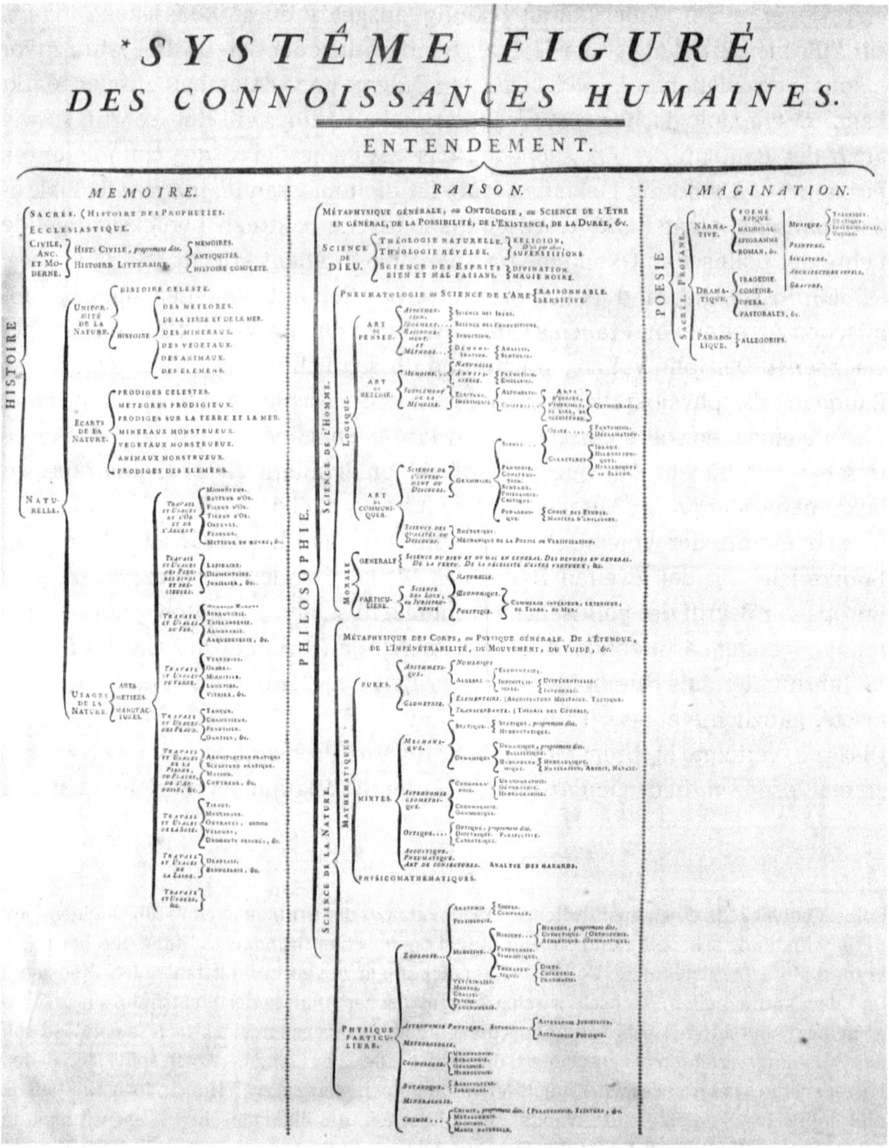

Abbildung 1: 'Système figuré des connoissances humaines', in: Diderot, Denis/D'Alembert, Jean-Baptiste le Rond (Hg.): *Encyclopédie ou dictionnaire raisonné des sciences , des arts et des métiers, par une société de gens de lettres*. Tome première [A–Azyme]. Paris: Briasson, David, Le Breton, Durand 1751, Quelle: Wikimedia Commons.

wirtschaftlichen wie politischen Abhängigkeiten der verschiedenen Faktoren und Agenten eines bestehenden Gesellschaftssystem in ihrem Zusammenwirken untersuchen wollte. Dabei war es üblich, stets einen prominenten «point de contact, l'articulation que les lie»[33] herauszuarbeiten, auf den das eigentliche Interesse der politischen Analyse zu legen war um auf diese Weise ein Instrument politischer Beratung wie auch analytischer Kritik zu werden. Die Methode verdeutlicht zugleich «die ganze Ambivalenz einer Disziplin [...], die niemals darauf verzichtet hat, preskriptive Aussagen zu machen, auch wenn sie vorgibt zu beobachten».[34] Im Neben- und Zwischeneinander von Deskription und Preskription liegt somit sowohl die Qualität als auch die potentielle Gefahr dieser neuen Disziplin und ihrer ideologischen Hypothek. Da wundert es nicht, dass die politische Ökonomie im Frankreich des 18. Jahrhunderts und in besonderem Maße im Vorfeld der Französischen Revolution zunehmend Eingang in den Journalismus fand und sich breitenwirksam als eine Textform etablierte, die sich besonders zu Zeiten der politischen und gesellschaftlichen Krisen – auch gegen den Willen der Zensur – im öffentlichen Raum als Medium politischer Kritik durchsetzen konnte.

2.1.4 Machtinstrument und Wahrheitsmaschine: Frankreich und die Statistik im 19. Jahrhundert

Ein methodologisch einheitliches Vorgehen, ja überhaupt die Wissenschaftlichkeit der politischen Ökonomie selbst, war allerdings zu Beginn des 19. Jahrhunderts keineswegs gegeben. Als Lösung schien sich zunächst die statistische Datenerhebung[35] anzubieten, führte sie doch vermeintlich gesichertes Wissen

33 Jean-Baptiste Say, zitiert nach Ebda., S. 68.

34 Ebda., S. 72.

35 Als eigenständige Textgattung hat die Disziplin ihren Ursprung im 16. Jahrhundert. Auf Universalstatistiken 'aller' Länder (sofern etwas über sie bekannt war) folgten bald landes- und stadtspezifische Einzelstatistiken, nicht-öffentliche Kabinettsstatistiken, offizielle Enqueten, sowie publizierte Einzelkorrespondenzen und frühe Gesandschaftsberichte. Diese entstanden vor allem im Umfeld des venezianischen Adels und wurden in einigen Fällen aufgrund ihrer politischen Brisanz rasch verboten. Vgl. Rassem, Mohammed/Stagl, Justin: Exposé, S. 13.; zur Entwicklung im 17. Jahrhundert vgl. Hoock, Jochen: Statistik und politische Ökonomie, S. 307 ff. Hier ist der Begriff Statistik noch ganz im Sinne einer frühen politischen Ökonomie zu verstehen, beschreibt aber im Unterschied zur deutschen universitären Statistik im 18. und 19. Jahrhundert vor allem etatistische und zentralistisch organisierte Erhebungsapparate. Schon hier kündigt sich die enge Beziehung zwischen wissenschaftlicher Textgattung und kritischem Reformbewusstsein an, die grundlegend ist für das Verständnis von Humboldts politischen Schriften.

in Form von regelmäßig zu erhebenden und die ökonomischen Mengenverhältnisse möglichst erschöpfend darstellenden Daten vor. Als staatliches Instrument wurde die Statistik im 19. Jahrhundert geradezu zu einer Leitdisziplin in Europa: nicht nur führte sie zu neuen, vormals unbekannten Datenmengen, sie schuf in ihrer Notwendigkeit zu konstanter Klassifikation auch neue soziale 'Fakten' und zeigte sich hierin ebenso als Machtinstrument wie als Wahrheitsmaschine der zunehmend national geprägten Staatswesen:

> Was ist neu im 19. Jahrhundert? Die Verfeinerung der Beobachtungspraktiken, ihre institutionelle Verstetigung, ihr Geist der Objektivierung. Erst das 19. Jahrhundert dachte in 'Populationen'. [...] Mehrere europäische Länder wurden in den 1830er und 1840er Jahren von einem großen Enthusiasmus für Statistik erfasst. Sie machte Dinge sichtbar, die bis dahin verborgen oder selbstverständlich geblieben waren. Arme traten als Masse erst in Erscheinung, als man sie zählte. [...] Die Statistik war doppelgesichtig: einerseits ein Instrument zur Beschreibung und soziologischen Aufklärung, andererseits eine große Stereotypisierungs- und Etikettierungsmaschine. In beiden Hinsichten wurde sie im 19. Jahrhundert weltweit ein zentrales Element des gesellschaftlichen *imaginaire*.[36]

Tatsächlich ist ihr Status als wissenschaftliche Disziplin heftig umstritten. Hierfür lassen sich eine Reihe von Faktoren ins Feld führen. Zum einen gilt für den politischen Ökonomen im Normalfall, seine Statistik, wie die Etymologie es nahelegt, vom Staate selbst zu erhalten, womit «[j]ede Sammlung von Nachrichten, seien sie numerischer Natur oder nicht, [...] an den Willen der Macht gebunden [ist]».[37] Zugang zu den Archiven der Intendanzen und Ministerien, zu den dort aufbewahrten Handelsbilanzen, Staatsausgaben, Steuerlisten, Geburts- und Sterberegistern erhielt nur, wer selbst die entsprechenden Ämter innehatte oder direkt vom Staat – zumeist anlässlich eines konkreten Ereignisses – zu ihrer systematischen Sammlung beauftragt wurde.

> Damit gründet die 'Ökonomie' als Wissenschaft auf einer Disziplin, deren Entwicklung nichts mit einem wissenschaftlichen Prozeß zu tun hat. Es sind die Ereignisse, die den Souverän dazu veranlassen, seinen Informationsstand zu verbessern. [...] Tatsächlich reproduzieren die Datenlisten spontan die Gliederungsschemata der königlichen Behören und keineswegs die einer – wie auch immer gearteten – ökonomischen Kategorienbildung.[38]

Zugleich wurde die Statistik als Darstellungsmethode komplexer, für die ökonomische Analyse relevanter Mengenverhältnisse um die Jahrhundertwende

---

36 Osterhammel, Jürgen: *Die Verwandlung der Welt. Eine Geschichte des 19. Jahrhunderts.* München: C.H. Beck ^{2}2009, S. 60 ff.

37 Perrot, Jean-Claude: Économie politique, S. 82 f.

38 Ebda., S. 84.

zum Zentrum einer Debatte um das angemessene methodische Vorgehen. Die Lager spalteten sich auf in Anhänger eines induktiven und eines deduktiven Verfahrens.[39] So stand die Statistik beim deduktiven Ansatz der Physiokraten nicht am Anfang, sondern am Ende der Analyse und diente im wesentlichen dazu, bereits getroffene Annahmen der Theorie zu belegen. Stimmten die Zahlen allerdings nicht mit den im vorhinein festgelegten Gesetzmäßigkeiten überein, war dies kein Fehler der Theorie. Vielmehr «enthüllen [die Daten] in einem solchen Falle nur den pathologischen Zustand des tatsächlich praktizierten Ackerbaus und in welchem Umfang man ihn ändern muß».[40] Genau umgekehrt verhielt es sich natürlich bei den Vertretern des induktiven Ansatzes. Hier lieferte die Auswertung der statistischen Daten als 'Sammlung erster Tatsachen' die eigentliche Grundlage für die ökonomische Studie. Doch was die induktiv arbeitenden Statistiker den deduktiven Physiokraten polemisch unterstellten, nämlich die empirieferne und abstrakte Konstruktion von Faktizität, war umgekehrt genauso gegen die reinen Statistiker zu wenden: «Der Datensammler ist nicht schon deshalb vor Irrtum geschützt, weil er skrupulös vorgeht».[41] Und weder lagen zu allen Sachverhalten verlässliche Daten vor, noch konnte jede ökonomische Fragestellung anhand von Statistiken allein beantwortet werden. Im Gegenteil: zahlreiche ökonomische Grundfragen des 18. und 19. Jahrhunderts wie die Erhebung des Nationalproduktes oder die Preisentwicklung am Warenmarkt waren an so komplexe Faktoren gebunden, dass «die Unmöglichkeit der empirischen Verifizierung gleichsam mit der Definition des Problems vorgegeben»[42] schien. Im Zuge dieses Dilemmas hielt die Mathematik als Hilfswissenschaft Einzug in die politische Ökonomie. Diese wurde allerdings auch gleich wieder bekämpft und zusammen mit der Statistik, in selbem Maße kleinteilig wie unvollständig, dazu stets ein Ausdruck etatistischer Bürokratie, als Methode verworfen. Schließlich handele die *économie politique* doch, so Jean-Baptiste Say, stets von materiellen Gütern, deren Beschaffenheit, Zirkulation und Schicksal abhänge von den Geschicken des Menschen. Die Ökonomie benötige zwar mathematische Grundlagen, arbeite aber ansonsten «mit allgemeinen Sachverhalten, die beständig, wenig zahlreich und dem Wesen der Dinge verhaftet sind».[43] Der analytische Durchbruch mithilfe der Faktoren Probalitität und Verteilung, die schließlich die Mathematik und Statistik wieder mit der Ökonomie versöhnen sollten, gelang trotz erster Arbeiten

39 Ebda., S. 86 ff.
40 Ebda., S. 86.
41 Ebda., S. 87.
42 Ebda., S. 88.
43 Ebda., S. 89.

durch Deparcieux (*Essai sur les probabilités de la durée de la vie humaine*, 1746) erst mit Laplace (*Essai philosophique sur les probabilités*, 1814) und leitete einen Paradigmenwechsel ein, für den die Namen Jacques Quetelet (*Instructions populaires sur le calcul des probabilités*, 1828), Friedrich Wilhelm Bessel[44] ('Untersuchungen über die Wahrscheinlichkeit der Beobachtungsfelder', *Astronomische Nachrichten*, 15/1838) sowie Antoine-Augustine Cournot (*Exposition de la théorie des chances et des probalitités*, 1843)[45] stehen.

2.1.5 Deutsche Statistik und Geographie: Achenwall, Schlözer, Blumenbach

Zu jenem Zeitpunkt waren die Arbeiten zur politisch-ökonomischen Geographie Alexander von Humboldts bereits abgeschlossen. Die vorangegangenen Ausführungen zeigen aber sehr deutlich, in welchem Maße die Arbeit an Humboldts *Essais politiques* in eine spezifische Umbruchsphase fällt, in deren Konsequenz sich Humboldt zwangsläufig zu einer offenen Form bekennen musste.

---

44 Bessel wird für Humboldt ab 1829 zu einem wichtigen Gesprächspartner in Fragen astronomischer Messverfahren und der auch institutionell zu fördernden Verbreitung mathematischen Wissens, vgl. Biermann, Kurt-R.: F. W. Bessels Projekt einer populären Astronomie in seinem Briefwechsel mit Alexander von Humboldt. In: *Miscellanea Humboldtiana*. Berlin: Akademie-Verlag 1990, S. 140 ff.

45 Vgl. Perrot, Jean-Claude: Économie politique, S. 90 ff. Zum Einfluss der Wahrscheinlichkeitsrechnung auf Staatsbeschreibung und Statistik in Folge von Laplace vgl. Schneider, Ivo: Mathematisierung des Wahrscheinlichen und Anwendung auf Massenphänomene im 17. und 18. Jahrhundert. In: Rassem, Mohammed (Hg.): *Statistik und Staatsbeschreibung in der Neuzeit. Vornehmlich im 16.–18. Jahrhundert. Bericht über ein interdisziplinäres Symposion in Wolfenbüttel, 25.–27. September 1978*. Paderborn: Schöningh 1980 (Quellen und Abhandlungen zur Geschichte der Staatsbeschreibung und Statistik, 1), S. 53–73, S. 63 ff. Die Lektüre des *Exposition du système du monde* bestärkt Humboldt schon früh in seinem holistisch-relationalen Naturverständnis. Laplaces «methodologische, wissenschaftstheoretische Bekenntnisse lesen sich wie Humboldts eigene Direktiven.» Knobloch, Eberhard: Naturgenuss und Weltgemälde. Gedanken zu Humboldts Kosmos. In: *HiN – Internationale Zeitschrift für Humboldt-Studien* V (2004) H. 9, S. 33–47, S. 38. <http://www.hin-online.de> Das *Traité de mécanique céleste* erhält er während seiner Amerika-Reise 1802 in Lima und passt sofort seine barometrischen Messungen den neuen Laplaceschen Formeln an, vgl. Knobloch, Eberhard: Erkundung und Erforschung. Alexander von Humboldts Amerikareise. In: *HiN – Internationale Zeitschrift für Humboldt-Studien* 8 (2006) H. 13, S. 55–73, S. 58 f. <http://www.hin-online.de> Der Einfluss von Laplace auf das Humboldt'sche Wissenschaftsverständnis wurde in letzter Zeit durch die Beiträge von Eberhard Knobloch wieder stärker betont und lässt sich in folgenden Aspekten zusammenfassen: Empirismus, Induktion, Reduktion der Phänomene, Aufdeckung der Naturgesetze durch Vergleich, Idee eines ganzheitlichen Naturzusammenhangs, mathematische Beweisführung. Vgl. Knobloch, Eberhard: Naturgenuss und Weltgemälde, S. 38 ff.

Eine weitere, für sein methodisches Vorgehen noch unmittelbarere Entwicklung vollzog die Statistik als Lehrgegenstand und Arbeitsmethode an den deutschen Universitäten. Als ihr Gründervater gilt der Göttinger Naturrechtsprofessor Gottfried Achenwall, durch dessen Lehre der Schritt von der älteren Staatsbeschreibung zur Staatswissenschaft eingeleitet wurde. Die Statistik nach Achenwall ist jedoch wissenschaftshistorisch zu unterscheiden von dem, was die Statistik in einem heutigen Sinne als mathematische Teildisziplin zur Erfassung, Auswertung und Analyse von Daten bezeichnet.[46] Im 18. und vor ihrer Blütezeit im 19. Jahrhundert ist die Statistik als Beschreibungswissenschaft politischer Zustände noch Teil der verschiedenen historischen 'Graphien'.[47] Dass die Statistik im deutschen Wissenschaftsfeld durch ihren Begründer Gottfried Achenwall (1719–1772) zuerst nicht als eigenständige Disziplin erkannt, sondern in die historischen Wissenschaften eingegliedert wurde, zeigt den erst langsam sich vollziehenden Paradigmenwechsel.

> So geschah zunächst nicht mehr, als daß man der Historie – die üblicherweise unterteilt wurde in eine nach dem Prinzip der Aufeinanderfolge in der Zeit arbeitende Hälfte (Geschichtswissenschaft im engeren Sinne) und eine gleichzeitige Gegebenheiten in ihren Zusammenhängen betrachtende Hälfte (z. B. die Geographie) – daß man dieser Historie die Statistik einfach als eine weitere synchronistische Wissenschaft, also auf der Seite der Geographie, anfügte. Das hat die Vermengung von Geographie und Statistik erleichtert, ja noch gefödert, und die wechselvolle Geschichte ihrer Rivalität geradezu vorprogrammiert.[48]

---

46 Bei John Sinclair taucht 'Statistik' mit der Veröffentlichung der *Statistical Accounts of Scotland* zum ersten Mal 1791 in seinem neuen semantischen und methodischen Gehalt auf, auch wenn das Wort selbst eine begriffliche Entlehnung aus dem Deutschen bleibt und so vor allem auf das dort entstandene Verständnis von Statistik rekurriert. Die begriffliche Trennung – und damit zugleich der Abstieg der Statistik in Achenwalls und Schlözers, gerade erst etabliertem Sinne – vollzieht sich vor allem anhand der Eingliederung der Statistik in das Spektrum der mathematischen Teildisziplinen und seine thematische Abkopplung von staatspolitischen Sachverhalten und Analysefeldern. In Deutschland tritt diese Entwicklung der Statistik von einer eigenständigen Wissenschaft zur numerischen Hilfsdisziplin der Staatswissenschaften erst in den 1860er Jahren ein, vgl. den Diskussionsbeitrag von Horst Dreitzel in Lutz, Gerhard: Geographie und Statistik im 18. Jahrhundert. Zu Neugliederung und Inhalten von 'Fächern' im Bereich der historischen Wissenschaften. In: Rassem, Mohammed (Hg.): *Statistik und Staatsbeschreibung in der Neuzeit. Vornehmlich im 16.–18. Jahrhundert. Bericht über ein interdisziplinäres Symposion in Wolfenbüttel, 25.–27. September 1978*. Paderborn: Schöningh 1980 (Quellen und Abhandlungen zur Geschichte der Staatsbeschreibung und Statistik 1), S. 249–268, S. 267. Einen guten Überblick über die Kontroversen, disziplinären Verschiebungen und unvereinbaren Begriffsverwendungen der Zeit gibt der Eintrag zur 'Statistik' in Bluntschli, Johann Caspar/ Brater Karl (Hg.): *Deutsches Staats-Wörterbuch*. Zehnter Band. Stuttgart, Leipzig: Expedition des Staats-Wörterbuchs 1867, S. 400–481.

47 Vgl. Lutz, Gerhard: Geographie und Statistik im 18. Jahrhundert, S. 255.

48 Ebda., S. 253.

Nur langsam und in Folge der Arbeiten August Ludwig von Schlözers (1735–1809), eines Schülers Achenwalls, vollzieht sie den Schritt zu einer eigenständigen Disziplin. Als angesehener Wissenschaftler wie als kritischer Publizist exponierte sich Schlözer dabei als ebenso unabhängiger wie polemischer Zeigeist und trat öffentlichkeitswirksam vor allem mit seinen aufklärerischen Zeitschriften *Briefwechsel meist statistischen Inhalts* (1775), *Briefwechsel meist historischen und politischen Inhalts* (1776–82) und den *Stats-Anzeigen* (1782–93) in Erscheinung. Schlözer hat damit «die Politisierung des gebildeten Bürgertums in der Spätaufklärung in Deutschland maßgeblich begleitet und entscheidend gefördert».[49] Angetrieben von den Unzulänglichkeiten der kurfürstlichen Kleinstaatspolitik deutscher und europäischer Provenienz entwickelte er seine politische Theorie aus den langjährigen Erfahrungen als zeitkritischer Publizist. Ein besonderes Anliegen war ihm die Kritk an der in Europa weit verbreiteten Leibeigenschaft, gegen die er sowohl wirtschaftliche als auch juristische Gründe ins Feld führte und die geltenden Eigentumsrechte in sorgfältiger Argumentation zu widerlegen suchte.[50] Schlözers politische Theorie zielt auf die Stärkung einer bürgerlichen Gesellschaft, die auf einem neu zu schließenden Vertrag zwischen Staat und Bevölkerung gründen sollte. Ein Kontraktualismus, der «auf das Muster eines freiheitlich gewendeten liberalen Staates par excellence hinaus [lief]»[51] und zu dessen Entwicklung nicht Revolution (wie ihm das Beispiel Frankreichs zeigte), sondern Reform propagiert wurde. Hierin war er ganz Aufklärer im Kant'schen Sinne, als er den Ausgang des Menschen aus seiner selbstverschuldeten Unmündigkeit als Prämisse für gesellschaftlichen Wandel voraussetzte. So hat «für Schlözers Transformationskonzept die Existenz einer kritisch räsonnierenden Öffentlichkeit eine überragende Bedeutung»[52] und sollte publizistisch ebenso unabhängig wie wissenschaftlich abgesichert sein. Hier liegt der Kern von Schlözers Verständnis der Statistik.

Als junge Disziplin führte Schlözer in seiner Zeit als Göttinger Professor (1787–1809) die Statistik «zu seiner höchsten Blüte»[53] und richtete ihr Forschungsinteresse auf das «Spannungsfeld zwischen der Historie, die das Gewordensein einer Situation erforscht, und der Politik, die diese Situation aktiv

---

49 Fleischer, Dirk: Schlözer, August Ludwig von. In: *Neue Deutsche Biographie. Band 23: Schinzel–Schwarz.* Onlinefassung. 23. Aufl. 2007, S. 98–99. <http://www.deutsche-biographie.de>

50 Vgl. Saage, Richard: August Ludwig Schlözer als politischer Theoretiker. In: Herrlitz, Hans-Georg/Kern, Horst (Hg.): *Anfänge Göttinger Sozialwissenschaft. Methoden, Inhalte und soziale Prozesse im 18. und 19. Jahrhundert.* Göttingen: Vandenhoeck & Ruprecht 1987 (Göttinger Universitätsschriften: Ser. A, Schriften, 4), S. 13–54, S. 21 ff.

51 Ebda., S. 37.

52 Ebda., S. 51.

53 Lutz, Gerhard: Geographie und Statistik im 18. Jahrhundert, S. 260.

ergreift und verändert».[54] Diese Neuausrichtung war sowohl pragmatischen wie aufklärerischen Zielen geschuldet, galt es doch, den eigenen Arbeitsbereich auf das Gegenwärtige zu konzentrieren und zugleich im Sinne wissenschaftlich gestützter Staatsraison «benutzbares Wissen verfügbar zu machen und zu seiner sinnvollen Benützung anzuleiten».[55] Dabei war die Einbindung der für das 18. Jahrhundert so charakteristischen Reisebeschreibungen ein wesentlicher Faktor und trug entscheidend zur Legitimation von Reiseberichten im diskursiven Feld der Wissenschaften bei.

> Als Vorgang beurteilt, handelt es sich dabei um die bewußte Einbeziehung der Reisekunst in den *offiziellen* Wissenschaftsbetrieb, um den Anfangspunkt also für die Suche nach der richtigen Stelle für sie im System der Wissenschaften, in dem sie sie dann erst sehr viel später als empirische Sozial- und Kulturwissenschaft findet.[56]

Humboldts Göttinger Lehrer Blumenbach war wenige Jahre zuvor an gleicher Wirkungsstelle ein ebenso begeisterter Befürworter großer und wissenschaftlich solide vorbereiteter Forschungsreisen.[57] Diesem «ersten deutschen Mäzen

---

54 Ebda.

55 Ebda., S. 259.

56 Lutz, Gerhard: Geographie und Statistik im 18. Jahrhundert, S. 261. Zu Schlözers Typologie der (Forschungs-)Reise im 18. Jahrhundert vgl. auch Peitsch, Helmut: *Georg Forsters* Ansichten vom Niederrhein, S. 137 f.

57 Blumenbach lehrte von 1776 bis 1835 als Professor der Medizin in Göttingen. Sein Einfluss auf Humboldt ist bekannt und gut dokumentiert. Vgl. Beck, Hanno: *Alexander von Humboldt. Band 1. Von der Bildungsreise zur Forschungsreise 1769–1804*. Wiesbaden: Franz Steiner Verlag 1959, S. 19 ff. Über Schlözers Beziehung zu Alexander von Humboldt gibt es nur wenige Belege, doch kann davon ausgegangen werden, dass ihm Werk und Lehre des Göttinger Statistikers gut vertraut waren. Im Text zur Tafel VII der *Vues des Cordillères* erwähnt Humboldt Schlözers *Allgemeine Nordische Geschichte* (1771) als Beleg für die im Vergleich zur mexikanischen Hochkultur rückständige Kulturgeschichte des europäischen Nordens, vgl. Humboldt, Alexander von: *Vues des Cordillères*, S. 25. Gegenüber dem Enkel Kurd von Schlözer, mit dem Humboldt seit 1843 immer wieder vor allem im Umfeld des königlichen Hofes zusammentraf, äußert er als 87-jähriger, dessen berühmten Großvater «gekannt [...] und sehr verehrt» zu haben. Schlözer, Kurd von: *Jugendbriefe 1841–1856. Herausgegeben von* Leopold von Schlözer. Stuttgart, Berlin: Deutsche Verlagsanstalt 1920, S. 211. Schlözers *Nordische Geschichte* war darüber hinaus eine wichtige Quelle für Wilhelm von Humboldts *Ueber den Nutzen, welchen die Kenntniss der Vaskischen Sprache bei den Untersuchungen über die Urbewohner der Iberischen Halbinsel leistet* (1821). Wilhelm hatte das Buch bereits 1802 gelesen und übernahm dessen kultur- und sprachvergleichenden Ansatz: «Schlözer est constamment mentionné, et toujours positivement, avant et après 1821, par [Wilhelm von] Humboldt, pourtant avare de références explicites et, plus encore, d'éloges à l'égard de ses devanciers et prédécesseurs. On sait en outre que Humboldt a suivi les cours de Schlözer à l'université de Göttingen.» Rousseau, Jean: August-Ludwig von Schlözer: un chaînon manquant dans la genèse de la théorie linguistique de Wilhelm von Humboldt. In: Tintemann, Ute/Trabant, Jürgen (Hg.): *Sprache und Sprachen in Berlin*

junger Reisender»[58] ist die Neuausrichtung der Göttinger Geographie nach den Achenwall'schen Umbrüchen weg von einer politischen Erdkunde in der Tradition Anton Friedrich Büschings (1727–1793) hin zu einer explorativen Geographie zu verdanken, die sich vor allem der «Beschreibung der irdisch-räumlichen Erfüllung eines Gebietes als Zweck»[59] verpflichtet fühlt. Damit vollzog sich eine graduelle Überwindung der für die Geographie unvorteilhaften Spannung zwischen der zeitgemäßen Statistik und einer «Geographie, die mit den öden topographischen Aufzählungen der Schulbücher verwechselt wurde».[60]

2.1.6 Humboldts *Essais politiques* zwischen Fachdisziplin und Experiment

Es ist diese komplexe und in ihrer begrifflichen wie methodischen Ausrichtung so heterogene Wissenschaftslandschaft in ihrer insbesondere seit den 1750er Jahren rasanten Ausdifferenzierung, die Humboldt sowohl vor seiner Amerika-Reise durch seine Studienbegegnungen und -erfahrungen als auch nach der Reise während des Aufenthalts in Paris zu einem wissenschaftstheoretisch wie -praktischen Modell weiterentwickeln sollte, das er schon 1796 in einem Brief an Marc-Auguste Pictet «physique du monde»[61] nannte und dessen wissenschaftliche und literarische Ausgestaltung sein ganzes weiteres Leben erfüllen sollte.

Dabei folgt der Humboldt'sche *Essai politique* einer komplexen Diskursstrategie. Die Statistik war bei Schlözer eine hauptsächlich an den jeweils neuesten staats-, gesellschafts- und wirtschaftspolitischen Informationen und Analysen interessierte Disziplin, deren Parademedium, die Schlözer'schen Staatsanzeigen, «der Spiegel des 18. Jahrhunderts»[62] wurden. Humboldt übernimmt durchaus dessen Aktualitätsgestus. Schließlich gehört es zum Humboldt'schen Selbstverständnis, auch noch die allerjüngsten Daten und Informationen in seine Bücher einzuarbeiten,[63] womit er zweifelsohne das Bedürf-

um 1800. Hannover: Wehrhahn 2004 (Berliner Klassik. Eine Großstadtkultur um 1800, 3), S. 138–149, S. 139.

58 Beck, Hanno: *Alexander von Humboldt. Band 1*, S. 20.

59 Ebda.

60 Beck, Hanno: Geographie und Statistik. Die Lösung einer Polarität, S. 272.

61 Humboldt, Alexander von: *Correspondance scientifique et littéraire*. Recueillie, publiée et précédée d'une notice et d'une introduction par M. de la Roquette. Paris: Ducrocq 1865, S. 4.

62 Lutz, Gerhard: Geographie und Statistik im 18. Jahrhundert, S. 265.

63 Humboldt verfasste seine wissenschaftlichen Werke stets im Bewusstsein, immer so aktuell wie möglich und doch niemals gründlich genug arbeiten zu können. Ein Beispiel mag die Vorrede aus Humboldts Aufsatzsammlung *Kleinere Schriften* geben, welche jene Grundüberzeugung verdeutlicht, die das eigene Voranschreiten stets nur als Beigabe zu einem größeren,

nis seiner Leserschaft nach Aktualität bediente und zugleich auf das außergewöhnlich gute Informationssystem des eigenen Spezialistennetzwerks verweisen konnte. Humboldt bejahte also die Notwendigkeit konkreter synchroner Schnitte im Schlözer'schen Sinne und traute deren unmittelbarer Wirkkraft auf die praktische Politik einiges zu. Nicht anders sind seine direkten Herrscheransprachen (s. Kap. 7.3) und Reformvorschläge in den *Essais politiques* (s. Kap. 7 und 8) zu verstehen. Doch geht es Alexander von Humboldt immer auch um eine grundsätzliche Perspektive auf die Möglichkeiten eines Wissenschaftlers, mit seiner Arbeit politischen Einfluss zu nehmen.

Der Politikbegriff, der sich aus der bisher skizzierten Vorprägung speisen und durch die amerikanische Reiseerfahrung sowie die jahrzehntelange Auseinandersetzung mit Gesellschaft, Staatswesen und politischer Ordnung der spanischen Kolonien entstehen sollte, ist vor diesem Hintergrund so wenig disziplinär zuzuordnen, dass er sich seine eigene Diskursivität erst schaffen musste. Auch hierfür lohnt sich ein vertiefter Blick in die Verfahren Humboldt'scher Wissenschaft aus der Perspektive seiner politischen Schriften. Vorläufig können wir mit Jürgen Osterhammel festhalten, dass dieser «Wirklichkeitswissenschaftlicher par excellence»[64] eine Auffassung politischer Wissenschaft vertrat, die sich nicht als Hilfswissenschaft der Staatsapparate, sondern als *diskursive Intervention* im Sinne einer *diskreten Kritik* verstand, deren subversive Pointe gerade in einer vermeintlichen Erfüllung der zu erwartenden (und von offizieller Seite erwarteten) Form liegt.

> Durch die Titelwahl scheint Humboldt die 'Essays' zunächst in die Tradition der älteren Kameral- und Polizeiwissenschaften zu rücken. 'Politique' bezieht sich hier nämlich nicht auf die institutionelle Maschinerie von Machtausübung und Willensbildung, also auf das 'politische System', sondern auf die materielle Gesamtbefindlichkeit eines Siedlungsraumes. Liest man jedoch die Bände, dann überrascht wieder die Originalität der Humboldtschen Lösungen. Er bietet vorab das, was seine ursprünglichen Auftraggeber erwarteten: eine genaue Statistik (im heutigen Sinne) und wirtschaftsgeographische Beschreibung, verbunden mit Vorschlägen zur besseren Nutzung der vorhandenen Ressourcen. Das tut

---

stets kollaborativen und nie abschließbaren Wissensprozess verstand: «Die Abhandlungen über die nächtliche Zunahme der Intensität des Schalles und über die mittlere Höhe der Continente [...] erscheinen gänzlich umgearbeitet und mit vielen Zusätzen vermehrt. Wo [...] keine befriedigende Resultate erlangt werden können, ist es schon wichtig angenäherte Bestimmungen, d. h. Grenzzahlen (nombres limites) zu erhalten.» Humboldt, Alexander von: *Kleinere Schriften. Geognostische und physikalische Erinnerungen. Mit einem Atlas, enthaltend Umrisse von Vulkanen aus den Cordilleren von Quito und Mexico. Erster Band.* Stuttgart, Tübingen: Cotta'sche Verlagsbuchhandlung 1853, S. VIII.

64 Osterhammel, Jürgen: Alexander von Humboldt: Historiker der Gesellschaft, Historiker der Natur, S. 121.

> er selbstverständlich nicht in der trocken inventarisierenden Manier der älteren Kameralistik, sondern mit der ihm eigentümlichen Beschreibung dynamischer Wirkungszusammenhänge. Rasch läßt er dann jeden im engeren Sinne 'staatswissenschaftlichen' Ausgangspunkt hinter sich. [...] Sein *analytischer* Standort ist nicht derjenige der obrigkeitlichen Finanz- und Ordnungsinteressen, sondern der eines in sich nach Klasse und Rasse ungleich strukturierten Systems der Bedürfnisse. Dessen Funktionsweise sucht er gewissermaßen 'sozialökonomisch' zu ergründen. Seinen *Wertungs*standpunkt gibt er ganz unverblümt als den einer kompromisslosen Ablehnung aller Arten von Sklaverei und Unfreiheit zu erkennen [...].[65]

2.2 Geschichte und Systematik des Tableau-Begriffs

Im Unterschied zur weitgehend unsystematischen Gattungstradition des Essai bildet die Erkenntnisform des Tableaus eine Vielzahl generischer Konzepte heraus, die – wenn auch untereinander verbunden – sich doch zumeist klar voneinander abgrenzen lassen. Diese können hier nicht in ihrer ganzen Breite dargestellt werden.[66] Entscheidend für die folgende Darstellung sind die ideenhistorische Entwicklung und der jeweilige epistemische Gehalt des Tableaus als Organisationsmedium des (Natur-)Wissens. Zwei Aspekte sind dabei besonders hervorzuheben: der diagrammatische und der ästhetisch-bildnerische. Beide etablieren auf jeweils spezifische Weise das Tableau als Wissensmodell, sei es als Heuristik oder als Darstellungsstrategie. Sie haben eine ideen-, begriffs- und wissenschaftsgeschichtliche Herkunft, die hier kurz nachvollzogen werden soll. Im Zentrum dieser Überlegungen stehen die für das Tableau typischen Merkmale der Systematik, Klassifikation, Abstraktion und Komprimierung.

2.2.1 Ramismus und das Diagramm: Dichotome Ordnungen des Denkens

Mit der epistemischen Figur des Tableaus bekommt die sich in Europa herausbildende Wissenskultur der Neuzeit eine spezifische Ausdehnung im Raum,

65 Ebda., S. 121 f.

66 So bleiben hier unberücksichtigt: das Tableau als dramatische Form, z. B. bei Diderot, sowie das Tableau als Allegorie, wie es z. B. in der *Encyclopédie* besprochen wird. Vgl. Graczyk, Annette: *Das literarische Tableau zwischen Kunst und Wissenschaft*. München: Wilhelm Fink 2004, S. 77 ff.; Hartwig, Susanne/Stenzel, Hartmut: *Einführung in die französische Literatur- und Kulturwissenschaft*. Unter Mitarbeit von Esther Suzanne Pabst. Mit 78 Abbildungen. Stuttgart, Weimar: J. B. Metzler 2007, S. 66. und Diderot, Denis/Jaucourt, Luis de (Hg.): *Encyclopédie ou dictionnaire raisonné des sciences, des arts et des métiers, par une société de gens de lettres. Tome quinzième. Sen–Tch*. Neufchastel: Samuel Faulche 1765, S. 804. Ebenso kann hier nicht auf jeden Aspekt der Wort- und Begriffsgeschichte des Tableaus eingegangen werden, wie

deren Ursprung in einem Denken in dichotomen Ordnungssystemen zu suchen ist. Der Ausgangspunkt dieser Entwicklung ist das Werk des französischen Philosophen Pierre de la Ramée oder Petrus Ramus (1515–1572). Im Kern handelt es sich dabei um eine philosophische Schule, die jegliche Erkenntnisobjekte einem dialektischen Prozess aus *Er*findung und *Vor*findung unterstellt, einer «dialectic[67] of invention and disposition»,[68] zu deren Vergegenwärtigung es entsprechender Visualisierungsstrategien bedurfte. Damit adaptierte der hugenottische Humanist Ramus ein aus der antiken *ars* der Rhetorik tradiertes Vorgehen aus *inventio* und *dispositio*, auch wenn er den damit verbundenen Erkenntnisprozess methodisch anders fasste. Demnach bezeichnet die *inventio* eine «first-order discovery, a usage counter to its usage in the history of rhetoric».[69] In einer so verstandenen *inventio* müssen alle dem Erfahrungswissen verfügbaren semantischen Kriterien eines Dinges 'gefunden' werden. Diese Kriterien sind die *loci*.[70] Nach ihrer möglichst vollständigen Katalogisierung werden sie dann in der *dispositio* (auch: *judicium*) miteinander axiomatisch verknüpft.[71] Die vormals nur implizite Räumlichkeit der rhetorischen *loci*, also Allgemeinplätzen des Wissens, wird nun zur bestimmenden Semantik für ein neues binäres Denken. Hier zählt nicht der ontologische Status eines einzelnen Objektes, sondern allein die Möglichkeit, ein jedes dieser Objekte dadurch zu definieren, dass man es zu einem oder allen anderen Objekten in eine strukturierte Opposition bringen kann.

---

sie in historischen Wörterbüchern herausgearbeitet wurden, vgl. Rey, Alain (Hg.): *Dictionnaire historique de la langue française. Tome 2, M–Z.* Paris: Dictionnaires le Robert 1992.

67 Um Missverständnissen vorzubeugen, muss ergänzt werden, dass «der mittelalterlichen Diktion – sowie Ramus' eigenen Ausführungen zu Beginn der *Dialecticae libri duo* folgend – [...] der Begriff der Dialektik hier synonym mit dem der Logik verwandt [wird].» Lalla, Sebastian: Einleitung in die *Dialecticae libri duo*. In: Ramus, Petrus: *Dialecticae libri duo*. Herausgegeben und eingeleitet von Sebastian Lalla. Unter Mitarbeit von Karlheinz Hülser. Stuttgart, Bad Cannstatt: frommann-holzboog 2011 (Editionen zur Frühen Neuzeit – Lateinisch-deutsche Quellenedition, 2), S. XIII–LVII, S. XIV.

68 Walton, Craig: Ramus and Bacon on Method. In: *Journal of the History of Philosophy* 9 (1971) H. 3, S. 289–302, S. 293.

69 Walton, Craig: Ramus and Bacon on Method, S. 294.

70 Lalla, Sebastian: Einleitung in die 'Dialecticae libri duo', S. XL.

71 Craig Walton führt hierzu aus: «Ramus' theory of judgment [dispositio] proceeds from: 1) affirming or denying an axiom (the linkage of two invented arguments) to be linked just as its arguments are linked in experience; to 2) judging of the links between axioms as homogeneous; to 3) the comprehensive judgment which he called Methode, wherein we judge interconnections between heterogeneous and reciprocal axioms, culminating as a limit in the eventual realization of the encyclopedia of all arts and sciences in one unified 'chain'.» Walton, Craig: Ramus and Bacon on Method, S. 293.

> Ramus had developed the habit of regarding everything, mental and physical, as composed of little corpuscular units or 'simples'. [...] Ramus thus tends to view all intellectual operations as a spatial grouping of a number of these corpuscles into a kind of cluster, or as a breaking down of clusters into their corpuscular units. The clusters, once formed, can be regarded also as corpuscles which in themselves admit of further combination and which form still further clusters of clusters. The apparatus is a familiar one in a class logic, where it effectively serves certain limited purposes in formal logical developments. Ramus allows it to spread everywhere and to solve matters to which it cannot possibly apply.[72]

Die Funktion dieser «cluster», dieser Begriffsfelder, bestand darin, einen einzelnen Begriff mithilfe seiner Konstituenten und logischen Bezüge genauer einzugrenzen und letztlich vollständig zu beschreiben. In dieser Operation des Denkens zeigt sich ein «Aural-to-visual shift»,[73] der aus dem Hauptwerk des Humanisten Rudolf Agricola (auch: Roelof Huysman) *De inventione dialectica* (1479 abgeschlossen, 1515 veröffentlicht) seine Inspiration nahm.[74] Ein Vorläufer dieser Praxis einer räumlichen Ordnung von Oppositionen findet sich in Bartholomaeus Latomus' Kommentar zu Agricolas Dialektik, der 1530 in Köln erschien.[75] Doch es sind die zahlreichen und in kurzer Abfolge ab 1543 erscheinenden Ausgaben von Ramus' eigenem und zuerst aufgrund seiner anti-scholastischen Kritik zensierten Hauptwerk *Dialecticae institutiones*, welche das dichotome Modell als Methode etablieren.[76] Erst durch Ramus' Vermittlung sollte das Prinzip eines räumlich organisierten Denkens in den europäischen Wissenschaften der Neuzeit Verbreitung finden.

Die Wirkmacht der *Dialecticae* zeigt sich in einer neuen erkenntnistheoretischen Topik, einer «topical logic»,[77] die nicht nur auf die Sprache des Denkens Einfluss nimmt, sondern das Auge gegenüber den anderen Sinnesorganen privilegiert. Mit Ramus, so Walter J. Ong, habe sich das Auge als Leitsinn der Erkenntnis etabliert. Die Folgen dieses *shift* prägen bis heute die Wissensschematisierungen der europäischen Moderne:

---

72 Ong, Walter J.: *Ramus and the Decay of Dialogue. From the Art of Discourse to the Art of Reason [1958].* With a new foreword by Adrian Johns. Chicago, London: Chicago University Press 2004, S. 203.

73 Ong, Walter J.: *Ramus and the Decay of Dialogue*, S. 396.

74 Vgl. Ong, Walter J.: *Ramus and the Decay of Dialogue*, S. 104 ff.; Lalla, Sebastian: Einleitung in die 'Dialecticae libri duo', S. XXXII ff.

75 Vgl. Ong, Walter J.: *Ramus and the Decay of Dialogue*, S. 127.

76 Vgl. Ong, Walter J.: *Ramus and the Decay of Dialogue*, S. 200 ff.; Schmidt-Biggemann, Wilhelm: *Topica Universalis. Eine Modellgeschichte humanistischer und barocker Wissenschaft.* Hamburg: Felix Meiner 1983 (Paradeigmata, 1), S. 40.

77 Ong, Walter J.: *Ramus and the Decay of Dialogue*, S. 107.

> The visual is the area most proper to science: if what it registers is not eternal, at least it exhibits the pseudo-eternity of repose. Reduction to spatial form fixes everything, even sound. [...] When compared with sight, not only hearing, but all other senses are curiously fugitive. [...] For these reasons, qualities will no doubt continue always to be reduced quantitatively and to be studied by the eye in terms of spatial and arithmetical analysis. Even metaphysical analysis will exhibit analogous preferences, for it will find the analogies with sight more *explanatory* than analogies with the other senses. The metaphysician 'intuits' or 'regards', he does not intellectually 'taste' or 'feel' or even 'hear' his first principles (as the mystic does). Indeed, the more explanation of any sort is the objective of thought or discourse, the more visually based conceptualizations come into play. The very objectives of explanation such as 'clarity' and 'distinctness' are concepts formed by evident analogy with the realm of vision. This is only another way of saying that all explanation as such moves toward abstraction. For vision is the most 'abstract' (analogously) of all the senses [...].[78]

Folge dieses Paradigmenwechsels ist also die diskursive Verschmelzung von Objektivierung und Visualisierung. Ein 'abstrakter Sinn' ist das Auge dadurch, dass es Raum erfasst und Raum erschafft.

Die Ordnung der Dinge als visuelle Ordnung zu begreifen, war Ramus' entscheidende Leistung. Zwar mussten seine Schriften im Lichte der Philosophiegeschichte vor ihrer eigenen Aporie, *alles* in formale, ontologisch nicht differenzierte Klassifizierungen aufzulösen, scheitern. Doch als pädagogische Lehr- und Lernmaterialien hatten sie großen Erfolg und breiteten sich im 16. und 17. Jahrhundert überall aus, in Europa[79] und selbst in den amerikanischen Kolonien.[80] Zudem entstanden zahlreiche von Ramus beeinflusste Logiktraktate, in deren Folge sich für diese ideenhistorische Strömung die Bezeichnung 'Ramismus' durchsetzte.

> Ramism specializes in dichotomies, in 'distribution' and 'collocation' (*dispositio* rather than judgement or *judicium*), in 'systems' [...], and in other diagrammatic concepts. This hints that Ramist dialectic represented a drive toward thinking not only of the universe but of thought itself in terms of spatial models apprehended by sight.[81]

Als Schule etabliert der Ramismus nicht nur das dichotomistische Diagramm in den Wissenschaften, sondern erhebt das Prinzip der diagrammatischen Ordnung selbst zum Ausdruck wissenschaftlicher Praxis.[82]

Ein für das Interesse dieser Arbeit besonders aussagekräftiges Beispiel der ramistischen Literatur des 16. und 17. Jahrhunderts ist die *Idea methodica* (1617)

---

78 Ong, Walter J.: *Ramus and the Decay of Dialogue*, S. 109.
79 Ong, Walter J.: *Ramus and the Decay of Dialogue*, S. 295 ff.
80 Walton, Craig: Ramus and Bacon on Method, S. 294.
81 Ong, Walter J.: *Ramus and the Decay of Dialogue*, S. 9.
82 Ong, Walter J.: *Ramus and the Decay of Dialogue*, S. 300.

des Schweizer Philosophen und protestantischen Pfarrers Marcus Rütimeyer (1580–1647).[83] Tatsächlich handelt es sich dabei um nicht viel mehr als eine Neuausgabe von Ramus' *Dialecticae* (1543), die Rütimeyer (auch: Rutimeier) allerdings um (ramistische) Inhaltsverzeichnisse zu jedem Kapitel ergänzte. Aufschlussreich an diesen Inhaltsverzeichnissen ist weniger ihr Inhalt, als ihre Gestaltung: Sie sind Frühformen eben jenes Tableaus, das in der Folge seinen Siegeszug durch die wissenschaftliche Literatur Europas antreten sollte (Abbildung 2).[84] Rütimeyers Edition erschien zu einer Zeit, in der der Buchdruck gerade jenes Entwicklungsstadium erreicht hatte, in der solcherart visualisierte Schemata erstmalig technisch umsetzbar waren, da größere Mengen an möglichst gleichen Reproduktionen erzeugt werden konnten.[85] Mit seinen Tableau-Inhaltsverzeichnissen übertrug Rütimeyer das von Ramus etablierte System aus Dichotomien auf den Paratext seiner Ausgabe und gab jedem dieser Schemata einen anderen Namen. Dabei produzierte der Schweizer Protestant nebenbei ein fast vollständiges semantisches Feld all jener Zuschreibungen zum Tableau-Begriff, die auch heute noch für unseren Gegenstand relevant sind.

> Apparently in a brave attempt to counter the inevitable monotony of these outlines, he calls them variously by one of another of the following names: line-up (*lineamenta*), array (*series*), foreshadowing (*adumbratio*), outline (*delineatio*), form or idea (*idea*), table (*tabella*), chart (*tabula*), general view (*synopsis*), arrangement (*dispositio*), schematization (*schematismus*), imprint or outline (*typus*), schema (*schema*), footprint or track (*ichnographia*), method (*methodus*), shape (*figura*), and analysis (*analysis*).[86]

Das Besondere an dieser Liste aber, so Ong, sei die Tatsache, dass alle in ihr enthaltenen Begriffe auf die spezifische Räumlichkeit des dichotomen Prinzips verweisen, das den Ursprung eben jener Tradition legte, die für den Tableau-Begriff so wichtig werden sollte.

> All these terms, 'idea' and 'method' included, have a spatial reference of some sort, evident at least in their etymologies, strong enough to make it possible for them to refer to a visually conceived model or 'construct'. [...] [Rütimeyer's] outlook is entirely representa-

---

83 Der vollständige Titel dieses Werkes lautet: Rutimeier, Marcus (1617): *Idea methodica, seu analysis logica generalis et specialis praeceptorum & exemplorum dialecticae Petri Rami, perpetuis tabellis synopticis: textuiq; e regione respondentibus adornata.* Bernae: Excudebat Abrahamus Weerlinus.

84 Zahlreiche Beispiele für die Visualisierung der ramistischen Methode in Tabulae finden sich in Schmidt-Biggemann, Wilhelm: *Topica Universalis. Eine Modellgeschichte humanistischer und barocker Wissenschaft.* Hamburg: Felix Meiner 1983 (Paradeigmata, 1), S. 56 f., 86 f.

85 Vgl. Ong, Walter J.: *Ramus and the Decay of Dialogue*, S. 128, 307 ff.

86 Ong, Walter J.: *Ramus and the Decay of Dialogue*, S. 316.

Abbildung 2: Zusammenstellung der Schemata bei Rütimeyer, in: Ong, Walter J.: *Ramus and the Decay of Dialogue. From the Art of Discourse to the Art of Reason* [1958]. With a new foreword by Adrian Johns. Chicago, London: Chicago University Press 2004, S. 317, Quelle: Google Books.

> tive not only for the huge international Ramist tradition but of the whole age which fosters Ramism.[87]

In Rütimeyers Auflistung bündelt sich also ein ramistisches, spatiales Denken, das zum Leitmodell für die Wissenskulturen der Renaissance und der Frühaufklärung wurde und auf dem Arbeitsprinzip basierte «to organize knowledge into trees of genus-species relations».[88] Diese neue Form der Objektbestimmung *als* räumliche Operation machte die Tafel in der ramistischen Literatur zum eigentlichen Ausdruck der logischen Schlussfolgerung und signalisierte in ihrer raumökonomischen Abgeschlossenheit stets den Anspruch auf Vollständigkeit der Aussage.[89]

2.2.2 Francis Bacon und das Tableau: Über die Grundlagen des Wissens von der Natur

Etwa zur selben Zeit veröffentlichte Francis Bacon sein Hauptwerk *Novum Organum* (1620). Es sollte wesentlich dazu beitragen, das Tableau in der wissenschaftlichen Literatur als dominante Systematik zu etablieren. Dabei baute Bacon direkt auf dem von Agricola und Ramus‘ etablierten Prinzip einer «systematisch gegliederten Übersicht»[90] auf. Zunächst hatte er die Philosophie des letzteren in seiner Jugend polemisch bekämpft[91] und bis heute ist umstritten, in welchem Umfang er Ramus‘ Werk tatsächlich kannte, bzw. es für Bacons wissenschaftliche Methode ausschlaggebend war.[92] Denn die Bacon'sche Systematik folgte anderen Gliederungskriterien als jenen der ramistischen Tradition. Von den «ewigen Dichotomien»[93] wollte er nichts wissen und als Komplementär zur Invention trat bei ihm nicht das logische Argument, sondern das Experiment *ad oculos*.[94] Bacons *tabulae* waren daher auch keine topischen Diagramme, sondern vielmehr nummerierte Listen oder Verzeichnisse und dienten der Vorbereitung einer wissenschaftlichen Untersuchung der Natur. Damit visualisierten sie nicht nur Bacons Wissenschaftspraxis, sondern zugleich des-

87 Ong, Walter J.: *Ramus and the Decay of Dialogue*, S. 316 ff.
88 Fletcher, Angus: Francis Bacon's Forms and the Logic of Ramist Conversion. In: *Journal of the History of Philosophy* 43 (2005) H. 2, S. 157–169, S. 162.
89 Lalla, Sebastian: Einleitung in die 'Dialecticae libri duo', S. XXXIX.
90 Graczyk, Annette: *Das literarische Tableau zwischen Kunst und Wissenschaft*, S. 12.
91 Walton, Craig: Ramus and Bacon on Method, S. 289.
92 Fletcher, Angus: Francis Bacon's Forms and the Logic of Ramist Conversion, S. 160 ff.
93 Schmidt-Biggemann, Wilhelm: *Topica Universalis*, S. 217.
94 Schmidt-Biggemann, Wilhelm: *Topica Universalis*, S. 218.

sen epistemologische Prämisse, Naturwissen *bottom-up* über das möglichst umfassende Sammeln unbefangener Beobachtung zu systematisieren.[95] So wandelte sich die expositorische Funktion des Tableaus: Es wurden keine Ergebnisse eines wissenschaftlichen Arbeits- oder philosophischen Erkenntnisprozesses vorgestellt, sondern dessen Grundlagen geklärt. Als heuristisches Hilfsmittel stellte es sich damit an den Anfang des wissenschaftlichen Arbeitens, ordnete den Wissensstand nach Exklusions- und Inklusionsprinzipien und wurde selbst zu einem Teil wissenschaftlicher Praxis.[96] Bacons Tafeln dokumentierten dabei nicht nur den naturhistorischen Wissensstand und übernahmen die Funktion einer Gedächtnisstütze, sondern sortierten das Objektwissen auch in Listen nach positiven, negativen und vergleichenden Merkmalen oder Beobachtungen, so etwa in den berühmten Auflistungen im *Novum Organum* zum Phänomen der Wärme. Diese *tabulae* sollten dazu anregen, aus den aufgelisteten Befunden in einem zweiten und weiteren, daraus folgenden Schritten durch Korrelation und Verallgemeinerung eine Interpretation vorzunehmen, die in letzter Instanz möglichst allgemeine und durch das Experiment zu überprüfende Naturgesetze belegen sollte.[97]

Das Bacon'sche Tableau leistete also zwei Dinge zugleich. In einem ersten Schritt erlaubte es die Exposition der Grundlagen des Naturwissens in Listen. In einem zweiten Schritt wurde es zu einem Verfahren, durch das die induktiv gewonnene Menge an Informationen aus den Listen zu einer verallgemeinerbaren Erkenntnis geführt werden konnte.[98]

---

95 Cohen, Floris: *Die zweite Erschaffung der Welt. Wie die moderne Naturwissenschaft entstand.* Aus dem Niederländischen von Andreas Ecke und Gregor Seferens. Bonn: Bundeszentrale für politische Bildung 2011, S. 130.

96 Vgl. Graczyk, Annette: *Das literarische Tableau zwischen Kunst und Wissenschaft*, S. 11 f.

97 Vgl. Krohn, Wolfgang: *Francis Bacon*. 2., überarbeitete Auflage. München: C.H. Beck 2006 (Beck'sche Reihe, 509), S. 155 f.; Cohen, Floris: *Die zweite Erschaffung der Welt. Wie die moderne Naturwissenschaft entstand.* Aus dem Niederländischen von Andreas Ecke und Gregor Seferens. Bonn: Bundeszentrale für politische Bildung 2011, S. 131.

98 Auch Thomas Hobbes (1588–1679), der zum Zeitpunkt der Veröffentlichung des *Novum Organum* als Bacons Sekretär arbeitete, verwendete im neunten Kapitel des *Leviathan* (1651) eine vom Ramismus inspirierte Frühform des Tableaus. Ausgehend von der Unterscheidung zwischen 'natural' und 'civil philosophy' unterteilt er die Bereiche des Wissens in binär gegliederte Kategorien, die unmittelbar dem bereits erwähnten Prinzip der «genus-species relations» folgen. Hobbes, Thomas: *Leviathan. Or the Matter, Forme & Power of a Commonwealth, ecclesiaticall and civill* [1651]. The text edited by A. R. Waller. Cambridge: Cambridge University Press 1904, S. 52. Dass gerade Hobbes sich dieser Form diagrammatischer Visualisierungen zugewandt hat, darf nicht überraschen, hat sich dieser erste Staatstheoretiker der Neuzeit doch «mit keinem Sinn [...] stärker und über einen längeren Zeitraum beschäftigt als mit dem Auge.» Bredekamp, Horst: *Thomas Hobbes – Der Leviathan. Das Urbild des modernen Staates und seine*

2.2.3 Die Bühne der Naturdinge: Von der Kunstkammer zum Tableau der Aufklärung

Als Visualisierungsstrategie einer Raumordnung der Dinge tritt das Ordnungsgefüge des Tableaus im Wettbewerb um enzyklopädische Vollständigkeit dabei zunehmend in Konkurrenz zu den Kunstkammern des 16. und 17. Jahrhunderts und der Vorstellung einer Inszenierung der *naturalia*, *artificialia* und *scientifica*.[99] Die Praxis des Sammelns und des Inventarisierens von Elementen sowohl der Natur selbst, als auch der Naturbindung (Kunst) wie der Naturveränderung (Wissenschaft und Technik) konkretisierten einen Raumbegriff, für den die naturhistorische Sammlung der Kunstkammer den musealen und das Tableau den diagrammatischen, bzw. verschriftlichten Ort bildeten. Dieses Nebeneinander der Form führte letztlich zu einer Ablösung der als veraltet geltenden und zunehmend in den Ruf «des Vorwissenschaftlich-Bizarren»[100] geratenen Präsentationsform der Kunstkammer und zu einer Privilegierung des Tableaus.

> Im Überschneidungsbereich von Theatrum und Tableau wird der abstrakte Systemraum einer analytischen Präsentation von einem quasi-theatralen Gestus ('Auftritt' der Dinge auf einer Bühne) überformt. Das Ideal der klassischen Episteme ist dagegen eine Tableauform, die die Dinge in einem abstrakten Systemraum scheinbar dauerhaft gültiger Verhältnisse vergegenwärtigt.[101]

Das Prinzip der Akkumulation, die Idee einer Sammlung also, blieb bestehen, wurde jedoch ergänzt durch die Idee einer *systematischen* Ordnung: «Die taxonomischen Tableaus Carl von Linnés gelten in dieser Hinsicht als mustergültig. [...] Im 18. Jahrhundert hat das Tableau dann das Theatrum weitgehend, aber nicht vollständig, als Leitvorstellung verdrängt.»[102]

Neben Linné ist das für die Bedeutung des Tableaus im 18. Jahrhundert sicher prominenteste und wirkmächtigste Beispiel Diderots 'Systême figuré des connoissances humaines'. Es bildet am Ende des 'Discours préliminaire' den synoptischen Auftakt zur *Encyclopédie ou dictionnaire raisonné des sciences, des arts et des métiers* und treibt in seinem Anspruch auf Vollständigkeit die Erkenntnisform des Tableaus zu ihrer vorläufigen Klimax (Abbildung 1, s. S. 68).

Gegenbilder. 1651–2001. 4., korrigierte Auflage. Berlin: Akademie Verlag 2012 (Acta humaniora. Schriften zur Kunstwissenschaft und Philosophie), S. 9.

99 Vgl. Bredekamp, Horst: *Antikensehnsucht und Maschinenglauben. Die Geschichte der Kunstkammer und die Zukunft der Kunstgeschichte* [1993]. Berlin: Wagenbach ^{3}2007, S. 63.

100 Ebda., S. 17.

101 Graczyk, Annette: *Das literarische Tableau zwischen Kunst und Wissenschaft*, S. 14.

102 Ebda.

> L'*Encyclopédie* pourrait être considérée comme un des accomplissements du tableau à la fin du XVIIIe siècle. Elle est construite selon les deux axes de lecture qui caractérisent la disposition tabulaire: encyclopédie (elle expose l'ordre et l'enchaînement des connaissances humaines) et dictionnaire raisonné (elle contient sur chaque science et chaque art les principes généraux qui en sont la base). Perspective synoptique et découpage analytique.[103]

Der entsprechende Wort-Eintrag in der *Encyclopédie*, verfasst von Louis de Jaucourt, zeigt in seiner Breite auch, welche Binnendifferenzierung das Tableau als Sammelbegriff disziplinär wie medial höchst unterschiedlicher Darstellungsformen hier bereits vollzogen hatte. So unterscheidet der spätere Mitherausgeber und mit über 17.000 verfassten Artikeln bei weitem produktivste Autor der *Encyclopédie*[104] auf der Gebrauchsebene des Wortes zwischen dem Tableau als Gemälde (*peinture*), als Text (*littérature*), sowie als Darstellungstechnik der Ökonomie (*commerce*), wobei den Erläuterungen zum Tableau als Gemälde die mit Abstand größte Aufmerksamkeit geschenkt wird. Dem Gemälde kommt dabei die Aufgabe zu, Natur täuschend echt zu simulieren:

> La nature est représentée à nos yeux dans un beau tableau. Si notre esprit n'y est pas trompé, nos sens du moins y sont abusés. La figure des objets, leur couleur & les reflets de la lumiere, les ombres, enfin tout ce que l'oeil peut appercevoir se trouve dans un tableau, comme nous le voyons dans la nature.[105]

2.2.4 Das Bild (von) der Natur: Tableau als Landschaft und Gesamteindruck

In der Definition von Jaucourt täuscht, ja verführt die Darstellung im Bild unsere Sinne, so dass wir in ihm unser eigene, sinnliche Naturwahrnehmung gespiegelt sehen. Darin verfolgt die Landschaftsmalerei des 18. Jahrhunderts noch vornehmlich ein Darstellungsideal des «Naturschönen»[106] und (re)produziert das Erleben von Landschaft als «ästhetische Vergegenwärtigung einer

---

103 Petitier, Paule: D'un tableau l'autre. Le *Tableau de la France* de Michelet et le *Tableau de la géographie de France* de Vidal de la Blache. In: Robic, Marie-Claire (Hg.): *Le* Tableau de la géographie de la France *de Paul Vidal de la Blache. Dans le labyrinthe des formes*. Paris: Éd. du CTHS 2000 (Mémoire de la section de géographie physique et humaine, 20), S. 127–150, S. 129.

104 Morris, Madeleine F.: *Le Chevalier de Jaucourt: un ami de la terre, 1704–1780*. Genève: Librairie Droz 1979, S. 1.

105 Diderot, Denis/Jaucourt, Luis de (Hg.): *Encyclopédie. Tome quinzième*, S. 804.

106 Lobsien, Eckhard/Frank, Hilmar: Landschaft. In: Barck, Karlheinz/Fontius, Martin u. a. (Hg.): *Ästhetische Grundbegriffe (ÄGB). Band 3: Harmonie – Material*. Studienausgabe. Stuttgart, Weimar: J. B. Metzler 2010, S. 621.

harmonischen Ganzheit».[107] Dieses ästhetische Ideal tritt im 19. Jahrhundert in zunehmende Konkurrenz zum voranschreitenden und sich ausdifferenzierenden Naturverständnis der Wissenschaften. Im Zuge dieser Entwicklung verbindet sich in der Landschaftsmalerei nun das Prinzip der *täuschend* echten Natursimulation mit dem wissenschaftlichen Anspruch der Naturbeschreibung. So entsteht ein eigenes Genre wissenschaftlich motivierter Landschaftsdarstellungen, in dessen Geschichte Alexander von Humboldt sowohl durch die Berühmtheit seiner amerikanischen Reiseschilderungen als auch durch seine Rolle als Förderer zahlreicher junger Landschaftsmaler (Eduard Hildebrandt, Johann Moritz Rugendas, Frederic Edwin Church, Carl Gustav Carus) eine wichtige Rolle spielt.[108]

Der künstlerisch-ästhetisch verstandene Tableau-Begriff verbindet sich hier wieder mit der systematisch-klassifikatorischen Begriffstradition des Tableaus, wie man sie bis zu den Schriften Ramus' zurückverfolgen kann. In dieser Überlagerung zweier Traditionslinien wird die Nähe zum Landschaftsbegriff besonders deutlich. Denn in der Zuschreibung einer natürlichen Umwelt als 'Landschaft' steckt bereits ein vom Menschen gesteuerter Verstehensprozess, der eine räumliche Projektion auf die dadurch gerahmte Natur richtet. Anders gesagt: Landschaft ist niemals einfach schon da, sondern immer bereits eine vom Menschen konstruierte Einheit, ein naturräumliches Artefakt der Anschauung. Als solches ist die Landschaft in der Malerei des 19. Jahrhunderts das Ergebnis einer ebenso ästhetisch wie epistemisch motivierten Verarbeitung, sie ist zugleich Ausgangspunkt wie Produkt eines verstehenden Sehens der Natur. Sie ist Natur *mit* Mensch, «der angeschaute Lebensraum, der sich [...] aus Naturgegebenheiten und Menschenwerk zusammensetzt».[109]

In Verbindung mit der aus der *Encyclopédie* bekannten Bedeutung des Tableaus als Bild (*peinture*) und Text (*litteraire*) sowie als Folge der hier skizzierten epistemologischen Entwicklung im 19. Jahrhundert ergibt sich so eine doppelte

---

107 Ebda., S. 622.

108 Vgl. Löschner, Renate: *Lateinamerikanische Landschaftsdarstellungen der Maler aus dem Umkreis von Alexander von Humboldt*. Dissertation. Berlin 1976; Werner, Petra: Grenzüberschreitungen. Humboldt zwischen Wissenschaft und Kunst. In: Kästner, Ingrid/Kiefer, Jürgen (Hg.): *Universitäten und Akademien. Beiträge der Tagung vom 19. und 20. Juni 2009 an der Akademie Gemeinnütziger Wissenschaften zu Erfurt*. Aachen: Shaker 2010 (Europäische Wissenschaftsbeziehungen, 2), S. 225–250; Gould, Stephen Jay: The Heart of the Andes: Eine Begegnung von Kunst und Wissenschaft im Schicksalsjahr 1859, als Church malte, Humboldt starb, Darwin schrieb und die Natur blinzelte. In: Gould, Stephen Jay: *Das Ende vom Anfang der Naturgeschichte*. Aus dem Amerikanischen von Sebastian Vogel. Frankfurt am Main: S. Fischer Verlag 2005, S. 125–148.

109 Lobsien, Eckhard/Frank, Hilmar: Landschaft, S. 619.

Dimension: die Landschaftsdarstellung im Bild und die Landschaftsbeschreibung im Text.[110] Für Humboldts Werk und den Einsatz seines Tableau-Begriffs sind beide gleichermaßen relevant. Beide sind eng verbunden mit der Humboldt'schen Vorstellung eines Gesamt- oder Totaleindrucks; eine Vorstellung, die sich selbst zuvorderst aus der Tradition des Landschaftsbegriffs speist.

> Es ist dieser Gesamteindruck, in dem es zur erlebnismäßigen und künstlerischen Vereinigung von objektiver Ausdrucksanmutung und subjektiver Bedeutungsprojektion kommt. Der Kern des ästhetischen Landschaftsbegriffs, seine unerläßliche zentrale Bestimmung ist daher der anschauliche Bezug des Menschen auf seine Umwelt, ist der im Erlebnis wie in bildkünstlerischer und literarischer Darstellung zur Evidenz kommende Zusammenhang beider.[111]

Die im Landschaftsbegriff zum Ausdruck kommende Vorstellung einer Ganzheit der Natur ist bei Humboldt begründet durch die naturphilosophische Überzeugung einer umfassenden Interdependenz aller Naturphänomene. Sie manifestiert sich in dem längst zum Topos der Humboldt-Rezeption gewordenen Auspruch: «Alles ist Wechselwirkung».[112] Humboldt schrieb diesen Satz in eines seiner Amerikanischen Reisetagebücher, demnach an einer auf den ersten Blick wenig prominenten und vor allem wenig sichtbaren Stelle.

Freilich kommt dieser Heureka-Moment für Humboldt nicht ganz unvorbereitet. Schon während seiner elektrophysiologischen Studien stellt er sich die Frage nach dem Zusammenwirken der Elemente im lebendigen Organismus und verweist dabei auf die *Kritik der Urteilskraft* Immanuel Kants, wenn er schreibt:

> Das Gleichgewicht der Elemente in der belebten Materie erhält sich nur so lange und dadurch, dass dieselbe Theil eines *Ganzen* ist. Ein Organ bestimmt das andere, eines giebt dem andern die Temperatur, in welcher diese und keine andere Affinitäten wirken. [...] Die gegebene *Definition* schließt sich unmittelbar an die Idee des unsterblichen Denkers an, '*dass im Organismus alles wechselseitig Mittel und Zweck sei*'.[113]

---

110 Als die zwei Seiten desselben Landschaftsbegriffs haben sie zugleich eine lange wortgeschichtliche Tradition, die im Deutschen bis in das 16. Jahrhundert zurück geht und sich in der Folge in die meisten europäischen Hauptsprachen ausbreitet, vgl. ebda., S. 618.

111 Ebda., S. 620.

112 Humboldt, Alexander von: *Reise auf dem Rio Magdalena, durch die Anden und Mexiko. Teil I: Texte.* Herausgegeben von Margot Faak. Mit einer einleitenden Studie von Kurt R. Biermann. Zweite, durchgesehene und verbesserte Auflage. Berlin: Akademie Verlag 2003 (Beiträge zur Alexander-von-Humboldt-Forschung, 8), S. 358.

113 Humboldt, Alexander von: *Versuche über die gereizte Muskel- und Nervenfaser nebst Vermuthungen über den chemischen Process des Lebens in der Thier- und Pflanzenwelt. Zweiter Band.* Posen, Berlin: Decker, Rottmann 1797, S. 434.

Das Notat der Reise radikalisiert diesen Gedanken und überträgt ihn von der Spekulation über die Funktionsweise des Organischen auf die Naturwelt als Gesamtzusammenhang.

Wie kaum ein anderer Satz in seinem Werk bringt er *en nuce* das Humboldt'sche Wissenschaftskonzept auf den Punkt;[114] er markiert das eigentliche Holon, das einheitsbildende Prinzip der *Humboldtian Science*. Landschaft als Prinzip der gestaltenden Anschauung und Tableau als Ordnungssystem des Wissens stehen hier in einem engen Verhältnis. Dies werden die Ausführungen zum berühmten 'Tableau physique des Andes' noch zeigen (s. Kap. 4.5). Hier erweist sich die im Querschnitt bereits weitgehend abstrahierte Landschaft nicht als romantische Projektion auf eine letzlich nicht verstandene Natur, sondern als heuristisches Instrument, als einen ersten Zugang zum im Tableau organisierten Naturwissen. Der Gesamteindruck, um den es hierbei geht, steht allerdings nicht – wie so häufig im Schlagwort des «letzten Universalgelehrten» intoniert – im Widerspruch zur wissenschaftlichen Spezialisierung seiner Zeit:

> Niemals hat er die Allzuständigkeitserwartungen, die andere an ihn richteten, für sich akzeptiert, niemals Vorstellungen von überwölbender Ganzheitlichkeit gegen fachwissenschaftliches Spezialistentum ausgespielt. Sein persönliches *Darstellungs*ideal der integrativen und 'malenden' Naturschilderung, das er stets von den Spekulationen der romantischen Naturphilosophie und sogar von den literarischen Freiheiten des verehrten Georg Forster abgrenzte, hat er nie als Alternative zum *Forschungs*ideal empirischer Induktion auf kleinen Teilgebieten verstanden. Humboldt hielt nichts von deduzierten Herleitungen und inspirierter 'Schau'. Seine heute erneut gerühmte Ganzheitlichkeit ist nicht der methodische *Ausgangs*punkt, sondern ein sehr spät, nach breitester empirischer Forschung durch Anwendung bestimmter Darstellungsmittel erreichtes *Ergebnis*.[115]

Eines dieser Darstellungsmittel ist das Tableau, verstanden als ästhetisch organisierte Heuristik eines wissenschaftlich zu entwickelnden Naturwissens. In dieser Funktion markiert es den Übergang von einer epistemischen Figur zu einer stilbildenden Text- und Text-Bild-Gattung mit einem zunehmenden Grad an Formalisierung.

> Im Gegensatz zu einem künstlerischen Bild hebt die wissenschaftliche Abbildung dabei vornehmlich solche Merkmale hervor, die zur systematischen Bestimmung des Gegen-

114 Ette, Ottmar: Die Fehler im System und die Kunst des Scheiterns. Alexander von Humboldt oder das Glück, niemals anzukommen. In: Ingold, Felix Phillip/Sánchez, Yvette (Hg.): *Fehler im System. Irrtum, Defizit und Katastrophe als Faktoren kultureller Produktivität*. Göttingen: Wallstein 2008, S. 35–51, S. 37.

115 Osterhammel, Jürgen: Alexander von Humboldt: Historiker der Gesellschaft, Historiker der Natur, S. 110.

> standes beitragen. Sie übernimmt damit Aufgabe der Charakterisierung, Typisierung und Definition.[116]

Das Prinzip einer malerisch vermittelten Charakterisierung möglichst konkret gestalteter Naturszenen geht dennoch weiterhin einher mit einem künstlerisch-ästhetischen Prinzip der Idealisierung: Ideale und historische Landschaft bleiben in der Praxis der wissenschaftlich motivierten Landschaftsmalerei eng aufeinander bezogen. Die methodische Grundlage für eine so verstandene Landschaftsmalerei, in der Pflanzen und Erdformationen zu typischen Gruppen organisiert den spezifischen Eindruck einer Region betonen sollte, legt Humboldt mit seinem Konzept einer Physiognomie der Natur vor (s. ausführlich Kap. 3.2). In ihr

> treffen sich morphologisch orientierte Naturforschung und Malerei in einer Landschaftsauffassung, die das Typische in den Gesteinsformationen wie in den Wuchsformen der Vegetation hervorhebt und den besonderen Charakter jedes Erdstrichs zu erfassen weiß. [...] Daß Anschauung und Wissen in Wechselwirkung stehen, ist dabei die unhinterfragte Voraussetzung.[117]

2.2.5 Erdbeschreibung und Wissensordnung: Tableau als geographisches Genre

Wissenschaftshistorisch betrachtet findet der Tableau-Begriff in der Übergangsphase vom 18. zum 19. Jahrhundert Eingang in zahlreiche Disziplinen: dazu zählen die Botanik, wie der Verweis auf Linné bereits zeigte, genauso wie die Staatsökonomie, Geschichte und Philosophie. Doch vor allem in der Geographie sollte das Tableau seine eigentliche Transformation hin zu einem disziplinär bestimmbaren Genrebegriff vollziehen.

Dabei stehen Enzyklopädie und Geographie in einem engen epistemologischen Bezug: Sprechen die Herausgeber im 'Discours préliminaire' mit Bezug auf das Tableau des 'Système figuré des connoissances humaines' von einer «Mappemonde»,[118] so übernehmen sie die Raum- und Kartenmetapher der Geographie und verweisen auf die Blickhöhe und den Gliederungsanspruch der Enzyklopädie. Die Geographie wiederum übernimmt aus der enzyklopädi-

---

116 Graczyk, Annette: *Das literarische Tableau zwischen Kunst und Wissenschaft*, S. 15.

117 Lobsien, Eckhard/Frank, Hilmar: Landschaft, S. 626.

118 Diderot, Denis/D'Alembert, Jean-Baptiste le Rond (Hg.): *Encyclopédie ou dictionnaire raisonné des sciences, des arts et des métiers, par une société de gens de lettres. Tome première [A–Azyme]*. Paris: Briasson, David, Le Breton, Durand 1751, S. LI.

schen Tradition den Anspruch auf Fülle und Vielseitigkeit, ja Vollständigkeit der Information und des verfügbaren Wissens.[119]

Im 19. Jahrhundert entwickelt die Geographie allerdings einen Zugriff auf ihren Gegenstand, der sich von der dichotomen Gliederung des älteren Tableau-Begriffs löst. Dieser Wandel des Organisationsparadigmas geht einher mit einer Aufweichung der Grenzen der behandelten Gegenstände. Diese werden nicht mehr systematisch getrennt, sondern zugunsten einer Privilegierung ihrer *tatsächlichen* Verbindung zusammengeführt. Natur- und Raumwissen sollte sich *organisch*, Humboldt würde sagen: 'naturwahr' nachvollziehen lassen. Dadurch erweitert sich die Funktionsweise des Tableaus hin zu einer umfassenden Beschreibungs- und Darstellungstechnik mit mimetischem Anspruch und findet hierin Anschluss an seine kunsthistorisch-ästhetische Tradition. Es ist ein wesentlicher Moment in der Geschichte des Tableau-Begriffs: Ein Formprinzip wird zum Gestaltungsprinzip eines Textes. Dieser begriffs- und gattungshistorische Schritt geht einher mit einem medienhistorischen Wandel, der im Paris des 19. Jahrhunderts sein Epizentrum fand. Es ist die Zeit, in welcher der Kupferstich zu einem wesentlichen Darstellungsmittel der Erdbeschreibung wird.

> [L]'émergence de ce concept de 'tableau' est déterminante pour la relance du genre du tableau au XIXe siècle. Dans beaucoup d'ouvrages portant ce titre à cette époque, le mot 'tableau' est pris dans son sens pictural, parfois explicité par l'adjectif 'pittoresque' ou 'descriptif'. C'est aussi l'époque de la multiplication de livres sur le territoire composés essentiellement de gravures. [...] Sous cette influence, le tableau géographique va s'infléchir vers la *mimesis*, il se voudra lui aussi représentation de la contrée décrite, ce qui implique l'abandon du plan par matières. Plutôt que l'espace quadrillé de la tabulation – et même si cette référence reste sous-jacente, le tableau géographique se voulant toujours *mathesis* – c'est le modèle de l'unité et des relations organiques [...] qui passe au premier plan et informe désormais la technique d'exposition.[120]

Das hier beschriebene Wechselverhältnis aus *mimesis* und *mathesis* spiegelt sich in den geographischen Werken der Zeit also in einem doppelten Anspruch wider: Es geht sowohl darum, umfassend einen konkreten Landstrich, eine Region, ein Land, in seiner Gesamtheit zu beschreiben und visuell zu erfassen, als auch darum, dieses «modèle de l'unité et des relations organiques» im Rah-

---

119 Petitier, Paule: D'un tableau l'autre. Le 'Tableau de la France' de Michelet et le 'Tableau de la géographie de France' de Vidal de la Blache. In: Robic, Marie-Claire (Hg.): *Le 'Tableau de la géographie de la France' de Paul Vidal de la Blache. Dans le labyrinthe des formes*. Paris: Éd. du CTHS 2000 (Mémoire de la section de géographie physique et humaine 20), S. 127–150, S. 129.

120 Ebda., S. 130.

men der internen Werkökonomie streng zu gliedern. So etabliert sich in der europäischen Geographie des 19. Jahrhunderts das Tableau als Genrebegriff einer Text-Bild-Komposition, die in wesentlichen Punkten mit Alexander von Humboldts Werkanspruch übereinstimmt: subjektneutrale Synthese des aktuellen Forschungsstandes, konzises Schreiben, möglichst hohe Informationsdichte und klare Ordnung des Materials in Informationsgruppen (Klima, Erdbeschaffenheit, Bevölkerungsstatistik und -verteilung im Raum, Berufsstände, Sitten und Gebräuche, Sprachen, Gesetze) zum Zweck seiner Vergleichbarkeit im Rahmen des wissenschaftlichen Feldes. In der Strenge dieser Vorgaben markiert das Tableau damit eine klare Opposition zum Essai-Begriff.

> Le tableau est un peu le genre opposé de l'essai. Il se donne un objet précis, bien circonscrit [...]. Il ne présente pas un point de vue, mais fait la synthèse de l'état présent des recherches. La notion de cadre resserré[121] implique aussi une écriture de la concision: le tableau doit donner le plus d'informations possible dans le moins d'espace possible car justement une de ses fonctions est de rapprocher les informations pour permettre leur mise en relation.[122]

War die frühe Begriffs- und Formbildung des Tableaus von der Vorstellung einer Räumlichkeit des Denkens als Bestimmung von Oppositionen geleitet, wird das terminologische Spektrum nun erweitert um eine aus der Landschaftsmalerei adaptierte Praxis, die (Natur-)Objekte in ihrem Verhältnis zueinander darzustellen, als «Integration zu einem übergreifenden Ganzen eigenen Rechts».[123] Es ist eine an der Arbeit mit komplexen Phänomenen geschulte Technik des Blicks, die im von der Geographie dominierten Tableau des späten 18. und frühen 19. Jahrhunderts seinen visuellen Ausdruck findet.

> [L']obsession proprement dix-neuviémiste de l'exposition [...] met en œuvre des *techniques* (présentation, typographie, illustrations, rhétorique ...) *du faire voir*. [...] Cependant la perspective du tableau reste plus synoptique que panoptique, même si le modèle du panorama et du diorama informe certainement le déroulement de ses paysages. Plutôt que'à tout montrer, *le tableau cherche à révéler les relations que peut faire découvrir la visualisation d'un ensemble d'éléments*.[124]

So wird das Tableau zu einer Chiffre für einen spezifischen Typ wissenschaftlicher Literatur. Kein Wunder, dass im Zuge dieser Entwicklung der Begriff an

---

121 Die Formulierung des «cadre resserré» übernimmt Petitier aus dem Vorwort von Constantin-François Volney: *Tableau du climat et du sol des États-Unis d'Amérique. Tome premier.* Paris: Courcier, Dentu, 1803, S. IV.

122 Petitier, Paule: D'un tableau l'autre, S. 129.

123 Lobsien, Eckhard/Frank, Hilmar: Landschaft, S. 620.

124 Petitier, Paule: D'un tableau l'autre, S. 130, Kursiv T. K.

die Spitze der Werktitel selbst rückt. Tableau bezeichnet nun nicht mehr allein eine spezifischen Prinzipien folgende Schematisierung in Form von Tafeln, Listen oder Diagrammen, sondern wird zum Dachbegriff für den Zusammenschluss von Text, Bild und Karte, bzw. Stich. Diese Traditionslinie wird, um nur einige Beispiele zu nennen, im 18. Jahrhundert geprägt durch François Quesnays *Tableau économique* (1758), Johann Reinhold Forsters *Tableau d'Angleterre* (1780) (1784 von ihm ins Deutsche übersetzt als «Gemählde von England») oder Jean-Antoine-Nicolas de Caritats *Esquisse d'un tableau historique de progrès de l'esprit humain* (1793).[125] Der Titel des letzten Autors, besser bekannt unter dem Namen Marquis de Condorcet, verweist zudem auf eine historische Dimension, die in der Folgezeit für die Entwicklung des Tableaus als Paradeform der europäischen Geographie von entscheidender Bedeutung sein wird. Stilbildend wird hier das *Tableau de la France* (1833) von Jules Michelet. Diese nun auch medial komplexeren Tableaux entfalten eine «poétique du territoire»,[126] in der die Geographie als Leitwissenschaft der Zeit zu einem politischen Instrument *sui generis* wird, das mit sprachlicher und medialer Macht für einen neuen Staatstypus zu werben scheint. Nicht umsonst spricht Jules Michelet daher programmatisch von der Idee Frankreichs als Person: «La France est une personne».[127]

> Ce mot n'est pas anecdotique, puisqu'il définit le but même du tableau de Michelet. [...] [L]e concept pictural de 'tableau' implique une unité, une cohésion organique de la représentation, qui trouve le mieux à se construire dans la figuration d'une personne sujet d'une action. Le tableau présuppose la personne. [...] Le choix de la forme tableau chez Michelet en 1833 doit se lire comme la mise en avant de la nation, substitut symbolique du corps du roi, dans sa souveraineté et son autoproduction.[128]

In genau dieser Übergangszeit zwischen enzyklopädischer Tableau-Tradition des 18. und geographischer Genre-Innovation des 19. Jahrhunderts ist das ame-

---

125 Vor allem der letzte Titel hat in der jüngeren Forschung wieder einige Aufmerksamkeit erfahren, vgl. Binoche, Bertrand: *Nouvelles lectures du* Tableau historique *de Condorcet*. Québec: Presses de l'Université Laval 2010 (Les collections de la République des Lettres Symposiums). Dies gilt vor allem seitdem die Forschergemeinde rund um die 'Groupe Condorcet' das *Tableau historique* in einer monumentalen kritischen Edition 2004 neu herausgegeben und dem wissenschaftshistorischen Forschungsstand angepasst hat. Condorcet: *Tableau historique des progrès de l'esprit humain. Projets, Esquisse, Fragments et Notes (1772–1794)*. Édité sous la direction de Jean-Pierre Schandeler et Pierre Crépel. Paris: Institut national d'études démographiques 2004 (Classiques de l'économie et de la population). Ich danke meinem Kollegen Jens Häseler für diesen Hinweis.

126 Petitier, Paule: D'un tableau l'autre, S. 127.

127 Michelet, Jules: *Tableau de la France: géographie physique, politique et morale*. Paris: Lacroix 1875, S. 80.

128 Petitier, Paule: D'un tableau l'autre, S. 131.

rikanische Reisewerk Alexander von Humboldts entstanden. In Humboldts Auslegung und Anwendung des Tableaus findet sich daher auch die ganze Fülle des Begriffs und die Möglichkeiten seiner Form in ebenso traditionsbewusster wie innovativer Weise wider.

2.3 Geschichte und Systematik von Atlas und Karte

Die Karte als Ordnungsprinzip von Raumwissen ist epistemisch verwandt mit dem bereits aus den Ausführungen zum Tableau bekannten dialektischen Verfahren von *Er*finden und *Vor*finden. Beide Darstellungsformen – das Tableau wie der Atlas/die Karte – lassen sich beschreiben als ein kognitiver Prozess kultureller Repräsentation von Wissen, den wir als *mapping* bezeichnen können. Zugeich ist das Tableau im Sinne einer Textgattung wie bei Michelet bereits selbst der Begriff einer textuell organisierten Raumordnung und -deutung. Und doch liegen die Unterschiede auf der Hand. Lässt sich das Tableau im Sinne einer Wissensfigur als 'mental map' interpretieren, deren Räumlichkeit sich vornehmlich aus Prozessen systematischen und analytischen Denkens ergibt, bzw. deren Verräumlichung des Denkens diese Prozesse selber unterstützt, gehen der Karte und dem Atlas stets konkrete Räume voraus, die sich gewissermaßen 'von außen' einen Weg in unser Denken bahnen und dabei unterschiedliche Raummodelle erzeugen.

> Human activities relevant to cartography include reducing the complexity and vastness of nature and space to a manageable representation; wayfinding or navigating from one point to another; spatial reckoning of generalized distances and directions; visualizing the character of local places; articulating spatial power and control related to territoriality; and constructing spatial views of real and imagined worlds.[129]

Bis heute bedienen sich Karten – darin den Bildstrategien der Landschaftsmalerei oder der Erzählstrategien der Reiseliteratur nicht unähnlich – einer doppelten Bewegung aus «Projektion und Imagination»,[130] mithin einer Bewegung in zwei Richtungen: aus dem Raum auf die Karte (Projektion) sowie von der Karte in den Raum (Imagination). Dies gilt für früheste Beispiele kognitiver,

---

129 Woodward, David/Lewis, G. Malcolm: Introduction. In: Woodward, David/Lewis, G. Malcolm (Hg.): *The history of cartography. Vol. 2, Book 3: Cartography in the traditional African, American, Arctic, Australian, and Pacific societies*. Chicago, London: Chicago University Press 1998, S. 1–10, S. 3.

130 Michalsky, Tanja: *Projektion und Imagination. Die niederländische Landschaft der Frühen Neuzeit im Diskurs von Geographie und Malerei*. Paderborn: Wilhelm Fink 2011.

performativer oder materieller Kartographie[131] ebenso wie für zeitgenössische photographische und bildgebende Verfahren der Raumerfassung, wie jüngst der *Atlas der Weltbilder* in seiner Zusammenstellung von «Praktiken visueller Welterzeugung in Form von Weltbildern»[132] besonders eindrucksvoll gezeigt hat.

Stets war die Kartographie eines der zentralen Ausdrucksmedien für die Vorstellungen, die sich verschiedene Kulturen, Gesellschaften, Macht- und Wissenseliten von dem ihnen bekannten wie unbekannten Raum machten. Karten gab es freilich lange, bevor es die ersten Atlanten gab. Und doch ist der Atlas die Textgattung, in der die europäische Kartographie ihren eigentlichen, kommunikativen Rahmen bekommt. Sie setzt eben jenes der Aufklärung geschuldete Ideal einer Wissenszirkulation in Gang, das in den flämischen Kartenproduktionen des 16. und 17. Jahrhunderts ihren Ursprung hat und die für die Umbruchszeit vom 18. zum 19. Jahrhundert so entscheidend ist. Den berühmten Atlanten im amerikanischen Reisewerk Alexander von Humboldts kommt innerhalb dieses Prozesses eine herausgehobene Rolle zu.

2.3.1 Von der Geburt des modernen Atlas

Bereits in den Anfängen seiner Gattungsgeschichte steht der geographische Atlas für den «Konnex von Geographie sowie politischer und nationaler Geschichte».[133] Die Geburtsstunde der Gattung fällt auf das Jahr 1570, als der flämische Kartograph Abraham Ortelius in Antwerpen das *Theatrum orbis terrarum* veröffentlicht, den «ersten modernen Atlas *avant la lettre*, also eine Zusammenstellung aufeinander abgestimmter Einzelkarten».[134] Durch den Atlas wird die Geographie, so Ortelius in seinem Vorwort, zum «Auge der Geschichte».[135] In der gebundenen Form wird aus einzelnen Karten, wird aus der Darstellung einzelner Länder und Kontinente eine Welt, ein Bild von der Welt, ein Weltbild. Der bereits bei Ortelius integrierte Katalog vervollständigt den Atlas zudem

131 Woodward, David/Lewis, G. Malcolm: Introduction, S. 3.

132 Markschies, Christoph/Reichle, Ingeborg u. a.: Vorbemerkung. In: Markschies, Christoph/Reichle, Ingeborg u. a. (Hg.): *Atlas der Weltbilder*. Berlin: Akademie Verlag 2011 (Interdisziplinäre Arbeitsgruppen, Forschungsberichte 25), S. XIII–XVI, S. XIII.

133 Michalsky, Tanja: Geographie – das Auge der Geschichte. Historische Reflexionen über die Macht der Karten im 16. Jahrhundert. <http://voss-stiftung.de>

134 Ebda.

135 Ebda. Vgl. ausführlicher zur Publikationsgeschichte von Mercators Atlas, sowie zur Entwicklung der Gattung von Sammel- zu Verlegeratlanten Michalsky, Tanja: *Projektion und Imagination*, S. 78 ff.

durch einen Quellen- und Anmerkungsapparat, der das in den Karten enthaltene Raumwissen anhand seiner Quellen und Autoren offenlegt, und zuweilen schon das darin Dargestellte kontextualisiert. Das Prinzip eines lektüregesteuerten Sehens, einer vom Textapparat unterstützten Bildlektüre, war damit eingeführt und von Anbeginn an eine auch das Fachpublikum überschreitende Öffentlichkeit gerichtet. Und tatsächlich wurde Ortelius' Projekt zu einem für damalige Möglichkeiten der Buchproduktion und –distribution kaum vorstellbaren Erfolg:

> Zwischen 1570 und 1612 erschienen 42 Ausgaben in sieben Sprachen. Über den Handel, die Mission und die politische Expansion der Europäer gelangte der Atlas bis nach China und verbreitete europäisches Wissen und Weltvorstellungen.[136]

In der Verbindung von Karte und Buch sowie der Zusammenstellung von Karten *als* Buch wird zudem eine weitere Qualität von Ortelius' Medieninnovation erkennbar:

> Die primäre Aufgabe seines Atlanten, der (wie Ortelius ebenfalls in der Vorrede angibt) einem viel größeren Nutzerkreis zugänglich sein sollte als die zuvor üblichen, meist unhandlichen, nur schwer und teuer zu erstehenden Wandkarten, sah er darin, dass Leser respektive Betrachter mit seiner Hilfe die Schauplätze der Geschichte besser verstehen können. Auch mit geringem Vorwissen sei es nämlich möglich, anhand der Karten soviel Wissen über die Geographie zu erlangen, dass es beim Lesen von Geschichtsbüchern abrufbar wäre.[137]

Erst Ortelius' Freund, Konkurrent und Nachfolger, der flämische Kartograph Gerhard Mercator, sollte mit seinen Atlanten und der darin konsequent verfolgten einheitlichen Darstellung durch die von ihm erfundene Projektion aus Längen- und Breitengraden den Schritt zu unseren heutigen Sehkonventionen einleiten. Mit seinem 1595 erstmalig veröffentlichten *Atlas sive cosmographicae meditationes de fabrica mundi et fabricati figura* begründet Mercator die Begriffsgeschichte der nun nach dem mythischen König von Mauretanien benannten Kartenwerke.[138] Aber es war Ortelius' Vorlage, welche die Grundlagen der Gattung etablierten. Seine Konzeption des Atlas' als geographisches «Auge der Geschichte» verweist allerdings auch auf eine weitere, (selbst)reflexive Dimension, die in Ortelius' Formulierung durchscheint und die für den epistemi-

136 Schneider, Ute: *Die Macht der Karten. Eine Geschichte der Kartographie vom Mittelalter bis heute*. Sonderausgabe. 2., überarbeitete Auflage. Darmstadt: Primus 2006, S. 53.
137 Michalsky, Tanja: Geographie – das Auge der Geschichte.
138 Vgl. Schneider, Ute: *Die Macht der Karten*, S. 53 f.

schen Gehalt des Atlas grundlegend ist, wie Tanja Michalsky überzeugend ausführt:

> Es ist lohnend, sich das Bild, das Ortelius von der Repräsentationsleistung der Karten gibt, genau zu vergegenwärtigen: Tafeln, die wie Spiegel der Realität vor unseren Augen aufgestellt sind, verlängern die Erinnerung an die (auch in Texten vermittelte) Geschichte. Übersetzt man *speculis* mit Spiegeln, rückt die gleichsam objektive Wiedergabe in den Vordergrund, werden die Karten zu automatisch, durch gleichsam natürlichen Widerschein erzeugte Simulacra der Realität. Übersetzt man *speculis* jedoch mit Brille, wie es bereits in der englischen Übersetzung von 1606 geschah, wo von glasses die Rede ist, so tritt das Fokussieren, bzw. das von optischen Geräten hervorgebrachte Bild stärker hervor, werden Karten also eher zu einem Instrument der Erkenntnis, die schließlich durch die menschlichen Augen vermittelt wird.[139]

Hieran anschließend ließe sich also sagen: Das Selbstverständnis von Karten als Spiegel einer räumlichen Realität wird durch die Gattung des Atlanten zu einer spezifischen Art der Weltsicht «und damit vorstellungsbildend».[140] Im Atlas zeigen sich Karten in besonders zugespitzter Weise als 'Brillen', als visuelle Hilfsmittel, welche durch die Konzeption des Atlas (Zusammenstellung, Ausschnitt, Ordnung und Fokussierung) ein in unterschiedlicher Weise gerichtetes und gestaltetes Raumwissen ermöglichen.

2.3.2 Theorie und Bildkritik in der Kartographiegeschichte

Karten sind als Repräsentationsmedium in besonderer Weise darauf ausgelegt Evidenz zu erzeugen. Das junge Forschungsfeld der Diagrammatik hat hierfür den Begriff der «Evidenzsuggestion»[141] geprägt. Als Ausdruck tatsächlicher oder vermeintlicher Empirie (oder einer zuweilen unauflösbaren Mischung aus beidem) liegt der Erfolg jeglicher kartographischer Repräsentation gerade in der Annahme, dass die hier abgebildete Raumordnung deckungsgleich mit dem dafür benötigten Raumwissen ist. Das Problem einer Raum*imagination* oder Raum*konstruktion* wird damit ausgeschlossen. Dieses implizite Versprechen ist die Voraussetzung für die machtvolle Wechselwirkung aus epistemischer Autorität und imaginativer Kraft, die stets von Karten ausgegangen ist. So wahren Karten «bis heute erfolgreich den Schein wissenschaftlicher Projektion».[142]

---

139 Michalsky, Tanja: Geographie – das Auge der Geschichte.

140 Michalsky, Tanja: *Projektion und Imagination*, S. 83.

141 Treude, Linda/Freyberg, Sascha: Diagrammatik und Wissensorganisation. In: *LIBREAS. Library Ideas* 8 (2012) 2 (21), S. 3–15, S. 3.

142 Michalsky, Tanja: *Projektion und Imagination*, S. 60.

Eine mit dieser Einsicht verbundene Medienkritik ist jedoch nicht neu und schon im späten 16. Jahrhundert nachweisbar. In dem kolorierten Kupferstich *Die Welt unter der Narrenkappe*[143] sieht man eine Weltkarte, die sich dem Betrachter als Gesicht eines Narren präsentiert und damit unmissverständlich darauf hinweist, «daß auch die Kartographie in dieser Zeit bereits in ihrer erkenntnistheoretischen und vorstellungsgenerierenden Funktion beleuchtet und hinterfragt wurde».[144] Tanja Michalsky, von der diese Lektüre stammt, ist jedoch eine an aktuellen Bild- und Wissen(schaft)stheorien geschulte Kunsthistorikerin. Dass sie eine Satire der frühen Neuzeit, in der eine der bekanntesten Karten der Zeit auf ihre Manipulationskraft hin thematisiert wird, als Symptom einer frühen Bildkritik liest, dürfte demnach nicht allzu sehr überraschen. Wäre sie hingegen keine Kunst-, sondern vor allem Kartographiehistorikerin, hätte Michalsky mit dieser Lektüre wohl vor wenigen Jahren noch wenig Zuspruch erhalten, kann dieses Fach doch erst Mitte der 1990er Jahre ernsthafte Fortschritte in einer theoretischen Fundierung der eigenen Disziplin im Zuge von *critical theory* und *cultural turns* aufweisen. Dieser erstaunliche Befund ist der vielleicht beste Beweis für die umfassende Suggestionskraft von Karten. Bis zu dieser Zeit nämlich galt nach Matthew H. Edney, einem der international sichtbarsten Vertreter seines Fachs, die Regel, dass «cartographic history has been dominated by an empiricism that treats the nature of maps as self-evident and which denies the presence of any theory».[145] Natürlich wäre aber auch ein solcher Empirismus – wie auch immer man ihn verstehen möge – nicht frei von Theorie. Vielmehr ist er selbst Ergebnis einer Theorie und daher gelte es zu konstatieren, «that theories lie at the root of all empirical study whether or not they are acknowledged».[146]

Damit holt die Kartographiegeschichte einen zweifellos überfälligen Entwicklungsschritt nach, der beispielsweise in den (institutionell freilich um ein

143 Graphische Sammlung des Germanischen Nationalmuseums in Nürnberg, Inventarnummer La213. Bei der dargestellten Weltkarte handelt es sich um eine Karte aus einer der späteren Ausgaben von Ortelius *Theatrum orbis terrarum*, die bei den Zeitgenossen als bekannt vorausgesetzt werden darf. Vgl. hierzu Michalsky, Tanja: *Projektion und Imagination*, S. 92 ff.

144 Ebda., S. 15.

145 Edney, Matthew H.: Theory and the History of Cartography. In: *Imago Mundi* 48 (1996), S. 185–191, S. 185. Die mit theoretischer Naivität verbundenen Probleme im Umgang mit Karten seien allerdings, wie Edney betont, kein alleiniger Sündenfall der Kartographiegeschichte, sondern beträfen auch andere Fächer, die sich die anschauliche Metapher der Karte zu eigen gemacht haben. So spreche man in der Entwicklungspsychologie zwar von *mapping* und *mental maps*. Die theoretischen Prämissen eines *mappings* als kognitive Technik würden dabei aber als gegeben und selbsterklärend hingenommen und nicht weiter reflektiert. Vgl. Ebda., S. 187.

146 Ebda., S. 185.

Vielfaches breiter aufgestellten) Literaturwissenschaften mit dem Russischen Formalismus in den 1920er Jahren einsetzte und in den folgenden Jahrzehnten vermittels zahlreicher Schulen, Theorien und Methoden ganz wesentlich die literatur- und texttheoretische Selbstreflektion im 20. Jahrhundert prägte.[147] Diese ebenso zeit- wie arbeitsintensive Anstrengung einer ganzen Disziplin hat – um nur ein Beispiel zu nennen – dazu geführt, dass wir heute (und schon lange) nicht mehr über einen stabilen Literatur-, bzw. Literarizitätsbegriff verfügen. Vielmehr spricht man davon, dass sich der Literaturbegriff einer jeden Epoche als eine Beziehung von «Eigenschaften vs. Einstellungen»[148] bestimmen lässt. Mit anderen Worten: Was wir als literarisch und wie wir Literatur betrachten, verstehen und beurteilen, hängt zu jedem Zeitpunkt von spezifischen Eigenschaften, kaum jedoch von *einer*, alle anderen Theorien bestimmenden Grundeigenschaft von Literatur ab. Dass der ebenso unerbittliche wie schillernde Aktivismus der sprach- und texttheoretischen Selbstbefragung auf die Kartographiegeschichte gewirkt hat, lässt sich wohl am besten am Beispiel des 1991 verstorbenen Brian Harley zeigen, einem der frühesten Kartentheoretiker und (zusammen mit David Woodward) Wegbereiter der noch nicht abgeschlossenen, aber längst zum Standardwerk avancierten *History of Cartography* in sechs Bänden:

> He [Harley] was also widely read in several academic subjects not generally associated with cartography, including art history, literary criticism, and the philosophy of history, an he gathered ideas from [...] information-theory, linguistics, semiotics, structuralism, phenomenology, developmental theory, hermeneutics, iconology, Marxism, and ideology.[149]

---

147 Vgl. Eagleton, Terry: *Einführung in die Literaturtheorie*. Aus dem Englischen von Elfi Bettinger und Elke Hentschel. 4., erweiterte und aktualisierte Auflage. Stuttgart, Weimar: J. B. Metzler 1997 [1983] (Sammlung Metzler, 246), S. 2 ff.

148 Culler, Jonathan: *Literaturtheorie. Eine kurze Einführung*. Aus dem Englischen übersetzt von Andreas Mahler. Stuttgart: Philipp Reclam jun. 2002 (Reclam Universal-Bibliothek, 18166), S. 54.

149 Laxton, Paul: Introduction. Meaning, Knowledge and Power in the Map Philosophy of J. B. Harley. In: Harley, John Brian (Hg.): *The new nature of maps. Essays in the history of cartography*. Edited by Paul Laxton. Baltimore: Johns Hopkins University Press 2001, S. 1–32, S. 2. Vgl. zur Bedeutung der theoretischen und methodologischen Arbeiten von Harley und Woodward im Zuge des *History of Cartography Project* für die Entwicklung der noch recht 'jungen' Disziplin der Kartographiegeschichte Jacob, Christian/Conley, Tom: *The sovereign map. Theoretical approaches in cartography throughout history*. Chicago, London: The University of Chicago Press 2006, S. XVf., 3 f. Ich zitiere hier und im Folgenden nach der englischen Übersetzung der von Christian Jacob 1992 veröffentlichten Studie *L'empire des cartes*, da der Autor im Vorwort zu seiner bei The Chicago of University Press erschienenen Ausgabe von 2006 angibt, dass es sich hierbei um eine in vielerlei Hinsicht verbesserte Fassung seiner Originalschrift handele, vgl. Jacob, Christian/Conley, Tom: *The sovereign map*, S. XXIII.

Diese Auflistung deckt sich weitgehend mit dem Inhaltsverzeichnis jeder besseren theoretischen Einführung in die Geisteswissenschaften der Zeit. Harley hingegen hatte seine 'Franzosen' gelesen und sorgte mit seiner Arbeit für einigen Wirbel im Feld. Doch die Wende zur Theorie war ebenso angebracht wie überfällig, schließlich berührt sie die Grundlagen jeglicher kartographischer Lektüre. So beruht das Urteil, das wir uns beispielsweise über die 'Richtigkeit' einer spezifischen kartographischen Darstellung machen, nicht allein auf objektivierbaren Argumenten wie dem einer im Einzelfall genaueren Vermessung geographisch relevanter Punkte, mit denen die eine sich als überlegen gegenüber vorausgegangenen Karten ausweisen kann. Denn schon an diese Aussage ist eine kulturell gebundene Vorstellung von linearem Fortschritt in der Verfeinerung des Wissens geknüpft wie sie typisch ist für das europäische 18. und 19. Jahrhundert und damit ebenso zeit- wie ideologiegebunden. Mit anderen Worten: «It derives [...] from our cultural beliefs concerning the nature of maps, which is to say from our unexamined theories».[150]

Es gibt also keinen theoriefreien oder gar gleich anti-theoretischen Umgang mit Karten, genausowenig wie das in der Beschäftigung mit Literatur oder jedem anderen historisch bedingten, in der Struktur von Bezeichnetem und Bezeichnendem modulierbaren Repräsentationssystem möglich ist. Das Vorhaben, «to de-naturalise the map»[151] ist mithin ein kulturanthropologisches Projekt, zu dessen Grundannahme es gehört, dass Karten nicht vornehmlich ein Aus*druck* von Fakten, sondern ein *Aus*druck menschlicher Praxis sind. Nicht die Karte selbst ist der Agens, sondern der Mensch: «The new history of cartography is thus a critical history of humanity, approached through the particular phenomenon of spatial representation».[152]

Versteht man Karten in diesem Sinne, so vergrößert sich nicht nur der dann notwendig gewordene Arbeitsbereich um ein Vielfaches, auch das Medium selbst verliert an Transparenz. Denn wenn die Annahme abzulehnen ist, dass eine Karte einen stabilen und irgendwie unmittelbaren Zugriff auf eine durch sie wiedergegebene Realität (man könnte auch sagen: auf eine außerkartographische Wirklichkeit) ermöglichen könne, dann wird die kartographische Repräsentation opak.[153] Die Art unserer Kartenlektüre, unserer *map literacy*,[154] verändert sich: die Zeichen der Karte sprechen dann nicht mehr in einem trans-

---

150 Edney, Matthew H.: Theory and the History of Cartography, S. 186.
151 Ebda., S. 188.
152 Ebda.
153 Vgl. Jacob, Christian: Toward a Cultural History of Cartography. In: *Imago Mundi* 48 (1996), S. 191–198, S. 191 f.
154 Vgl. Jacob, Christian/Conley, Tom: *The sovereign map*, S. XIV.

parenten Sinne so zu uns, dass wir die durch sie bezeichnete Information und Bedeutung unmittelbar erfassen und mit dem semiotischen System, das ihnen zugrunde liegt, gleichsetzen. Karten können durch gezielte Irritationen der Lektüregewohnheiten diesen Effekt eines Transparenzverlusts sehr wohl selbst auslösen. Ihre eigentliche Wirkung aber liegt zumeist im genauen Gegenteil: die Bedingungen ihres Produktions- und Konstruktionsprozesses zu verschleiern.

In der analytischen Betrachtung von Karten ist das Umschalten auf die relative Opazität von Karten geradezu Lektürevoraussetzung. Die verschiedenen Faktoren der Undurchlässigkeit von Karten zu bestimmen, hieße also etwa, eine Karte auf ihre semiotischen, materiellen, soziologischen und rezeptionsbedingten Prämissen und Eigenschaften hin zu untersuchen:

> In this sense the history of cartography is perhaps not a discipline in itself but an interdisciplinary field combining components of political and social history, history of visual artefacts, history of intellectual representations, history of ideas, history of technology, history of cultural practices and history of science.[155]

2.3.3 Mythos und Irrtum Karte: Alexander von Humboldts *Examen critique* (1834–1838) als Kartographiegeschichte *avant la lettre*

Alexander von Humboldt hätte dieser Einschätzung sicher zugestimmt, gibt es doch erstaunliche Parallelen zwischen seinem amerikanischen Reisewerk und Jacobs Überlegungen. Im *Examen critique de l'histoire de la géographie du Nouveau Continent et des progrès de l'astronomie nautique aux quinzième et seizième siècles* (1834–1838), dem unvollendeten Abschluss der *Voyage aux régions équinoxiales du Nouveau Continent*, schreibt Humboldt gleich zu Beginn:

> La découverte du Nouveau Continent et les travaux entrepris pour étendre la connaissance de sa géographie [...] ont [...] exercé l'influence la plus marquante sur le perfectionnement de cartes et des méthodes graphiques en général, comme sur les moyens astronomiques propres à fixer la position des lieux.[156]

---

155 Jacob, Christian: Toward a Cultural History of Cartography, S. 193.

156 Humboldt, Alexander von: *Examen critique de l'histoire de la géographie du Nouveau Continent et des progrès de l'astronomie nautique aux quinzième et seizième siècles. Tome premier.* Paris: Gide 1836, S. 1–2. Dt. Übers.: «Die Entdeckungen der Neuen Welt und die Arbeiten, die zur Erweiterung der Kenntnisse ihrer Geographie unternommen worden sind, haben [...] den entschiedensten Einfluß auf die Verbesserung der Karten und der graphischen Darstellungsweise im allgemeinen sowie auf die zur Ortsbestimmung am meisten geeigneten astronomischen Mittel ausgeübt.» Humboldt, Alexander von: *Kritische Untersuchung zur historischen Entwicklung der geographischen Kenntnisse von der Neuen Welt und den Fortschritten der nauti-*

Erst vor dem Hintergrund der Revolution des europäischen Weltwissens, das die spanischen und portugiesischen 'Entdeckungen' jenseits des Atlantiks auslösten, kommt eine Geschichte europäischer Kartographie und Geographie überhaupt in den Blick. Erst mit dieser «révolution heureuse»[157] war es möglich, die europäischen Wissenschaften zu modernisieren, in ihrem Erklärungsanspruch zu globalisieren und das aus der Antike über das Mittelalter in die Neuzeit tradierte Wissen im Angesicht der 'Neuen Welt' kritisch einzuordnen und zu hinterfragen. Tatsächlich legt Humboldt in seiner *Kritischen Untersuchung* eine außergewöhnlich belesene und in ihrem Anspruch zutiefst philologisch geprägte, wissenschaftshistorische Untersuchung vor. Diese darf durchaus den Rang einer Monographie beanspruchen. Denn im Unterschied zum Textteil der *Vues des Cordillères* sowie der 'Analyse raisonée' zum *Atlas géographique et physique du royaume de la Nouvelle-Espagne* ist das *Examen critique* dem *Atlas géographique et physique du Nouveau Continent* nicht als *geographical memoir*[158] zur Seite gestellt, sondern erweist sich als eigenständige Untersuchung zum Wahrheitsgehalt und Wissensanspruch von Geographie und Kartographie. Die 'Traumwelten' der Kartenwelt waren auch Humboldt eine eigene Geschichte wert. Humboldt wandte

> sich in seinem *Examen critique* nicht allein den materiellen Rahmenbedingungen, den technischen Voraussetzungen oder den wissenschaftlichen Erfindungen [zu], welche die Fortschritte des fünfzehnten und sechzehnten Jahrhunderts beflügelten. Einen nicht geringen Raum nehmen jene Traumwelten ein, welche die portugiesischen, malorquinischen, spanischen, französischen, italienischen oder englischen Seefahrer vorantrieben und ins Weite führten. Humboldt war fasziniert von der ungeheuren Sogwirkung, die von antiken Texten oder mittelalterlichen Erzählungen, von geographischen oder kartographischen Mythen ausging – und von den fundamentalen Fehlern im System, die diese Vorstellungen etwa im Denken des Columbus hervorriefen. [...] Und doch hätte sich ohne diese fehlerbehafteten Vorstellungen [...] kein Columbus, kein Vespucci, kein Magellan auf den Weg nach Westen begeben, um den Osten zu erreichen. Das *Examen critique* führt vor, welche ungeheure Produktivität den Fehlern im System entspringt.[159]

---

schen Astronomie im 15. und 16. Jahrhundert. Mit dem geographischen und physischen Atlas der Äquinoktial-Gegenden des Neuen Kontinents Alexander von Humboldts sowie dem Unsichtbaren Atlas der von ihm untersuchten Kartenwerke. Mit einem vollständigen Namen- und Sachregister. Nach der Übersetzung aus dem Französischen von Julius Ludwig Ideler ediert und mit einem Nachwort versehen von Ottmar Ette. Frankfurt am Main, Leipzig: Insel 2009, S. 19.

157 Humboldt, Alexander von: *Vues des Cordillères*, S. II.

158 Vgl. zur Geschichte und Funktion des *geographical memoir* das Kap. 2.3.4.

159 Ette, Ottmar: Nachwort. In: Humboldt, Alexander von: *Geographischer und physischer Atlas der Äquinoktial-Gegenden des Neuen Kontinents. Unsichtbarer Atlas aller von Alexander von Humboldt in der* Kritischen Untersuchung *aufgeführten und analysierten Karten.* Frankfurt am Main: Insel 2009, S. 227–241, S. 238.

Die vom französischen Wissenschaftshistoriker Christian Jacob im oben erwähnten Zitat ausgeführte Programmatik einer interdisziplinären Kartographiegeschichte, die neben einer Sozial- und Mediengeschichte sich auch als Kultur- und Ideengeschichte, zudem als von den Überlegungen zum *practical turn* inspirierten Materialitätsforschung von Karten und Raumimaginationen verstehen sollte, sind in Humboldts *Examen critique* bereits auf vielfältige Weise angelegt. Wenn man dazu bedenkt, dass Humboldt nach eigener Aussage während der drei Jahrzehnte seiner Arbeit am Reisewerk auch stets Materialien und Überlegungen zu dieser Studie zusammentrug und auswertete und mit der ersten Ankündigung 1817 bereits als eigenständige Publikation vorzubereiten begann,[160] dann wird deutlich, dass wir den hier in den späten 1830er Jahren formulierten Analyseanspruch an die Möglichkeiten von Wissen und den Bedingungen von Wissensproduktion im Feld der Raumwissenschaften als diskursive Tiefenschicht auf das Gesamtwerk übertragen können, dessen Charakter mit den ersten Buchveröffentlichungen ab 1807 langsam Gestalt annehmen sollte.

2.3.4 Vom Text zum Bild: über das Genre des *geographical memoir*

Das Genre der «geographical memoir»[161] hatte sich erst zum Ende des 18. Jahrhunderts und auch nur bei den besten geographischen Arbeiten als neuer Standard wissenschaftlicher Transparenz durchgesetzt und war umso wichtiger für die Validierung der eigenen wissenschaftlichen Aussage, als allen Fachleuten nur allzu bewusst war, dass genaue geographische Angaben – erst recht über so große Gebiete wie die des Neuen Kontinents – noch kaum vorlagen. Ihre vordringlichste Funktion erfüllt die bei Humboldt als 'Analyse raisonnée' bezeichneten Textgattung also in der Überprüfbarkeit ihrer Aussagen über die zugrundeliegende Methode und Qualität ihrer Ergebnisse.

> Certainty and faith in a map's representation, in part or in whole, could only come from knowing the character of its data and the circumstances of its construction. [...] The purpose of the memoirs was therefore to explain how geographers arranged and combined

---

160 Ette, Ottmar: Editorische Notiz. In: Humboldt, Alexander von: *Geographischer und physischer Atlas der Äquinoktial-Gegenden des Neuen Kontinents. Unsichtbarer Atlas aller von Alexander von Humboldt in der* Kritischen Untersuchung *aufgeführten und analysierten Karten*. Frankfurt am Main: Insel 2009, S. 242–247, S. 242.

161 Edney, Matthew H.: Reconsidering Enligthenment Geography and Map Making: Reconnaissance, Mapping, Archive. In: Livingstone, David N./Withers, Charles W. J. (Hg.): *Geography and Enlightenment*. Chicago: The University of Chicago Press 2000, S. 165–198, S. 187.

> their data in order to distinguish between geographical knowledge that was simply unambiguous and that which was *certain*. Without the memoirs, geographical knowledge was invalid [...]; by the later eighteenth century they had become the hallmark of the superior geographers [...]. Only a very few maps were ever accompanied by a separate memoir [...].[162]

Für die Validierung der eigenen geographischen wie kartographischen Arbeit war das *geographical memoir* eine für Humboldt ebenso notwendige wie für seine Arbeitsweise typische, argumentative Strategie, mit der er die Grundlagen zur Entstehung und Auswertung des primären Daten- wie sekundären Quellenmaterials offenlegen konnte. Am deutlichsten wird dieser Anspruch in den jeweils einzelnen Karten oder Abbildungen zugeordneten Texten der *Vues des Cordillères* sowie in der 'Analyse raisonnée', bzw. 'Introduction géographique' (so der Kopftitel) zum *Atlas géographique et physique du royaume de la Nouvelle-Espagne*. Zuweilen hat der so motivierte Text bei Humboldt bereits den Charakter einer kommentierten Bibliographie, da er so gut wie jede Quelle einer nicht auf eigener Beobachtung und Berechnung basierenden Ortsangabe qualitativ ein- und dem Gebrauchswert seiner Karten zuordnet. In ähnlicher Weise, wenngleich aufgrund der vor allem kulturanthropologischen Argumentation anders gearteten Arbeitsmethode, verfährt Humboldt in seinen Texten der *Vues des Cordillères*. Die Vielfalt seiner Lektüren und Transparenz seiner Quellen ist hier besonders augenfällig und wurde vor allem durch den kritischen Apparat der jüngst erschienenen, englischen Neuübersetzung ins Bewusstsein der Forschung gebracht. Das Autorenteam dieser 'Critical Edition' der *Views of the Cordilleras and Monuments of the Indigenous Peoples of the Americas* konnte in der bibliographischen Recherche zu 'Humboldt's Library'[163] soweit möglich alle Quellen der Humboldt'schen Bibliothek rekonstruieren und damit erfolgreich gegenläufigen Lektüren entgegentreten, die in Humboldts Werk vor allem die Arbeit eines derivativen, also weder originären noch originellen Autors zu sehen glauben.[164]

---

162 Ebda., S. 187 f. Hanno Beck geht in seiner Beurteilung der 'Analyse raisonée' sogar noch weiter: «Daß diese 'Geographische Einleitung' jede Karte ausführlich nach ihren Grundlagen, möglichen anderen Autoren und Quellen erörterte, war damals einzigartig, und es hat auch Vergleichbares in dieser Vollendung seither nie wieder gegeben.» Beck, Hanno: Kommentar. In: Humboldt, Alexander von: *Mexico-Werk. Politische Ideen zu Mexico. Mexicanische Landeskunde*. Herausgegeben und kommentiert von Hanno Beck. Mit 17 Tafeln im Beiheft. Darmstadt: Wissenschaftliche Buchgesellschaft 1991 (Alexander von Humboldt Studienausgabe, Sieben Bände, 4), S. 527–578, S. 546.

163 Humboldt, Alexander von: *Views of the Cordilleras*, S. 501 ff.

164 Vgl. Cañizares-Esguerra, Jorge: *Nature, Empire, and Nation*, S. 112 ff.

In der Überprüfung und Auswertung seiner Quellen kannte Humboldt schier kein Ende und aktualisierte bis kurz vor Drucklegung. So erläuterte er zum Ende des ersten Kapitels der 'Analyse raisonée' in einem vollständigen Verzeichnis alle für die 'Carte générale du royaume de la Nouvelle-Espagne' (ANE I)[165] verwendeten Quellen und wusste sich damit auf der Höhe des Wissensstands seiner Zeit: «je crois avoir réuni tout ce qui existoit d'instructif jusqu'à l'année 1804».[166] Dem hatte auch vierzehn Jahre später der Herausgeber von Humboldts zweiter Auflage des *Essai politique sur le royaume de la Nouvelle-Espagne*, Antoine-Augustine Renouard, in einer Fußnote am Ende dieser Quellenliste nur hinzuzufügen, dass von den zwei bis 1825 enstandenen und erwähnenswerten Karten die erste eine «simple copie de la carte de M. de Humboldt»[167] sei und die zweite, ebenso basierend auf dessen Vorlage, lediglich «plus les routes de Tampico à San Zimapan»[168] anzubieten habe.

Zugleich ist das *geographical memoir* in Humboldts Atlanten sowie im Fall des *Essai sur la géographie des plantes* ein Ort diskursiver Reflexion. Nur wurde er in dieser Funktion bisher kaum ernst genommen. Vor allem die Kapitel 4.5, 5 und 6 widmen sich daher ausführlich der Frage des spezifischen Dialogs zwischen *memoir*-Text und Atlas-Karte.

---

165 In Ermangelung einer Paginierung werden diese wie alle folgenden Angaben zu den Karten von Humboldts neuspanischem Atlas im Text nur anhand ihres vollen oder gekürzten Titels sowie einer nachgestellten Sigel mit Ziffer angegeben, welche die Ordnung im Atlas anzeigt. Dabei beziehen sich alle Angaben immer auf die Erstaugabe im Folioband Humboldt, Alexander von: *Atlas géographique et physique du royaume de la Nouvelle-Espagne fondé sur des observations astronomiques, des mesures trigonométriques et des nivellemens barométriques*. Paris: Schoell 1811. Eine Auflistung aller Sigel der im Text verzeichneten Karten findet sich im Anhang, Kap. 11.1. Dabei wurden sowohl die Titel berücksichtigt, die Humboldt auf den Karten selbst angibt, wie die (fast immer von ersteren abweichenden) Titel der Karten in der 'Analyse raisonnée'.

166 Humboldt, Alexander von: *Essai politique sur le royaume de la Nouvelle-Espagne. Tome premier*. Paris: Schoell 1811, S. 97.

167 Humboldt, Alexander von: *Essai politique sur le royaume de la Nouvelle-Espagne. Tome premier*. Deuxième édition. Paris: Antoine-Augustin Renouard 1825, S. 97.

168 Ebda.

3 Tableau I: Physiognomie – Naturgemälde – Naturgenuss

3.1 Ein Begriff, aber viele Bedeutungen: das Tableau bei Humboldt

Ausgehend von der Wort- und Begriffsgeschichte des Tableaus (s. Kap. 2.2) erschließt sich für den Rahmen dieser Arbeit ein semantisch wie formal offener und stets multiperspektivischer Genre- und Formbegriff, der sich im Humboldt'schen Wissenschaftskonzept in zahlreichen Nuancen äußert, die stets eigene Strategien der Informationsverarbeitung, -darstellung und -visualisierung initiieren.

Dass ein Text allein diese virtuelle – und auch in visuellen Medien nicht ganz erreichte – räumliche Gleichzeitigkeit der Darstellung aufgrund seiner zeitlichen Linearität nie vollziehen kann, ist genau die Spannung, in der sich Humboldts Schriften stets befinden. Anders formuliert: der Tableau-Begriff, wie er sich bei Alexander von Humboldt entfaltet, bezeichnet ein konzeptionelles Ideal, das stets die Grenzen und potenziellen Grenzüberschreitungen zwischen Bild, Text und den Möglichkeiten kognitiver Wahrnehmung auszuleuchten bestrebt ist und sich als experimentelle Suche nach einem dritten Weg jenseits des «Laokoon-Paradigmas»[1] verstehen lässt.

Hierbei lassen sich verschiedene Typologien unterscheiden, die sich allerdings nur durch eine kontextualisierende Lektüre erschließen und dem Leser abverlangen, die theoretische Entfaltung dieser Begrifflichkeit dem Text abzuringen. So fällt auf, dass Humboldt sein 'Tableau physique des Andes et pays voisins' in der deutschen, durchaus einen eigenen monographischen Status beanspruchenden Fassung ein 'Naturgemälde der Anden, gegründet auf Berechnungen und Messungen', und schließlich in einem Widmungsbrief vom 6. Februar 1806 an Goethe sein «Naturgemälde der Tropenwelt»[2] nennt.

---

1 So lautet der Titel eines germanistischen Sammelbands zum «Zeichenregime im 18. Jahrhundert», der das von Lessing so prominent behandelte Problem künstlerischer Repräsentationsformen bewusst auf Praktiken und Diskursfelder außerhalb der Künste ausweitet; ein Verfahren, das auch für die hier vorgenommene Perspektive grundlegend ist. Baxmann, Inge/Franz, Michael u. a.: Einleitung. In: Baxmann, Inge/Franz, Michael u. a. (Hg.): *Das Laokoon-Paradigma. Zeichenregime im 18. Jahrhundert*. Berlin: Akademie Verlag 2000 (Historische und semantische Studien zu einer vergleichenden Zeichentheorie der Künste, 2), S. IX–XII, S. X.

2 Goethe, Johann Wolfgang von/Humboldt, Wilhelm von u. a.: *Goethes Briefwechsel mit Wilhelm und Alexander von Humboldt*. Herausgegeben von Ludwig Geiger. Mit einer Gravüre die beiden Standbilder in Berlin darstellend. Berlin: Bondy 1909, S. 297.

> Doch was ein 'Naturgemälde' und ein 'Tableau' sein soll, lässt sich zunächst nur schwer abgrenzen von einem 'Atlas pittoresque', von 'Vues', von 'pittoresken Ansichten' oder 'Ansichten der Natur', die es in Humboldts französischem und deutschen Werk ja auch gibt; und das eine *Naturgemälde*, das heißt der Kupferstich mit dem Andenprofil und flankierenden Tabellen, hat wiederum wenig mit dem 'Naturgemälde' gemein, das Humboldt sich Jahrzehnte später im *Kosmos* zu entwerfen anschickt.[3]

Dieser Befund wirkt auf den ersten Blick zutreffend und hat in der Forschung dafür gesorgt, dass Humboldt eine gewisse Konzeptlosigkeit vorgeworfen wurde. Aus der Schwierigkeit, die Humboldt'sche Begriffsverwendung klar gegeneinander abzugrenzen, zumal in der Spannung eines mehrsprachigen und damit ja stets auch verschiedenen kulturellen Konventionen folgenden, *vielbewussten* Werkes, wird damit umstandslos ein Problem des Autors. Doch ist das Gegenteil der Fall: das Spektrum der Humboldt'schen Darstellungsbegriffe, im Besonderen das Wechselverhältnis zwischen Tableau und Atlas, eröffnet erst das in ihnen zum Ausdruck kommende Wissensmodell. Darüber hinaus steht jener in der Ambivalenz von Tableau und Naturgemälde sich entfaltende Landschaftsbegriff bereits seit dem 16. Jahrhundert in einer doppelten Darstellungstradition, verstanden sowohl als Landschaftsmalerei im Bild als auch als Landschaftsbeschreibung im Text (s. Kap. 2.2.4). Insofern handelt es sich nicht um eine Begriffsverwirrung, sondern vielmehr um einen Hinweis darauf, dass der Verfasser des *Kosmos* stets an beiden Aspekten der wissenschaftlich-ästhetischen Naturerfassung interessiert war und sehr wohl Schrift und Bild in einen die Konventionen der Form überschreitenden, neuen Bezug zueinander stellen wollte. Dass diese (deutschen) Naturgemälde zugleich (französische) Tableaus mitdenken lassen und damit die (vermeintlich bloß) ästhetische, ja zuweilen als romantisch interpretierte Naturauffassung mit einer (vermeintlich rein) 'scientifischen' untrennbar verbinden, gehört gerade zum spezifischen Mehrwert des Humboldt'schen Modells. Es führt ein in ein Denken, das zur Mehrsprachigkeit verführt.

Doch Hey'ls Beobachtung ist zuzustimmen, insofern Humboldt keine systematische Erläuterung für den Einsatz seines Tableau-Begriffs anbietet. Eine präzisere Entfaltung dieser ästhetisch wie epistemologisch anspruchsvollen und formal schwer einzugrenzenden Figur ergibt sich daher erst beim Blick auf ihre verschiedenen, über weite Teile des Amerika-Werks verteilten Spezialformen. Um diese konzeptionelle Vielfalt schlüssig herleiten zu können, sollten zunächst die zahlreichen Voraussetzungen geklärt werden, die für das Schlüsselwerk zu Humboldts Tableau-Begriff, das 'Tableau physique des Andes et pays voisins' (Kap. 4.5), von Bedeutung sind.

---

3 Hey'l, Bettina: *Das Ganze der Natur und die Differenzierung des Wissens*, S. 248.

3.2 Die Humboldt'sche Naturphysiognomie als Lehre vom 'Einen Blick'

Die Lehre der Physiognomie oder Physiognomik verzeichnet nicht nur im 18., sondern auch im 19. Jahrhundert eine steile Begriffskarriere und stand mit ihrem phänomenologischen Ansatz stets an der Schwelle zur Populärwissenschaft. So bedient sich beispielsweise Gotthilf Heinrich Schubert 1826 der Physiognomik in seiner *Allgemeinen Naturgeschichte* als generelles Verständnismodell für Naturerscheinungen, wenn auch dieser Ansatz im Unterschied zu Humboldt stark einer «religiösen, der romantischen Naturphilosophie nahestehenden»[4] Wissenschaftsauffassung folgte. Die Naturphysiognomik Humboldt'scher Prägung stand zunächst in einem auch im Austausch mit Goethe gereiften

> und neben Humboldt durch viele zeitgenössische Naturforscher wie Georg Forster, Carl Gustav Carus und Lorenz Oken entwickelten Leitgedanken [...]. Eine Idee war durch Abstrahieren von zufälligen einzelnen Gegebenheiten, durch Verallgemeinern zu gewinnen. Das bedeutete in der vergleichenden morphologischen Naturforschung, das Typische festzustellen und zu benennen. [...] Um sie in der Idee zu erfassen, galt es, von äußeren Gestalten auf mehr oder minder verborgene innere Gründe und Zusammenhänge zu schließen. Dieses Vorgehen entsprach der Naturforschung Goethes ebenso wie der Physiognomik Lavaters.[5]

Methodologisch steht am Anfang einer Erfassung des physiognomischen Charakters einer Landschaft deren wissenschaftliche Erfassung.

> Die Voraussetzungen der physiognomischen Aussagen über die Vegetation eines bestimmten Gebiets waren also für Humboldt: die floristisch-systematische und statistische Erfassung der einzelnen Gewächse unter Beachtung ihrer einzelnen morphologischen Merkmale und außerdem – hiermit dachte Humboldt schon ökologisch – die Feststellung der geographisch-geologischen Gegebenheiten und der physikalisch-klimatischen Faktoren einer Gegend. Aus Vergleich und Verallgemeinerung der Ergebnisse vieler Reihen von Daten ließ sich schließlich der *Totaleindruck einer Gegend* ableiten.[6]

Diese Verallgemeinerung des Physiognomikers äußert sich vor allem in der Herausbildung sogenannter Typen, die den (Total-)Eindruck einer Landschaft bestimmen, auch wenn jenseits dieser Typen natürlich eine große Zahl weiterer

4 Hoppe, Brigitte: Physiognomik der Vegetation zur Zeit von Alexander von Humboldt. In: Lindgren, Uta (Hg.): *Alexander von Humboldt. Weltbild und Wirken auf die Wissenschaften*. Wien: Böhlau 1990 (Bayreuther Historische Kolloquien, 4), S. 77–102, S. 83.
5 Ebda., S. 83 f.
6 Ebda., S. 84.

Pflanzenarten den Gesamtkörper eines lokalen Ökosystems ausmachen. Diese für die Humboldt'sche Physiognomik typische Typologie der Naturlandschaft entspricht auf methodischer Ebene den Mittelwerten, auf deren Basis Humboldt zu allgemeineren Naturerkenntnissen gelangte. In beiden Fällen verfährt Humboldt nach dem Prinzip der möglichen Vereinfachung komplexer Naturbeobachtungen, bzw. -messungen. Dies gilt so sehr für die Arbeit an einer physiognomischen Typologie der Natur wie für die Etablierung eines globalen Systems von Isothermen, die wiederum das Ergebnis von zuvor bestimmten Mittelwerten darstellt.

Humboldt hatte seine naturphysiognomischen Überlegungen bereits früh seinem Publikum vorgestellt. Eine erste Fassung seiner 'Ideen zu einer Physiognomik der Gewächse' stammte von 1806 und wurde in erweiterter Fassung in die erste Auflage der *Ansichten der Natur* 1808 integriert. Auszüge sollten später in der *Relation historique* erscheinen.[7] Wie die meisten anderen Aufsätze dieser Sammlung, wurde vor allem der Anmerkungsapparat zu seinen physiognomischen 'Ideen' selbst in der dritten Auflage der *Ansichten* von 1848 noch aktualisiert und ergänzt.[8]

Wie so oft bei Humboldt setzen seine Überlegungen bei einer Frage an. Diese beginnt zunächst mit einem einfachen Befund: Wenn die Natur der heißen Klimazonen Südeuropas und Nordafrikas so unterschiedlich ausfällt im Vergleich zu den amerikanischen Tropen, wie kann es dann sein, dass sie zum selben Breitengrad gehören? Warum also herrschen unterschiedliche Klimate in gleichen Breiten? War die Fülle der tropischen Natur für den europäischen Betrachter nicht gerade deshalb so überwältigend, weil sie so eklatant der Kargheit der Natur im Mittelmeerraum gegenüberstand und nicht dem entsprach, was man glaubte, als Charakteristikum der heißen Zone erkannt zu haben?

> Wenn man aus unsern dicklaubigen Eichenwäldern über die Alpen- oder Pyrenäen-Kette nach Wälschland [Italien] oder Spanien hinabsteigt, wenn man gar seinen Blick auf einige afrikanische Küstenländer des Mittelmeeres richtet; so wird man leicht zu dem Fehlschlusse verleitet, als sei Baumlosigkeit der Charakter heißer Klimate. Aber man vergißt, daß das südliche Europa eine andere Gestalt hatte, als pelasgische oder carthagische Pflanzvölker sich zuerst darin festsetzten; man vergißt, daß frühere Bildung des Menschengeschlechts die Waldungen verdrängt, und daß der umschaffende Geist der Natio-

7 Fiedler, Horst/Leitner, Ulrike: *Alexander von Humboldts Schriften*, S. 37 ff.

8 Humboldt, Alexander von: *Ansichten der Natur, mit wissenschaftlichen Erläuterungen und sechs Farbtafeln nach Skizzen des Autors*. Franz Greno: Nördlingen 1986 (Die Andere Bibliothek), S. 10.

> nen der Erde allmählich den Schmuck raubt, welcher uns in dem Norden erfreut, und welcher (mehr als alle Geschichte) die Jugend unserer sittlichen Cultur anzeigt.[9]

Die Baumlosigkeit des europäisch-afrikanischen Mittelmeerraums war also keineswegs ein 'Naturzustand', sondern Ausdruck anthropogener Landschaftsveränderungen, die Folge eines im doppelten Wortsinn *historischen* Kahlschlags.

Es gibt allerdings mehrere Probleme mit dieser Stelle. So kann das zweite Pronomen «welcher» im letzten Satz sich eigentlich nur auf den «Schmuck» beziehen. Doch wie kann der «Schmuck» der Erde «die Jugend unserer sittlichen Cultur» anzeigen? Plausibler wäre es, würde sich «welcher» auf den «umschaffende[n] Geist der Nationen der Erde» beziehen. Die «Jugend der Cultur» wäre dann ein selbstkritischer Hinweis auf das noch unterentwickelte Verständnis des Menschen von seinem Einfluss auf Natur und die Erosion der Erdoberfläche. Und obwohl Humboldt hier eigentlich deutlich von einem durch den Menschen ausgelösten «Raub» an der Schönheit und Fülle der Natur spricht, erklärt er direkt im Anschluss an das gerade erst angedeutete, anthropogene Argument den Charakter des Bodens an den Mittelmeerküsten mit der erdgeschichtlichen Entwicklung des Mittelmeers. Humboldt widerspricht sich hier also, oder erklärt beide Faktoren für gleichermaßen relevant.

> Die große Catastrophe, durch welche das Mittelmeer sich gebildet, indem es, ein anschwellendes Binnenwasser, die Schleusen der Dardanellen und die Säulen des Hercules durchbrochen: diese Catastrophe scheint die angrenzenden Länder eines großen Theils ihrer Dammerde beraubt zu haben. Was bei den griechischen Schriftstellern von den amothracischen Sagen erwähnt wird, deutet die Neuheit dieser zerstörenden Naturveränderung an. Auch ist in allen Ländern, welche das Mittelmeer bespült und welche Tertiär-Kalk und untere Kreide (Nummuliten und Neocomien) charakterisiren, ein großer Theil der Erdoberfläche nackter Fels.[10]

In der Folge klärt sich Humboldts Argumentation. Es geht ihm um die Unterscheidung von (anthropogen oder erdgeschichtlich motivierten) «Local-Phänomenen»[11] und dem allgemeinen Charakter einer jeden Weltgegend, der sich vornehmlich aus deren Verteilung und Häufung der Pflanzenarten ergibt. Dieser Charakter erst ist die eigentliche Humboldt'sche Naturphysiognomie.[12] Als

---

9 Humboldt, Alexander von: Ideen zu einer Physiognomik der Gewächse. In: Humboldt, Alexander von: *Ansichten der Natur, mit wissenschaftlichen Erläuterungen und sechs Farbtafeln nach Skizzen des Autors*. Franz Greno: Nördlingen 1986 (Die Andere Bibliothek), S. 235–390, S. 243.

10 Ebda.

11 Ebda., S. 245.

12 Die Frage der unterschiedlichen Vegetation in gleichen Breiten sollte Humboldt allerdings auch über die Überlegungen zum naturphysiognomischen Blick hinaus wissenschaftlich interessieren. Hierfür maßgeblich war das «Verhältniß zwischen der absoluten Höhe des Bodens

analytisches Instrument ignoriert die Naturphysiognomie nur insofern jegliche Abweichungen von der durch sie bestimmten Natur, als sie diese zu einem allgemeineren Charakter zusammenfasst. Diese Abstraktion erst erzeugt den berühmten Humboldt'schen 'Einen Blick':

> Wer demnach die Natur mit Einem Blicke zu umfassen, und von Local-Phänomenen zu abstrahiren weiß, der sieht, wie mit Zunahme der belebenden Wärme, von den Polen zum Äquator hin, sich auch allmählich organische Kraft und Lebensfülle vermehren. Aber bei dieser Vermehrung sind doch jedem Erdstriche besondere Schönheiten vorbehalten: den Tropen Mannigfaltigkeit und Größe der Pflanzenformen; dem Norden der Anblick der Wiesen, und das periodische Wiedererwachen der Natur beim ersten Wehen der Frühlingslüfte. Jede Zone hat außer den ihr eigenen Vorzügen auch ihren eigenthümlichen Charakter. Die urtiefe Kraft der Organisation fesselt, trotz einer gewissen Freiwilligkeit im abnormen Entfalten einzelner Theile, alle thierische und vegetabilische Gestaltung an feste, ewig wiederkehrende Typen. So wie man an einzelnen organischen Wesen eine bestimmte Physiognomie erkennt; wie beschreibende Botanik und Zoologie, im engern Sinne des Worts, Zergliederung der Thier- und Pflanzenformen sind: so giebt es auch eine Naturphysiognomie, welche jedem Himmelsstriche zukommt.[13]

Der naturphysiognomische Blick ist also nicht mehr *reine Anschauung*, sondern Ergebnis eines Wechsels in der analytischen Ebene, eines Kategoriesprungs. Nicht Vollständigkeit, sondern Auswahl, nicht enzyklopädische Registratur, sondern Typenbildung sind die Methode dieses Verfahrens. Dabei unterscheidet Humboldt zwischen einer quantitativen und einer qualitativen Ebene. Die quantitative Ebene nennt Humboldt «arithmetische Botanik»[14] und bestimmt darin die Vielfalt der Arten, die Dominanz der häufigsten Arten, sowie deren Gruppierung in Familien.[15] Zur Bestimmung der Typenbildung, sozusagen zum phanerogamischen wie kryptogamischen Ensemble seines Naturcharakters, nimmt er eine Zwischenebene, die in einer Mischform aus quantitativer und qualitativer Auswahl seltene Arten hinzuzählt, wenn es sich bei diesen um wichtige Nutzpflanzen handelt. Die Kopplung von Masse und Dominanz auf der einen mit Seltenheit und Relevanz auf der anderen Seite führt zu einer selektiven *Lektüre* der Natur, als deren Ergebnis eine Naturgestalt entwickelt wird, die Landschaft nicht als romantische Inszenierung, sondern als Ressource und Lebensraum sichtbar machen will. Qualitativ leitet er aus dieser Samm-

---

und den geographischen wie isothermen Breiten.» Ebda., S. 362. Ergebnis dieser Überlegungen ist Humboldts berühmte 'Carte des lignes Isothermes'. Vgl. hierzu ausführlich Fn. 48 in Kap. 4.

13 Ebda., S. 245.

14 Ebda., S. 327.

15 Ebda., S. 311 ff.

lung, für die er «sechszehn Pflanzenformen»[16] auswählt, den jeweiligen Charakter einer Landschaft ab und betont, dass neben Verteilung und Gruppierung der Pflanzen eben auch deren «individuelle Schönheit»[17] zum Kriterienkatalog des Naturphysiognomikers zu rechnen ist. In der Summe ergeben diese verschiedenen, quantitativen wie qualitativen Aspekte den «Totaleindruck einer Gegend»[18] und haben weitgehende Auswirkungen auf den Menschen und die kulturellen Besonderheiten der einzelnen Völker: materieller Wohlstand, «Sitten und Gemüthsstimmung»[19] und ökonomische Entwicklungsfähigkeit sind die drei vornehmlichen Kategorien dieser Wechselwirkung aus Natur- und Kulturcharakter. Naturphysiognomie also zeigt Natur als Kulturort des Menschen im doppelten Sinne: Als Möglichkeit einer Nutzbarmachung der Natur wie als Stätte menschlicher Kultivierung. Dabei war ihm eine essentialistische Sichtweise mit Blick auf die moralischen Eigenschaften von ganzen Völkern fremd, besonders in Ablehnung der Hegel'schen geschichtsphilosophischen Thesen. Varnhagen von Ense schreibt er am 30. Mai 1837:

> Hegel's geschichtliche Studien werden mich besonders interessiren, weil ich bisher ein wildes Vorurtheil gegen die Ansicht hege, daß die Völker, ein jedes, etwas repräsentiren müssen; daß alles geschehen sei, 'damit erfüllet werde' was der Philosoph verheißt. Ich werde aufmerksam lesen, und gern von meinem Vorurtheile zurückkommen.[20]

Der konstruktive Charakter dieser naturphysiognomischen Methode ist augenfällig und wird von Humboldt auch in keiner Weise verschleiert. Im Gegenteil: es geht in diesem dezidiert nicht-mimetischen Verfahren um die Arbeit an einem Wahrnehmungsdispositiv, das die Natur in ihren pflanzlichen Formen nach Kriterien der Repräsentativität, der Wahrnehmung und des Nutzens ordnet. Dies ist der erste Übersetzungsschritt in Humboldts Naturphysiognomie. Der «Eine Blick» ist damit aber nur theoretisch, bzw. analytisch eingelöst. Eine Schulung des Sehens kann der Naturphysiognomiker nur mithilfe der Künste leisten:

> Es wäre ein Unternehmen, eines großen Künstlers werth, den Charakter aller dieser Pflanzengruppen, nicht in Treibhäusern oder in den Beschreibungen der Botaniker, sondern

---

16 Ebda., S. 249. Humboldts Mengenangabe erklärt sich nicht ganz, da er in seiner Aufzählung nicht 16, sondern 19 Pflanzenformen nennt: Palmen, Pisang- oder Bananen-Form, Malvaceen und Bombaceen, Mimosen, Heidekräuter, Cactus-Form, Orchideen, Casuarinen, Nadelhölzer, Pothos-Gewächse, Lianen, Aloë-Gewächse, Grasform, Farren [Farne], Lilien-Gewächse, Weidenform, Myrten-Gewächse, Melastomenform, Lorbeer-Form. Ebda., S. 251–258.

17 Ebda., S. 248.

18 Ebda., S. 249.

19 Ebda., S. 312.

20 Humboldt, Alexander von/Varnhagen Ense, Karl August Ludwig Philipp von: *Briefe*, S. 26.

> in der großen Tropen-Natur selbst, zu studiren. Wie interessant und lehrreich für den Landschaftsmaler wäre ein Werk, welches dem Auge die aufgezählten sechzehn Hauptformen, erst einzeln und dann in ihrem Contraste gegen einander, darstellte! Was ist malerischer als baumartige Farren, die ihre zartgewebten Blätter über die mexicanischen Lorbeer-Eichen ausbreiten? was reizender als Pisang-Gebüsche, von hohen Guadua- und Bambusgräsern umschattet? Dem Künstler ist es gegeben die Gruppen zu zergliedern; und unter seiner Hand löst sich (wenn ich den Ausdruck wagen darf) das große Zauberbild der Natur, gleich den geschriebenen Werken der Menschen, in wenige einfache Züge auf.[21]

Das hier entwickelte Arbeitsprogramm für den Landschaftsmaler ist nun der zweite Übersetzungsschritt. Als visuelle Umsetzung der naturphysiognomischen Ordnung funktioniert das Landschaftsbild als Kunstwerk teilautonom in seinem Verhältnis zur repräsentierten Natur. Da der naturphysiognomische Blick aber selbst bereits eine gewisse Teilautonomie zur Außenreferenz beansprucht, wird die Kunst aus ihrem Dilemma entlassen, etwas vorzutäuschen, was sie nicht leisten kann. Mit anderen Worten: die partielle Löschung der Referentialität, die jeder, auch noch so naturalistischen Darstellung aufgrund ihrer Autonomie als Kunstwerk eigen ist, wird von der Naturphysiognomie sozusagen vorbereitet und bestätigt. Abgebildet wird die Natur in ihrer physiognomischen, also teil-konstruierten Gestalt, inszeniert wird der naturphysiognomische Blick.

Solche physiognomischen Gesamteindrücke im Bild konnten generisch die unterschiedlichsten Formen annehmen. Sie tauchen als Landschaftsmalerei in den Berg- und Naturdarstellungen der *Vues des Cordillères* sowie des *Atlas géographique et physique du royaume de la Nouvelle-Espagne* zum ersten Mal auf und finden ihre geradezu feierliche Vollendung in Humboldts letztem Atlas, den er als Begleitband zu den *Kleineren Schriften* 1853 unter dem Titel *Umrisse von Vulkanen aus den Cordilleren von Quito und Mexico* veröffentlicht.[22] Der Untertitel *Ein Beitrag zur Physiognomik der Natur* macht deutlich, wie umfassend er diesen Begriff verstand, beinhaltet der Atlas doch neun Landschaftsansichten, eine hypsometrische Skizze, eine orographische Projektion und eine vergleichende Profilkarte.

21 Humboldt, Alexander von: Ideen zu einer Physiognomik der Gewächse, S. 258 f.

22 Humboldt, Alexander von: *Atlas der Kleineren Schriften. Umrisse von Vulkanen aus den Cordilleren von Quito und Mexico. Ein Beitrag zur Physiognomik der Natur.* Stuttgart, Tübingen: Cotta'sche Verlagsbuchhandlung 1853.

3.3 Das literarische Naturgemälde in der *Relation historique*[23]

Verbindet man die Humboldt'sche Konzeption des Naturgemäldes mit der spezifischen Perspektive eines naturphysiognomischen Blicks, ergibt sich ein Gattungsbegriff, der nicht allein für eine spezifische Natursicht im Bild, sondern auch für einen Modus des Schreibens steht und sich als synthetisierende Ordnung des Naturwissens im und *als* Text festmachen lässt. Der prominente Zielpunkt dieser Entwicklung ist zweifellos der *Kosmos*, wird dieser doch als Ganzes im Begriff des Natur- und schließlich Weltgemäldes gefasst (s. Kap. 3.4). Er äußert sich aber auch als *naturphysiognomisches Schreiben* in den zahlreichen literarischen Naturgemälden in Humboldts Werk, von denen im Folgenden exemplarisch eine Episode aus der *Relation historique* vorgestellt werden soll.

Diese literarischen Tableaux[24] folgen den Prämissen eines ästhetischen Schreibens, das vor allem seit den Studien von Ottmar Ette ein neues Gewicht in der Humboldt-Forschung sowie allgemeiner in der Humboldt-Rezeption erfahren hat. Mit Blick auf die hier zu untersuchende Dimension einer generischen Beziehung zwischen dem Tableau als spezifischer Ordnung des Wissens des 17. und vor allem 18. Jahrhunderts sowie dem Tableau als Idealvorstellung einer künstlerischen Landschaftsdarstellung des 19. Jahrhunderts auf der einen und einer physiognomischen Lektüre der Natur auf der anderen Seite, entwickelt Alexander von Humboldt in seinen Schriften ein literarisches Darstellungsverfahren, dessen «landscape aesthetics»[25] hier näher zu untersuchen sind. Im Folgenden soll daher eine längere Sequenz aus Humboldts Reisebe-

---

23 Eine frühe Vorstufe zu diesem Kapitel erschien 2012 auf Englisch. Kraft, Tobias: From Total Impression to Fractal Representation: the Humboldtian 'Naturbild'. In: Kutzinski, Vera M./ Ette, Ottmar u. a. (Hg.): *Alexander von Humboldt and the Americas*. Berlin: edition tranvía 2012 (POINTE – Potsdamer inter- und transkulturelle Texte 3), S. 144–160.

24 Es soll an dieser Stelle darauf hingewiesen werden, dass der Begriff des literarischen Tableaus literatur- und gattungshistorisch natürlich auch eine Reihe anderer Figuren aufruft, von denen sich das hier zu untersuchende Humboldt'sche Tableau sowohl mit Blick auf seine Beziehung zum System der Wissenschaft, als auch hinsichtlich der ästhetischen Position unterscheidet. Verwiesen sei im Unterschied dazu nur auf Merciers *Tableaux de Paris* (1775) oder Baudelaires 'Tableaux parisiens' als Teil seines berühmten Gedichtzyklus *Les fleurs du mal* (zuerst 1857). Zu dieser Gattungslinie literarisch-reflexiver Großstadtbilder vgl. Stierle, Karlheinz: Baudelaires »Tableaux parisiens« und die Tradition des »tableau de Paris«. In: *Poetica* 6 (1974) H. 1, S. 285–322 und Paetzold, Heinz: Phänomenologie der Kultur des Flanierens. In: Paetzold, Heinz (Hg.): *Integrale Stadtkultur*. Weimar: Verlag der Bauhaus-Universität 2006 (Philosophische Diskurse 7), S. 48–77, S. 62 f.

25 Lubowski-Jahn, A.: A Comparative Analysis of the Landscape Aesthetics of Alexander von Humboldt and John Ruskin. In: *The British Journal of Aesthetics* 51 (2011) H. 3, S. 321–333

schreibung besprochen werden, die wir aus pragmatischen Gründen 'Das Erdbeben von Cumaná' nennen werden.

Auch wenn sich die *Relation historique* durchaus als eine Abfolge von Episoden lesen lässt, entlang derer die fünfjährige Amerika-Reise von Alexander von Humboldt und Aimé Bonpland – zumindest für das erste Drittel der Reise – nachvollzogen werden kann, ist der Humboldt'sche Reisebericht auch stets ein Text beständiger wissenschaftlicher Reflexion. Narrative Quintessenz der 29-bändigen *Voyage aux régions equinoxiales du Nouveau Continent* und zugleich Knotenpunkt für alle anderen Bände des amerikanischen Œuvres, vermittelt die *Relation* komplexe Figuren des Wissens, die nicht einfach die wissenschaftlichen Ergebnisse der Reise in stilistisch verfeinerte Naturbilder überführt, sondern Natureindruck als Wissen von der Natur, perspektiviert durch den Menschen, erzählt. Ein Wissen von der Natur, das der Text in der Spezifik seiner sprachlichen und literarischen Form speichern kann, wie Humboldt in einem berühmten Brief an seinen Freund Varnhagen von Ense am 27. Oktober 1834 schreibt: «Ein Buch von der Natur muß den Eindruck wie die Natur selbst hervorbringen.»[26]

Am Ende des dritten und zu Beginn des vierten Kapitels der *Relation historique* erzählt der preußische Forschungsreisende von seinem ersten Aufenthalt in der venezolanischen Hafenstadt Cumaná, wo er am 16. Juli 1799 zum ersten Mal den amerikanischen Kontinent betritt.[27] Die kleineren Forschungsexpeditionen, die Humboldt und Aimé Bonpland von hieraus in die umliegenden Dörfer, Gebirgszüge und Täler Neu-Andalusiens unternehmen, füllen in der Reisebeschreibung die Kapitel IV bis X, welches mit einem Bericht des zweiten längeren Aufenthalts in Cumana (24. September – 18. November 1799) anfängt. Am 18. November schließlich brechen die Reisenden nach Caracas auf (Kap. XI), von wo sie den ersten großen Vorstoß ins Landesinnere unternehmen. Mit ihrer späteren Flussfahrt über den Orinoco nimmt von hier eine der berühmtesten Episoden der *Voyage aux régions equinoxiales du Nouveau Continent* ihren Anfang (Kap. XV–XXIV). Nach Cumaná kehren der preußische Naturforscher und der französische Botaniker dann am 27. August 1800 (Kap. XXV) zurück und verlassen schließlich am 24. November desselben Jahres vom nahe gelegenen Hafen von Nueva Barcelona aus den amerikanischen Kontinent Richtung La Habana (Kap. XXVII). Cumaná ist für diese erste Phase der Reise die wichtigste topographische Referenz: Von hier schiffen sie in diesen ersten Monaten ihrer Reise insgesamt dreimal ein- und aus und befahren dabei mehrfach die

26 Humboldt, Alexander von/Varnhagen Ense, Karl August Ludwig Philipp von: *Briefe*, S. 15.
27 Vgl. für alle Angaben zu Daten und Aufenthaltsorten der amerikanischen Reise Schwarz, Ingo: Alexander von Humboldt Chronologie.

Küstenregion zwischen Cumaná und Caracas. Für das Naturbild Cumanás konfigurieren diese Erfahrungen einen Blick, dessen panoramatische Beweglichkeit auch durch die Pendelbewegungen der Reise selbst vorkonfiguriert wird.

Während seines zweiten Aufenthalts in Cumaná wird Humboldt am 4. November 1799 Zeuge eines schweren Erdbebens, das der Berliner Wissenschaftler in Kapitel X zugleich als persönliche wie kollektive Erfahrung erzählt und in eine wunderbar skalierte, klimatische Dramaturgie aus Farb-, Klang- und Temperaturexplosionen einbettet, die eine eigene Textanalyse verdiente. Und doch bleibt Humboldt, der eine solche buchstäblich erschütternde Erfahrung noch nie am eigenen Leib gemacht hatte, als Erzähler an dieser Stelle, die sich so sehr eignen würde für einen ausführlichen Abenteuerbericht, auffallend kurz angebunden: das selbsterlebte Erdbeben ist ihm nur einige Seiten wert, bevor er rasch übergeht zur Schilderung eines ungewöhnlichen Meteoritenschauers, der eine Woche nach dem Erdbeben den Nachthimmel erleuchten sollte.

Wichtiger als die eigene Erdbebenerfahrung aber war die heftige Reihe von Erdstößen, welche die Region um Cumaná, wie Humboldt im Bericht über seinen ersten Aufenthalt in Kapitel IV schildert, zwei Jahre zuvor hatte überstehen müssen. In einem (aus heutiger Sicht) geradezu ethnologischem Auftakt versucht Humboldt das Erdbeben sowohl als Naturphänomen zu erklären als auch als kollektive Erfahrung zu verstehen, nicht ohne beides zuvor einzubetten in einen komplexen Entwurf der sie umgebenden Landschaft. Hinsichtlich der für Humboldts Werk und Schreiben typischen, natursimulierenden Darstellung lohnt es sich, einen genaueren Blick auf diese Ausführungen zu werfen.

Kapitel IV macht den Leser bekannt mit dem Umland von Cumaná aus einer ebenso verallgemeinernden wie detaillierten Perspektive, im Text gekennzeichnet durch ständige Sprünge zwischen panoramatischen Schilderungen und barometrischen, geognostischen sowie botanischen Fachexkursen und Schlussfolgerungen. Dabei verweist der Text in einer für die *Relation historique* typischen Weise immer wieder auf Humboldts und Bonplands konkreten Reiseverlauf. Im Sinne einer rhetorischen Strategie lassen sich diese einführenden und sprunghaften Passagen[28] zusammenfassen als ein Topos der Initiation, ein Markenzeichen europäischer Reiseberichte des 18. und 19. Jahrhunderts,[29] ist es doch in dieser ersten Begegnung mit der amerikanischen Flora und Fauna, dass die europäischen Reisenden sich erst der ganzen faszinieren-

---

28 Humboldt, Alexander von/Bonpland, Aimé: *Relation historique. Tome premier*, S. 289 ff.

29 Vgl. Wolfzettel, Friedrich: Zum Problem mythischer Strukturen im Reisebericht. In: *Reiseberichte und mythische Struktur. Romanistische Aufsätze 1983–2003.* Stuttgart: Franz Steiner Verlag 2003, S. 11–38

den und stimulierenden Anders- und Einzigartigkeit der Tropen gewahr werden, die sich so fundamental von der europäischen Natur zu unterscheiden scheint. Ein Moment, der in der Humboldt-Forschung für gewöhnlich anekdotisch gerahmt wird durch Alexanders euphorischen Brief an seinen Bruder Wilhelm, in dem er nach Ankunft in Cumaná am 18. Juli 1799 schreibt, dass man «von Sinnen kommen werde, wenn die Wunder nicht bald aufhören».[30]

Die Notwendigkeit, das Ganze der Natur in seiner sinnlichen Erfahrbarkeit nacherlebbar zu gestalten und dabei zugleich wissenschaftlich zu durchdringen, steht als naturphysiognomischer Schreibmodus am Anfang dieser Reise und bündelt sich in dem komplexen Naturbild, das Humboldt von Cumaná zeichnen wird. Die Begegnung mit der so anderen Natur (die zugleich durch die vielfältigen Studien in den Botanischen Gärten von Berlin und Madrid zumindest in Ansätzen bekannt waren) führt dabei sowohl zu einer Bestätigung des bereits Gewussten wie zu einer substantiellen Erweiterung der eigenen Wahrnehmung.[31]

Humboldt beschließt diese erste, etwas skizzenhafte Blaupause der Natur von Cumaná mit einer für ihn typischen Volte hin zu seinem eigentlichen Sujet, dem Phänomen der Erdbeben, für das er erneut seine bisherigen Ergebnisse in einer Gesamtschau[32] synthetisieren muss:

> J'ai donné quelque étendue à la description du site de Cumana, parce qu'il m'a paru important de faire connoître un lieu qui, depuis des siècles, a été le foyer des tremblemens de terre les plus effrayans. Avant de parler de ces phénomènes extraordinaires, il sera utile de résumer les traits épars du tableau physique dont je viens de tracer l'esquisse.[33]

---

30 Humboldt, Alexander von: *Briefe aus Amerika 1799–1804*. Bearbeitet von Ulrike Moheit. Berlin: Akademie Verlag 1993 (Beiträge zur Alexander-von-Humboldt-Forschung, 16), S. 42. Vgl. auch S. 192.

31 Vgl. zur ästhetischen und epistemologischen Dimension der 'Ankunft' als einen der zahlreichen «Orte des Reiseberichts» Ette, Ottmar: *Literatur in Bewegung*, S. 58 ff.

32 Das Ziel, erdkundliches Wissen durch eine literarische Visualisierungsstrategie darstellbar zu machen, verbindet Alexander von Humboldt mit seinem Kollegen und Freund Carl Ritter. Vgl. Päßler, Ulrich: Einführung. In: Humboldt, Alexander von; Ritter, Carl: *Briefwechsel*. Herausgegeben von Ulrich Päßler unter Mitarbeit von Eberhard Knobloch. Berlin: Akademie Verlag 2010 (Beiträge zur Alexander-von-Humboldt-Forschung, 32), S. 11–23, S. 16 f.

33 Humboldt, Alexander von/Bonpland, Aimé: *Relation historique. Tome premier*, S. 305. Dt. Übers.: «Ich habe die Lage von Cumaná etwas ausführlicher beschrieben, weil es mir wichtig schien, eine Gegend bekannt zu machen, die seit Jahrhunderten der Herd der furchtbarsten Erdbeben war. Ehe wir von diesen außerordentlichen Erscheinungen sprechen, erscheint es zweckmäßig, die verschiedenen Züge des von mir entworfenen Naturbildes zusammenzufassen.» Humboldt, Alexander von: *Reise in die Äquinoktial-Gegenden des Neuen Kontinents. Band 1*, S. 237.

Was Humboldt das «von mir entworfene Naturbild» nennt, setzt ein mit einer dramatischen landschaftsmalerischen Schilderung der Stadt aus der Totalen, wie sie typisch ist für eine Szenerie des Ankommens, bei der der Reisende zumeist von einem Schiff aus gedacht einen ersten Blick auf den Hafen, die Stadt und die sie umgebende Landschaft bekommt:

> La ville, placée au pied d'une colline sans verdure, est dominée par un château. Point de clocher, point de coupoles qui puissent fixer de loin l'oeil du voyageur [...]. Les plaines environnantes, surtout celles du côté de la mer, offrent un aspect triste, poudreux et aride, tandis qu'une végétation fraîche et vigoureuse fait reconnoître de loin les sinuosités de la rivière qui sépare la ville des faubourgs, la population de races européenne et mixte des indigènes à teint cuivré. [...] Dans le lointain, vers le sud, se prolonge un vaste et sombre rideau de montagnes. [...] Des forêts majestueuses couvrent cette Cordillère de l'intérieur, et se lient, par un vallon boisé, aux terrains découverts, argileux et salins des environs de Cumana.[34]

In dieser einführenden *ersten* Perspektivierung kommt es zu einer doppelten Skalierung der in dieser Passage eingefassten Größenverhältnisse. Zum einen wird eine räumliche Tiefe erzeugt, vom stadtnahen Hügel über die angrenzenden Felder bis hin zu den fernen, dicht bewachsenen Gebirgszügen. Zum anderen beschreibt der Text eine Hierarchie, die als urbane Ordnung verteilter, sozialer Machtverhältnisse zwischen der europäisch-stämmigen und indigenen Bevölkerung eingebettet ist in ihre, von der Natur vorgegebene Topograhie des Flusslaufs. Doch fällt auf, dass der Text das urbane Machtzentrum – das Schloss – vor dem Hintergrund einer imposanten Naturlandschaft darstellt und in dieser Größenrelation bereits eigentümlich perspektiviert. Das Schloss residiert nicht als höchster Punkt über der Natur, es sitzt am Fuße des Hügels. Jenseits der topographischen Beschreibung genau dieser Lage *bedeutet* seine Erwähnung in diesem Kontext etwas anderes: Über der Beherrschung der Stadt durch das Schloss steht die unzweifelhafte Herrschaft der «majestätischen» Natur. Es ist kein Zufall, dass die Isotopien dieser Passage ein Kräfteverhältnis

---

34 Humboldt, Alexander von/Bonpland, Aimé: *Relation historique. Tome premier*, S. 305. Dt. Übers.: «Die Stadt liegt am Fuße eines kahlen Hügels und wird von einem Schlosse beherrscht. Kein Glockenturm, keine Kuppel fällt von weitem dem Reisenden ins Auge [...]. Die Ebene ringsum, besonders dem Meere zu, ist trübselig, staubig und trocken, wogegen ein frischer, kräftiger Pflanzenwuchs von weitem den geschlängelten Lauf des Flusses bezeichnet, der die Stadt von den Vorstädten, die Bevölkerung von europäischer und gemischter Abkunft von den kupferfarbigen Eingeborenen trennt. [...] In weiter Ferne gegen Süden streicht dunkel ein mächtiger Gebirgszug hin. [...] Majestätische Wälder bedecken diese Kordillere vom Innern her und hängen über ein bewaldetes Tal mit dem nackten, tonigen und salzhaltigen Boden zusammen, auf dem Cumaná liegt.» Humboldt, Alexander von: *Reise in die Äquinoktial-Gegenden des Neuen Kontinents. Band 1*, S. 237 f.

markieren, mit dem ein Naturbild angelegt wird, das einen Ort bekannt machen soll, der seit Jahrhunderten – wie es bei Humboldt heißt – «a été le foyer des tremblemens de terre les plus effrayans». Während Cumanás Natur in ihrer geradezu beschaulichen Harmonie und Eintracht eingeführt wird, bereitet diese Passage zugleich den Rahmen für die zerstörerische Gewalt der von demselben Naturganzen ausgehenden Erdbeben und unterstreicht so die Herrschaft der Natur über die menschliche Ansiedlung. Nicht umsonst steht «majestueux» im Französischen sowohl für «majestätisch», als auch für «furchtbar».[35] Es ist die Natur in ihrer Doppelfigur aus überwältigender Größe und furchterregender Kraft, eingefangen im Blick des Forschungsreisenden.[36]

Es folgt ein Satz, der eine zweite Blickbewegung einleitet und im ersten Moment wie ein Bruch mit der bisherigen Schilderung anmutet: «Quelques oiseaux, d'une taille considérable, contribuent à donner une physionomie particulière à ces contrées.»[37] Dieser keineswegs zufällige Satz erlaubt es dem *Naturforscher* Humboldt, die soziourbanen, geognostischen und botanischen Beschreibungen der «eigentümlichen Physiognomie des Landes» um eine zweite Perspektivierung zu erweitern, in dem er die für Cumaná und die venezolanische Küste typische Fauna einblendet: seine Vögel. Diese ornithologische Ergänzung erlaubt dem *Schriftsteller* Humboldt eine für den Gesamteindruck der Szenerie wesentliche Erweiterung seiner darstellerischen Möglichkeiten. Was er in den dunkel dahin streichenden Gebirgszügen bereits andeutete, kann er hier am Gleitflug der ufernahen Vögel über dem Wasser – es sind vor allem Pelikane und Fischreiher – gänzlich ausbauen. Spätestens hier ist der Blick auf das Naturganze zu einer Blick*bewegung* geworden, die zuerst den Vögeln selbst zu folgen scheint. Die Flugbewegung der Reiher und Pelikane umfassen die Küstenlinien der Region vom Wasser aus und korrespondieren direkt mit der durch sie dynamisierten Totalen, aus der erzählt wird. Als dritte Art erwähnt

---

35 Vgl. die deutsche Übersetzung einer ähnlichen Stelle im Text in Fn. 43 in diesem Kapitel.

36 Die Nähe zum Kant'schen Begriff des Erhabenen ist offensichtlich. Vgl. hierzu Höffe, Otfried: *Immanuel Kant*. München: C.H. Beck 1983 (Beck'sche Schwarze Reihe, 506), S. 270 ff. Speziell zur Präsenz von Vorstellungen des Erhabenen in Humboldts Werk vgl. Hey'l, Bettina: *Das Ganze der Natur und die Differenzierung des Wissens*, S. 232 ff.; kritisch im Sinne eines aporetischen Gebrauchs äußert sich Böhme, Hartmut: Ästhetische Wissenschaft. Aporien der Forschung im Werk Alexander von Humboldts. In: Ette, Ottmar/Hermanns, Ute u. a. (Hg.): *Alexander von Humboldt. Aufbruch in die Moderne*. Berlin: Akademie Verlag 2001 (Beiträge zur Alexander-von-Humboldt-Forschung, 21), S. 17–32.

37 Humboldt, Alexander von/Bonpland, Aimé: *Relation historique. Tome premier*, S. 305. Dt. Übers.: «Einige Vögel von bedeutender Größe tragen zur eigentümlichen Physiognomie des Landes bei.» Humboldt, Alexander von: *Reise in die Äquinoktial-Gegenden des Neuen Kontinents. Band 1*, S. 238.

Humboldt die omnipräsenten Rabengeier, die in großer Zahl in die Stadt einfallen und als Verfallstrope erneut die subtile Bedrohung markieren, die von der Szenerie ausgeht. Die visuelle Fiktion, die diese zweite Perspektivierung ermöglicht, repräsentiert eine Blickbewegung gesteuert durch die Natur selbst: hier anhand der ihr typischen Fauna. Dabei handelt es sich natürlich um eine Blick-Fiktion: wer schaut, ist Humboldts Erzähler und das vermutlich von einem Schiff aus. Erst die Erfahrung des mehrmonatigen Aufenthalts in der Stadt und der umliegenden Landschaft erlauben die Imagination eines panoramatischen Gleitflugs über den Küstenzug, von dem aus sich erst die ganze majestätische «Physiognomie des Landes» erschließt.

In einer nächsten Volte wird das Naturbild um eine dritte Perspektivierung erweitert und setzt beim Golf von Cumaná an, aus dem sich das natürliche und von Humboldt bewunderte Hafenbecken der Stadt bildet. Der Weg des Textes durch die Landschaft folgt nun nicht mehr dem Blick des Reisenden oder dem Flug der Vögel, sondern der klimatischen Kreisbewegung des Wassers:

> Un golfe, qui renferme des sources chaudes et soumarines, sépare les roches secondaires des roches primitives et schisteuses de la péninsule d'Araya. L'une et l'autre de ces côtes sont baignées par une mer paisible, d'une teinte azurée, et toujours doucement agitée par le même vent. Un ciel pur, sec, et n'offrant que quelques nuages légers au coucher du soleil, repose sur l'Océan, sur la péninsule dépourvue d'arbres et sur les plaines de Cumana, tandis qu'on voit les orages se former, s'accumuler et se résoudre en pluies fécondes entre les cimes des montagnes de l'intérieur.[38]

Die bisher besprochenen Passagen des Humboldt'schen Naturbildes lassen sich also begreifen als eine dreifache Perspektivierung: (1) als Blick des vom Wasser her ankommenden Reisenden, (2) als Flugbewegung der Küsten- und Landvögel sowie (3) als Naturkreislauf des Wassers. In ihrer symbolischen Ordnung erzählen diese Naturbeschreibungen eine perspektivierende Bewegung, die den erwähnten Objekten eigen ist. Es ist Humboldts lebendiger «Ausdruck, in dem die sinnliche Anschauung sich naturwahr spiegelt».[39] In der Essenz

---

38 Humboldt, Alexander von/Bonpland, Aimé: *Relation historique. Tome premier*, S. 305 f. Dt. Übers.: «Ein Golf, auf dessen Grunde heiße Quellen vorkommen, trennt die sekundären Gebirgsbildungen vom schiefrigen Urgestein der Halbinsel Araya. Beide Küsten werden von einem ruhigen, blauen, beständig vom selben Winde leicht bewegten Meere bespült. Ein reiner, trockener Himmel, an dem nur bei Sonnenuntergang leichtes Gewölk aufzieht, ruht auf der See, auf der baumlosen Halbinsel und der Ebene von Cumaná, während man zwischen den Berggipfeln im Landesinneren Gewitter sich bilden, sich aufhäufen und in fruchtbare Regengüsse sich entladen sieht.» Humboldt, Alexander von: *Reise in die Äquinoktial-Gegenden des Neuen Kontinents. Band 1*, S. 238.

39 Humboldt, Alexander von: *Kosmos*, S. 38.

dieses Natur-Narrativs liegt der Schlüssel zu einem allgemeineren Verständnis der wesentlichen Eigenschaften dieser Natur selbst. Der narrative Code des 'Tableau physique' von Cumaná erschließt sich aus dem, was es beschreibt. Es ist also zugleich eine Repräsentation der Naturwelt, die es beschreibt, als auch eine Summe selbstrekursiver – also auf sich selbst verweisender Muster –, in denen die Logik des Narrativs transparent gemacht wird. Zugleich liegt dieser hier in drei der Natur abgeschauten Figuren aufgefächerten Teleskopie eine für die moderne Wissenschaft fundamentale Technik der visuell (mikro-, tele- wie makroskopisch) skalierbaren Erschließung des Raums zugrunde,[40] die Humboldt – stets ausgestattet mit dem Besten und Neuesten wissenschaftlicher (Reise-)Instrumente[41] – nicht von ungefähr «das bewaffnete Auge» nannte.[42]

Im Anschluss an diese Passage, die die Aggregatzyklen des Wassers und Bewegungsmuster der Vogelwelt in den Totaleindruck des Reisenden von der kontinentalamerikanischen Küstenlandschaft Venezuelas integriert, bespricht Humboldt – wie eingangs angekündigt – mögliche Ursachen für die heftigen Erdbeben in der Region. Dieser längere Abschnitt zum 'Erdbeben von Cumaná' diskutiert in einem komplexen Wechselspiel von allgemeineren (globalen) und spezifischen (lokalen) Beobachtungen und Überlegungen die möglichen Ursachen für seismische Aktivitäten:

> Nous ne continuerons pas à décrire en détail les changemens locaux produits par les différens tremblemens de terre de Cumana. Pour suivre une marche conforme au but que nous nous sommes proposé dans cet ouvrage, nous tâcherons de généraliser les idées, et de réunir dans un même cadre tout ce qui a rapport à ces phénomènes la fois si effrayans et si difficiles à expliquer. [...] on doit du moins essayer d'en découvrir les lois, et de démêler, par la comparaison de faits nombreux, ce qui est constant et uniforme, de ce qui est variable et accidentel.[43]

---

40 Böhme, Hartmut: Natürlich/Natur. In: Barck, Karlheinz/Fontius, Martin u. a. (Hg.): *Ästhetische Grundbegriffe (ÄGB). Band 4: Medien – Populär.* Studienausgabe. Stuttgart, Weimar: J. B. Metzler 2010, S. 432–498, S. 491.

41 Brand, Friedrich L.: *Alexander von Humboldts physikalische Meßinstrumente und Meßmethoden.* Berlin: Alexander von Humboldt-Forschungsstelle ²2002 (Berliner Manuskripte zur Alexander-von-Humboldt-Forschung, 18).

42 Humboldt, Alexander von: Ideen zu einer Physiognomik der Gewächse, S. 238. Vgl. zum Fortschreiten der technischen Entwicklungen der Wissenschaften im 19. Jahrhundert Whitehead, Alfred North: *Wissenschaft und moderne Welt.* Übersetzt von Hans Günter Holl. Frankfurt a. M.: Suhrkamp 1984 [1925] (suhrkamp taschenbuch wissenschaft, 753), S. 117 ff.

43 Humboldt, Alexander von/Bonpland, Aimé: *Relation historique. Tome premier*, S. 309 f. Dt. Übers.: «Wir verfolgen die lokalen Veränderungen, welche die verschiedenen Erdbeben in Cumaná hervorgebracht haben, nicht weiter. Dem Plane dieses Werkes entsprechend suchen wir vielmehr die Ideen unter allgemeine Gesichtspunkte zu bringen und alles, was mit diesen schrecklichen und zugleich so schwer zu erklärenden Vorgängen zusammenhängt, innerhalb eines einzigen Rahmens anzuordnen. [...] durch Vergleichung zahlreicher Tatsachen das Ge-

Die kontrastiv-vergleichende Analyse, die diesen Zeilen folgt, beginnt dann allerdings nicht mit verallgemeinernden Überlegungen und zahlreichen Tatsachen, so wie es Humboldt ja gerade erst angekündigt hatte, sondern überrascht mit der Wiedergabe verschiedener Volksauffassungen über die Gesetzmäßigkeiten der Erdbeben, die er während seines ersten längeren Aufenthalts hatte sammeln können. Wie sich Humboldt hier erinnert, hatte die Region ja nicht nur das von ihm selbst erlebte, sowie das große Erdbeben vom 14. Dezember 1797 zu ertragen gehabt, sondern auch das schwere Beben von 1766, dem beinahe die ganze Stadt zum Opfer gefallen war und das die umliegenden Gesteinsformationen merklich verändert hatte. Doch schenkt er diesen populären Ansichten wenig Gehör und markiert sie zunächst als unsicheres, bzw. veraltetes Wissen, wenn er darauf hinweist, dass die Vorstellung, jedem Erdbeben gingen gewisse spontane Klimaveränderungen voraus, bereits bei Aristoteles und in Senecas Kosmologie[44] zu finden seien, «une opinion extrêmement ancienne»,[45] wie Humboldt urteilt.

In einem erstaunlichen zweiten Schritt aber relativiert Humboldt die Auffassungen amerikanischer und europäischer Wissenschaftler auf fast die gleiche Weise wie zuvor die des Volkes, und stellt auch seine eigene Unsicherheit zur Disposition: «J'ignore si l'on peut ajouter foi à cette assertion».[46] Die Relativierung der vermeintlich autoritativen Position des Wissenschaftlers im Reisenden wird hier prominent vollzogen und führt zu einer Bescheidenheit im Gestus, die es dann wiederum möglich macht, auf den folgenden zehn Seiten umfangreich und ausführlich das Erdbeben als geognostisches Phänomen allgemein und immer wieder zurückkehrend zum konkreten Fall in Cumaná zu

---

meinsame und immer Wiederkehrende vom Veränderlichen und Zufälligen zu unterscheiden.» Humboldt, Alexander von: *Reise in die Äquinoktial-Gegenden des Neuen Kontinents. Band 1*, S. 244.

44 Vgl. zu Senecas *Naturales Quaestiones*, auf die Humboldt in diesem Zusammenhang verweist, Gauly, Bardo Maria: *Senecas Naturales Quaestiones. Naturphilosophie für die römische Kaiserzeit*. München: C.H. Beck 2004 (Zetemata, 122). Zu Humboldts genauer Kenntnis der naturhistorischen Schriften des Altertums Krafft, Fritz: Alexander von Humboldts *Mineralogische Beobachtungen über einige Basalte am Rhein* und die Neptunismus-Vulkanismus-Kontroverse um die Basalt-Genese. In: Leitner, Ulrike/Mikosch, Regina u. a. (Hg.): *Studia Fribergensia. Alexander-von-Humboldt-Kolloquium Freiberg 1991*. Berlin: Akademie Verlag 1994 (Beiträge zur Alexander-von-Humboldt-Forschung, 18), S. 117–150, S. 119 f.

45 Humboldt, Alexander von/Bonpland, Aimé: *Relation historique. Tome premier*, S. 310. Dt. Übers.: «nach einer uralten […] Meinung» Humboldt, Alexander von: *Reise in die Äquinoktial-Gegenden des Neuen Kontinents. Band 1*, S. 245.

46 Humboldt, Alexander von/Bonpland, Aimé: *Relation historique. Tome premier*, S. 311. Dt. Übers.: «Ich weiß nicht, ob dieser Behauptung Glauben zu schenken ist» Humboldt, Alexander von: *Reise in die Äquinoktial-Gegenden des Neuen Kontinents. Band 1*, S. 246.

diskutieren. Der Fall Cumaná fungiert dabei als narratives Bindeglied, das den Reisebericht stets zurückführt auf die Zeitebene der Erzählung (die Reisenden befinden sich in Cumaná). Gleichzeitig blendet Humboldt in seiner allgemeinen Analyse des Phänomens beständig weltweite Vorkommnisse anderer Erdbeben, Vulkaneruptionen und plötzlicher Klimaveränderungen ein, die eventuell doch in einer Verbindung zu stehen scheinen. Insgesamt 17 Mal springt der Text zwischen dem Partiellen von Cumaná und dem Allgemeinen verschiedenster amerikanischer und nicht-amerikanischer Vulkan- und Erdbebenregionen hin und her und bildet so als *modèle reduit* die Humboldt'sche Hypothese einer Interrelationalität und Vielgebundenheit vulkanischer Eruptionsketten im Text und als Struktur nach. Doch letztlich entscheidet sich Humboldt nicht für eine klare geognostische Position.

Die Offenheit und auch Vagheit, mit der Humboldt sich hier dem Thema widmet, ist wohl vor allem der Tatsache geschuldet, dass seine eigenen geognostischen Überzeugungen durch die Naturerfahrung der amerikanischen Reise zutiefst verunsichert wurden. Als Schüler des charismatischen Neptunisten Abraham Gottlob Werner hatte er an der Bergakademie in Freiberg gelernt, dass Vulkane Folgen lokaler Erdbrände in der oberen Erdkruste seien und überdies eher selten und wenig verbreitet wären.[47] Vor allem postulierte Werners Lehre, die Ursache der mineralogischen Vielfalt auf der Erdoberfläche sei nicht die Ausscheidung verschiedener Gesteine durch Vulkane, sondern Folge von langfristigen Ablagerungen aus den Ozeanen. Dem widersprach beinahe jedes mineralogische Ergebnis, das Humboldts Untersuchungen der amerikanischen Gesteinsarten ergab, was ihn – neben ausgedehnten Versuchen an der Seite des Physiker und Chemiker Louis-Josephe Gay-Lussac und Leopold von Buch nach seiner Rückkehr – schließlich dazu bringen sollte, in seinen Pariser Jahren zum überzeugten Vertreter des sogenannten «Plutonismus»[48] zu wer-

---

47 Hoppe, Günter: Die Entwicklung der Ansichten Alexander von Humboldts über den Vulkanismus und die Meteorite. In: Leitner, Ulrike/Mikosch, Regina u. a. (Hg.): *Studia Fribergensia. Alexander-von-Humboldt-Kolloquium Freiberg 1991.* Berlin: Akademie Verlag 1994 (Beiträge zur Alexander-von-Humboldt-Forschung 18), S. 93–106, S. 94.

48 Schulz, Heinz: Alexander von Humboldt und Leopold von Buch, zwei befreundete Freiberger Naturforscher – frühe Wanderungen und Untersuchungen in den Alpen und angrenzenden Vulkangebieten im Zeitraum 1795–1805. Verlauf und Aspekte. In: Leitner, Ulrike/Mikosch, Regina u. a. (Hg.): *Studia Fribergensia. Alexander-von-Humboldt-Kolloquium Freiberg 1991.* Berlin: Akademie Verlag 1994 (Beiträge zur Alexander-von-Humboldt-Forschung 18), S. 271–280, S. 274. Die wesentliche Unterscheidung in der Auffassung von Neptunisten und Plutonisten bestand darin, dass erstere die Gestaltung der Erdoberfläche vor allem der Wirkung des Wassers (Sedimentgesteine) zuschrieben, letztere hingegen der Wirkung der vulkanischen Herde. Vgl. Krafft, Fritz: Alexander von Humboldts «mineralogische Beobachtungen über einige Basalte am Rhein» und die Neptunismus-Vulkanismus-Kontroverse um die Basalt-Genese, S. 119.

den. Zweifel am Zusammenhang zwischen Erdbeben und Vulkanen blieben aber immer noch.

Noch im *Kosmos* stellt sich Humboldt der Frage nach dem Zusammenhang zwischen lokalen Erdbeben, Vulkaneruptionen und Bodenspalten und diskutiert sie ausführlich in Band I sowie in Band IV, 1858 kurz vor seinem Tod erschienen, wo er leicht resigniert feststellen muss, dass sich «das Dunkel, in welches der Sitz und die Ursachen derselben gehüllt sind, wenig vermindert [hat]».[49] Auch hier ist die Diskussion keineswegs abgeschlossen und selbst wenn man über die Folgewirkungen von Erdbeben nun bereits mehr wisse, könne man die Frage nach dem «Impuls zur Erschütterung [...] nach dem jetzigen Zustande unseres Wissens zu keinen allgemein befriedigenden Resultaten führen».[50] Und tatsächlich sollte sich Humboldt in seiner These, unterirdische Gase, die unter hohem Druck an die Erdoberfläche gelangten, wären für die Entstehung von Erdbeben verantwortlich, gründlich irren.[51] Seine Grundannahme, Vulkaneruptionen und Erdbeben als Einheit zu begreifen, wurde in den Folgejahren immer stärker infrage gestellt, doch erst 1912 abgelöst durch die Theorie der Plattentektonik nach Alfred Wegener, die selbst wiederum bis in die 1960er Jahre hinein kontrovers diskutiert wurde.[52]

Die Frage nach den Ursachen des Erdbebens von Cumaná kann dieses Naturbild also nicht endgültig beantworten. Im Sinne einer Humboldt'schen Natursimulation im Text leistet es allerdings zwei andere Dinge: zum einen ist es in seiner Verknüpfung des konkret-lokalen Ereignisses mit weltweiten Beispielen von Vulkanausbrüchen und Erdverschiebungen eine strukturanaloge Wiedergabe der vorgestellten Vielverbundenheit ebendieser Vulkanketten und Gebirgszüge. Die naturphysiognomische Erzählung wird zur Natursimulation. Zugleich unterliegt der darin eingebetteten, geophysikalischen Diskussion eine kritische Reflexion der eigenen Wissenschaftspraxis: Erfahrungswerte, Beobachtungen und Untersuchungen zu den Gesetzen der Natur sind kein fertiges Wissen, sondern unsichere, prozessuale Vermutungen, denen Humboldt zu Ordnung, aber nicht notwendig eindeutigen Ergebnissen verhilft. Was diese Abschnitte uns vornehmlich erzählen, ist dann weniger das Sammeln einzelner neuer Erkenntnisse am Beispiel anderer Beobachtungen, sondern vielmehr das Werden des Wissens selbst.

---

49 Humboldt, Alexander von: *Kosmos*, S. 708.
50 Humboldt, Alexander von: *Kosmos*, S. 708 f.
51 Schick, Rolf: *Erdbeben und Vulkane*. München: C.H. Beck 1997 (Wissen, 2062), S. 20 f.
52 Ebda., S. 14 ff.

So betrachtet lässt sich das Naturbild von Cumaná auf drei Zeitebenen[53] lesen: die der Reise, die der Natur und die des wissenschaftlichen Fortschritts. Die mehrmonatigen Aufenthalte der Reisenden in der Region ermöglichen den konkreten Erfahrungshorizont, vor dessen Hintergrund das Bild von der Natur und urbanen Topologie Cumanás entstehen konnte. Das Naturbild Cumanás ist zum einen ein synchroner Schnitt, eine Momentaufnahme. Als Erzählung sind ihm aber zugleich die Zeitlichkeit nicht nur ihrer seismischen Eruptionen als vom Menschen erinnerte Momente großer Verwüstung eingeschrieben, sondern zugleich die Erdgeschichte selbst, insofern die vulkanischen Aktivitäten wesentlich zur Ausgestaltung eben dieser Natur beigetragen haben. Die Zeitebene der wissenschaftlichen Erkenntnissuche fixiert Humboldt im Rückgriff auf die Antike, um zu zeigen, wie sehr die altertümlichen Wissensbestände noch zu seiner Zeit das Bewusstsein von den Naturprozessen beeinflussten, um von dort eine Diskussion zu den Ursachen von Erdbeben zu eröffnen, die prospektiv in die Zukunft schaut, gerade weil sie die Begrenztheit der eigenen Ergebnisse sichtbar macht. Diese auf unterschiedlichen Ebenen lesbare Verzeitlichung des Naturbildes sowie eines prozessualen Naturverständnisses, eingeschrieben in den Chronos der Reise, sind zugleich Ausdruck einer bewusst aktzentuierten Demut gegenüber den Zeitläufen der Natur und der relativen Langsamkeit des eigenen Erkenntnisfortschritts.[54]

3.4 Vom Literaturgemälde zu den drei Stufen des Naturgenusses

Literarisches oder landschaftsmalerisches Naturbild, Naturgenuss und Naturerkenntnis stehen in Humboldts Werk in einer engen, konzeptionellen Bezie-

---

53 Auf den Zusammenhang von Naturbeschreibung und Zeitlichkeit weist auch Charles Rosen hin: «Neither the precise observation of nature nor the sense of long-range development is new. [...] What is new is the combination of immediate perception with a sense of immensely slow natural development. The interaction of two time scales (or even multiple ones) found its most striking expression in topographical description, in the portrait-landscape – the image not of an ideal landscape but of a real place, made instantly recognizable by the terms of the description. The beauty of the portrait-landscape was indistinguishable from its exactness and its precision. [...] .» Rosen, Charles: *The Romantic Generation.* Cambridge: Harvard University Press 1998, S. 150.

54 Diese Haltung wird auch Humboldts Erben Charles Darwin zugesprochen: «Eine im Handstreich betriebene Wissenschaft ist ihnen [Humboldt und Darwin] zuwider. Ihre Reisen sind Entdeckungen der Langsamkeit. [...] Beide schreiben das scheinbar festgefügte Bild der Schöpfung, das durch den christlichen Kreationismus bestimmt ist, zu einem beweglichen, dynamischen Bild der Natur um. Beide verzeitlichen, vergeschichtlichen die Natur. Die lange Reiseer-

hung, die sich aufgrund der ausführlichen Besprechung, die Humboldt diesen Begriffen im *Kosmos* widmet, nur von dort her und also in der deutschen Terminologie fassen lässt. So lässt sich das Naturgemälde in mindestens drei Richtungen lesen. Zum einen verweist es auf den Gesamtentwurf des *Kosmos* als «beschreibendes Weltgemälde [...] in seinen beiden Sphären, der himmlischen und irdischen».[55] Der hier als 'Totalanspruch' formulierte Gestus vollzieht sich in seiner zentralen Bewegung entlang der vertikalen Achse von

> den Tiefen des Weltraums [...] herab durch die Sternschicht, der unser Sonnensystem angehört, zu dem luft- und meerumflossenen Erdsphäroid [...] zu der organischen Lebensfülle, welche, vom Lichte angeregt, sich an seiner Oberfläche entfaltet.[56]

Auch in dieser, dem beeindruckenden und eine eigene Textästhetik beanspruchenden Inhaltsverzeichnis des *Kosmos* entnommenen Formulierung wird die Idee eines Naturgemäldes als Modus des Sehens erneut hervorgehoben. Zugleich verweist die Metapher in ihrer Komposition von Naturbegriff und Kunstobjekt auf die zwei Pole, die Alexander von Humboldt in seinen 'Einleitenden Betrachtungen' das Verhältnis zwischen Naturwissen und Naturgenuss nennt.[57]

Um die Bedeutung dieser Komposita zu erhellen, mithin Wissen und Genuss zueinander in Beziehung zu setzen, bedarf es zunächst einer Klärung des beide verbindenden Begriffes der Natur. Was ist *Natur* eigentlich für Humboldt, wenn wir ihr vermittelt über Text und/oder Bild in seinem Werk begegnen?

Am 28. Oktober 1841 schreibt er dazu an seinen Freund Karl August Varnhagen von Ense, dem er die Kompositionsmaxime beim Verfassen des *Kosmos*, dessen erster von fünf Bänden vier Jahre später erscheinen sollte, erläutern will:

> Dem Oratorischen muß das einfach und wissenschaftlich Beschreibende immerfort gemischt sein. *So ist die Natur selbst.* Die funkelnden Sterne erfreuen und begeistern, und doch kreist am Himmelsgewölbe alles in mathematischen Figuren. Die Hauptsache ist, daß der Ausdruck immer edel bleibe, dann fehlt der Eindruck von der Größe der Natur nicht.[58]

---

fahrung des Raumes führt in die Tiefe einer sich stetig verändernden Zeit» Lütkehaus, Ludger: Hinaus, immer nur hinaus. Vielseitig? Allseitig! Alexander von Humboldt und Charles Darwin reisen um die Welt. In: *Die Zeit* (30. 4. 2009), S. 61.

55 Humboldt, Alexander von: *Kosmos*, S. X.

56 Ebda.

57 Vgl. Ebda., S. 9.

58 Humboldt, Alexander von/Varnhagen Ense, Karl August Ludwig Philipp von: *Briefe von Alexander von Humboldt an Varnhagen von Ense, aus den Jahren 1827 bis 1858. Nebst Auszügen aus Varnhagen's Tagebüchern, und Briefen von Varnhagen und Andern an Humboldt.* [Herausgegeben von Ludmilla Assing]. 4. Aufl. Leipzig: F. A. Brockhaus 1860, S. 92, Kursivsetzung T. K.

Wenn die *Natur selbst* eine Art Dreiklang aus rhetorischer Anrufung («dem Oratorischen»), sowie intuitiver («einfach») und systematisch fundierter Benennung («wissenschaftlich») sei, dann ist damit auch gesagt, dass die Natur nie etwas anderes als das vom Menschen Verstandene, als das durch ihn Gemachte sein kann. Die *Natur selbst* ist unser Verständnis der Natur, sie ist jeder dieser drei Schritte für sich und zugleich nur dann *ganz* Natur, wenn alle drei Schritte zum Vollzug kommen. Die «mathematischen Figuren» der Sternenbahnen sind das Erkenntnisergebnis eines kognitiven Aneignungsprozesses, an dessen Anfang eine emotionale Initiation steht. Diesen Weg der Erkenntnis nachvollziehbar, und damit in der Lektüre als Simulation und Vollzug zugleich nacherlebbar zu machen, ist die eigentliche Absicht des *Kosmos* und, so ließe sich erweiternd sagen, der *Humboldtian Science* allgemein. Analog zum Modell des hermeneutischen Zirkels ist dieser Erkenntnisweg zugleich auf Durchlauf gestellt: auf die wissenschaftlich begründete Erkenntnis folgt erneut die Faszination am (dennoch oder immer noch) Unbekannten der Natur. Dieses Modell einer *iterativen* Erkenntnispraxis legt ein Verständnis von Naturgenuss und Naturwissen frei, das Humboldt im Weiteren noch vertiefen und begründen sollte.

> Wer die Resultate der Naturforschung [...] in ihrer großen Beziehung auf die gesammte Menschheit betrachtet, dem bietet sich, als die erfreulichste Frucht dieser Forschung, der Gewinn dar, durch Einsicht in den Zusammenhang der Erscheinungen den Genuß der Natur vermehrt und veredelt zu sehen.[59]

Humboldt gliedert diesen Genuss der Natur in drei Stufen.

> So leiten [a] dunkle Gefühle und [b] die Verkettung sinnlicher Anschauungen, wie später [c] die Thätigkeit der combinierenden Vernunft, zu der Erkenntniß, welche alle Bildunggsstufen der Menschheit durchdringt, daß ein gemeinsames, gesetzliches und darum ewiges Band die ganze lebendige Natur umschlinge.[60]

Eine vorschnelle Lektüre dieser Passagen würde suggerieren, Humboldt vertrete hier ein einfaches Entwicklungsmodell, nach dem den Urvölkern nur ein «frühes Ahnen» möglich, dem europäischen Menschen aber als Folge seiner geistigen Befreiung aus den Fesseln der Mystik und des Wunderglaubens die eigentliche, tiefere Naturkenntnis vorbehalten sei. Tatsächlich verbindet Humboldt in seinem Blick zurück in die Geschichte des Naturwissens diese Stufen der Ahnung hin zu einer «wissenschaftlichen Begründung der Weltgesetze»,[61]

59 Humboldt, Alexander von: *Kosmos*, S. 9.
60 Ebda., S. 11.
61 Ebda., S. 9.

wie es im Untertitel der 'Einleitenden Betrachtungen' heißt, und erkennt ihren heuristischen Wert an:

> Diese Vorzeit befragen, heißt dem geheimnisvollen Gange der Ideen nachspüren, auf welchem dasselbe Bild, das früh dem inneren Sinne als ein harmonisch geordnetes Ganze, *Kosmos*, vorschwebte, sich zuletzt wie das Ergebnis langer, mühevoll gesammelter Erfahrungen darstellt.[62]

Nicht umsonst betont Humboldt hier die Lust an einer Primärerfahrung beim «Eintritt in die freie Natur»,[63] deren unmittelbare Wirkung eine Art intuitives Wissen provoziert, «das dunkle Gefühl des Einklangs, welcher in dem ewigen Wechsel ihres stillen Treibens herrscht».[64] Dieses Gefühl, die Kraft des ersten Eindrucks, der Gewissheiten jenseits des rein wissenschaftlich Verifizierbaren begründet, betont Humboldt stets auf Neue. Für die Wirksamkeit des Humboldt'schen Naturgemäldes ist diese erste Stufe des Naturgenusses ebenso wichtig wie für die Vermittlungsabsicht der an einer Demokratisierung des Wissens und kulturvergleichenden Epistemologie orientierten *Humboldtian Science*. So enthalten diese ersten Seiten des *Kosmos*, die in ähnlicher Weise den Auftakt zu den Kosmos-Vorlesungen im Wintersemester 1827/1828 gegeben haben dürften, auch die Botschaft, sich zu der vorbegrifflichen Plausbilität eines unmittelbaren und nicht durch wissenschaftliche Ordnungssysteme vorkonfigurierten Naturbetrachtung zu bekennen. Mit anderen Worten: Humboldt betont, dass der erste Schritt auf dem Weg zu einer wissenschaftlichen Auseinandersetzung mit der Natur das Staunen sein *darf*, gerade im Angesicht einer den europäischen Gelehrten wie interessierten Laien überwältigenden Natur. Humboldt selbst verfuhr stets auf diese Weise. Auf dieser ersten Stufe des Naturgenusses ist der Eindruck «fast unabhängig von dem eigenthümlichen Charakter der Gegend [...], die uns umgibt»[65] und «entspringt aus dem fast bewusstlosen Gefühle höherer Ordnung und innerer Gesetzmäßigkeit der Natur; aus dem Eindruck ewig wiederkehrender Gebilde, wo in dem Besondersten des Organismus das Allgemeine sich spiegelt».[66] Eine zweite Stufe des Naturgenusses verbindet diesen ersten, allgemeinen und allgemeingültigen Natureindruck mit «dem individuellen Charakter einer Gegend, gleichsam der physiognomischen Gestaltung der Oberfläche unseres Planeten».[67] Erst dieser 'individuelle

62 Ebda., S. 9 f.
63 Ebda., S. 10.
64 Ebda.
65 Ebda.
66 Ebda.
67 Ebda.

Charakter' ermöglicht die Art relationaler Perspektivierung von Naturphänomenen, die so entscheidend für das Verständnis der Humboldt'schen Naturforschung ist.

So schwenkt Humboldt im Folgenden auf seine eigenen Reiseerfahrungen um, wobei er ausschließlich auf die «Erinnerung großer Naturscenen»[68] seiner Amerika-Reise verweist. Die Spezifik der jeweiligen Naturerscheinung führt das «dumpfe Ahnen» in einen zweiten Wissensmodus: den der Spekulation.

> In diesen Scenen ist es nicht mehr das stille, schaffende Leben der Natur, ihr ruhiges Treiben und Wirken, die uns ansprechen; es ist der individuelle Charakter der Landschaft, ein Zusammenfließen der Umrisse von Wolken, Meer und Küsten im Morgendufte der Inseln; es ist die Schönheit der Pflanzenformen und ihrer Gruppirung [sic]. Denn das Ungemessene, ja selbst das Schreckliche in der Natur, alles was unsere Fassungskraft übersteigt, wird in einer romantischen Gegend zur Quelle des Genusses. Die Phantasie übt dann das freie Spiel ihrer Schöpfungen an dem, was von den Sinnen nicht vollständig erreicht werden kann [...]. Getäuscht, glauben wir von der Außenwelt zu empfangen, was wir selbst in diese gelegt haben.[69]

Von dem Vexierbild der Spekulation im Angesicht «einer romantischen Gegend» nun geht der Fortschritt der Naturerkenntnis über in die Ausweitung der menschlichen Wahrnehmungsapparate (wissenschaftliche Instrumente) wie in die Verbesserung der wissenschaftlichen Methoden und Möglichkeiten des Experiments. Dies zwingt auch die Spekulation zu einem neuen Grad an Strenge und Maß. Hier liegt der wohl entscheidende Aspekt dieser zweiten Stufe des Naturgenusses:

> So wie der Mensch sich nun Organe schafft, um die Natur zu befragen und den engen Raum seines flüchtigen Daseins zu überschreiten, wie er nicht mehr bloß beobachtet, sondern Erscheinungen unter bestimmten Bedingungen hervorzurufen weiß, wie endlich die Philosophie der Natur, ihrem alten dichterischen Gewande entzogen, den ernsten Charakter einer denkenden Betrachtung des Beobachteten annimmt: treten klare Erkenntniß und Begrenzung an die Stelle dumpfer Ahndungen und unvollständiger Inductionen.[70]

Humboldt ordnet schließlich die «wissenschaftliche Ergründung der Naturgesetze» der dritten Stufe des Naturgenusses zu. Der Weg dahin ist allerdings mühselig und häufig fehlgeleitet durch eine unvollständige und vorschnell zu Ergebnissen eilende Empirie. Humboldt diskutiert daher das Problem zwischen

---

68 Ebda., S. 11.
69 Ebda.
70 Ebda., S. 10.

Induktion und Deduktion und kritisiert zugleich eine nur auf indirekten Erfahrungswerten beruhenden Empirie:

> Aus unvollständigen Beobachtungen und noch unvollständigeren Inductionen entstehen irrige Ansichten von dem Wesen der Naturkräfte [...]. Neben der wissenschaftlichen Physik bildet sich dann eine andere, ein System ungeprüfter, um Theil gänzlich mißverstandener Erfahrungs-Kenntnisse. Wenige Einzelheiten umfassend, ist diese Art der Empirik um so anmaßender, als sie keine der Thatsachen kennt, von denen sie erschüttert wird. Sie ist in sich abgeschlossen, unveränderlich in ihren Axiomen, anmaßend wie alles Beschränkte; während die wissenschaftliche Naturkunde, untersuchend und darum zweifelnd, das fest Ergründete von dem bloß Wahrscheinlichen trennt, und sich täglich durch Erweiterung und Berichtigung ihrer Ansichten vervollkommnet.[71]

Spekulation als Endpunkt der Erforschung von Naturgesetzen also lehnt Humboldt klar ab. Die Sicherheit der Systematiker ist seine Angelegenheit nicht, Humboldt untersucht und zweifelt. Gegen die sich selbst genügende (und damit nicht in das iterative Modell Humboldts integrierbare) Spekulation der frühen Naturphilosophie und die Borniertheit rein taxonomischer Gelehrsamkeit richtet Humboldt die stetige Erweitung des Naturwissens durch eine prozessorientierte Wissenschaftspraxis, die ebenso zu immer neuen Fragen und Problemen wie zu neuen «Stufen des Wissens»[72] führt.

> [I]n dem ewigen Treiben und Wirken der lebendigen Kräfte führt [...] jedes tiefere Forschen an den Eingang neuer Labyrinthe. Aber gerade diese Mannigfaltigkeit unbetretener, vielverschlungener Wege erregt auf allen Stufen des Wissens freudiges Erstaunen. Jedes Naturgesetz, das sich dem Beobachter offenbart, läßt auf ein höheres, noch unerkanntes schließen; denn die Natur ist, wie Carus trefflich sagt, und wie das Wort selbst dem Römer und dem Griechen andeutete, 'das ewig Wachsende, ewig im Bilden und Entfalten Begriffene'.[73]

Der Naturgenuss dritter Art stellt sich bei den Einzeldisziplinen nur dem Spezialisten ein, ist aber zugleich die notwendige Vorbereitung «zu der höheren Kenntniß des Naturganzen und der Weltgesetze»:[74]

> Dem Physiker [...]; dem Astronomen [...]; dem eingeweihten Blick des Botanikers [...] gewähren die Himmelsräume, wie die blüthenreiche Pflanzendecke der Erde, gewiß einen großartigeren Anblick, als dem Beobachter, dessen Natursinn noch nicht durch die Einsicht in den Zusammenhang der Erscheinungen geschärft ist.[75]

---

71 Ebda., S. 17.
72 Ebda., S. 18.
73 Ebda.
74 Ebda.
75 Ebda.

Dass diese bereits vollzogene Spezialisierung der Wissenschaften auch zu einem 'Erkalten' des Naturgenusses führen müsse, weist Humboldt von sich. Vielmehr müsse es angesichts dieser Entwicklung das Ziel sein, die Komplexität der Einzelerscheinungen aufzulösen zugunsten einer allgemeineren Perspektive. Visuell entspricht diese Vorstellung dem Schritt von der astronomischen, trigonometrischen und barometrischen Kennzeichnung von Ortsbestimmungen, sowie Längen- und Höhenverhältnissen in Form von Listen und methodologischen Erläuterungen zur Darstellung dieser Verhältnisse im Raum auf einer orthographischen Projektion. Um es mit Humboldts Publikationen zu sagen: es ist der Schritt vom *Recueil d'observations astronomiques* zum *Atlas géographique et physique*. Es handelt sich also um einen methodischen Synthetisierungsprozess, den Humboldt von der physikalischen Geographie im *Kosmos* auf eine allgemeine Darstellungstheorie wissenschaftlicher Erkenntnisse ausweitet:

> Um dies Höhere zu genießen, müssen in dem mühsam durchforschten Felde specieller Naturformen und Naturerscheinungen die Einzelheiten zurückgedrängt und von dem selbst, der ihre Wichtigkeit erkannt hat und den sie zu größeren Ansichten geleitet, sorgfältig verhüllt werden.[76]

Zugleich verweist die emphatische Betonung des Naturgenusses, nicht nur in seiner vermeintlichen Vollendung im dritten Stadium, sondern gerade in seiner, auch iterativen, also die verschiedenen Stufen jeweils aufs Neue durchlaufenden Prozessualität auf ein kulturanthropologisches Moment in Humboldts Naturforschung, das die Vollendung des vermeintlich «dumpfen» Ahnens eben dort sieht (und sich von dort inspiriert), wo die Natur die größte Fülle bereit hält. Denn es geht Humboldt bei der Evokation eines primären, am tropischen Zuviel der Natur geschulten Naturerlebnisses keineswegs um den Effekt, ein sich am Exotischen ergötzendes europäisches Publikum auf dem Weg zur eigentlichen Naturerkenntnis ein wenig zu unterhalten. Vielmehr zielen seine Überlegungen auf eine mit deskriptiven, fachsprachlichen wie literarischen und visuellen Mitteln zu leistende Reflexion, die jenseits des konkreten Naturphänomens oder der singulativen Naturerfahrung vor allem ein anderes, am Zusammenleben mit eben dieser Natur geformtes Kulturverständnis entwickeln sollte. Gerade in der Fülle der unmittelbaren Naturerfahrung, die den amerikanischen Tropenkulturen seit jeher zur Verfügung stand, äußert sich eine quantitative Überlegenheit der primären Naturerfahrung, dessen vorbewusstes Erkenntnispotenzial eben nicht ein archaisches Kuriosum, sondern stets zu er-

---

76 Ebda.

neurnde Voraussetzung für das Streben nach Naturwissen darstellt. Der multiperspektivische, polysemische und relationale Charakter des 'Tableau physique des Andes' ist in diesem Sinne der vielleicht konkreteste Ausdruck einer Zusammenführung aller drei Stufen dieses an Erkenntnis orientierten Naturgenusses. Das prozessuale Verständnismodell – intuitive Einsicht in die Naturzusammenhänge, vergleichende Perspektive, wissenschaftliche Ergründung – ist die Grundlage für das Kompositionsschema der Humboldt'schen Naturgemälde.

4 Tableau II: Gesamteindruck – Pasigraphie – Pflanzengeographie

> Sobald die Naturdinge vom Menschen erfaßt werden, bewegen sie sich grenzüberschreitend in der Trennzone zwischen Naturgebilde und Kunstwerk.[1]

4.1 Das Tableau physique

In Humboldts Verwendung des Begriffs «Tableau physique» gilt es mit Blick auf seine im engeren Sinne naturwissenschaftlichen Schriften zu unterscheiden zwischen einer geognostisch-barometrischen und einer pflanzengeographischen Variante. Als typologisch dritte Variante muss darüber hinaus das pasigraphische «Tableau physique» hinzugerechnet werden, auch wenn Humboldt seiner pasigraphischen Zeichnung nicht mehr diesen generischen Namen gab. Alle drei Typen basieren auf der Idee des vertikalen Querschnitts durch die Erdschichten und führen die dritte Dimension in die Darstellungskonventionen der Geographie ein. Der hier zu bestimmende Tableau-Begriff ist also gebunden an eine Landschaftsgeographie, die den 'Totalcharakter der Landschaft' im Sinne einer nur visuell zu erreichenden Durchschneidung der Landmassen zu erfassen versucht.

Folgt man der wissenschaftshistorischen Literatur, so geht dieser Gedanke einer neuartigen, geographischen Raumsynthese direkt auf Humboldt zurück.[2] Gerhard Hard jedoch hat in seinem vielzitierten Aufsatz zu diesem Thema darauf hingewiesen, dass die Formulierung des «Totalcharakters», so geläufig sie auch unter Geographiehistorikern gewesen zu sein scheint, in Humboldts Werk selbst gar nicht vorkommt und vielmehr durch den Humboldt'schen Begriff des 'Total-' oder 'Gesamteindrucks' zu ersetzen sei.[3] Dieser allerdings, so Hard, sei in Humboldts zahlreichen Ausführungen, vornehmlich in den *Ansichten der Natur* und im *Kosmos*, kein geographischer, sondern ein rein ästhetischer Begriff, dessen Vollendung der Landschaftsmalerei vorbehalten sein sollte.[4] Deshalb schließt Hard, der zum Landschaftsbegriff habilitierte:

---

1 Bredekamp, Horst: *Darwins Korallen. Frühe Evolutionsmodelle und die Tradition der Naturgeschichte.* Berlin: Wagenbach [2]2006, S. 11.

2 Vgl. Hard, Gerhard: Der 'Totalcharakter der Landschaft'. Re-Interpretation einiger Textstellen bei Alexander von Humboldt. In: *Erdkundliches Wissen. Schriftenfolge für Forschung und Praxis* (1970) H. 23, S. 49–73, S. 49, Fn. 1.

3 Vgl. Ebda., S. 51.

4 Vgl. Ebda., S. 54 f.

> Die 'Synthese' zum *Totaleindruck einer Gegend*, d. h. einer Landschaft, bezeichnet bei A. v. Humboldt eine ästhetische Wahrnehmungs-Synthesis vor allem des Künstlers und künstlerisch Gebildeten und bleibt demgemäß noch ganz im Kreise der ästhetisch-emotionalen Perspektive; dieser 'Totaleindruck des Landschaftlichen' bezeichnet hier keinen Gegenstand und kein Ziel der Naturforschung, sondern höchstens ein 'Anregungsmittel zum Naturstudium' – indem er etwa 'die Sehnsucht nach fernen Reisen vermehrt'.[5]

Die Absicht, die Hard mit dieser Argumentation in Antwort auf seine Zeitgenossen und das Selbstverständnis der deutschen Geographie verfolgt, ist einleuchtend: wenn seine Disziplin im fortgeschrittenen 20. Jahrhundert einen naturwissenschaftlichen Anspruch vertritt, für den sie aber zugleich auf Begriffe zurückgreift, deren genuin ästhetischen Ursprung sie verkennt, dann gibt es ein ebenso diskursiv wie epistemologisch nicht ausreichend erkanntes Problem. Mit Blick auf Hards *Kosmos*-Lektüren fällt aber auf, dass der Autor zwar Humboldts Verständnis des Totaleindrucks in seinem unmittelbaren Bezug zur Landschaftsmalerei nachvollzieht, dabei aber gänzlich auf die Anbindung an Humboldts Physiognomie-Begriff verzichtet, ja diese Begriffe in einer Fußnote synonym setzt.[6] Dabei steht doch bereits im Titel des so oft zitierten zweiten

---

5 Ebda., S. 56. Die beiden Humboldt-Zitate finden sich in Humboldt, Alexander von: *Kosmos*, S. 189, 225.

6 Hard, Gerhard: Der 'Totalcharakter der Landschaft', S. 67, Fn. 28. Ganz ähnlich argumentiert Hard, wenn er davon spricht, «daß, wo immer in der geographischen Literatur des 19. Jahrhunderts und vor allem in der klassischen deutschen Geographie vom 'Totaleindruck', von der 'Physiognomie' oder vom 'Charakter' einer Landschaft die Rede ist, von vornherein eine Anleihe aus dem kunsttheoretischen Schrifttum wahrscheinlich ist.» Ebda., S. 67. Hier liegen mindestens zwei Probleme vor: erstens wird damit gänzlich übersehen, dass die Physiognomie-Lehre im 18. Jahrhundert keineswegs allein ästhetischen oder kunsthistorischen Prämissen folgt. Im Gegenteil: die Physiognomik Lavaters beanspruchte durchaus den Status einer Wissenschaft, auch wenn ihr spekulativer und Ressentiment geladener Gestus nicht nur aus heutiger Sicht äußerst befremdlich wirkt. Schon Zeitgenossen wie Georg Christoph Lichtenberg und Moses Mendelssohn sahen das so, vgl. Pfotenhauer, Helmut: *Um 1800: Konfigurationen der Literatur Kunstliteratur und Ästhetik*. Berlin, New York: Walter de Gruyter 1991 (Untersuchungen zur deutschen Literaturgeschichte, 59), S. 6 ff. Auch Humboldts eigene Konzeption einer Naturphysiognomik als morphologisch gedachte Typenkunde entspringt keineswegs einer rein ästhetischen Naturwahrnehmung (s. Kap. 3.2). Zweitens, und das scheint mir mit Blick auf zahlreiche Urteile der Humboldt-Forschung typisch und weiterhin nicht ganz überwunden, zeigt die Hard'sche Argumentation paradigmatisch auf, dass die two-cultures-Mentalität des makrowissenschaftlichen Feldes weite Teile der wissenschaftshistorischen Argumentation in der *Humboldt industry* stützt und aus jener epistemischen 'Blockbildung' ihre unausgesprochene, weil offenbar selbstverständliche Legitimation zieht. Die hier entwickelte Argumentation hingegen folgt einer Lesart wie sie z. B. bei Ette und Hey'l entwickelt wird. Ette, Ottmar: Alexander von Humboldt: Perspektiven einer Wissenschaft für das 21. Jahrhundert. In: Hamel, Jürgen/Knobloch, Eberhard u. a. (Hg.): *Alexander von Humboldt in Berlin. Sein Einfluß auf die*

Kapitels des *Kosmos*, dass im Folgenden die «Landschaftsmalerei in ihrem Einfluß auf die Belebung des Naturstudiums» betrachtet, diese als Mittel für «graphische Darstellung der Physiognomik der Gewächse»[7] gedacht werden soll. Damit macht Humboldt bereits auf paratextueller Ebene klar, dass die von ihm favorisierte Funktionalisierung der Landschaftsmalerei eben nicht als rein ästhetische und damit wissenschaftlich irrelevante Praxis verstanden werden kann, sondern vielmehr als Heuristik, als Vorbereitung und Stimulierung eines in Verbindung mit der wissenschaftlichen Tätigkeit zu erreichenden Naturwissens. Mit anderen Worten: Der Begriff des Totaleindrucks ist ganz gewiss ästhetisch und kunsttheoretisch motiviert, hier findet er seinen ideengeschichtlichen Ursprung. Aber das hindert Humboldt nicht daran, diesen Begriff für die Ziele seines wissenschaftlichen Projektes fruchtbar zu machen, ja in zentraler Weise für die eigene Epistemologie zu beanspruchen. Der zentrale Topos dieser Verbindung formuliert sich in den Möglichkeiten des Sehens als Anspruch an das Denken.

Zusammenfassend kann man sagen: Vom Gesamteindruck im Naturbild zum Gesamteindruck im Raumbild vollzieht der Tableau-Begriff den Schritt zur Karte. Dabei lassen sich drei Profilkartentypen unterscheiden: der geophysikalische (Kap. 4.2), der pasigraphische (Kap. 4.4), sowie der pflanzengeographische (Kap. 4.5) Querschnitt.

4.2 Die physikalische Karte

Im *Atlas géographique et physique du royaume de la Nouvelle-Espagne* sind es drei von zwanzig Tafeln, die Karten XII, XIII und XIV, die den Titel «Tableau physique» tragen, übersetzt im Deutschen mit «Physikalische Karte».[8] Es sind die einzigen Karten des Neu-Spanien-Atlas, die die Territorialität der größten der spanischen Überseekolonien im Profil zeigen und sich um eine, in dieser Form neu entwickelte Darstellung der Höhenrelationen bemühen.[9] Die drei

---

Entwicklung der Wissenschaften. Beiträge zu einem Symposium. Augsburg: ERV 2003, S. 281–314, S. 282 ff.; Hey'l, Bettina: *Das Ganze der Natur und die Differenzierung des Wissens*, S. 7 ff.

7 Humboldt, Alexander von: *Kosmos*, S. 225.

8 Humboldt, Alexander von: *Versuch über den politischen Zustand des Königreichs Neu-Spanien. Erster Band*, S. CXXXI.

9 In seinem vier Jahre später in den ersten Lieferungen erscheinenden, aber nicht bis 1837 abgeschlossenen *Atlas géographique et physique du Nouveau Continent* sollten neun weitere Profilkarten folgen: I – Limite inférieure des Neiges perpétuelles à différents Latitudes, II – Géographie des Plantes du Pic de Ténériffe, III – Profil de la Peninsule Espagnole, IV – Chemin de La Guayra à Caracas, par la Cumbre, VI – Profil du Chemin de Carthagene des Indes au Plateau de Santa Fe de Bogota, VII – Esquisse geognostique des formations entre la Valle de

'Höhenwege', die die Karten anzeigen, laufen von der Atlantikküste bei Veracruz bis Mexiko-Stadt (ANE XII), von dort bis zur Pazifikküste bei Acapulco (ANE XIII), sowie vom Hochplateau rund um die Hauptstadt zu den nordwärts liegenden «mines de Guanaxuato, les plus riches du monde connu»[10] (ANE XIV). Diese Profilkarten sind der Versuch einer vertikalen Projektion der zentralen Verkehrs- und Handelsrouten wie sie Humboldt auf den Karten V, VIII und IX in orographischer Projektion dargestellt hat. Sie geben die Höhenverhältnisse eines Landes wieder, das nach Humboldts Urteil wie kein anderes in der Welt über Gold- und Silberressourcen verfügte, zugleich aber vor großen Infrastrukturproblemen stand, deren Verbesserung er weite Teile des zweiten Kapitels sowie eine eigene Karte (ANE XIX) seiner Neu-Spanien-Studie widmet.

Die Profilkarte übersetzt die Idee der Schraffur in eine vertikale Projektion, die ohne Vorbild war:

> [P]our faire connoître complètement les pays que j'ai parcourus, et dont le sol a une configuration si extraordinaire, j'ai cru devoir recourir à des moyens que les géographes n'avoient point encore tentés, parce que les idées les plus simples sont généralement celles qui se présentent les dernières. J'ai figuré des pays entiers, de vastes étendues de terrain, dans des projections verticales, comme depuis long-temps on a tracé le profil d'une mine ou celui d'un canal.[11]

Eine erste Skizze zu einer solchen neuen Darstellungspraxis hatte Humboldt bereits 1801 noch während seiner Reise angefertigt und musste verärgert mitansehen, wie kurz nach seiner Rückkehr nach Europa eine schlampige Nachzeichnung dieses Entwurfs in Madrid in Umlauf kam, «défiguré par des copistes».[12]

Mexico, Moran et Totonilco, IX – Voyage ver la cime du Chimborazo, tenté le 2 de Juin 1802, XXVIII – Tableau Géologique du Volcan de Jorullo, XXIX – Plan du Volcan de Jorullo esquisée sur les lieux par A. de Humboldt. Vgl. Humboldt, Alexander von: *Atlas géographique et physique des régions équinoxiales du Nouveau Continent, fondé sur des observations astronomiques, des mesures trigonométriques et des nivellemens barométriques*. Paris: Librairie de Gide 1814–1834[–1838]. Hier sind ebenfalls alle drei Profilkartentypen vereint.

10 Humboldt, Alexander von: *Essai politique sur le royaume de la Nouvelle-Espagne. Tome premier*, S. 164.

11 Ebda., S. 150. Dt. Übers.: «Sollte man die Gegenden, die ich bereist habe, und deren Boden eine so sonderbare Gestalt hat, vollständig kennen, so musste ich Mittel anwenden, welche noch kein Geograph versucht hat, vielleicht weil man immer am spätesten auf die einfachsten Ideen fällt. Ich habe ganze Provinzen, weite Strecken Landes, in einer Vertical-Projection vorgestellt, wie man schon längst Aufrisse von Bergwerken oder Canälen gemacht hat.» Humboldt, Alexander von: *Versuch über den politischen Zustand des Königreichs Neu-Spanien. Erster Band*, S. CXXXIII.

12 Humboldt, Alexander von/Oltmanns, Jabbo: *Recueil d'observations astronomiques, d'opérations trigonométriques et des mesures barométriques. Premier volume*. Paris: Schoell 1810 [1808–1811], S. 370.

Die rasche Adaption durch Kartographen in der spanischen Metropole mögen den preußischen Gelehrten verstimmt haben, sie belegen aber auch den unmittelbaren Erfolg von Humboldts Innovation. Die Humboldt'schen Profilkarten geben zum ersten Mal eine Vorstellung von den Höhenrelationen dieser zentralen Transportwege Neu-Spaniens und visualisieren das, was in den Draufsichten nur durch die bis dato unausgereifte Technik der Reliefschraffur angedeutet werden konnte. Der französische Militäringenieur und Topograph Pierre-Antoine Clerc' (1770–1843) sollte 1811, im selben Jahr des Erscheinens von Humboldts *Essai politique sur le royaume de la Nouvelle-Espagne*, eine fünf Meter lange und vier Meter breite Reliefkarte des Golfes von La Spezia, einer Bucht im Ligurischen Meer, veröffentlichen, an der er 10 Jahre lang gearbeitet hatte.[13] Als Professor für Topographie an der École Polytechnique sollte Clerc in den Folgejahren wesentlich zur Entwicklung graphischer Darstellungsmöglichkeiten auf Reliefkarten beitragen. Humboldt war Clercs Werk bekannt.

> Ce savant ingénieur-géographe [...] possède un talent éminent pour le figuré du terrain. Personne n'a plus que lui réfléchi sur les moyens d'exprimer les ondulations du sol, et l'ouvrage qu'il se propose de publier sur le dessin des cartes et sur la construction des reliefs, fera époque dans l'histoire de la topographie.[14]

Humboldt selbst bediente sich dieser Technik auch auf seiner 'Carte générale du royaume de la Nouvelle-Espagne' (ANE I), allerdings in einer Mischform aus ortsbezogener, also im Wort ausgezeichneter und orographischer, also als Höhenprofil durch Schraffurzeichnung gekennzeichneter Landesvermessung. Die Probleme dieser Darstellungsweise waren Humboldt sehr wohl bewusst.

> Les *hachures* qui désignent la pente et le mouvement du terrain, donnent en même temps de l'ombre aux cartes chargées de beaucoup de noms. Ces noms deviennent souvent illi-

13 Anonymous: Nécrologie: Notice sur la vie et les travaux du lieutenant-colonel Pierre-Antoine Clerc. In: *Revue générale de l'architecture et des travaux publics* 5 (1844), S. 276–280, S. 278.
14 Humboldt, Alexander von: *Essai politique sur le royaume de la Nouvelle-Espagne. Tome premier*, S. 147 f. Der erste Band des *Versuch über den politischen Zustand des Königreichs Neu-Spanien* wurde noch von Humboldt selbst übersetzt und weist einige Unterschiede zur französischen Fassung auf. Dt. Übers.: «Dieser geschickte Ingenieur besitzt ein vorzügliches Talent für die Aufnahme solcher Karten. Eine Anleitung darüber, die er herauszugeben Willens ist, wird in der Geschichte der Topographie Epoche machen.» Humboldt, Alexander von: *Versuch über den politischen Zustand des Königreichs Neu-Spanien. Erster Band*, S. CXXXI. Das von Humboldt angekündigte Werk sollte in drei Bänden erst viele Jahre später als *Essai sur les éléments de la pratique des levers topographiques et de son enseignement* (1839–1843, Metz: Verronnais) erscheinen. Clerc, der im Jahr des Erscheinens seines letzten Bandes starb und zu Lebzeiten ein einflussreicher, aber auch streitbarer Wissenschaftler war, geriet später in Vergessenheit. Vgl. Anonymous: Nécrologie, S. 279 f.

> sibles, lorsque le graveur veut produire un grand effet par la distribution du clair-obscur. Par conséquent, le géographe qui a discuté avec soin la position astronomique des lieux, est incertain de ce qu'il doit préférer, ou de conserver la netteté du trait ou de rendre plus sensible la hauteur relative des montagnes. [...] [I]l est difficile de concilier deux genres d'intérêts opposés, l'intérêt du géologue et celui de l'astronome.[15]

So erfüllte die Schraffur in Humboldts Karten im Wesentlichen die Funktion eines graphischen Effekts, ein Mittel zur präzisen Wiedergabe von Höhenrelationen war diese Technik (noch) nicht. Erstens fehlten die exakten Daten, um ein topographisch so komplexes Territorium wie das Neu-Spaniens in all seinen geologisch erfassbaren Feinheiten darzustellen. Zum anderen hätte es dafür Clerc'scher Dimensionen gebraucht, und das stand im Widerspruch zu Humboldts publizistischer Vision eines breitenwirksamen und zugleich kommerzialisierbaren Werks.

Auch an diesem Fall erkennt man, dass Humboldts Karten nie allein einem rein instrumentellen Gebrauchswert verpflichtet waren, wie groß dimensionierte Einzelkarten eines Militäringenieurs im Auftrag und für den alleinigen, nicht öffentlichen Gebrauch des Staates. Jenseits der wissenschaftlichen Präzision erfüllten Humboldts Karten immer auch eine emotive und imaginative Funktion. Ein Land, ein Territorium, eine Region in ihrer Geographie und Topographie darzustellen, diente gerade in der Anbindung des Kartenwerks an die 'Landesstudien' Neu-Spaniens und Kubas auch dem Zweck, eine Vorstellung, ein gemeinsames Bild und somit auch ein Gefühl für eben diesen in vielerlei Hinsicht so unbekannten Raum zu vermitteln. Dieses imaginative und emotionalisierende Potenzial seiner amerikanischen Kartenprojektionen ist natürlich kein Humboldt'sches Spezifikum sondern eine inhärente Qualität, vielleicht sogar die eigentliche Funktion jeglicher kartographischer Darstellung (s. Kap. 2.3): sie gilt für die frühesten Weltbilder der Antike[16] genauso wie für Juan

---

15 Humboldt, Alexander von: *Essai politique sur le royaume de la Nouvelle-Espagne. Tome premier*, S. 113 f. Dt. Übers.: «Die *Schraffirungen*, welche den Abhang des Landes zeigen, machen Karten, worauf viele Namen stehen, etwas verwirrt, und diese werden oft ganz unlesbar, wenn der Kupferstecher durch Schattirungen einen großen Effekt hervorbringen will. Der Geograph, der sorgfältig die astronomische Lage der Orte untersucht hat, weiß nicht was er lieber aufopfern soll, den Effekt oder die Klarheit. [...] es ist [schwer], zugleich dem Geologen und dem Astronomen genug zu thun.» Humboldt, Alexander von: *Versuch über den politischen Zustand des Königreichs Neu-Spanien. Erster Band*, S. CIII f.

16 Alexander von Humboldts kartographischer Horizont geht zurück bis ins 6. Jahrhundert und reicht in das Jahr 1853. Die enorme Spannbreite seines kartographiehistorischen Bewusstseins, sein Gespür für die kulturhistorische Dimension dieses sich über zwei Jahrtausende entfaltenden Raumwissens wurde jüngst zum ersten Mal auf besonders eindrückliche Weise *sichtbar* gemacht. Die 2009 von Ottmar Ette neu besorgte und nun erstmals vollständige deutsche Ausgabe des *Examen critique* enthält nicht nur alle Karten des *Atlas géographique et physique*

de la Cosas *Mappemonde* von 1500 oder die 'Cloudless Earth' von 2002 aus der berühmten in den 1970er Jahren erstmals veröffentlichte *Blue Marble*-Serie der NASA.[17] In Humboldts amerikanischen Atlanten übersetzt sich dieses Potenzial jedoch in eine sowohl semiotisch wie semantisch innovative Werkkonzeption, für die der variable Formbegriff des Tableaus von zentraler Bedeutung ist.

4.3 Das Tableau géognostique als visuelle Praxis

Die physikalische Karte hat ihr konzeptionelles Pendant im geognostischen Naturbild. Dessen Grundlagen erläutert Humboldt im Kapitel XXVI des Humboldt'schen Reiseberichts, das den Titel 'Esquisse d'un tableau géognostique de l'Amérique méridionale' trägt. Dort steht aufschlussreich:

> En décrivant les objets à mesure qu'ils se présentent au voyageur, chaque fait reste isolé; on n'expose que ce que l'on a vu en suivant les sinuosités des routes; on apprend à connaître la suite des formations selon tel ou tel alignement, mais on ne peut saisir leur enchaînement mutuel. L'ordre des idées auquel doit s'astreindre la relation historique d'un voyage, a l'avantage de faire distinguer plus facilement ce qui est le résultat d'une observation directe ou celui d'une combinaison fondée sur l'analogie; mais, pour embrasser d'un coup d'œil le tableau géognostique d'une vaste partie du globe, pour contribuer aux progrès de la géognosie qui est une science d'enchaînemens, il faut renoncer à l'accumulation stérile de faits isolés et étudier les rapports qui existent entre les inégalités du sol, la direction des Cordillères et la nature minéralogique des terrains.[18]

---

du Nouveau Continent, sondern darüber hinaus einen *Unsichtbaren Atlas*, der in 62 Abbildungen nicht nur Humboldts Kartenwissen versinnbildlicht, sondern als Beleg für «die historisch sich entfaltende Sichtbarmachung eines sich von Europa aus globalisierenden Weltbewußtseins» gelten darf, zu dessen Entfaltung das Humboldt'sche Werk wesentlich beitrug. Ette, Ottmar: Editorische Notiz. In: *Geographischer und physischer Atlas der Äquinoktial-Gegenden des Neuen Kontinents. Unsichtbarer Atlas aller von Alexander von Humboldt in der 'Kritischen Untersuchung' aufgeführten und analysierten Karten*. Frankfurt am Main: Insel 2009, S. 242–247, S. 247.

17 Bredekamp, Horst: Blue Marble. Der blaue Planet (1972 n. Chr). In: Markschies, Christoph/Reichle, Ingeborg u. a. (Hg.): *Atlas der Weltbilder*. Berlin: Akademie Verlag 2011 (Interdisziplinäre Arbeitsgruppen, Forschungsberichte, 25), S. 366–375.

18 Humboldt, Alexander von/Bonpland, Aimé: *Voyage aux régions équinoxiales du Nouveau Continent, fait en 1799, 1800, 1801, 1802, 1803 et 1804. Première Partie. Relation historique. Tome troisième*. Paris: J. Smith et Gide Fils 1825[-1831], S. 188. Dt. Übers.: «Wenn die Gegenstände nach Maßgabe, wie sie sich dem Reisenden darbieten, beschrieben werden, so bleibt jede Thatsache vereinzelt; man meldet nur, was man den Krümmungen der Wege folgend zu Gesicht bekam; man lernt die Reihenfolge der Formationen nach einer oder anderer Richtung kennen, ihre gegenseitigen Verkettungen hingegen bleiben unbeachtet. Es bietet die Ordnung der Ideen, welcher eine geschichtliche Reiseerzählung sich anschließen muß, unstreitig den Vortheil dar, dasjenige leichter unterscheiden zu machen, was Ergebnis einer unmittelbaren Beobach-

Humboldt bestimmt also die Geognosie als eine Art Verbundwissenschaft, in welcher die Sichtbarmachung eines «enchaînement mutuel» wichtiger ist als die Aufzählung einzelner Tatsachen. Die ebenso poetologisch wie epistemologisch entscheidende Operation dieser sich im geognostischen Tableau äußernden Verbundwissenschaft mit globalem Anspruch ist das «coup d'œil», der berühmte Humboldt'sche *eine Blick*. Humboldts erste Vorarbeit zu einer solchen «science d'enchaînemens» ist, wie er noch auf derselben Seite schreibt, die 1801 im *Journal du physique* durch Jean Claude de La Métherie (auch: Delamétherie) veröffentlichte Studie 'Esquisse d'un tableau géologique de l'Amérique Méridionale'.[19] Sie erscheint ein Jahr später in einer deutschen Übersetzung als 'Skizze einer Geologischen Schilderung des südlichen Amerika'[20] und 1804 schließlich erneut als 'Geognostische Skizze von Südamerika'.[21] In der deut-

---

tung, oder der auf Analogie beruhenden Verbindung ist; um aber, mit einem Blick, das geognostische Gemälde eines ausgedehnten Theils des Erdballs zu umfassen, um die Fortschritte der Geognosie, welche eine Wissenschaft von Verkettungen ist, zu befördern, muß man auf eine unfruchtbare Anhäufung isolirter Thatsachen verzichten, und die Verhältnisse ergründen, welche zwischen den Unebenheiten des Bodens, der Richtung der Cordilleren und der mineralogischen Natur der Erdstriche bestehen.» Humboldt, Alexander von/Bonpland, Aimé: *Reise in die Aequinoctial-Gegenden des neuen Continents in den Jahren 1799, 1800, 1801, 1802, 1803 und 1804. Fünfter Theil.* Stuttgart, Tübingen: Cotta'sche Buchhandlung 1826, S. 381 f.

19 Humboldt, Alexander von: Esquisse d'un tableau géologique de l'Amérique méridionale. In: *Journal de physique, de chimie, d'histoire naturelle et des arts* 53 (1801), S. 30–59.

20 Humboldt, Alexander von: Skizze einer Geologischen Schilderung des südlichen Amerika. In: *Allgemeine geographische Ephemeriden* 9 (1802) Viertes Stück, April, S. 310–329.

21 Humboldt, Alexander von: Geognostische Skizze von Südamerika, mit erläuternden Bemerkungen des Herausgebers. In: *Annalen der Physik* 16 (1804) H. 4, S. 394–449. Dieses bibliographische Detail zeigt recht deutlich, dass der begriffliche Einsatz von Geognosie und Geologie bei Humboldt schwankt. Begriffshistorisch wäre es nahe liegend, von einer Sequenz zu sprechen, in der Humboldts frühe Verwendung des Begriffs «Geognosie» später durch den dann etablierten Begriff der «Geologie» abgelöst werden müsste. Das ist aber – wie auch dieses Beispiel zeigt – nicht konsistent der Fall. Zum Teil verwendet er den damals vor allem durch das Wirken seines Freiberger Lehrers Werner geläufigen Fachbegriff «Geognosie» auch ganz entgegen der Gepflogenheiten der Zeit, so z. B. in seinem Frühwerk *Florae Fribergensis* (1793), wo er Geognosie programmatisch als Synonym für Physikalische Geographie (Physique du monde) oder Erdkunde verstanden wissen will. Vgl. hierzu Beck, Hanno: Die Geographie Alexander von Humboldts. In: Hein, Wolfgang-Hagen (Hg.): *Alexander von Humboldt. Leben und Werk.* Ingelheim am Rhein: C. H Boehringer Sohn 1985, S. 221–238, S. 224 ff.; ausführlich Fritscher, Bernhard: Zwischen Werner und Kant. Physische Geographie bei Alexander von Humboldt. In: Leitner, Ulrike/Mikosch, Regina u. a. (Hg.): *Studia Fribergensia. Alexander-von-Humboldt-Kolloquium Freiberg 1991.* Berlin: Akademie Verlag 1994 (Beiträge zur Alexander-von-Humboldt-Forschung 18), S. 53–61, S. 53 f. und Helmreich, Christian: Geschichte der Natur bei Alexander von Humboldt. In: *HiN – Internationale Zeitschrift für Humboldt-Studien* 10 (2009) H. 18, S. 53–67, S. 55 ff. <http://www.hin-online.de> Allgemeiner aber kann man konstatieren, dass die Begriffe Geognosie, bzw. Geogonie, wie ihn z. B. Herder benutzt, für das stehen, was

schen Erstübersetzung von Humboldts *Relation historique* steht es wieder anders. Hier schreibt der Übersetzer Paulus Usteris «Abriß einer geognostischen Darstellung vom südlichen Amerika».[22] Erneut erweist sich der Formbegriff des Tableau als unübersetzbar ins Deutsche, insofern die Wortwahl «Schilderung» oder «Abriß» eben nicht jene Operation wiedergibt, um die es hier geht. Im bereits erwähnten 'Esquisse' der *Relation historique* wird Humboldt in dieser Hinsicht sehr deutlich. Sowohl über die Höhenprofile als auch die mineralogische Beschaffenheit der südamerikanischen Provinzen wisse man zu Beginn des frühen 19. Jahrhunderts in Europa so gut wie nichts:

> Aucune mesure de hauteur n'avoit été tentée hors de la province de Quito; aucune roche de l'Amérique méridionale d'étoit nommée. Il n'existoit aucune description de la *superposition des roches* dans une région quelconque des tropiques.[23]

Das könne aber nicht heißen, dass man sich nun damit begnüge, eben diese fehlenden Daten zu erzeugen und bereitzustellen. So galt es, eine geeignete Darstellungsmethode für eben jene «superposition des roches» zu entwickeln, die bis dahin noch nicht einmal zuverlässig beschrieben war, geschweige denn anschaulich vermittelt werden konnte.

4.4 Humboldts coup d'œil: Tableau géognostique als Pasigraphie

Diese Überlegungen, die er – wie gerade gesehen – in ersten 'Skizzen' bereits 1801 publiziert hatte und in seinem Reisebericht sehr viel später wieder aufgreifen sollte, motivierten Humboldt bereits 1803 dazu, ein pasigraphisches Modell der oberen Erdschichten zu entwickeln.

---

wir heute Geologie nennen und in der Spätaufklärung begriffshistorisch jenen Zeitraum markieren, in dem sich die Erdwissenschaften disziplinär auszubilden beginnen, vgl. Rahden, Wolfert von: Revolution und Evolution. In: *Forum interdisziplinäre Begriffsgeschichte* (2012) H. 1, S. 1–20, S. 1.

22 Humboldt, Alexander von/Bonpland, Aimé: *Reise in die Aequinoctial-Gegenden des neuen Continents*. Fünfter Theil, S. 381.

23 Humboldt, Alexander von/Bonpland, Aimé: *Relation historique. Tome troisième*, S. 188. Dt. Übers.: «Außer der Provinz Quito war keine Höhenmessung angestellt, und keine Gebirgsart des südlichen America war noch benannt worden. Aus keiner Gegend der Tropenländer war irgend eine Beschreibung der übereinanderliegenden Gebirgsarten vorhanden.» Humboldt, Alexander von/Bonpland, Aimé: *Reise in die Aequinoctial-Gegenden des neuen Continents*. Fünfter Theil, S. 382.

Schon während seiner Arbeit an den *Versuche[n] über die gereizte Muskel- und Nervenfaser* hatte sich Humboldt intensiv mit den symbolischen Möglichkeiten von Informationsvermittlung auseinandergesetzt. Das ehrgeizige Ziel war die Entwicklung eines universalen Zeichenskripts, womit er Überlegungen aufgriff, deren Grundlage ein Jahrhundert zuvor bereits Gottfried Wilhelm Leibniz (1646–1716) mit seiner Konzeption einer auf universalen Allgemeinbegriffen basierenden *lingua generalis* gelegt hatte.[24] Auch Leibniz verfolgte mit dieser mehr theoretisch als exemplarisch entwickelten Universalsprache die Idee einer zeichenbasierten Kombinatorik, «welche die Klarheit der göttlichen Erkenntnis einzuholen versucht»,[25] darin aber letztendlich scheitert. Dennoch war Leibniz Vorstoß der Auftakt für eben jene Überlegungen, die die Konvention der natürlichen und semantisch höchst heterogenen Sprachen zugunsten einer kommunikations- und erkenntnisbeschleunigenden, neuartigen Kodifizierung zu überwinden suchten.

Für Humboldts Überlegungen dürfte die unter anderem auf Leibniz aufbauende Programmschrift *Pasigraphie ou premiers éléments du novel artscience d'écrire et d'imprimer en une langue de manière à être lu et entendu dans toute autre langue sans traduction* des französischen, vormals in Deutschland stationierten Infanterie-Majors Joseph de Maimieux ausschlaggebend gewesen sein. Maimieux hatte sein zugleich auf Französisch wie Deutsch erschienenes, zweibändiges Traktat nach langjährigen Ankündigungen ebenfalls 1797 veröffentlicht und fand damit als 'Vater' der Einheitsschrift und Vordenker moderner Piktogrammatik Eingang in die Wissenschaftsgeschichte. Maimieuxs umfassender Entwurf zielte ab auf ein gänzlich neues, formalisiertes Skript, mit der die Vielfalt der konventionellen Sprachen durch ein neues, als translatorisches Intermediär gedachte Zeichensystem verlustfrei miteinander kommunizieren können sollten. Das Projekt stand irgendwo zwischen dem Heilsversprechen einer Auflösung der babylonischen Sprachverwirrung und dem sozialpolitischen Ziel einer Nomenklatur für alle, auch Taubstumme und Blinde.[26] Damit

---

24 Arndt, Hans Werner: Die Entwicklungsstufen von Leibniz' Begriff einer Lingua Universalis. In: Gadamer, Hans-Georg (Hg.): *Das Problem der Sprache. Achter deutscher Kongress für Philosophie, Heidelberg 1966*. München: Wilhelm Fink 1967 (Deutscher Kongreß für Philosophie, 8), S. 71–79.

25 Bredekamp, Horst: *Die Fenster der Monade. Gottfried Wilhelm Leibniz' Theater der Natur und Kunst*. Berlin: Akademie Verlag 2004 (Acta humaniora. Schriften zur Kunstwissenschaft und Philosophie), S. 109.

26 Hierfür bezeichnend ist das Vorwort des Abbé Roch-Ambroise Cucurron Sicard, Direktor des Pariser Instituts der Taubstummen und Verfasser mehrerer zeichentheoretischer Traktakte zur Gebärdensprache, der Maimieux trotz der offenkundigen Unvollkommenheit des Projekts preist als Pionier einer universalen Sprachgemeinschaft, für deren Gelingen die Pasigraphie «das gemeinschaftliche werk aller Freunde der Menscheit seyn [wird].» Sicard [Roch-Ambroise

war die Idee einer synthetischen Erschaffbarkeit von Sprache konkret umgesetzt und führte in sprachphilosophischen Kreisen der Zeit zu heftigen Kontroversen.[27]

Alexander von Humboldt hingegen ging es nicht allgemein um die Arbeit an einem System zum Zwecke allgemeiner sprachlicher Kommunikation, sondern spezifischer um die zeichentheoretisch motivierte Umsetzung des Simultanblicks im wissenschaftlichen Bild. Das Ergebnis war sein *Essai de Pasigraphie*, der jedoch im Unterschied zur pasigraphischen Karte zu Lebzeiten nicht mehr veröffentlicht wurde und erst wieder 1958 durch Hanno Becks Initiative die Aufmerksamkeit der Humboldt-Forschung weckte. Humboldt hatte dieses 'Traité de pasigraphie géognostique' als Seminarlektüre für die Ausbildung junger mexikanischer Geognosten am Colegio de Minería de México während seines Aufenthaltes in Neu-Spanien geschrieben[28] und dabei eine Karte entwickelt, die zwar 1803 von Humboldt gezeichnet aber erst drei Jahrzehnte später in Paris gestochen werden sollte und schließlich als 'Esquisse géognostique des formations entre la Vallée de Mexico, Moran et Totonilco' im *Atlas géographique et physique des régions équinoxiales du Nouveau Continent* erstveröffentlicht wurde (Abbildung 3).[29]

Cucurron]: An den Erfinder der Pasigraphie. In: Maimieux, Joseph de: *Pasigraphie. Anfangsgründe der neuen Kunstwissenschaft in einer Sprache alles so zu schreiben und zu drucken, dass es in jeder andern ohne Übersetzung gelesen und verstanden werden kann.* Erste Ausgabe, die, wie die französische, Originalausgabe ist [sic]. Paris: Bureau der Pasigraphie 1797, o. S.

27 Vgl. Anonymous: [Rezension] Paris, im Bureau der Pasigraphie, (verlegt von Decker in Basel und Röhss in Schleswig): Pasigraphie, oder Anfangsgründe der neuen Kunstwissenschaft, in einer Sprache alles so zu schreiben und zu drucken, dass es in jeder andern ohne Uebersetzung gelesen und verstanden werden kann. Erfunden und verfasset von J.*** von M.***, ehemaligen (m) Infanteriemajor in Deutschland. Erste Ausgabe, die, wie die französische, Originalausgabe ist. 1797. I. Th 84 S. II. Th. 62 S. 4. (4 Rthlr). In: *Allgemeine Literatur-Zeitung* (1800) 3, 241, S. 441–448; resümierend Hassler, Gerda: Die Erkenntnisfunktion der Sprache – ein Diskussionsthema an der Wende vom 18. zum 19. Jahrhundert. In: Niederehe, Hans-Josef/Koerner, E. F. K. (Hg.): *History and historiography of linguistics. Papers from the Fourth International Conference on the History of the Language Sciences; Trier, 24–28 August 1987.* Amsterdam: John Benjamins Publishing Company 1990 (Amsterdam studies in the theory and history of linguistic science 51,2), S. 529–540, S. 536.

28 Humboldts französisches Manuskript übersetzte Andrés Manuel del Río ins Spanische und integrierte es 1805 in seine *Elementos de orictognosía* (Mexico, 1805). Dies ist das vielleicht außergewöhnlichste Beispiel für den mehrsprachigen Werkcharakter von Humboldts Œuvre, folgte auf das unveröffentlichte französische Manuskript doch hier 153 Jahre vor dessen Wiederentdeckung und der Übersetzung ins Deutsche bereits die spanische Erstausgabe.

29 Zum unklaren Publikationszeitraum der Karte zwischen 1831–1838 vgl. Beck, Hanno: *Alexander von Humboldt und Mexiko*, S. 24 ff. sowie Fiedler, Horst/Leitner, Ulrike: *Alexander von Humboldts Schriften*, S. 162 f.

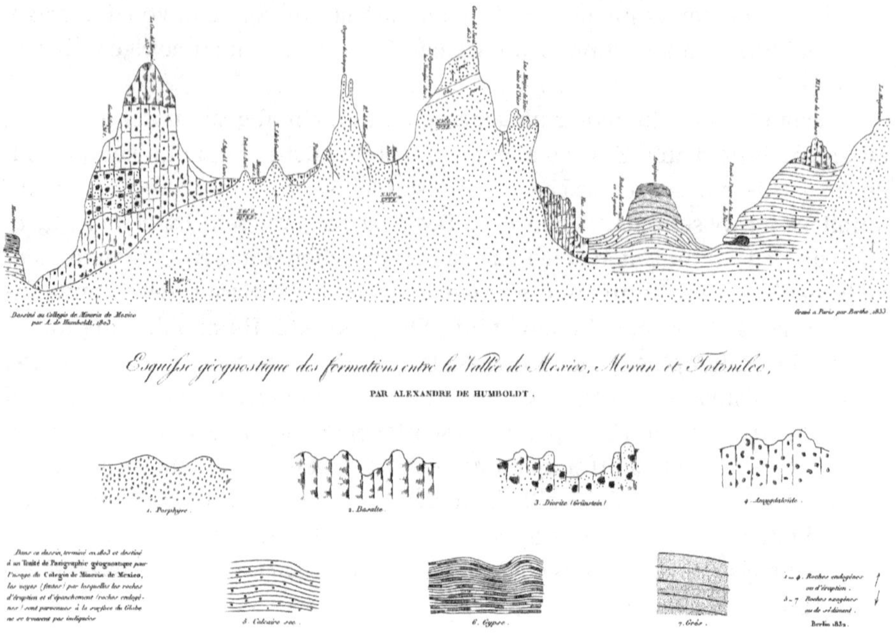

Abbildung 3: Esquisse geognostique des formations entre la Valle de Mexico, Moran et Totonilco, Humboldt, Alexander von: *Atlas géographique et physique des régions équinoxiales du Nouveau Continent, fondé sur des observations astronomiques, des mesures trigonométriques et des nivellemens barométriques.* Paris: Librairie de Gide 1814–1834[–1838], S. 7, Quelle: Universität Potsdam, Institut für Romanistik.

Humboldts pasigraphische Überlegungen gelten seitdem als eine der ersten konzeptionellen Entwürfe auf dem Feld der abstrakten Visualisierung von wissenschaftlichen Ergebnissen und markieren einen frühen Meilenstein in einem Genre, das wir heute als *statistical data design*[30] kennen. Sie sind der radikale Versuch, die vor allem geognostischen Erkenntnisse seiner Forschung in eine Stratographie zu übersetzen, die erklärenden Text durch eine eigene Zeichensprache ersetzt und aufgrund ihrer unmittelbaren Eindeutigkeit sozu-

---

30 An der Schnittstelle zwischen Informationswissenschaften, Digital Humanities, Design und Bildender Kunst entwickelt sich hier ein neues Feld, für das repräsentativ der US-amerikanische Designer Aaron Kobling stehen soll. In einem im Internet veröffentlichten TED-Vortrag spricht Kobling über seine Arbeit, in der er selbst entwickelte Algorithmen zur Verarbeitung komplexer Datenbanken (Big Data) mit ästhetisch und künstlerisch anspruchsvollen Darstellungsszenarien verbindet, die darauf abzielen «to turn data into information and knowledge.» Koblin, Aaron: *Visualizing ourselves ... with crowd-sourced data.* TED Conferences, LLC 2011. <http://www.ted.com>

sagen die Rezeptionsgeschwindigkeit erhöhen sollte und damit dem Ideal einer simultanen Gesamtschau komplexer und heterogener Informationen und Mengenverhältnissen im (abstrahierten) Raum besonders nahe kam.

> Humboldt hatte einsehen müssen, daß die Sprache allein die Fülle seiner damaligen Versuche nicht genau beschreiben konnte oder zu einer sinnverwirrenden, pedantischen Ausführlichkeit führen mußte. [...] Er meinte, nach einer Lektüre geognostischer Werke könne man sich die Aufeinanderfolge der geschilderten Schichten nicht mehr vorstellen. Dagegen würden die Zeichnungen, welche ihm vorschwebten, nur einen Blick erfordern, um alles klar wiederzugeben.[31]

Als visuelle Komprimierung und Synthetisierung der geognostischen Lektüre sollte die Humboldt'sche Pasigraphie die wesentlichen Elemente der geognostischen Analyse in 18 verschiedenen graphischen Zeichen darstellen und so unmittelbar voneinander unterscheidbar machen können. Die Abstraktion des Blicks, die mit dem Konzept einer vertikal strukturierten, geognostischen 'Formationskarte' einherging, wird hier um eine zweite Ebene erweitert. Denn erst hier wird die Anlage zur Simulation einer dreidimensionalen Erdbetrachtung auch tatsächlich in ihrer vertikalen Achse als Schichtmodell umgesetzt. Damit entwickelt sie das Bildmodell der geognostischen Tableaux weiter, auch wenn das in dieser Konsequenz bei Humboldt nur in diesem Fall gelang. Der Aufwand, eine entsprechende Tiefenanalyse für die anderen, in beiden geographischen Atlanten zahlreich vorhandenen Profilkarten durchzuführen, überstieg schlicht seine Arbeitsmöglichkeiten vor Ort. Der pasigraphische Schnitt ist damit zweierlei: konkretes Anschauungs- und Arbeitsmaterial für Neu-Spaniens Nachwuchsgeognosten sowie Modell für ein noch (und nicht mehr von ihm) zu entwickelndes Feld pasigraphischer Kartographie. Humboldts «coup d'œil» also beruhte auf einem semiotischen, weitgehend vom erläuternden Text absehenden System, das darauf abzielte, sich im Blick des Betrachters in den geognostischen Gesamteindruck einer Region zu übersetzen. Das Ideal des Simultanblicks zeigt sich hier zum ersten Mal als Semiose. Dabei weist jedes der Bildzeichen eine «wahrnehmungsrelevante Qualität mit dem bezeichneten Objekt»[32] auf und hat daher durchaus ikonischen Charakter. Die Ikonizität der Zeichen darf als typisch gelten für eine pasigraphische Karte, erlaubt sie doch sowohl dem Spezialisten, die Formation auch ohne Legende im Bild zu erken-

---

31 Beck, Hanno: *Alexander von Humboldt und Mexiko. Beiträge zu einem geographischen Erlebnis.* Bad Godesberg: Inter Nationes 1966, S. 26.

32 Schmauks, Dagmar: Ikon/Ikonizität. In: Nünning, Ansgar (Hg.): *Metzler-Lexikon Literatur- und Kulturtheorie. Ansätze – Personen – Grundbegriffe.* 4., aktualisierte und erweiterte Auflage. Stuttgart: J. B. Metzler 2008, S. 309–310, S. 309.

nen, als auch dem Laien durch die Erläuterung eine Vorstellung der Gesteinsgestalt zu bekommen. Auch darin scheint das pasigraphische Projekt wie ein Idealfall Humboldt'scher Wissenschaft. Es mag daher ein wenig verwundern, dass der preußische Gelehrte diesem Ansatz im Laufe seines Werkes nicht mehr Aufmerksamkeit und Entwicklungsarbeit widmete. Die Erwartungen in die weitere Entwicklung der wissenschaftlich gestützten Landschaftsmalerei sowie deren vermeintlich höhere ästhetische 'Kompetenz' dürften größer gewesen sein, wohl gerade mit Blick auf das breitere Publikum, dessen Sehgewohnheiten sicher mehr auf die malerische Naturinszenierung als das semiotische Naturschema konditioniert waren.

4.5 Das 'Tableau physique des Andes et pays voisins' (1807)

4.5.1 Essai als Atlas

Der 1807 erstmalig auf Französisch und bereits im selben Jahr in einer veränderten deutschen Fassung erschienene *Essai sur la géographie des plantes accompagné d'un tableau physique des régions équinoxiales* (dt.: *Ideen zu einer Geographie der Pflanzen nebst einem Naturgemälde der Tropenländer*)[33] ist in seiner Gesamtkomposition ein Paradebeispiel für das Zusammenwirken der Humboldt'schen Formbegriffe Essai, Tableau und Atlas. Bezeichnet der Gattungsbegriff des Essai als paratextueller Verweis auf den Gesamttext noch den Erprobungscharakter des Werkes selbst, thematisiert der *eigentliche* 'Essai sur la Géographie des Plantes', der im französischen Original nur 23 von insgesamt 155 Seiten ausmacht, den Entwurf für die im Folgenden zu entwickelnde pflanzengeographische Disziplin. Auch der Begriff des Tableaus taucht hier in zweifacher Weise auf. Zum einen dient er als Titel für das 'Tableau physique des Régions équatoriales [sic]' und umfasst mit 108 Seiten drei Viertel des gesamten Textumfangs. Zum anderen bezeichnet er als 'Tableau physique des Andes et pays voisins' die berühmte, kolorierte Kupferstichtafel am Ende des Werkes,

33 Die im Folgenden verwendete französische Ausgabe weist im Titelblatt das Jahr 1805 auf, auch wenn die meisten Erstausgaben aus dem Jahr 1807 stammen, vgl. Fiedler, Horst/Leitner, Ulrike: *Alexander von Humboldts Schriften*, S. 237. Die deutsche Ausgabe, aus der hier zitiert wird, «schrieb Humboldt während seines Aufenthaltes in Rom (11. März bis 16. Juli 1805), während in Paris schon an der französischen gedruckt wurde. Sie weist einige Veränderungen gegenüber dem französischen Original auf und kann insofern nicht nur als Übersetzung, sondern eher als 'Bearbeitung' [Hanno Beck] [...] bezeichnet werden.» Fiedler, Horst/Leitner, Ulrike: *Alexander von Humboldts Schriften*, S. 242.

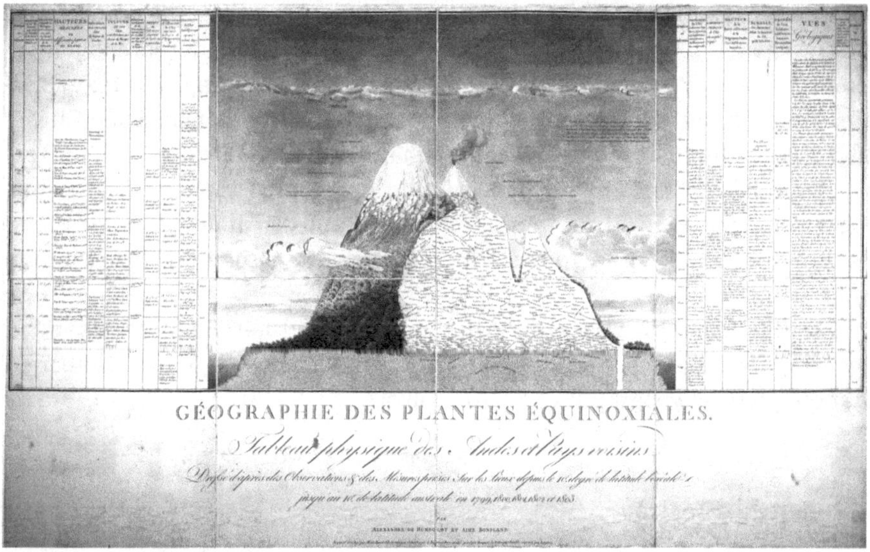

Abbildung 4: 'Tableau physique des Andes et pays voisins', in Humboldt, Alexander von/ Bonpland, Aimé: *Essai sur la Géographie des Plantes accompagné d'un tableau physique des régions équinoxiales. Fondé sur des mesures exécutées, depuis le dixième degré de latitude boréale jusqu'au dixième degré de latitude australe, pendant les années 1799, 1800, 1801, 1802 et 1803*. Avec un planche. Paris, Tübingen: Schoell, Cotta 1805, Quelle: Biodiversity Heritage Library.

auf der Humboldt in stark stilisierter Form einen (Teil-)Querschnitt durch den Chimborazo und zugleich durch den gesamten südamerikanischen Kontinent präsentiert, der nicht nur die Pflanzenarten nach ihren Verteilung in klimatischen Schichten darstellt, sondern zugleich in höhenspezifischen Tabellen die Ergebnisse für die physikalischen und chemischen Verhältnisse der jeweiligen Klimazone neben zahlreichen anderen Messkriterien versammelt (Abbildung 4).

> Le même tableau indique: La végétation; Les animaux; Les rapports géologiques; La culture; La température de l'air; Les limites des neiges perpétuelles; La constitution chimique de l'atmosphère; Sa tension électrique; Sa pression barométrique; Le décroissement de la gravitation; L'intensité de la couleur azurée du ciel; L'affoiblissement de la lumière pendant son passage par les couches de l'air; Les réfractions horizontales, et le degré de l'eau bouillante à différentes hauteurs.[34]

---

34 Humboldt, Alexander von/Bonpland, Aimé: *Essai sur la Géographie des Plantes*, S. 41 f. Dt. Übers.: «Dasselbe Gemälde umfaßt: Vegetation; Thiere; Geognostische Verhältnisse; Ackerbau; Luftwärme; Grenzen des ewigen Schnees; Elektrische Tension der Atmosphäre; Abnahme der

Die Ordnung des Textes in einen Hauptteil zum 'Tableau physique' und jeweilige Unterkapitel, die in ihrer Bezeichnung den Überschriften der jeweiligen Tabellenspalten weitgehend entsprechen, spiegelt die Ordnung der Text-/Bild-Tafel sowohl in ihrer internen Hierachie als auch in ihrer thematischen Gliederung. Das dadurch erzeugte Wechselverhältnis zwischen dem Tableau-Text und der Tableau-Tafel entspricht wiederum der Kompositionslogik zwischen *geographical memoir* auf der einen und Karte auf der anderen Seite. Hierin zeigt sich das Lektüreprinzip des Essai als kartographische Episteme, mithin lesbar als Atlas.

Damit ist das Lektüreprinzip zwischen Text- und Kartenteil des *Essai sur la géographie des plantes* vorläufig beschrieben. Welche Lektürepraxis aber erlaubt die pflanzengeographische Karte selbst?

4.5.2 Karte als Tableau

Erinnern wir uns kurz der einleitenden Überlegungen aus Kap. 2.2. Ein Blick auf den frühen, sozusagen vor-geographischen Tableau-Begriff erlaubt zwei Systematisierungen: In der sowohl aus dem Ramismus wie der induktiv-heuristischen Praxis von Bacon her kommenden Tradition steht das Formenrepertoire des Tableaus zwischen einer durch den Ramismus in Umlauf gebrachten räumlichen Schematisierung von Klassifikationen, Paaren und Oppositionsfiguren auf der einen und der Tabelle, dem Register oder Verzeichnis als Darstellungsmedien von Akkumulation auf der anderen Seite. Beide in dem Begriff gespeicherten semantischen Pole und konkreten Erkenntnisformen erzeugen dabei den Eindruck einer synchronen, unterschlagen jedoch ihre mal mehr, mal weniger implizite diachrone Ordnung. Denn immer visualisiert das Tableau auch eine gewissermaßen *zeitliche* Ordnung des Denkens, sei es im Sinne eines vorgeschalteten Prozesses (Tableau als Ergebnis) oder als Folge einer Objektqualität (Tableau als Heuristik).

Schematisch bedient das 'Tableau physique des Andes et pays voisins' eben diese doppelte Zeitlichkeit des Begriffs. Es visualisiert den Entwurf einer neuen Disziplin, der Pflanzengeographie (Ergebnis), und entwickelt zugleich eine ebenso sprachliche wie visuelle «rhétorique du territoire» (Heuristik), von

Gravitation; Dichtigkeit der Luft; Intensität der Himmelsbläue; Schwächung des Lichts beym Durchgange durch die Luftschichten; Strahlenbrechung am Horizonte und Siedhitze des Wassers in verschiedenen Höhen über der Meeresfläche.» Humboldt, Alexander von/Bonpland, Aimé: *Ideen zu einer Geographie der Pflanzen*, S. 38 f.

der wir in Abwandlung des Michelet-Zitats (vgl, S. 91) sagen könnten: «La Nature c'est une montaigne.»

Doch beginnen wir mit der formalen Beschreibung. Hier fällt sogleich etwas auf, das man durchaus als Zitat der *klassischen* Form des Tableaus lesen darf. Denn sowohl der in Spalten organisierte Text wie das im Zentrum platzierte Bild gehören zu *einer* durch einen schwarzen Rahmen klar markierten Tabelle, zu *einem* Diagramm. Anders gesagt: das pflanzengeographische 'Bild' des Chimborazo – ein hochgradig abstrahierter und zugleich landschaftsmalerisch im Wortsinn *gefärbter* Querschnitt durch den ganzen Kontinent – ist selbst eine Spalte innerhalb der Tabelle des 'Tableau physique'. Als geographische Karte integriert es zweitens die Konzeption beider, oben vorgestellter Kartentypen – das (wenn auch stark verzerrte) orographische Höhenprofil und die (auf die Verteilung der Pflanzen übertragene) pasigraphische Schichtung. Drittens beinhaltet das in der deutschen Fassung – wie bereits angedeutet – als «physikalisches Gemälde»[35] oder eben «Naturgemälde» benannte Profil die Konzeption einer wissenschaftlich fundierten Landschaftsmalerei, bei der «Genauigkeit der Projektion und malerischer Effekt»,[36] so Humboldt, zusammen wirken sollen:

> Das Plädoyer fürs Malerische am *Tableau physique* hat zwei Gründe. Zum einen weist das Künstlerische auf die idealtypische Darstellung oder sogar symbolische Repräsentation eines Großen und Ganzen hin, auf das es Humboldt auch in epistemologischer Hinsicht ankam. Zum anderen nehmen der kommentierende Text so wie auch Humboldts Beiträge zu den *Ansichten der Natur* entschiedene Wertungen vor, die in der Rhetorik eines Sachtextes vielleicht nicht weiter auffallen, deren Umsetzung in eine bildliche Darstellung jedoch unweigerlich über das rein Schematische hinausweisen würde in den Bereich der Landschaftsmalerei.[37]

4.5.3 Visual literacy

Humboldts pflanzengeographisches 'Tableau physique' erfüllt in der in seinem Werk hier zum ersten Mal erprobten Zusammenführung von Text und Bild auch einen didaktischen Zweck, der – so könnte man heute sagen – auf die semiotisch kodierte Ausbildung einer «visual literacy»[38] abzielte. Dies funktioniert – wie bereits gesehen – auf der Lektüreebene des *Essai sur la géographie*

35 Ebda., S. 38.
36 Ebda., S. 44.
37 Hey'l, Bettina: *Das Ganze der Natur und die Differenzierung des Wissens*, S. 249.
38 Ballstaedt, Steffen-Peter: Text und Bild: ein didaktisches Traumpaar. In: Heck, Karsten (Hg.): *Bildendes Sehen*. Berlin: Akademie Verlag 2009 (Bildwelten des Wissens. Kunsthistorisches Jahrbuch für Bildkritik, 7,1), S. 45–55, S. 53.

des plantes als Atlas durch das Zusammenwirken von *memoir* (Text des *Essai*) und Karte ('Tableau physique'). Sie funktioniert aber auch innerhalb der Karte selbst. Was aber zeichnet eine visuelle Lesekompetenz aus? Nach Ballstaedt gilt es hier zwischen zwei Aspekten zu unterscheiden: Identifikation und Explikation.

Auf der Ebene der Identifikation besteht das Wechselverhältnis im 'Tableau physique' aus Abbildung und Benennung.[39] Innerhalb dieses Rahmens lassen sich die sprachlichen Anteile des pflanzengeographischen Naturgemäldes vor allem begreifen als eine Kombination aus Kommentar, Beschreibung, Überschrift, Beschriftung und Legende zum Bild des Andenquerschnitts. Die in Folge dieser für gewöhnlich ersten Lektürephase abgewonnenen Verstehensprozesse dienen vornehmlich der Funktion, die auf dem 'Tableau' als Text identifizierbare Information in ihrer sequentiellen und räumlichen, sowie thematischen und diskursiven (z. B. disziplinär oder methodologisch unterscheidbaren) Ordnung zu erfassen.

Auf der Ebene der Explikation besteht das Wechselverhältnis aus Behauptung und Argument.[40] So könnte man sagen, dass das gesamte 'Tableau' nicht vornehmlich die Illustration der im *Essai* theoretisch und methodologisch vorbereiteten Behauptung einer geographischen Verteilung der Pflanzen ist, sondern deren epistemischer Ausdruck. Dies gilt auf mindestens zwei Ebenen.

Erstens: Der als Tabelle und in Form von Spalten auf dem 'Tableau' selbst abgebildete identifikatorische Text benennt ja nicht nur thematisch, methodisch und diszplinär voneinander zu unterscheidende Merkmale des Abgebildeten, sondern fügt diesem wesentliche, offenbar nur schriftlich verständlich zu vermittelnde Informationen hinzu. Außerdem zeigt der so geordnete Text das für das Verstehen der Humboldt'schen Pflanzengeographie notwendige Wissensmodell aus einander ergänzenden und miteinander zu kombinierenden Wissensbereichen an. Es erfüllt damit eine dem Tableau gattungshistorisch zugeschriebene *heuristische* Funktion, insofern es die Voraussetzungen für das Verstehen pflanzengeographischer Argumente bereit stellt: «faire naître des rapprochements inattendus».[41] Es erfüllt aber ebenso eine das pflanzengeographische Argument bei Humboldt *begründende* Funktion, insofern es dessen epistemische (Tableau) wie geographische (physique) Räumlichkeit anzeigt.

---

39 Ebda., S. 45.

40 Ebda., S. 45 f.

41 Humboldt, Alexander von/Bonpland, Aimé: *Essai sur la Géographie des Plantes*, S. 43. Dt. Übers.: «neue und unerwartete Ideen [...] erzeugen» Humboldt, Alexander von/Bonpland, Aimé: *Ideen zu einer Geographie der Pflanzen*, S. 40.

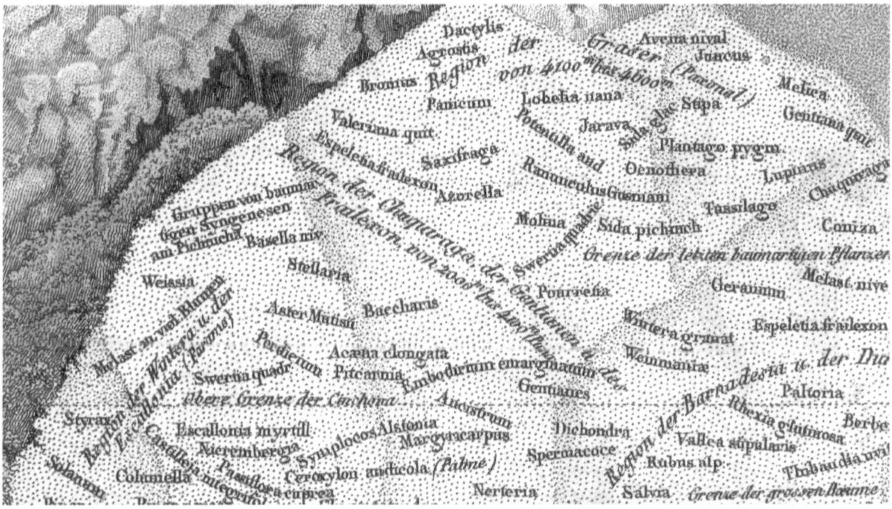

Abbildung 5: 'Geographie der Pflanzen in den Tropenländern; ein Naturgemälde der Anden', in Humboldt, Alexander von/Bonpland, Aimé: *Ideen zu einer Geographie der Pflanzen, nebst einem Naturgemälde der Tropenländer*. Mit einer Kupfertafel. Paris, Tübingen: Schoell, Cotta 1807. Wegen der im Vergleich zu Abbildung 4 höheren Auflösung der mir vorliegenden Reproduktion würde für diesen Ausschnitt die deutsche Fassung gewählt, Quelle: Zentralbibliothek Zürich, Wikimedia Commons.

Zweitens: Zur Explikation wird auch das 'Bild' des aufgeschnittenen Chimborazo und der Text der darin benannten Pflanzen. Als sprachliche Zeichen sind diese nicht allein Ausdruck einer taxonomischen Bestimmung, also sprachliche Stellvertreter von Realien. Sie sind zugleich das *Abbild* für deren räumliche Verteilung (Abbildung 5). Anders gesagt: Erst das im sprachlichen Zeichen der Pflanzennamen und deren räumlicher Verteilung *als* ikonische Zeichen zusammenkommende Modell erlaubt das eigentliche Argument der Humboldt'schen Pflanzengeographie voll auszuformulieren.

Auf Konventionen der Bildbetrachtung konnte Humboldt in diesem Fall nicht zurückgreifen. Einen Modus, wie man sein 'Tableau physique des Andes' im Zusammenspiel mit dem Text des *Essai* zu lesen habe, in welcher Reihenfolge oder Gewichtung dies zu geschehen habe, gab es nicht. Selbst die Lesegewohnheit, z. B. einer Lektüre der Spalten von links nach rechts oder des Spaltentextes von oben nach unten, greifen hier nicht, denn das 'Tableau physique' *verlangt nicht* danach, vielmehr suggeriert es in seiner vertikalen von Spalte zu Spalte unterschiedenen Schichtung jeweils eigene, flexible, ja formal *offene* Lektüren. Zwar gibt sein Kompositionsprinzip eine gewisse auf Lektürekonventionen von Text beruhende Syntax vor, mit der Text- und Bildinhalte verknüpft werden können. Diese ist aber keineswegs zwingend. In der Sprache der momentan in bildwissenschaftlichen Untersuchungen gefragten kognitionspsychologischen Analysen kann man darüber hinaus im 'Tableau physique', speziell im Zusammenspiel der Bild- mit den Textspalten von einem dreistufigen Verstehensprozess sprechen. So geht man im Labor davon aus, dass Probanden Text-Bild-Kombinationen mit einem zeitlichen Aufwand verstehen, der zunimmt, je weiter sich Text und Bild begrifflich und semantisch voneinander unterscheiden:

> Die Hypothese lautet, dass das Verstehen der Sätze [= Text im Verhältnis zum Bild] zunehmend mehr Zeit in Anspruch nimmt. 1. Text und Bild sind kodal komplementär und aktivieren dieselben Begriffe. 2. Text und Bild aktivieren verschiedene Begriffe, die sich aber in einem Wissensschema ergänzen. 3. Text und Bild sind nur über Schlussfolgerungen integrierbar.[42]

Die Anlage des 'Tableau physique' macht deutlich, dass sich hier in einer experimentellen Anordnung wahrscheinlich alle drei Verstehensprozesse abbilden lassen würden. Die 'Sehfläche' des Naturgemäldes verlangt diesen Dreischritt geradezu und erlaubt den Ausblick auf eine kognitionspsychologische Auswertung, welche durch die Analyse von Blickbewegungen, wie sie z. B. sehr erfolgreich im Potsdamer EyeLab (Exzellenzbereich Kognitionswissenschaften, Universität Potsdam) untersucht werden, wichtige Forschungsergebnisse liefern könnte.

4.5.4 Kombination, Vergleich, Synopse

Im Sinne einer aus heutiger Sicht transdisziplinären Arbeitsweise dynamisiert das pflanzengeographische 'Tableau physique' das partikulare Wissen der Einzeldisziplinen und erzeugt ein ergebnisoffenes und relational angelegtes Wissensmodell, das in geradezu ikonischer Weise als Episteme für das gesamte amerikanische Reisewerk verstanden werden kann. Humboldt selbst betont dessen Modellcharakter in einer für ihn typischen Programmatik:

> J'ai essayé de réunir dans un seul tableau l'ensemble des phénomènes physiques que présentent les régions équinoxiales, depuis le niveau de la mer du Sud jusqu'au sommet de la plus haut cime des Andes. [...] On a joint, pour faciliter la comparaison de ces phénomènes avec ceux des zones tempérées, un grand nombre de hauteurs mesurées dans les différentes parties du globe, et la distance à laquelle des hauteurs peuvent être aperçues

---

42 Ballstaedt, Steffen-Peter: Text und Bild: ein didaktisches Traumpaar, S. 49.

> sur mer, faisant abstraction de la réfraction terrestre. Ce tableau embrasse pour ainsi dire toutes les recherches dont je me suis occupé pendant mon expédition aux tropiques.[43]

Damit wären die drei Kernmerkmale benannt: Kombination («réunir dans un seul tableau l'ensemble des phénomènes»), Vergleich («la comparaison de ces phénomènes») und Synopse («Ce tableau embrasse [...] toutes les recherches dont je me suis occupé»). Die Legitimation für dieses Verfahren einer im Tableau-Bild komprimierten Kombinatorik bezieht Humboldt aus der für seine Wissenschaftspraxis fundamentalen Grundannahme eines Zusammenwirkens aller Naturkräfte. Erst diese holistische Prämisse erlaubt es, die physische Welt als Multifaktorensystem zu denken und in eine entsprechende visuelle Sprache zu überführen, die allerdings nicht das Ziel verfolgt, eine Art bildlicher *Abstract* von Humboldts Tropenforschung zu sein, sondern in seiner synoptischen Funktion vielmehr als formal und epistemologisch experimenteller Ausgangspunkt für ein neues, disziplinübergreifendes Nachdenken über die Natur dienen will.

> J'ai osé penser que cet essai ne seroit pas seulement intéressant par ce qu'il offre en lui-même aux yeux du physicien; j'ai cru qu'il le seroit bien plus encore par les combinaisons et les rapprochemens qu'il fera naître dans l'esprit de ceux qui s'occupent de la physique générale. [...] Dans ce grand enchaînement de causes et d'effets, aucun fait ne peut être considéré isolément. L'équilibre général qui règne au milieu de ces perturbations et de ce trouble apparent, est le résultat d'une infinité de forces mécaniques et d'attractions chimiques qui se balancent les unes par les autres; et si chaque série de faits doit être envisagée séparément pour y recconoître une loi particulière, l'étude de la nature, qui est le grand problème de la physique générale, exige la réunion de toutes les connaissances qui traitent des modifications de la matière.[44]

---

43 Humboldt, Alexander von/Bonpland, Aimé: *Essai sur la Géographie des Plantes*, S. 41 f. Dt. Übers.: «Ich habe es gewagt, ein physikalisches Gemälde der Äquinoctialländer zu entwerfen. Ich habe versucht, alle Erscheinungen zusammenzustellen, welche der Boden und der Luftkreis, von den Küsten des stillen Meeres an bis zum Gipfel der Cordilleren, dem Beobachter darstellt. [...] Um die Erscheinungen der Tropenländer leichter mit denen der gemäßigten Zone zu vergleichen, sind noch andere Verhältnissem zum Beyspiel Berghöhen in verschiedenen Weltgegenden, nebst den Entfernungen, in welchen sie ohne irdische Strahlenbrechung sichtbar seyn würden, hinzugefügt worden. Dieses Naturgemälde berührt demnach gleichsam alle Erscheinungen, mit denen ich mich fünf Jahre lang während meiner Expedition nach den Tropenländern beschäftigt habe.» Humboldt, Alexander von/Bonpland, Aimé: *Ideen zu einer Geographie der Pflanzen*, S. 38 f.

44 Humboldt, Alexander von/Bonpland, Aimé: *Essai sur la Géographie des Plantes*, S. 42 f. Dt. Übers.: «Eine solche Schilderung der Natur heißer Klimate schien mir nicht bloß an sich selbst interessant für den empyrischen Physiker; sondern ich schmeichelte mir auch, daß sie besonders lehrreich und fruchtbar durch die Ideen werden würde, die sie in dem Geiste derer erregen könnte, welche Sinn für allgemeine Naturlehre haben und dem Zusammenwirken der Kräfte nachspüren. In der großen Verkettung von Ursachen und Wirkungen darf kein Stoff, keine

Man muss es hier noch einmal betonen: Humboldts Wissenschaftsverständnis beruht nicht auf der fixen Idee, in anachronistischer Manier 'ein letztes Mal' das Wissen der Zeit zu bündeln, *bevor* die Spezialisierung der Einzeldisziplinen ihre Vorherrschaft beanspruchen kann, sondern vielmehr auf genau diese Spezialisierung so früh wie kein anderer zeitgemäß zu reagieren. Die «réunion de toutes les connaissances» mag eine pragmatische Dimension enthalten, weil Humboldt wohl selbst am besten wusste, dass seine wissenschaftliche Ausnahmestellung darin bestand, gerade aufgrund der Ausdifferenzierung wie nur wenige außer ihm den Überblick zu behalten. Es sollte aber in erster Linie als programatische Entscheidung gelesen werden, aus der neuen Genauigkeit eines Detailwissens verbesserter Methoden und verbindlicherer Ergebnisse ein ebenso neu gewachsenes Verständnis für das Ganze zu entwickeln. Holistisches Bewusstsein bei Humboldt ist kein Beleg für die These des 'letzten Universalgelehrten', der in einer Art nostalgischer Rolle rückwärts dem 19. den Stempel des 18. Jahrhunderts aufdrückt. Holistisches Bewusstsein bei Humboldt und im Humboldt'schen Jahrhundert heißt, auf textueller wie visueller Ebene Formen und Arbeitsweisen zu entwickeln, die es möglich machen, gerade *durch* den stetig anschwellenden Nachrichtenstrom immer neuer Naturerkenntnisse ein besseres Verständnis von einem stets in globalen Dimensionen projektierten Ganzen zu erlangen. Die experimentelle Eigenlogik des pflanzengeographischen 'Tableau physique' bereichert den Fachwissenschaftler um das Neue, das Unerwartete der disziplinquerenden und multimodalen Darstellung. Es erlaubt zugleich eine der unmittelbaren Naturerfahrung abgewonnene und mit den Mitteln der Landschaftsmalerei erzeugten Rezeptionsgenuss, der ebenso interesse- wie erkenntnisfördernd wirken soll.

> J'ai pensé que si mon tableau pouvoir faire naître des rapprochements inattendus dans l'esprit de ceux qui en étudieront les détails, il seroit susceptible en même temps de parle à l'imagination et de lui procurer une partie de ces jouissances que fait naître la contemplation d'une nature aussi majestueuse que bienfaisante. [...] C'est ainsi qu'en parlant à l'esprit et à l'imagination à la fois, un tableau physique des régions équatoriales pourroit non-seulement intéresser ceux qui s'occupent des sciences physiques, mais encore exciter

Thätigkeit isolirt betrachtet werden. Das Gleichgewicht, welches mitten unter den Perturbationen scheinbar streitender Elemente herrscht, dies Gleichgewicht geht aus dem freyen Spiel dynamischer Kräfte hervor; und ein vollständiger Überblick der Natur, der letzte Zweck alles physikalischen Studiums, kann nur dadurch erreicht werden, daß keine Kraft, keine Formbildung vernachlässigt, und dadurch der *Philosophie der Natur* ein weites, fruchtversprechendes Feld vorbereitet wird.» Humboldt, Alexander von/Bonpland, Aimé: *Ideen zu einer Geographie der Pflanzen*, S. 39 f.

à cette étude des personnes qui ignorent combien des plaisirs sont attachés au développement de notre intelligence.[45]

4.5.5 Zwischen Agrokultur und Kulturbruch: pflanzengeographische Zivilisationskritik

Wir haben gesehen, dass Humboldt die Möglichkeiten kartographischer, diagrammatischer und landschaftsmalerischer Darstellungen im Integrationssystem seines 'Tableau physique des Andes' anlegt und zusammenführt. In der gemeinsamen Lektüre von Karte und Text werden die Möglichkeiten und Herausforderungen visueller und textueller Repräsentation besprochen und beispielhaft entwickelt. Der pflanzengeographische Essai sowie die im 'Tableau physique' integrierten und auf vielfache Weise miteinander kombinierbaren Text-Bestandteile integrieren das Kompositionsprinzip des thematischen Atlas' in einer synoptischen Tableau-Karte. Aus der einen Karte wird so die Möglichkeit vieler Karten in einem Bild. Ein Beispiel soll diese These erläutern.

Konzentriert man seine Aufmerksamkeit auf die links vom Querschnitt gesetzte Spalte «Culture du sol selon son élévation au-dessus du Niveau de la Mer», so ergibt sich ein agrogeographischer Zusammenhang, der sich gewissermaßen über die pflanzengeographische *Dominante* der Karte legt und den thematischen Schwerpunkt der Karte verändert. Hier werden in Abschnitten von 500 Klaftern (toise) die jeweils maximalen Höhenmeter für die Vorkommen und den Anbau verschiedener Tier-, Pflanzen- und Forstprodukte angegeben.

Zum besseren Verständnis dieser spezifischen Perspektive – wir können auch sagen: Leserichtung – innerhalb der Lektüreangebote des 'Tableau physique' bedarf es eines kurzen Exkurses zu zwei Karten aus Humboldts Neu-Spa-

45 Humboldt, Alexander von/Bonpland, Aimé: *Essai sur la Géographie des Plantes*, S. 43 f. Dt. Übers.: «Wenn ich einer Seits hoffte, daß mein Naturgemälde neue und unerwartete Ideen in denen erzeugen könnte, welche die Mühe nicht scheuen eine Zusammenstellung zahlreicher Thatsachen zu studiren: so glaubte ich andrer Seits auch, daß mein Entwurf fähig wäre die Einbildungskraft zu beschäftigen, und derselben einen Theil des Genusses zu verschaffen, welcher aus der Beschauung eines so wundervollen, großen, oft furchtbaren und doch stets wohlthätigen Natur entspringt. [...] alle diese Gegenstände, in ein Naturgemälde verinigt, sind gewiß fähig die Phantasie auf das vielfachste zu beschäftigen, und in ihr neue und lebendige Bildungen zu gestalten. Auf diese Weise behandelt, könnte eine Schilderung der Tropen-Natur Wißbegierde und Einbildungskraft zugleich nähren, und zum Studium der Physik selbst diejenigen anreitzen, welchen bisher diese reiche Quelle des intellectuellen Genusses verschlossen geblieben ist.» Humboldt, Alexander von/Bonpland, Aimé: *Ideen zu einer Geographie der Pflanzen*, S. 40 f.

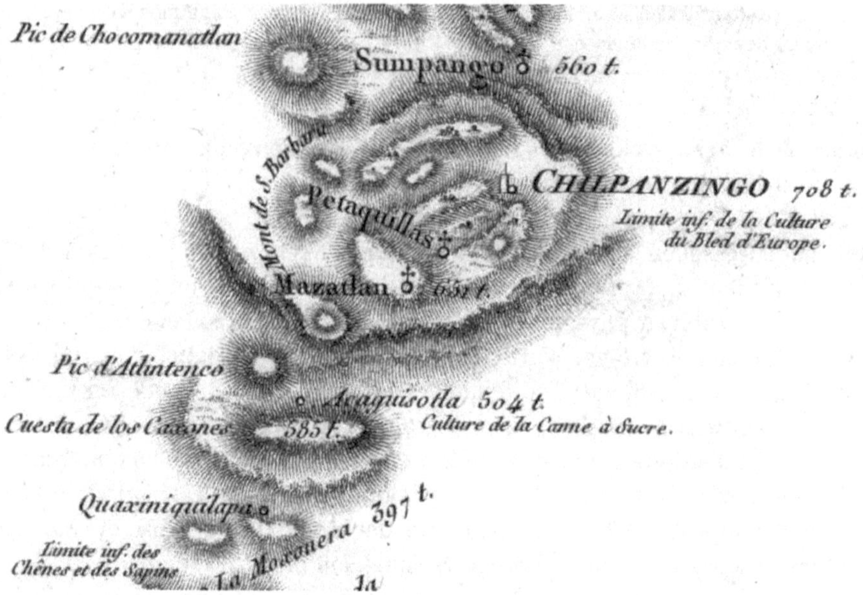

Abbildung 6: Ausschnitt aus ANE V, Quelle: David Rumsey Map Collection, Cartography Associates.

nien-Atlas. Beginnen wir bei der Wegekarte 'Carte réduite de la route d'Acapulco à Mexico' (ANE V). Auch hier finden sich Spuren einer landwirtschaftlichen Perspektivierung des Raums. Auf der Route des Weges, den Humboldt mit seinen Begleitern von der Pazifikküste in die Hauptstand des Vizekönigreiches in zwei Wochen im Frühjahr 1803 zurückgelegt hatte, finden sich einzelne Einträge wie «Limite inf. de la Culture du Bled d'Europe» oder «Culture de la Canne à Sucre» (Abbildung 6).

Dass wir diese Einträge überhaupt in seinen Karten finden, dürfen wir auch auf Humboldts bereits in Jugendjahren geäußerte Überzeugung zurückführen, dass der botanische Blick – zum Beispiel im Verbund mit einer kameralistischen Perspektive – zu einer geradezu politischen Aufgabe wird, wenn man bedenkt, wie sehr die Entwicklung eines Landes, seiner Bevölkerung und seines Wohlstandes von den Möglichkeiten abhängt, die der Boden und die pflanzliche Natur ihnen bietet. An Wilhelm Gabriel Wegener schreibt Humboldt am 25. Februar 1789:

> Wie viele, unübersehbar viele Kräfte liegen in der Natur ungenutzt, deren Entwicklung tausenden von Menschen Nahrung oder Beschäftigung geben könnte. Viele Produkte, die wir von fernen Welteilen haben, treten wir in unserem Lande mit Füßen [...]. Die

> meisten Menschen betrachten die Botanik als eine Wissenschaft, die [...] nur zum Vergnügen oder allenfalls [...] zur subjektiven Bildung des Verstandes dient. Ich halte sie für eins von den Studien, von denen sich die menschliche Gesellschaft am meisten zu versprechen hat.[46]

Humboldts botanischer Blick ist also immer bereits politisch konnotiert. Im Textteil der 'Analyse raisonée' weist Humboldt seinen Angaben zu den Anbauprodukten des Gebiets, durch das er reist, einen spezifischen Platz in seinem Wissenschaftskonzept zu, in dem er sie «*lignes de culture*»[47] nennt und durch die Kursivierung recht unerwartet hervorhebt. Wir können diese Stelle bereits als einen zumindest terminologischen Vorgriff auf seine wenige Jahre später veröffentlichte Isothermen-Forschung lesen.[48] Zugleich überrascht Humboldts Formulierung, da die orographische Projektion der Routenkarte gerade *keine*

---

46 Jahn, Ilse/Lange, Fritz G. (Hg.): *Die Jugendbriefe Alexander von Humboldts 1787–1799*. Berlin: Akademie-Verlag 1973, S. 41.

47 Humboldt, Alexander von: *Essai politique sur le royaume de la Nouvelle-Espagne. Tome premier*, S. 134.

48 Humboldts von jeglicher kartographischer Repräsentation abstrahierende Weltkarte der isothermen Linien, die 'Carte des lignes Isothermes', erschien 1817 in Paris gemeinsam mit der als Auszug aus den Akten der Société d'Arcueil veröffentlichten Schrift *Des lignes isothermes et la distribution de la chaleur sur le globe*. Sie ist Humboldts entscheidender Beitrag zur globalen Erdmagnetismus- und Klimaforschung. Theoretische Grundlage für die Konzeption der isothermen Linien waren die Arbeiten des Göttinger Astronomen Tobias Mayer (1723–1762). Mayer hatte in seinen Schriften, die erst nach seinem Tod 1775 von Georg Christoph Lichtenberg veröffentlicht wurden, eine mathematische Theorie der globalen Wärmeverteilung entwickelt, die Humboldt als ein bedeutendes Beispiel früher Wissenschaftlichkeit in einem bis dahin zumeist von Spekulation geprägtem Wissenschaftsfeld bewunderte. Vgl. Michael Dettelbach: The Face of Nature: Precise Measurement, Mapping, and Sensibility in the Work of Alexander von Humboldt. In: *Studies in History and Philosophy of Science Part C: Studies in History and Philosophy of Biological and Biomedical Sciences* 30 (1999) H. 4, S. 473–504, S. 483 ff. Der entscheidende graphische Impuls für Humboldts zukunftsweisende Karte aber ging von der Isogonenkarte des englischen Astronoms und Mathematikers Edmond Halleys aus, die Punkte gleicher erdmagentischer Messwerte durch Linien verband. Vgl. hierzu und zur Rezeptionsgeschichte von Humboldts Isothermenforschung Model, Fritz: Alexander von Humboldts Isothermen. In: *Deutsche Hydrografische Zeitschrift* 12 (1959) H. 1, S. 29–33 und Knobloch, Eberhard: Nomos und physis. Alexander von Humboldt und die Tradition antiker Denkweisen und Vorstellungen. In: *HiN – Internationale Zeitschrift für Humboldt-Studien* 11 (2010) H. 21, S. 45–55. <http://www.hin-online.de> Zu Humboldts Klimaforschung vgl. Weigl, Engelhard: Wald und Klima: ein Mythos aus dem 19. Jahrhundert. In: *HiN – Internationale Zeitschrift für Humboldt-Studien* 5 (2004) H. 9, S. 80–99. <http://www.hin-online.de> Zum visuellen Denken bei Humboldt im Kontext von Pflanzengeographie und Isothermenkarte vgl. den jüngst erschienenen Beitrag Schneider, Birgit: Berglinien im Vergleich. Bemerkungen zu einem klimageografischen Diagramm Alexander von Humboldts. In: *HiN – Internationale Zeitschrift für Humboldt-Studien* XIV (2013) H. 26, S. 26–43. <http://www.hin-online.de>

Darstellung von Höhenlinien im Sinne einer Profilkarte gestattet, sondern die jeweilige Höhe des Anbaugebiets nur durch die angefügte Maßeinheit in Klafter angegeben ist. Eine ebensolche Profilkarte aber ist das 'Tableau physique de la pente Occidentale du Plateau de la Nouvelle Espagne' (ANE XIII), welches dieselbe Route im Höhen- und Bergprofil zeigt. Zumindest eine landwirtschaftliche Angabe der Wegekarte, die Mindestanbauhöhe europäischer Weizenfelder, findet sich hier wieder und weist damit als intratextuelles Zitat auf die besondere Relationalität und Komplementärfunktion von Humboldts Karten, von denen letztere (ANE XIII, genauso auch XII und XIV) in den vergleichenden Höhenangaben europäischer Schneegrenzen oder Berggipfel zugleich generische Eigenschaften der pflanzengeographischen Karte übernimmt:

> J'ai pensé que ces profils, qui ont quelque analogie avec le grand tableau joint à ma Géographie des plantes, pourroient contribuer à propager l'étude de l'histoire physique du globe.[49]

Diese «lignes de culture» nun finden sich im 'Tableau physique des Andes' in der bereits erwähnten Höhenspalte «Culture du sol». Hier geschieht zunächst das Gleiche wie in der vom Pazifikhafen Acapulco ausgehenden Routenkarte (ANE V): Humboldt benennt die Anbauprodukte und ihre auf seinen Reisen durch den 'Neuen Kontinent' jeweils vorgefundenen, maximalen Anbauhöhen. Einleitend schreibt er: «Jetons les yeux sur l'homme et les effets de son industrie».[50] Der Blick auf die Spalte zeigt, dass Humboldt den kolonialen Import neuer landwirtschaftlicher Produkte auch in seinem pflanzengeographischen Werk nicht bloß deskriptiv benennen oder im unreflektierten Gestus des Datensammelns hinzuaddieren will, sondern zugleich als Schlüsselfaktor für jenen Zivilisationsbruch anführt, der ihn sowohl in der Ausarbeitung seines *Essai politique sur le Royaume de la Nouvelle-Espagne* als auch und vor allem im *Essai politique sur l'île de Cuba* beschäftigen sollte und beide Werke in der Folge zu prominenten Beispielen der Kolonialismus- und Herrschaftskritik im 19. Jahrhundert werden ließen. Der spätere Kern der Humboldt'schen Anklage

---

49 Humboldt, Alexander von: *Essai politique sur le royaume de la Nouvelle-Espagne. Tome premier*, S. 159. Dt. Übers.: «Uebrigens hoffe ich, daß diese Profile, welche einige Aehnlichkeit mit der großen Karte haben, die zu meiner Geographie der Pflanzen gehört, zur Verbreitung allgemeiner physicalischer Kenntnisse beytragen werden.» Humboldt, Alexander von: *Versuch über den politischen Zustand des Königreichs Neu-Spanien. Erster Band*, S. CXL.

50 Humboldt, Alexander von/Bonpland, Aimé: *Essai sur la Géographie des Plantes*, S. 139. Dt. Übers.: «Es bleibt uns noch übrig, einen Blick auf den Menschen und die Objekte des Pflanzenbaus zu werfen.» Humboldt, Alexander von/Bonpland, Aimé: *Ideen zu einer Geographie der Pflanzen*, S. 168.

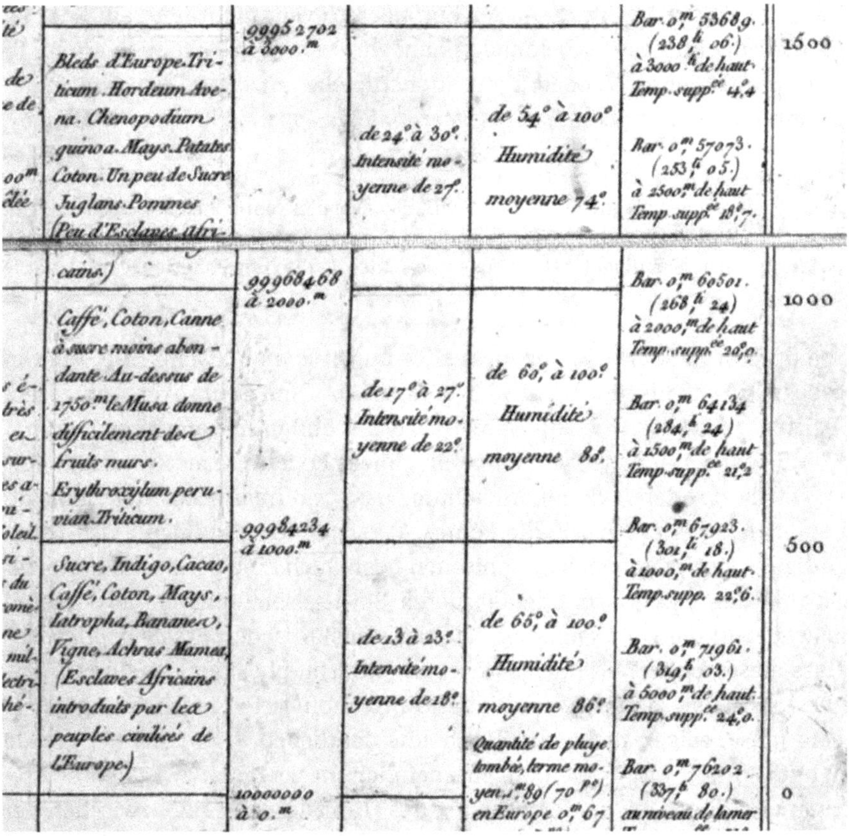

Bleds d'Europe. Triticum. Hordeum. Avena. Chenopodium quinoa. Mays. Patates Coton. Un peu de Sucre Juglans. Pommes (Peu d'Esclaves Africains)	99952702 à 3000.m	de 24° à 30°. Intensité moyenne de 27°.	de 54° à 100° Humidité moyenne 74°.	Bar. 0,m 53689. (238,l 06.) à 3000 m de haut. Temp. supp.ee 14,4 Bar. 0,m 57073. (253,l 05.) à 2500 m de haut Temp. supp.ee 18,7.	1500
Caffé, Coton, Canne à sucre moins abondante. Au-dessus de 1750.m le Musa donne difficilement des fruits murs. Erythroxylum peruvian. Triticum.	99968468 à 2000.m	de 17° à 27°. Intensité moyenne de 22°.	de 60° à 100° Humidité moyenne 88.	Bar. 0,m 60501. (268,l 24) à 2000 m de haut Temp. supp.ee 20,0. Bar. 0,m 64134 (284,l 24) à 1500 m de haut Temp. supp.ee 21,2	1000
Sucre, Indigo, Cacao, Caffé, Coton, Mays, Jatropha, Bananes, Vigne, Achras Mamea, (Esclaves Africains introduits par les peuples civilisés de l'Europe.)	99984234 à 1000.m	de 13 à 23°. Intensité moyenne de 18°.	de 65° à 100° Humidité moyenne 86°. Quantité de pluye tombée, terme moyen 1,m 89 (70 P°) en Europe 0,m 67	Bar. 0,m 67923. (301,l 18.) à 1000 m de haut. Temp. supp. 22,6. Bar. 0,m 71961. (319,l 03.) à 500 m de haut. Temp. supp.ee 24,0. Bar. 0,m 76202 (337,l 80.) au niveau de la mer	500
	10000000 à 0.m				0

Abbildung 7: Ausschnitt aus 'Tableau physique des Andes et pays voisins', in Humboldt, Alexander von/Bonpland, Aimé: *Essai sur la Géographie des Plantes accompagné d'un tableau physique des régions équinoxiales. Fondé sur des mesures exécutées, depuis le dixième degré de latitude boréale jusqu'au dixième degré de latitude australe, pendant les années 1799, 1800 1801, 1802 et 1803.* Avec un planche. Paris, Tübingen: Schoell, Cotta 1805, Quelle: Biodiversity Heritage Library.

findet sich bereits hier, im pflanzengeographischen 'Tableau physique'. Steht unter den Anbauprodukten in einer Höhe von 1000 bis 1500 Klaftern noch «Un peu de Sucre, Juglans, Pommes (Peu d'Esclaves africains)», so wird der preußische Gelehrte in der untersten Zeile, auf der Höhe zwischen 0 und 500 Klaftern, deutlicher: «Sucre, Indigo, Cacao, Caffé, Coton, Mays, Jatropha, Bananero, Vigne, Achras, Mamea [sic], (Esclaves Africains introduits par les peuples civilisés de l'Europe.)» (Abbildung 7).

Dass es mit der 'Zivilisation' der Europäer so weit nicht her sein konnte, mithin die Höhenlinien der kolonialen Landwirtschaft zugleich auch die blutigen Grenzen des europäischen Zivilisationsprojekts anzeigen konnten, daran ließ Humboldt auch im *Essai sur la géographie des plantes* keinen Zweifel:

> Les peuples européens y ont introduit le sucre, le coton, l'indigo et le café; mais ces nouvelles branches d'agriculture, loin d'être bienfaisantes, ont augmente l'*immoralité* et les *malheurs* de l'espèce humaine. L'introduction des *esclaves* africains, en désolant une partie de l'ancien continent, est devenue une source de discorde et de vengeance pour le nouveau.[51]

Humboldt lässt in seinen knappen Ausführungen keinen Zweifel: Der «Bewegungsbegriff»[52] Zivilisation wird hier deutlich in seine Schranken verwiesen. Das Beispiel zeigt, dass die zugleich als Tableau und im Zusammenwirken mit dem Essai-Text als Atlas lesbare Karte ein ganzes Repertoire an Karten zur Verfügung stellt, zu deren Sichtbarmachung das Lektüreangebot der Tableau-Spalten ebenso beitragen wie die kontextualisierenden Argumente des Essai. So wird aus einer pflanzengeographischen eben auch eine politische Karte der Anden und des 'Neuen Kontinents', deren Bewusstsein schärfende Funktion vorausweist auf die Positionen der kolonialismuskritischen *Essais politiques.*

Dass diese politische Dimension seines 'Tableau physique des Andes' eine sehr bewusste und keineswegs rein deskriptiv motivierte Entscheidung gewesen sein muss, zeigen nicht nur Humboldts deutlichen Worte aus der gerade gezeigten Passage. Sie werden augenscheinlich im Vergleich zwischen der gedruckten und der gezeichneten Fassung des 'Tableau physique', zwischen der 1807 in Paris gestochenen und der bereits außergewöhnlich ausgereiften und laut Kartentitel zwischen 1799 und 1803 von Humboldts Hand gezeichneten und gemalten Skizze der pflanzengeographischen Karte (Abbildung 8). Denn hier gibt es war bereits die Spalte «Culture selon l'élévation du sol» am linken Rand des Bildes. Jedoch findet sich im ansonsten fast wortgleichen Text noch nicht der hier besprochene politische Kommentar (Abbildung 9).

---

51 Humboldt, Alexander von/Bonpland, Aimé: *Essai sur la Géographie des Plantes*, S. 141. Dt. Übers.: «Die Europäer haben hier Zuckerrohr, Indigo und Kaffe eingeführt – neue Zweige des Pflanzenbaus, welche, statt wohlthätig zu werden, vielmehr Unmoralität und grenzenloses Elend über das Menschengeschlecht verbreitet haben: denn die Einführung afrikanischer Sklaven, indem sie einen Theil des alten Kontinents entvölkert, bereitet dem neuen blutige Schauspiele der Zwietracht und Rachgier.» Humboldt, Alexander von/Bonpland, Aimé: *Ideen zu einer Geographie der Pflanzen*, S. 171.

52 Fisch, Jörg: Zivilisation, Kultur. In: Brunner, Otto/Conze, Werner u. a. (Hg.): *Geschichtliche Grundbegriffe. Historisches Lexikon zur politisch-sozialen Sprache in Deutschland. Bd. 7: Verw-Z.* Stuttgart: Klett-Cotta 1992, S. 679–774, S. 680.

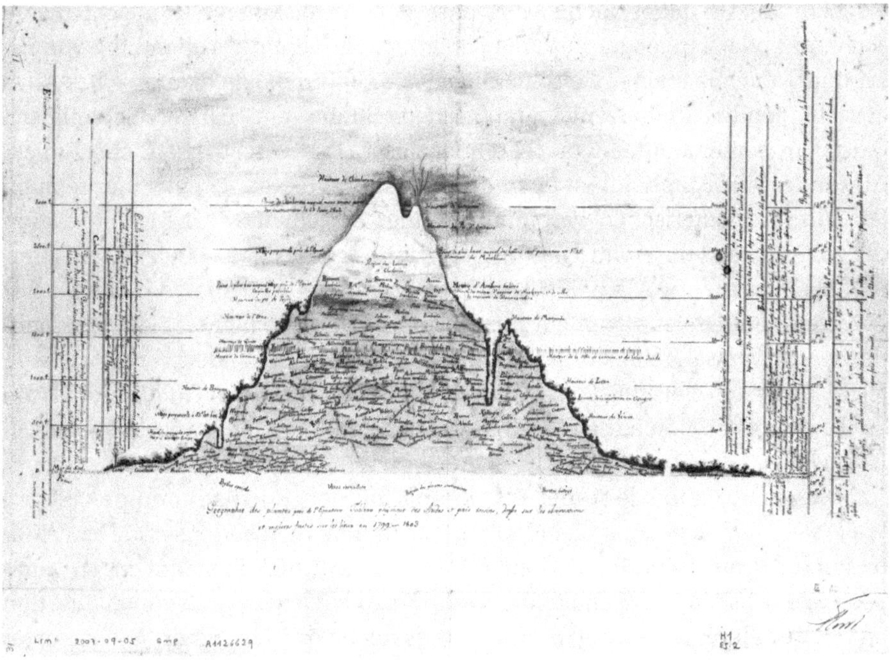

Abbildung 8: Géographie des plantes près de l'Equateur. Tableau physique des Andes et pais voisins, dressé sur les observations et mesures faits sur les lieux en 1799–1803. Quelle: Biblioteca Luis Ángel Arango del Banco de la República.

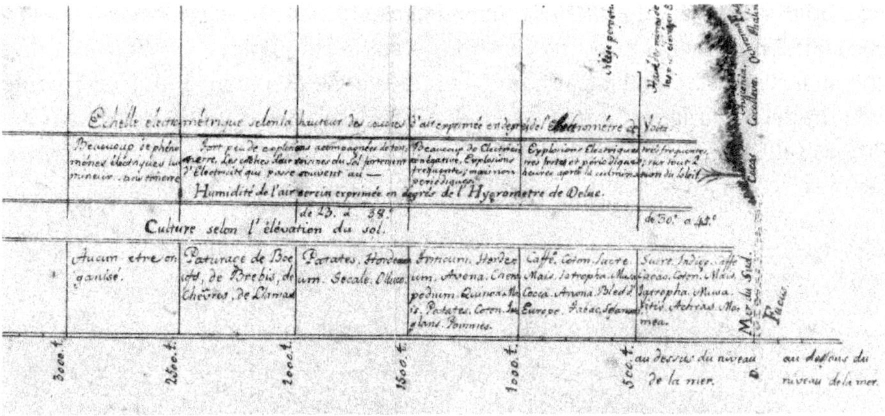

Abbildung 9: Ausschnitt aus Géographie des plantes près de l'Equateur. Tableau physique des Andes et pais voisins, dressé sur les observations et mesures faits sur les lieux en 1799–1803. Quelle: Biblioteca Luis Ángel Arango del Banco de la República.

Man könnte daher auch sagen, dass sich der diskursive Unterschied zwischen der pflanzengeographischen Arbeit im Feld und der Vollendung von Essai und Tableau zu einer vielschichtigen, die Lektüremöglichkeiten eines Atlas ausschöpfenden, pflanzengeographischen Studie am Pariser Schreibtisch (auch) in seiner Politisierung erkennen lässt. Das wissenschaftliche Projekt Alexander von Humboldt ist auch hier orientiert an einer ebenso intratextuellen wie transgenerischen Verbindung seiner einzelnen Teile. Die Integration der zahlreichen «observations et mesures faites sur les lieux», wie es im Untertitel des Kartenentwurfs heißt, in einen der Einzelstudie übergeordneten, diskursiven Rahmen ist also nicht nur in einem naturkundlichen Sinne und mithin aus wissenschaftshistorischem Interesse relevant, sondern zeugt als vielleicht frühestes Beispiel vom politischen und mit Blick auf die europäische Zivilisierungsmission äußerst (selbst-)kritischen Charakter des amerikanischen Reisewerks.

Die ebenso alte wie in der Begegnung mit den Hochkulturen der 'Neuen Welt' stets auf Neue zu stellende Frage nach dem Zivilisationsgrad, bzw. Kulturstand der mesoamerikanischen Völker steht natürlich in einem engen, geradezu unauflöslichen Zusammenhang zur Frage nach dem Grad von Zivilisation und kultureller Entwicklung Europas, ist es doch von hier und im Zeichen einer zunehmend in weltweiten Maßstäben argumentierenden, europäischen Aufklärung, dass der Zivilisationsbegriff als Inklusions- und Exklusionsbegriff geschärft und zum Einsatz gebracht wird. Es kann daher nicht verwundern, dass die ebenso philosophisch wie politisch hochbrisante und aus heutiger Sicht zutiefst kulturtheoretisch motivierte Frage nach der Stabilität von Begriffen wie Kultur, Zivilisation und gesellschaftlicher Entwicklung auch im Zentrum von Humboldts *Vues des Cordillères et monumens des peuples indigènes de l'Amérique* standen. Dieser Natur- und Kulturatlas sollte Humboldts pointiertester und zugleich experimentellster Entwurf einer vergleichenden Kulturgeschichte sein, in deren Verlauf er nicht selten die Prämissen des eigenen Urteils auf die Probe stellen und erneut eine Schule des Blicks in der Form des Atlas entwickeln sollte.

5 Atlas I: Text – Bild – Kultur. Die *Vues des Cordillères et monumens des peuples indigènes de l'Amérique* (1810–1813)

5.1 Von der Sichtbarmachung kultureller Landschaften

Der im Titel auf 1810 datierte aber erst 1813 mit der letzten Lieferung vollständig publizierte Text-Bild-Band *Vues des Cordillères et monumens des peuples indigènes de l'Amérique* ist ein in Alexander von Humboldts Werkkontext einmaliges Projekt. Denn der «Atlas pittoresque», wie Humboldt sein Werk ursprünglich nennen wollte[1] und es zumindest im Textteil an zahlreichen Stellen auch tut,[2] ist zwar auch, aber keineswegs allein das «Stichwerk der Amerikareise».[3] Er ist eine Neuvermessung der kulturellen Landschaft der eingeborenen Völker Amerikas und der Versuch einer umfassenden Rekonstruktion ihrer Kulturgeschichte, einer Restauration ihrer Kulturmonumente sowie einer Reevaluation ihrer kulturellen Leistungen. Den Eigenwert dieser Veröffentlichung strich Humboldt auch gegenüber seinem Verleger Cotta hervor, dem er 1809 aus Paris schrieb: «Der pittoreske Atlas hat einen eigenen Text, der das Werk ganz unabhängig macht».[4] Wer in den *Vues des Cordillères* bloß einen Materialfundus für die gefällige Illustration von Humboldt-Anthologien sieht, wie es Verleger seit dem 19. Jahrhundert getan haben und bis heute noch tun, verkennt daher ihren epistemischen Eigenwert. Denn genauso wenig wie dem europäischen Publikum vor Humboldts neu-spanischem und amerikanischem Atlas viel über das Landesinnere des Neuen Kontinentes bekannt war, so versprach der pittoreske Atlas für viele seiner 69 Tafeln einen 'ersten Blick' auf etwas vormals Unbekanntes.

Soviel 'Neues' wollte geordnet werden und genau das sollte Humboldt augenscheinlich zuerst mißlingen. Denn die tatsächliche Reihenfolge der Tafeln war mehr den Schwierigkeiten ihrer multinationalen Fertigstellung als einer konzisen, thematischen oder systematischen Ordnung geschuldet. Humboldt stellt dies gleich zu Beginn seines Werkes klar, nicht ohne jedoch im vermeintlichen Mangel an Organisation gleich einen Vorteil zu sehen, der in program-

---

1 Vgl. Fiedler, Horst/Leitner, Ulrike: *Alexander von Humboldts Schriften*, S. 134.

2 Humboldt, Alexander von: *Vues des Cordillères*, S. III, V, 2, 4, 82 f., 275.

3 Lobsien, Eckhard/Frank, Hilmar: Landschaft, S. 626.

4 Humboldt, Alexander von/Cotta, Johann Friedrich von u. a.: *Alexander von Humboldt und Cotta: Briefwechsel*, S. 103.

matischer Weise den Charakter dieser *opera aperta* ankündigt. Es ist ebenso eine Bitte um Nachsicht wie ein Appell an den mündigen Leser.

> Il aurait été utile de ranger les matériaux que renferme cet ouvrage, d'après un ordre géographique; mais la difficulté de réunir et de terminer à la fois un grand nombre de Planches gravées en Italie, en Allemagne et en France, m'a empêché de suivre cette méthode. Le défaut d'ordre, compensé, jusqu'à un certain point, par l'avantage de la variété, est d'ailleurs moins répréhensible dans les descriptions d'un Atlas pittoresque que dans un discours soutenu.[5]

Dieser «l'avantage de la variété» ist nicht allein der Abwechslung geschuldet, die jener eine verbindliche Ordnung vermissende Atlas mit sich bringt, sondern verweist zugleich auf die diskursive Diskontinuität dieses Werkes. Denn die *Vues* der Kordilleren implizieren beide in der deutschen Übersetzung der *Ansichten* angelegten Bedeutungen. Es sind Bilder und Bildausschnitte ebenso wie Positionen und Urteile. Das Fehlen eines «discours soutenu» erst ermöglicht diesen mehrfachen Plural, der auch für eine Vielfalt der Argumente steht, die Humboldt im Laufe dieses Werkes entwickeln sollte und die keineswegs immer einer stringenten Logik folgen.

Die Orientierung am europäischen Leser als rezeptionssästhetische Idealkonstruktion ist zum ersten Mal am Beispiel von Humboldts Reisebericht aufgezeigt worden.[6] Dass dieser Bezug auf den europäischen als den primären impliziten Leser des eigenen Werks weder die einzige Dimension dieser Humboldt'schen Wirkungsästhetik ist, noch dazu führt, aus einer europäischen zugleich auch eine eurozentrische Perspektive zu machen, liegt gerade in der Eindeutigkeit, mit der Humboldt die eingenommene kultur- und herkunftsspezifische Blickrichtung markiert.

> Nicht eine vorgegebene, stillschweigend behauptete Objektivität, sondern vielmehr das Bewußtsein und die bewußte Einbeziehung der eigenen Herkunft machen eine adäquate Wahrnehmung des Anderen erst möglich.[7]

---

5 Humboldt, Alexander von: *Vues des Cordillères*, S. III. Dt. Übers.: «Es wäre zweckmäßig gewesen, die in diesem Werk enthaltenen Materialien in eine geographische Ordnung zu bringen; doch die Schwierigkeit, eine so große Zahl von Tafeln, angefertigt in Italien, Deutschland und Frankreich, zugleich zu versammeln und fertigzustellen, hat mich gehindert, diese Methode zu befolgen. Im übrigen ist der Mangel an Ordnung, der in gewissem Maße durch den Vorzug der Abwechslung ausgeglichen wird, in den Beschreibungen eines Pittoresken Atlas weniger tadelnswert als in einer systematischen Abhandlung.» Humboldt, Alexander von: *Ansichten der Kordilleren*, S. 5.

6 Ette, Ottmar: Der Blick auf die Neue Welt. Nachwort, S. 1582 ff.

7 Ebda., S. 1583 ff.

Bei den Vermittlungsabsichten von Humboldts amerikanischen Schriften scheint es daher angebrachter, die europäische Brille, aus der hier offensichtlich geschaut aber nicht automatisch auch gerichtet wird, als eine diskursive Strategie zu deuten, die das Europäische setzt, um die Differenzerfahrung mit dem amerikanisch Anderen deutlicher und als selbstreflexiven Moment sichtbar machen zu können:

> Wie der europäische Leser der Lektüre, so hatte sich ja auch Humboldt der Neuen Welt notwendigerweise mit den Kenntnissen und dem Instrumentarium der Alten Welt genähert. Diese Grundvoraussetzung von Wahrnehmung, Erforschung und Erkenntnis werden in Humboldts Reisewerk immer wieder neu durchdacht.[8]

Für die *Vues des Cordillères* gilt dies in besonderem Maße. Die weitgehend unbekannte Kulturgeschichte der mesoamerikanischen Monumente und Schriften sowie der damit verbundenen Mythologie und Kosmovision benötigte eine Form epistemologischer Integration in europäische Wissenshorizonte. Humboldts Vergleichsfigur ist dann vornehmlich eine Figur der *translatio*, der Übersetzung des Objekts und seiner Kontexte in ein europäisches Denken.

Zugleich – und hierin folgt der Ansatz der *Vues des Cordillères* durchaus der *Relation historique*, deren illustrative Beigabe der 'pittoresker Atlas' ja zunächst nur sein sollte – unterlegt Humboldt zahlreiche seiner Untersuchungen mit einer Semantik der (Neu-)Entdeckung, die sicher als Ausdruck seiner eigenen Begeisterungsfähigkeit, aber wohl stärker noch als Botschaft an seine Leser zu verstehen ist. So beanspruchte Humboldt während seiner Zeit im Vizekönigreich Neu-Spanien für seine Forschung zu den Statuen und Codices der Mexica-Hochkultur nicht nur die Archive der Hauptstadt, sondern erwirkte in einer spektakulären Aktion, die große Basaltstatue der Göttin Coatlicue[9] (Tonantzin) unter dem Boden der Universität wieder auszugraben, nachdem diese erst 1790 zufällig unter dem Pflaster der *Plaza mayor* gefunden worden war:

> Les professeurs de cette Université, religieux de l'ordre de Saint-Dominique, n'ont pas voulu exposer cette idole aux yeux de la jeunesse mexicaine; ils l'ont enterré de nouveau dans un des corridors du collège, à une profondeur d'un demi-mètre. Je n'aurois pas été assez heureux pour pouvoir l'examiner, si l'évêque de Monterey, Don Feliciano Marin, [...] n'avoit pas, à ma prière, engagé le recteur de l'Université à la faire déterrer.[10]

---

8 Ette, Ottmar: Der Blick auf die Neue Welt. Nachwort, S. 1584.

9 Zu Humboldts Zeit war die Zuschreibung dieser Statue noch sehr umstritten. Erst Alfredo Chavero sollte in seiner Studie *México á través de los siglos* von 1888 die sichere Identifizierung der Statue mit Coatlicue, Götting der Erde und Fruchtbarkeit, zugleich Mutter aller Götter, belegen können. Vgl. Humboldt, Alexander von: *Views of the Cordilleras*, S. 455.

10 Humboldt, Alexander von: *Vues des Cordillères*, S. 218. Dt. Übers.: «[D]ie Professoren der Universität, Geistliche vom Orden der Dominikaner, haben das Idol den Blicken der mexikani-

Die von Humboldt veranlasste Sichtbarmachung dieser für die Mexica-Kultur so bedeutenden Muttergottheit verweist daher auf einen Initiationsmoment, der nicht nur für Humboldt selbst, sondern auch für den Leser seiner *Vues des Cordillères et monumens des peuples indigènes de l'Amérique* gilt, in denen sich diese Abbildung findet (Tafel XXIX). Humboldts Erzählung verweist metonymisch auf die Sichtbarmachung durch Humboldts Werk selbst. Der *Plaza mayor*, den Humboldt zu Beginn der *Vues des Cordillères* zeigt (Tafel III), darf daher auch als Hinweis auf das gelesen werden, was auf ihm *nicht* zu sehen ist, auf das, was unter ihm verschwinden musste: die Monumente und Kulturstätten, über die sich die neu-spanische Platzarchitektur so dominant gelegt hatte.

5.2 Späte Rückkehr zum Original: Zwei Jahrhunderte Rezeptionsgeschichte

Mit der Bildmacht dieses außergewöhnlichen Reise-, Natur- und Kulturmonumenten-Atlas nahm Alexander von Humboldt einen starken Einfluss auf die historische Vorstellungskraft seines Publikums. Das Reservoir der in Europa zur Verfügung stehenden Bilder vom amerikanischen Kontinent und seinen Hoch(-land-)kulturen bekam mit einem Mal eine neue Qualität. Diese Qualität war aber nur dann in Humboldts Sinne nachzuvollziehen, wenn seine Leserschaft über Tafel und Text zugleich verfügte und somit das dem Genre des Atlas spezifische Prinzip eines lektüregesteuerten Sehens hätte umsetzen können. Tatsächlich sollte die Abspaltung von Text und Bild in der Folge jedoch geradezu werkkonstituierend werden und dazu führen, dass die *Vues des Cordillères* in ihrer eigenständigen Konzeption bis in die jüngste Zeit eine Nebenrolle in der weltweiten Humboldt-Rezeption spielten.

Dafür verantwortlich ist in zweiter Instanz die Editions-, in erster Instanz aber die Produktionsgeschichte der *Vues des Cordillères*. Humboldts eigene wirtschaftliche Verhältnisse und die durch die Napoleonischen Kriege schwierige Lage im deutschen Buchhandel hatten an diesem Umstand einigen Anteil. Nachdem sein französisch-preußischer Verleger Frédéric Schoell und sein deutscher Verleger Johann Friedrich von Cotta ihre Zusammenarbeit 1810 im

schen Jugend entziehen wollen; sie haben es in einem der Flure der Hochschule erneut vergraben, einen halben Meter tief in die Erde. Ich hätte nicht das Glück gehabt, es untersuchen zu können, wenn nicht der Bischof von Monterrey, Don Feliciano Marín [...] auf meine Bitte hin den Rektor der Universität aufgefordert hätte, es ausgraben zu lassen. Humboldt, Alexander von: *Ansichten der Kordilleren*, S. 264.

Streit beendet und sich die hochkomplexe Veröffentlichung seiner amerikanischen Schriften – auch wegen finanzieller Probleme von Schoell und dessen Partner John Hurford Stone – immer weiter verzögert hatte, wurde die Situation nur noch schlimmer.[11] Cotta hatte die deutsche Erstübersetzung von Philipp Joseph von Rehfues in einer Kurzfassung als Oktavband in zwei Heften bereits 1810 veröffentlicht. Aber damit war Humboldt kaum geholfen. Dass er die *Vues des Cordillères* dabei Cotta geradezu andienen musste, lag auch an den hohen Schulden, die er bei seinem vertrauten Stuttgarter Verleger angehäuft hatte. Am 13. März 1814 schreibt er daher aus Paris durchaus verzweifelt an Cotta:

> Sollte es denn nicht möglich sein troz des schreklichen Zustandes des deutschen Buchhandels, mit den Monumenten etwas zu gewinnen. [...] Das Werk hat 350 Seiten fol[io] u. ist selbst ohne Kupfer od. mit einigen wenigen, sehr lesbar. [...] Sollen wir aber Hoffnung haben mit einer deutschen Ausgabe etwas zu gewinnen, so müßte das Werkchen in 2 Bänden mit einiger Eleganz gedrukt werden.[12]

Zu diesem Zeitpunkt waren bereits vier Jahre seit der ersten deutschen Übersetzung vergangen. Doch von Eleganz keine Spur: Vielmehr kam die deutsche Übersetzung einem Scheitern gleich. Zwar hatte Humboldt Rehfues Fassung ausdrücklich gelobt.[13] Die beiden Heftchen enthielten aber nur ein Drittel des französischen Texts, kaum Fußnoten, keine Anmerkungen und kein Register.[14] Die Tafeln konnte man separat als Abzüge der französischen Vorlage dazu erwerben. Aber das Werk war in dieser Fassung nicht mehr wiederzuerkennen. An Humboldts dringlichen Wunsch nach einem deutschsprachigen Folioatlas in vollem Text- und Bildumfang in zwei Bänden war nicht zu denken. Tatsächlich sollten fast zwei Jahrhunderte vergehen, bis die deutschsprachige Leserschaft eine erstmals vollständige Übersetzung aller Texte mit allen 69 Tafeln gemeinsam in einem Band vorliegen hatte.[15]

Auf die französischen, in einer 600er Auflage gedruckten Folianten sollte 1816 eine Oktavausgabe in zwei Bänden folgen. Doch sie enthielt nur noch 19 der 69 Tafeln, dazu freilich in geringerer Größe und bescheidenerer Qualität. Der Oktavausgabe folgten im 19. Jahrhundert immerhin zwei weitere, allerdings emendierte und im Aufbau umgestellte Auflagen. Vom französischen Ori-

---

11 Leitner, Ulrike: Einleitung. In: *Alexander von Humboldt und Cotta: Briefwechsel*. Herausgegeben von Ulrike Leitner unter Mitarbeit von Eberhard Knobloch. Berlin: Akademie Verlag 2009 (Beiträge zur Alexander-von-Humboldt-Forschung 29), S. 9–43, S. 15 f.

12 Ebda., S. 120.

13 Ebda., S. 111.

14 Lubrich, Oliver/Ette, Ottmar: Editorische Notiz. In: *Ansichten der Kordilleren*, S. 429.

15 Humboldt, Alexander von: *Ansichten der Kordilleren*.

ginal also wird eine gewisse Breitenwirkung ausgegangen sein, wenn auch vor allem in dieser im Bildteil deutlich gekürzten Fassung. Dies war sicher auch dem Preis geschuldet, kosteten doch die Folianten der Erstausgabe mit 756 Franc dreißig Mal (!) mehr als die Leseausgabe im Kleinformat.[16]

Ähnlich unelegant wie den deutschen aber erging es auch den englisch- und spanischsprachigen Lesern. 1814 erschien eine von Helen Maria Williams besorgte und von Humboldt mehrfach durchgesehene Übersetzung ins Englische, die auf der französischen Oktavausgabe basierte und ebenfalls nur 19 Tafeln enthielt. Die Publikationszwänge der Zeit und die hohen Kosten des eigentlich beabsichtigten Großformats wurden Humboldt hier besonders zum Verhängnis. Man hielt die auf ein Drittel der Tafeln gekürzte Oktavausgabe schlicht für einen (schlechten) Verkaufstrick. Ein sichtlich genervter Rezensent hielt in der *Quarterly Review* fest:

> The 'Researches' are only a re-publication, under a new name, of a former work, entitled 'Views of the Cordilleras and Monuments of the indigenous Nations of the New Continent', with a selection from the sixty-nine plates, which accompanied that work, of nineteen to illustrate this; so that we have now in the 'Researches' references to plates that have no existence, or exist only in another book. This [...] is bad management – but it is less our concern that the author's.[17]

Auch hier gilt: erst mit der 2012 in Chicago erschienenen, kommentierten Studienausgabe der *Views of the Cordilleras and the Monuments of the Indigenous Peoples of the Americas* liegt die überhaupt erste im Text wie Bild vollständige englische Übersetzung vor. Die spanische Erstfassung erschien fast zwei Jahrzehnte nach Humboldts Tod erst 1878 in Madrid, basierte auf der letzten französischen Oktavausgabe und enthielt bloß vier Bildtafeln. Hier sorgte Jaime Labastida mit seiner neu übersetzten und erstmals vollständigen Ausgabe von 1974 für die überfällige Korrektur des geradezu miserablen Textbestandes.[18]

---

16 Fiedler, Horst/Leitner, Ulrike: *Alexander von Humboldts Schriften*, S. 142 ff.

17 Barrow, John: Researches concerning the Institutions and Monuments of the ancient Inhabitants of America; with Descriptions and Views of some of the most striking Scenes in the Cordilleras. Written in French, by Alexander Humboldt, and translated into English by Helen Maria Williams. 2 vols. London 1814. In: *The Quarterly Review* 15 (1816) July, 30, S. 440–468, S. 441. Zur britischen Humboldt-Rezeption, besonders in ihrer Kritik an Humboldt vgl. Brock, W. H.: Humboldt and the British: A note on the character of British science. In: *Annals of science* 50 (1993) H. 4, S. 365–372, S. 369 ff.

18 Auf diese kommentierte Ausgabe folgte 1995 eine zweite, die Labastida zusammen mit Charles Minguet besorgte und die einen ausführlichen Kommentar und Anmerkungsapparat enthält. Es ist daher sehr erstaunlich, dass 2012 in Madrid eine Neuübersetzung erschienen ist, die diese beiden wichtigen mexikanischen Editionen mit keinem Wort erwähnt. Vgl. Humboldt, Alexander von: *Vistas de las Cordilleras y Monumentos de los Pueblos Indígenas de América.*

Die internationale Rezeptionsgeschichte dieses unter kulturwissenschaftlichen Aspekten wohl wichtigsten Buches in Humboldts Werk hat seine beste Zeit noch vor sich. Und doch gilt erstaunlicherweise, dass die Bildtafeln der *Vues des Cordillères* schon bald nach Erscheinen zu einem wesentlichen Bestandteil des europäischen Bildes vom 'Neuen Kontinent' wurden, Sehgewohnheiten prägten und Forschungsinitiativen motivierten, ja geradezu einen europäischen Boom im Interesse an den mesoamerikanischen Hochkulturen auslösten. Dass man diese überhaupt erst als *Hoch*kulturen wahrnahm, geht wesentlich auf Humboldts Arbeit zurück. Mit dem neu-spanischen Historiker Francisco Javier Clavijero teilte er die Überzeugung, «daß Mexikaner und Peruaner einst eine viel höherstehende materielle und geistige Kultur entwickelt hatten, als man in Europa wahrhaben wollte».[19]

Mit anderen Worten: Große Verbreitung fanden Humboldts Thesen und seine geradezu wissenschaftspolitische Initiative, mit den *Vues des Cordillères* die altamerikanischen Studien in Europa überhaupt zu begründen. Doch weitgehend verschüttet wurde die komplexe Beziehung zwischen Bild- und Textargument, mithin die Konzeption der *Vues* als Atlas.

5.3 Vom un- zum ausdifferenzierten Umgang mit Humboldts Erbe: Ferrario, Prescott, Seler

Dass Humboldts aufwendig gestaltete Bildtafeln dennoch eine so große Wirkung entfalten konnten, liegt nicht zuletzt an den zahlreichen Kopisten, die sich seiner Arbeit ohne große Umstände bedienten. So ließ die Eingemeindung der Tafeln in eine europäische Ikonographie der amerikanischen Kulturen und Naturlandschaften nicht lange auf sich warten. Schon das monumentale, 21 Bände umfassende *Il costumi antico e moderno* (1817–1834) von Giulio Ferrario[20] machte ausgiebigen Gebrauch von Humboldts Tafeln. Nicht weniger als 10 Motive wurden allein in Band 3 der *costumi* direkt aus den *Vues des Cordillères* übernommen, dazu fünf Tierabbildungen aus dem ersten Band des *Recueil d'observations de zoologie*; alles allerdings in einer deutlich schlechteren, künstlerischen Qualität und natürlich ohne den dafür notwendigen Humboldt'-

Traducción de Gloria Luna Rodrigo y Aurelio Rodríguez Castro. Madrid: Universidad Autónoma de Madrid, Marcial Pons Historia 2012.

19 Löschner, Renate: Alexander von Humboldts Bedeutung für die Altamerikanistik, S. 249.

20 Vgl. zu Ferrarios Karriere als Autor, Bibliothekar und Publizist im Mailänder Verlagswesen Faraoni, Sara: Giulio Ferrario, intellettuale milanese ed editore della società tipografica de' classici italiani. In: *Aevum* 77 (2003) H. 3, S. 683–691. Den Hinweis auf Ferrarios Werk verdanke ich Leonard Kraft Bernal.

schen Text.[21] Der Erfolg von Ferrarios auf Breitenwirkung angelegtem Sittengemälde der Weltkulturen war für den Mailänder Publizisten äußerst karrierefördernd und machte sein Werk schlagartig in ganz Mitteleuropa bekannt.

> L'opera ebbe un successo straordinario: solo in Italia, ancora vivo Ferrario, furono realizzate ben sette edizioni. Dedicata all'imperatore Francesco I d'Austria, fu da questi acquistata in tredici esemplari da destinarsi alle biblioteche pubbliche dell'Impero, più due per la sua biblioteca privata. Riscosse addirittura l'ammirazione dello zar Alessandro I, che ricompensò Ferrario non solo pagando il prezzo effettivo dell'opera, ma inviandogli anche un 'ricco anello in brillanti'. Il successo ottenuto con il *Costume antico e moderno* rese l'autore particolarmente popolare, un punto di riferimento per l'*entourage* culturale e mondano milanese.[22]

Für die Verbreitung von Humboldts eigenem, wesentlich aufwendigeren und damit besonders teuren Werk war diese Banalisierung ebenso der Tafeln wie der Konzeption eines lektüregesteuerten Sehens jedoch äußerst schädlich. Wer würde sich jetzt noch Humboldts Kulturatlas in Folio anschaffen, wenn er ihn doch bereits in einem so viel größeren Kontext eingebunden, komprimiert und durch Ferrarios Feder vermittelt bekommen hatte? Verloren ging dabei nicht nur eine bildästhetische, sondern vor allem eine epistemologische Qualität von Humboldts Werk.

Doch kopierte Ferrario Humboldt nur da, wo dieser ihm auch verkaufsförderndes Bildmaterial lieferte. Folgerichtig wurde die 'Maison de l'Inca à Callo dans le Royaume de Quito' (Abbildung 10) nicht übernommen. Humboldt zeig-

---

21 Der dritte Band der *costumi* trägt den schlichten Untertitel *America*. Direkt von Humboldt übernommen wurden: Die 'Passage du Quindíu' (Tafel V, *Vues des Cordillères*) als Tafel 1; die 'Chute du Tequendama' (Tafel VI) als Tafel 4; die 'Ponts naturels d'Icononzo' (Tafel IV) als Tafel 5; die 'Cascade du Rio de Vinagre' (Tafel XXX) als Tafel 6; die 'Vulcans d'air de Turbaco' (Tafel XLI) als Tafel 7; das 'Radeau de la Rivière de Guayaquil' (Tafel LXIII) als Tafel 9; der 'Volcan de Cotopaxi' (Tafel X) und 'Volcan de Pichincha' (Tafel LXI) als Tafel 10; der 'Rocher d'Inti-Guaicu' (Tafel XVIII) als Tafel 20 und schließlich der 'Inca-Chungana du Jardin de l'Inca près de Cañar' (Tafel XIX) als Tafel 24. Ferrario, Giulio: *Il costume antico e moderno o storia del governo, della milizia, della religione, delle arti, scienze ed usanze di tutti popoli antichi e moderni provata coi monumenti dell'antichità e rappresentata cogli analoghi disegni. America. Volumen terzo.* Edizione seconda riveduta ed accresciuta. Firenze: Vincenzo Batelli 1828, S. 12 f., 54 ff., 62 f., 80 ff., 154 f., 178 f. Auch aus dem ersten Band von Humboldts *Recueil dobservations de zoologie* (1811–1812) bedient sich Ferrario: übernommen werden Humboldts Affen (Tafeln XXVII, XXVIII, XXIX) als Tafel 2, sowie auf Tafel 3 die Affenart Sima Leonina (Tafel IV) und Humboldts berühmte Kondor-Darstellung (Tafel VIII). Ebda., S. 22 f., 224 f. Band 4 von Ferrarios *costume antico* behandelt zwar ebenfalls «America», kommt aber ohne Humboldt-Übernahmen aus.

22 Faraoni, Sara: Giulio Ferrario, intellettuale milanese ed editore della società tipografica de' classici italiani. In: *Aevum* 77 (2003) H. 3, S. 683–691, S. 689.

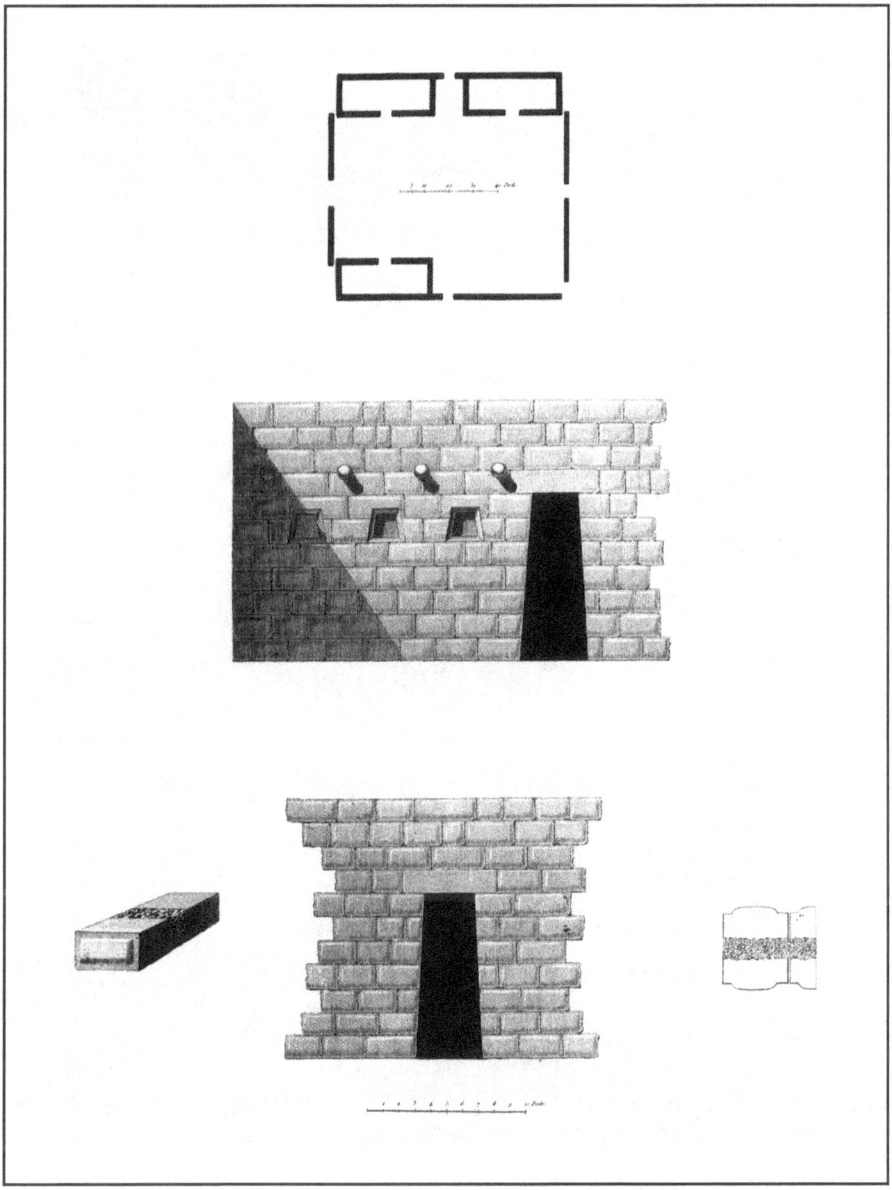

Abbildung 10: Tafel XXIV, 'Maison de l'Inca à Callo dans le Royaume de Quito' Humboldt, Alexander von: *Vues des Cordillères et monumens des peuples indigènes de l'Amérique.* Paris: Schoell [1810–]1813.

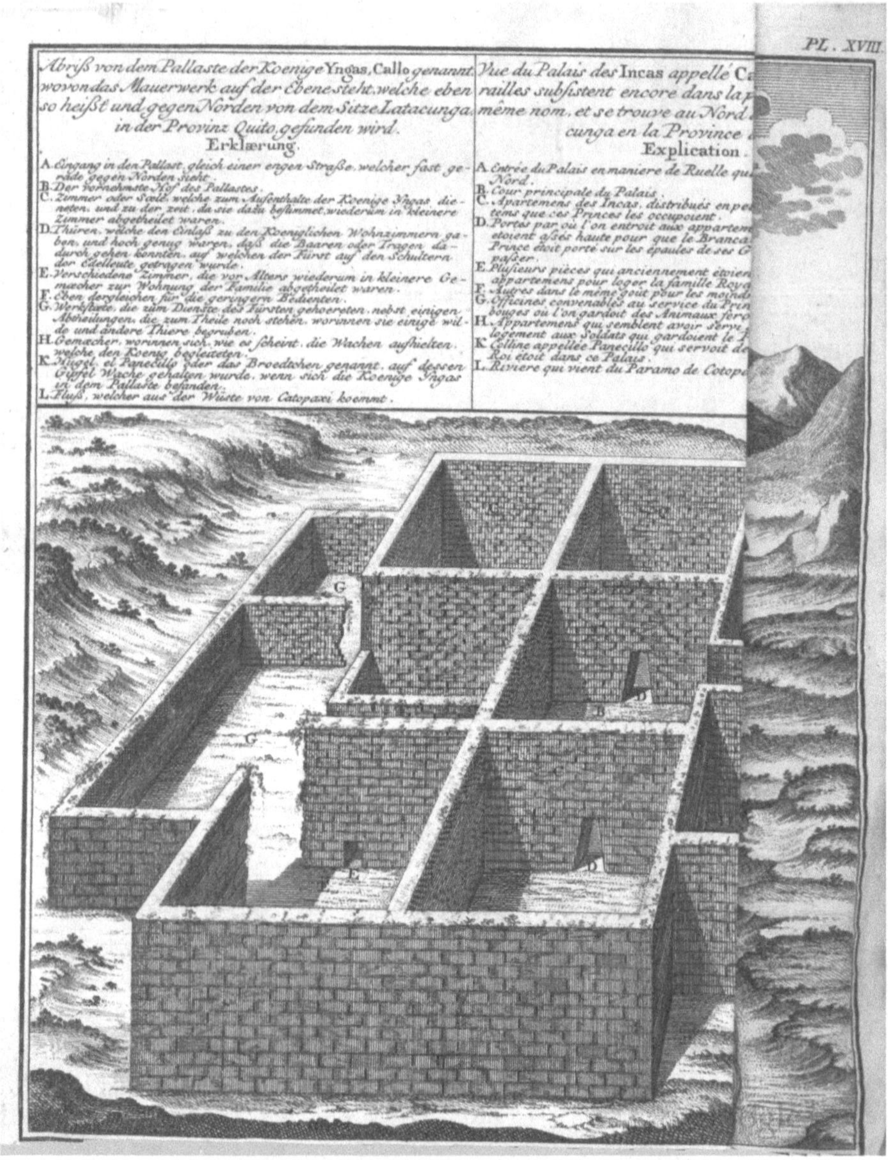

Abbildung 11: Ausschnitt aus Tafel XVIII, 'Abriß von dem Pallaste der Koenige Yngas, Callo genannt/Vue du Palais des Incas appellé Callo', Juan y Santacilla, Jorge/Ulloa, Antonio de: *Voyage historique de l'Amérique méridionale fait par ordre du Roi d'Espagne. Ouvrage orné des figures, plans et carts necessaires, et qui contient une histoire des Yncas du Perou, Et les Observations Astronomiques & Physiques, faites pour déterminer la Figure & la Grandeur de la Terre. Tome premier.* Amsterdam, Leipzig: Arkstee & Merkus 1752, S. 386–387. Quelle: Google Books.

Abbildung 12: Tafel 23, 'Palazzo degli Inca appellato Callo', Ferrario, Giulio: *Il costume antico e moderno o storia del governo, della milizia, della religione, delle arti, scienze ed usanze di tutti popoli antichi e moderni provata coi monumenti dell'antichità e rappresentata cogli analoghi disegni. America*. Volumen terzo. Edizione seconda riveduta ed accresciuta. Firenze: Vincenzo Batelli 1828, S. 174–175. Quelle: Google Books.

te hier nur den Grundriss und eine Rekonstruktion der vermuteten Architektur der Ruinen, die wenige Rückschlüsse auf die vormalige Gestalt erlaubten. Ferrario verwendete daher lieber die vermeintlich *bessere* Abbildung aus dem Reisebericht von Jorge Juan y Santacilla und Antonio de Ulloa (Abbildung 11) als Tafel 23 (Abbildung 12).

Freilich kannte Humboldt das spanische Reisewerk, wenn auch in der französischen Übersetzung als *Voyage historique de l'Amérique méridionale*. Neben Juan und Ulloa hatte auch La Condamine schon über diese verhältnismäßig gut erhaltenenen Ruinen berichtet. Humboldt hatte also bei seinem eigenen Besuch bereits eine deutliche visuelle Vorprägung und entsprechende Erwartungshaltung. Seine eigene *Ansicht* dieses wichtigen Architekturmonuments aber sollte ganz anders ausfallen als die seiner Vorgänger. Was der Preuße von der Ruine vor Ort tatsächlich vorgefunden und welche Zeugnisse er über deren Zustand seit 1750 hatte sammeln können, ließ nur den Schluss zu, dass seine spanischen Kollegen ein halbes Jahrhundert zuvor kein vorgefundenes, sondern ein *er*fundenes Kulturmonument zu Papier gebracht hatten:

> Les descriptions de ces voyageurs sont très-imparfaites; et le dessin qu'Ulloa a donné de la maison de l'Inca indique si peu le plan d'après lequel elle a été construite, qu'on seroit presque tenté de croire qu'il est purement imaginaire. Lorsqu'au mois d'avril de l'année 1802, dans une excursion au volcan de Cotopaxi, nous visitâmes, M. Bonpland et moi, ces foibles restes de l'architecture péruvienne, je dressai les coupes qu'offre la Planche XXIV; de retour à Quito, je montrai mes dessins et la planche que renferme le voyage d'Ulloa à des religieux très-âgés de l'ordre de Saint-Augustin. Personne ne connoît mieux qu'eux les ruines du Callo, qui se trouvent sur un terrain appartenant à leur couvent; ils ont habité jadis une maison de campagne voisine, et ils m'ont assuré que, depuis 1750, et même avant cette époque, la maison de l'Inca a toujours été dans le même état qu'aujourd'hui. Il est probable qu'Ulloa a voulu représenter un monument *restauré*, et qu'il a supposé l'existence de murs intérieurs partout où il a vu des amas de décombres ou des élévations accidentelles du terrain. Son plan n'indique ni la véritable forme des appartemens, ni les quatre grandes portes extérieures, qui nécessairement ont dû exister depuis la construction de l'édifice.[23]

Dieser Fund zeigt, dass die eigentliche Differenzierung im Wissen über und in der Darstellung von der tatsächlichen archäologischen Stätte in der Diffusionsstrategie von Ferrario offenbar keine Rolle spielte und einkassiert wurde zugunsten eines stärkeren visuellen Eindrucks. Schließlich ließ Humboldt in seiner Tafel XXIV von der Stätte nicht mehr als einen reduzierten Grundriss sowie eine Vermutung über den Mauerbau des Hauses übrig. Wie die ursprüngliche Architektur nun ausgesehen haben könnte, bespricht er ausführlich im Textteil zum Bild, das von den vermeintlichen Mauern nur technische Skizzen anzeigt. Die eigentliche Leerstelle des Wissens, die hier in Analogie zu den weißen Flä-

---

23 Humboldt, Alexander von: *Vues des Cordillères*, S. 195 f. Dt. Übers.: «Die Beschreibungen dieser Reisenden sind sehr unvollkommen; und die Zeichnung, die Ulloa von dem Haus der Inka angefertigt hat, läßt den Plan, nach dem es erbaut wurde, so wenig erkennen, daß man beinahe glauben möchte, sie sei der bloßen Einbildung entsprungen. Als wir, Herr Bonpland und ich, im April des Jahres 1802 im Zuge einer Exkursion zum Vulkan Cotopaxi jene spärlichen Überreste der peruanischen Architektur besuchten, entwarf ich die Skizzen zu der Tafel XXIV; zurück in Quito, legte ich meine Zeichnungen sowie die Tafel aus Ulloas Reisewerk einigen hochbetagten Geistlichen vom Orden des Heiligen Augustinus vor. Niemand kennt die Ruinen von Callo besser als sie, da jene sich auf einem Grundstück befinden, das ihrem Kloster gehört; sie haben einst in einem benachbarten Landhaus gewohnt und versicherten mir, das Haus des Inka sei seit 1750, und sogar schon länger, immer in demselben Zustand gewesen wie heute. Wahrscheinlich hat Ulloa ein *wiederhergestelltes* Monument zeigen wollen und überall da Innenwände angenommen, wo er Schutthaufen oder zufällige Bodenerhebungen gesehen hat. Sein Plan gibt weder die tatsächliche Anlage der Gemächer noch die vier großen Außentüren wieder, die seit der Errichtung des Gebäudes existiert haben müssen.» Humboldt, Alexander von: *Ansichten der Kordilleren*, S. 235 f.

chen einer Karte und damit im generischen Modus des Atlas sichtbar gemacht wird, geht in der Zeichnung von Ulloa sowie in der unkritischen Übernahme durch Ferrario verloren.

Wenn die aus heutiger Sicht recht schamlose Kopistenarbeit eines Ferrario vor allem dazu beitrug, einige der zentralen Bilder des amerikanischen Reisewerks beim europäischen Publikum bekannter zu machen, dann gilt zugleich aber auch, dass Humboldts methodisches Vorgehen «zwischen wissenschaftlich belegbaren und spekulativen Theorien seiner Zeit kritisch zu differenzieren»,[24] eine ganze Generation europäischer Forscher zu weiteren Studien inspirierte und so zumindest dessen Erbe fortsetzen konnte:

> Groß ist die Zahl derer, die durch ihn zur Beschäftigung mit den alten amerikanischen Zivilisationen angeregt wurden. William H. Prescott schrieb mit Humboldts sachkundigem Beistand die *History of the Conquest of Mexico* (1843) und die *History of the Conquest of Peru* (1847). Unter Humboldts Einfluß erforschte John Lloyd Stephens in Begleitung des Zeichners Frederick Catherwood Ruinenstätten der Maya-Indianer. Ihre Publikationen wiesen der Altamerikaforschung neue, vorurteilsfreie Wege.[25]

Von hier bis zu den ersten archäologischen Feldforschungen im modernen Sinne sollten noch einmal rund 40 Jahre vergehen.[26] Zur selben Zeit beginnt in Berlin Eduard Seler, sich für Humboldts Erbe zu interessieren. Das hatte einen sehr konkreten Grund: Humboldt hatte die von ihm auf einer Auktion in Neu-Spanien erworbene Sammlung 16 frühkolonialer Handschriften aus dem Nachlass von Antonio León y Gama seinem König 1806 zum Geschenk gemacht.[27] Sie gingen als ‘Codex Humboldt’ an die Königliche Bibliothek in Berlin und werden heute in der Handschriftenabteilung der Staatsbibliothek aufbewahrt.

> Der Amerikaforscher Eduard Seler, der das von Humboldt mitgebrachte Material bereits zum Gegenstand seiner Habilitationsschrift gemacht hatte, erläuterte den Inhalt der Dokumente. So wurde Berlin durch Humboldt zu einem Zentrum altamerikanischer Forschung, das klangvolle Namen aufzuweisen hat. Neben Seler als Begründer der Mexikanistik in Deutschland verdient Max Uhle besondere Erwähnung. Er gilt als ‘Vater der peruanischen Altertumskunde’.[28]

---

24 Löschner, Renate: Alexander von Humboldts Bedeutung für die Altamerikanistik, S. 262.
25 Ebda.
26 Adams, Richard E. W.: Introduction to a Survey of the Native Prehistoric Cultures of Mesoamerica. In: Adams, Richard E. W./MacLeod, Murdo J. (Hg.): *The Cambridge History of the Native Peoples of the Americas. Volume II: Mesoamerica. Part 1.* Cambridge: Cambridge University Press 2000, S. 1–44, S. 13.
27 Gutiérrez Mendoza, Gerardo/König, Viola u. a. (Hg.): *Códice Humboldt Fragmento 1 (Ms. amer. 2) y Códice Azoyú 2 reverso. Nómina de tributos de Tlapa y su provincia al Imperio Mexicano.* México, D.F., Berlin: CIESAS; Stiftung Preussischer Kulturbesitz 2009.
28 Löschner, Renate: Alexander von Humboldts Bedeutung für die Altamerikanistik, S. 261.

5.4 Schreiben bis an die Grenzen des Wissens

Wie nun sah Humboldts Methode, die in Forscherpersönlichkeiten wie Prescott, Stephens und Seler so stark nachgewirkt hatte, genau aus? Welche Prämissen setzt, welche Lektüren ermöglicht Humboldts Atlas? Hier gilt zuerst festzuhalten: Das Nebeneinander von Text und Bild verlangt eine andere Kontextualisierung als dies in einem geographischen Atlas notwendig wird. Das künstlerische Bild, und diesen Status dürfen alle 69 Tafeln für sich in Anspruch nehmen, folgt anderen Produktions- und Rezeptionsmechanismen als jene des kartographischen Bildes. Die «Evidenzsuggestion» (vgl. S. 98) greift hier nicht oder – eingedenk der Sehgewohnheiten von Humboldts Zeitgenossen – nur eingeschränkt.

Dennoch ist der in den *Vues des Cordillères* zu leistende Bedeutungstransfer eingebettet in ein diskursives Verfahren, das wir bereits als *geographical memoir* kennen gelernt haben (Kap. 2.3.4). Dieses dient sowohl einer Offenlegung der für die zur Erstellung und zum Verständnis der 'Karten' notwendigen Materialien und Daten als auch zu deren Beurteilung und Einordnung in einen bereits bestehenden Wissenshorizont. Als Gattung sind diese Texte also ebenso das Ergebnis einer Materialexposition wie -kritik und repräsentieren ein Schreiben bis an die Grenzen des Wissens.

Wie für seine beiden *Atlas geographique et physique* galt auch für dieses Werk, die Objekte und Daten der Humboldt'schen Feldforschung im 'Neuen Kontinent' und die außergewöhnliche Breite seines Forschungsinteresses wie seiner Forschungsaktivitäten auf die Spezifika der Exposition eines thematischen Atlas' hin auszurichten. Hier waren es vor allem die mitgebrachten oder vor Ort erfassten Kunst- und Gebrauchsgegenstände, Manuskripte, Codices, dazu eine Fülle von Messungen, Zeichnungen und Skizzen zur Landschaft und zum Reiseverlauf selbst. Die Produkte dieser Feldforschung finden sich eingebettet in eine Quellenarbeit, die sich sowohl aus der Auswertung lokalen Wissens speiste, als auch die archivalen wie zeitgenössischen Quellen der Geschichtsschreibung berücksichtigte. Diese mündlichen wie schriftlichen Quellen der Reise werden ergänzt durch einen umfangreichen und stets bis zuletzt pedantisch aktualisierten Sekundärapparat zeitgenössischer Forschung, den Humboldt in die Argumentation seiner Untersuchungen als Gradmesser sowohl für die Innovation als auch für die Grenzen der eigenen Forschungsleistung einzusetzen weiß.[29] Unmissverständlich weist Humboldt auch hier auf die

---

29 Vgl. hierzu Lubrich, Oliver/Ette, Ottmar: Die Reise durch eine andere Bibliothek. Nachwort. In: Humboldt, Alexander von: *Ansichten der Kordilleren und Monumente der eingeborenen Völker Amerikas*. Aus dem Französischen von Claudia Kalscheuer. Ediert und mit einem Nachwort versehen von Oliver Lubrich und Ottmar Ette. Frankfurt am Main: Eichborn 2004, S. 407–422,

prozessuale Vorläufigkeit seiner (wie überhaupt jeglicher) wissenschaftlichen Erkenntnis hin.

Somit handelt es sich um eine Konzeption, die eben nicht auf Abschluss und Kongruenz, sondern vielmehr auf eine radikale Öffnung abzielt. Pointiert könnte man für das Kompositionsprinzip der *Vues des Cordillères* daher davon sprechen, dass die 62 die Tafeln begleitenden Texte ebenso in ihren *in medias res* Auftakten wie im zuweilen abrupten Ende eben die Grenzen des Humboldt'schen Wissens repräsentieren, deren Zurschaustellung der preußische Schriftsteller schon aus Gründen der intellektuellen Redlichkeit befürwortete. Humboldts Kultur- und Naturatlas der amerikanischen Kordillerenvölker weist in jeder seiner Tafeln einen Kenntnishorizont aus, dessen Genauigkeit der sie begleitende Text anzeigt. Dieser konnte durchaus variieren, umgerechnet auf die deutsche Neuübersetzung sogar «zwischen acht Zeilen und 69 Seiten» und quantifizierte damit zugleich auch Humboldts spezifische Interessenlage.[30]

Der tiefere, in seinem Sprachduktus gleichsam 'ernstere' Grund für die sich so darbietende Textgestalt liegt in der für Humboldts Schreiben und Arbeiten entscheidenden Methode, die sich die Option des Vorläufigen bewahren möchte:

> Je me suis proposé, dans la description des monumens de l'Amérique, de tenir un juste milieu entre deux routes suivies par les savants qui ont fait des recherches sur les monumens, les langues et les traditions des peuples. Les uns se livrant à des hypothèses brillantes mais fondées sur des bases peu solides; ont tiré des résultats généraux d'un petit nombre de faits isolés. [...] D'autres savans ont accumulé des matériaux sans s'élever à aucune idée générale, méthode stérile dans l'histoire des peuples comme dans les différentes branches des sciences physiques. Puissé-je avoir été assez heureux pour éviter les écarts que je viens de désigner! [...] en essayant de généraliser les idées, il faut savoir s'arrêter au point ou manquent les données exactes. C'est d'après ces principes que j'exposerai ici les résultats auxquels semblent conduire les notions que j'ai acquises jusqu'à ce jour sur les peuples indigènes du nouveau monde.[31]

S. 418 ff. sowie die umfangreich rekonstruierte «Humboldt's Library» im Anhang zur englischen Neuübersetzung *Views of the Cordilleras and Monuments of the Indigenous Peoples of the Americas*, die den bis dato genauesten Beleg für Humboldts außergewöhnliche Forschungsleistung zur Erstellung der *Vues des Cordillères* darbietet. Sie weist – trotz des Eingeständnisses, wohl nicht alle Quellen rekonstruiert zu haben – über 400 verschiedene Titel aus. Vgl. Humboldt, Alexander von: *Views of the Cordilleras*, S. 501 ff.

30 Lubrich, Oliver/Ette, Ottmar: Die Reise durch eine andere Bibliothek, S. 411.

31 Humboldt, Alexander von: *Vues des Cordillères*, S. Vf. Dt. Übers.: «Bei der Beschreibung der Monumente Amerikas habe ich mir vorgenommen, ein rechtes Maß zu halten zwischen zwei Wegen, welche die Gelehrten bei der Erforschung der Monumente, der Sprachen und Traditionen der Völker eingeschlagen haben. Die einen stellen brillante Hypothesen auf, die indes auf wenig solidem Boden fußen, und ziehen aus einer kleinen Zahl isolierter Tatsachen allgemeine Schlüsse. [...] Andere Gelehrte haben Materialien angesammelt, ohne sich zu einem

Mit diesen programmatischen, an den Anfang seiner *Vues des Cordillères* gestellten Sätze betont Humboldt nicht nur eine Methode der Mäßigung zwischen den Extremen spekulativer Analogiebildung auf der einen und materialreicher Ideenlosigkeit auf der anderen Seite. Er verweist vor allem auf den kaum abzuschätzenden Umfang unseres, seines jeweiligen Nicht-Wissens.

Das ungleiche und stets schwankende Text-Bild-Verhältnis ist als generische Extravaganz zudem bekannt aus Humboldts 'Tableau physique des Andes', dessen Erläuterungen ungefähr 80 % des gesamten Textumfangs des *Essai sur la géographie des plantes* ausmachen. Daraus aber im Verkaufsjargon der Werbeindustrie zu schließen, «Humboldt may well have written the world's longest figure caption»,[32] übersieht nicht nur die Besonderheiten der Humboldt'schen Textproduktion sondern auch die generische Funktion des *memoir* als Exposition, Quellenkritik und analytischer Abhandlung zugleich. Diese Heterogenität des Textkörpers ist vor allem in jüngerer Zeit, in der nun endlich vollständige Ausgaben vorhanden und belastbare Aussagen möglich sind, betont worden. Sie ist paradigmatisch für Humboldts Poetik:

> Die *Ansichten der Kordilleren* bewegen sich zwischen unterschiedlichen Formaten, Gattungen und Stilen: Die Essays enthalten wissenschaftliche Erörterungen in zahlreichen Wissensgebieten [...], ästhetische Beschreibungen (von Kunstwerken, Gebäuden oder Naturszenen) und narrative Elemente [...]. An mehreren Stellen tauchen Tabellen auf. Die Endnoten enthalten eine Vokabelliste und als zusammenhängende Abhandlung einen geschlossenen Abriß der mexikanischen Geschichte.[33]

---

einzigen allgemeinen Gedanken aufzuschwingen [...]. Möge mir das Glück beschieden sein, die soeben beschriebenen Verirrungen vermieden zu haben. [...] [B]ei dem Versuch, Ideen zu verallgemeinern, muß man an dem Punkt einzuhalten wissen, wo die genauen Grundlagen fehlen. Nach diesen Prinzipien will ich hier die Ergebnisse vorstellen, zu denen die Kenntnisse zu führen scheinen, die ich bis zum heutigen Tage über die eingeborenen Völker der neuen Welt erworben habe.» Humboldt, Alexander von: *Ansichten der Kordilleren*, S. 7.

32 Jackson, Stephen T.: Introduction: Humboldt, Ecology and the Cosmos. In: *Essay on the Geography of Plants*. Edited with an introduction by Stephen T. Jackson. Translated by Sylvie Romanowski. Chicago, London: The University of Chicago Press 2009, S. 1–46, S. 26.

33 Lubrich, Oliver/Ette, Ottmar: Die Reise durch eine andere Bibliothek, S. 411 f.

5.5 Europäisches Denken und (un-)systematische Welt: Humboldt und Raynal

Zwar musste Humboldt davon ausgehen, dass seine Leser nur wenig über die Kulturgeschichte Mesoamerikas wussten. Das hieß aber nicht, dass das Thema seiner Studie nicht dennoch auf starke Meinungen, dass der Blick seiner europäischen Leser auf die Kulturen und selbst die Landschaft und Natur des amerikanischen Kontinents nicht hochgradig vorkonfiguriert, ja geradezu vorbelastet war. Denn in der langen und an Polemiken sowie großangelegten Untersuchungen reichen Geschichte des europäischen Blicks auf die 'Neue Welt' steht die Zeit zwischen 1750 und 1830 für einen neuen und vielleicht letzten Höhepunkt. Diese als Spätfolge der Debatte um die 'Neue Welt' wiederaufgeflammte Diskussion um den Stellenwert der als rückständig empfundenen, amerikanischen Kulturen war Humboldt wohl bekannt.

Diese nach Ottmar Ette *zweite* Phase beschleunigter Globalisierung[34] steht im Zentrum der *Disputa del Nuovo Mondo*, die der italienische Historiker Antonello Gerbi in seiner 1955 erschienenen, gleichnamigen Studie so wirkungsvoll und eindrücklich untersucht hat.[35] Die Werke von Guillaume-Thomas Raynal (1713–1796) und Alexander von Humboldt dürfen im Rahmen dieser facettenreichen Geschichte einer Globalgeschichte als aufschlussreiche Beispiele sowohl für die Kontinuitäten als auch für die Brüche im europäischen Verständnis der 'Neuen Welt' dienen.[36] Ein großer Erfolg war beiden Autoren beschienen: Raynals *Histoire philosophique et politique des établissements & du commerce des*

---

34 Zu Ettes Modell der vier Phasen beschleunigter Globalisierung vgl. Ette, Ottmar: *TransArea. Eine literarische Globalisierungsgeschichte*. Berlin, Boston: de Gruyter 2012 (mimesis – Romanische Literaturen der Welt, 54), S. 1 ff.

35 Zitate aus Gerbis breit angelegter Untersuchung stammen im Folgenden aus der in der Forschungsliteratur stärker verbreiteten, englischen Übersetzung Gerbi, Antonello: *The Dispute of the New World. The History of a Polemic, 1750–1900*. Translated by Jeremy Moyle [1973]. Pittsburgh: University of Pittsburgh Press 2010.

36 Zu Humboldts Rolle in den europaweit geführten Debatten um den zivilisatorischen Stand der amerikanischen Kulturen schreibt Ottmar Ette: «Humboldt [...] verstand sich selbst als einen Teil der damaligen internationalen 'Gelehrtenrepublik', der europäischen *République des lettres*, mit ihren so leidenschaftlich geführten Debatten. So fehlen Verweise auf die großen Protagonisten des 'Disputs um die Neue Welt' im allgemeinen oder der 'Berliner Debatte' im besonderen ebensowenig wie Hinweise auf zeitgenössische Forschungsarbeiten über außereuropäische Kulturen und Sprachen, wie sie von Adelung, Amiot, Blumenbach, Denon, Krusenstern, La Condamine, Lafitau, Palin, Friedrich Schlegel, de Sacy, Thévenot, Vater, Visconti oder Warburton vorgelegt wurden.» Ette, Ottmar: *Alexander von Humboldt und die Globalisierung*, S. 236 f. Jürgen Osterhammel schreibt hierzu, Humboldts kulturanthropologische und politische Studien über die (süd-)amerikanischen Gesellschaften, insbesondere deren Aussagen

Européens dans les deux Indes (im Folgenden: *Histoire des deux Indes*) erschien allein zu Lebzeiten ihres Verfassers in drei unterschiedlichen, jeweils erweiterten Ausgaben (1770, 1774, 1780).[37] Dazu kamen zwei Atlanten (1773, 1780–1820), ein Separatdruck (*Tableau de l'Europe*, 1774) und die *Suppléments* (1781). Insgesamt sollte Raynal knapp 60 verschiedene Auflagen dieser Werke miterleben.[38]

> Die 1781 verbotene *Geschichte beider Indien*, die ihren Verfasser zum gefeierten Schriftsteller und 1789 in der Meinung der Zeitgenossen zu einem der geistigen Väter der Französischen Revolution erhob, war neben Voltaires *Candide* und Rousseaus *La Nouvelle Héloise* der größte Bucherfolg im Frankreich der zweiten Hälfte des 18. Jahrhunderts.[39]

Als 1820 die vierte, posthum erweiterte Ausgabe der *Histoire des deux Indes* erscheint,[40] liegen bereits zahlreiche, wenn auch lange nicht alle Partien des amerikanischen Reisewerks von Alexander von Humboldt vor. Humboldt stand zu jener Zeit in der Mitte seines Lebens und war am Höhepunkt seiner wissenschaftlichen Karriere angekommen. Und zweifelsohne spielt Raynals genauso

über die Rolle und das Schicksal der indianischen Bevölkerung seien «mit Blitz und Donner in eine absonderliche Debatte [hineingefahren], die das aufgeklärte Europa bewegte. [...] Gegen die Autorität des großen Reisenden [...] hatten die Invektiven Hegels und seiner Vorgänger spätestens seit dem Erscheinen einer deutschen Ausgabe des Reiseberichts keine Chance mehr.» Osterhammel, Jürgen: Alexander von Humboldt: Historiker der Gesellschaft, Historiker der Natur, S. 125.

37 Wenn im Folgenden von Raynal als Verfasser der *Histoire des deux Indes* gesprochen wird, dann natürlich eingedenk der Tatsache, dass Raynal neben der Co-Autorschaft von Denis Diderot die redaktionelle und thematische Zuarbeit zahlreicher weiterer Autoren zur Erstellung und sukzessiven Überarbeitung seines Werkes in Anspruch nehmen konnte. Vgl. zu dieser Frage Courtney, Cecil Patrick/Goggi, Gianluigi u. a.: Introduction générale. In: Raynal, Guillaume-Thomas: *Histoire philosophique et politique des établissements & du commerce des Européens dans les deux Indes. Édition critique. Tome 1 [Livres I à V]*. Ferney-Voltaire: Centre international d'Étude du XVIIIe siècle 2010, S. XXIX–LII, S. XXX f. und Courtney, Cecil Patrick: The Art of Compilation and the Communication of Knowledge. The Colonial World in Enlightenment Encyclopedic Histories: the Example of Raynal's *Histoire philosophique des deux Indes*. In: Lüsebrink, Hans-Jürgen (Hg.): *Das Europa der Aufklärung und die außereuropäische koloniale Welt*. Göttingen: Wallstein 2006 (Das achtzehnte Jahrhundert. Supplementa, 11), S. 39–50.

38 Courtney, Cecil Patrick/Goggi, Gianluigi: Bibliographie sommaire des éditions de *l'Histoire des deux Indes*. In: Raynal, Guillaume-Thomas: *Histoire philosophique et politique des établissements & du commerce des Européens dans les deux Indes. Édition critique. Tome 1 [Livres I à V]*. Ferney-Voltaire: Centre international d'Étude du XVIIIe siècle 2010, S. LIII–LXXX, S. LIII ff.

39 Lüsebrink, Hans-Jürgen: Die *Geschichte beider Indien* – ein verdrängter Bestseller. In: Raynal, Guillaume-Thomas/Diderot, Denis: *Die Geschichte beider Indien*. Ausgewählt und erläutert von Hans-Jürgen Lüsebrink. Nördlingen: Greno 1988 (Die Andere Bibliothek), S. 329–344, S. 329.

40 Courtney, Cecil Patrick/Goggi, Gianluigi: Bibliographie sommaire des éditions de l'Histoire des deux Indes, S. LXXII.

erfolgreicher wie umstrittener Bestseller eine große Rolle in Humboldts Reisewerk. Man kann dabei Gilles Bancarel durchaus zustimmen, wenn er resümierend schreibt, dass «dans une certaine mesure Humboldt viendra par son œuvre scientifique prolonger celle de Raynal, à la fois au niveau du contenu et de la réputation».[41] Die Anzahl der von Raynal wie Humboldt gemeinsam getragenen Überzeugungen ist nicht gering. Als Vordenker der Globalisierung prägen sie einen europäischen Wissenschaftsstil, der dem eigenen Anspruch nach nicht weniger als planetare Deutungs- und Erklärungsmuster anstrebt. Als politische Autoren streiten sie für die universalen Rechte des Menschen, und stehen wie wenige sonst für die dezidierte Kritik am europäischen Kolonialismus und besonders am transatlantischen System von Sklavenhandel und Sklaverei, für die beide Autoren ihre Leser nicht nur mit den amerikanischen Greueltaten konfrontieren, sondern sie ebenso an die Sklaverei vor der eigenen Haustür, an die jahrhundertealte Tradition der feudalen Lehnsherrschaft erinnert. Damit einher geht die tiefe liberale Überzeugung, dass der Ausbau weltweiter Handelsbeziehungen den besten Weg zu wirtschaftlichem, politischem und kulturellem Fortschritt bietet, wenn auch der Handel in Raynals Werk immer wieder in seinem Janusgesicht auftritt und zugleich Vorraussetzung bürgerlicher Freiheit wie Ursache für die Dekadenz der Völker ist.

So schreibt er in seiner 'Introduction' zum Aufstieg und Fall der europäischen Reiche in der Antike:

> Dès que le commerce, qui trouve à la fin sa ruine dans les richesse qu'il entasse, comme toute puissance la trouve dans ses conquêtes; dès que le commerce des Grecs eut cessé dans la Méditerranée, il n'y en eut plus dans le monde connu.[42]

Auf der anderen Seite sind es die Erfolge und sozialen Transformationen des Handelswesens, welche die Sklaverei in Europa abschütteln konnten:

---

41 Bancarel, Gilles: *L'Histoire des deux Indes* ou la découverte de la mondialisation. In: *HiN – Internationale Zeitschrift für Humboldt-Studien* XII (2011) H. 22, S. 23–34, S. 24. <http://www.hin-online.de>

42 Raynal, Guillaume-Thomas: *Histoire philosophique et politique des établissements & du commerce des Européens dans les deux Indes. Édition critique. Tome 1 [Livres I à V]*. Ferney-Voltaire: Centre international d'Étude du XVIIIe siècle 2010, S. 26. Dt. Übers.: «Sobald der Handel, der endlich seinen Untergang in den Reichtümern findet, die er anhäuft, wie jede Macht ihn in ihren Eroberungen findet, sobald, sage ich, der Handel der Griechen im mittelländischen Meer aufgehört hatte, so hatte es damit sein Ende in der ganzen bekannten Welt.» Raynal, Guillaume-Thomas/Diderot, Denis: *Die Geschichte beider Indien*. Ausgewählt und erläutert von Hans-Jürgen Lüsebrink. Nördlingen: Greno 1988 (Die Andere Bibliothek), S. 14.

> C'est quand il y eut de l'industrie & des richesses dans le peuple, que les princes le comptèrent pour quelque chose. C'est quand les richesses du peuple purent être utiles aux rois contre les barons, que les loix rendirent meilleure la condition du peuple.[43]

Doch mit gleichem Recht muss man die zahlreichen Unterschiede und Differenzen betonen, die sich in Methode, Absicht und Argumentation zwischen beiden Autoren festmachen lassen.

Beide richten ihr Denken aus an einer globalen, weltumspannenden Perspektive, die sich nur dann entfalten kann, wenn sie vor dem Hintergrund der europäischen Expansions- und Kolonialgeschichte betrachtet wird. Bei Raynal ist diese Perspektive getragen vom Universalismus der Aufklärung und bekämpft die sozialen, politischen und kulturellen Übel eines überkommenen und in seiner Machtausübung despotischen *Ancien Régime*.[44] Die *Histoire des deux Indes* ist in ihrer politischen Agenda damit – trotz ihres globalhistorischen Anspruchs – vor allem eine Streitschrift *nach innen*. Doch geht mit dieser Perspektive eine ebenso radikale Deutungshoheit über die Kulturen und Völker der Welt einher, die im Werk Alexander von Humboldts in radikaler Weise infrage gestellt, wenn auch nicht in ihrer ganzen Komplexität aufgelöst werden kann. Denn zweifelsohne ist auch Humboldt als Wissenschaftler dem, wie Ottmar Ette es formuliert hat, «Projekt einer unvollendeten Moderne»[45] verbunden, das seinen klaren Anker- und Ausgangspunkt in den geistigen Traditionen Europas hat. Doch zu wissen, wo man steht, heißt bei Humboldt nicht zugleich, immer zu wissen, was man sieht.

Der Kernbegriff für Humboldts Argumentation *gegen* die von Raynal prototypisch vertretene Geisteshaltung ist jener der «idées systematiques». Die Formulie-

---

43 Raynal, Guillaume-Thomas: *Histoire [des] deux Indes*, S. 26. Dt. Übers.: «Die Fürsten fingen nicht eher an, auf das Volk Rücksicht zu nehmen, als bis Gewerbsamkeit und Reichtümer unter demselben waren. Als die Reichtümer des Volks den Königen Beistand gegen die Barone verschaffen konnten, da verbesserten erst die Gesetze den Zustand des Volks.» Raynal, Guillaume-Thomas/Diderot, Denis: *Die Geschichte beider Indien*, S. 23.

44 Gegen Ende seines Lebens vollzog Raynal in dieser Frage eine zumindest in den Augen der Öffentlichkeit radikale Kehrtwende, die seinen Ruf als einer der führenden Vordenker der Französischen Revolution ruinieren sollte: «In seiner *Adresse à l'Assemblée Nationale* [31. Mai 1791] attackierte Raynal mit scharfen Worten die Entmachtung des Königs seit 1789, die Enteignung der Kirchengüter, die politische Legitimierung von Gewalttaten und Plünderungen und schließlich den wachsenden Einfluß politischer Klubs, etwa des Jakobinerklubs. [...] Raynals Name wurde fortan aus jenem Fünfergestirn der 'Väter der Revolution' [Mably, Montesquieu, Raynal, Rousseau, Voltaire] herausgebrochen, zu dem er seit der Einberufung der Generalstände im Frühjahr 1789 unangefochten gehört hatte.» Lüsebrink, Hans-Jürgen: Die «Geschichte beider Indien» – ein verdrängter Bestseller, S. 334 f.

45 Ette, Ottmar: *Weltbewußtsein*.

rung findet sich an mehreren Stellen in Humboldts Werk und besonders akzentuiert am Ende seiner bereits erwähnten Studie zur aztekischen[46] Piedra del Sol[47]:

> Un peuple qui régloit ses fêtes d'après le mouvement des astres, et qui gravoit ses fastes sur un monument public, étoit parvenu sans doute à un degré de civilisation supérieur à celui que lui ont assigné Pauw, Raynal, et même Robertson, le plus judicieux des historiens de l'Amérique. Ces auteurs regardent comme barbare tout état de l'homme qui s'éloigne du type de culture qu'ils se sont formé d'après leurs idées systématiques. Nous ne saurions admettre des distinctions tranchantes en nations barbares et nations civilisées. [...] Avant de classer les nations, il faut les étudier d'après leurs caractères spécifiques [...].[48]

Folgen wir der Wortgeschichte des hier entscheidenden Begriffs – systématique –, dann wird die Stoßrichtung von Humboldts Kritik besonders deutlich. So schreibt das *Dictionnaire historique de la langue française*:

---

46 Wenn hier und in folgenden Passagen dieser Arbeit von 'Azteken' die Rede ist, dann vor allem, weil Humboldt selbst diese Bezeichnung als Übernahme aus dem spanischen Sprachgebrauch häufig verwendet. Hier hatte sich der Begriff Azteken («die aus Aztlan kommen») im 18. Jahrhundert durch die Arbeiten des Jesuitenpaters Clavijero etabliert. Vgl. hierzu Prem, Hanns J.: *Die Azteken*, S. 9 f., auch Fn. 1 der Einleitung. Der Begriff ist in der Forschung so verbreitet wie umstritten, da «[t]he Mexica, comprising the Nahuatl-speaking Tenochcas and Tlatelolcas, never at any point referred to themselves or their city-states, let alone their empire, as 'Aztec'. They simply considered themselves as ethnic Nahuas – speakers of Nahuatl – like many of their neighbours. At the time of the Spanish conquest they were likewise referred to by the Spaniards as Mexica – hence the name for modern Mexico. Unfortunately, the misapplication of the term 'Aztec' originated in scholarly works of the nineteenth century such as those by the Prussian naturalist Alexander von Humboldt. The name was later popularized by the American writer William Prescott and has been widely and erroneously used ever since.» McEwan, Colin/López Luján, Leonardo: Introduction. In: McEwan, Colin/López Luján, Leonardo (Hg.): *Moctezuma. Aztec Ruler*. London: British Museum Press 2009, S. 18–23, S. 21.

47 Hierbei handelt es sich nicht nur um die umfangreichste Einzelstudie der *Vues des Cordillères*, sondern auch um die erste, im heutigen Sinne als 'wissenschaftlich' zu bezeichnende Untersuchung zu jenem aztekischen Kulturmonument, das Humboldt noch für einen Kalenderstein hielt. «[D]iese Auffassung war bis zum Jahre 1879 maßgeblich. Erst zu dem Zeitpunkt konnte nachgewiesen werden, daß der sogenannte 'Kalenderstein' ein Abbild des Sonnengottes Tonatiuh war.» Löschner, Renate: Alexander von Humboldts Bedeutung für die Altamerikanistik, S. 254.

48 Humboldt, Alexander von: *Vues des Cordillères*, S. 194. Dt. Übers.: «Ein Volk, das seine Feste nach der Bewegung der Gestirne richtete und seinen Festkalender in ein öffentliches Monument gravierte, hatte wahrscheinlich eine höhere Zivilisationsstufe erreicht als die, welche Pauw, Raynal und selbst Robertson, der klügste der Geschichtsschreiber Amerikas, ihm zugestanden. Diese Autoren sahen jeden Zustand des Menschen als barbarische an, der sich von demjenigen KUlturtypus entfernt, den sie sich nach ihren systematischen Ideen gebildet haben. Diese scharfen Unterscheidungen zwischen barbarischen und zivilisierten Nationen können wir nicht gel-

> SYSTÉMATIQUE adj. et n. Repris au XVIIIe s., il suit l'évolution de *système* et qualifie (1721) ce qui appartient, se rapporte à un système; en même temps, il s'emploie péjorativement (1721) à propos d'une opinion, d'une idée dictée par un système plutôt que par le respect du réel.[49]

Eine «idée dictée par un système» aber wird der Vielfalt und Komplexität der Welt, die Humboldt bereist und gerade im Kontrast zu seinem europäischen Weltwissen versuchen wollte, besser zu verstehen, nicht mehr gerecht. Vielmehr artikuliert er in den *Vues des Cordillères* ein Differenzbewusstsein, das nicht mehr von einem stabilen, auf dem Boden europäischer Kulturgeschichte allein zu definierenden Zivilisationsbegriff ausgeht und damit das Problem des universalistischen Deutungsanspruchs zur zentralen Frage seiner Studie macht. Es ging darum, Zivilisation in ihren qualitativen Unterschieden als Bestimmungsfeld pluraler, jeweils spezifischer Entwicklungen zu denken. Nicht bevor man ihren Eigenwert und ihre kulturelle Eigenlogik genauer untersucht und vielleicht verstanden hat, sollte man sich erlauben, über ihren Stellenwert im Rahmen einer globalen Kulturgeschichte des Menschen zu richten.

Doch gerade aus diesem Bewusstsein ergab sich ein spezifisches Bewältigungsproblem: wie von Europa und der Vorstellung einer linearen, kulturellen Entwicklung aller Völker der Menschheit absehen? Wie das andere *anders*, in seiner Eigenlogik verstehen und zugleich auf der unverbrüchlichen Einheit des Menschengeschlecht bestehen? Es blieb die Frage: wieviel müssen wir über ein anderes, uns aufgrund verschütteter Quellen und nur unzureichend verstandenen Zeugnissen unbekanntes Volk wissen, bevor wir seine Leistungen im Licht der Weltkulturen und der Kulturgeschichte des Menschen beurteilen können?

Humboldt nahm für seine Antwort auf dieses Problem durchaus den Zeitgeist in Anspruch. Schon in der Einleitung zu den *Vues des Cordillères* verweist er auf eine neue, vom kulturellen Erbe des Abendlandes abstrahierende Kulturforschung, der er seine eigene Konzeption eindeutig zuordnet:

> Depuis la fin du dernier siècle, une révolution heureuse s'est opérée dans la manière d'envisager la civilisation des peuples et les causes qui en arrêtent ou favorisent les pro-

---

ten lassen. [...] Ehe man die Nationen klassifiziert, muß man sie in ihrem eigentümlichen Charakter studieren [...].» Humboldt, Alexander von: *Ansichten der Kordilleren*, S. 233 f.

49 Rey, Alain (Hg.): *Dictionnaire historique de la langue française*, S. 2069 f. Dieselbe Einschätzung – gemünzt auf Cornelius de Pauw – teilte mit Humboldt übrigens Voltaire. In einem Brief an Friedrich II. vom 21. Dezember 1775 schreibt der Autor des *Candide* diplomatisch: «Je trouve ce M. Pauw un très-habile homme, plein d'esprit et d'imagination; un peu systématique, à la vérité, mais avec lequel on peut s'amuser et s'instruire.» Voltaire [François-Marie Arouet]: *Oeuvres complètes. Nouvelle édition. Correspondance XVII (Années 1774–1776, No. 9092–9750)*. Herausgegeben von Louis Moland. Paris: Garnier Frères 1882, S. 458.

> grès. [...] Les monumens de l'Égypte, décrits de nos jours avec une admirable exactitude, ont été comparés aux monumens des pays les plus éloignés, et mes recherches sur les peuples indigènes de l'Amérique paroissent à une époque où l'on ne regarde pas comme indigne d'attention tout ce qui s'éloigne du style dont les Grecs nous ont laissé d'inimitables modèles.[50]

Wir können diese Stelle zweifellos als Beleg für eine Vorstellung von vergleichender Kulturgeschichte als linearer Entwicklungsgeschichte lesen, innerhalb derer sich, wie Humboldt zu Beginn schreibt, unseren Augen «le tableau de la marche uniforme et progressive de l'esprit humain»[51] bietet. Doch wird – in einer für seine Argumentation typischen Weise – ebenso deutlich, dass Humboldt sich hier programmatisch von einer klassizistischen Lektüre der Kunst- und Kulturmonumente Amerikas *abgrenzt*. Es ist die Ankündigung, in den folgenden Studien eben *nicht* nach der antiken Stilvorgabe zu klassifizieren, sondern die Aufmerksamkeit gerade auf das abweichende Moment, auf die Kulturdifferenz zu richten. Von hier zum kulturrelativistischen Postulat des deutsch-amerikanischen Anthropologen Franz Boas, jede Kultur sei nur aus sich selbst heraus zu begreifen, war es zweifellos noch ein weiter Weg.[52] Doch wird in Humboldts Argumentation ein gewisses Schwanken zwischen den Polen klarer Hierarchisierung und Relativierung deutlich, das den Schwellencharakter dieses Werkes wie das seines Denkens verdeutlicht. So spricht er – fast im selben Atemzug – auf der einen Seite von «Monumente[n], die von halbbarbarischen

---

50 Humboldt, Alexander von: *Vues des Cordillères*, S. II f. Dt. Übers.: «Seit dem Ende des letzten Jahrhunderts hat sich in der Art und Weise, die Zivilisationen der Völker und die Gründe für das Stocken oder Fortschreiten ihrer Entwicklung zu betrachten, eine glückliche Umwälzung vollzogen. Wir haben Nationen kennengelernt, deren Gebräuche, Institutionen und Künste sich fast ebensosehr von denen der Griechen und Römer unterscheiden wie die ursprünglichen Formen untergegangener Tiere von denen der Arten, die Gegenstand der beschreibenden Naturgeschichte sind. [...] Die Monumente Ägyptens, heutzutage mit vortrefflicher Genauigkeit beschrieben, sind mit den Monumenten der entferntesten Länder verglichen worden, und meine Forschungen über die eingeborenen Völker Amerikas erscheinen zu einer Zeit, da man nicht mehr alles als der Aufmerksamkeit unwürdig betrachtet, was von dem Stil abweicht, von dem die Griechen uns unnachahmliche Vorbilder hinterlassen haben.» Humboldt, Alexander von: *Ansichten der Kordilleren*, S. 4 f.

51 Humboldt, Alexander von: *Vues des Cordillères*, S. 2. Dt. Übers.: «unseren Augen das Gemälde des gleichförmigen Fortschreitens» Humboldt, Alexander von: *Ansichten der Kordilleren*, S. 18.

52 Vgl. zu Franz Boas' Rezeption der Werke Alexander und Wilhelm von Humboldts Bunzl, Matti: Franz Boas and the Humboldtian Tradition: From Volksgeist and Nationalcharakter to an anthropological concept of culture. In: Stocking, George W. (Hg.): *Volksgeist As Method and Ethic: Essays on Boasian Ethnography and the German Anthropological Tradition*. Madison: The University of Wisconsin Press 1996 (History of Anthropology 8), S. 17–78.

Völkern errichtet worden sind».[53] Sein Sprachgebrauch ist also zunächst der übliche. Auf der anderen Seite gesteht er ein:

> En employant dans le cours de ces recherches les mots *monumens du nouveau monde, progrès dans les arts du dessin, culture intellectuelle*, je n'ai pas voulu désigner un état de choses qui indique ce qu'on appelle un peu vaguement une civilisation très-avancée. Rien n'est plus difficile que de comparer des nations qui ont suivi des routes différentes dans leur perfectionnement social. Les Mexicains et les Péruviens ne sauroient être jugés d'après des principes puisés dans l'histoire des peuples que nos études nous rappellent sans cesse.[54]

Mit anderen Worten: die Herausforderung, welche die Distanz zwischen dem vermeintlich Vertrauten der europäischen Kulturtradition und den amerikanischen Hochkulturen für den Humboldt'schen Geist darstellte, konnte eben *nicht* mit einem rein europäischen Denken beantwortet werden. Diese Überzeugung prägte ihn nicht nur als junger Amerika-Rückkehrer und erfolgsverwöhnter Wissenschaftler in Pariser Kreisen, also in jener Zeit zwischen 1810 und 1813, in der die *Vues des Cordillères* in mehreren Lieferungen bei Schoell in der Rue des Fossés-Montmartre erschien.

> Eines der Leitmotive von *Asie Centrale* [1843] ist – wie in vielen früheren Schriften auch – Humboldts Kampfstellung gegen jegliche Art von 'esprit systématique', also gegen eine abstrakten Theorien nachhängende Wissenschaftsauffassung, die – wie etwa die 'géographie systématique' – ihre Thesen nicht empirisch belegt.[55]

Es war eine Überzeugung, die Humboldt bis an sein Lebensende vertrat. In einer Unterredung vom Dezember 1857 sagte der 88-Jährige seinem Gesprächspartner, dem späteren Humboldt-Biographen Wilhelm Hornay:

> Ich habe bei den sogenannten 'wilden' Völkern die erhabensten Begriffe von Gott, Tugend, Freundschaft in den Anfängen ihrer Sprache gefunden, in deren tiefe Wahrheit

---

53 Humboldt, Alexander von: *Ansichten der Kordilleren*, S. 18.

54 Humboldt, Alexander von: *Vues des Cordillères*, S. XV. Dt. Übers.: «Wenn ich im Laufe dieser Forschungen die Worte *Monumente der neuen Welt, Fortschritt in den Zeichenkünsten, geistige Kultur* verwende, so habe ich damit keinen Zustand bezeichnen wollen, der dem entspricht was man etwas vage eine hochentwickelte Zivilisation nennt. Nichts ist schwieriger, als Nationen zu vergleichen, die in ihrer gesellschaftlichen Vervollkommnung verschiedenen Wegen gefolgt sind. Die Mexikaner und die Peruaner dürfen keinesfalls nach Prinzipien aus der Geschichte der Völker beurteilt werden, die unsere Bildung unablässig in uns wachruft.» Humboldt, Alexander von: *Ansichten der Kordilleren*, S. 15.

55 Ette, Ottmar: *Alexander von Humboldt und die Globalisierung*, S. 347.

> mich hinein zu denken mir nur gelang, wenn ich ganz von Europäischen Anschauungen, zumal von Äußerlichkeiten mich im Geiste losmachte.[56]

Humboldt erkannte also die Notwendigkeit, sich in die «tiefe Wahrheit» eines radikal verschiedenen Verständnisses eben jener Begriffe und Fundamentalvorstellungen (Gott, Tugend, Freundschaft) hinein zu denken, die selbst zutiefst durch das eigene Verständnis sprachlich wie kulturell vorgeprägt sind. Dass dieses Denken einer Differenz durch ein Denken in der anderen Sprache zugleich verlangte, sich von den Prinzipien der eigenen intellektuellen und kulturellen Herkunft frei zu machen oder dies zumindest anzustreben, zeugt von einem außergewöhnlich selbstreflexiven Anspruch an die Standards der eigenen Analysefähigkeit und weisen *als Praxis* («in deren tiefe Wahrheit mich hinein zu denken mir nur gelang») weit über ihre Zeit hinaus.

Im Sinne einer frühen, wenn auch keineswegs ausgereiften Kulturtheorie erprobt er diesen Anspruch an das eigene Denken bereits in den *Vues des Cordillères*. Wider den Drang einer kulturellen Essentialisierung und wider *seiner* kulturellen Prägungen europäischer Provenienz setzt Humboldt die Spannung einer Begrifflichkeit, die sich in seiner Auseinandersetzung mit Kulturdifferenz und -vergleich eben nicht imstande sieht, sich definitorisch und damit klassifikatorisch festzulegen.

> Humboldt entfaltet eine Kulturtheorie, die aus heutiger Sicht äußerst fruchtbar erscheint: Er unternimmt den Versuch, Universalität und Diversität der Menschen gleichzeitig zu denken, das Allgemeine und das Spezifische der Zivilisationen herauszuarbeiten, die aufklärerische Idee einer Einheit der Menschheit in einem einsinnigen Entwicklungsprozeß mit der Kontingenz der Erfahrungen und der individuellen Verschiedenheit jeder einzelnen Kultur in Einklang zu bringen, die Identität des 'Eigenen' in der Differenz zum 'Fremden' auszumachen und dabei zugleich die wechselseitige Hybridisierung der Kulturen in den Blick zu bekommen.[57]

Die Spannungen, die dieser nachdenkliche Umgang mit der in Amerika vorgefundenen kulturellen Vielfalt und Tiefe provoziert, hält Humboldt aus, ohne sie sprachlich oder intellektuell ganz auflösen zu können. In ihrem experimentellen Charakter sind die kulturanthropologischen Ausführungen Humboldts daher auch ein Ausdruck für die enorme Wucht, die der Eindruck der 'Monumente der eingeborenen Völker Amerikas' in diesem Mann auslösen musste, der als Europäer in der Nachfolge Lorenzo Boturinis wohl die größte Zahl an mesoamerikanischen Kulturartefakten zu Gesicht bekommen und dabei der ih-

---

56 Zitiert nach Hornay, Wilhelm: *Alexander von Humboldt. Sein Leben und Wollen für Volk und Wissenschaft*. Nach Originalien von Hornay. Hamburg: Hoffmann und Campe 1860, S. 12 f.

57 Lubrich, Oliver/Ette, Ottmar: Die Reise durch eine andere Bibliothek, S. 414.

nen eingeschriebenen Kulturgeschichte nachgespürt hatte. Drei Jahrzehnte nach Fertigstellung von Raynals *Histoire des deux Indes* weisen Humboldts *Vues des Cordillères* also entscheidende Unterschiede zu den «idees systematiques» auf, von denen er sich so deutlich abgrenzt.

Der sprachliche Duktus, die ebenso kenntnisreiche wie auf möglichst vielfältige und vielstimmige Quellen ausgerichtete Recherche, die Achtung vor dem, was das Andere und dem europäischen Blick unbekannte in einer anderen Kultur unverständlich macht, zeichnen diese Haltung aus. Auch die Wahl der Gattung unterscheidet sich deutlich und ist durchaus signifikant für Humboldts vorsichtiges Analyseverfahren. Ist Raynals Text eine historiographisch motivierte Streitschrift gegen den Kolonialismus und die überkommenen Machtverhältnisse in den europäischen Monarchien, so sind die *Vues des Cordillères* ein Kulturatlas, dem jegliche Teleologie der eigenen Erzählung fremd ist, ja der sich aufgrund seiner gattungsspezifischen Struktur als komplexes und nicht-lineares Text-Bild-Gefüge einer solchen Gerichtetheit des Arguments von vorneherein entzieht. Schon durch diese Entscheidung nimmt er der Geschichte, die den Objekten und Phänomenen seiner Kulturanalyse zugrunde liegt, die argumentative Wucht. Zum spezifischen Charakter der *Vues des Cordillères* gehört in diesem Zusammenhang auch eine gewisse Demut, zu der sich Humboldt trotz allen Quellenstudiums, das im Unterschied zu seinen Vorgängern mit gleichem Recht europäische wie kreolische und indigene Texte beinhaltete, veranlasst sieht. Das Ergebnis ist erstaunlich: Mit seiner transkontinentalen Bibliothek von Quellen aus drei Jahrhunderten formuliert Humboldt in den *Vues des Cordillères* aber ebenso in seinem *Examen critique* wie im *Kosmos* einen Anspruch an das Denken auf der Basis sich gegenseitig widersprechender Wissensordnungen. Dabei zählt weniger, dass Humboldt aufgrund seiner äußerst umfangreichen Quellenarbeit *mehr* weiß als seine europäische Leserschaft. Entscheidender ist, dass er sich einer Haltung verweigert, mit der sich seine eigenen Studien in eines der Lager der Polemik einreihen ließen. Wenn Humboldt, wie bereits gesehen, zu Beginn der *Vues des Cordillères* schreibt, dass einige *armchair travelers* seiner Zeit «se livrant à des hypothèses brillantes mais fondées sur des bases peu solides; ont tiré des résultats généraux d'un petit nombre de faits isolés», dann hätte sich damit Raynal zu Lebzeiten noch direkt angesprochen fühlen können.

Auf einer textanalytischen Ebene werden die Unterschiede zwischen Raynal und Humboldt wohl vor allem an der jeweiligen Stimme deutlich. Im Gegensatz zu Raynals und besonders Diderots emphatischen Eruptionen spricht aus Humboldts Texten ein «esprit d'inquiétude morale»,[58] der die Unvollstän-

---

58 Humboldt, Alexander von: Lettres d'Alexandre de Humboldt à Marc Auguste Pictet (1795–1824). In: *Le Globe* (1868) H. 7, S. 129–204, S. 188.

digkeit der eigenen Untersuchung herausstellt und die letztgültige Bestimmbarkeit seiner Analysen mehr infragestellt als dass er sie behaupten würde. Es mag sein, dass gerade darin die an Raynal so kritisierten «idées systématiques» für Humboldt als Vorbild dienten, insofern er erkannte, wie deutlich er sich angesichts der prominenten und im europäischen Bewusstsein so wirkmächtigen Vorarbeit des kulturellen Strafrichters Raynal unterscheiden wollte. Schließlich galt es, angesichts von Gallionsfiguren wie Raynal, de Pauw und Robertson gegen die Geschichte eines Schreibens über die Neue Welt zu bestehen, die stets auch die Geschichte des Ab- und Umschreibens Neuer Welt-Diskurse war. Gerbis berühmte Studie zeigt dies in aller Deutlichkeit. Neuer-Welt-Diskurse freilich, die zumeist ohne jegliche Neue-Welt-Erfahrung auskamen, ja die Notwendigkeit einer solchen gänzlich abstritten. Raynal selbst könnte hierin nicht deutlicher sein:

> L'homme contemplatif est sédentaire; & le voyageur est ignorant ou menteur. Celui qui a reçu le génie en partage, dédaigne les détails minutieux de l'expérience; & le faiseur d'expériences est presque toujours sans génie.[59]

Die Figur des *philosophe voyageur* des späten 18. und 19. Jahrhunderts relativiert diese kopier- und manipulierfreudige Tradition seines aus Überzeugung sesshaften, nachdenklichen Pendants. Humboldt ist hier freilich nicht die einzige, aber doch eine der prominentesten Stimmen.

Es bleibt die eigentliche Pointe dieses reisenden und mit Messdaten wie Quellen und eigener Erfahrung gut versorgten Wissenschaftlers, dass sein Urteil im Angesicht der Dinge, «à la vue même des grands objets que je devois décrire»,[60] nicht entschiedener, sondern zumeist vorsichtiger wird. Und gerade weil das europäische Bild von Amerika so stark von Autoren wie Raynal beeinflusst war, ist der Eindruck, den Kultur und Natur der «régions équinoxiales du Nouveau Continent» auf den reisenden Preußen machten, so überwältigend in seiner Fülle, Vielfalt und Neuartigkeit. Wo Raynal noch bar jeden Belegs behaupten konnte, in der Alten gebe es zweimal mehr Arten als in der Neuen Welt,[61] weiß Humboldt im Angesicht des tropischen Überangebots von Natur-

---

59 Raynal, Guillaume-Thomas: *Histoire philosophique et politique des établissemens et du commerce des Européens dans les deux Indes. Tome sixième.* Genève: Pellet ^{3}1781, S. 45. Dt. Übers.: «Der nachdenkende Mensch hat eine sitzende Lebensart, und der Reisende ist entweder unwissend oder ein Lügner. Derjenige, dem das Genie zuteil geworden ist, verachtet die pünktlichen Kleinigkeiten der Erfahrung; und derjenige, der Versuche macht, ist fast immer ohne Genie.» Raynal, Guillaume-Thomas/Diderot, Denis: *Die Geschichte beider Indien,* S. 200 f.

60 Humboldt, Alexander von/Bonpland, Aimé: *Essai sur la Géographie des Plantes,* S. VII.

61 Vgl. zu dieser Tradition Gerbi, Antonello: *The Dispute of the New World,* S. 47.

erscheinungen und dem europäischen Botaniker unbekannten Species zuerst gar nicht wohin mit seiner Aufmerksamkeit. So schreibt Alexander aus Cumaná an seinem ersten Tag auf amerikanischem Boden (16. Juli 1799) an seinen Bruder Wilhelm von Humboldt in einer in der Humboldt-Forschung längst topisch gewordenen Passage:

> wir sind hier einmal in dem göttlichsten und vollsten Lande. Wunderbare Pflanzen, Zitteraale, Tiger, Armadille, Affen, Papageien, und viele viele echte halbwilde Indianer, eine sehr schöne und interessante Menschenrasse. [...] Welche Bäume! Kokospalmen, 50 bis 60 Fuß hoch! [...] Und welche Farben der Vögel, der Fische, selbst der Krebse (himmelblau und gelb)! Wie die Narren laufen wir bis itzt umher; in den ersten drei Tagen können wir nichts bestimmen, da man immer einen Gegenstand wegwirft, um einen andern zu ergreifen. Bonpland versichert, daß er von Sinnen kommen werde, wenn die Wunder nicht bald aufhören. Aber schöner noch als diese Wunder im Einzelnen, ist der Eindruck, den das Ganze dieser kraftvollen, üppigen und doch dabei so leichten, erheiternden, milden Pflanzennatur macht. Ich fühle es, daß ich hier sehr glücklich sein werde und daß diese Eindrücke mich auch künftig noch oft erheitern werden.[62]

Der tropische Reichtum von Natur und Mensch stellt die europäische Spekulation der Spätaufklärer locker in den Schatten. Und unter einem solchen, gewiss gespendet durch eine seiner geliebten Palmen, wird Alexander von Humboldt klar geworden sein, dass die Erfassung der ungeheuren Vielfalt der organischen Lebensformen in der 'Neuen Welt', dass die Begegnung mit den in ihrer epistemischen Differenz so reichen und (auch) daher unbekannten Kulturen eine geradezu unabschließbare Aufgabe darstellte. Dieser Befund gilt bis heute. Im Falle der Kulturwissenschaften beschäftigt er seit Jahrzehnten zahlreiche, längst in diverse *turns* zu unterteilende Zweige der Alteritätsforschung. Im Falle der Biodiversitätsforschung ist der Befund wohl quantitativ am leichtesten zu erfassen: So berechnet der Global Environment Outlook des Umweltprogramms der Vereinten Nationen, dass derzeit 1 750 000 erfassten Tier- und Pflanzenarten etwa 14 Millionen tatsächlich auf dem Globus vorhandenen Arten gegenüberstehen. Das Zentrum dieser weiterhin nur in Ansätzen verstandenen Diversität bilden zweifellos die Tropen: «Overall, tropical rainforests are thought to contain 50–90 per cent of all species.»[63] Und das – so würde uns Humboldt wohl heute zurufen – sollte uns als Reisende zuversichtlich stimmen.

5.6 Drei Jahrhunderte Neue Welt: Humboldts Bibliothek

Doch war Humboldt nicht nur der *philosphe voyageur*, der allein Kraft seiner Feldforschung und Erfahrung vor Ort eine Art von epistemischen Vorsprung zu

62 Humboldt, Alexander von: *Briefe aus Amerika 1799–1804*, S. 41 f.
63 Hood, Laura: Biodiversity: Facts and figures. In: *SciDev.Net* (2010). <http://www.scidev.net>

beanspruchen glaubte. Denn Humboldt ist *philosoph contemplatif* wie *voyageur* zugleich, er ist, in den Worten von Philipp Albert Stapfer «Leibniz und Cook in einer Person».[64] Hierfür stehen in besonderer Weise Humboldts Lektüren, jene im Haupt- und Fußnotentext der *Vues des Cordillères* als Wissenshorizont markierten Quellen, die Humboldt bei der wissenschaftlichen Kontextualisierung seiner altamerikanischen Studien zur Verfügung standen.

Humboldts für seine Zeit ungewöhnliche und im Folgenden noch zu erläuternde, hohe Wertschätzung der frühkolonialen Geschichtsschreibung bildet nicht nur den Resonanzraum für die eigenen Überlegungen. In ihrer Bedeutung als Quellenmaterial für das Verständnis der altamerikanischen Kulturen sind sie auch Grundlage für das zwischen 1834 und 1838 erschienene *Examen critique*. Sie zeigen eine bald vier Jahrzehnte andauernde Beschäftigung mit der Geschichte sowie dem Wissen von der 'Neuen Welt'. An erster Stelle in Humboldts Lektürekanon steht José de Acostas[65] *Historia natural y moral de las Indias* (1590). Nicht minder wichtig sind Pedro de Cieza de Leóns *Crónica del Perú* (1554), López de Gómaras *Historia general de las Indias: Crónica de la Nueva España* (1553) und Bernardino de Sahagún frühe ethnographische Aufzeichnungen, die zwar als Replik auf López de Gómara als *Historia universal (general) de las cosas de (la) Nueva España* bereits in den 1560er Jahren geschrieben, aber erst 1829–1830 veröffentlicht wurden. Humboldt konnte Sahagún daher nur indirekt aus der für die Recherche zu den *Vues des Cordillères* ebenfalls grundlegenden *Monarquía indiana* (1615) von Juan de Torquemada zitieren, über dessen Geschichtsschreibung der Preuße allerdings ein deutliches Urteil fällt:

> Le père Torquemada parle [...] d'une manière si confuse du système de la chronologie des Mexicains, qu'on peut supposer qu'il a mal entendu presque tout ce que les Indiens lui ont rapporté des phénomènes astronomiques. [...] Torquemada a réuni, avec la plus scrupuleuse exactitude, des noms, des traditions et des faits isolés: mais, dépourvu de toute critique, il se contredit lui-même chaque fois qu'il essaie à combiner des faits, ou à juger de leurs rapports mutuels.[66]

---

64 Stapfer in Dettelbach, Michael: Alexander von Humboldt zwischen Aufklärung und Romantik, S. 144.

65 Für biobibliographische Hinweise zu allen hier genannten Autoren in Verbindung mit Humboldts Text vgl. den zumeist ausführlichen Anmerkungsapparat in Humboldt, Alexander von: *Views of the Cordilleras*.

66 Humboldt, Alexander von: *Vues des Cordillères*, S. 182. Dt. Übers.: «Pater Torquemada spricht [...] in so verworrener Weise von dem chronologischen System der Mexikaner, daß man annehmen darf, er habe fast alles falsch verstanden, was die Indianer ihm über astronomische Phänomene berichtet haben. [...] Torquemada hat mir größter Gewissenhaftigkeit und Genauigkeit Namen, Überlieferungen und einzelne Fakten zusammengetragen; doch bar jeder Kritik widerspricht er sich jedes Mal, wenn er versucht, diese Fakten zu kombinieren oder ihre wech-

Humboldt rehabilitierte mit seinem umfassenden Blick auf die ersten Schriften (nach) der Conquista die frühe Geschichtsschreibung des amerikanischen Kontinents und leistet so indirekt quellenkritische Grundlagenforschung zu einem Kanon, der Lateinamerikanisten des 20. und 21. Jahrhunderts zur Selbstverständlichkeit geworden ist. Kreolische Autoren wie der berühmte 'peruanische' Chronist El Inca Garcilaso del Vega werden ebenso ausgewertet und besprochen wie – das gehört zu den ungewöhnlichsten Entscheidungen in Humboldts Lektüre – die indigenen Nahuatl-Historiker Tezozómoc, Cuauhtlehuanitzin, Ixtlilxóchitl und Nezahualcóyotl.

Das Beispiel Torquemada zeigt aber auch, wie ausführlich und genau Humboldt die Referenzen seiner kolonial- wie kulturhistorischen Forschung auswertete und einer detaillierten Quellenkritik unterzog. Es ist diese außereuropäische Bibliothek also, aus deren Wissensreservoir Humboldt gerade die Differenzierungsleistung zu erbringen vermag, die seiner europäischen Leserschaft ebenso fehlte wie sie von den Studien seiner Zeitgenossen unterschlagen oder im günstigsten Falle übersehen wurde.

> While Humboldt's new discourse on the New World did not exclude those authors who had traditionally legitimized European views on non-European subjects, *Views of the Cordilleras* specifically, and uniquely, called attention to authors whose work was either unknown in Europe or else had been discredited, and thus had not been part of the debates on the New World. [...] Humboldt was among the very first to bring to Europeans' attention a library in which the former history-less objects of Europe's imperial gaze became subjects whose testimonies and testimonials provided other perspectives on the conquista and continue to do so today. Contributing to allowing the views of the conquered to become public knowledge was a fundamental part of Humboldt's intellectual agenda.[67]

Neben den bedeutendsten Werken der frühkolonialen spanischen wie indigenen Geschichtsschreibung widmet er sich ausführlich den Forschungsergebnissen und historiographischen Synthesen seiner europäischen Zeitgenossen. Hier sind es in erster Linie die Arbeiten des italienischen Antikensammlers und Amerika-Reisenden Lorenzo Boturini Benaducci, Christian Ludwig Idelers Studien zur Astronomie der Antike, sowie die – von Humboldt allerdings als be-

---

selseitigen Beziehungen zu beurteilen.» Humboldt, Alexander von: *Ansichten der Kordilleren*, S. 222.

67 Kutzinski, Vera M./Ette, Ottmar: The Art of Science: Alexander von Humboldt's Views of the Cultures of the World. In: Humboldt, Alexander von: *Views of the Cordilleras and Monuments of the Indigenous Peoples of the Americas. A Critical Edition*. Edited with an Introduction by Vera M. Kutzinski and Ottmar Ette. Translated by J. Ryan Poynter. Annotations by Giorleny Altamirano Rayo and Tobias Kraft. Chicago, London: The University of Chicago Press 2012 (Alexander von Humboldt in English, 2), S. XV–XXXV, S. XXVIII f.

reits veraltet deklarierten – Arbeiten von William Robertson (*History of America*, 1777) und Jean-Sylvain Bailly (*Histoire de l'astronomie ancienne*, 1775). Im Falle von Charles Marie de La Condamines Reiseberichten (u. a. *Relation abrégée d'un Voyage fait dans l'Interieur de l'Amerique Méridionale*, 1747; *Histoire des Pyramides de Quito*, 1751) sind die Spuren in Humboldts Text auf eine doppelte Weise präsent, setzt er sich doch nicht nur mit den archäologischen 'Entdeckungen' seines französischen Kollegen intensiv auseinander. Auch dessen Forschungsreise wird im Text stets aufs Neue nachvollzogen. Humboldts eigene, in den meisten der 62 Texte zumindest anerzählte und für das Authentizitätsversprechen des gesamten Reisewerks so zentrale Reiseroute markiert dabei ebenso eine Über*schreitung* der Condamine'schen Spuren wie wir seine Studien als Über*schreibungen* der Condamine'schen Lektüre der Neuen Welt verstehen können. Eine Strategie, wie wir sie mit Blick auf den für die Forschungsreisen im 18. und 19. Jahrhundert geradezu topischen Moment der Bergbesteigung auch in Humboldts Aufsatzsammlung *Kleinere Schriften* (Stuttgart, Tübingen 1853) finden.

Das dritte Element in Humboldts drei Jahrhunderte umfassenden Bibliothek zur mesoamerikanischen Kultur war der Einfluss der kreolischen Wissenschaften seiner Zeit. Die *Storia antica del Messico* (1780–1781) des neu-spanischen Historikers und Jesuiten Francisco Javier Clavijero ist eines der Grundlagentexte für Humboldts Rekonstruktion der frühkolonialen Phase Mexikos, sowohl in den *Vues des Cordillères* als auch im *Essai politique sur le Royaume de la Nouvelle-Espagne*. Die *Descripción histórica y cronológica de las dos piedras* (1792) des mexikanischen Astronomen und Archäologen Antonio León y Gama war – in Europa kaum bekannt – eine der wichtigsten Grundlagen für Humboldts Auseinandersetzung mit dem aztekischen 'Kalenderstein' (Tafel XXIII) sowie den an derselben Stelle im Zentrum von Mexiko-Stadt 1790 ausgegrabenen Reliefstein *temalacatl* (Tafel XXI) und der monumentalen aztekischen Coatlicue-Skulptur (Tafel XXIX). Humboldt folgte León y Gamas Beispiel, in der Einschätzung und Kontextualisierung der aztekischen Kunst und Mythologie vor allem Náhuatl-Quellen zu vertrauen und ihnen – das war keineswegs selbstverständlich – die höchste Autorität in Fragen kultureller Deutung und Referentialität zuzusprechen.[68] Die Aufzeichnungen des neu-spanischen Barockgelehrten Carlos de Sigüenza y Góngora über das mexikanische Altertum, die schon im 17. Jahrhundert als weitgehend verschollen galten und nur indirekt in dem *Giro del Mondo* des italienischen Reiseabenteurers Gemelli Careri

---

68 Cañizares-Esguerra, Jorge: *How to Write the History of the New World. Historiographies, Epistemologies, Identities in the Eighteenth-century Atlantic World.* Stanford: Stanford University Press 2002, S. 272.

überdauerten, verarbeitet Humboldt in seiner auf eigener Archivarbeit in Mexiko basierenden Rekonstruktion der 'Hieroglyphen-Geschichte der Azteken von der Sintflut bis zur Gründung der Stadt México' (Tafel XXXII) und rehabilitiert dabei sowohl den angeschlagenen Ruf, unter dem die Arbeiten Careris standen, wie er seine Leserschaft auf die außergewöhnliche Leistung des zu seiner Zeit unübertroffenen Spezialistenwissens des dezidiert kreolischen Sigüenza hinweist.

5.7 Alte Welt und junger Kontinent?

Neben der polemischen Auseinandersetzung zum 'Neuen' stand auch stets die in ein hegemoniales Argumentationsschema sich gut integrierende These des 'Jungen Kontinents'. Folgte man dieser auf Buffon zurückgehenden und von Cornelius de Pauw übernommenen These, dann war die vermeintliche Rückständigkeit der amerikanischen Kultur, die Degeneration seiner tropischen Flora und Fauna, mit dem späteren Auftauchen der Landmassen aus dem Meer zu erklären, welche folglich der Entwicklung von Natur und Kultur des Menschen weniger Zeit als in der 'Alten Welt' gelassen hätten.

Diese (alte) These war Humboldts Zeitgenossen äußerst präsent. Der spätere amerikanische Präsident Thomas Jefferson war in seinen 1785 erstmals in Paris veröffentlichten *Notes on the State of Virginia* besonders auf Buffons These eingegangen, auf dem amerikanischen Kontinent gäbe es aufgrund der allgemeinen Degeneration keinen großen Tiere. Alle Spekulation, so Jefferson, sei aber nutzlos solange nicht empirisch bewiesen. Hierauf antwortet Humboldt in einem Schreiben, mit dem er sich während seiner Amerika-Reise beim Präsidenten vorstellen und um eine persönliche Audienz bitten wollte, mit dem Hinweis, er selbst habe Mammutzähne in den Anden auf einer Höhe von 1700 Klaftern gefunden.[69]

Kein Wunder, dass er auch gleich zu Beginn der *Vues des Cordillères* diesen Theorien in ganz ähnlicher Weise eine klare Absage erteilt.

> En examinant attentivement la constitution géologique de l'Amérique, en réfléchissant sur l'equilibre des fluides qui sont répandus sur la surface de la terre, on ne sauroit ad-

---

69 Humboldt, Alexander von: *Alexander von Humboldt und die Vereinigten Staaten von Amerika. Briefwechsel.* Herausgegeben von Ingo Schwarz. Berlin: Akademie Verlag 2004 (Beiträge zur Alexander-von-Humboldt-Forschung, 19), S. 89 f. Vgl. hierzu Schwarz, Ingo: Einführung. In: Ebda., S. 15 und Minguet, Charles: *Alexandre de Humboldt. Historien et géographe de l'Amérique espagnole (1799–1804).* Nouvelle édition entièrement révisée et refondue. Paris, Montreal: L'Harmattan 1997, S. 219 ff.

> mettre que le nouveau continent soit sorti des eaux plus tard que l'ancien. [...] Le globe entier paroît avoir subi les mêmes catastrophes. A une hauteur qui excède celle du Mont-Blanc, se trouvent suspendues, sur la crête des Andes, des pétrifications de coquilles pélagiques. Des ossemens fossiles d'éléphans sonst épars dans les régions équinoxiales [...]. Rien ne prouve que l'existence de l'homme soit beaucoup plus récente en Amérique que dans les autres continens.[70]

Jenseits einer vermeintlichen 'Kindheit' der Kultur, die pauschal mit einer Jugend des Kontinents begründet wurde, erklärt Humboldt das Gewordensein des Kulturcharakters der «peuples indigènes» mit einer Mischung aus Klima, Landschaft und kultureller Gestaltungskraft, deren Wurzeln er zumindest in Form einer Hypothese in Beziehung setzt zu einem möglichen asiatischen Herkunftsraum, für den es neben ethnischen und linguistischen Ähnlichkeiten vor allem auch Überschneidungen in der Zeitvorstellung, den Kunstformen und der Erinnerungskultur gebe. Das sich hieraus ableitende Analyseverfahren ist in erster Linie relational, orientiert an globalen Migrationsbewegungen der frühen Kulturvölker und jeweils areal spezifischen wie transareal[71] verbundenen Kulturausprägungen. Schon diese Anlage zeigt, dass Humboldt trotz der in den *Vues des Cordillères* paratextuell insinuierten Verbindung von Kultur und Natur seine anthropologischen Rückschlüsse eben nicht aus einem einfachen Geo- oder sogar Klimadeterminismus bezieht. Vielmehr folgt er gewissenhaft den wenigen Spuren einer komplexen asiamerikanischen Einwanderungsgeschichte über eine mögliche Landbrücke im Norden der Kontinente, in der es vor vielen Jahrtausenden zu einer epochalen Völkerwanderung gekommen sein musste.

> Si les langues ne prouvent que foiblement l'ancienne communication entre les deux mondes, cette communication se manifeste d'une manière indubitable dans les cosmogonies, les monumens, les hiéroglyphes et les institutions des peuples de l'Amérique et de l'Asie. J'ose me flatter que les feuilles suivantes justifieront cette assertion, en ajoutant plusieurs

---

70 Humboldt, Alexander von: *Vues des Cordillères*, S. VI. Dt. Übers.: «Untersucht man die geologische Beschaffenheit Amerikas aufmerksam, bedenkt man das Gleichgewicht der über die Erdoberfläche verteilten Flüssigkeiten, so kann keinesfalls angenommen werden, daß der neue Kontinent später aus den Fluten hervorgetreten sei als der alte. [...] Der gesamte Globus scheint die gleichen Katastrophen erlitten zu haben. In einer Höhe, die jene des Mont-Blanc übersteigt, finden sich auf dem Kamm der Anden Versteinerungen von pelagischen Muscheln. Fossile Elefantenknochen sind in den Äquinoktial-Gegenden verbreitet [...]. Nichts beweist, daß der Mensch in Amerika viel später aufgetreten sei als in den anderen Kontinenten.» Humboldt, Alexander von: *Ansichten der Kordilleren*, S. 7 f.

71 Vgl. zur Begrifflichkeit des Transarealen im Sinne einer Theorie kultureller Bewegungsmodelle und Transferprozesse Ette, Ottmar: *TransArea. Eine literarische Globalisierungsgeschichte*. Berlin, Boston: de Gruyter 2012 (mimesis – Romanische Literaturen der Welt, 54).

> preuves nouvelles à celles qui étoient connues depuis long-temps. On a tâché de distinguer avec soin ce qui indique une communauté d'origine, de ce qui est le résultat de la situation analogue dans laquelle se trouvent les peuples lorsqu'ils commencent à perfectionner leur état social.[72]

Mittlerweile wissen wir, dass Humboldts Hypothese zutrifft und die These eines Diffusionismus (s. a. Kap. 5.8) asiatischer Kulturtraditionen und -praktiken angesichts der nachgewiesenen interkontinentalen Völkerwanderung zumindest sehr wahrscheinlich werden lässt. Doch treibt die Frage nach dem Zeitpunkt und den Umständen der Besiedelung des amerikanischen Kontinents die archäologische, linguistische wie genetische Forschung bis heute um und hat stark divergierende Ergebnisse zutage gefördert. Gingen jüngere Untersuchungen davon aus, dass eine menschliche Erstübersetzung von Sibirien nach Alaska über die Behringstraße für den Zeitraum 15 000–12 500 v. Chr. statt gefunden haben muss, möglicherweise aber bereits 25 000 (!) Jahre früher,[73] hat eine rezente, auf massiver DNA-Stammbaumanalysen basierende Großstudie eines internationalen Forscherteams gezeigt, dass die asiamerikanische Migration wohl eher ein historischer Prozess in drei Wellen war, von denen allerdings die erste ungefähr 15 000 v. Chr. den für die meisten Ethnien Zentral- und Südamerikas grundlegenden DNA-Stamm lieferte.[74] Humboldt wäre sicherlich begeistert gewesen.

---

72 Humboldt, Alexander von: *Vues des Cordillères*, S. XI f. Dt. Übers.: «Wenn die Sprachen nur schwache Beweise für die einstige Verbindung zwischen den beiden Welten liefern, so offenbart sich diese Verbindung auf unzweifelhafte Weise in den Kosmogonien, den Monumenten, den Hieroglyphen und den Institutionen der Völker Amerikas und Asiens. Ich wage mir zu schmeicheln, daß die folgenden Seiten diese Behauptung rechtfertigen werden, indem sie den langbekannten mehrere neue Beweise hinzufügen. Es wurde versucht, das, was eine ursprüngliche Gemeinschaft anzeigt, sorgfältig zu unterscheiden von dem, was bloß Resultat jener übereinstimmenden Situation aller Völker ist, wenn sie beginnen, ihr Gemeinwesen zu vervollkommnen.» Humboldt, Alexander von: *Ansichten der Kordilleren*, S. 12.

73 Vgl. Zeitlin, Robert N./Zeitlin, Judith Francis: The Paleoindian and Archaic Cultures of Mesoamerica. In: Adams, Richard E. W./MacLeod, Murdo J. (Hg.): *The Cambridge History of the Native Peoples of the Americas. Volume II: Mesoamerica. Part 1.* Cambridge: Cambridge University Press 2000, S. 45–121, S. 45 ff.; Adams, Richard E. W.: Introduction to a Survey of the Native Prehistoric Cultures of Mesoamerica, S. 10 ff.

74 Reich, David/Patterson, Nick u. a.: Reconstructing Native American population history. In: *Nature* (2012) H. 488, S. 370–374

5.8 Zwischen Völkerwanderung und vergleichender Anthropologie

Er, der eindeutig die These einer asiamerikanischen Verbindung der Völker vertrat, konnte dennoch über deren urzeitliche Migrationsbewegungen nur spekulieren. Humboldts Argumentation schwankt dabei in ihrer theoretischen Prämisse zwischen «Diffusionismus (die Erforschung direkter historischer Einflüsse) und Strukturalismus (als vergleichende Anthropologie, die mit Analogien arbeitet)».[75]

> Éloigné de tout esprit de système, j'indiquerai les analogies qui se présentent naturellement, en distinguant celles qui paroissent prouver une identité de race, de celles qui ne tiennent probablement qu'à des cause intérieures, à cette ressemblance qu'offrent tous les peuples dans le développement de leurs facultés intellectuelles.[76]

Dort jedoch, wo die kulturelle Verbindung zwischen den Kulturen im Sinne einer wechselseitigen Einflussnahme nicht plausibel erscheint, also nur Analogiebildung infrage kommt, stößt die Humboldt'sche Argumentation an ihre Grenzen, da sie sich geradezu gezwungen sieht, Wertungen einzuführen, die sich entlang einer von Europa her gedachten Entwicklungsgeschichte entfalten. Hier kommt es zu erstaunlichen Widersprüchen. Auf der einen Seite erklärt er, wie bereits gesehen, man könne nicht andere Kulturen beurteilen, «d'après des principes puisés dans l'histoire des peuples que nos études nous rappellent sans cesse». Doch trotz dieser erstaunlich reflektierten und vom klassizistischen Deutungsanspruch des europäischen Blicks absehenden Passage, scheint Humboldt bereits in den nächsten Sätzen eine analytische Rolle rückwärts vorzunehmen, wenn er schreibt:

> Ils [Les Mexicains et les Péruviens] s'éloignent autant des Grecs et des Romains qu'ils se rapprochent des Étrusques et des Tibétains. Chez les Péruviens, un gouvernement théocratique, tout en favorisant les progrès de l'industrie, les travaux publics, et tout ce qui indique, pour ainsi dire, une civilisation en masse, entravoit le développement des facultés individuelles. Chez les Grecs, au contraire, avant le temps de Périclès, ce developpement si libre et si rapide ne répondoit pas aux progrès lents de la civilisation en masse.[77]

---

75 Lubrich, Oliver/Ette, Ottmar: Die Reise durch eine andere Bibliothek, S. 409.
76 Humboldt, Alexander von: *Vues des Cordillères*, S. 2. Dt. Übers.: «Fernab von jedem Systemdenken werde ich die Analogien aufzeigen, die sich zwanglos anbieten, und dabei diejenigen, die eine Identität der Rasse zu beweisen scheinen, von denen unterscheiden, die wahrscheinlich nur auf inneren Ursachen beruhen, auf jener Ähnlichkeit, welche alle Völker in der Entwicklung ihrer Verstandeskräfte aufweisen.» Humboldt, Alexander von: *Ansichten der Kordilleren*, S. 18.
77 Humboldt, Alexander von: *Vues des Cordillères*, S. XVf. Dt. Übers.: «Sie [die Mexikaner und die Peruaner] sind ebensosehr von den Griechen und Römern entfernt, wie sie den Etruskern

Die letzten Zeilen der Einleitung schließlich scheinen die bereits vollzogene Differenzierung ganz zurückzunehmen, wenn Humboldt den Gegensatz zwischen den dunklen Kulturmonumenten der amerikanischen Bergvölker und «les arts et les douces fictiones des peuples de la Grèce»[78] beschwört. Doch kann man hier leicht einen entscheidenden Punkt übersehen: Der eigentliche Kern der Humboldt'schen Argumentation kennt vornehmlich einen Faktor, nach dem über den geschichtsphilosophischen Platz einer jeden Zivilisation im Fortlauf der menschlichen Entwicklung zu richten sei: jener der individuellen Freiheit. Hier orientiert sich das Humboldt'sche Werk klar am universalistischen Gedanken von der Einheit des Menschengeschlechts. In der Formulierung der «facultés individuelles» klingt dieser Anspruch bereits durch, im Lauf seines Werks kehrt er zu diesem Punkt immer wieder zurück:

> Les institutions politiques les plus compliquées que présente l'histoire de la société humaine avoient étouffé le germe de la liberté individuelle; et le fondateur de l'empire du Couzco, en se flattant de pouvoir forcer les homes à être heureux, les avoit réduits à l'état de simples machines.[79]

Wir können in diesen Formulierungen einen für Humboldts politischen wie ökonomischen Überzeugungen typischen Liberalismus erkennen, der sein Urteil in einem weit höheren Maße leiten sollte als die Frage nach dem ästhetischen Vorbild der griechischen Antike. Vielmehr scheint er in seinen klassizistischen Remineszensen eher den Zeitgeist ansprechen und bedienen, als wirklich aus tieferem Antrieb sprechen zu wollen. Formulierungen wie die von «les ouvrages de l'art parvenus jusqu'à nous appartiennent [...] par l'harmonie et la beauté des formes [...] par le génie avec lequel ils sont conçus [...] excitent

---

und Tibetanern nahestehen. Bei den Peruanern begünstigte eine theokratische Regierung zwar den Fortschritt des Gewerbefleißes, des Straßenbaus und all dessen, was gleichsam eine Massenzivilisation anzeigt, doch sie behinderte die Entwicklung der individuellen Fähigkeiten. Ganz anders als bei den Griechen vor der Zeit des Perikles, wo diese Entwicklung so frei und rasch verlief und nicht den langsamen Fortschritten der Massenzivilisation entsprach.» Humboldt, Alexander von: *Ansichten der Kordilleren*, S. 15.

78 Humboldt, Alexander von: *Vues des Cordillères*, S. XVI. Dt. Übers.: «den Künsten und den süßen Fiktionen der Völker Griechenlands». Humboldt, Alexander von: *Ansichten der Kordilleren*, S. 15.

79 Humboldt, Alexander von: *Vues des Cordillères*, S. XVI. Dt. Übers.: «Die kompliziertesten politischen Institutionen in der Geschichte der menschlichen Gesellschaft hatten den Keim der invidivuellen Freiheit erstickt; und der Gründer des Reiches von Cuzco, der sich schmeichelte die Menschen zum Glücklichsein zu zwingen, hatte sie in den Zustand bloßer Maschinen versetzt.» Humboldt, Alexander von: *Ansichten der Kordilleren*, S. 16.

notre admiration»,[80] weisen eher auf eine rezeptionsspezifische Ansprache als auf eine unbedingte Überzeugung.

Die Frage nach dem Grad der Zivilisiertheit einer Kultur ist letztlich auch für Humboldt nur schwer zu beantworten. Für vermeintlich einfache Oppositionen zwischen sesshaften (zivilisierten oder 'teil-barbarischen') und nomadisierenden (barbarischen), amerikanischen Kulturen fiel ihm diese Einteilung noch leicht. Auch mit Blick auf die Kunstfertigkeit der Völker scheint die Unterscheidung zuerst klar zu sein: auf der einen Seite die in ihrer Harmonie und Schönheit der Formen zeitlose Kunst, «le privilège de ce qui a été produit sous le ciel de l'Asie mineure, et d'une partie de l'Europe australe».[81] Auf der anderen Seite die

> monumens des peuples qui ne sont point parvenus à un haut degré de culture intellectuelle, ou qui, soit par des causes religieuses et politiques, soit par la nature de leur organisation, ont paru moins sensibles à la beauté des formes [...].[82]

Diese Gruppe, zu der er im Prinzip den historischen Bestand aller übrigen Kulturen zählt, sei für ihn und seine Zeitgenossen daher nur als historischer Ausdruck der Kunstfertigkeit des Menschen interessant. Diese dann doch wieder ganz der Winckelmannschen Tradition verhaftete Sichtweise beinhaltet allerdings eine Pointe, die Humboldts Vorstellungen vom Schönen zwar an die Spitze einer Entwicklung stellt. Die Logik dieser Entwicklung führt aber im Unterschied zu dem Skeptizismus seiner Vorgänger nicht mehr zu einer daraus resultierenden Abwertung. Vielmehr werden die so zweifach historisierten Kulturmonumente Teil eines geradezu museumsarchitektonisch[83] funktionierenden und in seiner Zielsetzung fast euphorischen Textes:

> Les recherches sur les monumens élevés par des nations à demi-barbares, ont encore un autre intérêt qu'on pourroit nommer psycologique: elles offrent à nos yeux le tableau de

80 Humboldt, Alexander von: *Vues des Cordillères*, S. 1. Dt. Übers.: «Kunstwerke[n], die [...] unsere Bewunderung durch die alte Harmonie und die Schönheit der Formen, durch den Genius, der sie erdacht hat [erregen]» Humboldt, Alexander von: *Ansichten der Kordilleren*, S. 17.

81 Humboldt, Alexander von: *Vues des Cordillères*, S. 1. Dt. Übers.: «das Privileg dessen, was unter dem Himmel Klein-Asiens und eines Teils des südlichen Europa entstanden ist.» Humboldt, Alexander von: *Ansichten der Kordilleren*, S. 17.

82 Humboldt, Alexander von: *Vues des Cordillères*, S. 1. «Monumente der Völker, die keine hohe Stufe geistiger Kultur erlangt haben oder die, sei es aus religiösen und politischen Ursachen, sei es aufgrund ihrer natürlichen Verfassung, für die Schönheit der Formen weniger empfänglich schienen.» Humboldt, Alexander von: *Ansichten der Kordilleren*, S. 17.

83 Diese für das Verständnis der *Vues des Cordillères* äußerst fruchtbare Analogie findet sich erstmals bei Lubrich, Oliver/Ette, Ottmar: Die Reise durch eine andere Bibliothek. Nachwort, S. 420 f.

la marche uniforme et progressive de l'esprit humain. Les ouvrages des premiers habitans du Mexique tiennent le milieu entre ceux des peuples scythes et les monumens antiques de l'Hindoustân. Quel spectacle imposant nous offre le génie de l'homme, parcourant l'espace qu'il y a depuis les tombeaux de Tinian et les statues de l'île de Pâques, jusqu'aux monumens du temple mexicain de Mitla; et depuis les idoles informes que renfermoit ce temple, jusqu'aux chefs-d'œuvres du ciseau de Praxitèle et de Lysippe![84]

Humboldt verlegt damit die Semantik des barbarischen oder halbbarbarischen vom negativen Urteil als Folge einer synchronen Gegenüberstellung in etwas Positives. Das 'Barbarische' wird zum positiven Etappenstück in der Geschichte des «Genius des Menschen» und zum Komplementär des Zivilisationsbegriffs, nicht zu dessen Opposition. Damit steht Humboldt, dessen Blick so deutlich vom Winckelmann'schen Prinzip einer universalen und damit zeitlosen Vollkommenheit der Kunstwerke der griechischen Antike geprägt war, zugleich für den Auftakt zu dessen Überwindung:

Die europäische Antike dient Humboldt als Maßstab, von dem aus er andere Kulturen versteht. Seine Vergleiche sind jedoch derart differenziert, daß er diesen Maßstab im Verlauf seiner Reise zunehmend in Zweifel zieht. Wenn die Indianer an die Griechen erinnern, was bedeutet das rückwirkend für unser Verständnis der abendländischen Antike? Daß auch die Griechen eine Kultur waren, die historisiert werden muß, anstatt nach zeitlosen ästhetischen Normen verehrt zu werden? Die anthropologische Wende des Antike-Begriffs, die Friedrich Nietzsche später vollziehen wird, deutet sich bei Alexander von Humboldt im Kontakt mit dem, was erst im Ausgang des 19. Jahrhunderts programmatisch als amerikanische Antike bezeichnet wird, bereits an.[85]

Das feine Gespür für die Unzulänglichkeiten des europäische Zugriffs auf die Welt als Dispositiv wissenschaftlichen Erkenntnisstrebens findet sich selbst an so unerwarteten Orten wie einer Fußnote im *Kosmos* zur Pflanzengeographie des Himalaya-Gebirges, wo es – durchaus augenzwinkernd – heißt:

Wenn ich mich in dieser Note des unphilosophischen Ausdrucks: *europäische Formen*, oder *europäische Arten, wildwachsend in Asien* bediene, so geschieht es als Folge des alten

84 Humboldt, Alexander von: *Vues des Cordillères*, S. 2. «In den Forschungen über Monumente, die von halbbarbarischen Völkern errichtet worden sind, liegt noch ein weiteres Interesse, das man psychologisch nennen könnte: Sie bieten unseren Augen das Gemälde des gleichförmigen Fortschreitens des menschlichen Geistes dar. Die Werke der ersten Bewohner Mexikos halten die Mitte zwischen denen der skythischen Völker und den antiken Monumenten Hindostans. Welch beeindruckendes Schauspiel bietet uns der Genius des Menschen, wenn wir den Raum von den Gräbern von Tinian und den Statuen der Osterinseln bis zu den Monumenten des mexikanischen Tempels von Mitla durchschreiten; und von den unförmigen Idolen jenes Tempels bis zu den gemeißelten Meisterwerken des Praxiteles und des Lysippos!» Humboldt, Alexander von: *Ansichten der Kordilleren*, S. 18.

85 Lubrich, Oliver/Ette, Ottmar: Die Reise durch eine andere Bibliothek. Nachwort, S. 408.

> botanischen Sprachgebrauchs, welcher der Idee der räumlichen Verbreitung oder vielmehr der Coexistenz des Organischen die geschichtliche Hypothese einer Einwanderung sehr dogmatisch unterschiebt, ja aus Vorliebe für europäische Cultur die Wanderung von Westen nach Osten voraussetzt.[86]

Diese Beispiele zeigen: ein strenges Denken in einer von Europa und *nur* von Europa her zu denkenden Teleologie der Menschheitsgeschichte in ihrer kulturellen Entwicklung war Humboldt zwar als Episteme vertraut. Aber in den analytischen Studien seiner Kulturanthopologie werden sie ihm fremd und zeigen sich als zunehmend inkompatibel mit dem eigenen Anspruch, eben nicht in den Modellen der «idées systematiques» zu verharren.

> Gegenüber teleologischen Geschichtskonstruktionen, wie sie die Aufklärung liebte, war seine Haltung ambivalent. Einerseits hielt er grundsätzlich an der Idee fest, die Menschheit [...] durchlaufe eine bestimmte Folge von Entwicklungsstadien und es sei möglich und aufschlussreich, die Stellung eines jeden menschlichen Kollektivs auf der Stufenleiter der Zivilisiertheit zu bestimmen. Aus dieser Vorstellung folgte auch, daß in der Gegenwart beobachtbare Völker, die noch nicht das Stadium der fortgeschrittenen bürgerlichen Gesellschaft erreicht hatten, frühere Phasen der Menschheitsgeschichte anschaulich repräsentierten. Dies waren proto-evolutionistische Gedanken, die gerade in der späten Aufklärung eine weite Verbreitung gefunden hatten. [...] Andererseits war die Stadientheorie bei Humboldt eher ein heuristisches Hilfsmittel als eine dogmatische Sicht der Geschichte. In Amerika fielen ihm bald die großen Unterschiede auf, die zwischen Völkern auf gleicher Zivilisationsstufe bestanden. Auch wurde ihm rasch klar, daß in der Neuen Welt zwischen den Stufen des Jäger- und Sammlertums und derjenigen des Ackerbaus die von der Theorie vorgesehene Phase des Pastoralismus ausgefallen war: in Amerika gab es so gut wie keine Hirtennomaden. Anstatt nun Amerika zum normverletzenden Sonderfall zu erklären, gelangte Humboldt zur Erkenntnis der Pluralität kulturgeschichtlicher Entwicklungspfade. Amerika war nicht einen *Sonderweg*, sondern einen *anderen* Weg gegangen.[87]

---

86 Humboldt, Alexander von: *Kosmos*, S. 13.
87 Osterhammel, Jürgen: Alexander von Humboldt: Historiker der Gesellschaft, Historiker der Natur, S. 114 f.

6 Atlas II: Text – Karte – Politik. Der *Atlas géographique et physique du royaume de la Nouvelle-Espagne* (1811)

6.1 Kolonialer Raum der Möglichkeiten: Humboldts kritische Kartographie Neu-Spaniens

Die epistemologisch wie rezeptionsästhetisch wirksame Figur des Atlas erzeugt im neu-spanischen Kartenwerk ein lektüregesteuertes Sehen und einen inter- und sogar transmedialen[1] Bedeutungstransfer zwischen Text und Bild/Karte. Der Vergleich liegt auf der Hand: Alexander von Humboldts *Essai politique sur le royaume de la Nouvelle-Espagne* beginnt mit einer generischen Figur, die für die Konzeption der fast zur gleichen Zeit entstehenden *Vues des Cordillères* Pate stehen sollte, handelt es sich doch bei der 'Analyse raisonnée de l'atlas de la Nouvelle-Espagne' ebenso wie bei den 62 Kapiteln aus Humboldts *Pittoreskem Atlas* um einen auf die Wechselbezüge von Karte und 'Apparat' hin ausgelegten Text. In ähnlicher Weise wie beim Text der *Vues des Cordillères* ist bei der 'Analyse' jedem der lateinisch nummerierten 20 Kapitel eine Karte aus dem *Atlas géographique et physique du royaume de la Nouvelle-Espagne*, veröffentlicht 1811 in einem prachtvollen Folioband, zugeordnet. Dabei ist weder das eine – der Text – die Explikation des anderen – also des Bildes, der Karte – noch erzeugen diese nur visuelle Repräsentationen des Textes. Zugleich sind, wie wir sehen werden, Humboldts Karten nicht reduzierbar auf eine Vorstellung von moderner Kartographie[2] seit der Aufklärung «as nonindexical repre-

1 Für eine begriffliche Unterscheidung zwischen inter- und transmedialen Beziehungen von Text und Bild in dem hier gewählten Sinn vgl. Ette, Ottmar: *TransArea*, S. 36 f. Eine etwas andere Unterscheidung, in der transmediale Prozesse eher die Persistenz einer generischen Form oder rhetorischen Figur in verschiedenen Medienträgern (wie z. B. Noir) bezeichnen und die hier verwandte Bedeutung des Transmedialen mit dem Begriff des 'Synmedialen' als «perzeptuelles und ästhetisch gefasstes Ganzes» (Rüdiger Zymner) gefasst wird, findet sich bei Backe, Hans-Joachim: Medialität und Gattung. In: Zymner, Rüdiger (Hg.): *Handbuch Gattungstheorie*. Stuttgart, Weimar: J. B. Metzler 2010, S. 105–107, S. 105 f.

2 Wenn hier wie im Folgenden in Bezug auf Humboldts neu-spanisches und kubanisches Kartenwerk von «kartographisch» oder «Kartographie» die Rede ist, dann in dem Bewusstsein, dass dieser Begriff erst nach der Erstellung und Veröffentlichung dieser Arbeiten als Neologismus geprägt wurde. Der erste Gebrauch des Wortes *cartographie* wird der Datenbank des Centre National des Ressources textuelles et lexicales zufolge festgesetzt auf das Jahr 1832 (<http://www.cnrtl.fr/etymologie/cartographie>). Dieser begriffsgeschichtliche Befund fällt zusammen mit einer Periodisierung, welche die zweite Hälfte des 19. Jahrhunderts als den Zeitraum ansetzt, in dem sich die Kartographie zunehmend von der Geographie entfernt und als eigenstän-

sentations possessed of a metaphysical proximity to the world».[3] Vielmehr ist Humboldts Kartenwerk als Korrelat einer komplexen Text-Bild-Beziehung Ausdruck einer Wissenschaftspraxis, die sowohl den eigenen Produktionsprozess von (Raum-)Wissen kritisch beleuchtet, als auch diesen Raum in seinen historischen und epistemologischen Ambivalenzen sichtbar macht und damit «Enlightenment's ideology of encyclopedic knowledge»[4] *augen*fällig überwindet.

6.2 Die 'Analyse raisonnée de l'atlas de la Nouvelle-Espagne' und der neu-spanische Atlas: Einführung in ein komplexes Text-Bild-Gefüge

Das Humboldt'sche *mapping* Neu-Spaniens konstituiert sich als komplexe Text-Bild-Relation, zu deren Verständnis weder der *Atlas* noch die 'Analyse raisonnée' allein ausreichen, sondern nur in einer vergleichenden Lektüre den Auftakt zu Humboldts Neu-Spanien Studie bilden können.

Die in der 'Analyse raisonnée' versammelten Texte erfüllen in ihrem Verhältnis zu den Karten des neu-spanischen *Atlas géographique et physique* zum einen eine vornehmlich explikative Funktion, in der sowohl die Entstehungsgeschichte der angefertigten Karten *praxeologisch* – also als Wissenschaftspraxis im Feld und im Archiv – wie *methodologisch* – also in ihren disziplinären Grundlagen, formalen Erhebungsmodalitäten und materiellen Vorlagen – nachvollzogen werden können. Darüber hinaus eröffnen sie *raumtheoretisch* eben jene Dimension einer landesinneren wie kontinentalen, einer disziplin- wie genreübergreifenden Geographie, die bis dahin wissenschaftlich nur äußerst unzureichend erschlossen worden war und zu deren besserer Kenntnis «mes foibles travaux avoir contribué en quelque chose à dissiper les ténèbres qui couvrent depuis des siècles la géographie d'une des plus belles régions de la terre!».[5] Humboldt unterscheidet dabei zwischen zwei disziplinären Zugrif-

---

dige Disziplin etabliert: «Obwohl sich schon im Jahr 1557 *cartographia* als Bezeichnung für das Herstellen von Karten belegen lässt, setzte sich der Begriff erst nach 1840 durch. Über die französische Geographische Gesellschaft fand er seit dem Ende des Jahres 1840 Verbreitung, nachdem der portugiesische Gelehrte Manuel Francisco de Barros e Sousa, Graf von Santarém, durch die Verwendung in seiner Korrespondenz zur Popularisierung der Kartographie beigetragen hatte.» Schneider, Ute: *Die Macht der Karten*, S. 44.

3 Edney, Matthew H.: Reconsidering Enligthenment Geography and Map Making, S. 165.

4 Ebda.

5 Humboldt, Alexander von: *Essai politique sur le royaume de la Nouvelle-Espagne. Tome premier*, S. 3. Dt. Übers.: «Mögen meine schwachen Bemühungen einigermassen das Dunkel aufhellen, welches seit Jahrhunderten über die [sic] Geographie eines der schönsten Erdstriche

fen, zugleich zwei wissenschaftlichen Rollenprofilen, die er für sich behaupten darf: die Vermessungs- und Erfahrungswissenschaft des «géographe voyageur» sowie die Raum- und Visualisierungsswissenschaft des «géographe cartographe»,[6] eine im übrigen Humboldt-spezifische Unterscheidung der Geographie in ihre zwei Bereiche Geographie und Kartographie.[7] Dazu passt ein Halbsatz, den wir interessanterweise nur in der deutschen 'Geographischen Einleitung' finden, nicht aber im französischen Text und der einen längeren Abschnitt beschließt, in dem Humboldt auf mehreren Seiten Aaron Arrowsmiths 'Chart of the West-Indies and Spanish Dominions in North America' zerpflückt: «[E]s ist das Schicksal der Geographen, die Lage der Länder zu verunstalten, wenn die Astronomen schon längst bessere Quellen geöffnet haben».[8] Es versteht sich von selbst, dass Humboldt sich selbst wohl als vorläufig geglückte Verbindung eben beider Professionen verstand.

Wir dürfen zu diesem doppelten Rollenprofil und mit Blick auf den gesamten Text noch die des Kolonialhistorikers, des am Quellenvergleich seines Göt-

schwebt!» Humboldt, Alexander von: *Versuch über den politischen Zustand des Königreichs Neu-Spanien. Erster Band*, S. IV.

6 Beck, Hanno: Geographie und Statistik. Die Lösung einer Polarität, S. 278.

7 Der Beck'sche Befund mag mit Blick auf Fußnote 2 aus diesem Kapitel überraschen. Leider verzeichnet Becks Hinweis, der einer Diskussionsmitschrift aus einem Konferenzband entstammt, keine Quelle, mit der man Humboldts Selbstbeschreibung als die eines «géographe cartographe» datieren könnte. Es ist also durchaus möglich, dass Humboldts Beitrag zur Begriffsgeschichte der Kartographie bisher übersehen worden ist.

8 Humboldt, Alexander von: *Versuch über den politischen Zustand des Königreichs Neu-Spanien. Erster Band*, S. LVII. Die Auseinandersetzung mit Arrowsmith sollte sich selbst in Humboldts *Relation historique* noch fortsetzen, wo er sich empört über das schamlose und zudem schlampig ausgeführte Plagiat seiner 'Carte du Mexique et des pays limitrophes situés au Nord et á l'Est' (ANE II) in Arrowsmiths 'New Map of Mexico and Adjacent Provinces, compiled from original documents', die der englische Kartograph und Publizist zudem schon 1805, also noch vor Erscheinen von Humboldts eigenem Atlas, erstmalig veröffentlichte: «Il es facile de reconnaître cette carte par beaucoup de fautes chalcographiques, par l'explication des signes qu'on a oublié de traduire du françois en anglois, et par le mot *Océan* que l'on trouve inscrit au milieu des montagnes, dans un endroit où l'original porte: *Le plateau de Toluca est élevé de 1400 toises au-dessus du niveau de l'océan*. [...] Les réclamations d'un voyageur doivent paraître justes, lorsque de simples copies de ses travaux se répandent sous des noms étrangers.» Humboldt, Alexander von/Bonpland, Aimé: *Relation historique. Tome premier*, S. 21. Dt. Übers.: «Man kann diese Karte aber sehr leicht an den vielen Stichfehlern, an der französisch gebliebenen Erklärung der Zeichen, und an dem Worte *Océan* erkennen, das mitten zwischen Gebirgsschraffierungen zu lesen ist. Es befindet sich nämlich an einer Stelle, wo im Originale steht: *Le plateau de Toluca est élevé de 1400 toises au-dessus du niveau de l'océan*. [...] Wenn bloße Nachstiche von den Karten eines Reisenden unter fremden Namen verbreitet werden, können seine Reklamationen nicht ungerecht scheinen.» Humboldt, Alexander von: *Reise in die Äquinoktial-Gegenden des Neuen Kontinents. Band 1*, S. 26.

tinger Lehrers Heyne geschulten und in späteren Jahren durch August Boeckh[9] inspirierten Philologen, sowie des Wissenschaftshistorikers hinzufügen, lässt sich doch Humboldts *Essai politique sur le royaume de la Nouvelle-Espagne* als eine Wissens- und Wissenschaftsgeschichte *avant la lettre* lesen, in der zum ersten Mal systematisch und in kritischer Analyse ein Bestand der neu-spanischen Wissenschaft in sowohl synchroner wie diachroner Perspektive vorgelegt wird:

> De hecho, el primer intento de recapitular los logros de la ciencia mexicana, de evaluarlos e incorporarlos a la gran corriente de la historia de la ciencia universal, fue debida a Humboldt [...]. [C]on la obra de Humboldt, la ciencia mexicana apareció por vez primera como un conjunto de aportaciones coherentes y valiosas ante los hombres de ciencia europeos.[10]

Leider haben Humboldts spanischsprachige Leser bis heute keine Gelegenheit bekommen, seine wichtige Arbeit zu Neu-Spanien auch in diesem Sinne zu lesen. Schon die erste spanische Übersetzung von González Arnao[11] streicht eben diese, in der französischen Oktavausgabe immerhin 199 Seiten lange «geographisch-astronomische Einleitung», wie sie in der deutschen Fassung heißt, ersatzlos und steht damit in bester, damals zweifellos noch junger Tradition eigenwilliger editorischer Emendationen.[12] Erst die Ausgabe von Vito Ales-

---

9 Zur Beziehung zwischen Boeckh und Humboldt vgl. Humboldt, Alexander von/Böckh, August: *Briefwechsel*. Herausgegeben von Romy Werther. Berlin: Akademie Verlag 2011 (Beiträge zur Alexander-von-Humboldt-Forschung, 33).

10 Trabulse, Elías: *El círculo roto*, S. 9.

11 Humboldt, Alexander von: *Ensayo político sobre el reino de la Nueva-España. Tomo primero*. Traducido al español por Don Vicente González Arnao, con dos mapas. Paris: Rosa 1822.

12 Der wohl bis heute drastischste Fall dieser editorischen Eingriffe in Humboldts Neu-Spanien-Studie ist die Ausgabe von Mary Maples Dunn (University of Oklahoma Press 1972), die in nicht unüblicher US-amerikanischer Pragmatik die vier Bände der vollständigen John Black Übersetzung von 1811 auf *einen* Band verkürzt «to make it available for classrom use.» Dunn, Mary Maples: Preface to the 1988 Printing. In: Humboldt, Alexander von: *Political Essay on the Kingdom of New Spain*. The John Black translation [abridged]. Edited with an introduction by Mary Maples Dunn. Norman, London: University of Oklahoma Press 1988, S. IX–X, S. IX. Und obwohl sie in der zweiten Auflage von 1988 eingesteht, ihr Verzicht auf den kompletten geographischen Teil der Studie «may have made it hard for the reader to understand his importance in establishing the science of modern geography», so scheint diese späte Läuterung doch nicht Grund genug gewesen zu sein, den geographischen Text, geschweige denn den Atlas, in eine Neuauflage wieder aufzunehmen. Dunn, Mary Maples: Preface to the 1988 Printing. In: *Political Essay on the Kingdom of New Spain*. The John Black translation [abridged]. Edited with an introduction by Mary Maples Dunn. Norman, London: University of Oklahoma Press 1988, S. IX–X, S. X. Es sind unter anderem diese editorischen Schnellschüsse, welche die Herausgeber Vera M. Kutzinski und Ottmar Ette davon überzeugt haben, neue und mit einem kritischen Apparat versehene Übersetzungen einiger zentraler Texte des Amerika-Werks in ihrer Reihe

sio Robles (México, D.F. 1941) sollte diesen Missstand korrigieren, dabei allerdings den Werkcharakter des Atlas dergestalt manipulieren, dass dieser nicht mehr als eigenständiger Teil zu erkennen war. Tatsächlich wurden die 20 Tafeln der Vorlage auf die fünf Text-Bände der Edition verteilt und angereichert um acht Ergänzungskarten, deren jüngste auf 1940 (!) datiert. Zusammen mit fünf Stichen aus den *Vues des Cordillères* gleicht diese Zusammenstellung mehr einer illustrativen Anthologie, die Humboldts visuelles Projekt auf eine Bilderbuchästhetik reduziert, als dass sie die Kriterien einer Werkedition erfüllt. Die bis heute allerdings maßgebliche, weil um einiges bekanntere Ausgabe von Juan A. Ortega y Medina (México, D.F. 1966, zuletzt 1984 in vierter Auflage) enthält den Text nicht und auch nur eine der insgesamt 20 Karten, Ansichten und Graphen des französischen Originalatlas.[13] Es darf daher angenommen werden, dass die große, Karte und Text zusammenführende Eröffnung des *Essai politique sur le royaume de la Nouvelle-Espagne* dem spanischsprachigen Leser bis in unsere Zeit nur sehr eingeschränkt vertraut, wenn überhaupt bekannt ist. Dabei liegen gerade in diesem raumerschließenden und raumkritischen Auftakt wichtige Schlüssel für das Verständnis des politisch-diskursiven Charakters von Humboldts Neu-Spanien-Studie.

6.3 Neu-spanische Wahrscheinlichkeitsgeographie: Datenaquise – Faktur – Projektion

Humboldts geographische und kartographische Leistung lässt sich mit Blick auf die mir ihr verbundenen Praktiken unterteilen in seine Arbeit im Feld und im Archiv, die Umsetzung dieser Ergebnisse am mexikanischen und Pariser Schreibtisch sowie schließlich in eine prospektive Dimension des von ihm erreichten Niveaus eines mexikanischen Raumwissens: Datenaquise – Faktur – Projektion.

In seinen zwanzig Einführungen zu den Tafeln seines Neu-Spanien-Atlas diskutiert Humboldt ausführlich die methodologischen Schwierigkeiten kartographischer Repräsentation zu einer Zeit, wo die meisten Messungen und auch

HiE – Alexander von Humboldt in English herauszubringen. Die «Critical Edition» des *Political Essay on the Kingdom of New Spain* wird voraussichtlich 2015 bei Chicago University Press erscheinen.

13 Vgl. Beck, Hanno: Kommentar. In: *Mexico-Werk. Politische Ideen zu Mexico. Mexicanische Landeskunde.* Herausgegeben und kommentiert von Hanno Beck. Mit 17 Tafeln im Beiheft. Darmstadt: Wissenschaftliche Buchgesellschaft 1991 (Alexander von Humboldt Studienausgabe, Sieben Bände 4), S. 527–578, S. 537.

Messverfahren trotz der bedeutenden Fortschritte im wissenschaftlichen Instrumentarium seit Mitte des 18. Jahrunderts[14] noch sehr ungenau arbeiteten. Schon im Vorwort der 'Analyse' grenzt er sich dabei von der Tätigkeit eines reinen «Compilators»[15] ab und verweist auf das Material seiner Feldforschung, «qui a été déduit immédiatement des observations astronomiques et des mesures géodésiques ou barométriques faites sur les lieux».[16] Neben der Arbeit im Feld auf seinen Reisen durch das Land[17] inspiriert Humboldt vor allen Dingen die Begegnung mit Fausto d'Elhuyar,[18] dem Direktor des Real Seminario de Minería in Mexiko-Stadt. Seine Quellenarbeit in den Archiven motiviert ihn erst zur Ausweitung seines ursprünglich sehr viel bescheideneren Vorhabens:

> voyant à ma disposition un nombre considérable de matériaux et de cartes manuscrites, je conçus l'idée d'étendre le plan que j'avons formé d'abord. Au lieu de ne placer sur ma carte que les noms de trois cents endroits connus par des exploitations considérables, je me proposai de réunir tous les matériaux que je pouvois me procurer, et de discuter les différences de position que ces matériaux hétérogènes présentoient à chaque instant.[19]

---

14 Edney, Matthew H.: Reconsidering Enligthenment Geography and Map Making, S. 167 ff.

15 Humboldt, Alexander von: *Versuch über den politischen Zustand des Königreichs Neu-Spanien. Erster Band*, S. III.

16 Humboldt, Alexander von: *Essai politique sur le royaume de la Nouvelle-Espagne. Tome premier*, S. 2. Dt. Übers.: «was unmittelbar aus astronomischen Beobachtungen, oder geodetischen und barometrischen Messungen abgeleitet wird.» Humboldt, Alexander von: *Versuch über den politischen Zustand des Königreichs Neu-Spanien. Erster Band*, S. IV.

17 Eine sehr übersichtliche Routenkarte mit allen von Humboldt bereisten Orten Neu-Spaniens findet sich in Stevens-Middleton, Rayfried Lionel: *La obra de Alexander von Humboldt en Mexico*. Obra publicada en colaboración con el [sic] Sociedad Mexicana de Geografía y Estadística. México, D.F.: Instituto Panamericano de Geografía e Historia 1956 (Publicación No. 202), S. 22 f.; auch bei Holl, Frank (Hg.): *Alejandro de Humboldt en México*. México, D.F.: Instituto Nacional de Antropología e Historia 1997, S. 42. Eine detailreiche tabellarische Aufstellung der Reise nach Datum und Begebenheit findet sich bei Ortega y Medina, Juan A.: Anexo I: Cronología Humboldtiana. Datos de la vida de Alejandro de Humboldt. In: Humboldt, Alexander von: *Ensayo político sobre el Reino de la Nueva España*. Estudio preliminar, revisión del texto, cotejos, notas y anexos de Juan A. Ortega y Medina. México, D.F.: Editorial Porrúa ^{3}1978 [1966], S. LV–CXXI, S. XCIII ff.

18 Im Grunde handelte es sich hierbei um ein mexikanisches *Franchise* der Freiberger Bergbauakademie. Humboldt war also ganz in seinem Element, hatte zahlreiche Gesprächspartner auf Augenhöhe: «Drei der maßgeblichen Persönlichkeiten des Colegio hatten nämlich wie Humboldt die Bergakademie Freiberg in Sachsen besucht: Fausto d'Elhuyar, Gottlieb Friedrich Mothes und Andrés Manuel del Río. Besonders herzlich war Humboldts Wiedersehen mit del Río, der 1791/92 mit ihm zusammen bei Werner in Freiberg studiert hatte. [...] Für Humboldt bearbeitete Mothes damals Statistiken der Rechnungsbücher des königlichen Schatzamtes in Potosí.» Beck, Hanno: *Alexander von Humboldt und Mexiko*, S. 24.

19 Humboldt, Alexander von: *Essai politique sur le royaume de la Nouvelle-Espagne. Tome premier*, S. 4 f. Dt. Übers.: «Indem ich anfieng, meine astronomischen Beobachtungen zu be-

Für den 34-jährigen preußischen Wissenschaftler galt es während seines fast einjährigen mexikanischen Forschungsaufenthalts von April 1803 bis März 1804 abzuwägen, was aufgrund seiner eigenen Fähigkeiten und technischen Ausrüstung im Feld möglich war und das mit dem zu vergleichen, was die Archive an Material zur Verfügung stellten. Die kaum zu bewältigende Dimension dieses Projekts, mithin seine Verantwortung als Wissenschaftler und Publizist, wurde dabei ebenso augenscheinlich wie die Chance, die sich Humboldt durch seine Position bot: Es galt, die außergewöhnliche und ihm exklusiv zugängliche Quellenlage in der neu-spanischen Hauptstadt im Vergleich zu den eigenen Ergebnissen minutiös auszuwerten und in einem entsprechend ausdifferenzierten Atlas zu publizieren. Der Umfang dieses Materials ist erstaunlich. Rechnet man die in der 'Analyse raisonnée' erwähnten Quellenangaben zusammen, kommt man allein bei den nicht veröffentlichten Schriften und 'Cartes manuscrits' auf mindestens 95 Quellen aus dem Zeitraum 1541–1808.[20] Dazu stand Humboldt in Mexiko eine Schar junger und begeisterungsfähiger Studenten des Real Seminario zur Verfügung, mit denen er wohl zum ersten Mal im April 1803 zusammen kam. Für die Arbeit des Real Seminario und die Ausbildung der dort ansässigen Studenten stellte er nicht nur Studienunterlagen bereit,[21] sondern beteiligte sie auch direkt an der Erstellung der eigenen Karten,

---

rechnen, um feste Anhaltspuncte zu gewinnen; als ich eine beträchtliche Anzahl handschriftlicher Karten zu meinem Gebrauche vor mir sah, war ich nach und nach verleitet, meinen anfänglichen Plan zu erweitern. Statt in meiner Charte blos die Namen von dreihundert wegen ihrer beträchtlichen Ausbeute bekannten Gruben einzutragen, beschloss ich alle Materialien, die ich mir verschaffen konnte, zusammenzustellen, und die Verschiedenheit der Ortsbestimmungen, welche diese ungleichartige [sic] Materialien darboten, genau zu untersuchen.» Humboldt, Alexander von: *Versuch über den politischen Zustand des Königreichs Neu-Spanien. Erster Band*, S. VI.

20 Ortega y Medina, Juan A.: Anexo II: Fuentes hispánicas citadas por Humboldt en el Ensayo (E) y en la Introducción geográfica (IG), ya en ambas. In: Humboldt, Alexander von: *Ensayo político sobre el Reino de la Nueva España*. Estudio preliminar, revisión del texto, cotejos, notas y anexos de Juan A. Ortega y Medina. México, D.F.: Editorial Porrúa ³1978 [1966], S. CXXII–CXLII, S. CXXII ff. Bis dato handelt es sich bei der Bibliographie von Ortega y Medina um die ausführlichste Auflistung aller von Humboldt im *Essai politique sur le royaume de la Nouvelle-Espagne* verwendeten Quellen. Die voraussichtlich 2015 bei Chicago University Press erscheinende 'Critical Edition' des *Political Essay on the Kingdom of New Spain* (Hg. von Vera M. Kutzinski und Ottmar Ette) wird eine neu bearbeitete, kritische Bibliographie zu eben diesen Umkreisquellen enthalten und den wissenschaftspraktischen Aspekt der *Humboldtian Science* für zukünftige Forschung sichtbarer machen.

21 1803 schrieb er in Mexiko-Stadt das *Traité de Pasigraphie géognostique*, «pour l'usage du Colegio de Mineria de Mexico», wie er auf seiner pasigraphischen Formationskarte, veröffentlicht als Karte 7 seines *Atlas géographique et physique des régions équinoxiales du Nouveau Continent*, selbst vermerkte. Vgl. hierzu das Kapitel 4.4.

von denen er wohl zumindest die Großkarten (vermutlich ANE I-III) im Oktober desselben Jahres abschließen konnte.[22] In jeder Hinsicht also waren die Arbeitsbedingungen in Mexiko vorteilhafter als in den zuweilen nur schwer zu bereisenden Äquinoktialgegenden, aus denen er gerade gekommen war und deren koloniale Verwaltungen bei weitem nicht über ein so entwickeltes und vielfach institutionalisiertes wissenschaftliches Umfeld verfügte wie die neuspanische Hauptstadt: «Aucune ville du nouveau continent, sans en excepter celles des États-Unis, n'offre des établissemens scientifiques aussi grands et aussi solides que la capitale du Mexique».[23]

Deshalb ist vor allem das Zentrum des Landes, also ungefähr alles, was sich zwischen dem 16. und 22. Breitengrad seiner 'Carte générale du Royaume de la Nouvelle Espagne' (ANE I) befindet, besonders gut durch eigene Messungen und zahlreiche sekundäre Quellen von Humboldt ermittelt und ausgearbeitet worden. Es ist die Ausdehnung im Raum, die auch seiner eigenen Reiseroute entspricht. In diesem Gebiet finden sich auf der 'Carte générale' zahlreiche Sternsymbole, die – wie die Legende erklärt – Punkte markieren, an denen Humboldt selbst astronomische Messungen im Feld und auf See vorgenommen hatte. Diese ließ er später durch den unermüdlichen Oltmanns[24] nachberechnen. Es sind gewissermaßen die geographischen und geodetischen *Tat*orte der Humboldt'schen Feldforschung. Seine 'Carte de la Vallée de Mexico et des montagnes voisines' (ANE III) wird hierin noch deutlicher und verzeichnet in seiner Legende anhand vier verschiedener Zeichen die Referenzpunkte eigener astronomischer sowie trigonometrischer Messungen. Neben ihrer Hauptfunktion als Raumrepräsentation sind Humboldts Karten daher auch eine Visualisierung seiner Feldforschung.

---

22 Ortega y Medina, Juan A.: Anexo II, S. XCVI, XCIX.

23 Humboldt, Alexander von: *Essai politique sur le royaume de la Nouvelle-Espagne. Tome deuxième.* Paris: Schoell 1811, S. 11. Dt. Übers.: «Keine von allen Städten des neuen Continents, selbst die der vereinigten Staaten nicht ausgenommen, ist im Besitze so großer und fest gegründeter wissenschaftlicher Anstalten, als die Hauptstadt von Mexico.» Humboldt, Alexander von: *Versuch über den politischen Zustand des Königreichs Neu-Spanien. Erster Band*, S. 167.

24 Zu der Beziehung Humboldt-Oltmanns sowie den wesentlichen Stationen in Oltmanns' Leben vgl. Folkerts, Menso: Humboldt und Oltmanns. In: Lindgren, Uta (Hg.): *Alexander von Humboldt. Weltbild und Wirken auf die Wissenschaften.* Wien: Böhlau 1990 (Bayreuther Historische Kolloquien, 4), S. 103–132. Zu Fragen von Mehrstimmigkeit und Co-Autorschaft in der Zusammenarbeit zwischen Humboldt und Oltmanns vgl. Kraft, Tobias: Von den Sprachen in die Welt und wieder zurück. Anschwellende Redevielfalt und mehrsprachige Textgenesen im Werk Alexander von Humboldts. In: Baillot, Anne (Hg.): *Netzwerke des Wissens. Das intellektuelle Berlin um 1800.* Berlin: BWV Berliner Wissenschafts-Verlag 2011 (Berliner Intellektuelle um 1800, 1), S. 369–398, S. 391 ff.

Was er mit diesen Mitteln nicht erschließen konnte, war nur über die philologisch-vergleichende Auswertung von zumeist prekärem, zum Teil jahrhundertealtem Material zu erschließen. So entstand für den Norden des neuspanischen Territoriums und seinen Ausläufern in das indianische Nordwest- und angloamerikanische Nordamerika eine *Wahrscheinlichkeitsgeographie*, deren historischer Wert darin liegt,

> que muestra un esfuerzo coordinado e inteligente a base de alta crítica científica para presentar la geografía de esa porción casi incógnita de territorio, aprovechando los diarios de viaje, los itinerarios casi siempre imperfectos de los primeros exploradores españoles, misioneros y soldados, que infatigables y tenaces recorrieron aquellos desiertos.[25]

Humboldt reagierte auf diese *Ungewissheiten des Nordens* mit großer Offenheit und machte die Wahrscheinlichkeit seiner kartographischen Synthesen zu einem konstitutiven Element der Karten selbst. An diesen Grenzen des Wissens seiner Zeit wird der toponymische Text der 'Carte générale' zu einer deskriptiven Kartographie, die Elemente der 'Analyse raisonnée' sowie der Reisetagebücher als Annäherungswissen dort einbaut, wo keine weiteren Quellen zur Verfügung standen. Humboldt versieht dabei die nur philologisch, also über kritische Auswertung der Reisetagebücher und kolonialen Chroniken zu ermittelnden Ortsangaben mit eben diesen Quellen auf der Karte selbst. Dieser transgenerisch zu bezeichnende, quasi-bibliographische Trick macht damit zugleich das in der Karte enthaltene Wissen in seiner qualitativen wie chronologischen Ordnung sichtbar. So finden sich beispielsweise für die Halbinsel Baja California die Angaben «Volcans de las Virgenes vues en 1746», «Montagnes vues par Vizcayno en 1602» oder «Cerro de S[an] Lazaro appellé P[un]ta de S[an] Abad par Fr[ay] d'Ulloa en 1539» (ANE I). Im eigentlichen Nordteil der Karte werden diese kolonialhistorischen Quellen noch deutlicher als generisch mit der 'Analyse' verbundene Kurz-*memoir* eingeführt, die zum Teil die Reiserouten der Missionare und Entdecker selbst in die Karte einschreiben: «Ces Plaines ont été parcourues par le Père Escalante en cherchant une route qui meneroit par terre depuis Santa Fé du Nouveau Mexique à Monterey» (Abbildung 13).

Die zahlreichen Leerstellen im Norden sowie die vor allem dort häufig nur unvollständigen Flussverläufe und angedeuteten Gebirge wie Seen sind Ausdruck eines methodologischen Vorgehens, das theoretische Spekulation ab-

25 Alessio Robles, Vito: Liminar del Atlas. In: Humboldt, Alexander von: *Ensayo político sobre el reino de la Nueva España. Tomo V – Atlas.* Edición crítica, con una Introducción Biobibliográfica, Notas y Arreglo de la Versión Española por Vito Alessio Robles. México, D.F.: Editorial Pedro Robredo [6]1941, S. 9–33, S. 12.

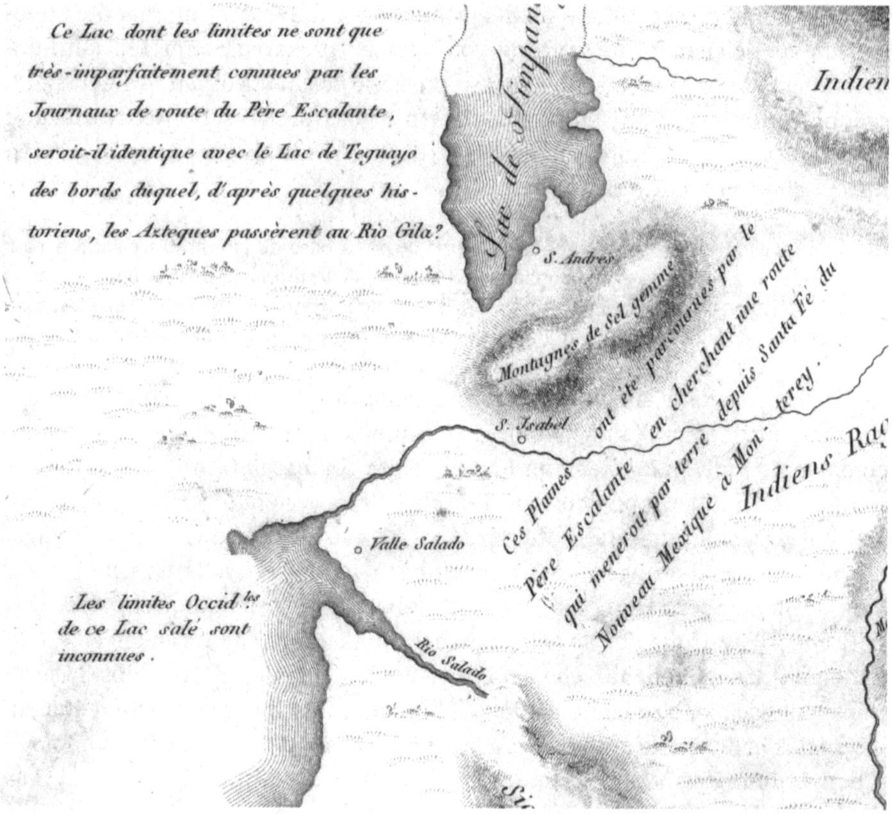

Abbildung 13: Ausschnitt aus ANE I, Quelle: David Rumsey Map Collection, Cartography Associates.

lehnte und in der Auswertung der kartographischen Manuskripte (von denen praktisch keines veröffentlicht war) eine Art *double check*-Verfahren einsetzte:

> Il ne faut pas supposer cependant qu'il y ait des terrains entièrement inhabités, partout où la carte n'indique ni village, ni hameau: je n'ai voulu placer que les endroits dont la position étoit la même sur *plusieurs* cartes manuscrites d'après lesquelles je trabaillois; car la plupart des cartes de l'Amérique, faites en Europe, sont remplies de noms d'endroits dont on ignore l'existence dans le pays même. Ces erreurs se perpétuent, et il est souvent difficile d'en deviner la source. J'ai mieux aimé laisser beaucoup d'espace vide sur ma carte, que de puiser dans de mauvaises sources.[26]

26 Humboldt, Alexander von: *Essai politique sur le royaume de la Nouvelle-Espagne. Tome premier*, S. 107 f. Dt. Übers.: «Nur muß man nicht glauben, daß überall, wo die Karte weder

Das «kartographische Schweigen»,[27] das in den Nordterritorien Neu-Spaniens zum Ausdruck kommt, beinhaltet zugleich eine implizite Warnung an den Souverän – sei es der spanische König oder die Regierung eines unabhängigen, mexikanischen Staates –, dass das Fehlen einer genauen geographischen Kenntnis auch in einen Verlust eben dieser Gebiete umschlagen könnte. Das Wissen um die eigene Raumordnung – so unterstreichen diese Karten – ist ebenso Voraussetzung für die Beherrschung eben dieses politischen Raumes wie für dessen Eingliederung in ein funktionierendes Staatengebilde. Dass Humboldt im Nordosten der Karte den Grenzverlauf zwischen der neuspanischen Intendanz San Luis Potosí (bzw. der Provinz Texas) und dem Territorium Louisiana versieht mit der Formulierung «non reconnue par le Congrès de Washington» (Abbildung 14) unterstreicht nur diese Warnung und erinnert indirekt an die Geschichte europäischer Machtdispute gerade in dieser Grenzregion.

Schließlich war Louisiana als französische Kolonie ab 1700 nach dem spanischen Interregnum von 1763 bis 1800 im Tratado de San Ildefonso an Frankreich zurückverkauft worden und wurde schließlich von Napoleon 1803 an die US-Föderation veräußert. Eine neue territoriale Aufteilung und die endgültige Eingliederung in die Vereinigten Staaten von Amerika erhielt diese riesige Landmasse, welche das Territorium der USA nahezu verdoppeln sollte und der heute ganz oder in Teilen zwölf US-Bundesstaaten und zwei kanadische Provinzen entsprechen, erst 1812, ein Jahr nach Erscheinen des Atlas'. Die Grenzstreitigkeiten zwischen der spanischen Krone und den USA sollten sich erst nach dem Adams-Onís-Treaty von 1819 klären.[28] Dementsprechend ist das Wort 'Louisiana' in der Umgebungskarte 'Carte du Mexique et des pays limitrophes' (ANE II) als einziges Gebiet nördlich von Neu-Spanien auch noch ohne klaren Grenzverlauf verzeichnet, ebenso wie die Territorien der nordamerikanischen Indianer.

Flecken noch Dörfer angiebt, ganz wüste Gegenden sind. Ich habe nur diejenigen Orte aufgenommen, welche auf *mehr* als *einer* der handschriftlichen Originale dieselbe Lage hatten. Denn auf den meisten Karten von America, die in Europa entworfen worden sind, findet man eine Menge Namen von Ortschaften, deren Existenz man im Lande nicht einmal kennt. Ist ein solcher Irrthum einmal auf einer Karte aufgenommen, so geht er bald in alle folgenden über, und es wird oft schwer, den Ursprung desselben zu entdecken. Lieber wollte ich auf der meinigen viele leere Stellen lassen, als aus schlechten Quellen schöpfen.» Humboldt, Alexander von: *Versuch über den politischen Zustand des Königreichs Neu-Spanien. Erster Band*, S. XCVIII f.

27 Schneider, Ute: *Die Macht der Karten*, S. 112.

28 Vgl. Brooks, Philip C.: Spain's Farewell to Louisiana, 1803–1821. In: *The Mississippi Valley Historical Review* 27 (1940) H. 1, S. 29–42

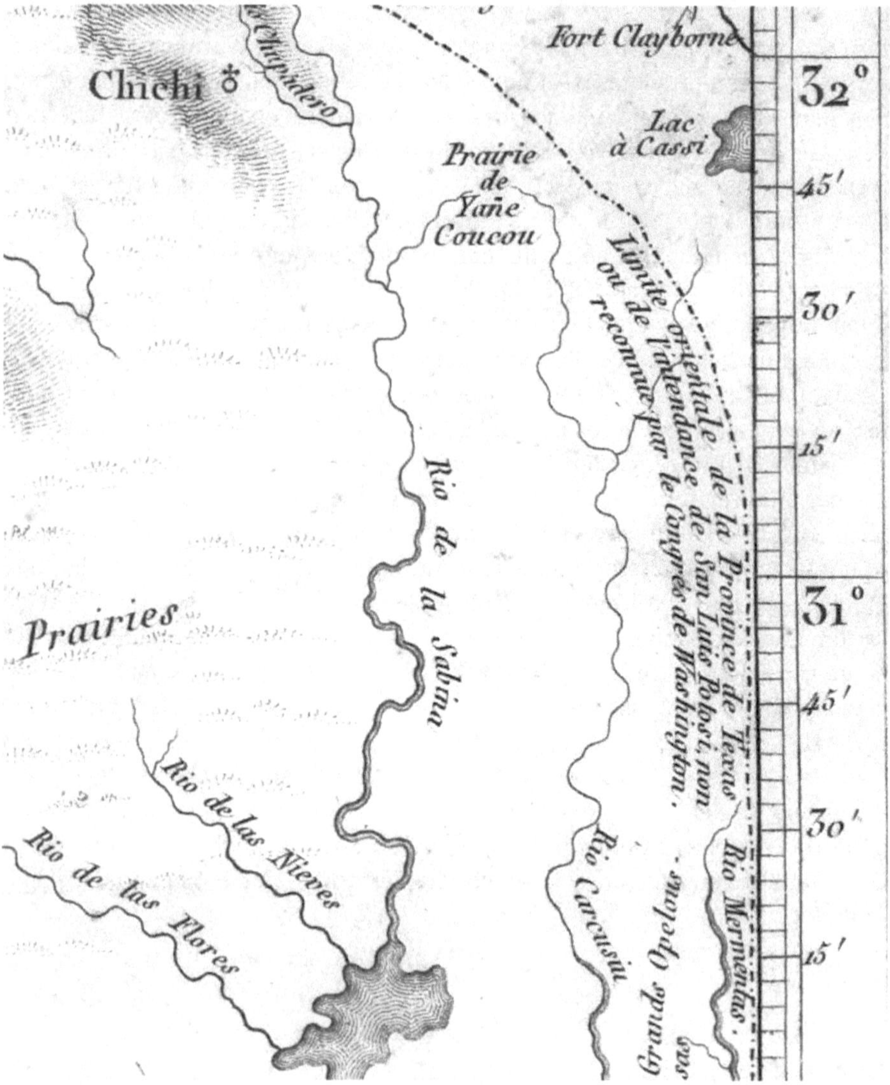

Abbildung 14: Ausschnitt aus ANE I, Quelle: David Rumsey Map Collection, Cartography Associates.

Die Ungewissheiten des Nordens verweisen also zum einen auf den geopolitisch prekären Zustand des neuspanischen Raumwissens. Will man Humboldt zugestehen, dass er tatsächlich das Wesentliche, was aus spanischen und neuspanischen Archiven sowie aus seiner ausführlichen Korrespondenz mit Kollegen und Spezialisten[29] zur Erstellung seiner Karten zusammenzutragen war, auch berücksichtigt und adäquat verarbeitet hatte, dann lesen sich seine Großraumkarten zum anderen ebenso als vielsagende Visualisierung des unzureichenden Wissens einer Großkolonie von sich selbst. Sogar das ungefähre Entfernungswissen der lokalen Bevölkerung wird darin aufgenommen. So schreibt Humboldt im Text zur 'Carte générale' (ANE I) für die Ermittlung der Wegstrecke zwischen Acapulco und Mexiko, auf deren Grundlage auch die 'Carte réduite de la route d'Acapulco à Mexico' (ANE V) entstanden ist:

> Il sera utile, pour la connoissance détaillée du pays, d'ajouter les distances que les indigènes, surtout les muletiers qui vont, pour ainsi dire, en caravane à la grande foire d'Acapulco, comptent d'un village à l'autre. [...] Il est évident que le peuple raccourcit les lieues à mesure que les difficultés du chemin augmentent. Cependant, sous des circonstances égales, on peut avoir quelque confiance dans les jugements que les muletiers portent sur les grandeurs comparatives; ils ignorent si leurs bêtes de somme font deux ou trois mille mètres dans l'espace d'une heure, mais une longue habitude leur a enseigné si une distance est le tiers, ou le quart, ou le double de l'autre.[30]

Der zu Beginn der 'Analyse' geäußerte, dezente Hinweis, die eigenen Ergebnisse im Feld wären die Mühen von drei bis vier Monaten Arbeit gewesen,[31] verweist allerdings auch auf eine gewisse Nachlässigkeit der neuspanischen Administration und wirft die Frage auf, warum erst ein preußischer Gelehrter anreisen musste, um in einigen Monaten das Wissen seiner Zeit zusammenzuführen und wenige Jahre später einen Atlas in nie dagewesener Präzision vorzulegen. Um es genauer zu sagen: Allein Humboldts Messergebnisse auf dem neu-spani-

---

29 Einen guten Eindruck über den Austausch und die Intensität der Fachkorrespondenz, die Humboldt mit seinen Kollegen seit Beginn seines Aufenthalts in Neu-Spanien und fast bis ans Ende seines Lebens über mexikanische Themen geführt hat, vermittelt die 41 Briefe umfassende 'Correspondencia mexicana de Humboldt, 1803–1854' in Humboldt, Alexander von: *Tablas Geográficas Políticas del Reino de Nueva España y Correspondencia Mexicana*. Edición de homenaje. México, D.F.: Dirección General de Estadística 1970, S. 73–144.

30 Humboldt, Alexander von: *Essai politique sur le royaume de la Nouvelle-Espagne. Tome premier*, S. 51 f. Dt. Übers.: «Zur ausführlichen Kenntnis des Landes wird es nicht unnütz seyn, die Entfernungen anzuführen, welche die Eingebohrnen, vorzüglich die Maulthiertreiber, die in Caravanen auf den chinesischen Jahrmarkt von Acapulco ziehen, von einem Dorfe zum andern rechnen. [...] Man weiss, dass das Volk überall die Meilen in eben dem Masse verkürzt, als die Beschwerlichkeiten des Weges zunehmen. Mauleseltreiber wissen freilich nicht, ob ihre Lastthiere zwei oder dreitausend Meter in einer Stunde zurücklegen; aber eine lange Gewohnheit lehrte sie auf das genaueste zu unterscheiden, ob eine Entfernung das Drittel, das Viertel oder das Doppelte einer andern ausmacht.» Humboldt, Alexander von: *Versuch über den politischen Zustand des Königreichs Neu-Spanien. Erster Band*, S. XLVIII f.

31 Vgl. Humboldt, Alexander von: *Essai politique sur le royaume de la Nouvelle-Espagne. Tome premier*, S. 5.

schen Festland konnten die bisher bekannten Ortsmessungen fast verdoppeln. Und die kritische Auswertung der eigenen astronomischen Beobachtungen mit denen anderer Quellen ergab gar eine Verdreifachung der bisher bekannten Messpunkte.[32]

An anderer Stelle wird die Kritik an der Vernachlässigung einer sorgfältigen Raumerschließung noch deutlicher. Gleich zu Beginn der 'Analyse' weist Humboldt in kaum verblümter Herrschaftskritik darauf hin, dass geographisches Wissen ohnehin in Zeiten des Friedens leide:

> On n'aura pas lieu d'être surpris des incertitudes qui règnent dans la géographie du Mexique, si l'on considère les entraves qui ont arrêté les progrès de la civilisation, non-seulement dans les colonies, mais encore dans la mère-patrie; surtout si l'on se rappelle la longue paix dont jouissent ces contrées depuis le commencement du seizième siècle. Dans l'Indostan, les guerres avec Hyder Ally et Tippoo-Sultan, les marches continuelles des armées, la nécessité de chercher la communication la plus courte, ont singulièrement contribué à augmenter les renseignemens géographiques.[33]

Die eigentliche, gleichsam prospektive Botschaft dieser zuvorderst verallgemeinerten Kritik ist unschwer zu erkennen: Es sollte nicht erst zum Krieg kommen müssen, um die Notwendigkeit zu erkennen, sich über die eigene Territorialität im militärisch ungeschützten Norden des Landes ein genaueres Bild zu verschaffen.

Das heißt nicht, dass Humboldt im Gegensatz zu den in Europa üblichen stereotypen Meinungen über die spanische Rückständigkeit nicht die wissenschaftliche Leistung der spanischen Wissenschaftler seit dem 16. Jahrhundert sowie der jüngeren, durch die Krone im 18. Jahrhundert geförderten Initiativen zur Verbesserung der wissenschaftlichen Institutionen und Forschungsexpedi-

---

32 Vgl. Humboldt, Alexander von: *Essai politique sur le royaume de la Nouvelle-Espagne. Tome premier*, S. 26 f., 187 ff.

33 Humboldt, Alexander von: *Essai politique sur le royaume de la Nouvelle-Espagne. Tome premier*, S. 5. Dt. Übers.: «Wie darf man über die, in der Geographie von Mexico herrschende, Unbestimmtheit erstaunen, wenn man die Hindernisse erwägt, welche von jeher den Fortschritten wissenschaftlicher Cultur nicht allein in den spanischen Colonien, sondern selbst in dem europäischen Mutterland im Wege standen; ja wenn man vollends an den langen Frieden zurück denkt, dessen sich diese Gegenden seit dem Anfange des sechszehnten Jahrhunderts erfreuen? In Hindostan trugen die Kriege mit Hyder Ally und Tippoo-Sultan, die immerwährenden Durchzüge von Heeren und die dadurch verursachte Nothwendigkeit, die möglichste Kürze der Verbindungen aufzusuchen, vorzüglich dazu bei, die Geographie dieses Landes aufzuklären.» Humboldt, Alexander von: *Versuch über den politischen Zustand des Königreichs Neu-Spanien. Erster Band*, S. VI f.

tionen zu würdigen wusste.[34] Doch machten die umfangreichen Arbeiten in den Archiven der Hauptstadt und auf den Exkursionen im Zentralplateau des Vizekönigreiches ebenso deutlich, wie viel noch zu tun war auf dem Weg zu einer umfassenden Erfassung des neuspanischen Territoriums. Immer wieder weist er in seinem Text auf diesen Missstand hin und macht konkrete Vorschläge, wie das Kartenwerk in der Zukunft weiterzuentwickeln sei. Die Sehnsucht der Aufklärung «nach einem aufgeklärten Raum, einem Raum, aus dem alle dunklen Stellen getilgt sind»,[35] vermischt sich hier mit dem realpolitischen Hinweis auf die Notwendigkeit einer präziseren Raumkenntnis. So könne seine eigene Arbeit nur die Vorbereitung für das wesentlich umfangreichere Projekt einer Triangulation des Landes, vor allem der «geographischen Wüste»[36] des Nordens sein. Für Frankreich als Pionierland dieser großflächigen geodätischen Raumvermessung wurde dieses mit der Vermessung des Pariser Meridians von Jean Picard bereits 1668 initiierte und 1700 von Jean-Baptiste Cassini wiederaufgenommene Projekt unter Leitung von Jacques Cassini und César-François Cassini de Thury mit der Veröffentlichung der 'Carte géometrique de la France' 1750 und ihrer verbesserten Fassung durch Jean-Dominique Cassini 1793 abgeschlossen.[37] Dieses vier Generationen einer Kartographenfamilie umfassende Staatsprojekt

> wurde zu einem der größten wissenschaftlichen und organisatorischen Unternehmen des 18. Jahrhunderts. Die Erstellung der Karte Frankreichs wird zu einer Zäsur, und man wird von 'avant la carte' und 'après la carte' sprechen. [...] Nur ein Staat von organisatorischer Potenz und einem starken Willen war in jener Zeit dazu in der Lage.[38]

Im 17. Jahrhundert hatte Gerhard Mercator, der Erfinder dieser Methode und Begründer der bis heute gebräuchlichen Mercator-Projektion,[39] ähnliches be-

---

34 Vgl. hierzu Puig-Samper, Miguel Ángel/Rebok, Sandra: *Sentir y medir. Alexander von Humboldt en España*. Madrid: Doce Calles 2007, S. 29 ff.; auch Rebok, Sandra: *Alexander von Humboldt und Spanien im 19. Jahrhundert*, S. 144 ff.

35 Schlögel, Karl: *Im Raume lesen wir die Zeit. Über Zivilisationsgeschichte und Geopolitik*. Frankfurt am Main: Fischer ^{3}2009 [2003], S. 169.

36 Humboldt, Alexander von: *Versuch über den politischen Zustand des Königreichs Neu-Spanien. Erster Band*, S. IX. In der französischen Fassung verzichtet Humboldt auf diese Formulierung, vgl. Humboldt, Alexander von: *Essai politique sur le royaume de la Nouvelle-Espagne. Tome premier*, S. 7.

37 Schlögel, Karl: *Im Raume lesen wir die Zeit*, S. 169 ff.

38 Ebda., S. 169 f.

39 Die Mercator-Projektion berücksichtigt in ihrer Darstellung von Land- und Wasserflächen zum ersten Mal die Krümmung der Erde an ihren Polen und bedeutete damit vor allem für die Nautik einen wesentlichen Fortschritt. Mit dieser Technik stellten Seekarten zum ersten Mal ein klar definiertes Netz, welches die Navigation deutlich erleichterte. Dieses Netz bestand aus Längekreisen und sogenannten Loxodromen, «Kurvenlinien, die die Längenkreise über den

reits für Flandern erreicht.[40] Dieser Vorsprung von mehr als einem halben Jahrhundert galt aber keineswegs für ganz Europa, so wie überhaupt kartographische Desiderate kein (neu-)spanisches Problem waren, sondern für weite Teile des 'Alten Kontinents' ebenso zutrafen. Für die Triangulation der Schweiz benötigte Dufour zwischen 1832 und 1865 über dreißig Jahre.[41]

Daher verwundert es nicht, dass Humboldt das Projekt einer Triangulation Neu-Spaniens vorerst für nicht realisierbar hält, auch wenn er zugleich festhält, dass das Land ideale und offenbar bisher nicht erkannte Voraussetzungen für ein entsprechendes Vorhaben bietet:

> Les moyens que je propose dans ce Mémoire seroient d'une exécution facile et peu dispendieuse. Il n'existe certainement pas un pays sur le globe qui offre de plus grands avantages pour des opérations trigonométriques [...]; mais entreprendre le relèvement trigonométrique du royaume de la Nouvelle-Espagne, vouloir étendre des opérations délicates sur un terrain cinq fois aussi vaste que la France, c'est désirer que le gouvernement n'ait jamais la carte générale de ses riches domaines [...].[42]

Für eine Kombination aus astronomischen, barometrischen sowie Höhenwinkelmessungen allerdings, wie er sie selbst betrieben hat und in seiner 'Analyse' in allen methodischen Einzelheiten vorstellt, seien alle Voraussetzungen gegeben, gerade auch durch die hervorragende Ausbildung am Real Seminario de Minería. Es sei an der Zeit, dass die Marinenation Spanien das Landesinnere ebenso sorgfältig wie seine Küsten vermesse und – so könnte man sagen – den Schritt von den hydrographischen Seekarten und Portolanen zu den physikalischen Großraumkarten des Landes selbst vollziehe.

---

gesamten Globus im gleichen Winkel schneiden.» Schneider, Ute: *Die Macht der Karten*, S. 60. Die Karte war also winkeltreu, aber nicht flächentreu. Die damit einhergehende Verzerrung der Landmassen hin zu den Polen, die noch bis in unsere Zeit dazu führt, dass Grönland in der *mental map* vieler Menschen die Größe Südamerikas übertrifft, spielte für die Navigation auf See aber keine Rolle. Vgl. Schneider, Ute: *Die Macht der Karten*, S. 71.

40 Ebda., S. 76.

41 Ebda., S. 87.

42 Humboldt, Alexander von: *Essai politique sur le royaume de la Nouvelle-Espagne. Tome premier*, S. 13 f. Dt. Übers.: «Die Mittel, welche ich hier zur Vervollkommnung der mexicanischen Geographie vorschlage, sind leicht anwendbar und wenig kostspielig. Kaum gibt es auf dem ganzen Erdballe ein Land, welches grössere Vortheile für trigonometrische Messungen darböte, als Neu-Spanien. [...] Aber das ganze Königreich Neu-Spanien geometrisch aufzunehmen, ein trigonometrisches Netz über einen Erdraum zu werfen, der viermal grösser, als Frankreich ist, kann nur der rathen, welcher wünscht, dass die spanische Regierung nie eine allgemeine Karte ihrer reichen Besitzungen erhalte.» Humboldt, Alexander von: *Versuch über den politischen Zustand des Königreichs Neu-Spanien. Erster Band*, S. XIII f.

> Le gouvernement espagnol ayant, avec une libéralité extraordinaire, fait les sacrifices les plus importans pour le perfectionnement de l'astronomie nautique et pour le relèvement exact des côtes, on peut espérer qu'il ne tardera pas à s'occuper de la géographie de ses vastes domaines aux Indes. [...] L'école des mines de Mexico, dans laquelle l'étude des mathématiques se fait d'une manière solide, répand sur la surface de ce vaste empire un grand nombre de jeunes gens animés du plus beau zèle, et capables de se servir des instrumens que l'on placeroit entre leurs mains.[43]

Diese so vorteilhaften Bedingungen stellt Humboldt zusammen mit einem Drei-Punkte-Plan vor, der äußerst konkreten Vorschläge für eine zu organisierende Vermessungsexpedition in den Norden macht und dabei ein relativ unproblematisches Vorgehen suggeriert. Bei der Niederschrift dieser durchaus im Duktus einer politikberatenden Handlungsanweisung verfassten Passagen konnte der preußische Wissenschaftler allerdings noch nicht wissen, dass für derlei Vorhaben in den von den mexikanischen Unabhängigkeitskämpfen geprägten Folgejahren kein Platz sein sollte.

6.4 Raumwissen in Bewegung: Humboldts *carte critique* und Kritik an Humboldts Karten

Humboldts mexikanische Kartographie visualisierte wie kein Werk zuvor den geophysikalischen Wissensstand seiner Zeit und trug durch seine Verbesserungen, die sich in eigenen Messerhebungen, präzisen Berechnungen und sorgfältiger Auswahl der zur Verfügung stehenden Materialien äußerten, zu einem Qualitätssprung in der geographischen Forschung zu Mexiko bei. Die 'Carte des fausses positions' (Abbildung 15) visualisiert eben diesen Erkenntnisfortschritt in besonders eindrücklicher Weise und bringt zugleich all jene Kritik visuell auf den Punkt, die Humboldt im Laufe seiner (im Oktavformat) fast 200 Seiten langen 'Analyse raisonnée' immer wieder mit Blick auf die Ungenauigkeiten bisheriger Ortsbestimmungen bespricht.

---

43 Humboldt, Alexander von: *Essai politique sur le royaume de la Nouvelle-Espagne. Tome premier*, S. 19 f. Dt. Übers.: «Da die spanische Regierung mit ausserordentlicher Freigiebigkeit die bedeutendsten Aufopferungen für Vervollkommnung der nautischen Astronomie und für genaue Aufnahme der Küsten gemacht hat, so darf man hoffen, dass sie nicht länger säumen werde, sich auch mit der Geographie ihrer weit ausgedehnten Besitzungen in America zu beschäftigen. [...] Die Bergacademie von Mexico, in welcher das Studium der höheren Mathematik gründlich betrieben wird, verbreitet über die Oberfläche dieses unermesslichen Reiches eine grosse Anzahl junger Männer, die von dem edelsten Eifer beseelt und fähig sind, sich der astronomischen Instrumente zu bedienen, die man ihnen anvertrauen würde.» Humboldt, Alexander von: *Versuch über den politischen Zustand des Königreichs Neu-Spanien. Erster Band*, S. XIX.

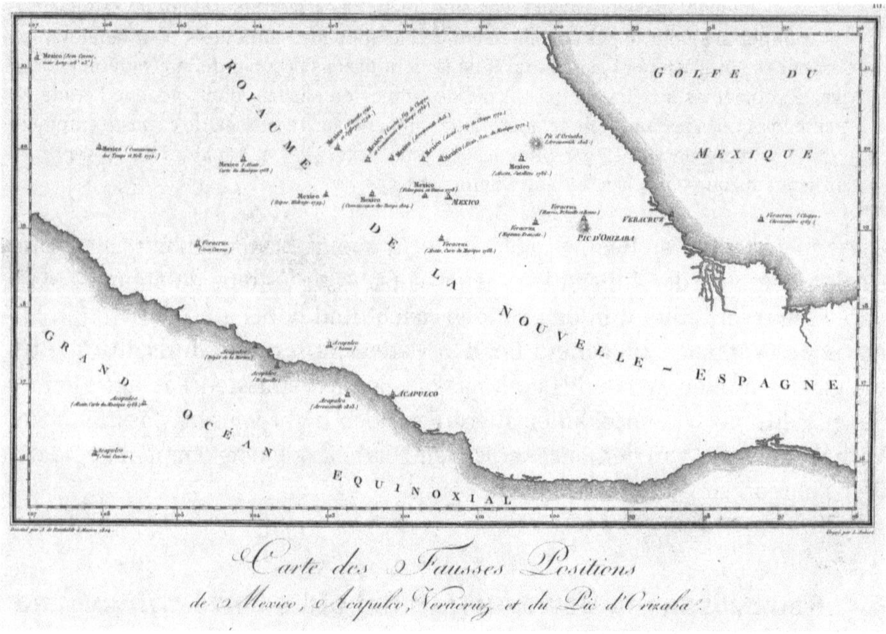

Abbildung 15: ANE X, Quelle: David Rumsey Map Collection, Cartography Associates.

Keine seiner naturgemäß etwas umständlichen schriftlichen Messvergleiche verdeutlicht so prägnant wie diese Karte die geradezu absurde Verschiebung des Raumwissens im 18. und frühen 19. Jahrhundert. Selbstbewusst schreibt Humboldt nur unter die Ortsangaben Dritter die jeweiligen Verfasser oder Quellen sowie das Jahr der Angabe. Die korrekte Lage (als Ergebnis der eigenen Forschung) ist in Majuskeln als letzlich absolute Größe gesetzt. Dass Humboldts Angaben an Genauigkeit selbst mit mexikanischen Karten aus den 1930er Jahren mithalten konnten,[44] zeigt deren superbe wissenschaftliche Qualität.

Später im Text markiert er das Verfahren generisch als «carte critique»[45] und setzt es auch an anderer Stelle in seinem Atlas ein, wenn er in der 'Carte réduite' Messdifferenzen an der Lage der Ostküste Neu-Spaniens als Ausdruck anderer, zweifellos falscher Daten angibt (Abbildung 16).

44 Engelmann, Gerhard: Alexander von Humboldts kartographische Leistung, S. 5 f.

45 Humboldt, Alexander von: *Essai politique sur le royaume de la Nouvelle-Espagne. Tome premier*, S. 225.

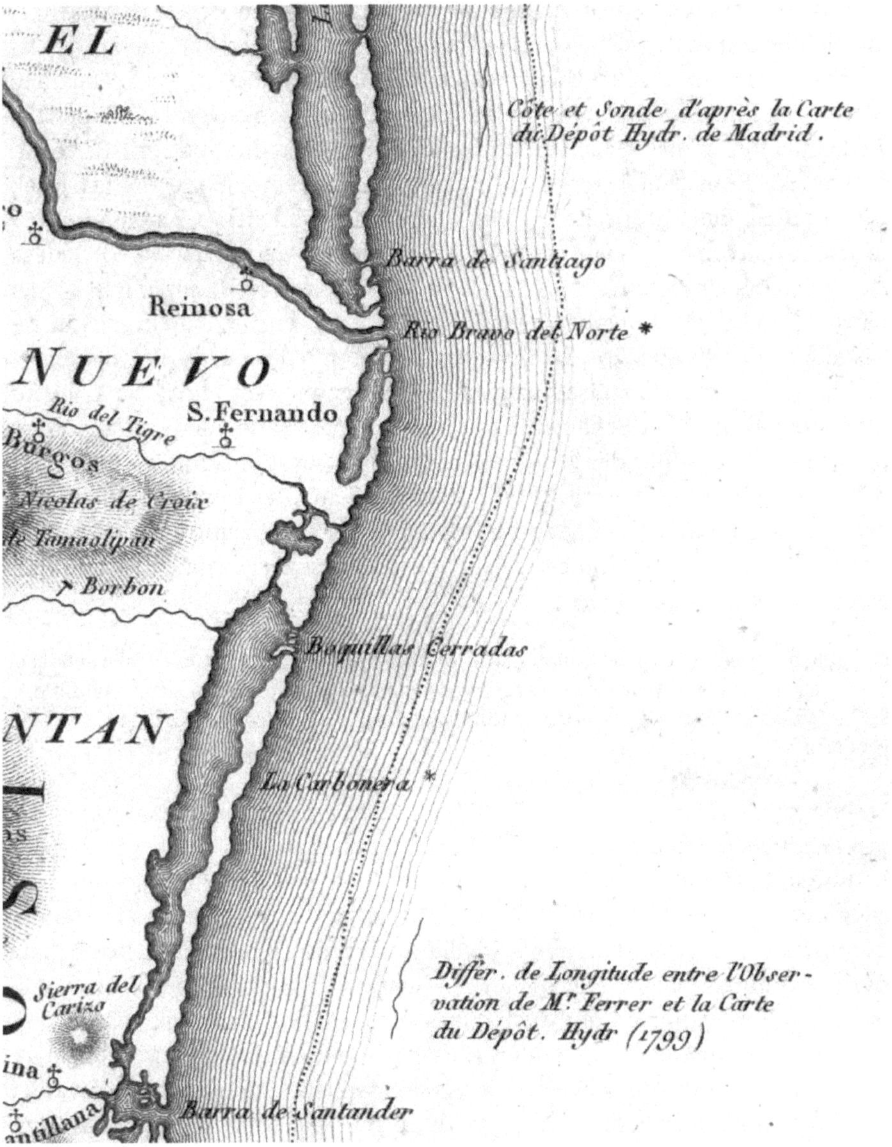

Abbildung 16: Ausschnitt aus ANE I, Quelle: David Rumsey Map Collection, Cartography Associates.

Wahrscheinlich hätte sich Humboldt gefreut zu sehen, dass 145 Jahre nach Erscheinen seines Atlas eben diese generische Innovation dazu genutzt werden sollte, Humboldts eigene Ungenauigkeiten zu visualisieren. Rayfried Lionel Stevens-Middleton legte in seiner bis heute äußerst lesenswerten Doktorarbeit zu Humboldts mexikanischem Œuvre in einer Reproduktion der 'Carte des fausses positions' eine eigene, mit grünem Transparentpapier erstellte Korrekturkarte über das historische Vorbild, um die 'tatsächlichen' Längen- und Breitengrade der von Humboldt bestimmten Ortsmessungen anzuzeigen.[46] So lässt sich Stevens-Middleton zufolge nachweisen, dass sich Humboldt in seinen Längen- und Breitenangaben von der Haupstadt, von Acapulco oder in der Distanz zwischen Mexiko und Veracruz um zum Teil mehrere Sekunden verrechnet hatte und die meisten seiner Höhenangaben, vor allem mit Blick auf die Bergspitzen, mehr Schätz- als tatsächliche Messwerte gewesen sein mussten.[47] Eine Geste, die das Original in seiner Innovationskraft so sehr wertschätzt wie es dessen leichte Hybris verdeutlicht. Die Doppelkarte der nun zweifach korrigierten «fausses positions» verweist gleichzeitig auf eine bis weit in das 20. Jahrhundert hinein reichende unkritische Rezeption des Kartenwerks:

> [B]ien es cierto que con el transcurso de los años muchos comentaristas se han entregado a aceptar y a alabar ciegamente el mapa de Humboldt, sin preocuparse de analizarlo, lo que es más censurable, puesto que Humboldt mismo lo analizó concienzuda y detalladamente.[48]

So fing man in Mexiko erst in den 1940er Jahren an, Humboldts orographische Projektionen kritischer zu hinterfragen. Schaut man sich diese genauer an, könnte man meinen, Humboldts Leidenschaft für die Berge und dessen Überzeugung, bei den amerikanischen Kordilleren handele es sich um ein von den nördlichen Rocky Mountains bis in die Anden durchgehendes Massiv habe dazu beigetragen, dass er nicht nur die Sierra Madre Oriental und Occidental auf *einen* Gebirgsrücken mit Ausläufern bis nach Yucatán (!) reduzierte, sondern darüber hinaus der gesamten Halbinsel Baja California ein durchgehendes Gebirge verpasste. Die ziemlich spekulativen und geradezu riskanten Raumbestimmungen waren umso folgenreicher als sie auf der großen und weitverbreiteten, zweiten Karte des Atlas', der 'Carte du Mexique et des Pays Limitrophes Situés au Nord et à l'Est' (ANE II), am deutlichsten zu sehen waren. Neben einer Aufzählung diverser toponymischer Fehler und Ungenauig-

46 Stevens-Middleton, Rayfried Lionel: *La obra de Alexander von Humboldt en Mexico*, S. 62 f.
47 Ebda., S. 44 ff.
48 Ebda., S. 50.

keiten in den Darstellungen verschiedener Flussläufe verweist Alessio Robles zudem auf eine vor allem zwischen den nördlichen *intendencias* von Neu-Spanien falsch verlaufende Grenzziehung, die Humboldt in seiner Großraumkarte 'Carte générale du royaume de la Nouvelle-Espagne' (ANE I) verzeichnete, obwohl die dafür verantwortliche administrative Reform bereits 1788 stattgefunden hatte.[49] Für den Nordteil dieser Karte ist das Urteil neben aller Bewunderung für Humboldt dann auch dementsprechend deutlich: «Geografía imprecisa que se fundaba sólo en observaciones rudimentarias».[50]

Ebenso sind diese Fehler aber Ausdruck einer zweifellos prekären und natürlich auch für Humboldt nicht vollständigen Quellenlage. Zudem hatte es in Mexiko vor Humboldt kaum ernsthafte Versuche gegeben, überhaupt einmal die Gebirgsformationen des Landes, seine Toponymie oder administrative Ordnung großflächig zu repräsentieren.[51] So lautet das moderatere Urteil von Stevens-Middleton:

> [N]o obstante, de todas las determinaciones analizadas por Humboldt en su *Ensayo Político*, las suyas propias se acercan más que ninguna otra a la que determinó la Comisión Geodésica Mexicana.[52]

Aus heutiger Sicht liegt die Bedeutung von Humboldts kartographischer Leistung aber wohl weniger in der vermeintlichen Präzision seiner Raumbestimmungen, seien es Höhen- und Längenangaben oder Flächenverhältnisse, als vielmehr in der überragenden Visualisierung eben dieses Raumes auf verschiedenen semiotischen wie semantischen Ebenen mit zum Teil überraschenden graphischen Innovationen.

6.5 Raumwissen als öffentliches Gut

Im Unterschied zu den umfangreichen, allerdings nicht öffentlichen kartographischen Studien der spanischen und neu-spanischen Militäringenieure[53]

49 Alessio Robles, Vito: Liminar del Atlas, S. 15 f.

50 Ebda., S. 17.

51 Vgl. Stevens-Middleton, Rayfried Lionel: *La obra de Alexander von Humboldt en Mexico*, S. 55.

52 Stevens-Middleton, Rayfried Lionel: *La obra de Alexander von Humboldt en Mexico*, S. 44.

53 Vgl. hierzu die ausführlichen biobibliographischen Untersuchungen zu den spanischen wie neuspanischen Militäringenieuren vom 16. bis ins 18. Jahrhundert bei Capel, Horacio/García, Lourdes u. a. (Hg.): *Los ingenieros militares en España siglo XVIII. Repertorio biográfico e inventario de su labor científica y espacial.* Barcelona: Edicions de la Universitat de Barcelona 1983 (Geo Crítica. Textos de apoyo, 3) und Moncada Maya, J. Omar: *Ingenieros Militares en*

kennt Humboldts Atlas keinen spezifischen Auftraggeber. Seine Karten gehen nicht von einem durch Staats- oder Herrschaftsräson regulierten Anforderungs- und Erwartungsprofil aus, sondern verfolgen eigene Absichten. Zweifellos waren die Ergebnisse der Humboldt'schen Kartographie von größtem Interesse sowohl für die spanischen und europäischen Königshäuser als auch für die amerikanischen Vizekönigreiche und Provinzregierungen; das gleiche gilt für die Strategen der jungen US-amerikanischen Republik in Washington. Doch war der preußische Wissenschaftler keinem dieser Oberhäupter zu Dienst verpflichtet, unterstand keiner wie auch immer gearteten Zensur oder machtpolitischen Einflussnahme. Humboldts Absicht also, und das ist der zweite, entscheidende Unterschied zu den Arbeiten der Militäringenieure, liegt in ihrer geradezu republikanischen Öffentlichkeit. Der alte, monarchische Grundsatz, dass «der Besitz einer Karte dem Besitz des Territoriums gleichkam»,[54] gilt hier nicht mehr.

Humboldt *erfindet* diesen neuen Umgang mit ehemals sekretiertem Wissen nicht. Vielmehr erkennt er eine sowohl publizistisch als auch wissenschaftlich und politisch günstige Gelegenheit zu einer weiter gehenden Öffnung des Wissens. So sieht er die Wende der Kartographie von einer Geheim- hin zu einer aufgeklärten und öffentlichen Wissenschaft in der Aktualität bereits vollzogen, wie folgende explizite Huldigung an Karl IV. in der 'Analyse raisonnée' zeigt:

> Les temps n'existent plus où les gouvernemens, cherchant leur sûreté dans le mystère, redoutoient de dévoiler aux nations étrangères les richesses territoriales qu'iles possédaient aux Indes. Le roi d'Espagne actuel a ordonné que l'on publiât, aux frais de l'état, le relèvement des côtes et des ports; il n'a pas craint que les plans les plus détaillés [...] existassent entre les mains des nations que les événemens ont rendues ennemies de l'Espagne. [...] Tout prouve que depuis quinze ans le gouvernement espagnol, loin de craindre les progrès de la géographie, a fait publier, au contraire, tout ce qu'il possède de matériaux intéressans sur ses colonies dans les deux Indes.[55]

Nueva España. Inventario de su labor científica y espacial. Siglos XVI y XVIII. México, D.F.: UNAM 1993.

54 Schneider, Ute: *Die Macht der Karten*, S. 8.

55 Humboldt, Alexander von: *Essai politique sur le royaume de la Nouvelle-Espagne. Tome premier*, S. 20 f. Dt. Übers.: «Jene Zeiten sind vorüber, in welchen die Könige wähnten, sich durch Verheimlichung ihre Staatskräfte zu sichern, in welchen sie sich nicht getrauten, fremden Nationen die Reichthümer ihrer Besitzungen in Indien zu enthüllen. Auf ausdrücklichen Befehl Karl des Vierten hat man in Madrid angefangen, die Aufnahme der Küsten und Häfen auf öffentliche Kosten bekannt zu machen, ohne durch die Besorgniss abgeschrekt zu werden, genaue Plane [...] in den Händen von Nationen zu sehen, welche durch die Ereignisse der Zeit zu Feinden Spaniens geworden sind. [...] Diese Thatsachen beweisen hinlänglich, dass die spanische Regierung seit fünfzehn Jahren die Fortschritte der americanischen Geographie nicht blos nicht gefürchtet, sondern sogar, dass sie alles, was sie von wichtigen Materialien

Allerdings dürfen wir dieses Lob durchaus strategisch verstehen. Dem Diplomaten Humboldt war schließlich nicht daran gelegen, seinen *ersten Leser* vor den Kopf zu stoßen. Dass die von Humboldt proklamierte totale Öffnung des nautischen Wissens durch die spanische Krone nicht ganz den Tatsachen entsprach, zeigen allein schon die zahlreichen, nicht öffentlichen und auch keineswegs öffentlich zugänglichen Quellen, die er benutzte (s. Kap. 6.3).

Ein für die außerordentliche Breitenwirkung vor allem der beiden ersten Karten des Atlas' entscheidender und mithin dritter Unterschied zu den Ingenieursarbeiten des Madrider Depósito hidrográfico liegt in ihrer handwerklich superben und künstlerisch anspruchsvollen Gestaltung. Sie ist natürlich die Folge der Möglichkeiten, die Humboldt bei der Realisierung seines kartographischen Projektes während seiner Pariser und auch noch Berliner Jahre zur Verfügung standen.[56] Hier arbeitete er mit den besten Kartenstechern seiner Zeit zusammen. Ein Beispiel dafür liefert der durchaus im Genette'schen Sinne zu verstehende kartographische Paratext[57] zur 'Carte de la Vallée de Mexico' (ANE III), der alle wesentlichen Arbeitsschritte vom Feld über den Quellvergleich bis zum Kartentisch vereint und die keineswegs selbstverständliche Transparenz von Humboldts Arbeitsweise verdeutlicht:

> [E]squissée sur les lieux en 1804, par Don Luis Martin, redigée et corrigée en 1807 d'après les opérations trigonométriques de Don Joaquin Velasquez et d'après les observations astronomiques et les mesures barométriques de Mr. De Humboldt par Jabbo Oltmanns. [und

---

über ihre Colonien in beiden Indien besitzt, bekannt gemacht hat.» Humboldt, Alexander von: *Versuch über den politischen Zustand des Königreichs Neu-Spanien. Erster Band*, S. XIX f.

56 Freilich ist ein wesentlicher Aspekt der praxeologischen Dimension von Humboldts Kartographie die Frage, wie genau man Humboldts eigenen kompositorischen Anteil an der Entstehung der Kartenwerke beurteilen muss. Die vorliegende Arbeit kann zu dieser ebenso spannenden wie komplexen Forschungsfrage, die weiterhin einer ausführlichen Analyse harrt, keine eigene Untersuchung vorstellen. Hingewiesen sei allerdings auf die zahlreichen, in sehr unterschiedlichen Fertigungsstufen vorhandenen Verlaufs- und Profilskizzen aus dem Berliner Nachlass (besonders in den Amerikanischen Reisetagebüchern sowie in den Kästen 4 und 7b) sowie dem Krakauer Nachlass (z. B. in den Kästen 8/1 und 8/2). Abdrucke einzelner Kartenmanuskripte aus Humboldts Hand finden sich darüber hinaus in Holl, Frank (Hg.): *Alejandro de Humboldt en México*. México, D.F.: Instituto Nacional de Antropología e Historia 1997, S. 125. Das Dissertationsprojekt von Amrei Buchholz wird unter dem Gesichtspunkt der visuellen Strategien im Werk Alexander von Humboldts zu dieser Frage sicher wesentliche Erkenntnisse beitragen und die kartographie- und kunsthistorische Relevanz des Humboldt'schen Werks wesentlich erhellen können.

57 Vgl. Genette, Gérard: *Paratexte. Das Buch vom Beiwerk des Buches* [1987]. Mit einem Vorwort von Harald Weinrich. Aus dem Französischen von Dieter Hornig. Frankfurt am Main: Suhrkamp 2001 (suhrkamp taschenbuch wissenschaft, 1510).

unten links:] Dessiné par G. Grossmann, terminé par F. Friesen à Berlin 1807 et par A. Humboldt à Paris 1808.[58]

6.6 Kartographische Paratexte

Tatsächlich schreibt sich aber auch der Text selbst nicht nur neben, wie gerade gesehen, sondern auch *in* den Karten im Sinne eines Kommentars zum Kommentar fort. Diesen paratextuellen Einschüben kommt dabei die Funktion mikrotextueller *geographical memoirs* zu, die zugleich auf das Verfahren einer wissenschaftshistorischen[59] Quellen- und Datenauswertung jahrhundertealter und zumeist diaristischer Textgrundlagen verweisen. Dies gilt vor allem für die generisch sehr unterschiedlichen, zwischen Mikrochronik, bibliographischem Verweis und tatsächlicher Fortschreibung des geographischen Kommentars variierenden Mikrotexte in den Großraumkarten ANE I, ANE II, ANE III und ANE IX. Sie sind als intertextuelle, zwischen verschiedenen Karten oder schriftlich fixierten Raumangaben in Chroniken und Reiseberichten kommunizierende Schriftinserate zugleich ein Verweis auf den unmittelbaren Zusammenhang zwischen Karte und Bibliothek.

> The map and the library are two aspects of the same project: organizing and codifying knowledge. Both of them rely on accumulation, on tradition, on authority. Some maps could be considered condensed and portable visual libraries, while libraries' catalogs are sometimes organized as a map – a map of culture, of scholarly disciplines, of literary genres. The map and the library are icons of knowledge.[60]

---

58 Die geradezu künstlerische Qualität der Arbeit von Friesen würdigt Humboldt in Besprechung seiner 'Carte de la partie orientale de la Nouvelle-Espagne' (ANE IX), «qui a dressé cette carte d'après une autre que j'avois esquissée en Amérique, y a exprimé très-heureusement, par une sage distribution des ombres, les inégalités du sol, et la hauteur relative des montagnes» Humboldt, Alexander von: *Essai politique sur le royaume de la Nouvelle-Espagne. Tome premier*, S. 143. Dt. Übers.: «Hr. Friesen hat sie nach einer Skizze gezeichnet, die ich in America selbst entworfen hatte; durch gehörige Verteilung von Licht und Schatten hat er die Ungleichheit des Bodens und die relative Höhe der Berge sehr glücklich ausgedrückt.» Humboldt, Alexander von: *Versuch über den politischen Zustand des Königreichs Neu-Spanien. Erster Band*, S. CXXVI f.

59 In ihrer generischen wie epistemologischen Qualität verweist diese Repräsentationsstrategie einer kartographischen Wissenschaftsgeschichte auf Humboldts das amerikanische Reisewerk abschließende Großprojekt des *Examen critique*. Als besonders augenfälliges Beispiel wäre hier die im *Atlas géographique et physique des régions équinoxiales du Nouveau Continent* 1825 als Karte XIV veröffentlichte 'Histoire de la Géographie de l'Orénoque' zu nennen.

60 Jacob, Christian/Conley, Tom: *The sovereign map*, S. XIX.

Daneben finden wir auf diesen Karten ein auf wenige abstrakte Zeichen reduziertes Skript (vgl. S. 212), das uns die Stellen signalisiert, an denen konkrete Feldforschung betrieben und Ortsbestimmungen anhand chronometrischer, astronomischer und zuweilen trigonometrischer Messverfahren vorgenommen wurden. Die spezifische Lexik dieser Kartenlegenden verweisen nicht nur auf die in Karten natürlich übliche Darstellungspraxis einer «table of equivalence between conventional signs and ordinary language».[61] Sie sind vor allem ein Hinweis auf Humboldts Autorität als Vermesser und, im Fall des Zeichens für trigonometrische Messungen, das hier erst in rudimentären Anfängen, gewissermaßen experimentell begonnene Skript für jede zukünftige Raumvermessung. In der Unterscheidung verschiedener Messverfahren, über deren jeweilige Genauigkeit Humboldt in seinen Ausführungen in der 'Analyse raisonée' keinen Zweifel lässt, taxieren sie den Wissensstand *in situ*. Jedes der Zeichen steht für eine ebenso methodisch wie technologisch unterscheidbare Kartierungspraxis, welche die Qualität und Autorität des jeweiligen Raumwissens markiert. Auch hier also ist das Raumwissen der Karte diskursiv organisiert.

In den paratextuellen Titelunterschriften und quasi-bibliographischen Angaben zur Datenerhebung, -auswertung und zur Kartenfertigung geben sich die neu-spanischen Karten zudem in ihrer Aktualität unmittelbar zu erkennen. Damit verortet sich die Humboldt'sche Kartographie ganz in der Gegenwart und (re)präsentiert eine aktuelle Synthese des verfügbaren, nach den neuesten und mithin exaktesten Daten zusammengestellten und zum Teil noch bis 1809, also unmittelbar vor Drucklegung überarbeiteten Erkenntnisstandes. Signalisieren die kolonialen Textverweise aber bereits eine zumindest graduelle Historizität dieser Wissenssynthese, so enthalten die Karten auch eine kultur- bzw. migrationshistorische Dimension und repräsentieren damit – durchaus im Sinne Bachtins[62] – eine Art Chronotopos des neuspanischen Raumwissens.

6.7 «El Valle de Anahuac»: Möglichkeitsräume und historiographische Kartographie

So wie eine genauere Analyse von Humboldts neuspanischem Kartenwerk außerhalb der frühen mexikanischen Rezeption kaum statt gefunden hat und bis

---

61 Ebda., S. 246.
62 Bachtin, Michail M.: *Chronotopos*. Aus dem Russischen von Michael Dewey. Mit einem Nachwort von Michael C. Frank und Kirsten Mahlke. Frankfurt am Main: Suhrkamp 2008 (suhrkamp taschenbuch wissenschaft, 1879).

heute praktisch ohne jeden *cultural turn*[63] auskommt, so finden sich auch in den historisch interessanten Lektüren – vornehmlich bei den Arbeiten von Alessio Robles[64] und Stevens-Middleton[65] – nur kurze, zumeist deskriptive, bzw. quellenkritische (s. Kap. 6.4) Erläuterungen über das, was auf Humboldts Karten zu sehen ist. Kaum einmal aber wird darüber gesprochen, wie man das darin Sicht- und Unsichtbare in Verbindung mit der Werkkonzeption oder nur den Aussagen aus Humboldts 'Analyse' überhaupt lesen und verstehen könnte.

Zu Recht weist Alessio Robles auf den nicht nur geographischen sondern auch historischen Stellenwert von Humboldts Karten hin (s. Kap. 6.3). Bisher unbeachtet geblieben ist jedoch ihre spezifisch historiographische Dimension. Wir haben bereits gesehen, dass Humboldt sich im Neu-Spanien-Atlas diverser generischer Mittel bediente, die zugleich den inter- wie transdisziplinären Zuschnitt seiner Raumwissenschaft verdeutlichen. In den Erläuterungen zur 'Carte de la vallée de Mexico et des montages voisines' (ANE III), die in der 'Analyse' den keineswegs zufälligen Titel «Carte de la vallée de Mexico, *ou de l'ancien Tenochtitlan*»[66] trägt, wird dies besonders deutlich. In der für ihn typischen Diktion fasst Humboldt das Tal von Tenochtitlán als Studienort diverser Disziplinen und Forschungsinteressen:

> Peu de contrées inspirent un intérêt aussi varié que la vallée de Tenochtitlan. [...] Ceux qui ont étudié l'histoire de la conquête, aiment à s'instruire sur les positions militaires de Cortez et de l'armée tlascaltèque. Le physicien contemple avec intérêt et l'immense élévation du sol mexicain, et la forme extraordinaire d'une chaîne de montagnes porphyriques et basaltiques [...]; les cinq lagunes de Zumpango, de San Christobal, de Tezcuco, de Xochimilco et de Chalco, ne sont, aux yeux du géologue, que les foibles restes d'une grande masse d'eau qui couvroit jadis toute la vallée de Tenochtitlan. Les travaux entrepris pour préserver la capitale du danger des inondations, offrent à l'ingénieur ou à l'architecte hydraulique, sinon des modèles à imiter, du moins de objets dignes de fixer son attention.[67]

---

63 Vgl. das Kapitel 'spatial turn' in Bachmann-Medick, Doris: *Cultural Turns. Neuorientierungen in den Kulturwissenschaften.* 3., neu bearbeitete Auflage. Reinbek bei Hamburg: Rowohlt Taschenbuch 2009, S. 284–328.

64 Alessio Robles, Vito: Liminar del Atlas, S. 9 ff.

65 Stevens-Middleton, Rayfried Lionel: *La obra de Alexander von Humboldt en Mexico*, S. 48 ff.

66 Humboldt, Alexander von: *Essai politique sur le royaume de la Nouvelle-Espagne. Tome premier*, S. 120, Kursivsetzung T. K.

67 Humboldt, Alexander von: *Essai politique sur le royaume de la Nouvelle-Espagne. Tome premier*, S. 120 f. Dt. Übers.: «Es gibt wenige Länder, die ein so mannigfaltiges Interesse einflößen als das Thal von Tenochtitlan, der Sitz einer alten Cultur mexicanischer Völker. [...] Wer die Geschichte der Eroberung liest, folgt gern auf einer Karte dem Marsch und den Positionen der Spanier und der tlascaltekischen Armee. Der Geognost erstaunt über die ungeheure Höhe des mexicanischen Bodens und die sonderbare Gestalt einer Kette von Prophyr- und Basalt-Gebirgen, welche das Thal wie eine cirkelförmige Mauer einschließen. [...] Die fünf Seen Zumpango, San Christobal, Tezcuco, Xochimilco und Chalco [...] sind in seinen Augen nichts an-

Die Invasionsroute von Hernán Cortés und der mit den Spaniern gegen das übermächtige Aztekenreich verbündeten Armee der Tlaskalteken lässt sich auf der 'Carte de la vallée de Mexico' (ANE III) deutlich nachvollziehen. Von der Ostküste über Puebla kommend sind es nach Humboldts Karte letztlich nur zwei Wege, die über die Sierra Madre Oriental den Abstieg in das Valle de México ermöglichen. Beide laufen bei Tlapacoya an der Laguna de Chalco zusammen. Cortés war mit seiner Gefolgschaft über den südlichen Weg im Hochgebirgstal zwischen dem Iztacihuatl und dem Popocatépetl in die Ebene von Tenochtitlan gekommen. Die eigentliche historiographische Pointe dieser Karte wird aber erst offensichtlich, wenn man dem «Chemin de Veracruz» über Tlapacoya bis nach Mexico selbst folgt (Abbildung 17).[68]

Denn hier, westlich von Tezcuco, sowie rund um die neuspanische und ehemals aztekische Hauptstadt verbindet eine dünne, gepunktete Linie eben den Bereich, der noch – wie die Karte angibt – 1521 vollständig mit Salzwasser bedeckt war. Der See trug Tenochtitlán, das urbane und politische Machtzentrum der Azteken, in seiner Mitte als schwimmende Stadt und machte die aztekische Urbe gemeinsam mit dem im Nordosten gelegenen Texcuco-See und den südlichen Gewässern von Xochimilco und Chalco zu einem großen System aus Siedlungen und Wasserwegen. Hier lag das Zentrum des «Plateau de Tenochtitlan», wie Humboldt es in alternativer Diktion zum «Plateau de Mexico» eben auch nennt. Hier laufen die vielschichtigen Lektüren dieser Karte, wie Humboldt sie selbst in dem bereits erwähnten Zitat anlegt, zusammen. Natürlich ist die Jahreszahl 1521 nicht zufällig gewählt. Zwei Jahre zuvor hatte Cortés das ihm unbekannte Wasserreich zum ersten Mal gesehen, seine Bewunderung für die Größe und Schönheit der Hauptstadt dieser stolzen aquatischen Kriegerkultur hielt er vor allem in der zweiten der fünf berühmten *Cartas de relación* an seinen König und frisch gekürten Kaiser der Deutschen Karl V. fest.[69] Sie

---

ders als die Ueberreste einer ungeheurn Wassermasse, welche ehemals das ganze Thal von Tenochtitlan bedeckte. Der Hydrotechniker findet in den Arbeiten, welche unternommen worden sind, um die Hauptstadt vor den Gefahren einer Ueberschwemmung zu sichern, wo nicht nachahmungswürdige Muster, doch Gegenstände, die seiner ganzen Aufmerksamkeit werth sind.» Humboldt, Alexander von: *Versuch über den politischen Zustand des Königreichs Neu-Spanien. Erster Band*, S. CVIII f.

68 Cortés' historische Route verlief wohl etwas anders, vgl. die Karte in Cortés, Hernán: *Die Eroberung Mexikos. Drei Berichte an Kaiser Karl V.* Mit 112 Lithographien von Max Slevogt. Übersetzungen von Mario Spiro und C. W. Koppe. Herausgegeben von Claus Litterscheid. Frankfurt am Main: Insel 1980 (Insel Taschenbuch, 393), S. 310 f.

69 Als deutsche Textgrundlage dient hier der bereits erwähnte Titel Cortés, Hernán: *Die Eroberung Mexikos*. Von den zahlreichen spanischen Editionen dürfen wohl folgende Ausgaben als die zuverlässigsten gelten: Cortés, Hernán: *Cartas de relación. Edición de Mario Hernández.* Madrid: Historia 16 1985 (Crónicas de América, 10). und Cortés, Hernán: *Cartas de relación.*

Abbildung 17: Ausschnitt aus ANE III, Quelle: David Rumsey Map Collection, Cartography Associates.

begründeten den mythischen Ruf eben jenes Aztekenreiches, dessen Unterwerfung und Zerstörung der spanische Eroberer und seine amerikanischen Verbündeten mit der Gefangennahme des letzten Aztekenherrschers Cuauhtémoc am 13. August 1521 in weniger als zwei Jahren besiegeln sollte. So hält die dritte Karte des neuspanischen Atlas' in einer geologischen Schichtung eine transhistorische Dimension des gegenwärtigen neuspanischen Raumwissens fest, in der die systematisch und von Humboldt ausgiebig diskutierte Trockenlegung des Umlands als geologische Metapher für das Auslöschen eines anderen Raum- und Siedlungsverständnisses gelesen werden kann. Im Text zu dieser Karte führt Humboldt in ausführlichen barometrischen Messungen aus, in

Edición, introducción y notas de Angel Delgado Gómez. Madrid: Castalia 1993 (Clásicos Castalia, 198).

Abbildung 18: Ausschnitt aus ANE III, Quelle: David Rumsey Map Collection, Cartography Associates.

welchem Höhenverhältnis Stadt und Wasserspiegel der Seen sich zueinander verhalten. Die Zahlen verdeutlichen die geradezu panische Angst der Spanier vor Überschwemmungen und erklären das seit 1607 andauernde Bestreben, das Wasser der Hochebene kontrolliert über ein ausgeklügeltes Kanalsystem abfließen zu lassen. Neben den Angaben auf dieser Karte hat Humboldt diesem Thema eine eigene Profilzeichnung, das 'Profil du canal de Huehuetoca' (ANE XV) gewidmet und in den Ausführungen zur berühmten Bergschlucht, durch welche der künstlich angelegte Entwässerungskanal Río del Desagüe läuft, lange Abschnitte des dritten Buches gewidmet.[70] Diesen historischen Eingriff in die Geologie der Hochebene markiert Humboldt auf seiner Talkarte sowohl als absenten historischen Raum – das ausgetrocknete Becken – als auch als artifiziellen Raumschnitt – das Kanalsystem des Río del Desagüe (Abbildung 18).

Visuell differenziert von den Verbindungslinien der Straßen und den umliegenden Flußläufen ist der Kanallauf das sichtbarste Kartenzeichen eben dieses Eingriffs. In der Verbindung beider Elemente ergibt sich ein verräumlichtes Narrativ einer kolonial organisierten anthropogenen Natur, welche den präkolonialen Umgang mit den natürlichen Bedingungen der Hochebene sichtbar überschreibt. Der verschwundene Raum des Wasserbeckens ist mithin Verständnisvoraussetzung für die neue Raumorganisation des Kanalsystems. *Durée* und *éspace*, Geschichte und Geographie, gehen hier produktiv zusammen in Absicht einer kritischen Geographie wie sie neben Humboldt in den 1830er Jahren nur Carl Ritter zu entwerfen verstand.[71]

6.8 Gegen koloniale Glottophagie

> Once the surface rhetoric of the map is pierced, numerous idiosyncratic and ideological statements can be identified that belie the apparent objectivity and factual character of even the most 'scientific' objectivity.[72]

Dem geologisch motivierten Willen zur Neuordnung des mexikanischen Raumes entspricht eine neuspanische Toponymie, die Humboldt allerdings – und das markiert die zweite historiographische Pointe in Humboldts neuspanischem Kartenwerk – in kritischer Abgrenzung gegenüber der ungenauen spanischen Transkriptionen vor allem bei den größeren Ansiedlungen ergänzt durch den korrekten indigenen Namen. So wird aus Tula Tollan, aus Zumpango Tzompango, aus Tacuba Tlacopan und aus Toluca Tolocan. Humboldt bemerkt dazu zum Ende der Erläuterungen zur 'Carte de la vallée de Mexico' (ANE III) mit Blick auf eine kolonialhistorische Lektüre seiner Karte:

> Pour faciliter l'usage de la carte à ceux qui étudient l'histoire de la conquête, j'ai mis les anciens noms mexicains à côté des noms qui sont usités de nos jours. J'ai tâché d'être très-exact dans l'orthographe aztèque, en ne suivant que les auteurs mexicains, et non

70 Vgl. Humboldt, Alexander von: *Essai politique sur le royaume de la Nouvelle-Espagne. Tome deuxième*, S. 193 ff.
71 Vgl. Schlögel, Karl: *Im Raume lesen wir die Zeit*, S. 38 ff.
72 Edney, Matthew H.: Reconsidering Enligthenment Geography and Map Making, S. 170.

> les ouvrages de Solis, Robertson, Raynal et Pauw, qui défigurent les noms des villes et des provinces, comme ceux des rois d'Anahuac.[73]

Die Karte entzieht sich so einem rein exonymisch – also durch Fremdbezeichnungen – organisierten Raumschema und legt unterhalb der kolonial-europäischen eine kulturelle Raumsemantik aus vorkolonialer Zeit frei. Dazu passt die doppelte Namensgebung der Karte als 'Carte de la Vallée de Mexico et des montagnes voisines' (ANE III) einerseits und 'Carte de la vallée de Mexico, ou de l'ancien Tenochtitlan' andererseits.[74] Die Humboldt'sche Kartographie ist daher nicht nur als Bedingung der Möglichkeit für historische Studien zu begreifen sondern auch als dezidierte Sprachkritik, die keine Historisierung des Raums, sondern eine philologisch präzise Restaurierung seiner indigen-endonymischen Sprachgeographie bezweckt. Es ist Humboldts kartographische Antwort auf die Folgen eurokolonialer Glottophagie.[75]

In der Verbindung von geologischer und toponymischer Projektion ergibt sich so eine geradezu palimpsestische Doppelkarte des letzten Eindrucks einer Topographie des aztekischen Machtzentrums, überlagert aber nicht überdeckt vom Siedlungs- und Landschaftsbild des Vizekönigreichs fast 300 Jahre später. Sie erinnert dabei natürlich auch an die keineswegs nur metaphorisch oder geologisch, sondern konkret stratographisch und archäologisch zu begreifende Schichtung der mexikanischen Hauptstadt in eine Tiefenschicht aztekischer Ruinen und eine spanisch reurbanisierte Oberfläche. Die räumliche Projektierung der neuspanischen Gegenwart in ihre koloniale wie präkoloniale Vergangenheit, mithin in die Geschichte der spanischen wie amerikanischen Chroniken, lässt das neuspanische Kartenwerk als den eigentlichen Beginn eben jener Wissens- und Wissenschaftsgeschichte erkennen, die Alexander von Humboldt

---

73 Humboldt, Alexander von: *Essai politique sur le royaume de la Nouvelle-Espagne. Tome premier*, S. 131–132. Dt. Übers.: «Zur Bequemlichkeit der Leser, welche auf der Karte die Geschichte der Eroberung studieren wollen, habe überall die alten Namen beigesetzt, und mich befleißigst die aztekische Orthographie so genau als möglich zu befolgen. Diese Namen sind daher blos aus mexicanischen Schriftstellern genommen, nicht aber aus Solis, Robertson, Raynal und Pauw, welche alle Benennungen von Ländern und Städten, so wie die der Könige von Anahuac, entstellen.» Humboldt, Alexander von: *Versuch über den politischen Zustand des Königreichs Neu-Spanien. Erster Band*, S. CXVII f.

74 Humboldt, Alexander von: *Essai politique sur le royaume de la Nouvelle-Espagne. Tome premier*, S. 131 f.

75 Vgl. zu Louis-Jean Galvets reformlinguistischem Glottophagie-Konzept am Beispiel Neu-Spaniens Bierbach, Christine: Zwischen Humanismus und Glottophagie. Die Sprachenfrage in der Kolonisierung der Neuen Welt (am Beispiel Mexiko). In: Berkenbusch, Gabriele/Bierbach, Christine (Hg.): *Soziolinguistik und Sprachgeschichte. Querverbindungen: Brigitte Schlieben-Lange zum 50. Geburtstag von ihren Schülerinnen und Schülern überreicht*. Tübingen: Gunter Narr Verlag 1994 (Tübinger Beiträge zur Linguistik, 398), S. 111–129.

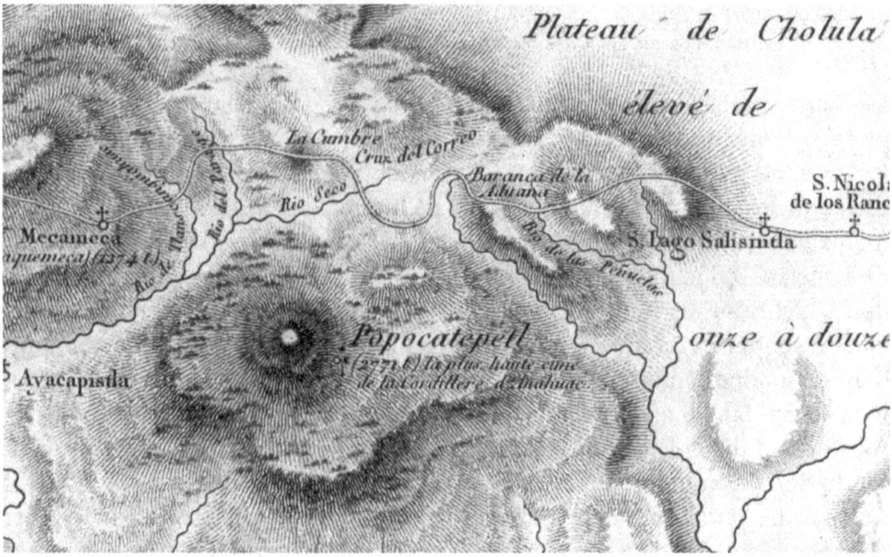

Abbildung 19: Ausschnitt aus ANE III, Quelle: David Rumsey Map Collection, Cartography Associates.

in seinem *Examen critique* zu einer umfassenden, wenn auch wie so häufig unvollendeten Studie ausbauen sollte.

Die Gegenüberstellung Mexico – l'ancien Tenochtitlan, die eine klare Hierarchisierung zwischen Jetztzeit und historischer Vergangenheit vermuten lässt, wird in der Karte selbst wie in der 'Analyse' jedoch mehrfach unterlaufen. So findet sich im Südosten der Karte eine Schraffurzeichnung des Popocatépetl mit dem Hinweis «la plus haute cime de la Cordillère d'Anahuac» (Abbildung 19).

Lässt sich der Verweis auf das mit der spanischen Eroberung untergegangene Tenochtitlan noch als Rückgriff auf die Kolonialgeschichte lesen, ist der Einsatz des schillernden Namens Anahuac ein sprachkritischer und kultursensibler Akt der Vergegenwärtigung einer indigenen Kosmovision und Raumimagination, der sich deutlich in den Dienst einer mexikanischen und nicht neuspanischen Raumprojektion stellt.

In den Erläuterungen zur 'Carte réduite de la Partie orientale de la Nouvelle Espagne' (ANE IX) findet sich geradezu selbstverständlich und ohne weiteren Kommentar eine Gleichsetzung der «Partie orientale de la Nouvelle Espagne» (ANE IX), wie es im Kartentitel heißt, mit der «partie orientale du plateau d'Anahuac»[76] und relativiert damit die syntaktisch und semantisch markierte

---

76 Humboldt, Alexander von: *Essai politique sur le royaume de la Nouvelle-Espagne. Tome premier*, S. 144.

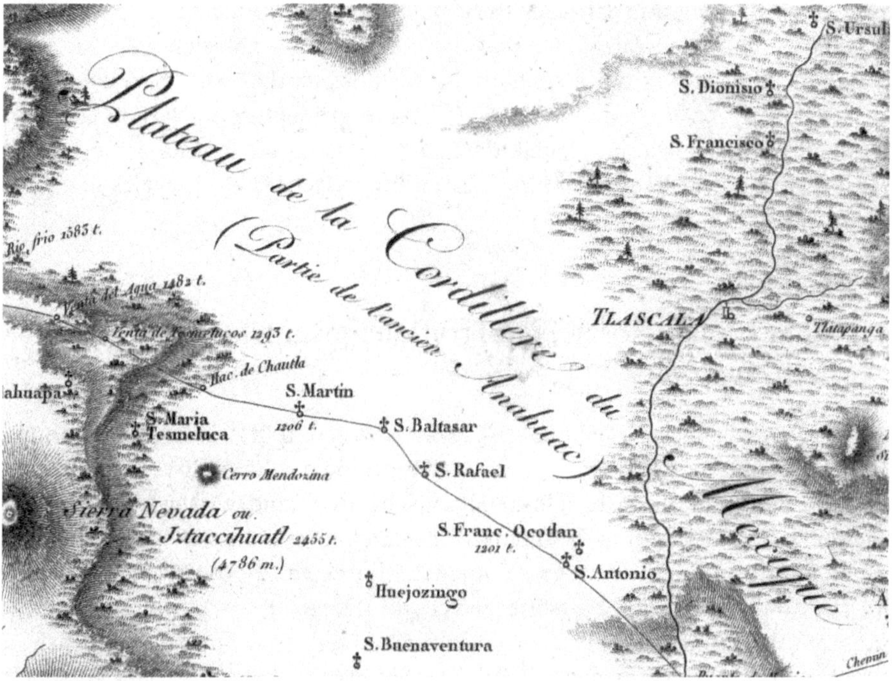

Abbildung 20: Ausschnitt aus ANE IX, Quelle: David Rumsey Map Collection, Cartography Associates.

Historizität des Toponyms Anahuac, wie es auf der Karte selbst in der Formulierung «Plateau de la Cordillère du Mexique (Partie de l'ancien Anahuac)» (Abbildung 20) angegeben ist.

Dem entspricht die Doppelung des Titels von Karte XII, dem ersten von insgesamt vier Höhenprofilen im neuspanischen Atlas. Heißt es im Titel der Karte noch 'Tableau physique de la pente Orientale du Plateau de la Nouvelle Espagne', wird das entsprechende Kapitel in der 'Analyse' überschrieben mit «Tableau physique de la pente orientale du plateau d'Anahuac».[77] Dass es sich hierbei augenscheinlich nicht um einen Fehler des Lektorats handeln kann, signalisiert sowohl ein Blick in die deutsche Übersetzung[78] als auch in die erweiterte und mit großer Wahrscheinlichkeit[79] von Humboldt mitlektorierte

77 Ebda., S. 147.

78 Humboldt, Alexander von: *Versuch über den politischen Zustand des Königreichs Neu-Spanien. Erster Band*, S. CXXXI.

79 Vgl. Fiedler, Horst/Leitner, Ulrike: *Alexander von Humboldts Schriften*, S. 190.

zweite französische Ausgabe des *Essai politique sur le royaume de la Nouvelle-Espagne*.[80] In beiden Ausgaben wird der von der Karte abweichende Titel beibehalten. Wir können diese scheinbare Austauschbarkeit von kolonialer und präkolonialer Toponymie bereits als Teil einer größeren politisch-diskursiven Strategie lesen, die darauf abzielt, dem Hegemonialraum kolonialer Herrschaft seine eigene sprachliche wie kulturelle und historische Vielschichtigkeit entgegenzusetzen.[81]

6.9 Eine transhistorische Migrationsgeschichte Neu-Spaniens

Die Einwanderungsgeschichte der Azteken aus Aztlán in das Tal von Anahuac ist ebenso mythologisch verklärt wie die Migration der Náhuatl-Völker aus dem amerikanischen Norden in das mexikanische Hochland wissenschaftlich akzeptiert ist, auch wenn es bis heute in der archäologischen wie kulturhistorischen Forschung weder für den genauen Zeitraum (ca. 1000–1200 n. Chr.) noch für die konkreten Aufenthaltsorte gesicherte Belege gibt.[82] In der Humboldt'schen Kartographie fügt sie der hier bereits dargelegten raumgeschichtlichen eine spezifisch bewegungsgeschichtliche Dimension hinzu. Die dafür entscheidenden Belege finden sich im Norden der großen und wohl von allen wirkmächtigsten Karte Neu-Spaniens, der 'Carte générale' (Abbildung 21).

Vier topographische wie mikrotextuelle Einträge im Norden verzeichnen diese Bewegungsgeschichte und loten dabei diskursiv die ganze Bandbreite mythologisch verklärter wie materiell verbriefter (wenn auch von Humboldt mehr behauptet als gewusster) Informationen über die Herkunftsgeschichte des mexikanischen Herrschervolkes aus. Lautet der als Frage formulierte Eintrag westlich des auch nur in Umrissen bekannten Lac de Timpanogos nur vage, «d'après quelques historiens, les Azteques passèrent au Rio Gila?», findet man südöstlich davon an der Gabelung der Flüsse Zaguananas und Nabajoa den zwischen Faktualem und Fiktionalem oszillierenden Hinweis «Première demeure des Azteques sortis d'Aztlan en 1160. Tradition incertaine» (Abbildung 22). Südlich davon agumentiert Humboldt bereits mit archäologischer Gewiss-

80 Humboldt, Alexander von: *Essai politique sur le royaume de la Nouvelle-Espagne. Tome premier.* Deuxième édition, S. 140.

81 Vgl. zur Geschichte der «Geschichtsatlanten» Schneider, Ute: *Die Macht der Karten*, S. 56 ff.

82 Vgl. Prem, Hanns J.: *Die Azteken*, S. 60.; Solís Olguín, Felipe: Family histories: the ancestors of Moctezuma II. In: McEwan, Colin/López Luján, Leonardo (Hg.): *Moctezuma. Aztec Ruler*. London: British Museum Press 2009, S. 24–39, S. 25 f.

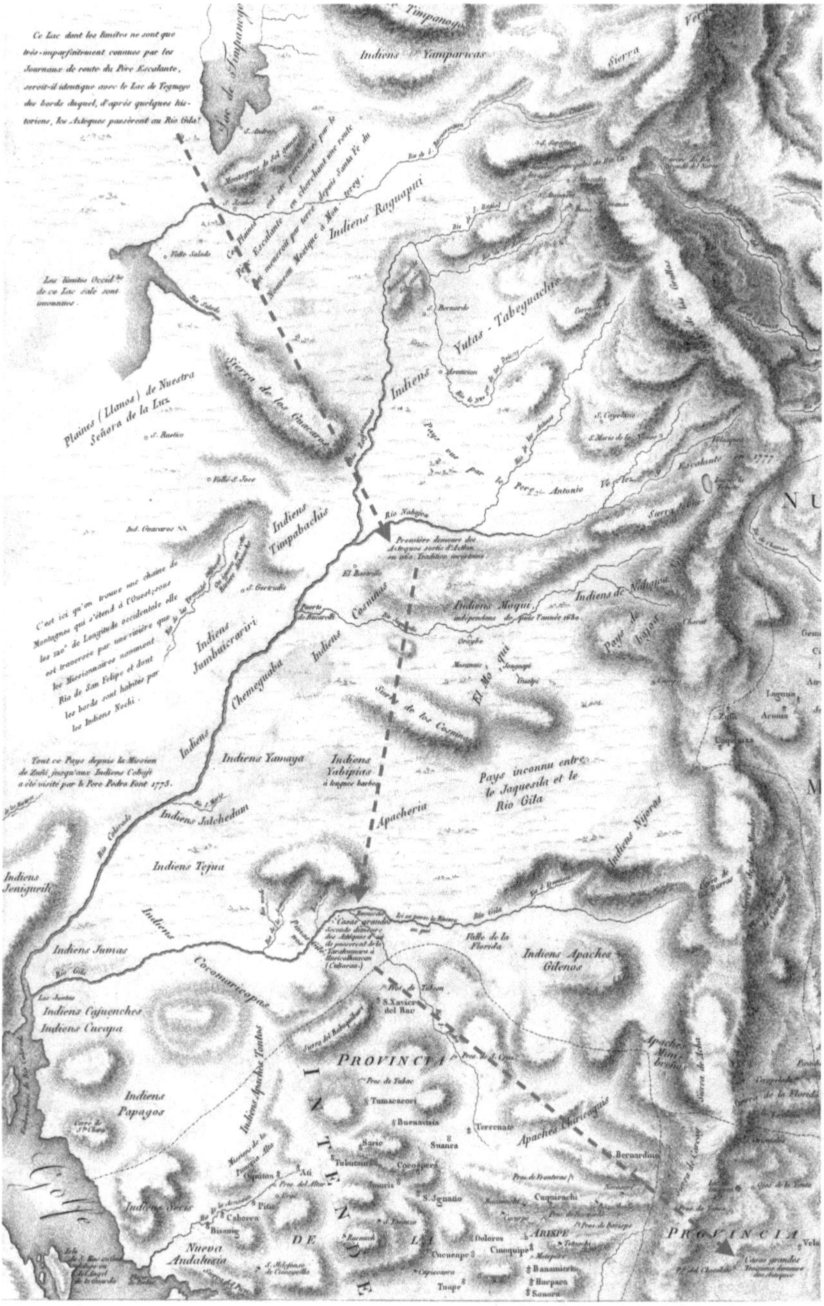

Abbildung 21: Ausschnitt aus ANE I, Quelle: David Rumsey Map Collection, Cartography Associates.

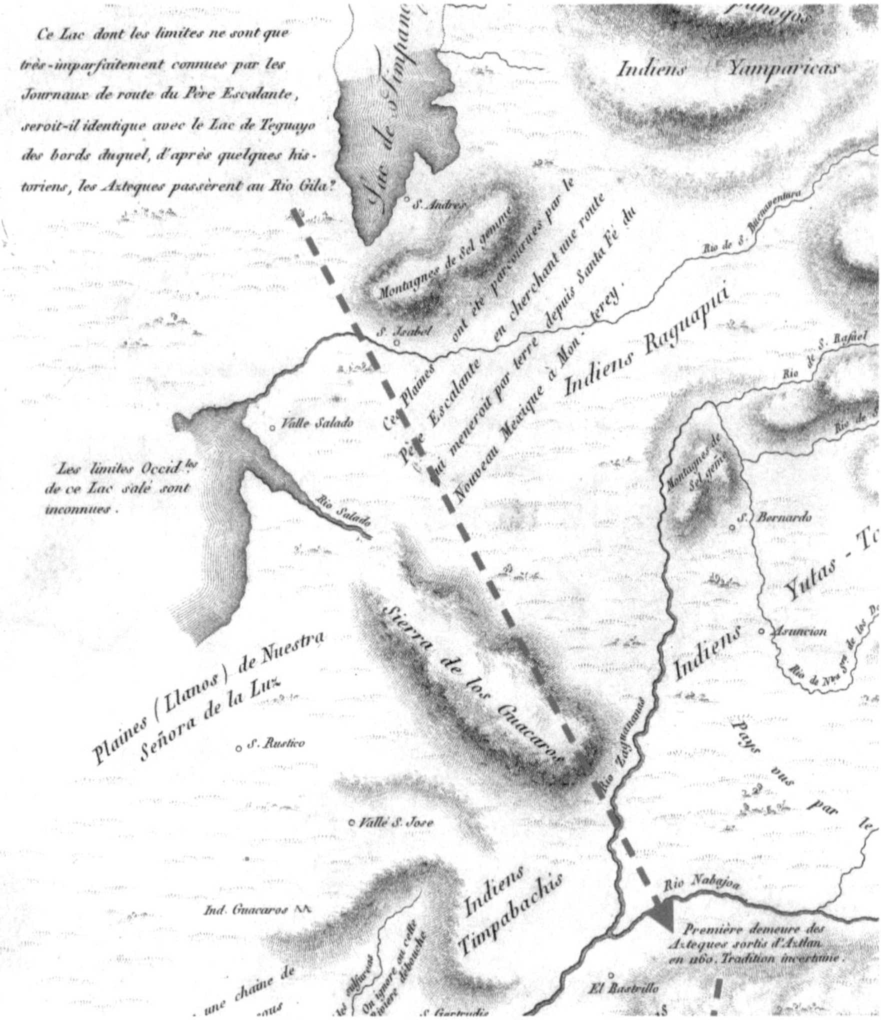

Abbildung 22: Ausschnitt aus ANE I, Quelle: David Rumsey Map Collection, Cartography Associates.

heit: «Casas grandes. Seconde demeure des Azteques d'où ils passerent de la Tarahumara à Hueicolhuacan (Culiacán)» (Abbildung 23), unterstützt von dem letzten, weiter südöstlich in Chihuahua verzeichneten Routenpunkt der aztekischen Migration, zu dem es lediglich heißt: «Casas grandes. Troisième demeure des Azteques» (Abbildung 24).

So werden dem gegenwärtigen Raum Neu-Spaniens präkoloniale Stationen der aztekischen Einwanderungsgeschichte zur Seite gestellt, deren Herrschafts-

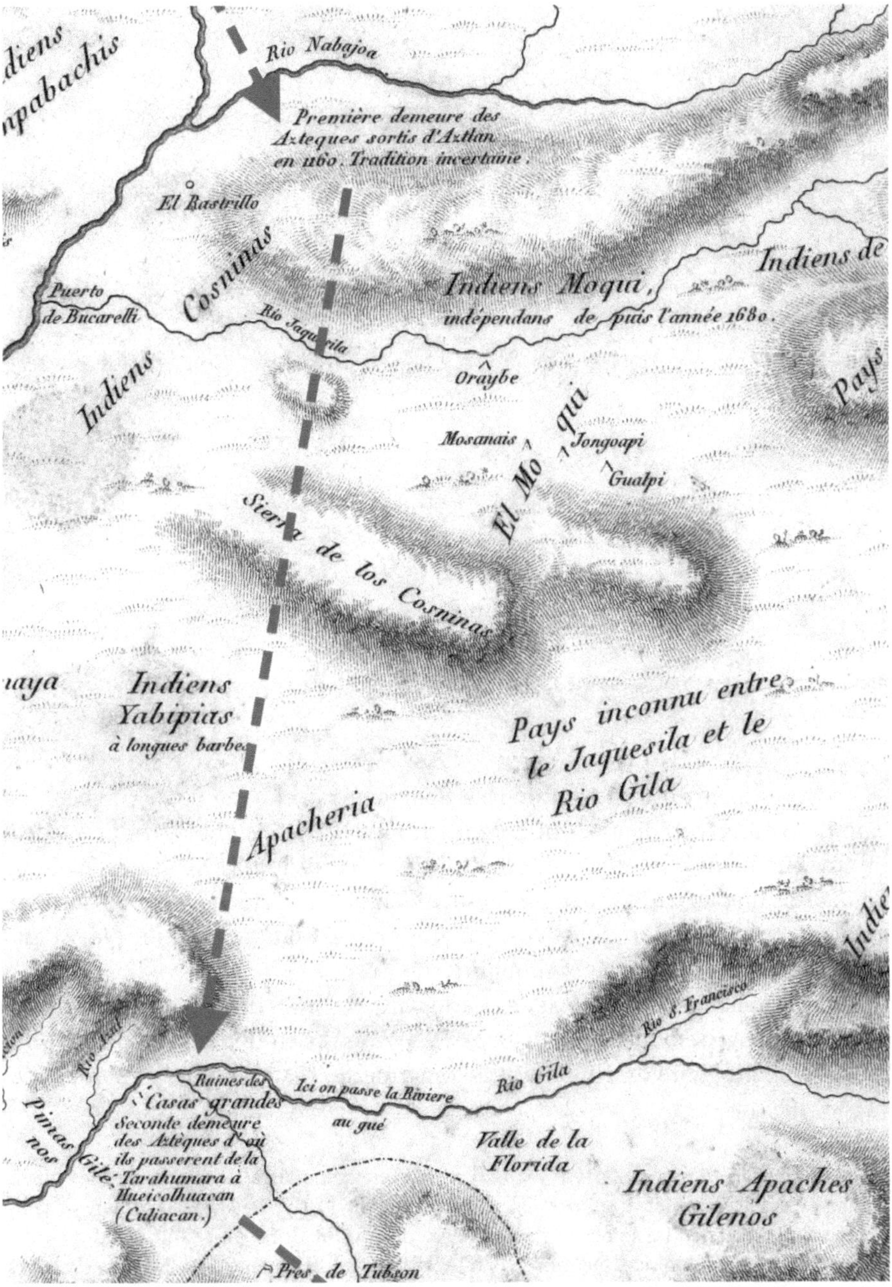

Abbildung 23: Ausschnitt aus ANE I, Quelle: David Rumsey Map Collection, Cartography Associates.

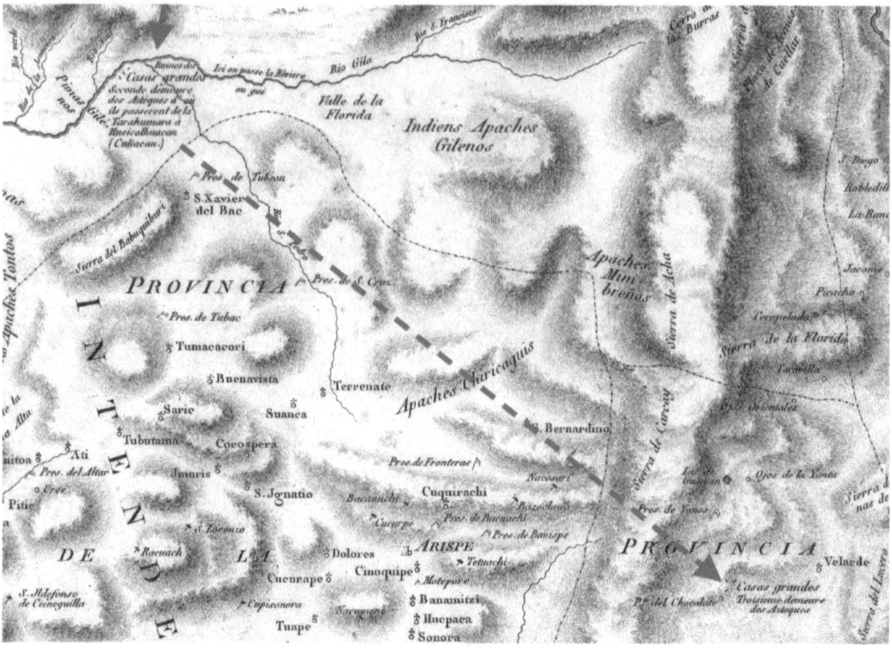

Abbildung 24: Ausschnitt aus ANE I, Quelle: David Rumsey Map Collection, Cartography Associates.

raum wesentlich zur Konstitution Neu-Spaniens beigetragen hat.[83] Sie betonen eine Bewegungsgeschichte, auf deren Relevanz für die Mythologie der Mexica-Kultur Humboldt besonders durch die Tafeln XXXII und XXXVIII der *Vues des Cordillères* hinweist: die 'Histoire hiéroglyphique des Aztèques, depuis le Déluge jusqu'à la fondation de la Ville de Mexico' (Abbildung 26) und die 'Migrations des peuples Aztèques' (Abbildung 27).

Im Vergleich der Tafeln mit der Karte wird ihr inter- und geradezu transkultureller Dialog besonders deutlich. So sehr wie die in der Zeit nach der Conquista erstellte und von Humboldt rekonstruierte 'Histoire hiéroglyphique' be-

83 Als weiterer Beitrag der Karte zur vorkolonialen wie kolonialen Geschichte des neu-spanischen Raums ließen sich die sporadisch verzeichneten Erinnerungsorte kolonialer Kriegsschauplätze ergänzen. Diese beziehen sich allerdings nur in einem Fall explizit auf die Azteken: südlich von «Te[oti]huacan» findet sich bei der Ortschaft Los Cues der Eintrag «(Forteresse Azteque)» (Abbildung 25). Darüber hinaus steht nördlich von Durango nebem dem 'Lac du Cayman' der Hinweis: «D'ici sortent les Indiens pour attaquer la N. Biscaye et Cohahuila». Humboldt erwähnt diese Kämpfe zwischen nordamerikanischen Apachen und spanischen Siedlern auch in seinem Text. Humboldt, Alexander von: *Essai politique sur le royaume de la*

Abbildung 25: Ausschnitt aus ANE I, Quelle: David Rumsey Map Collection, Cartography Associates.

reits deutlich den Einfluss europäischer Körper- und Naturdarstellungen zeigt, so sehr steht sie dennoch für die aztektische Kosmogonie, in der «l'histoire, le culte, l'astrologie et les fables [...] forme un système dont les parties sont étroitement liées entre elles».[84] Humboldt überträgt mit dem Verweis auf die aztekische Einwanderung das spezifische historische Verständnis dieser Kultur auf das Repräsentationssystem seiner neu-spanischen 'Carte génerale'. Der vor allem in der 'Migrations' inszenierte Auszug der Azteken aus dem Norden zu Beginn des durch eine Sintflut am Ende des vierten ausgelösten fünften Erdzeitalters, hier symbolisiert durch das Piktogramm *atl* für Wasser, beginnt auf der Karte wohl nicht durch Zufall an dem nur in Umrissen bekannten Lac de Timpanogos. Das Wasser steht demnach sowohl für die aztekische Mythologie wie für den vermuteten historischen Herkunftsort. Aztekische Wandersage und

Nouvelle-Espagne. Tome deuxième, S. 360. Schließlich findet sich im Südosten der Karte neben Puebla der Eintrag «Tepeaca – Seguro de la Frontera», wo Cortés zu Beginn seines Feldzugs eine befestigte Siedlung gründete. Humboldt, Alexander von: *Essai politique sur le royaume de la Nouvelle-Espagne. Tome deuxième*, S. 281.

84 Humboldt, Alexander von: *Vues des Cordillères*, S. 225. Dt. Übers.: «die Geschichte, den Kultus, die Astrologie und die kosmogonischen Fabeln [...] bildet ein System, dessen Teile innig miteinander verbunden sind.» Humboldt, Alexander von: *Ansichten der Kordilleren*, S. 274.

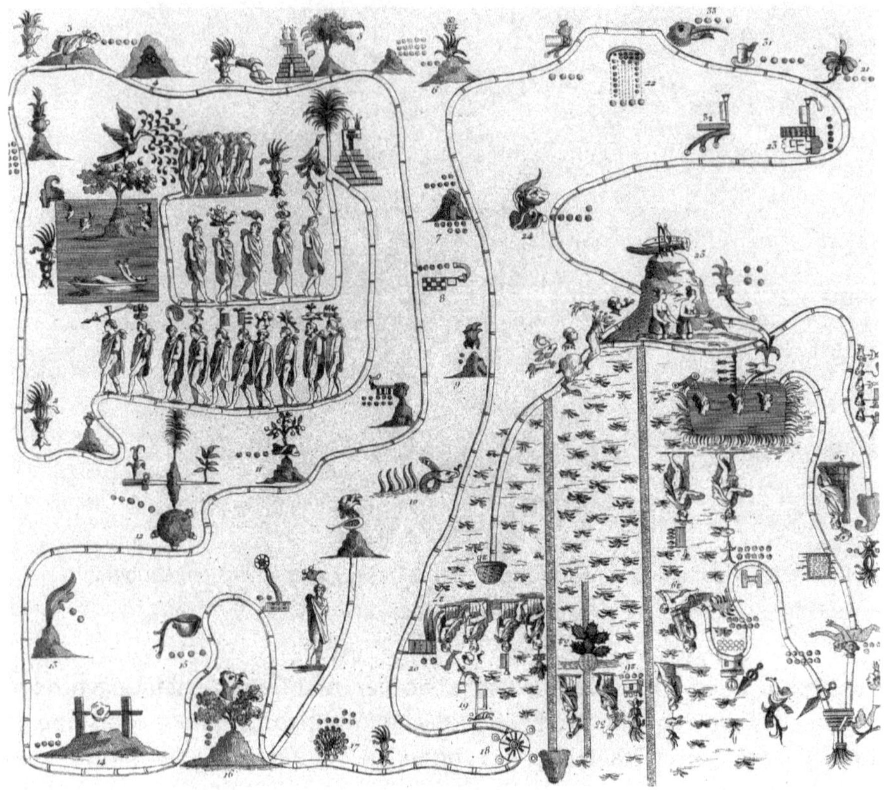

Abbildung 26: Tafel XXXII, 'Histoire hiéroglyphique des Aztèques, depuis le Déluge jusqu'à la fondation de la Ville de Mexico', in Humboldt, Alexander von: *Vues des Cordillères et monumens des peuples indigènes de l'Amérique.* Paris: Schoell [1810–]1813, S. 225.

europäisches Unwissen finden hier zusammen im gleichen Kartenbild. An den nächsten Stationen können wir – wie oben bereits ausgeführt – die Einträge «Casas grandes» erkennen. Hieran fällt auf, dass Humboldt im Textteil zur Bildtafel die historische Glaubwürdigkeit der aztektischen Niederlassungen, wiedergegeben im Piktogramm *calli* für Haus, sehr wohl infrage stellt: «Les figures placées près de l'hiéroglyphe *calli*, maison, indiquent peut-être la fondation de quelques villes».[85] Auf der Karte ist dieser Zweifel an der Existenz der «casas grandes» nicht mehr erkennbar.

85 Humboldt, Alexander von: *Vues des Cordillères*, S. 238. Dt. Übers.: «Die neben der Hieroglyphe *calli*, Haus, angebrachten Figuren deuten vielleicht auf die Gründung der einen oder anderen Stadt hin.» Humboldt, Alexander von: *Ansichten der Kordilleren*, S. 296.

Abbildung 27: Tafel XXXVIII, 'Migrations des peuples Aztèques', in Humboldt, Alexander von: *Vues des Cordillères et monumens des peuples indigènes de l'Amérique.* Paris: Schoell [1810–]1813, S. 225.

So ließe sich schließen, dass Humboldts intertextueller Dialog zwischen seinem neu-spanischen und pittoresken Atlas in der Aktzentierung verschiedener Routenpunkte der aztekischen Migration eben nicht in erster Linie auf einen geographischen, sondern auf einen mnemotechnischen Ort verweisen, einen aztekischen *lieu de memoire*. Damit fokussieren sie punktuell und vektoriell die Wahrnehmungsperspektive eines nicht-europäischen Lesers, eines *lecteur indigène*, in dessen Weltbild und Raumvorstellung diese Ansiedlungen ohne Zweifel einen wichtigen Platz einnehmen.

6.10 Vom idealen (indigenen) Leser

Diese zugleich präkoloniale wie koloniale Historiographie von Humboldts Kartenwerk übersetzt sich bei einem Blick auf die strategische Setzung der zweigliedrigen und dezidiert sprachkritischen Toponymie in eine geradezu radikale, politisch-diskursive Syntheseleistung. Diese erschließt sich in Gänze erst, wenn das in dieser Arbeit als Atlas bezeichnete Prinzip eines lektüregesteuerten Sehens ernst genommen wird, Karte und 'Analyse raisonnée' also zusammen gelesen und als gemeinsamer Bild-Text und Text-Bild betrachtet werden. So deutlich wie Humboldt die europäischen Umschreibungen aztekischer Toponyme ablehnt und sich einzig an «les auteurs mexicains» orientiert, so unmissverständlich können wir die toponymische Doppelung als Hinwendung zu einem (idealen) indigenen Leser verstehen. In dieser Hinwendung liegt die eigentliche Sprengkraft des zweifellos subtilen, aber dennoch sichtbaren politischen Anspruchs dieser Karten. Handelte es sich im Unterschied zu Humboldt nicht um ein institutionell und politisch unabhängiges, sondern ein kolonialadministratives Projekt, trug

> [d]er Wunsch nach national verbindlichen und einheitlichen Karten [...] wesentlich zur Homogenisierung der Kolonien bei, sodass vielfach indigene Namen und Bezeichnungen aus den Karten ebenso verschwanden wie die Sprachen selbst. Da Karten vor allem der Orientierung dienen, war für die indigene Bevölkerung dieser Prozess mit dem Verlust ihrer Geographie und ihrer geographischen Erinnerung verbunden, die über Generationen mündlich tradiert worden war.[86]

Zusammenfassend lässt sich also sagen, dass wir wesentliche Elemente der neuspanischen Kartographie Alexander von Humboldts lesen können als transdisziplinäre Sichtbarmachung einer sowohl physikalischen wie historischen und historiographischen Geographie. In ihr äußern sich ebenso die

86 Schneider, Ute: *Die Macht der Karten*, S. 131.

Gleichzeitigkeit verschiedener Zeiträume (Pre-conquista, Post-conquista) wie die unterschiedlicher Raumzeiten, in denen Neu-Spanien eben auch Anahuac ist, mythologisch aufgeladener wie realer Lebensraum des Mexica-Reichs und der von Tenochtitlán unterworfenen Völker. Eingedenk dieser Gleichzeitigkeit entwickeln die Karten eine spezifische Heteronymie. Zwei Toponymien für den gleichen Ort werden dergestalt verwendet, dass ihr eigentlicher Bedeutungsunterschied – der kulturell wie historisch und eben auch politisch zu unterscheidende Raum von kolonialer Gegenwart gegenüber präkolonialer Vergangenheit – sich in der Synthese*geste* der an aktuellstem Wissensstand ausgerichteten Großraumkarte aufhebt. Die Kulturgeographie Neu-Spaniens ist *zugleich* kolonial-kreolisch und autochthon. Neben der historischen Öffnung der Karte in die Vergangenheit kolonialer Raumerschließung und indigener Raumpräsenz sowie –migration erschließt sich damit eine dritte, prospektive Zeitebene in Humboldts Karten, die auf eine zukünftige Reevaluierung der indigenen Bevölkerung in ihrer gegenwärtigen Präsenz und ihrem kulturellem Erbe verweist. Anders gesagt: Wir dürfen Humboldts Karten als Repräsentation einer Geschichte im Raum lesen, die ein mögliches zukünftiges Raumverständnis freilegt. So betrachtet lassen sich im *Atlas géographique et physique du royaume de la Nouvelle-Espagne* sowie in der 'Analyse raisonnée' Spuren eines politischen Weltbildes erkennen, welches das Zusammenleben in Differenz als besondere Herausforderung für den sozialen Frieden erkannte und die von ihm betriebene Raumwissenschaft als einen politischen Beitrag zu dieser Frage begriff.[87] Die Raumsynthese, die der Verfasser der *Vues des Cordillères* dabei anstrebt, ist in ihrer ästhetischen Umsetzung und politischen Dimension als *transhistorisch* zu verstehen.

Ute Schneider erinnert uns an die Konsequenzen von Benennungspolitiken, mit denen Kartographen eine spezifische kulturell wie historisch codierte Raumsemantik konstituieren. Nicht selten erfinden sie damit einen völlig neuen, geradezu ahistorischen Raum:

> Prominentes Beispiel in diesem Zusammenhang ist die erste Verwendung der Bezeichnung 'America' auf einer Karte von Martin Waldseemüller. Der Name prägte sich ein, obgleich die in 'Amerika' lebenden *First Nations* ihre Territorien mit anderen Namen bezeichneten. Diese fanden und finden jedoch nur selten Eingang in die Karten, denn Benennungen sind ein Ausdruck von Macht und Herrschaftsbeziehungen, und Kartographen betätigen sich nicht selten als 'Sprachenfresser' oder Glottophagen.[88]

---

87 Vgl. zum Begriff des Zusammenlebens in Differenz im Sinne einer «Konvivenz» im globalen Maßstab Ette, Ottmar: *Konvivenz* sowie Ette, Ottmar: *TransArea*.
88 Schneider, Ute: *Die Macht der Karten*, S. 9.

Humboldts neuspanisches Kartenwerk vermeidet diesen «toponymischen Kolonialismus»;[89] es ist ein in seiner Zeit beispielloses und bis heute überraschendes Ideal einer Raumorganisation, die staatliche Herrschaft über ein Territorium mit der Migrationsgeschichte wie toponymischen Präsenz der mesoamerikanischen *first nations* verbindet. Seine Karten sind nicht glottophag, sie sind in einem transdisziplinären und transhistorischen Sinne polyglott.

Auch hierin zeigt sich die Humboldt'sche Raumwissenschaft einem geographischen Determinismus, wie er gemeinhin für die Zeit des 19. Jahrhunderts konstatiert wird, weit überlegen und weist voraus auf eine *Géohistoire*, die erst in der zweiten Hälfte des 20. Jahrhunderts voll entwickelt werden sollte.[90] Gerade die Text und Karte verbindende Lektüre lässt eine Konzeption erkennen, in der die räumliche Umgebung in ihrem gegenwärtigen Zustand wie in ihrer historischen und auf zukünftige Entwicklungen hin ausgerichteten Projektion sichtbar gemacht und den daraus resultierenden politischen Handlungsoptionen eine komplexe und mehrschichtige kartographische Argumentation gegeben wird. Mit diesem subtilen *remapping of empire* markiert Humboldts Kartographie zu Neu-Spanien einen wichtigen, wenn auch bisher weitgehend übersehenen Beitrag zu einer Geschichte kolonialismuskritischer Diskurse. Freilich kommt dabei dem preußischen Wissenschaftler nicht die Rolle eines postkolonialen Subjekts zu. Gleichwohl ist der weltreisende Humboldt, wenn auch Europäer, so doch keineswegs Stellvertreter kolonialer Interessen, sondern ein in weltbürgerlicher Absicht raum- und repräsentationskritischer Wissenschaftler.

89 Schneider, Ute: *Die Macht der Karten*, S. 131.

90 Braudel, Fernand: Géohistoire und geographischer Determinismus [1949]. In: Dünne, Jörg/ Günzel, Stephan (Hg.): *Raumtheorie. Grundlagentexte aus Philosophie und Kulturwissenschaften*. Frankfurt am Main: Suhrkamp 2006 (suhrkamp taschenbuch wissenschaft, 554), S. 395–408

7 Essai I: *Essai politique sur le royaume de la Nouvelle-Espagne* (1808–1811/1825–1827)

Ein Menschenleben, begonnen wie das meinige, ist zum Handeln bestimmt, und sollte [ich] unterliegen, so wissen die, welche meinem Herzen so nahe als Du sind, daß ich mich nicht gemeinen Zwecken aufopfere.[1]

7.1 Humboldt als Projektionsfläche einer kontroversen Rezeptionsgeschichte

Diejenigen Völker, welche an der allgemeinen industriellen Thätigkeit, in Anwendung der Mechanik und technischen Chemie, in sorgfältiger Auswahl und Bearbeitung natürlicher Stoffe zurückstehen, bei denen die Achtung einer solchen Thätigkeit nicht in alle Classen durchdringt, werden unausbleiblich von ihrem Wolhstande herabsinken. Sie werden es um so mehr, wenn benachbarte Staaten, in denen Wissenschaft und industrielle Künste in regem Wechselverkehr miteinander stehen, wie in erneuerter Jugendkraft vorwärts schreiten.[2]

Alexander von Humboldts Studie zu Neu-Spanien, sein *Essai politique sur le Royaume de la Nouvelle-Espagne*, gehört in Text- und Untersuchungsumfang zusammen mit dem *Kosmos* und der *Relation historique* zu den größten Einzelstudien in seinem Gesamtwerk. Auf den ersten Blick eine vor allem statistische, geographische und ökonomische Studie, weist auch dieser Text bei genauerer Untersuchung einen generisch wie disziplinär deutlich komplexeren Charakter auf. Auch hier gilt, dass zwar noch jede Untersuchung eben diese, die anfänglichen Zuschreibungen sprengende Qualität des Textes wahrgenommen, aber sie doch kaum genauer zu bestimmen versucht hat. Einig sind sich jedoch die meisten Studien über den außergewöhnlichen Stellenwert des neu-spanischen *Essai politique* in Alexander von Humboldts Werkkontext.

Dies lässt sich schon rein quantitativ bemessen. Nachdem zwischen April 1808 und Juli 1811 die zwei Bände der Quartausgabe auf Französisch in Paris bei Schoell zeitgleich mit dem *Atlas geographique et physique du royaume de la Nouvelle-Espagne* erschienen waren, wurde bereits 1811 die günstigere Oktavausgabe in fünf Bänden geliefert. Die deutsche Übersetzung erschien nur wenig später in fünf Oktavbänden zwischen 1809 und 1814, wenn auch auf-

1 Humboldt, Alexander von: *Briefe aus Amerika 1799–1804*, S. 127.
2 Humboldt, Alexander von: *Kosmos*, S. 24.

grund des Bruchs zwischen Humboldts Verlegern Schoell (Paris) und Cotta (Tübingen, ab 1810 auch Stuttgart) ohne eine deutsche Fassung des Atlas und mit einer deutlich reduzierten geographischen Einleitung.[3] Im 19. Jahrhundert gab es von dieser Übersetzung zwei weitere, im 20. Jahrhundert sogar fünf Neu- oder Teilauflagen. Ebenfalls 1811 erschien eine vierbändige, englische Übersetzung des Werks von John Black, die als vollständige oder emendierte Ausgaben allein bis 1824 in fünf weiteren Auflagen gedruckt und seitdem vier weitere Male verlegt worden ist. Die spanische Übersetzung schließlich erschien 1822 in vier Bänden, die ein zum Original bereits deutlich verändertes Textkorpus aufweisen.[4] Die Anzahl der Nachdrucke ist überwältigend. Bis 1870 erschienen acht Auflagen in Gesamt- oder Teilausgaben, im 20. Jahrhundert noch einmal zwölf. Fast alle dieser Übersetzungen jedoch basieren auf dem französischen, 1811 abgeschlossenen Original. Die sowohl von Humboldt als auch von seinem Verleger Antoine-Augustin Renouard revidierte und aktualisierte zweite Auflage des *Essai politique sur le Royaume de la Nouvelle-Espagne* (1825–1827) erlebte weder Nachauflagen noch Übersetzungen.[5] Dies ist erstaunlich, liegt zwischen

---

3 Humboldt hatte an der Übersetzung zum ersten Band noch intensiv selber mit gearbeitet, die Maße angepasst und eine neue Einleitung verfasst. Die schlechten Ergebnisse des Übersetzers hatten seine Intervention nötig gemacht. «Durch die Art der Bearbeitung kommt diesem [ersten] Band die Bedeutung einer eigenen authentischen Schrift zu.» Fiedler, Horst/Leitner, Ulrike: *Alexander von Humboldts Schriften*, S. 194. Dies gilt allerdings nicht mehr für die Folgebände: «Während das französische Werk über den anfänglichen Plan hinaus anwuchs, gab Humboldt die eigene Bearbeitung einer deutschen Fassung auf und bot Cotta statt eines deutschen Manuskripts das Druckrecht für eine vom Verleger selbst zu veranstaltende Übersetzung an.» Ebda.

4 «Inhalt und Gliederung weichen von dem französischen Original [...] in folgender Weise ab: Widmung Vorwort des Verlegers, 'Analyse raisonnée de l'atlas' und Sachregister entfielen.» Ebda., S. 204. Auch die Kapitelaufteilung ist anders. Dazu enthält der dritte Band eine mehrseitige 'Adición del traductor al capítulo XI del Ensayo político', in dem die dort vorhandene Statistik bis 1818 erweitert wird sowie zwei 'Dictamen' aus Madrid und Mexiko-Stadt zur Frage der neuspanischen Minenwirtschaft. Ein separater Atlas erschien nicht, dafür wurden 6 der insgesamt 20 Karten als verkleinerte Abbildungen den Bänden beigegeben.

5 Vgl. zu allen Angaben Ebda., S. 183–216. Eine vollständige Bestandsaufnahme der Veränderungen zwischen französischer Erst- und Zweitauflage stellt weiterhin ein Desiderat der Humboldt-Forschung dar. Die von Katharina Einert und Vicente Bernaschina besorgten, umfangreichen Erschließungsarbeiten zum Textkorpus für die englische Neuübersetzung des *Essai politique sur le Royaume de la Nouvelle-Espagne* unter Leitung des *HiE – Alexander von Humboldt in English*-Projektteams um Vera M. Kutzinski und Ottmar Ette jedoch werden diese Lücke bald schließen. Die 'Critical Edition' des *Political Essay on the Kingdom of New Spain*, in deren Textapparat die Textvarianten zwischen beiden Auflagen nachvollziehbar gemacht werden sollen, wird voraussichtlich 2015 bei der Chicago University Press erscheinen und das Wissen um Humboldts auch nach 1811 fortgeführte Forschung und Redaktion zu seinem wichtigen Werk zu Neu-Spanien auf eine neue Grundlage stellen.

der französischen Erst- und veränderten Zweitauflage dieses Textes doch jene historische Transformation, in dem das Vizekönigreich Neu-Spanien nach zahlreichen militärischen Auseinandersetzungen, politischen Kämpfen und konstitutionellen Reformversuchen 1824 zur unabhängigen Nation unter republikanischer und förderalistischer Verfassung wurde.[6]

Für die Rezeptionsgeschichte jedoch blieb bis heute Humboldts Erstausgabe der entscheidende Bezugspunkt. Ihr Stellenwert als transatlantisches Referenzwerk zu Neu-Spanien und Mexiko in der ersten Hälfte des 19. Jahrhunderts ist daher unumstritten. Der Herausgeber der ersten kritischen mexikanischen Ausgabe des *Essai*, der Revolutionär, Militärattaché, Journalist und Historiker Vito Alessio Robles, schreibt Humboldt zu, «que dió a conocer a México como ninguno, ni antes ni después, lo ha hecho».[7] Zahlreichen mexikanischen wie europäischen Studien, Reiseberichten und Geschichtswerken des 19. Jahrhunderts dient er als wichtigste, zum Teil recht großzügig in den eigenen Text integrierte Grundlage und verbreitet sich so als zunehmend bestimmender Mexiko-Diskurs der Zeit rasch auf beiden Kontinenten.[8] Für Hanno Beck gehört der neu-spanische *Essai politique* «zu den grundlegenden Werken der geographischen Weltliteratur».[9] Der bereits mehrfach erwähnte Ortega y Medina erhebt das Werk zu einem der fundamentalen Gründungsdokumente Mexikos, mit dem sich vor allem seine liberalen Gründerväter demonstrativ von den Wurzeln und Traditionen neuspanischer Wissenschaft und Philosophie abgrenzen wollten und nennt den *Ensayo* bewusst pointiert

> el acta de nacimiento de la nueva nación [...] el famoso *Ensayo* sirvió de inspirador de casi todos los planes y medidas políticos del México independiente. Libro en mano, liberales y conservadores verificaron sus proyectos y justificaron sus contrapuestos puntos de vista.[10]

Jürgen Osterhammel bestimmt ihn in seinem Kern als «Entwurf einer politischen Soziologie Neu-Spaniens»[11] und «die vielleicht scharfsinnigste Deutung des Kolonialismus, die bis dahin in Europa geschrieben wurde».[12] Laura Das-

---

6 Rinke, Stefan: *Revolutionen in Lateinamerika. Wege in die Unabhängigkeit 1760–1830.* München: C.H. Beck 2010, S. 217 ff.

7 Alessio Robles, Vito: Liminar del Atlas, S. 10.

8 Vgl. Sánchez Díaz, Gerardo: La estancia y recorridos de Alexander von Humboldt en la Nueva España, S. 27 ff.

9 Beck, Hanno: *Alexander von Humboldt und Mexiko*, S. 29.

10 Ortega y Medina, Juan A.: Estudio preliminar, S. XLIII, XLVI.

11 Osterhammel, Jürgen: Alexander von Humboldt: Historiker der Gesellschaft, Historiker der Natur, S. 122.

12 Osterhammel, Jürgen: Alexander von Humboldt: Historiker der Gesellschaft, Historiker der Natur, S. 123.

sow Walls feiert Humboldts fünfbändige Neu-Spanien-Studie, die in ihren französischen, spanischen und englischen Ausgaben schnell ausverkauft war,[13] als «his first blockbuster [...]. Virtually unread today, it was this book [...], that made Humboldt's name a household word, and it had a profound effect on the economic and political landscape of the globe».[14] Für den mexikanischen Historiker José Enrique Covarrubias ist das komplexe Werk schließlich «una obra de carácter marcadamente integral».[15]

Zugleich lässt sich Alexander von Humboldts Werk über Neu-Spanien in seiner Wirkung nicht ohne die Kenntnis der Kontroversen verstehen, die es mit Blick auf seine Rolle in der Gründungsphase der mexikanischen Nation und in deren Abgrenzungsbedürfnis gegenüber dem nordamerikanischen Nachbarn und den europäischen Großmächten gespielt hat. Ausschlaggebend ist in diesem Kontext zweifelsohne Juan A. Ortega y Medinas 'Estudio preliminar' in dessen Edition des *Essai politique sur le Royaume de la Nouvelle-Espagne* von 1966. Hier unterstellt er Humboldt ebenso quellengesättigt wie polemisch, seine Sympathie für die Vereinigten Staaten von Amerika sei so weit gegangen, deren imperialen Expansionspolitik nicht nur zu begrüßen sondern auch wissenschaftlich zu unterstützen, sowohl mit Blick auf die Ausdehnung ihres Territoriums in den Süden und bis zur Pazifik-Küste als auch hinsichtlich der Kontrolle über den Ausbau eines interozeanischen Kanals in Mittelamerika.[16] Dabei weist Ortega y Medinas Argumentation einige Ungereimtheiten auf, wenn er z. B. zuerst behauptet, Humboldts detaillierte und von Jeffersons Finanzminister Albert Gallatin kopierte Neu-Spanien-Karten hätten der im Mai 1804 gestarteten West-Expedition von Lewis und Clark zu größerem Erfolg verholfen, dabei aber verschweigt, dass die Expedition bereits einen Monat *vor* dem ersten Treffen zwischen Humboldt und Jefferson in Washington im Juni 1804 begonnen hatte und diese zudem so geheim war, dass Humboldt nichts darüber erfuhr.[17] Das schlimmste, was man Humboldt demnach noch unterstellen könnte, wäre eine allzu große Naivität im Umgang mit seinem Wissen. Aber weder war Humboldt in mexikanischer, diplomatischer Mission unterwegs noch unterstand er Anweisungen durch irgendeine Obrigkeit. Und schließlich kam es

---

13 Sánchez Díaz, Gerardo: La estancia y recorridos de Alexander von Humboldt en la Nueva España, S. 27.

14 Walls, Laura Dassow: Rediscovering Humboldt's Environmental Revolution. In: *Environmental History* 10 (2005) H. 4, S. p 758–760, S. 758.

15 Covarrubias, José Enrique: La recepción de la figura y obra de Humboldt en México 1821–2000. In: *HiN – Internationale Zeitschrift für Humboldt-Studien* 10 (2009) H. 19, S. 92–104, S. 93. <http://www.hin-online.de>

16 Vgl. Ortega y Medina, Juan A.: Estudio preliminar, S. XVI f.

17 Vgl. Ebda., S. XVII, XXVI.

zu den entscheidenden kriegerischen Auseinandersetzungen zwischen Mexiko und den Vereinigten Staaten nicht in den Jahren nach 1804, sondern erst im Krieg von 1847–48, also 36 Jahre nach Veröffentlichung des neu-spanischen Kartenwerks. Die von einem unkritischen mexikanischen Patriotismus und diversen Unterstellungen getragene These, Humboldt habe 1804 als konspirativer Informant des jungen, nordamerikanischen Imperiums gehandelt und hätte auch Roosevelts Panama-Invasion begrüßt, wäre sie nur zu seinen Lebzeiten geschehen,[18] trug bis weit ins 20. Jahrhundert dazu bei, dass die mexikanische Humboldt-Forschung, zumindest in ihren nationalen und antiamerikanischen Reflexen *ihrem* Ehrenbürger Humboldt nicht mehr ganz über den Weg traute. Interessanterweise bemerkte bereits Ortega y Medina in seiner folgenreichen Studie, «que la culpa no había sido suya; si los Estados Unidos no se comportaban como él lo había imaginado y alentado, el pecado se debía por entero a ellos».[19] Diese versöhnliche Botschaft am Ende seiner Polemik spielte in der mexikanischen Humboldt-Rezeption jedoch lange keine Rolle. Dazu passt eine zweite These von Ortega y Medina, die ebenfalls für lange Zeit zum *bien común* der Humboldt-Forschung gehörte und das Werk damit zunehmend als janusgesichtiges Geschenk zwischen Segen und Fluch erscheinen ließ. Schließlich hätten Humboldts (über)optimistische Einschätzungen der Produktivität der mexikanischen Agroindustrie sowie vor allem seine so wirkungsvoll durch das eigene Kartenmaterial wie die ökonomischen und mineralogischen Studien gestützte Bewertung der mexikanischen Minenproduktion zu einer Welle ausländischer Begehrlichkeiten geführt, welche die junge Nation nach dem Abkühlen der Unabhängigkeitskämpfe geradezu überrollen sollte:

> Se comprende entonces que consumada la independencia y abiertas las puertas de la recién nacida e ingenua nación a todos los aires foráneos, comenzase a acudir a ella un ininterrumpido oleaje de diplomáticos, comerciantes, inversionistas, aventureros y curiosos. Pues bien, para todos fue voluntariamente obligatoria la lectura del *Ensayo*, que se convirtió en el vademécum imprescindible de todo probable o real viajero.[20]

Angesichts solch wirkmächtiger Lektüren ließe sich die mexikanische Humboldt-Rezeption des späten 19. und 20. Jahrhunderts auch ohne weiteres als Kapitel in eine Mentalitätsgeschichte des mexikanischen Minderwertigkeitskomplexes integrieren, der noch bis heute davon lebt, das eigene Land als Opfer äußerer Mächte zu stilisieren, die offenbar stets besser auf die Herausfor-

18 Vgl. Ortega y Medina, Juan A.: Estudio preliminar, S. XXII.
19 Ebda., S. XIX.
20 Ebda., S. XLVII.

derungen ihrer Zeit vorbereitet waren als diese «ingenua nación» selbst. Aussagen wie das zu Beginn dieses Kapitels bemühte Zitat aus dem *Kosmos* taten ihr Übriges, Humboldts Freiheits- und Fortschrittsideal als eine Art Neoliberalismus *avant la lettre* erscheinen zu lassen, auch wenn selbst in diesem Ausschnitt deutlich wird, dass Humboldt vor allem an der sozial wirksamen wie institutionell ausdifferenzierten Professionalisierung der Wissenschaften in ihrer Funktion als Motor eines allgemeinen Fortschritts gelegen war.[21]

Das Stigma des aufgeklärten *whistleblowers* und Anwalts kommerzieller Interessen des Auslands wurde erst in den letzten Jahren kritisch hinterfragt. Vor allem die Studien von Jaime Labastida haben zu einer mexikanischen Rehabilitation der Person und des Werks Humboldts geführt, die nicht mehr der Versuchung anheim fällt, der unabhängigen und keiner Staatsräson verpflichteten Instanz des Wissenschaftlers Humboldt die Rolle eines zur Verschwiegenheit verpflichteten Militäringeneurs oder Beschützers nationaler Interessen aufzudrängen.[22] Das Interesse an seinem Werk zu Neu-Spanien ist ungebrochen: Auf Initiative des Historikers und Humboldt-Forschers José Enrique Covarrubias gründete sich 2011 zum Anlass des 200-jährigen Jubiläums der Veröffentlichung des *Essai politique sur le Royaume de la Nouvelle-Espagne* ein interdisziplinäres Team sechs verschiedener mexikanischer Forschungsinstitutionen, das Humboldts Werk vor allem im Kontext wirtschaftshistorischer Forschungsfragen diskutierte und seine Ergebnisse 2012 vorstellte.[23]

---

21 Zu dieser Liste mexikanischer Kränkungen ließe sich noch Humboldts offene Kritik an der kartographischen Leistung von José Antonio de Alzate Ramírez hinzufügen, «lo que ha dado origen a disgustos entre personas que se han hecho partidarias de uno u otro.» Stevens-Middleton, Rayfried Lionel: *La obra de Alexander von Humboldt en Mexico*, S. 50. Alzate kommt als dem zentralen Aufklärer und Wissenschaftsförderer Neu-Spaniens im 18. Jahrhundert bis heute eine bedeutende Rolle in der Wissenschaftsgeschichte Mexikos zu.

22 Vgl. Labastida, Jaime: Humboldt, México y Estados Unidos. Historia de una intriga. In: Humboldt, Alexander von: *Atlas geográfico y físico del reino de la Nueva España*. México, D.F.: siglo veintiuno editores 2003, S. 131–147; allgemeiner Covarrubias, José Enrique: La recepción de la figura y obra de Humboldt en México 1821–2000 sowie Weiner, Richard: La riqueza legendaria de México: lectura selectiva del legado del *Ensayo político* de Humboldt. In: Covarrubias, José Enrique/Souto Mantecón, Matilde (Hg.): *Economía, ciencia y política. Estudios sobre Alexander von Humboldt a 200 años del* Ensayo político sobre el reino de la Nueva España. México, D.F.: Instituto Mora, Instituto de Investigaciones Históricas (UNAM) 2012, S. 261–291.

23 Covarrubias, José Enrique/Souto Mantecón, Matilde: Introducción. In: Covarrubias, José Enrique/Souto Mantecón, Matilde (Hg.): *Economía, ciencia y política. Estudios sobre Alexander von Humboldt a 200 años del* Ensayo político sobre el reino de la Nueva España. México, D.F.: Instituto Mora, Instituto de Investigaciones Históricas (UNAM) 2012, S. 7–26, S. 8 ff.

7.2 Statistik – Stimme – Text: die *Tablas geográfico politicas del Reino de Nueva España* (1803)

Zum Werkkontext des *Essai politique sur le Royaume de la Nouvelle-Espagne* gehört eine Schrift, die wohl zu den ersten von Humboldt in Umlauf gebrachten Forschungsergebnissen aus dem Arbeitsprogramm der *Voyage aux régions équinoxiales du Nouveau Continent* zählte: die im Dezember 1803 abgeschlossenen und im Januar 1804 dem Vizekönig José de Iturrigaray übergebenen *Tablas geográfico politicas del Reino de Nueva España que manifiestan la superficie, población, agricultura, fabricas, comercio, minas, ventas y fuerza militar.*

Verstehen wir diesen Text als klassisches Auftragswerk eines Souveräns an einen staatsökonomisch geschulten Wissenschaftler, so lassen sich Humboldts *Tablas* schnell als eine Sammlung und synthetisierende Zusammenstellung aktueller und archivierter Nachrichten, Register und Bilanzen aus staatlicher Hand lesen, die auf ein Ereignis – den Informationswunsch des Vizekönigs – mit einer aufgrund der geringen Bearbeitungszeit mehr oder weniger systematischen Anordnung und Auswertung von Kennzahlen reagiert.[24] Wir können die *Tablas* auch als Humboldts Bemühen um einen Ausgleich verstehen für das enorme Vertrauen, das Iturrigaray in den preußischen Forschungsreisenden gesetzt hatte, als er diesem mit seiner Verfügung einen unbeschränkten Zugriff auf alle kolonialen Archive und Bibliotheken gestattete.

Doch das, was der Preuße dem neu-spanischen Vizekönig dann 1804 überreichen ließ, glich keineswegs einem gewöhnlichen Bericht. Denn die *Tablas* waren kein Text im herkömmlichen Sinne. Vielmehr folgen sie zunächst der in ihrem Titel angezeigten Form einer Tabelle, in der die Fläche(n) des neuspanischen Territoriums in Verhältnis zur jeweiligen Bevölkerung, sowohl in absoluten als auch in relativen Zahlenwerten eingetragen wurde. Dieses Verfahren entsprach zunächst den kameralistischen Traditionen, mit denen Humboldt im Kontext seiner preußisch-französischen Bildungsbiographie sozialisiert worden war. Der doppel-, ja janusgesichtige Charakter der Statistik zwischen aufklärerischem Anspruch und grobmaschiger Sterotypisierung wurde bereits angesprochen. Denn was Statistiken über die Demographie, den Handel und die gesellschaftlichen Verhältnisse eines Staatengebildes vermittelten, war nicht immer dazu geeignet, eben diese Verhältnisse auch zu verstehen, geschweige denn in ihnen informiert zu regieren.

> Nirgends wurde diese zweite Seite deutlicher als im kolonialen Raum: Wo soziale Verhältnisse soviel schwerer zu verstehen waren als im vertrauten Nahbereich, da erlag man

---

24 Vgl. zur Tradition dieser ökonomischen Studien und zur Debatte um ihre zweifelhafte, weil zur Jahrhundertwende noch weitgehend unsystematische Kategorienbildung das Kap. 2.1.4

> vielfach den Verlockungen vermeintlicher Objektivität und Exaktheit, wenn man nicht schon an den praktischen Tücken scheiterte, mobile Populationen dingfest zu machen.[25]

Humboldt muss dieses Problem bewusst gewesen sein. Wir können seine *Tablas geográfico-políticas* geradezu als den schriftbildlichen Ausdruck eben jener Krise des Verfahrens deuten, als dessen Konsequenz Humboldt das Versuchsprojekt eines umfassenden *Essai politique* mitsamt eines eigenen Atlas' und einer dazu verfassten, komplexen (Blick-)Lektüreanleitung entwickelt. Denn die *Tablas* gehorchen zwar zunächst dem Ordnungssystem einer statistischen Datensammlung. Doch überschreitet Humboldt zugleich den dadurch gesetzten, engen Rahmen, in dem er diesen im wörtlichen wie übertragenen Sinne *überschreibt*. Das im Krakauer Nachlass einsehbare Original-Manuskript deutet in seinen zahlreichen Überarbeitungen und für das Humboldt'sche Reisetagebuch, dem die *Tablas* ursprünglich wohl angehört haben dürften, typischen Addenda darauf hin, dass diese nicht bloß eine 1804 übersandte Auftragsarbeit, sondern vielmehr eine darüber hinaus produktive Textgrundlage darstellten, an der Humboldt auch in späteren Jahren, vor und nach Erscheinen seines *Essai politique*, weiterarbeitete. Der schriftbildliche Charakter, das vermeintliche Chaos des Dokuments, wurde in diesem Zusammenhang als ein Humboldt'sches Scheitern angesichts der Vorgaben der Form gelesen.

> Bereits in den 'Tablas' entgleitet dem Autor die offensichtlich geplante tabellarische Struktur zugunsten einer mehr beschreibenden. Zwar ist der Text noch in eine Tabelle geschrieben, aber diese erfüllt eigentlich keinen Zweck mehr, da in der Überschrift auf jeder Seite jeweils immer wieder dieselben Angaben zu Bevölkerungszahl, -dichte und Landesinhalt wiederholt werden. Diese Tabelle wird erweitert in die erste Ausgabe des Mexiko-Werks aufgenommen. Der Text ist nun jedoch so angewachsen, daß die tabellarische Struktur ganz überflüssig zu sein scheint.[26]

Mit Blick auf die Fragestellung dieser Arbeit und eingedenk des epistemischen Schwellencharakters des Amerikanischen Reisewerks scheinen die *Tablas* aber vor allem als Symptom eines im Humboldt'schen Schreiben und Denken diagnostizierbaren Transformationsprozesses Bedeutung zu gewinnen und eben nicht ein Scheitern, sondern vielmehr einen höchst produktiven Entwicklungspunkt im Schafffen des preußischen Wissenschaftlers zu repräsentieren.

---

25 Osterhammel, Jürgen: *Die Verwandlung der Welt*, S. 62.

26 Leitner, Ulrike: Alexander von Humboldts Tagebuchnotizen auf dem Weg von Mexiko-Stadt nach Veracruz. In: Humboldt, Alexander von: *Von Mexiko-Stadt nach Veracruz: Tagebuch.* Herausgegeben von Ulrike Leitner. Berlin: Akademie Verlag 2005 (Beiträge zur Alexander-von-Humboldt-Forschung, 25), S. 7–47, S. 15.

Gerade weil sich Humboldt der einengenden formalen Struktur statistisch-kameralistischer Datenerhebung und 'Faktenschaffung' bewusst war, löst er eben diese Form zugunsten einer textuell freieren Behandlung *im Rahmen der alten Form* auf und überschreitet sie damit unübersehbar, ohne das vorherige Muster ganz zu verlassen. Es ist geradezu so, als schauten wir als Leser dem experimentellen Autor Humboldt dabei zu, wie er sich aus dem als zu klein und begrenzt empfundenen Schriftbild einer für die koloniale Situation unzureichenden Herkunftsdisziplin herausarbeitet, um sich eben jenes disziplinär noch unbestimmte Feld der Geographie zu erschreiben, für das sein Name in den folgenden Jahrzehnten so prominent stehen sollte. Denn der Aufbruch aus der alten in eine neue Form ist nicht bloß eine Arbeit an der Textgestalt, sondern der auch epistemologisch bedeutsame Brückenschlag zwischen kameralistischem Tableau und politisch-geographischem Essay. Die *Tablas geográfico-políticas* sind daher nicht weniger als die Artefakt gewordene Schwelle im epistemischen Wandel der Humboldt'schen Zeit und Medium einer allmählichen Verfertigung des Gedankens beim Schreiben.[27]

Was Humboldt im Titel der *Tablas* in den Komplementäradjektiven *geográfico políticas* bereits anlegt, diagnostiziert Hanno Beck als eigentliche Innovation des gesamten neu-spanischen Werkkomplexes. So unterteilt er den Aufbau des *Essai politique sur le royaume de la Nouvelle-Espagne* – und das schließt explizit den Atlas mit ein – in einen Teil physikalischer Geographie (den er großzügig Humboldts *Tableau physique* nennt) und in einen «biogeographischen, besonders wirtschaftsgeographischen»[28] Teil, das *Tableau politique*. Dieses markiere aufgrund der hier vollzogenen Zusammenführung statistischer und kameralistischer Elemente mit denen der politischen Geographie «einen neuen Stand der Landeskunde»[29] und sei in seiner Form «[o]bgleich der Tradition und ihren besten Tendenzen verpflichtet [...] dennoch etwas Eigenes».[30] Beide Traditionsstränge werden in Humboldts Konzeption zur Synthese eines neuen Modells: «Der 'Essai politique' ist ein 'tableau politique', das zugleich

---

27 Die Anregung zu dieser Formulierung verdanke ich einigen Überlegungen Ottmar Ettes zum Werk von Erich Auerbach, in denen die von Kleist entlehnte und in Hermann Burgers Frankfurter Poetik-Vorlesungen entwickelte Überlegung zur Reflektion der Form im Prozess des Schreibens sehr fruchtbar gemacht wird. Vgl. Ette, Ottmar: Erich Auerbach oder Die Aufgabe der Philologie. In: Estelmann, Frank/Krügel, Pierre u. a.: *Tradition der Entgrenzung. Beiträge zur romanistischen Wissenschaftsgeschichte*. Frankfurt am Main, Berlin, Bern, Bruxelles, New York, Oxford, Wien: Peter Lang 2003 (Sprache, Mehrsprachigkeit und sozialer Wandel, 1), S. 21–42, S. 30.

28 Beck, Hanno: *Alexander von Humboldt und Mexiko*, S. 32.

29 Ebda.

30 Ebda.

auf einem 'tableau physique' beruht».[31] Was die Form bereits anzeigt, gilt für den Inhalt umso mehr, insofern Humboldts Text schon in den *Tablas* deutlich mehr evoziert als die Ergebnisse einer reinen Staatswissenschaft:

> El valor que, en su momento, tuvieron las *Tablas geográficas*, se debió tanto a su contenido estadístico como a las valiosas y a veces incisivas observaciones politico-sociales que Humboldt expuso ahí. De hecho, no es un documento puramente estadístico, como a menudo se ha afirmado, sino que bien visto, se trata de un testimonio básicamente político.[32]

Der gerade im Schriftbild diagnostizierbare Schwellencharakter der spanischen *Tablas* geriet im Verlauf der intensiven Rezeptions- und Editionsgeschichte allerdings rasch aus dem Blick, da schon kurz nach Übergabe der ersten Abschrift von Humboldts Manuskript an Iturrigaray diverse Transkriptionen der *Tablas* angefertigt und, zum Teil verändert und unter neuem Titel herausgegeben, in Umlauf gebracht wurden. Diese historischen und dem zeitgenössischen Leser vor allem durch zahlreiche mexikanische Neueditionen sichtbar gemachte Fülle von Abschriften variiert den Humboldt'schen Text ebenso wie das Schriftbild.[33] Zahlreiche der so neu entstandenen *Tablas*, beispielsweise jene in der von José María Avilés 1808 vorgelegten Fassung, verzichten ganz auf die Tabellenform und transkribieren die *Tablas* als Fließtext.[34] Sie nehmen damit ein Textbild vorweg, wie Humboldt es für die Ausgestaltung seines *Essai politique sur le Royaume de la Nouvelle-Espagne* selbst vielfach variieren sollte.

Der entscheidende Schwellencharakter aber, für den die *Tablas* wie vielleicht kein anderes Werk in Humboldts frühem, amerikanischen Schaffen stehen und der für die Herausbildung seiner disziplinbegründenden und gerade darin experimentellen politischen *Essais* so entscheidend war, bleibt so bis heute weitgehend unberücksichtigt. Erst ein Blick auf Humboldts eigenes Ma-

31 Ebda., S. 33.

32 Trabulse, Elías: El destino de un manuscrito. Estudio preliminar. In: Humboldt, Alexander von: *Tablas geográficas políticas del Reyno de Nueva España.* Acompañadas de: Correspondencia mexicana, 1803–1854. Diario de viaje (de Acapulco a Veracruz). Introducción a la pasigrafía geológica. México, D.F.: siglo veintiuno editores 2003. S. 9–22, S. 15.

33 Vgl. für einen Überblick über die diversen Textzeugen die Aufstellung in Sánchez Díaz, Gerardo: La estancia y recorridos de Alexander von Humboldt en la Nueva España, S. 33 ff. sowie den textkritischen Apparat in Humboldt, Alexander von: *Tablas Geográfico-Políticas de la Nueva España.* Estudio introductorio de Gerardo Sánchez Díaz. Transcripción y notas de J. Ricardo Aguilar González. Morelia: UMSNH, Instituto de Investigaciones Históricas 2005, S. 41 ff.

34 Ebda.

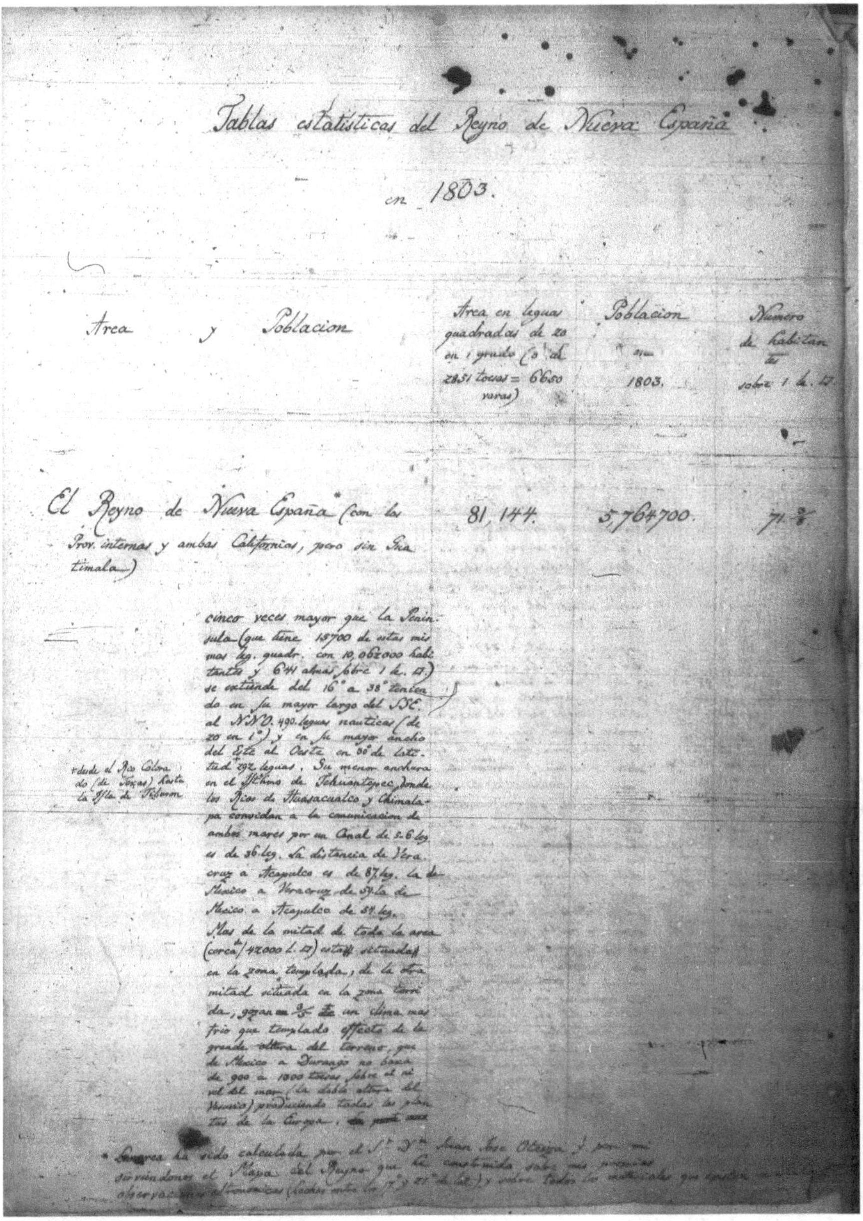

Tablas estatísticas del Reyno de Nueva España

en 1803.

Area y Poblacion	Area en leguas quadradas de 20 en 1 grado (o de 2851 toesas = 6650 varas)	Poblacion en 1803.	Numero de habitantes sobre 1 le. □
El Reyno de Nueva España* (con las Prov. internas y ambas Californias, pero sin Guatimala)	81, 144.	5,764700.	71. ⅔

cinco veces mayor que la Peninsula (que tiene 15700 de estas mismas leg. quadr. con 10,062000 habitantes y 641 almas sobre 1 le. □) se extiende del 16° a 38° teniendo en su mayor largo del SSE. al NNO. 490. leguas nauticas (de 20 en 1°) y en su mayor ancho del Este al Oeste en 30° de latitud† 292 leguas. Su menor anchura en el Isthmo de Tehuantepec, donde los Rios de Huasacualco y Chimalapa convidan a la comunicacion de ambos mares por un Canal de 5–6 leg. es de 36. leg. La distancia de Veracruz a Acapulco es de 87. leg. la de Mexico a Veracruz de 57. la de Mexico a Acapulco de 54. leg.
Mas de la mitad de toda la area (cerca de 42000 l. □) estan situadas en la zona templada; de la otra mitad situada en la zona torrida, gozan [illegible] un clima mas frio que templado effecto de la grande altura del terreno, que de Mexico a Durango no baxa de 900 a 1000 toesas sobre el nivel del mar (la doble altura del Vesuvio) produciendo todas las plantas de la Europa. [illegible]

†desde el Rio Colorado (de Texas) hasta la Isla de Tiburon

* [illegible] ha sido calculada por el Sr. Dn. Juan Jose Oteyza y por mi sirviendonos el Mapa del Reyno que he construido sobre mis propias observaciones astronomicas (hechas entre los 17° y 21° de lat.) y sobre todos los materiales que [illegible]

Abbildung 28: Manuskriptseite 1 der *Tablas geográfico politicas del Reino de Nueva España que manifiestan la superficie, población, agricultura, fabricas, comercio, minas, ventas y fuerza militar*. In: Humboldt, Alexander von: Papiere über die Statistik und Geographie von Mexico und Cuba. (53 × 70 cm, 244p) Biblioteka Jagiellońska, Kraków. Berol. Nachlass: AvH 2, Nr. 5591.

nuskript, wie es im Krakauer Nachlass der Biblioteka Jagiellońska vorliegt, verdeutlicht diesen Punkt.

Humboldt legt hier eine generische Form an, die als flexibler, tabellarischer Fließtext wieder im Essai aufgegriffen wird und in unterschiedlichem Maße (und unterschiedlichen Graden zwischen 'strenger' Tabelle und 'freiem' Fließtext) in Erscheinung tritt. Das Kapitel 11 in Humboldts *Essai politique sur le Royaume de la Nouvelle-Espagne*, 'État des mines de la Nouvelle-Espagne', weist zahlreiche dieser Tableau-Varianten auf, von denen eine besonders deutlich an das in den frühen *Tablas* entwickelte Format anschließt: die im vierten Band des *Essai* publizierte Aufstellung zur 'Quantité d'or et d'argent enregistrée, retirée des mines de l'Amérique, depuis l'année 1492 jusqu'en 1803' (Abbildung 29).[35]

Spätestens hier können wir erkennen, dass Humboldts formales Experiment, eine Tabelle aus Zahlenwerten mit Fließtext zu füllen, keineswegs ohne Zweck und Sinn war oder auf das bloße Ende einer Form im Übergang zu einer anderen hinweist. Vielmehr wird hier in der Tabelle etwas entwickelt, was wir in einem durchaus politisch zu nennenden Sinne ein *sprechendes* Tableau nennen können. Humboldt erkennt, dass er die Edelmetall-Produktion der iberischen Kolonien in Übersee – er behandelt die spanischen wie die portugiesischen Besitzungen gleichermaßen – nicht allein aus einer gegenwärtigen Quantität heraus beschreiben kann, sondern ihre Entwicklung vor dem Hintergrund der gesamten kolonialen Periode darstellen und evaluieren muss. Doch dafür braucht es mehr als bloße Zahlen, dafür braucht es eine Stimme, eine Haltung und eine Position. Denn eine Kenntnis der exportierten Edelmetallgüter der amerikanischen Kolonien seit Beginn ihrer Eroberung durch die europäischen Mächte lässt sich nicht reduzieren auf eine rein faktische Aufzählung von Mengenwerten, sondern ist – gerade zur Zeit, in der der neu-spanische *Essai* geschrieben wird – Ausgangspunkt zahlreicher Legenden, Projektionen und Begehrlichkeiten. Ähnlich wie er dies in der kritischen Auseinandersetzung mit der europäischen Kartographie sowie mit der Suggestivkraft vermeintlich präziser Messergebnisse auf Karten zu Beginn des *Essai politique sur le Royaume de la Nouvelle-Espagne* im Wechsel aus 'Analyse raisonnée' und neu-spanischem Atlas vorgeführt hat, geht er auch im Vorlauf zu diesen Daten ausführlich auf die hochvolatilen und nur vermeintlich gesicherten Kenntnisse seiner Vorgänger ein. Nacheinander werden die entsprechenden Zahlen bei so prominenten Autoren wie Guillaume-Thomas Raynal, Adam Smith und William Robertson kritisch mit den eigenen Ergebnissen und Archivauswertungen kon-

35 Humboldt, Alexander von: *Essai politique sur le royaume de la Nouvelle-Espagne. Tome quatrième*. Paris: F. Schoell 1811., S. 239 ff.

CHAPITRE XI. 239

I. *Quantité d'or et d'argent enregistrée, retirée des mines de l'Amérique, depuis l'année* 1492 *jusqu'en* 1803.

A. Colonies espagnoles.	Piastres.
Le royaume de la Nouvelle-Espagne a fourni à l'hôtel des monnoies de Mexico, depuis 1690 jusqu'en 1803, d'après les registres donnés ci-dessus	1,353,452,000
Les mines de Tasco, de Zultepec, de Pachuca et de Tlapujahua, sont presque les seules qui aient été travaillées immédiatement après la destruction de la ville de Ténochtilan, en 1521, et depuis cette époque mémorable jusqu'en 1548. Comme la quantité d'or et d'argent monnoyée au commencement du dix-huitième siècle n'a pas excédé cinq millions de piastres par an, je compte, depuis la conquête par Hernan Cortez jusqu'en 1548, pour le produit total du Mexique	40,500,000
En 1548 commença l'exploitation des mines de Zacatecas; en 1558, celle des mines de Guanaxuato; et, presque à la même époque, l'amalgamation, inventée par Medina. On peut compter, depuis 1548 jusqu'en 1600, au moins deux millions, et depuis 1600 jusqu'en 1690, trois millions par an, ...	374,000,000
Les mines du Potosi ont fourni, depuis leur découverte, en 1545, jusqu'en l'année	
	1,767,952,000

Abbildung 29: Erste Seite der Tabelle 'Quantité d'or et d'argent enregistrée, retirée des mines de l'Amérique, depuis l'année 1492 jusqu'en 1803', in: Humboldt, Alexander von: *Essai politique sur le royaume de la Nouvelle-Espagne. Tome quatrième.* Paris: F. Schoell 1811, S. 239. Quelle: Google Books.

trastiert. Das mit Blick auf so brisante Zahlen auch hier höchst wirksame Phänomen der 'Evidenzsuggestion' gilt gerade für den ebenso erfolgreichen wie zumeist gut informierten Raynal, der «présente des tableaux qui *parroissent* être le résultat d'un travail très-étendu».[36] Um sein Argument zu unterstreichen, lässt er diesem Satz gleich die Raynal'sche Tabelle selbst folgen; eine Tabelle, die freilich *falsche* Zahlen präsentiert.[37] Gerade der spekulative Charakter dieser Zahlen, denen Humboldt im weiteren Verlauf seiner Abhandlung zahlreiche weitere, ebenfalls *falsche* oder zumindest unzureichend berechnete zur Seite stellt, scheint das eigentliche Argument dieser vor dem historischen Horizont dreier Jahrhunderte angelegten Mengenberechnung zu sein. Sie zielt ab auf die Korrektur falscher Vorstellungen Europas vom vermeintlich unbegrenzten Rohstoffreichtum der amerikanischen Kolonien:

> Ces considérations, auxquelles je dois me borner ici, serviront à éclaircir le problème si souvent agité, pourquoi ces mêmes régions, qui, immédiatement après la découverte de l'Amérique, surtout depuis 1492 jusqu'en 1515, ont été considérées comme éminemment riches en métaux précieux, n'en fournissent presque plus de nos jours, quoique dans plusieurs d'elles on ait fait des recherches laborieuses et assez bien dirigées.[38]

Die vollständige Ausarbeitung des *Essai politique sur le Royaume de la Nouvelle-Espagne* schließlich widmete Humboldt dann nicht dem neu-spanischen, sondern gleich dem spanischen Regenten. Auch dies geschah weniger aus reiner Höflichkeit, denn aus vornehmlich strategischen Gründen, war sich der preußische Wissenschaftler doch der Brisanz seiner Studie und der in ihr enthaltenen, die Kenntnisse aller vorangegangenen Studien in den Schatten stellenden Informationen und Positionen vollauf bewusst.

---

36 Humboldt, Alexander von: *Essai politique sur le royaume de la Nouvelle-Espagne. Tome quatrième.* Paris: F. Schoell 1811, S. 231, kursiv T. K. Dt. Übers.: «Er giebt Tabellen, die das Resultat einer ausgebreiteten Untersuchung zu seyn scheinen [...].» Humboldt, Alexander von: *Versuch über den politischen Zustand des Königreichs Neu-Spanien. Vierter Band.* Tübingen: Cotta'sche Buchhandlung 1813, S. 221.

37 Humboldt, Alexander von: *Essai politique sur le royaume de la Nouvelle-Espagne. Tome quatrième*, S. 232.

38 Ebda., S. 248 f. Dt. Übers.: «Diese Betrachtungen, auf die ich mich hier beschränken muss, mögen dazu dienen, das schon oft besprochene Problem zu lösen, warum dieselben Gegenden, welche sogleich nach der Entdekung von Amerika, besonders von 1492 bis 1515 für ungeheuer reich an kostbaren Metallen angesehen wurden, heutzutag beinah gar keine mehr liefern, unerachtet man in ihnen die mühsamsten und bestgeleiteten Nachforschungen deshalb angestellt hat.» Humboldt, Alexander von: *Versuch über den politischen Zustand des Königreichs Neu-Spanien. Vierter Band*, S. 233.

7.3 Kritik der reinen Nation – Humboldts Widmung an Karl IV.

My book was dedicated to King Charles IV so as to pacify the attitude of the Madrid government toward certain individuals in Mexico who furnished me with more information than the court would have regarded proper.[39]

Im Unterschied zu den meisten Schriften seines amerikanischen Reisewerks, denen Widmungen, bzw. Zueignungen[40] an befreundete und für das eigene Werk einflussreiche Wissenschaftler vorangestellt sind[41] oder die ganz darauf verzichten so wie der *Essai politique sur l'île de Cuba*, beginnt der *Essai politique sur le Royaume de la Nouvelle-Espagne* mit einer huldvollen und – auch dies ein Sonderfall – mehrseitigen Widmungsepistel an den spanischen König Karl IV., der mit seinem großzügigen Passierschein, ausgestellt 1799 am Madrider Hof, überhaupt erst die Reise von Alexander von Humboldt und Aimé Bonpland ermöglicht hatte. Auf den ersten Blick eine an Schmeicheleien kaum zu überbietende *captatio benevolentiae*, beinhalten Humboldts Formulierungen bei einer zweiten Lektüre einige bemerkenswerte, zuweilen fast ironische Zwischentöne, die das wissenschaftliche wie politische Projekt, das Humboldt mit diesem Text verband, ebenso erkennbar werden lassen wie sie Raum geben für eine diskrete Sprachkritik zwischen Demut, Diplomatie und politischer Eman-

39 Terra, Helmut de: Alexander von Humboldt's Correspondence with Jefferson, Madison, and Gallatin. In: *Proceedings of the American Philosophical Society* 103 (1959) H. 6, S. 783–806, S. 790.

40 Vgl. zur funktionalen Differenzierung verschiedener Typen von Widmungen Genette, Gérard: *Paratexte*, S. 115 ff.

41 Die Besonderheiten der Humboldt'schen Zueignungen und Widmungsblätter wären eine eigene Untersuchung wert, ließe sich von hieraus doch eine eigene Wirkungsgeschichte intellektueller Wissenstransfers beschreiben, die die fortschreitende Entfaltung des Humboldt'schen Werkes in ein immer ausdifferenzierteres Netzwerk aus Humboldt privat wie in ihren öffentlichen Funktionen verbundenen Protagonisten aus Wissenschaft, Kultur und Politik erhellen könnte. In Einzelfällen enthalten diese Widmungen – wie bei Humboldts *Ideen zu einer Geographie der Pflanzen* die allegorische Zeichnung an Goethe – eine die eigene wie die Werkästhetik des Adressaten kommentierende Funktion vgl. Hey'l, Bettina: *Das Ganze der Natur und die Differenzierung des Wissens*, S. 249 ff. und Hadot, Pierre: *Zur Idee der Naturgeheimnisse: beim Betrachten des Widmungsblattes in den Humboldt'schen «Ideen zu einer Geographie der Pflanzen»*. Wiesbaden: Steiner 1982 (Abhandlungen der Akademie der Wissenschaften und der Literatur, Geistes- und Sozialwissenschaftiche Klasse, 8). Typischer ist das Kollegenlob, z. B. die Zueignung an Laplace zu Anfang der *Relation historique* als «un des premiers géomètres du siècle.» Humboldt, Alexander von: *Essai politique sur le royaume de la Nouvelle-Espagne. Tome premier*, S. 25. Zur wissenschaftshistorischen Linie von Laplace zu Humboldt vgl. Fn. 45 in Kapitel 2.

zipation. Denn dieser Text erfüllte nicht allein die Funktion, den anhand der Ausführlichkeit des Materials sicher irritierten Herrscher zu beruhigen, wie das eingangs gesehene Zitat aus einem von Paris am 12. Juni 1809 an Thomas Jefferson versandten Brief gezeigt hat. Er offenbart auch, wie Humboldt bereits zum Auftakt wesentliche Elemente seiner diskursiv im Essai organisierten Reformagenda geschickt andeutet und vorbereitet.

Mehr Werkkommentar als Fürstenlob haben wir es hier mit einem Kurztext zu tun, dessen «Zueignungsfunktion in das Gehege der Vorwortfunktion einbricht»,[42] wie es der Paratext-Spezialist Gérard Genette einmal mit der für ihn typischen textpsychologischen Ironie formuliert hat. Schon in den ersten Passagen zeigt sich der für das transgenerische Schreiben typische Wechsel zwischen pragmatischer (legitimatorisch-enkomiastischer) und nicht-pragmatischer (meta-reflexiver) Textfunktion, ohne dabei die Gattungskonvention des Widmungstextes ganz zu unterlaufen:

> C'est par la confiance que les faveurs de Votre Majesté m'ont inspirée, que j'ose placer Son nom auguste à la tête de cet ouvrage. Il retrace le tableau d'un vaste royaume, dont la prospérité, Sire, est chère à votre cœur.
>
> Aucun des Monarques qui ont occupé le Trône Castillan, n'a plus libéralement que Votre Majesté, fait répandre des connaissances présises sur l'état de cette belle portion du globe, qui, dans les deux hémisphères, obéit aux lois espagnoles. Les côtes de l'Amérique ont été relevées par des astronomes habiles, et avec une munificence digne d'un grand Souverain. Des cartes exactes de ces côtes, même des plans détaillés de plusieurs ports militaires, ont été publiés aux frais de Votre Majesté. Elle a ordonné qu'annuellement, à Lima, dans un journal péruvien, on imprimât l'état de la population, celui du commerce et des finances.[43]

---

42 Genette, Gérard: *Paratexte*, S. 121.

43 Humboldt, Alexander von: *Essai politique sur le royaume de la Nouvelle-Espagne. Tome premier*, o. S. Dt. Übers.: «In Vertrauen auf die Huld Eurer Majestät, wage ich es itzt, Ihren erhabenen Namen diesem Werke vorzusetzen. Keiner der Monarchen, welche auf dem castilianischen Throne sassen, hat mehr, als Eure Majestät die Verbreitung genauer Kenntnisse über den Zustand jener herrlichen Erdstriche begünstigt, die in beiden Hemisphären spanischen Gesetzen seit Jahrhunderten gehorchen. Auf Ihren Befehl sind America's Küsten von geschickten Astronomen mit der eines grossen Herrschers würdigen Freigebigkeit aufgenommen worden. Genaue Karten derselben, sogar ausführliche Pläne mehrere militärischer Seehäfen, wurden auf Kosten Eurer Majestät herausgegeben. Sie haben nicht bloss gestattet, sondern ausdrücklich befohlen, dass alle Jahre zu Lima, in einer peruanischen Zeitschrift, der Zustand der Bevölkerung, des Handels und der Finanzen durch den Druck bekannt gemacht werde.» Humboldt, Alexander von: *Versuch über den politischen Zustand des Königreichs Neu-Spanien. Erster Band*, o. S.

Wenn Humboldt hier die wissenschaftsfördernden Maßnahmen des spanischen Königs preist, so verweist das nicht nur auf die Rechtmäßigkeit und Legimität seines eigenen wissenschaftlichen Unternehmens, sondern signalisiert zugleich die Begrenzungen der bisherigen Anstrengungen. Schließlich waren es Humboldts Karten, die wesentlich dazu beitragen sollten, das vielmehr als nur die Küsten der hispanoamerikanischen Kolonien, sondern weite Teile des Landesinneren genauer vermessen, in ihren bisherigen Annahmen korrigiert und auf ein neues wissenschaftliches Fundament gestellt werden sollten (Kap. 6). Der nur wenige Seiten später, im ersten Kapitel der 'Analyse raisonnée' geäußerte doppelzüngige Hinweis, die Unvollkommenheit seiner eigenen Mexiko-Karte sei ihm voll bewusst, «malgré le travail le plus assidu de trois ou quatre mois»,[44] darf daher auch als diplomatischer Hinweis darauf verstanden werden, was in Anleitung durch einen einzigen Mann und auf der Basis einiger Monate Feldarbeit und Archivauswertung (schon längst) möglich gewesen wäre. Genauso ist der Hinweis auf *eine* durch Initiative des Königs propagierte wissenschaftliche Zeitschrift, in der statistische Daten der Überseegebiete publiziert werden sollten, ein kaum zu übersehender Hinweis auf den offensichtlichen Mangel an verlässlicher und belastbarer, zudem öffentlich verfügbarer Information. Genau in diesem wohl auch für Humboldt überraschend großen Freiraum entfaltet sich das amerikanische Reisewerk, zu dessen ersten zusammenhängenden Veröffentlichungen Humboldts umfangreiche Studie zu Neu-Spanien gehört.

> Il manquoit encore un essai statistique sur le royaume de la Nouvelle-Espagne. J'ai réuni le grand nombre de matériaux que je possédois, dans un ouvrage dont la première esquisse avoir fixé honorablement, en 1804, l'attention du Vice-Roi du Mexique. Heureux si je pouvois me flatter que mon foible travail, sous une forme nouvelle, et rédigé avec plus de soin, ne sera pas trouvé indigne d'être présenté à Votre Majesté.[45]

Möchte man im Sinne Gerard Genettes die Widmung als Teil der para-, bzw. peritextuellen Rahmung von Humboldts Werk lesen, so verweist diese Stelle auf die transgenerische Verfasstheit seiner politischen Schriften zu Neu-Spani-

---

44 Humboldt, Alexander von: *Essai politique sur le royaume de la Nouvelle-Espagne. Tome premier*, S. 5.

45 Ebda., o. S. Dt. Übers.: «Noch fehlte ein statistischer Versuch über das Königreich Neu-Spanien. Ich habe die grosse Anzahl von Materialien, die ich besass, in einem Werke vereinigt, dessen erster Entwurf, im Jahre 1804, die Aufmerksamkeit des Vice-Königs von Mexico auf sich gezogen hatte. Ich schmeichle mir mit der Hofnung [sic], dass meine Arbeit in eine neue Form geschmolzen, und mit grösserer Sorgfalt vollendet, nicht ganz unwerth sei, Eurer Majestät ehrfurchtsvoll überreicht zu werden.» Humboldt, Alexander von: *Versuch über den politischen Zustand des Königreichs Neu-Spanien. Erster Band*, o. S.

en, signalisiert sie doch den Übergang eines «essai statistique» in Form eines «première esquisse» hin zu einem Werk, das schon angesichts der fehlenden Vorbilder nicht auf einen gegebenen generischen oder disziplinären Rahmen zurückgreifen konnte, sondern einer «forme nouvelle» bedurfte und daher «in eine neue Form geschmolzen»[46] werden musste, wie Humboldt in seiner eigenen deutschen Übersetzung formuliert. Die Neuartigkeit seines *Versuch[s] über den politischen Zustand des Königreichs Neu-Spanien* ist daher schon in diesen kurzen Zeilen nicht nur institutionell und wissenschaftspolitisch begründet, sondern auch als konzeptionelle Innovation markiert.

Die Besonderheit dieser Studie war nicht zuletzt den äußerst günstigen Arbeitsbedingungen vor Ort – und vor allem in der Hauptstadt – geschuldet. Während seines beinahe einjährigen Aufenthaltes profitierte Humboldt hier von einem idealen Klima wissenschaftlicher Kooperation und Kollegialität, wie er es später und in dieser persönlichen wie politischen Unabhängigkeit wohl nur während seiner langen Jahre in Paris und im Umfeld des Institut Nacional wiedererleben durfte.

> Il respire les sentiments de reconnaissance que je dois au Gouvernement qui m'a protégé, et à cette Nation noble et loyale qui m'a reçu non comme un voyageur, mais en concitoyen. Comment pourroit-on déplaire à un bon Roi, lorsqu'on Lui parle de l'intérêt national, du perfectionnement des institutions sociales et des principes éternels sur lesquels repose la prospérité des peuples.[47]

Dass Karl IV. nur 11 Tage nach dieser, auf den 8. März 1808 datierten Widmung angesichts der mächtigen Opposition sowohl im Volk als auch im Adel rund um den Thronfolger Ferdinand VII. abdanken musste,[48] konnte Humboldt zum Zeitpunkt seiner Abschrift wohl nicht ahnen. Es sollte ihn aber nicht daran hindern, die Widmung im gleichen Wortlaut auch in seiner zwischen 1825 und 1827 erscheinenden zweiten Auflage beizubehalten. Wir können sie auch deshalb – gerade in ihrer ambivalenten Spannung zwischen royalitätsbezogener

46 Humboldt, Alexander von: *Versuch über den politischen Zustand des Königreichs Neu-Spanien. Erster Band*, o. S.

47 Humboldt, Alexander von: *Essai politique sur le royaume de la Nouvelle-Espagne. Tome premier*, o. S. Dt. Übers.: «Diese Blätter tragen das Gepräge des lebhaften Dankgefühls, von dem ich mich beseelt fühle gegen einen Schutz gewährenden Monarchen, wie gegen ein edles und freimütiges Volk, das mich nicht als einen Fremden, sondern als einen seiner Mitbürger unter sich aufnahm. Wie könnte man einem guten König missfallen, wenn man zu ihm von dem Interesse des Staats, von der Vervollkommnung bürgerlicher Verfassung, und von den ewigen Wahrheiten spricht, auf denen das Wohl der Menschheit beruht?» Humboldt, Alexander von: *Versuch über den politischen Zustand des Königreichs Neu-Spanien. Erster Band*, o. S.

48 Vgl. Rinke, Stefan: *Revolutionen in Lateinamerika*, S. 125.

Demut und selbstbewusster Behauptung eines im Umgang mit Königen bewanderten Wissenschaftlers – als ersten Ausdruck des politischen Gestaltungswillen lesen, der sich im Laufe des in der französischen Oktavfassung insgesamt 2313 Seiten starken Textes entfalten sollte.

Zuletzt fällt eine weitere Besonderheit dieser Dankensworte auf, die in ihrem Kern eine politische Sprengkraft besitzen, von der man nur ahnen kann, dass sie der spanische König verstanden haben möge, sollte er denn überhaupt das Buch so genau zu Gesicht bekommen haben.[49] Die wenigen Seiten dieser vermeintlich harmlosen Würdigung der Verdienste Karl IV., welche Humboldt die Arbeiten an seiner Studie erst ermöglicht haben, verknüpfen eine Kette von politischen Zentralbegriffen, an deren Anfang die Landmassen des Königreichs, Karls *royaume*, und an deren Ende die «Menschheit», französisch *peuples*, steht. Sie sind im Kern ein Abgesang auf das machtpolitische Fundament der Krone. Besonders aufschlussreich wird diese Liste, stellt man das französische Original und Humboldts deutsche Übertragung nebeneinander:

Royaume	Land
Gouvernement	Monarch
Nation	Volk
Concitoyen	Mitbürger
L'intérêt national	Interesse des Staates
Perfectionnement des institutions sociales	Vervollkommnung bürgerlicher Verfassung
Peuples[50]	Menschheit[51]

Die Kippfigur in dieser Liste ist Humboldts Übersetzung des Begriffs *nation* als *Volk*. Damit distanziert er sich von einem absolutistischen Verständnis der *nation* als historisch gewachsener Schicksalsgemeinschaft unter der Herrschaft des *gouvernement*, des Königs, und impliziert ein Verständnis von *nation* als einer Gemeinschaft von Individuen, aneinander gebunden durch einen auf geteilten Werten beruhenden Sozialvertrag. Diese Gemeinschaft ist ein Volk aus

49 Diese Frage ist meines Wissens nach in der bisherigen Forschung zu Humboldts Beziehungen zum Hof Karl IV. nicht beantwortet worden. Vgl. Puig-Samper, Miguel Ángel: Humboldt, ein Preuße am Hof Karl IV. In: Ette, Ottmar/Bernecker, Walther L. (Hg.): *Ansichten Amerikas. Neuere Studien zu Alexander von Humboldt*. Frankfurt am Main: Vervuert 2001, S. 19–49; Rebok, Sandra: *Alexander von Humboldt und Spanien im 19. Jahrhundert*; Puig-Samper, Miguel Ángel/Rebok, Sandra: *Sentir y medir*.

50 Humboldt, Alexander von: *Essai politique sur le royaume de la Nouvelle-Espagne. Tome premier*, o. S.

51 Humboldt, Alexander von: *Versuch über den politischen Zustand des Königreichs Neu-Spanien. Erster Band*, o. S.

Mitbürgern, eine *nation* der *citoyens*. In der französischen Vorlage ist diese Doppelfigur noch deutlicher und damit ambivalenter als in der deutschen Übersetzung. Denn *nation* bedeutet hier eben beides: territorialer Herrschaftsanspruch des Königs und politische Gemeinschaft gleichgesinnter Bürger. Der spanisch-französische Historiker François-Xavier Guerra spricht in diesem Zusammenhang von zwei unterschiedlichen Logiken, die mit Blick auf das revolutionäre Klima in Frankreich seit 1789 und in Lateinamerika ab 1808 als Folge einer Sehnsucht nach einer neuen politischen Ordnung verstanden werden können, in der sich zwei Lager deutlich voneinander unterscheiden lassen, auch wenn sie in ihrer politischen Sprache mit den gleichen Begriffen operieren.

> Esta nostalgia es para algunos una máscara destinada a legitimar la conquista de una nueva libertad, para otros tiene un carácter utópico: la vuelta a una Edad de Oro en la que reinaba la armonía entre el rey y el reino. La convergencia entre ambos grupos está fundada en buena parte sobre la ambigüedad de un lenguaje político común que remite a imaginarios diferentes. Al hablar de libertad, los unos la entienden como la de individuos iguales bajo una misma ley; los otros se refieren a las libertades-privilegios de los antiguos cuerpos. Por nación, los primeros entienden el pueblo, un ente homogéneo – el conjunto de los individuos asociados por un pacto social –, y los segundos, el reino, una realidad heterogénea producto de la historia – los pueblos –.[52]

Was die deutsche Übersetzung schon deutlicher mit *Volk* bezeichnet, behält im französischen *nation* eben die Wechselbeziehung zwischen den ersten, deutlich royalistisch konnotierten Begriffen und den auf *nation* folgenden Begriffen, die schon mit Humboldts Bemerkung, er sei in Neu-Spanien nicht als Fremder, sondern als *concitoyen* aufgenommen worden, eindeutig markiert sind. Der letzte Satz dieser bemerkenswerten Widmung schließlich lässt keinen Zweifel mehr an Humboldts auch in diesen Schlussworten deutlich markierten politischen Unabhängigkeit. Man muss diese Stelle erneut ziteren:

> Comment pourroit-on déplaire à un bon Roi, lorsqu'on Lui parle de l'intérêt national, du perfectionnement des institutions sociales et des principes éternels sur lesquels repose la prospérité des peuples.[53]

Formal hält sich Humboldt zwar noch an die Höflichkeitsroutinen des Hofes, semantisch hat er das zu Beginn evozierte *royaume* jedoch längst verlassen

---

52 Guerra, François-Xavier: *Modernidad e independencias. Ensayos sobre las revoluciones hispánicas* [1992]. Madrid: Ediciones Encuentro 2009 (Historia – Ensayos, 386), S. 46.
53 Humboldt, Alexander von: *Essai politique sur le royaume de la Nouvelle-Espagne. Tome premier*, o. S.

und kehrt in einer rhetorischen Frage den vermeintlichen Wunsch des Königs nach einem funktionierenden Staatswesen als ein «l'intérêt national» in eben jene Logik um, in der ein «Interesse des Staates» als Garantieträger der sozialen und keineswegs schicksalhaften politischen Gemeinschaft zuständig ist für die «Vervollkommnung bürgerlicher Verfassung», wie die deutsche Übertragung recht unmissverständlich erklärt und damit dem Fortschritt der «peuples», deutsch «der Menschheit» verpflichtet ist.

Das Selbstbewusstsein eines Wissenschaftlers, der Zeit seines Lebens die moralische Grundlage, die «principes éternels» seiner Tätigkeit an der politischen Freiheit des Einzelnen und dem freien Zugang zu Wissen orientiert hat, ist bereits in diesen ersten Zeilen eines so ungeheuer umfangreichen Werks mehr als deutlich zu spüren. Es sollte seine Wirkung nicht verfehlen.

> War Raynals *Histoire philosophique & politique des Deux Indes* von großer Wirkung auf den lateinamerikanischen Unabhängigkeitskampf, so setzte sich nun, nach der Verwirklichung der Unabhängigkeit, Humboldts Reise an die Stelle jenes bisherigen Standardwerkes. Die *Relation historique* wurde neben Humboldts Mexiko-Essay zu einem Grundlagenbuch für das Selbstverständnis Lateinamerikas im 19. und auch noch im 20. Jahrhundert. Sie hat das politische Denken des Subkontinents, von Bolívar über Martí bis in die heutige Zeit, entscheidend mitgeprägt.[54]

7.4 Vom politischen Gemälde eines Königreichs

Die Untersuchungen zum Tableau-Begriff haben gezeigt, dass der eigentliche Umfang der Humboldt'schen Begriffsverwendung erst in einer Zusammenführung aus französischer und deutscher Terminologie erschlossen werden kann. Ergänzt man das Tableau mithin um Begriffe wie '(Natur-)Gemälde' und 'Gesamteindruck', zeigt sich die eigentliche Spannweite dieser epistemischen Figur. Sie erstreckt sich auch auf Humboldts politische Schriften.

In der oben ausführlich analysierten Widmung an Karl IV. zu Beginn des *Essai politique sur le royaume de la Nouvelle-Espagne* spricht Alexander von Humboldt mit Blick auf die folgenden Ausführungen zu Neu-Spanien von einem «tableau d'un vaste royaume».[55] In der deutschen, noch von ihm selbst angefertigten Übersetzung bleibt davon nicht mehr als eine begriffliche Elipse. Hier ist lediglich die Rede davon, das Werk schildere «ein fast unbegrenztes

54 Ette, Ottmar: Der Blick auf die Neue Welt. Nachwort, S. 1588.
55 Humboldt, Alexander von: *Essai politique sur le royaume de la Nouvelle-Espagne. Tome premier*, o. S.

Land».[56] Die konzeptionelle Ausrichtung bleibt damit unübersetzt, bzw. anscheinend unübersetzbar. Was er mit dem Generalbegriff des «tableau d'un vaste royaume» allerdings meint, klärt Humboldt im ersten Kapitel, also nach den fast 200 Seiten langen Ausführungen der 'Analyse raisonné', auf:

> Avant de tracer le tableau politique du royaume de la *Nouvelle-Espagne*, il sera important de jeter un coup d'œil rapide sur l'étendue et la population des possessions espagnoles dans les deux Amériques. C'est en généralisant les idées, c'est en considerant chaque colonie sous ses rapports avec les colonies voisines et avec la métropole, que l'on est sûr de parvenir à des résultats exacts, et d'assigner au pays que l'on décrit, la place qui lui est due par sa richesse territoriale.[57]

In der deutschen Fassung übersetzt Humboldt nun den Tableau-Begriff, indem er «das statistische *Gemählde* des Königreichs Neu-Spanien» (kursiv T. K.) ankündigt und tilgt dabei zunächst das Politische zugunsten der disziplinär im deutschen Sprachgebrauch verankerten Statistik (s. Kap. 2.1.5). Doch holt er den Begriff einige Zeilen später nach, wenn er davon spricht, dem Königreich im Folgenden «die Stelle anzuweisen, welche ihm in politischer Hinsicht gebührt». Die beiden Begriffen – Tableau wie Gemälde – zugrunde liegende Vorstellung eines synoptischen Gesamteindrucks wird allerdings sofort von einem weiteren Tableau neu gerahmt und perspektivisch eingefasst. Dieses zweite Tableau kündigt der «coup d'œil rapide» an, der auf eines der Leitthemen des neu-spanischen Atlas verweist: die enorme Ausdehnung der spanisch-amerikanischen Gebiete und die Gefahr ihrer Abspaltung.

> Les domaines du roi d'Espagne en Amérique surpassent en étendue les vastes contrées que l'empire russe ou la Grande-Bretagne possèdent en Asie. J'ai cru qu'il seroit intéressant de dresser un tableau qui indiquât des différences et la disproportion frappante qu'offrent l'aréa et la population de la mère-patrie, comparées avec celles des colonies. [...] Ces tableaux [...] ont quelque chose d'effrayant, surtout lorsqu'on fixe les yeux sur la grande catastrophe que représente la quatrième figure, et dont la mémoire est encore

56 Humboldt, Alexander von: *Versuch über den politischen Zustand des Königreichs Neu-Spanien. Erster Band*, o. S.

57 Humboldt, Alexander von: *Essai politique sur le royaume de la Nouvelle-Espagne. Tome premier*, S. 209 f. Dt. Übers.: «Bevor ich das statistische Gemählde des Königreiches *Neu-Spanien* entwerfe, wird es der Mühe werth seyn, einen flüchtigen Blick auf den Flächeninhalt und die Bevölkerung der spanischen Besitzungen im südlichen und nördlichen Theile von America zu werfen. Indem wir uns zu einer allgemeineren Ansicht der Dinge erheben, indem wir jede Colonie nach ihren mannigfaltigen Verhältnissen zu den benachbarten Colonien und zu dem Mutterlande betrachten, können wir mit Zuversicht hoffen, dem Lande, das wir beschreiben sollen, die Stelle anzuweisen, welche ihm in politischer Hinsicht gebührt.» Humboldt, Alexander von: *Versuch über den politischen Zustand des Königreichs Neu-Spanien. Erster Band*, S. 1 f.

récente parmi nous. Cette planche seule peut faire naître des considérations importantes à ceux qui sont appelés à veiller sur la prosperité, et, par conséquent, sur la tranquilité des colonies. La crainte d'un mal futur est, sans doute, un motif peu noble en lui-même; mais c'est un motif puissant de vigilance et d'activité pour les grands corps politiques, comme il l'est pour de simples individus.[58]

Genau genommen sind es also zwei Tableaux, die das Königreich in Perspektive setzen sollen: das «Tableau comparatif de l'étendue territoriale des Intendances de la Nouvelle-Espagne» sowie die diagrammatischen Darstellungen zur 'Etendue territoriale et Population des Métropoles et des Colonies en 1804' (Abbildung 30).

Die Inspiration zu dieser in ihrer visuellen Abstraktion wohl vorausweisendsten Darstellungsinnovation des neu-spanischen Atlas verdankt Humboldt, wie er selbst angibt,[59] den bahnbrechenden Arbeiten des schottischen Ingenieurs und Unternehmers William Playfair, der mit seinem 1786 veröffentlichten *Commercial and Political Atlas* als Erfinder der Informationsgrafik gilt. Playfairs Atlas, der ausschließlich Diagramme zeigt und ohne kartographische Abbildungen auskommt, hatte seine Visualisierungen auf angelsächsische Handelsbeziehungen und Wirtschaftsdaten ausgerichtet. Humboldt verwendet sie in erster Linie als maximal abstrahierende Darstellungsmethode für Raumverhältnisse. Der preußische Gelehrte hatte durchaus seine Vorbehalte gegenüber der neuen Methode, aber erkannte klar ihren heuristischen und kommunikativen Wert:

Il seroit ridicule de vouloir exprimer par des courbes des idées morales, la prospérité des peuples, ou la décadence de leur littérature. Mais tout ce qui a rapport à l'étendue et à la

---

58 Humboldt, Alexander von: *Essai politique sur le royaume de la Nouvelle-Espagne. Tome premier*, S. 212 f. Dt. Übers.: «Die Besitzungen des Königs von Spanien in America übertreffen an Ausdehnung die weitschichtigen Provinzen des russischen Reichs, oder der asiatischen Colonien von Großbritannien. Ich habe versucht, auf einer eigenen Kupfertafel diese Verschiedenheiten und das auffallende Mißverhältniß darzustellen, das, in Hinsicht auf Flächeninhalt und Bevölkerung, zwischen den europäischen Mutterstaaten und ihren Colonien Statt findet. [...] Diese graphische Vorstellungsart [...] hat etwas ominöses, besonders wenn man den Blick auf die große Katastrophe heftet, die bei uns noch in frischem Andenken ist, und an welche die vierte Figur erinnert. So einfache Bilder sind allein schon fähig, wichtige Betrachtungen in denen zu veranlassen, deren Beruf es ist, für den Wohlstand und folglich für die Ruhe der Colonien zu wachen. Furcht vor künftigen Uebeln gehört zwar nicht zu den edeln Beweggründen menschlicher Handlungen; aber diese Furcht ist für große Staatskörper, wie für einzelne Privatpersonen, der mächtigste Antrieb zu wachsamer Thätigkeit.» Humboldt, Alexander von: *Versuch über den politischen Zustand des Königreichs Neu-Spanien. Erster Band*, S. 3 f.

59 Humboldt, Alexander von: *Essai politique sur le royaume de la Nouvelle-Espagne. Tome premier*, S. 186, 212.

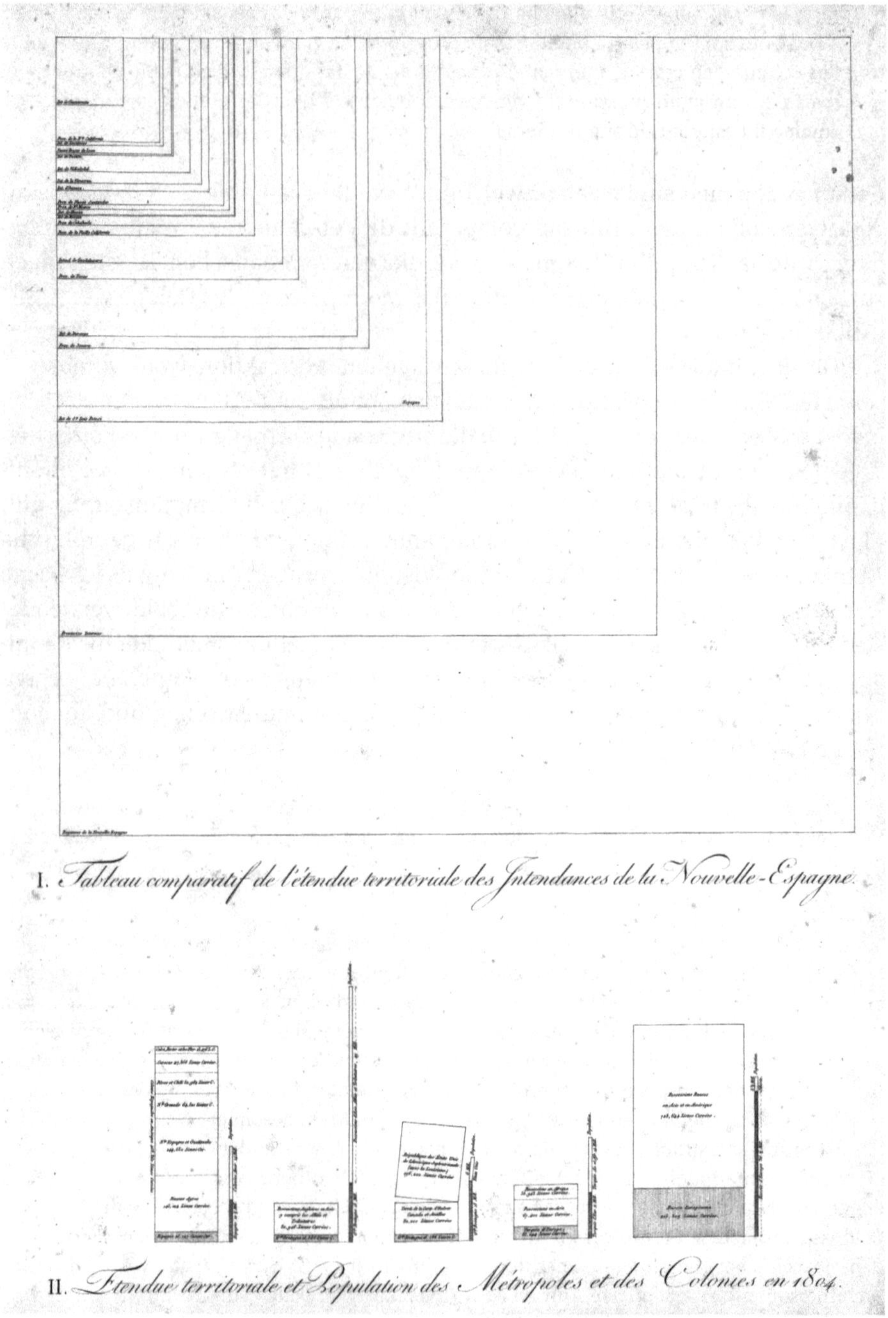

Abbildung 30: ANE XX, Quelle: David Rumsey Map Collection, Cartography Associates.

quantité, est propre à être représenté par des figures géométriques. Les projections statistiques qui parlent aux sens sans fatiguer l'esprit, ont l'avantage de fixer l'attention sur un grand nombre de faits importans.[60]

Doch auch wenn Humboldt zu zögern scheint und Diagrammen keinen höheren Erkenntniswert zugestehen will, nutzt er doch deren volle Suggestionskraft. Es ist schließlich nicht zu übersehen, dass er seine gerade noch als nützliche Spielerei relativierte Darstellung zu Beginn seiner politischen Analyse an prominenter Stelle in Erinnerung ruft, um in deutlichen Worten («effrayant») und noch deutlicheren Zeichen die prekären Machtverhältnisse zwischen Metropole und Kolonie mit einem Blick zu erfassen. Erstaunlicherweise erzeugt diese maximale Abstraktion des Raums aber gerade kein spezifisches Wissen jenseits der Kennzahlen von tatsächlicher Gebietsgröße und Bevölkerungszahl (die ohnehin aufgrund ihrer Größe kaum zu lesen sind). Es ist in erster Linie ein Gefühl, dass Humboldt hier in die Verhältnisse eines Diagramms übersetzt und das in einer wortwörtlich zu nehmenden *Kippfigur* jene «grand catastrophe» thematisiert, die als amerikanische Sezession von Großbritannien zur Weltgeschichte wurde (Abbildung 31).

Seine Wirkung dürfte das Humboldt'sche Machtdiagramm nicht verfehlt haben. Schaut man sich die Darstellung etwas genauer an, fällt auf, dass Humboldt die Dimension möglicher spanischer Verluste mehrfach betont. Da ist zum einen das Balkendiagramm: es weist für Spanien das größte Missverhältnis zwischen eigenem und kolonisiertem Territorium im Vergleich zu den kolonialen Besitzansprüchen Großbritanniens, des Osmanischen Reichs und Russlands aus. Zugleich zeigt die nur im 'spanischen' Balkendiagramm vorgenommene Markierung der Kolonialverwaltung in verschiedene Vizekönigreichen und Provinzen die bereits vorhandene Diversifizierung der Macht. Schließlich provoziert das im Schachtelprinzip organisierte Kastendiagramm, also das eigentliche 'Tableau comparatif', die geradezu erschütternde Einsicht in die Größe allein des neu-spanischen Gebiets und erzeugt durch die hierin vermittelte Hierachie ein geradezu inverses Verhältnis von Zentrum und Peripherie, von innen und außen, von Macht und Ohnmacht. Der Unterschied zu den kartographischen Darstellungen ist frappant. Erlauben die Darstellungskonventionen

---

60 Humboldt, Alexander von: *Essai politique sur le royaume de la Nouvelle-Espagne. Tome premier*, S. 186. Dt. Übers.: «Moralische Ideen, die Fortschritte des Nationalwohlstandes oder der Verfall der Literatur eines Volks, kann man freilich nicht durch Linien ausdrucken [sic]; aber durch statistische Projectionen können eine Menge wichtiger Gegenstände augenscheinlich gemacht werden, und sich so dem Gedächtniße einprägen, ohne den Geist anzustrengen.» Humboldt, Alexander von: *Versuch über den politischen Zustand des Königreichs Neu-Spanien. Erster Band*, S. CLX.

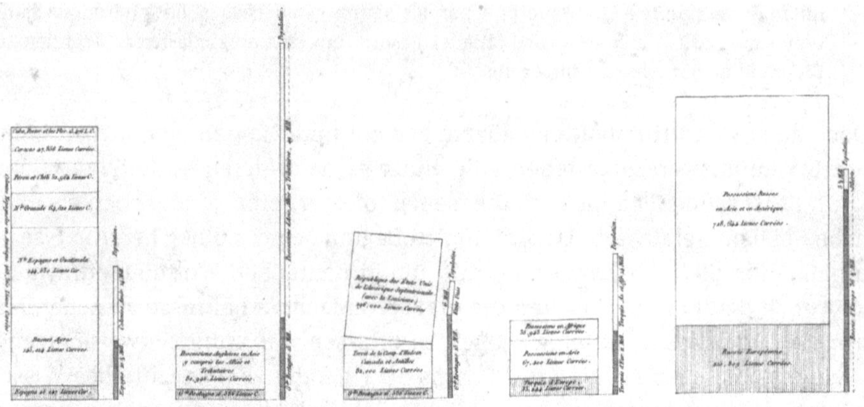

Abbildung 31: Ausschnitt aus ANE XX, Quelle: David Rumsey Map Collection, Cartography Associates.

von Karten aufgrund der in ihnen vermerkten territorialen und vor allem toponymischen Setzungen eine zumindest oberflächlich machtaffirmative Lektüre, reduziert das Humboldt'sche Diagramm den Eindruck des kolonisierten Raumes auf sein blankes Größenverhältnis zum Kolonisator und zeigt dessen Schwäche.

Der vergleichend-analytische Zugriff auf seinen Untersuchungsgegenstand vollzieht der *Essai politique sur le Royaume de la Nouvelle-Espagne* also in der Form einer doppelten Rahmung: das Tableau politique erhält erst durch das Tableau comparatif seine eigentliche politische Spann- wie Sprengkraft.

7.5 Vom Phlegma und der Wut des Indianers

In ähnlicher Weise wie sich dies im Fall des *Essai politique sur l'île de Cuba* für die Lage der afrikanischen Sklaven auf den Plantagen der kubanischen Zuckerindustrie sagen lässt, gilt Humboldts gesellschafts- und sozialpolitisches Augenmerk im *Essai politique sur le Royaume de la Nouvelle-Espagne* vor allem der desolaten Situation, in der sich zu Beginn des 19. Jahrhunderts weite Teile der indigenen Bevölkerung Neu-Spaniens befanden. Die Schuld an dem an Apathie grenzenden politischen Stillstand trugen aber nach Humboldts Urteil nicht allein die neu-spanischen Vizekönige, über die er wie im Fall des zweiten Conde de Revillagigedo, Juan Vicente Güemes Pacheco de Padilla, durchaus milde Urteile treffen konnte.[61] Vielmehr war es die koloniale Situati-

61 Humboldt, Alexander von: *Essai politique sur le royaume de la Nouvelle-Espagne. Tome premier*, S. 322 f.

on selbst, herrschte doch eine administrative Abhängigkeit von der Metropole, die jeglichen Reformwillen zum Erliegen brachte und an deren zynischer Haltung Humboldt keinen Zweifel ließ.

> Le pouvoir des vice-rois a été singulièrement diminué dans ces derniers temps; ils se trouvent entravés dans toutes leurs démarches, non-seulement par la *Junta* des finances (de *Real Hacienda*) et par la haute-cour de justice (*Audiencia*), mais surtout par la manie que l'on a dans la métropole de vouloir gouverner dans le plus grand détail, des provinces éloignées de deux mille lieues, et dont on ignore l'état physique et moral. Les philanthropes assurent qu'il est heureux pour les Indiens qu'on ne s'occupe pas d'eux en Europe, parce qu'une triste expérience a prouvé que la plupart des mesures qui ont été prises pour améliorer leur existence, ont produit un effet opposé.[62]

In einer für die diskursiven Strategien des Essai typischen Weise fährt Humboldt nun fort, jene Argumentation des Mutterlandes wie der kreolischen Eliten vor Ort zu referieren, die zur Ursache des hier angesprochenen Problems führt. In einer quasi-polyphonen Textur wird die Position der Mächtigen entwickelt und die damit verbundene Mentalität gegenüber dem *indigenen Rätsel* offen gelegt.

> Les gens de robe, qui détestent les innovations, les propriétaires créoles, qui souvent trouvent du profit à tenir le cultivateur dans l'avilissement et la misère, avancent qu'il ne faut pas toucher aux natifs, parce qu'en leur accordant plus de liberté, les blancs auraient tout à craindre de l'esprit vindicatif et de l'arrogance de la race indienne.[63]

---

62 Humboldt, Alexander von: *Essai politique sur le royaume de la Nouvelle-Espagne. Tome premier*, S. 446 f. Dt. Übers.: «Die Macht der Vicekönige ist in den letzten Zeiten sehr vermindert worden. In allen ihren Schritten finden sie sich nicht nur durch die Finanzcammer (*Junta de Real Hacienda*) und den obersten Justizhof (*Audiencia*), sondern besonders durch die Maxime gehindert, welche man im Mutterlande hat, Provinzen, welche zweitausen Stunden weit entfernt sind, und deren physischen und moralischen Zustand man nicht kennt, von daher auch in allem Einzelnen regieren zu wollen. Die Philanthropen behaupten, daß es ein Glück für die Indianer sei, wenn man sich in Europa gar nicht mit ihnen beschäftige; indem eine traurige Erfahrung bewiesen hat, daß die meisten Maaßregeln, welche man daselbst zu Verbesserung ihres Zustandes ergriffen, gerade die entgegengesetzte Wirkung gethan haben.» Humboldt, Alexander von: *Versuch über den politischen Zustand des Königreichs Neu-Spanien. Erster Band*, S. 157.

63 Humboldt, Alexander von: *Essai politique sur le royaume de la Nouvelle-Espagne. Tome premier*, S. 447. Dt. Übers.: «Die Civilbeamten, welche jede Neuerung verabscheuen, und die Creolen, die Landeigenthümer sind, und meist ihren Vortheil dabei finden, wenn der Feldarbeiter in Erniedrigung und Elend hingehalten wird, behaupten, daß man nichts bei den Eingebornen verändern dürfe, weil die Weißen, sobald man ihnen mehr Freiheit gestatten würde, alles von der Rachsucht und der Anmaßung der indianischen Raçe zu fürchten hätten.» Humboldt, Alexander von: *Versuch über den politischen Zustand des Königreichs Neu-Spanien. Erster Band*, S. 157 f.

Humboldts Gesellschaftskritik ist in diesen Zeilen offenkundig bereits angelegt. Aber seine Strategie ist doppelbödig, zielt sie doch nicht nur auf den verständigen Leser, der die Empörung dieser Kritik unmittelbar teilt, sondern zugleich auf eben diejenigen, deren politisches Handeln er damit so deutlich infrage stellt. Denn weder ist das hier angesprochene Problem – das zwischen Assimilation und Integration der indigenen Bevölkerung – ein genuin neu-spanisches, noch liegen dessen Ursachen in einer Art ethnischer Essenz, die als Ursache für das Scheitern jeglicher reformorientierter Initiative angeführt werden könnte.

> Ce langage est le même partout où il s'agit de faire jouir le paysan des droits d'homme libre et de citoyen. J'ai entendu répéter au Mexique, au Pérou, dans le royaume de la Nouvelle-Grenade, tout ce que, dans plusieurs parties de l'Allemagne, en Pologne, en Livonie et en Russie, on oppose à l'abolissement de la servitude des paysans.[64]

Das Problem – mit anderen Worten – ist also nicht das einer zu Veränderungen unfähigen Bevölkerungsgruppe, sondern das einer feudalen Grundordnung. Damit aber macht Humboldt seine Kritik zu einem *europäischen* Problem. Es sind Stellen wie diese, die den (idealen) kreolischen Leser des *Essai politique sur le Royaume de la Nouvelle-Espagne* am Deutlichsten angesprochen haben dürften.

Die Gefahr, die von dieser fahrlässigen Politik ausgeht, schildert Humboldt in ähnlich dramatischer Weise, wie er das 15 Jahre später auch für die Analyse der Sklavengesellschaft auf Kuba tun sollte.

> Des exemples récents nous apprennent combien il est dangereux de laisser les Indiens former un *status in statu*, de perpétuer leur isolement, la barbarie de leurs mœurs, leur misère, et par là les motifs de leur haine contre les autres castes. Ces mêmes Indiens, stupides, indolents, et qui se laissent fustiger patiemment à la porte de l'église, se montrent rusés, actifs, impétueux et cruels, chaque fois qu'ils agissent en masse dans une émeute populaire.[65]

---

64 Humboldt, Alexander von: *Essai politique sur le royaume de la Nouvelle-Espagne. Tome premier*, S. 447. Dt. Übers.: «Allein diese Sprache hört man überall, wo es darauf ankommt, die Bauren [sic] Menschen- und Bürgerrechte genießen zu lassen, und ich habe in Mexico, Peru, und in Neu-Granada alles das wiederholen hören, was man in verschiedenen Theilen von Deutschland, in Pohlen, Liefland und Rußland gegen die Aufhebung der Leibeigenschaft zu sagen pflegt.» Humboldt, Alexander von: *Versuch über den politischen Zustand des Königreichs Neu-Spanien. Erster Band*, S. 158.

65 Humboldt, Alexander von: *Essai politique sur le royaume de la Nouvelle-Espagne. Tome premier*, S. 447 f. Dt. Übers.: «Vielmehr beweisen sehr neue Beispiele, wie gefährlich es ist, die Indianer einen *status in statu* bilden zu lassen, und ihre Isolierung, ihre wilden Sitten, ihr Elend, und damit die Gründe ihres Hasses gegen die andern Kasten zu verlängern. Diese nämlichen stumpfsinnigen, und indolenten Indianer, die sich gedultig [sic] an den Kirchthüren

Erneut bedient Humboldt zuerst den essentialistischen Diskurs, der die geläufige Meinung über die Indolenz der Indianer nur zu bestätigen scheint und – das muss man hier erwähnen – gerne als Beispiel für seine abschätzige Meinung gegenüber der indigenen Bevölkerung gewertet worden ist. Doch was er auf den ersten Blick zu bestätigen scheint, *wiederholt* er nur als Stimme der Macht. Denn dass es mit der passiven Stumpfsinnigkeit der «Indiens» so schlimm nicht sein kann, zeigt ja unmittelbar die auf die *Beschimpfung* folgende *Erklärung*. Gefahr geht nicht von Reformen aus, sondern eben davon, diese fortwährend zu unterbinden.

Die Beispiele dafür lagen aus der jüngsten Geschichte ja bereits vor. So schildert Humboldt die ab 1781 begonnenen, blutigen Inca-Aufstände unter der Führung von José Gabriel Condorcanqui, der sich in Anlehnung an den letzten Herrscher der Incas Túpac Amaru nannte und sich mit Anleihen beim Erbe des Inca-Imperiums sowie christlicher Symbolik als neuer Sohn der Sonne an die Rückeroberung der verlorenen Provinzen gemacht hatte. Der tatsächliche Túpac Amaru war 1579 bei der Eroberung des Inca-Reiches durch den spanischen Vizekönig von Peru, Francisco de Toledo, hingerichtet worden. Die Rebellion dauerte etwa zwei Jahre und wurde dann blutig niedergeschlagen. Dabei gelang es dem selbsternannten Thronfolger tatsächlich, sechs Provinzen für kurze Zeit von der spanischen Herrschaft zu befreien. In Europa, bemerkt Humboldt, sei dieser noch recht junge und zweifellos bemerkenswerte Aufstand kaum bekannt.[66] Die Ermordung von Condorcanqui und seiner Familie zog eine Welle indigener Gewalt nach sich, die sich noch um 1800 in verschiedenen, kleineren Aufständen ausdrückte. Diese ließen sich, so Humboldt, vor allem aus der Marginalisierung der indigenen Bevölkerung erklären und seien damit ein Risiko für die Stabilität und Sicherheit der kolonialen Gesellschaften. Ein dauerhafter Frieden, so seine Schlussfolgerung, mit der das Kapitel VI des zweiten Buches endet, könne nur über eine konsequente Einbeziehung und Partizipation der indigenen Bevölkerung gelingen:

peitschen lassen, zeigen sich jedesmal, wenn sie in einem Volksaufruhr in Masse handeln, listig, thätig, heftig und grausam.» Humboldt, Alexander von: *Versuch über den politischen Zustand des Königreichs Neu-Spanien. Erster Band*, S. 158.

66 Humboldt hatte zu diesem bemerkenswerten historischen Ereignis offenbar eigene Forschungen angestellt, wie eine drei Seiten lange Abschrift von Proklamationen Condorcanquis an die Bewohner der Provinz Chumbivilcas und Lampa zeigt, die sich in seinem in der Staatsbibliothek zu Berlin aufbewahrten Nachlass befindet (Nachlass AvH, kleiner Kasten 7b, Nr. 59).

> Il est du plus grand intérêt, même pour le repos de familles européennes établies depuis des siècles sur le continent du Nouveau-Monde, de s'occuper des Indiens, et de les arracher à leur état actuel de barbarie, d'abjection et de misère.[67]

Dieser «état actuel» ist allerdings keineswegs ein Naturzustand, der auf eine vermeintliche Primitivität der indianischen Kultur und sozialen Ordnung verweist, sondern Ergebnis eines gänzlich gescheiterten – wenn denn je beabsichtigten – Assimilationsprojekts der spanischen Kolonialgesellschaften seit der Phase der Eroberung. Die Passivität der Indianer ist nicht Teil ihres Charakters, sondern Konsequenz ihrer gesellschaftspolitischen Situation:

> Humboldt deutet das Phlegma der von den Missionaren, wie es damals hieß, 'reduzierten', also 'zivilisierten' Indianer denn auch ganz anders, als Buffon, Hegel und deren Gewährsleute es taten: als die schweigende Trauer der Entehrten und Enterbten. [...] Die Kolonisierung hat die Indianer also nicht hegelisch zu sich gebracht, sondern sie zur Unkenntlichkeit verändert, sie ihrem wahren Wesen entfremdet. Humboldts höchstes methodisches Prinzip angesichts der Menschen Amerikas lautet also: Sie sind nicht das, was sie zu sein scheinen.[68]

---

67 Humboldt, Alexander von: *Essai politique sur le royaume de la Nouvelle-Espagne. Tome premier*, S. 451. Dt. Übers.: «Es ist daher von größter Wichtigkeit, selbst für die Ruhe der seit Jahrhunderten auf dem Continent der neuen Welt angesessenen Familien, daß man sich mit den Indianern beschäftigt, und sie dem gegenwärtigen Zustand von Barbarei, Verworfenheit und Elend, in welchem sie sich befinden, entreißt.» Humboldt, Alexander von: *Versuch über den politischen Zustand des Königreichs Neu-Spanien. Erster Band*, S. 160.

68 Osterhammel, Jürgen: Alexander von Humboldt: Historiker der Gesellschaft, Historiker der Natur, S. 126.

8 Essai II: *Essai politique sur l'île de Cuba* (1826)

Alexander von Humboldts 1826 beim Pariser Verlag Gide in zwei Bänden veröffentlichter *Essai politique sur l'île de Cuba* kann ohne Zweifel als einer der Gründungstexte für das Kuba des 19. Jahrhunderts angesehen werden. Diese «*avant la lettre* länderkundliche Monographie Cubas»[1] platzierte die größte der Antilleninseln im geostrategischen Zentrum der Debatten um die politische, soziale und ökonomische Entwicklung der westlichen Hemisphäre. Dass seine zweite politische Studie erst 15 Jahre nach der Erstveröffentlichung des *Essai politique sur le Royaume de la Nouvelle-Espagne* erscheint, hatte einen offensichtlichen Grund. Kurz nach Drucklegung seiner Bücher zu Neu-Spanien brachen dort wie in allen anderen Kontinentalterritorien Hispanoamerikas die politischen Konflikte zwischen Metropole und Kolonie auf, überall auf dem Kontinent kam es zu gewaltsamen Erhebungen: in Neu-Spanien, Venezuela, Neu-Granada, Quito, Chile, am Río de la Plata. Das revolutionäre Fieber sollte für mehr als ein Jahrzehnt eine ganze Weltregion erfassen. Dabei waren die Wege in die Unabhängigkeit so unterschiedlich wie ihr Ergebnis eindeutig. Spätestens mit dem Kongress von Panama 1826 war die Entscheidung über die Zukunft Hispanoamerikas gefallen: die Macht der kolonialen Herrschaft war gebrochen.[2] Spanien waren fortan nur drei Überseekolonien verblieben: die Philippinen, Puerto Rico und eben Kuba.

Aber Humboldt war unter politischen Gesichtspunkten ein Reformator, kein Revolutionär. Er setzte auf die zivilen, nicht die militärischen Kräfte des Widerstands gegen Machtmissbrauch und Unrecht. Dazu kam die für Kuba spezifische Konstellation einer gespaltenen Gesellschaft aus Freien und Sklaven, die hier – im karibischen Herzen der kolonialen Plantagenwirtschaft im 19. Jahrhundert – vor der unmittelbaren Gefahr einer gewaltätigen Insurrektion stand.

8.1 Lesen im Labyrinth: Von der *Relation historique* zum *Essai politique*

Vor diesem Hintergrund darf Humboldts Entscheidung verstanden werden, die vormals in die *Relation historique* integrierten Kapitel des *Essai politique sur*

---

1 Ette, Ottmar: Anmerkungen. In: *Reise in die Äquinoktial-Gegenden des Neuen Kontinents. Band 2*, S. 1561.

2 Vgl. zum militärisch wie politisch komplexen Prozess der Unabhängigkeitskriege Rinke, Stefan: *Revolutionen in Lateinamerika*, S. 117 ff.

l'île de Cuba 1826 als Separatum in zwei Bänden zu veröffentlichen, liefen seine Ausführungen doch Gefahr, im Licht der umfangreichen Reisebeschreibung ihre Bedeutung zu verlieren und angesichts der offensichtlich brisanten, politischen Lage übersehen zu werden. So wurde dieses «*Buch im Buch*»[3] nur ein Jahr nach seinem erstmaligen Erscheinen als Teil des dritten Bandes der *Relation historique* zu einer eigenständigen, monographischen Studie.

Folge dieser für die komplexe Publikationsgeschichte der *Relation historique* wie für das Gesamtwerk *Voyage aux régions équinoxiales du Nouveau Continent* typischen Reorganisation des Textmaterials ist ein Werk, das in seiner Vielverwobenheit und komplexen Intratextualität manchmal kaum zu durchschauen ist. Humboldt schrieb nicht nur an zahlreichen Manuskripten seines 29-bändigen Reisewerks zur gleichen Zeit, sondern legte auch quer über alle Bände ein multirelationales Verweisnetz, das sich zuweilen selbst reproduziert und zirkuläre Labyrinthsysteme erzeugt, die sich am Ende in ihrer Ähnlichkeit selbst nicht mehr erkennen.

Ein Beispiel aus dem *Essai politique sur l'île de Cuba* soll dies illustrieren. Auf Seite 113 von Band 1 des *Essai* beginnt Humboldt eine sich im Folgenden über viele Seiten erstreckende Abhandlung über die Bevölkerungsverhältnisse auf Kuba und setzt sie ins Verhältnis zu Bevölkerungsdichte und -zusammensetzung des zirkumkaribischen Raums. Gerade mit Blick auf die komplexe Wechselwirkung von Bevölkerungsstruktur, gesellschaftlicher Entwicklung und Massensklaverei bedeutete dies für Humboldt stets, diesen Raum nicht als statisches Gefüge, sondern als einen durch global-koloniale Beziehungen dynamisierten, geopolitischen Bewegungsraum zu betrachten, zu dem die Südstaaten der USA ebenso gehörten wie die *Tierra Firme* der kolumbianisch-venezolanischen Küste oder der Nordosten Brasiliens. Drei Seiten nach Einstieg in dieses (nur durch die Majuskel «POPULATION» markierte) Kapitel präsentiert Humboldt daher eine zweiseitige Tabelle mit ausführlichen Angaben zur Bevölkerungsgröße von Kuba, Jamaica, den übrigen englischsprachigen Antillen, den kleinen Antillen, den USA und Brasilien, jeweils unterteilt in die drei Kategorien: «Blancs», «Libres de couleur, mulâtres et noirs» und «esclaves».[4] In der Analyse dieser auf neuesten Erhebungen Humboldts sowie anderer Forscher und staatlicher Institutionen basierenden Zahlen diskutiert der gelernte preußische Kameralist auf der Folgeseite in der ersten Fußnote die unter-

---

3 Ette, Ottmar: Anmerkungen. In: *Reise in die Äquinoktial-Gegenden des Neuen Kontinents. Band 2*, S. 1561.

4 Humboldt, Alexander von: *Essai politique sur l'île de Cuba. Avec une carte et un supplément qui renferme des considérations sur la population, la richesse territoriale et le commerce de l'archipel des Antilles et de Colombia. Tome I.* Paris: Librairie de Gide Fils 1826, S. 116 f.

schiedliche Aktualität der Zahlen, bei denen Kubas Daten vom Stand von 1825, alle anderen jedoch nur von 1823 ausgehen. So sieht sich Humboldt gezwungen, den Wert für Haiti und «pour tout l'archipel des Antilles»[5] für die verbleibenden zwei Jahre hochzurechnen und gibt dabei für den haitianischen Wert die Selbstreferenz «Voyez plus haut, p. 158 et 159»[6] an.

Da die beiden Bände des *Essai politique sur l'île de Cuba* aber nun keineswegs komplett überarbeitete Neudrucke, sondern mit Variationen im Detail und Umstellungen in der Gesamtordnung weitgehende Übernahmen der zeitgleich erschienenen Bände XI und XII der Oktavausgabe der *Relation historique* sind,[7] handelt es sich an dieser Stelle keineswegs um eine textinterne Referenz. «Voyez plus haut» sollte der Leser von Humboldts amerikanischem Reisewerk meist, und vor allem bei den kubanischen Lektüren, in einem karibischen *zirkumtextuellen* Sinne verstehen. Tatsächlich bezieht sich die Referenz auf die Seiten 158–159 von Band XI der *Relation historique* (bzw. in identischer Form auf S. 337 vom zweiten Band der Quartausgabe) und ist damit als *externer* Verweis in der diskursiven Ordnung der *Relation historique* dem Beginn des *Essai politique* als Teil von Kapitel 27 vorgeschaltet. Doch auch das ist nur die halbe Wahrheit. Tatsächlich ist die Stelle zugleich, wenn auch implizit und nur dem bibliographisch trainierten Leser zugänglich, ein dem *Essai* als Einzelpublikation inkorporierter *interner* Verweis, da die Seiten 142–175 von Band XI der Oktav-*Relation historique* weitgehend druckgleich mit den Seiten 377–408 von Band II des *Essai politique* sind. «Plus haut» ist also in offensichtlich paradoxer Logik zugleich «ci-dessous».

Ob dieser die tatsächlichen Referenzverhältnisse in tiefe Nebelschleier tauchende Quellenverweis nun beabsichtigt war, lässt sich zwar heute nicht mehr eindeutig nachvollziehen, aber doch stark bezweifeln. Sehr viel wahrscheinlicher ist die Annahme, dass bei dem offenbar ambitionierten Ziel, die beiden Bände des *Essai politique* am selben Tag zu veröffentlichen wie die Oktav-Bände XI und XII der *Relation historique* einiges an redaktioneller und verlegerischer Sorgfalt verloren gegangen ist und dem Publikationsdruck weichen musste. Der 'Fehler' ist durchaus typisch für Humboldts amerikanischen Reise-

---

5 Ebda., S. 118.

6 Ebda.

7 Zur Publikationsgeschichte und den Textvariationen zwischen der *Relation historique* in ihren Quart- und Oktavausgaben auf der einen sowie der zweibändigen Oktavausgabe des *Essai politique sur l'île de Cuba* auf der anderen Seite vgl. Kraft, Tobias: Textual Differences in Alexander von Humboldt's *Essai politique sur l'île de Cuba*. An editorial commentary on the first volume of the 'Humboldt in English' (HiE) book series. In: *HiN – Internationale Zeitschrift für Humboldt-Studien* 13 (2012) H. 24, S. 75–85. <http://www.hin-online.de>

bericht und dessen kubanische Auskopplung. In seiner akzidentell-polyvalenten, zugleich die tatsächlichen Referenzen verfälschenden wie neue Bezüge konstruierenden Textlogik steht er sinnbildlich für eine Wissenschaftspraxis der Unruhe, die zuweilen bevorzugte, das Große im Auge zu behalten im Vertrauen darauf, die Fehler im Kleinen im Zweifel produktiv sein zu lassen.

8.2 Kubanische Netzwerke

Trotz dieser gelegentlichen Unfälle im Humboldt'schen Textgewebe sollte die Separatausgabe des *Essai politique sur l'île de Cuba* ihre Wirkung nicht verfehlen und wurde zu einem der meistzitierten Quellen zu Kuba im 19. Jahrhundert.

Doch dies galt zunächst nicht für die Karibik-Insel selbst. Hier wurde das Werk unmittelbar nach seiner Übersetzung ins Spanische 1827 durch ein Dekret verboten.[8] Die massive Verbreitung der spanischen, in Paris bei Renouard veröffentlichten Fassung konnte das aber nicht verhindern. Bis 1847 erschienen allein fünf Nachauflagen.[9]

Dabei sah es zu Beginn seiner amerikanischen Reise zuerst gar nicht danach aus, dass Humboldt überhaupt auf der Insel würde landen können. Ein Fieber an Bord der Pizarro verhinderte, dass Humboldt und Bonpland La Habana als ersten amerikanischen Hafen nach dem Zwischenstopp auf den Kanarischen Inseln anlaufen konnten. So ging die Reise zuerst nach Cumaná und später über den Orinoco bis Humboldt schließlich zurück an der venezolanischen Küste am 24. November 1800 im Hafen von Nueva Barcelona an Bord eines Schiffes nach Kuba gehen konnte. Dort sollte er vom 19. Dezember desselben Jahres bis zum 15. März 1801 bleiben und sich vornehmlich in der Hauptstadt La Habana sowie im Umland zu Exkursionen auf die Zuckerplantagen aufhalten. Erst 1804 setzte er nach Beendigung seiner Zeit in Neu-Spanien von Veracruz ein zweites Mal auf die Antilleninsel über, dieses Mal jedoch nur für wenigen Wochen (19. März bis 29. April 1804). Bei beiden Besuchen erlaubten ihm sein gesellschaftlicher Status sowie seine Berühmtheit als Forschungsreisender genaueste Einblicke in das *social tissue* der kubanischen Gesellschaft.

---

8 Vgl. Fiedler, Horst/Leitner, Ulrike: *Alexander von Humboldts Schriften*, S. 125 ff. Das von Andrés de Zayas erlassene Dekret zum unmittelbaren Druck- und Zirkulationsverbot des *Essai politique sur l'île de Cuba* findet sich heute in den Actas del Ayuntamiento de La Habana (Libro original). De enero a diciembre de 1827, pp. 786 y 786 (vuelto). Archivo de la Oficina del Historiador de la Ciudad de la Habana. Transkriptionen finden sich u. a. in Puig-Samper, Miguel Ángel/Naranjo Orovio, Consuelo u. a.: Estudio introductorio, S. 91.

9 Vgl. hierzu auch Fn. 83 in diesem Kapitel.

So sehr er sich bei diesen Gelegenheiten hofieren ließ, so wenig scheute er später, die von ihm erlebten Gegensätze und Widersprüche der kubanischen Gesellschaft zu kritisieren.

> Entre los amigos seleccionados por Humboldt en La Habana, Trinidad y las restantes localidades cubanas se encuentran personas de los más disímiles rangos sociales y simpatías políticas, incluyendo francos opositores a sus indisputables ideas humanistas. El punto en común para fomentar el acercamiento en algunos era la posibilidad de recibir aporte científico y para otros el roce con el linaje europeo. Humboldt supo conjugar ambos intereses sin aparentes contradicciones personales. Fue este un raso característico de su tolerancia; consecuencia del culto a la amistad imperante en la época o 'simplemente' parte de su método para conseguir el propósito preconcebido.[10]

Die persönlichen Netzwerke aus diesen zwei Besuchen pflegte Humboldt zum Teil über viele Jahre. Sie sorgten dafür, dass der preußische Wissenschaftler bis kurz vor Veröffentlichung seiner Studie noch aktuellste Informationen über Wirtschafts- und Bevölkerungszahlen von der Insel erhielt und einarbeiten konnte.[11] Dies gilt zum Beispiel für den Austausch mit dem Bildungsreformer José de la Luz y Caballero oder für die Informationen, die ihm der kubanische Kaufmann und Demograph Antonio Valle de Hernández während und nach seinen Aufenthalten auf Kuba zukommen ließ.[12] Besonders einflussreich sollte sich in diesem Kontext die Begegnung mit Francisco de Arango y Parreño gestalten, Kubas sozial- und wirtschaftspolitisch wohl einflussreichstem Zucker-

---

10 Hernández Eduardo, Jorge/Torres Delgado, Daisy: Los amigos de Alejandro de Humboldt en Cuba. Humboldt, el amigo de Cuba. In: Holl, Frank (Hg.): *Alejandro de Humboldt en Cuba. Catálogo para la exposición en la Casa Humboldt, Habana Vieja, Octubre 1997–Enero 1998.* Augsburg: Wissner 1997, S. 27–36, S. 28.

11 Das Forschungsfeld zum kubanischen Netzwerk Alexander von Humboldts ist gut erschlossen, vgl. Branly, Miguel A.: *Presencia de Humboldt en Cuba.* La Habana: Imprenta del Archivo Nacional 1959, S. 14; Hernández Eduardo, Jorge/Torres Delgado, Daisy: Los amigos de Alejandro de Humboldt en Cuba, S. 29 ff.; Zeuske, Michael: Humboldt, Historismus, Humboldteanisierung. Der «Geschichtsschreiber von Amerika», die Massensklaverei und die Globalisierungen der Welt (Fortsetzung von HiN 3). In: *HiN – Internationale Zeitschrift für Humboldt-Studien* 3 (2002) H. 4, o. S. <http://www.hin-online.de> Auf der anderen Seite gibt es aufgrund der weiterhin nicht edierten und in jedem Fall sehr geringen kubanischen Tagebuchaufzeichnungen bis heute keine Sicherheit über den exakten Verlauf seiner Reise, vgl. Holl, Frank: Introducción. In: Holl, Frank (Hg.): *Alejandro de Humboldt en Cuba. Catálogo para la exposición en la Casa Humboldt, Habana Vieja, Octubre 1997–Enero 1998.* Augsburg: Wissner 1997, S. 15–26, S. 18; besonders Zeuske, Michael: Humboldt en Cuba, 1800/1801 y 1804 – Huellas de un enigma. In: *HiN – Internationale Zeitschrift für Humboldt-Studien* 11 (2010) H. 20, S. 7–19. <http://www.hin-online.de>

12 Hernández Eduardo, Jorge/Torres Delgado, Daisy: Los amigos de Alejandro de Humboldt en Cuba, S. 33 f.

baron, der ganz offensichtlich Humboldts *Essai* gelesen hatte, schickte er ihm doch bereits im selben Jahr der spanischen Erstveröffentlichung persönlich seine *Observaciones sobre el ensayo político de la isla de Cuba por el baron de Humboldt*, die im Wesentlichen sachliche Korrekturen und Ergänzungen vorschlugen und in der Folge zu einem integralen Bestandteil aller spanischen Editionen des *Essai politique sur l'île de Cuba* werden sollten.[13]

8.3 Essai als Funktion des politischen Handelns

In gleicher Weise wie dies für den *Essai politique sur le Royaume de la Nouvelle-Espagne* gilt, markiert Alexander von Humboldt auch im paratextuellen Hinweis auf die Gattung des Essai vor allem die Absicht, einen komplexen Entwurf der Regierungs-, Gesellschafts- und Wirtschaftsverhältnisse Kubas zu entwerfen. Für einen solchen gab es im Falle von Kuba nur wenige und von diesen wenigen kaum gelungene Vorarbeiten. So schreibt der kubanische Publizist Vidal Morales y Morales in einer 1897 in La Habana erschienenen, dreiteiligen Würdigung:

> Hasta entonces (1800) sólo habían salido a luz sobre nuestra isla, la obra de Mr. Robert Allen, impresa en Londres en 1762, sobre la grande importancia de la Habana; la insustancial relación que de ella hizo Estala en su *Viajero universal* [...]; las noticias sobre la jurisdiccion de la Habana, que abrazan el período de veintitres años anteriores, escritas en 1800 por don Antonio del Valle Hernández: la traducción corregida del artículo sobre Cuba de la *Enciclopedia Británica* [...] y, en fin, las cartas de Mr. Robert Jameson publicadas en Londres en 1821, pues no hemos de mencionar para nada el inexacto y mal informado libro que con el título *L'isle de Cuba et la Havane* imprimió en París Mr. E. M. Masse el año de 1825. Ninguna de estas obras tuvo la notoriedad ni la trascendental importancia del *Ensayo* del Barón de Humboldt, en el cuál [...] demostró su sabio autor toda su penetración y sus sólidos conocimientos científicos [...].[14]

Der Humboldt'sche Text war also im Anspruch und Umfang tatsächlich vorbildlos und vielmehr selbst stilbildendes Modell. Das *Essayistische* an Humboldts Essai ist dabei weniger seiner Länge geschuldet – diese geht hier wie noch deutlicher im Fall seiner Studie über Neu-Spanien weit über das für die Gattung prägende Maß hinaus – als vielmehr seinem experimentellen, verschiedene diskursive Logiken verbindenden Textcharakter. Der im Text impli-

---

13 Zu Arango y Parreño siehe auch S. 298 ff.

14 Morales y Morales, Vidal: El Barón de Humboldt en la isla de Cuba. 1800–1801–1804. I. In: *El Figaro* (6. 6. 1897), S. 258.

zierte Dialog ist weniger der mit einer einzelnen Person[15] als vielmehr mit einer ganzen Gesellschaft, zumindest mit deren Herrschafts- und Wirtschaftselite. Die analytische Perspektive, die Humboldt dabei einnimmt, ist die eines im politischen und eben auch moralischen Urteil unabhängigen, dabei aber zugleich der Wissenschaft wie der Moderation verpflichteten Subjekts.

Dabei glaubt Humboldt durchaus an die Reformkräfte auf der Insel und sieht gerade in ihren wissenschaftlichen Institutionen den möglichen Keim einer eigenständigen Reformpolitik. Der zivile, besonders institutionell organisierte Gestaltungswille war in politischer Hinsicht stets Humboldts höchtes Ideal. *In diesem Sinne* argumentiert er, auf diesen Nutzen hin ordnet er sein wissenschaftliches Programm. Daher sein besonderes Augenmerk auf die wissenschaftlichen Einrichtungen in den spanischen Kolonien. In dieser Hinsicht war La Habana mit seiner *Sociedad Patriótica de Amigos del País*, der Universität, den wissenschaftlich angesehenen Konventen und Klöstern, dem anatomischen Museum, der Bibliothek, der Kunsthochschule und dem Botanischen Garten zwar nicht ganz auf der Höhe der mexikanischen Metropole, aber doch ein bedeutendes Zentrum sozialer und geistiger Entwicklung:

> L'île de Cuba n'a pas de ces grands et somptueux établissemens dont la fondation date de très-loin au Mexique: mais la Havane possède des institutions que le patriotisme des habitans, vivifié par une heureuse rivalité entre les différens centres de la civilisation américaine, saura agrandir et perfectionner, lorsque les circonstances politiques et la confiance dans la conservation de la tranquillité intérieure le permettront. [...] Elles [les institutions] attendent, les unes, des améliorations progréssives; les autres, des réformes totales, propres à les mettre en harmonie avec l'esprit du siècle et les besoins de la Société.[16]

---

15 In der Forschung gibt es allerdings auch für diese Variante plausible Thesen. So argumentiert einer der profundesten Kenner des Werks, der Kolonial- und Sklavereihistoriker Michael Zeuske, der *Essai politique sur l'île de Cuba* sei unterschwellig ein Dialog mit Francisco Arango y Parreño, Kubas sozial- und wirtschaftspolitisch wohl einflussreichster Zuckerbaron. Vgl. Zeuske, Michael: Arango y Humboldt/Humboldt y Arango. Ensayos científicos sobre la esclavitud. In: González-Ripoll, María Dolores/Álvaerz Cuartero, Izaskun (Hg.): *Francisco de Arango y la invención de la Cuba azucarera*. Salamanca: Ediciones de la Universidad de Salamanca 2009 (Aquilafuente, 158), S. 245–260.

16 Humboldt, Alexander von: *Essai politique sur l'île de Cuba*, S. 186 f. Dt. Übers.: «Die Insel Cuba besizt jene großen und kostbaren Anstalten nicht, deren Stiftung in Mexico an sehr frühe Zeiten hinaufreicht; hingegen finden sich in der Havannah Institutionen, welche der Patriotismus der Einwohner, durch heilsamen Wetteifer der verschiedenen Mittelpuncte americanischer Civilisirung, ausdehnen und vervollkommnen wird, wofern die politischen Verhältnisse und das Vertrauen in den Fortbestand innerer Ruhe solches gestatten. [...] Die einen sehen fortschreitenden Besserungen, die andern gänzlichen Reformen entgegen, durch die sie mit dem Geist des Jahrhunderts und den Bedürfnissen der Gesellschaft in Harmonie treten mögen.» Humboldt, Alexander von/Bonpland, Aimé: *Reise in die Aequinoctial-Gegenden des neu-*

Im Kern argumentiert Humboldts Analyse dabei für eine Abkehr der auf Monokultur und Massensklaverei gegründeten und auf wenige Exportprodukte konzentrierten Plantagenwirtschaft und für den sukzessiven Aufbau einer strukturell differenzierten Agrarindustrie, deren Ziel die Subsistenzwirtschaft sein sollte.

> In der Begrifflichkeit der kubanischen Historiographie und im Zusammenhang der Globalisierung handelt es sich um den Konflikt zwischen dem 'großen Kuba' und dem 'kleinen Kuba'. Unter dem 'großen Kuba' ('Cuba grande') wird dabei – in soziologischer Pointierung – ein Kuba verstanden, daß von großen Plantagen und Massensklaverei im Zucker dominiert wird, kontrolliert durch die lokale Elite und integriert in die entstehenden Weltmärkte. Das 'kleine Kuba' ('Cuba pequeña') ist dagegen ein Kuba der kleinen und mittleren Besitze freier Bauern in einer diversifizierten Agrarwirtschaft im Besitz freier Bauern, die für lokale Märkte und für die Subsistenz produzieren, und unter Kontrolle der imperialen Bürokratie. Humboldt war, eben weil er diese Grundalternative der wirtschaftlichen Entwicklung klar erfasste und darstellte, der beste nichtkubanische 'Sozialwissenschaftler' seiner Zeit.[17]

Genau diese wirtschafts- und sozialpolitische Alternative stieß nicht nur bei den kubanischen und Humboldt persönlich so gut bekannten Eliten auf erheblichen Widerstand, sondern weckte auch zunehmend die Begehrlichkeiten in den Südstaaten der USA, die erfolgreich auf das selbe System gesetzt hatten. In den damit verbundenen politischen wie ideologischen Auseinandersetzungen zwischen den Interessen der US-amerikanischen *pro slavery*-Aktivisten und der kubanischen Plantagenoligarchie spielte Humboldts *Essai politique sur l'île de Cuba* in der zweiten Hälfte des 19. Jahrhunderts eine wesentliche Rolle.

8.4 Vom zirkumkaribischen Projekt eines Zusammenlebens: *The Island of Cuba* (1856) und die Humboldt-Thrasher-Kontroverse[18]

> Ich bin es [...] einem inneren moralischen Gefuehle schuldig, das heute noch ebenso lebhaft ist als im Jahr 1826, eine Klage darueber oeffentlich auszusprechen, daß in einem

---

en Continents in den Jahren 1799, 1800, 1801, 1802, 1803 und 1804. Sechster Theil. Zweite Hälfte. Stuttgart, Tübingen: Cotta'sche Buchhandlung 1832, S. 129 f.

17 Zeuske, Michael: Humboldt, Historismus, Humboldteanisierung. Der «Geschichtsschreiber von Amerika», die Massensklaverei und die Globalisierungen der Welt. In: *HiN – Internationale Zeitschrift für Humboldt-Studien* 2 (2001) H. 3, o. S. <http://www.hin-online.de>

18 Eine frühe Vorstufe zu diesem Kapitel erschien auf Spanisch als Kraft, Tobias: El *Essai politique sur l'île de Cuba* de Alexander von Humboldt en los debates sobre esclavitud y anexionismo en Cuba y los EE.UU. en torno al proyecto editorial 'HiE – Humboldt in English'. In: Gómez, Liliana/Müller, Gesine (Hg.): *Relaciones caribeñas. Entrelazamientos de dos siglos.*

> Werke, welches meinen Namen fuehrt, das ganze 7te Capitel der spanischen Uebersetzung [...], mit dem mein *Essai politique* endigte, eigenmaechtig weggelassen worden ist. Auf diesen Theil meiner Schrift lege ich eine weit groeßere Wichtigkeit als auf die muehevolle Arbeiten astronomischer Ortbestimmungen, magnetischer Intenstitaets-Versuche oder statistischer Angaben.[19]

Mit diesen deutlichen Worten wendet sich Alexander von Humboldt am 25. Juli 1856 in den *Berlinischen Nachrichten von Staats- und gelehrten Sachen* an die Öffentlichkeit, um in einer Sache Protest einzulegen, die den weltberühmten Wissenschaftler und Reiseschriftsteller auch als 87 Jahre alten Mann noch tief bewegte: das im zirkumkaribischen Raum auch zur Mitte des 19. Jahrhunderts weiterhin ungelöste Problem der Sklaverei. In den von seinem Vertrauten Samuel Heinrich Spiker geführten *Berlinischen Nachrichten*, im Volksmund und zuletzt auch offiziell bekannt als *Spenersche Zeitung*,[20] richtet sich der Verfasser des 1826 in Paris erschienenen *Essai politique sur l'île de Cuba* nicht gegen *The Island of Cuba*[21] selbst, die wenige Wochen zuvor erschienene, englische Übersetzung seines Werkes durch John Sidney Thrasher (1817–1879), sondern gegen die «eigenmaechtige» Streichung des wesentlichen Teils dieser Arbeit. Es ging um Humboldts ausführliche Analyse der Massensklaverei als Motor einer zu jener Zeit bereits stagnierenden monokulturellen Agrarökonomie von Rohrzucker und dessen Nebenprodukten wie der zur Schnapsproduktion notwendige Zuckersirup. Dabei beließ es Humboldt keineswegs bei einer bloßen Verurteilung der Sklaverei als «le plus grand de tous les maux qui ont affligé l'humanité»,[22] sondern legte die Verbesserung der Lebensumstände der karibischen Sklaven in die Hände der freien Bevölkerung, schwarz wie weiß, der es nur gemeinsam und über staatlich-administrative Reformen gelingen könne, diesem Übel friedlich beizukommen:

Relations caribeénnes. Enchevêtrements de deux siècles. Frankfurt am Main, Berlin, Bern u. a.: Peter Lang 2011, S. 37–60.

19 Humboldt, Alexander von: Insel Cuba. In: *Berlinische Nachrichten von Staats- und gelehrten Sachen* (25. 7. 1856), S. 4.

20 Vgl. Schwarz, Ingo: Einführung. In: Humboldt, Alexander von/Spiker, Samuel Heinrich: *Briefwechsel*. Herausgegeben von Schwarz, Ingo unter Mitarbeit von Eberhard Knobloch. Berlin: Akademie Verlag 2007 (Beiträge zur Alexander-von-Humboldt-Forschung, 27), S. 11–27, S. 11 f.

21 Humboldt, Alexander von: *The Island of Cuba*. Translated from the Spanish, with Notes and a Preliminary Essay by J. S. Thrasher. New York: Derby & Jackson 1856.

22 Humboldt, Alexander von: *Essai politique sur l'île de Cuba*, S. 309. Dt. Übers.: «unter allem Jammer, der die Menschheit belastet hat, der kläglichste» Humboldt, Alexander von/Bonpland, Aimé: *Reise in die Aequinoctial-Gegenden des neuen Continents in den Jahren 1799, 1800, 1801, 1802, 1803 und 1804. Sechster Theil. Erste Hälfte*. Stuttgart, Tübingen: Cotta'sche Buchhandlung 1829, S. 214.

> L'état d'esclavage ne peut être paisiblement amélioré en son entier que par l'action simultanée des hommes libres (blancs et de couleur) qui habitent les Antilles; par les assemblées et législatures coloniales; par l'influence de ceux qui, jouissant d'une grande considération morale parmi leurs compatriotes et connoissant les localités, savent varier les moyens d'amélioration d'après les moeurs, les habitudes et la position de chaque ile.[23]

Doch von all dem war 30 Jahre später in der Übersetzung, die Thrasher dem preußischen Gelehrten persönlich hatte zukommen lassen in der Hoffnung auf «ein positives Urteil aus der Feder des Verfassers [...], das er dann als verkaufsfördernde Legitimation hätte vorweisen können»,[24] nichts mehr übrig geblieben:

> Thrasher excised not only the sentences and paragraphs in which Humboldt criticized slavery; he also cut numerous lengthy passages in which Humboldt expounds on the work of others and on his scientific collaborations with them, and he left out many of Humboldt's footnotes, replacing them with his own. In addition, [...] Thrasher frequently alters Humboldt's numbers, among other things to make the population of slaves and free blacks seem smaller than it actually was.[25]

Folgenlos blieb das jedoch nicht. Humboldts Protestnote, die in Preußen keine große Beachtung fand, wurde umgehend ins Englische übersetzt und breitete sich in der jungen, aber vitalen Presselandschaft der Vereinigten Staaten aus wie ein Lauffeuer. Nicht nur der stets bestens informierte Humboldt[26] verfolgte die politischen Entwicklungen der jungen demokratischen Nation genau: das Land befand sich spätestens seit dem Ende des US-mexikanischen Krieges 1848 und der sich daraus verschärfenden Frage nach der Ausdehnung der Sklaverei

---

23 Humboldt, Alexander von: *Essai politique sur l'île de Cuba*, S. 312 f. Dt. Übers.: «Eine Gesammtbesserung der Sclavenverhältnisse auf ruhigem Wege mag einzig nur geschehen durch gleichzeitige Mitwirkung der auf den Antillen wohnenden freyen (der weißen und farbigen) Menschen; durch die Colonial-Versammlungen und *Legislaturen*; durch den Einfluß derer, die bey ihren Mitbürgern in großer moralischer Achtung stehen, die mit den Oertlichkeiten vertraut sind, und die zu treffenden Maßnahmen für Besserungen nach den Verhältnissen, Gewöhnungen und Sitten jeder Insel zu verändern wissen.» Humboldt, Alexander von/Bonpland, Aimé: *Reise in die Aequinoctial-Gegenden des neuen Continents*. Sechster Theil. Erste Hälfte, S. 216 f.

24 Schwarz, Ingo: Einführung. In: Humboldt, Alexander von: *Alexander von Humboldt und die Vereinigten Staaten von Amerika. Briefwechsel*, S. 11–65, S. 48.

25 Kutzinski, Vera M.: Translations of Cuba: Fernando Ortiz, Alexander von Humboldt, and the curious case of John Sidney Thrasher. In: *Atlantic Studies: Literary, Cultural and Historical Perspectives* 6 (2009) H. 3, S. 303–326, S. 311.

26 Schoenwaldt, Peter: Alexander von Humboldt und die Vereinigten Staaten von Amerika. In: Pfeiffer, Heinrich (Hg.): *Alexander von Humboldt. Werk und Weltgeltung*. München: Piper 1969, S. 431–482, S. 461 f.

auf die neu hinzugewonnenen Territorien im Südwesten[27] selbst in einem Zustand hochgradiger Politagitierung, in der die innenpolitischen Pole zwischen dem abolitionistischen Norden und dem *pro-slavery*-Süden sich angesichts der bevorstehenden Präsidentschaftswahlen zwischen dem republikanischen Sklavereigegner John Frémont und dem demokratischen Sklavereibefürworter James Buchanan zunehmend verschärften.

Thrashers Reaktion fiel nach den Worten des preußischen Gesandten in den Vereinigten Staaten, Friedrich von Gerolt, in seinem Brief an Humboldt vom 25. August desselben Jahres «sehr lahm» aus. Der Diplomat fügte hinzu: «Die Sache hat hier überall großes Aufsehen gemacht und konnte den Gegnern der Sklaverei, welche Frémont zu ihrem Kandidaten gewählt haben, nur willkommen sein.»[28] Thrashers Antwort war tatsächlich nicht dazu angetan, ein günstigeres Licht auf seine editorische Entscheidung zu werfen. In seinem Schreiben vom 17. August an den Herausgeber der *New York Times* hatte er sich gegen die Anschuldigungen aus Berlin mit den Worten verteidigt:

> Being desirous of placing in the hands of American readers such information in relation to the Island of Cuba as my studies had enabled me to obtain, [...] I was not aware that any English version of the work had ever been made, and I used the Spanish edition for text, simply because, being ignorant of the French language, I could not translate the essay from that tongue. [...] The chapter complained of as being omitted is a distinct essay 'On Slavery', and is so entitled in the volume where it is published. Cuba is only incidentally alluded to in it, while it begins with this express declaration: 'I here close the *Examen,* or Political Essay on Cuba, in which I have presented the state of this important Spanish possession as it at present exists.' Baron Humboldt's complaint is not that I have mutilated his essay on Cuba, but that I have not published all the matter contained in the volume from which I have translated his work on that important island.[29]

Das klingt nicht nur wesentlich harmloser als Thrashers Eingriffe in den Text tatsächlich waren, es verkennt auch – man darf annehmen: in vollem Bewusstsein – die Tatsache, dass Humboldt zwar durchaus an diesem Punkt des kubanischen *Essai politique* die Ausführungen zum gegenwärtigen administrativ-wirtschaftlich-demographischen Zustand, sowie seinen Bericht über die Mes-

---

27 Die Ursprünge dieser Entwicklung sind sogar älter: «Das Für und Wider der Ausdehnung der Sklaverei in den neu erschlossenene Westgebieten war vier Jahrzehnte lang, von 1820 bis 1860, das heimliche Zentralthema der US-amerikanischen Innenpolitik.» Osterhammel, Jürgen: *Die Verwandlung der Welt*, S. 1201.

28 Humboldt, Alexander von/Varnhagen Ense, Karl August Ludwig Philipp von: *Briefe*, S. 211.»

29 Thrasher, John S.: Humboldt and Thrasher in Cuba. To the Editor of the Herald. In: *The New York Herald* (17. 8. 1856), S. 2, col. E

sungen der klimatischen Bedingungen und kartographischen Erschließungen der Insel abschließt. Es ignoriert aber völlig, dass der Text als publizistisches Ganzes an dieser Stelle keineswegs aufhört, sondern vielmehr erst auf seine eigentliche Synthese hinstrebt. So war in der französischen Vorlage weder die Seite 445 von Kapitel 28 der *Relation historique*, in dem der Essay 1825 zum ersten Mal erschien noch die Seite 305 von Band 1 der Separatausgabe ein Jahr später der Beginn eines neuen Kapitels, wie Thrasher unterstellt. Diese dem französischen Text unbekannte Gliederung wurde erst in der spanischen Ausgabe eingefügt, dessen problematischer Status als Quelle einer Übersetzung Thrasher nur den lapidaren Kommentar wert war, er könne eben kein Französisch.

Hinzu kommt die Tatsache, dass Thrasher in seiner Übersetzung keineswegs an jener Stelle, an der Humboldts *Essai* angeblich abgeschlossen war, auch selbst das Buch beendet. Vielmehr folgt noch, nach Auslassung der gesamten, in der französischen 2-Band-Ausgabe 30 Seiten langen Ausführungen zu «le plus grand de tous les maux», das gesamte Kapitel XIII, das den Abschluss von Thrashers Werk und der spanischen Übersetzung (dort als Kapitel VIII) bildet, aber keineswegs als Abschluss von Humboldts *Essai politique* angesehen werden kann, von dessen zweitem Band hier nur die ersten 39 von insgesamt 408 (!) Seiten übernommen wurden. Doch natürlich ging es bei der Veröffentlichung der manipulierten Übersetzung eines Werkes, das alle bis dahin zu Kubas Wirtschaft, Gesellschaft, Geographie und Klima publizierten Studien bei weitem in den Schatten stellte,[30] nicht um philologische Genauigkeit, sondern einzig um

> eine politisch ambitionierte Verfälschung und Vereinnahmung. In seinem einleitenden Essay hob der Übersetzer und Herausgeber daher nicht von ungefähr die enorme geostrategische Bedeutung Kubas für die USA, die politischen Gefahren aufgrund der Einmischung Englands sowie die wirtschaftlichen Erfolgsaussichten im Falle einer Eingliederung Kubas in die Union hervor. [...] Darüber hinaus ließ Thrasher keinen Zweifel an seiner positiven Einschätzung der Sklaverei auf Kuba wie in den Südstaaten der USA,

30 Thrasher selbst schreibt 1859 in seinem *Preliminary Essay on the Purchase of Cuba*, Humboldts Arbeit sei weiterhin hochaktuell: «in the short period of time that has elapsed since its publication, not one of the facts stated has been disproved, nor have its arguments been refuted either by Cuban or Spanish writers.» Thrasher, John S.: *Preliminary Essay on the Purchase of Cuba*. New York: Derby & Jackson 1859, S. 13. Das hinderte ihn freilich nicht daran, seiner *Island of Cuba*-Übersetzung eine ausführliche Einführung voranzustellen sowie beinahe jedem der von ihm übersetzten 'Kapitel' eigene 'Notes' hinzuzufügen, die nicht nur inhaltliche Korrekturen und Verbesserungen vorsahen (welche Humboldt, wie eingangs gesehen, durchaus akzeptierte), sondern auch Humboldts spezifisches, von konsequenter Mehrsprachigkeit, einer komplexen Syntax und assoziativen Sprüngen geprägtes Schreiben unkenntlich machte.

> trage sie doch lediglich der gottgegebenen Einteilung in überlegene und unterlegene Rassen zum Vorteil aller Rechnung. Jeglichen Reformversuch der Sklaverei durch die spanischen Kolonialbehörden lehnte er scharf ab, verwies mahnend auf die Beispiele «schwarzer Barbarei» auf Haiti und Jamaica und stellte die USA als einzige Macht dar, die Kuba noch vor einem drohenden Rassenkrieg [...] retten könne.[31]

Thrashers Kampf um Kuba hatte bereits begonnen lange bevor er zu Humboldts Übersetzer wurde und dabei einige recht stürmische Wendungen genommen. 1833 war er als 16-Jähriger mit seinen Eltern nach Havanna gezogen und schlug sich dort zuerst als Mitarbeiter einer Maklerfirma für Schiffe durch.[32] Als Journalist gab er 1850 für kurze Zeit die Zeitung *El Faro Industrial de Habana*, heraus,

> welche die Annexion Kubas durch die USA befürwortete [...]. Thrasher unterstützte auch Narciso Lôpez, den spanischen Freibeuter, der versuchte, Kuba von Spanien zu lösen und den Vereinigten Staaten anzugliedern. Als das Unternehmen im Jahre 1850 fehlschlug und die Spanier Lôpez hinrichteten, wurde Thrasher verhaftet und zu acht Jahren Zwangsarbeit verurteilt. Er mußte die Strafe jedoch nicht verbüßen, denn der amerikanische Botschafter in Spanien intervenierte, woraufhin das Urteil ausgesetzt wurde. Thrasher konnte in die USA zurückkehren, wo er weiter für die Annexion Kubas arbeitete.[33]

Angesichts der historischen Erfahrung der hispanoamerikanischen Unabhängigkeitskriege auf dem Kontinent verstand sich Thrashers Anexionspropaganda als geradezu fortschrittliche Friedenspolitik. So diente der Anschluss Kubas nicht nur der Ablösung einer überkommenen, vom fernen Mutterland abhängigen Kolonialgesellschaft durch eine neue wirtschaftlich prosperierende Interessengemeinschaft 'freier Staaten', sondern verstand die Ausdehnung in die Karibik als geradezu einzig mögliche Folge eines legitimen Bestrebens nach Expansion. Die Ausbreitung in den karibischen Osten schien somit als geradezu folgerichtiges Komplementär der bisherigen territorialen Erweiterung der jungen Vereinigten Staaten in den Westen:

> The principal seat of this great empire will be in that vast valley lying between the Alleghanies and the Rocky Mountains, the inland seas of the north and the Gulf of Mexico.

---

31 Ette, Ottmar: *Alexander von Humboldt und die Globalisierung*, S. 273–274.

32 Texas State Historical Association (Hg.): *Handbook of Texas Online* 1999. <https://www.tshaonline.org/handbook>

33 Humboldt, Alexander von: *Alexander von Humboldt über die Sklaverei in den USA. Alejandro de Humboldt sobre la Esclavitud en los EE.UU.* Eine Dokumentation mit einer Einführung und Anmerkungen herausgegeben von Philip S. Forner. [Übersetzung und Bearbeitung der deutschen Fassung: Ingo Schwarz]. Berlin: Humboldt-Universität zu Berlin 1984 (Wissenschaftliche Schriftenreihe), S. 18–20.

> Its material interests will extend their ramifications to an incalculable extent to both the Atlantic and the Pacific States of the confederacy, and every avenue of intercommunication will be thronged with countless thousands of men and their productions. [...] In this point of view, Cuba is the industrial complement of the prairies of the northwest and the valley of the Mississippi. Each has a large surplus of what the other requires, and seeks for a market which the other proffers. A free and natural intercourse and exchange between them must strengthen the natural life of both, and react beneficially upon each other's progress.[34]

8.5 Humboldts Rolle im Zuge der US-Präsidentschaftswahlen 1856

The Island of Cuba war als publizistisches Medienereignis sicherlich der Höhepunkt im propagandistischen Kampf John S. Thrashers um die Deutungshoheit über Schicksal und Zukunft der karibischen Insel.

Doch entscheidender für die Wirkung von Thrashers Übersetzung waren nicht so sehr die manipulierenden Eingriffe in Humboldts Text, sondern die dadurch ausgelösten Proteste des Preußen, dessen Echo nicht nur in der amerikanischen Presselanschaft nachhallte, sondern im Zuge der bevorstehenden Präsidentschaftswahl die öffentlichen Diskussionen um die 'slavery states' des Südens weiter anheizte. Dieses Momentum machte sich die Republikanische Partei zunutze. Ihr Kandidat Frémont selbst schrieb am 16. August 1856 Humboldt einen Brief und bedankte sich für dessen Unterstützung.

> In the history of your life and opinions we find abundant reasons for believing that in the struggle, in which the friends to liberal progress to this country find themselves engaged, we shall have with us the strength of your name.[35]

Im selben Jahr hatte seine Partei bereits einen Brief von Humboldt aus dem Jahr 1850 veröffentlicht, in dem dieser nicht nur Frémonts wissenschaftliche Leistungen auf höchste würdigte, sondern auch und gerade dessen Einsatz für die Abolition. Es wurde

> als Flugblatt gedruckt und durch die Republikanische Partei in großer Zahl unter Deutschamerikanern verteilt. [...] Neuere Untersuchungen des politischen Verhaltens der Deutschamerikaner in den Wahlen von 1856 haben die zeitgenössische Ansicht bestätigt,

---

34 Thrasher, John S.: *Preliminary Essay on the Purchase of Cuba*. New York: Derby & Jackson 1859, S. 8–9.

35 Humboldt, Alexander von: *Alexander von Humboldt und die Vereinigten Staaten von Amerika. Briefwechsel*, S. 387.

daß Frémont von ihnen besonders unterstützt wurde. Humboldts unter den Deutschamerikanern weit verbreitete Briefe trugen in großem Maße zu dieser Unterstützung bei.[36]

Dass die US-amerikanischen Wähler, von denen die Deutschamerikaner eine bedeutende Minderheit stellten,[37] in jenem wichtigen Jahr entweder eine Entscheidung für oder gegen eine Politik der Sklaverei zu treffen hatten, lag auf der Hand. Dabei spielte Kuba eine zentrale Rolle. James Buchanan, Kandidat der Demokraten und nach dem Sieg gegen Frémont ab 1857 Präsident der Vereinigten Staaten, hatte sich im berüchtigten Ostender Manifest zwei Jahre zuvor eindeutig festgelegt, wie er in Zukunft den Umgang mit der Insel definieren wolle. Das von der abolitionistischen *New York Tribune* als 'Manifesto of the Brigands' (Manifest der Räuber) geschmähte Dokument war das Ergebnis einer US-Botschafterkonferenz vom Oktober 1854, abgehalten im belgischen Ostende, zur Erörterung der Kubapolitik. Es sah vor, im Sinne einer aggresiv-expansionistischen Südstaatenpolitik die Sklaverei nicht nur zu verteidigen, sondern über die eigenen Kontinentalgrenzen hinaus auf die Karibik auszudehnen.[38] Buchanan, der das Dokument mitunterzeichnet hatte, rief darin offen zum Kauf der größten der Antilleninseln auf, schreckte im Falle eines zu erwartenden Widerstands durch die spanische Krone aber auch vor militärischen Maßnahmen nicht zurück und kündigte Pläne für eine gewaltsame Übernahme an.[39]

Humboldt selbst hatte in einem Brief an die *Tribune* bereits die Sorge geäußert, bei diesem Manifest handele es sich um nichts anderes als eine Verschwörung gegen die Karibik-Insel[40] mit dem eindeutigen Ziel, sich die spanische

---

36 Humboldt, Alexander von: *Alexander von Humboldt über die Sklaverei in den USA*, S. 24 f.

37 Zur Rolle Humboldts im Selbstverständnis der deutschen Einwanderer und dem seit den 1850er Jahren entstehenden «American Humboldt cult» vgl. Rupke, Nicolaas A.: *Alexander von Humboldt. A Metabiography*, S. 170–171. Aus der selben Zeit stammt das Beispiel einer Gruppe deutscher Pioniere um Moritz Harttmann, der nach der gescheiterten Revolution von 1848 in die USA auswanderte, um in Kansas, wo die Frage der Sklaverei infolge des Kansas-Nebraska Act von 1854 besonders heftig umfochten wurde, eine neue Siedlung zu gründen. Da die Entscheidung für den politischen Status von Kansas von der Bevölkerung in einem Plebiszit selbst getroffen werden sollte, hatten Neuansiedlungen von Abolitionisten eine besondere politische wie strategische Bedeutung. Die protestantischen Siedler aus Deutschland gaben ihrer neuen Gemeinde im Jahr 1857 wohl auch aus diesem Grund den Namen «Humboldt». Vgl. Baron, Frank/Seeger, Scott: Moritz Harttmann (1817–1900) in Kansas: A Forgotten German Pioneer of Lawrence and Humboldt. In: *Yearbook for German-American Studies* 39 (2004), S. 1–22.

38 Vgl. Humboldt, Alexander von: *Alexander von Humboldt über die Sklaverei in den USA*, S. 30, Fn. 3.

39 Vgl. Ebda., S. 11 f.

40 Vgl. Ebda., S. 30, Fn. 3.

Kolonie möglichst bald einzuverleiben und so von einer deutlichen Erweiterung der versklavten Arbeiterschaft für den dann neu zu schaffenden, einheitlichen kontinentalkaribischen Wirtschaftsraum profitieren zu können. Das schützte den Initiator einer preußischen Gesetzgebung, jedem Sklaven auf preußischem Boden sofort die Freiheitsrechte zuzugestehen,[41] jedoch nicht davor, postum erneut – in bester Thrasher'scher Manier – wieder auf die Seiten der Südstaaten-Anexionisten geschoben zu werden:

> Am 3. Juni 1859 veröffentlichte die *New York Times* einen Bericht über die Gedenkversammlung zu Ehren Humboldts, die in der New Yorker geographischen und statistischen Gesellschaft stattgefunden hatte. [...] Keiner der Sprecher auf der Gedenkversammlung erwähnte jedoch Humboldts Widerstand gegen die Sklaverei. Vielmehr verdrehte der amerikanische Historiker George Bancroft Humboldts Position zu dieser Frage, indem er erklärte, daß der deutsche Gelehrte tatsächlich die Expansion des Territoriums der Vereinigten Staaten befürwortet habe und insbesondere, daß 'Kuba und jener ganze edle Landstrich am Pazifik, der uns jetzt gehört, zu uns kommen mögen.'[42]

Diese Geschichtsverdrehung ist insofern bemerkenswert, als ihr nicht nur drei Jahre zuvor die bereits kommentierte, ausführliche und öffentliche Polemik mit Thrasher vorausging, sondern Alexander von Humboldt sowohl mit Blick auf Kuba und die spanischen Kolonien, als auch in Bezug auf die US-Südstaaten seit der Veröffentlichung seines *Essai politique sur l'île de Cuba* 1826 öffentlich für einen Politikwechsel im Umgang mit der schwarzen Bevölkerung im zirkumkaribischen Raum eingetreten war. Muss man davon ausgehen, dass seine zweibändige französische Monographie zu Kuba in den USA bis zur ihre Kernaussagen verfälschenden Übersetzung von Thrasher wohl nur sehr begrenzt wahrgenommen wurde,[43] so hatte er sich dennoch immer wieder vernehmbar

---

41 Vgl. Schoenwaldt, Peter: Alexander von Humboldt und die Vereinigten Staaten von Amerika, S. 460; ausführlich bei Gipper, Andreas: *Wunderbare Wissenschaft. Literarische Strategien naturwissenschaftlicher Vulgarisierung in Frankreich: Von Cyrano de Bergerac bis zur Encyclopédie.* München: W. Fink 2002.

42 Humboldt, Alexander von: *Alexander von Humboldt über die Sklaverei in den USA*, S. 13 f.

43 Die erste Übersetzung des in französisch verfassten Reiseberichts ins Englische war die von Helen Maria Williams besorgte Ausgabe *Personal narrative of travels to the equinoctial regiones of the new continent, during the years 1799–1804* in sieben Bänden, publiziert in London in den Jahren 1814 bis vermutlich 1831. Band 7 enthält die wesentlichen, vor allem mit Blick auf die Sklaverei relevanten Teile des 'Essai politique sur l' île de Cuba', der hier noch als Teil des Humboldt'schen Reiseberichts erschien und war damit bereits ab 1829, bzw. 1831 in englischer Übersetzung vorhanden. Allerdings ist er nicht mehr Teil der zwei Folgeauflagen aus den Jahren 1818–1827, bzw. 1822. Es ist zudem der einzige Band, der nach seiner Erscheinung nicht rezensiert wird. Der Vergleich mit der zweiten Übersetzung des *Personal narrative* durch Thomasina Ross in drei Bänden (1852–1853), die seit 1869 in mindestens 13 Neuauflagen erschienen ist, zeigt ebenfalls, dass die Williams-Übersetzung, die zwar als einzige die franzö-

in die nationalen Debatten als Kritiker der US-Gesetzgebung zur Sklavenfrage eingeschaltet, gerade auch in den 1850er Jahren, als sich Ton und Klima der politischen Auseinandersetzung in jenem «wonderful country» verschärften, wie er noch 1809 an Jefferson schrieb.[44] Tatsächlich findet sich in keiner der zahlreichen Gedenkschriften der US-Presse zu Humboldts Tod auch nur einmal der Hinweis auf dessen Kritik an Sklaverei und Rassismus, auch über die Thrasher-Kontroverse kein Wort.[45] Wohl auch aus diesem Grund erschien am 2. Juli 1859, nur einen Monat nach dieser denkwürdigen Versammlung zu Ehren des verstorbenen Alexander von Humboldt, ein aus verschiedenen seiner Äußerungen zusammengetragener Artikel im New Yorker *National Anti-Slavery Standard*.[46] Hierin wird Humboldt sowohl in seiner kritischen Haltung zu Daniel Webster[47] zitiert, als auch dessen Sorgen publik gemacht, die Ausdehnung der Territoriums der Vereinigten Staaten in Richtung Westküste werde die weitere Ausbreitung der Sklaverei in Gebiete zur Folge haben, in denen sie bis dato nicht existiere;[48] eine Sorge, die sich auf die Konsequenzen aus dem 'Compromise of 1850' bezog. Der 'Compromise' sah unter anderem vor, den hoch spekulativen Sklavenhandel sowie die unwürdigen Sklavendepots in Washington D.C., gegen die Aktivisten bereits seit den 1810er Jahren gekämpft

---

sische Vorlage voll übertragen hatte und von Humboldt begleitet wurde, aber stets als 'unleserlich' galt, nur sehr begrenzt die zu erwartende Öffentlichkeit erreichen konnte. Vgl. hierzu Fiedler, Horst/Leitner, Ulrike: *Alexander von Humboldts Schriften*, S. 103 ff.

44 Terra, Helmut de: Alexander von Humboldt's Correspondence with Jefferson, Madison, and Gallatin, S. 790.

45 Forner hatte dies bereits für die *New York Times* nachweisen können. Meine eigenen Recherchen in den Zeitungsarchiven der Library of Congress lassen indes vermuten, dass dies für die gesamte US-Presselandschaft des Jahres 1859 angenommen werden kann (sofern sich das heute noch über die analogen und digitalen Archive nachverfolgen lässt).

46 Ein anderes, wenn auch nicht breitenwirksames Beispiel für jene Stimmen, die sehr wohl Humboldts Bedeutung für die abolitionistische Sache erkannt hatten und ihn gegen seine polemischen Widersacher verteidigten ist Theodore Parker, dessen Rede während eines Festaktes der American Anti-Slavery Society 1858 verlesen und mit heftigem Beifall gefeiert wurde. Vgl. Walls, Laura Dassow: *The Passage to Cosmos*, S. 208 f.

47 Daniel Webster (1782–1852) war als einflussreicher konservativer Jurist, US-Senator und Außenminister der Präsidentschaften von William Henry Harrison 1841, John Tyler 1841–1845 und Millard Fillmore 1850–1853 einer der bekanntesten Staatsmänner seiner Zeit, «known [...] as the defender of the moneyed interest of the North and [...] of the slavery interest of the South.» Current, Richard N.: Lincoln and Daniel Webster. In: *Journal of the Illinois State Historical Society (1908–1984)* 48 (1955) H. 3, S. 307–321, S. 307–308. Zu Daniel Webster vgl. Baxter, Maurice G.: Webster, Daniel. In: *American National Biography Online*. Oxford University Press 2000. <https://www.anb.org>

48 Vgl. Humboldt, Alexander von: *Alexander von Humboldt über die Sklaverei in den USA*, S. 36 ff.

hatten, zu verbannen,[49] beinhaltete aber zugleich den wesentlich von Webster in einer berühmten Rede vom 7. März desselben Jahres durchgesetzten 'Fugitive Slave Act'.[50] Das neue Gesetz legte fest, entlaufene Sklaven durch spezielle Kommissare einfangen zu lassen, die daraufhin Status und Besitzer des Sklaven überprüften und ihn im Zweifel ohne Möglichkeit eines Einspruchs wieder zurückführen ließen.[51] Das bedeutete, dass ein in den Norden entflohener Sklave selbst dort, wo es keine Sklaverei mehr gab, aufgegriffen und in den Süden, also in seine Unfreiheit, zurücktransportiert werden konnte. Webster selbst verteidigte diese Politik als einziges Mittel, den Zusammenhalt der amerikanischen Union aufrecht zu erhalten, «delay[ing] civil war for a decade».[52] Tatsächlich tat es nichts anderes, als die ohnehin extremen Zerwürfnisse zwischen Nord und Süd zu verschärfen.[53] Humboldts Abscheu gegen diese Politik äußerte sich in einem Gespräch gegenüber einem amerikanischen Gast, dem er mitteilte:

> Seit dreißig Jahren [...] haben Sie keine Fortschritte in bezug auf die Sklaverei gemacht. Sie sind zurückgegangen, in mancher Hinsicht sehr weit zurück. Ich denke speziell an Ihr Gesetz von 1850, jenes Gesetz, durch das ein Mann in einem freien Staat, wo er eigentlich frei sein sollte, zu einem Sklaven gemacht werden kann. Ich nenne es immer das *Webster*-Gesetz. Ich habe Mr. Webster vorher immer gemocht. [...] Er war der Mann, der das Gesetz gemacht hat. [...] [S]either haßte ich ihn.[54]

Auch der sonst eher blasse Franklin Pierce, US-Präsident von 1853–1857, wurde von Humboldt scharf angegriffen, hatte dieser doch in seiner Zeit als Senator ebenfalls wesentlich an der Durchsetzung der neuen Gesetze zum Einfangen flüchtig gewordener Sklaven mitgearbeitet und auch als Präsident verkündet, «that he would not be 'controlled by any timid forebodings of evil from expansion', and he hinted at attempting the annexation of Cuba».[55] Pierces Entsen-

---

49 Vgl. Corrigan, Mary Beth: Imaginary Cruelties? A History of the Slave Trade in Washington, D.C. In: *Washington History* 13 (2001/2002) 2 (Fall/Winter), S. 4–27, S. 5–6.

50 Vgl. Campbell, Stanley W.: Fugitive Slave Act. In: Boyer, Paul (Hg.): *The Oxford Companion to United States History. Online-Edition.* Oxford University Press 2001. <https://www.anb.org>

51 Vgl. Ebda. sowie Current, Richard N.: Lincoln and Daniel Webster. In: *Journal of the Illinois State Historical Society (1908–1984)* 48 (1955) H. 3, S. 307–321

52 Knupfer, Peter B.: Compromise of 1850. In: Boyer, Paul (Hg.): *The Oxford Companion to United States History. Online-Edition.* Oxford University Press 2001. <https://www.anb.org>

53 Vgl. Johnson, Linck C.: «Liberty Is Never Cheap»: Emerson, «The Fugitive Slave Law,» and the Antislavery Lecture Series at the Broadway Tabernacle. In: *The New England Quarterly* 76 (2003) 4 (Dec), S. 550–592, S. 559 f.

54 Humboldt, Alexander von: *Alexander von Humboldt über die Sklaverei in den USA*, S. 36.

55 Gara, Larry: Pierce, Franklin. In: *American National Biography Online.* Oxford University Press 2000. <https://www.anb.org>

dung von Pierre Soulé, einem bekannten «profeta del expansionismo sureño»,[56] als Botschafter nach Madrid ließ an dessen Absichten keine Zweifel. Unmissverständlich ließ er diesem über seinen Außenminister William Marcy mitteilen, wie der Plan zur Anexion durchzuführen sei:

> Primero, una Cuba independiente; luego, su caída 'en el sistema Americano continental'. No es de extrañar que Soulé interpretara las palabras de Marcy 'como un mandato de traspaso de soberanía'.[57]

Angesichts dieser doppelten Problematik – einer in der Sklavereifrage zutiefst zerrissenen US-Gesellschaft und einer politischen Führung, die in einem Manifest öffentlich eine Annexion Kubas zur Erweiterung des eigenen Wirtschaftsraums propagierte – war Humboldts Kritik nicht nur eine Sorge um das Schicksal der davon betroffenen Sklaven und um die politische Zukunft Kubas, sondern stets eingebettet in ein Bewusstsein für die Bedeutung, welche die wirtschaftlich wichtigste, bevölkerungsreichste und größte der Antilleninseln für die soziale und politische Stabilität der *gesamten* Region spielte. Sollte Kuba den USA zufallen, drohte eine unabsehbare Fortsetzung der Sklaverei innerhalb einer wirtschaftlich aufstrebenden, neuen Regionalmacht, die damit auch sicherstellen konnte, den britischen Einfluss in den Antillen weiter zurückzudrängen. Blieb die Insel weiterhin spanischer Besitz und damit am Entscheidungstropf der *metrópoli*, war an eine Lösung des Problems ebensowenig zu denken, zumindest nicht auf friedlichem Wege. Das hatte sich 30 Jahre nach Erscheinen des *Essai politique* – und entgegen Humboldts ursprünglichen Prognosen – leider allzu deutlich herausgestellt.

8.6 Die Anexionismo-Debatte in Kuba

Vor diesem Hintergrund war die in Kuba bereits seit 1810[58] virulente und seit den 1840er Jahren zunehmend sichtbare Debatte um eine mögliche Annexion an den Staatenverbund des Nordens stets auch an die Hoffnung der kreolischen Eliten geknüpft, über den US-Anschluss in einen vom dynamischen Handel geprägten Wirtschaftsverbund zu treten, der sicher stellen könnte, das von

---

56 Zitiert nach Foner, Philip Sheldon: *Historia de Cuba y sus relaciones con Estados Unidos. Tomo 2: 1845–1895.* De la era del anexionismo al inicio de la segunda guerra de independencia. La Habana: Editorial de Ciencias Sociales del Instituto del Libro ^{2}1973, S. 105.
57 Ebda., S. 106.
58 Vgl. Ebda., S. 9.

Sklaven-Aufständen[59] und innenpolitischen Querelen zwischen dem 'liberalismo esclavista' und dem 'liberalismo abolicionista' zunehmend brüchiger gewordene *ingenio*-System neu zu stabilisieren. Nicht nur kubanische Kreolen waren Teil dieses oligarchischen Systems:

> Ever since 1818 (when indiscriminate commerce was finally permitted with other nations) foreigners had been buying interests in Cuban sugar as well as establishing themselves as merchants. Many Americans and some Englishmen had plantations.[60]

Dem waren schon im Jahrhundert zuvor Bestrebungen vorausgegangen, die Insel wirtschaftlich zu liberalisieren. Wie schnell solche Reformen ohne das protektionistische spanische Mutterland umgesetzt werden konnten, hatten die kubanischen Eliten unter der britischen Besatzung 1762 und der daraus resultierenden (allerdings nur kurzzeitigen) Liberalisierung der internationalen Handelsbeziehungen, der Öffnung kubanischer Häfen für den Seehandel, der Aufhebung lokaler Monopole, sowie durch den regionalen Aufbau von Landwirtschaft und Verkehrswesen erlebt. Als Konsequenz formierte sich in den Jahren 1763–1765 das Projekt einer 'sociedad esclavista', angeführt durch den damaligen Gouverneur der Insel, den Conde de Ricla. Seine Reformen basierten auf zwei Entscheidungen: der massiven Einfuhr von Sklaven durch ausländische Sklavenhändler, die in den 25 Jahren von 1763–1788 so viele Sklaven nach Kuba brachte wie in den 250 Jahren davor, nämlich etwa 60 000, sowie die Erlaubnis für spanische und ausländische Handelsschiffe, Handelsgüter zu im- und exportieren.[61] Mit der massiven und in den Folgejahrzehnten noch deutlich steigenden Einfuhr afrikanischer Sklaven, die die reichsten unter den Plantagenbesitzern in aufwendigen Kampagnen gleich selbst besorgten, um lästige Zwischenhändler zu vermeiden,[62] stiegen allerdings auch die sozialen Probleme. Das erkannte allen voran ihr prominentester und politisch einflussreichster Repräsentant Francisco Arango y Parreño (1765–1837), der nicht nur einer von Humboldts illustren Gastgebern während dessen Aufenthalt auf der

---

59 Vgl. García, Gloria: Vertebrando la resistencia: la lucha de los negros contra el sistema esclavista, 1790–1845. In: González-Ripoll, María Dolores/Naranjo Orovio, Consuelo u. a. (Hg.): *El rumor de Haití en Cuba. Temor, raza y rebeldía, 1789–1844*. Madrid: Consejo Superior de Investigaciones Científicas 2004, S. 233–320

60 Thomas, Hugh: *Cuba or The Pursuit of Freedom*. New York: Da Capo Press 1998, S. 140.

61 Vgl. Torres-Cuevas, Eduardo: La Polémica Económica. Introducción. Imitar o crear, dilema de la elección. In: Torres-Cuevas, Eduardo (Hg.): *Historia del pensamiento cubano. Vol. 1, Tomo 2: Del liberalismo esclavista al liberalismo abolicionista*. Compilación introducciones, presentaciones y notas por Eduardo Torres-Cuevas. La Habana: Ed. de Ciencias Sociales 2006, S. 249–279, S. 265–269.

62 Vgl. Thomas, Hugh: *Cuba or The Pursuit of Freedom*, S. 136.

Insel 1800–1801 sowie 1804 war, sondern dem preußischen Baron auch nach der Lektüre des *Essai politique* ein Schreiben mit Kommentaren und Korrekturen, gerade auch zur Sklavenfrage, zusandte.[63] Erst 1795 als Dreißigjähriger aus Spanien zurückgekehrt, von wo er spanische Spezialisten für Landwirtschaft mitgebracht hatte, war dieser «Adam Smith de las economías de plantation de América»[64] angetreten, Kuba wirtschaftlich zu erneuern und wurde bald zu einem der wichtigsten Verwaltungs-, Agrar- und Wirtschaftsreformer seiner Zeit. Obwohl er zunächst ein vehementer Befürworter des Sklavenhandels war, setzte er sich nach dem Sklaven-Aufstand in Saint-Domingue[65] als erster – wenn auch aus rein pragmatischen und keineswegs humanitären Gründen – für eine Reduzierung der versklavten Bevölkerung zugunsten einer verstärkten Einwanderung weißer Arbeitskräfte aus Europa ein.[66] Es war genau diese vom Beispiel Haitis ausgehende, tiefe Sorge um revolutionäre Umbrüche sowie der steigende politische wie «moralische Druck gegen die Sklaverei[, die] zu Triebkräften der Modernisierung der Sklaverei, auch ihrer sozialen Modernisierung [wurden]».[67] Arango argumentierte im Zuge der kontinentalamerikanischen Unabhängigkeitskriege in den 1820er Jahren, dass ein Krieg gegen die Europäer nicht nur die gesamten Ressourcen der Insel beanspruchen würde, sondern zugleich bedeutete, als Folge des Kampfeinsatzers niemanden mehr zu haben,

---

63 Vgl. Leitner, Ulrike: Las obras de Alejandro de Humboldt sobre Cuba. In: Holl, Frank (Hg.): *Alejandro de Humboldt en Cuba. Catálogo para la exposición en la Casa Humboldt, Habana Vieja, Octubre 1997–Enero 1998*. Augsburg: Wissner 1997, S. 51–60; Zeuske, Michael: Humboldt, Historismus, Humboldteanisierung, o. S.

64 Zeuske, Michael: Comparando el Caribe: Alexander Humboldt, Saint-Domingue y los comienzos de la comparación de la esclavitud en las Américas. In: *Estudos Afro-Asiáticos* 26 (2004) H. 2, S. 381–416, S. 389.

65 Vgl. zur Geschichte der «grande peur» in den innerkubanischen Diskussionen um Sklaverei, Abolitionismus und anexionismo z. B. Ferrer, Ada: Cuba en la sombra de Haití: noticias, sociedad y esclavitud. In: González-Ripoll, María Dolores/Naranjo Orovio, Consuelo u. a. (Hg.): *El rumor de Haití en Cuba. Temor, raza y rebeldía, 1789–1844*. Madrid: Consejo Superior de Investigaciones Científicas 2004, S. 179–231; Opatrný, Josef: El estado-nación o la 'cubanidad': los dilemas de los portavoces de los criollos cubanos de la época antes de la escalera. In: González-Ripoll, María Dolores/Naranjo Orovio, Consuelo u. a. (Hg.): *El rumor de Haití en Cuba*, S. 321–416; Zeuske, Michael/Zeuske, Max: *Kuba 1492–1902. Kolonialgeschichte, Unabhängigkeitskriege und erste Okkupation durch die USA*. Leipzig: Leipziger Universitätsverlag 1998, S. 291 ff. und Zeuske, Michael: Comparando el Caribe.

66 García, Gloria: Ensayo introductorio. Tradición y modernidad en Arango y Parreño. In: *Obras. Volumen I*. Ensayo introductorio, compilación y notas Gloria García Rodríguez. La Habana: Ediciones Imágen Contemporánea 2005 (Colección Biblioteca de Clasicos Cubanos 22), S. 1–56, S. 54.

67 Zeuske, Michael: Humboldt, Historismus, Humboldteanisierung (Fortsetzung von HiN 3), o. S.

der in der Zwischenzeit die Masse an versklavter Bevölkerung bewachen konnte, womit er sich «einmal mehr als beeindruckender Realist und Pragmatiker [zeigte]».[68]

In den Folgejahren, in denen die kubanische Zuckerrohrindustrie zum wichtigsten Produzenten im Welthandel aufstieg und wesentlich zur Prosperität der Insel beitrug, wuchs die Sorge in der Plantagen-Oligarchie, das Mutterland Spanien könnte unter dem politischen Druck des Vereinigten Königreiches dazu gebracht werden, die Sklaverei ganz abzuschaffen, nachdem die britische Regierung bereits 1820 die (wenn auch nur offizielle und keineswegs faktische) Abschaffung des Sklavenhandels gegenüber seinem Rivalen Spanien hatte durchsetzen können. Tatsächlich verzeichneten die Sklavenimporte nach Kuba sowohl in den zwei Jahrzehnten vor als auch nach dem offiziellen Bann des Handels neue Rekordzahlen. Dies hatte in den Jahren zwischen 1820 und 1850 dazu geführt, dass zum ersten Mal die schwarze Bevölkerung die Mehrheit in Kuba stellte.[69] Doch selbst diejenigen, welche in Kuba für die Abolition eintraten, konnten die Frage nicht beantworten, wie man den Übergang von einer Sklaverei- zu einer abolitionistischen Gesellschaft freier Bürger gestalten sollte, ohne, wie das Beispiel Jamaica gezeigt hatte,[70] wirtschaftlich zusammen- und sozial auseinanderzubrechen. Dieselben Diskussionen trieben auch in den USA in den 1840er Jahren die radikalen Abolitionisten von den gemäßigten Reformern auseinander, die im Sinne einer Politik der «Emancipation» vorgeschlagen hatten, mit einer Entschädigung der Großgrundbesitzer die Sklaven staatlich freizukaufen, um sie dann zu freien Menschen zu machen.[71] Nun war das Verhältnis zwischen freier und unfreier Bevölkerung in Nordamerika trotz dieser Diskussionen ein völlig anderes als im karibischen Archipel. Eine schwarze Sklavenrevolution war bei einem Verhältnis von etwa 80 % weißer zu 20 % schwarzer Bevölkerung nicht sehr wahrscheinlich. In seinem *Essai politique* stellte Humboldt diesen Wert aus dem Jahr 1825 jedoch in ein Verhältnis zu den zirkumkaribischen Territorien Brasiliens, Kubas und Jamaicas, sowie zum anglo- und pankaribischen Wirtschaftsraum. In Gesamtzahlen betrachtet waren die Verhältnisse das Gegenteil der US-amerikanischen Proportionen:

> Dans tout l'archipel des Antilles, les hommes de couleur (nègres et mulâtres, libres et esclaves) forment une masse de 2,360,000 ou de 85/100 de la population totale. Si la législation des Antilles et l'état des gens de couleur n'éprouvent pas bientôt des change-

68 Zeuske, Michael/Zeuske, Max: *Kuba 1492–1902*, S. 232.
69 Vgl. Rawley, James A./Behrendt, Stephen D.: *The Transatlantic Slave Trade: A History*. University of Nebraska Press 2005, S. 68.
70 Vgl. Zeuske, Michael/Zeuske, Max: *Kuba 1492–1902*, S. 236.
71 Vgl. Johnson, Linck C.: «Liberty Is Never Cheap», S. 554 f.

Konsequenzen er mit der französischen und haitianischen Erfahrung im Rücken aufs Schärfste ablehnte.[77] Auf der weiteren Ausarbeitung dieses Gedankens, eingebettet in eine zikumkaribische «comparación de esclavitudes»[78] basiert das gesamte ‘7te Capitel’, dessen Gehalt Thrasher so radikal entstellt hatte.

Für die Befürworter einer amerikanischen Annexion waren diese Argumente ja auch nicht zwingend. Schließlich war ein sozialer Frieden nach Humboldts Manier, dessen Zustandekommen freilich nicht gesichert werden konnte, nur unter dem unmöglichen Eingeständnis zu erkaufen, dass man das eigene Gesellschafts- und Wirtschaftsmodell hätte aufgeben müssen. Der Zusammenschluss mit den USA als weiterer ‘Sklavenstaat’ würde – so das Kalkül – mit einem Schlag neue Verhältnisse schaffen und das alte System zu neuer Legitimation verhelfen.

Der 1847 gegründete ‘Club de la Habana’ hatte sich vor diesem Hintergrund das Ziel gesetzt, über heimliche Treffen Mehrheiten in der kreolischen Ober-

---

77 Vgl. Zeuske, Michael: Comparando el Caribe, S. 389, 399 f. Humboldt fühlte sich Zeit seines Lebens den Idealen der Französischen Revolution verbunden. Die Exzesse gewalttätiger Umstürze allerdings lehnte er ab und verurteilte «die revolutionäre Intransigenz der Jakobiner.» Kossok, Manfred: Vorwort. In: *Lateinamerika am Vorabend der Unabhängigkeitsrevolution*, S. 12. Kossok ist allerdings nicht darin zuzustimmen, in der Enge des preußischen Hofes ab 1827 sei es «die Tragödie Alexander von Humboldts [gewesen], daß er seine kühnsten Gedanken den stillen Tagebuchnotizen oder dem Briefwechsel mit zuverlässigen Gefährten, vor allem Varnhagen von Ense, anvertrauen mußte.» Ebda., S. 13. Die zum Teil bedeutenden Unterschiede in Ton und Schärfe der politischen Einschätzung und persönlichen Meinung sind nicht Ausdruck eines tragisch zur Selbstzensur verurteilten Hofangestellten, sondern die pragmatisch orientierte Abwägung eines an realpolitischen Transformationsprozessen orientierten Wissenschaftlers. Während der März-Unruhen 1848 sucht er das persönliche Gespräch mit Friedrich Wilhelm IV. um politisch zu vermitteln. Dass er dabei eine republikanische Agenda im Kopf hatte und selbst vorübergehende Zustände von Anarchie und Volksgewalt als zuweilen notwendiges Übel anerkannte, zeigt unmissverständlich folgender Auszug aus einem Brief an seinen Freund François Arago vom 16. Mai 1848 aus Potsdam, in dem er schreibt: «Mes vœux ardents pour les Institutions démocratiques, vœux qui datent depuis 1789, sont accomplis. Dans la nuit sanglante du 18 mars, placé entre deux barricades, des hommes armés qui ne me connaissoient pas et qui n'avoient pas lu le *Cosmos* m'ont attaqué quatre fois, voulant fouiller pour chercher des armes. Quelques groupes ont fait du dégât par infraction dans les portes. J'ai parlé de ma tête blanchie et le drame sentimental, ennuyeusement récité, a réuissi. Nous vivons encore dans cet état d'anarchie nourrie par des clubs qui prétendent nécessairement [être] l'expression de la volonté populaire plus que l'Assemblée nommé par le suffrage universel. Je ne me plains d'un état de choses à travers lequel il faut passer.» Humboldt, Alexander von/Arago, François: *Correspondance d'Alexandre de Humboldt avec François Arago*, S. 284–285.

78 Zeuske, Michael: Comparando el Caribe, S. 402.

schicht zu organisieren, die einen solchen Coup, der nur durch einen Regierungsumsturz gelingen konnte, vorzubereiten.[79] Zu seinen bekanntesten Mitgliedern gehörte der Anführer des Clubs Miguel Aldama (1821–1888), Schwager des Dichters Domingo del Monte und exponiertestes Mitglied der bekannten Aldama-Familie, kubanische Großgrundbesitzer, die zu jener Zeit gerade ihren Aufstieg in die höchsten gesellschaftlichen Kreise vorbereiteten und auf ihren Zuckerplantagen versuchten, ausschließlich mit weißen Arbeitern zu produzieren, da sie das Ende der legalen Sklaverei bereits (wenn auch knapp 40 Jahre zu früh) kommen sahen.[80]

> Schließlich spielte der amerikanische Sezessionskrieg (1861–1865) eine wichtige Rolle, mit dem Kuba tiefberührenden Ende des Golfimperiums der Plantagen und der Modernisierung auf Basis der Massensklaverei. Mit dem Sieg des Yankee-Amerika fand auch die 'alte' kubanische Annexionistenpartei ihr Ende, obwohl die Tradition des Annexionismus mit seinem von Narciso López herrührenden bewaffneten Kampf für die Kriege seit 1868 eine wichtige Inspirationsquelle darstellte.[81]

8.7 Vom erfolgreichen Überleben eines gescheiterten Projekts: *The Island of Cuba* nach dem Ende der Anexionismo-Debatten

Mit dem Ausbruch des amerikanischen Bürgerkriegs 1861, den Alexander von Humboldt schon nicht mehr erlebte, waren die kubanisch-amerikanischen Hoffnungen von einem baldigen Anschluss Kubas an die Union erst einmal vom Tisch, da diese selbst auf dem Spiel stand und mit ihr die Frage nach einer endgültigen Lösung der Sklavenfrage in den US-amerikanischen Territorien. Auch die Bemühungen John Sidney Thrashers legten sich in den Folgejahren, nachdem er von 1855 bis 1859 noch als Journalist für den *New York Herald* versucht hatte, weiter den Kauf der Karibikinsel voranzutreiben. Während des Krieges schrieb er als Redakteur für die *Confederate Press Association* der Südstaaten, danach zog er sich aus der Politik zurück und arbeitete als Geschäftsmann.[82] Seine Übersetzung aber sollte die Zeit der zirkumkaribischen Auseinandersetzungen um Südstaatenpolitik, Anexion und Abolition überleben und blieb bis in unsere Gegenwart eine zentrale Referenzquelle in der englisch- und

---

79 Vgl. Suchlicki, Jaime: *Historical Dictionary of Cuba*. Second edition. Lanham, London: The Scarecrow Press 2001 (Latin American Historical Dictionaries, 27), S. 144.

80 Vgl. ebda., S. 22.

81 Zeuske, Michael/Zeuske, Max: *Kuba 1492–1902*, S. 345.

82 Vgl. Texas State Historical Association (Hg.): *Handbook of Texas Online* 1999.

spanischsprachigen Humboldt-Rezeption.[83] Mit dem Unterschied allerdings, dass in der spanischsprachigen Rezeption seit der 1930er Ausgabe von Fernando Ortiz (1881–1969) – es war die erste kubanische Edition des Textes nach dessen Verbot auf Kuba 1827 – Thrashers Rolle und die Problematik seiner Ausgabe stets präsent blieb. Der Autor des *Contrapunteo cubano del tabaco y el azúcar* hatte 1930 nicht nur in seiner 'Introducción bibliográfica' Humboldt ausführlich vorgestellt und dessen Bedeutung für die Entwicklung der kubanischen Nationalgeschichte hervorgehoben.[84] In seinem, dem Anhang des spanischen *Ensayo político sobre la isla de Cuba* beigefügten Aufsatz 'El traductor de Humboldt en la historia de Cuba' ging er auch ausführlich auf Thrashers Eingriffe ein. Hier begründet Ortiz, warum er sowohl Thrashers Notizen für seine eigene Ausgabe beibehält als auch dessen 'Ensayo preliminar', der sich ebenfalls im Anhang fand:

> El tiempo que ha transcurrido desde 1855, cuando Thrasher hizo esa traducción y su ensayo preliminar [...] privan de actualidad a su *ensayo* y a sus *notas*; pero uno y otras conservan un valor documental positivo para apreciar los puntos de vista que acerca de los temas cubanos eran sostenidos en aquellos negros tiempos por un escritor norteamericano que intervino personalmente en los episodios que se desarrollaron en nuestra tierra. [...] este ensayo de Thrasher debe leerse teniendo presente la época en que fué escrito y sólo como un documento de reflejos sociales históricos.[85]

Für eine dem Diskussionsstand der Zeit angemessene Verortung von Thrashers Positionen hatte Ortiz in seiner *Colección de Libros Cubanos*, die er 1913 gründete und deren Leitung er 1929 abgab,[86] gleich selbst gesorgt:

---

83 Der spanischen Erstübersetzung von 1827 durch Bustamante folgten mehrere Neuauflagen im 19. Jahrhundert, die Bustamantes Text einfach wiederabdruckten, vgl. Fiedler, Horst/Leitner, Ulrike: *Alexander von Humboldts Schriften*, S. 125 f. Hier kommt Thrasher natürlich noch nicht vor. Erst mit den Editionen im 20. Jahrhundert ist Thrasher aus der hispanophonen Rezeption nicht mehr wegzudenken, vor allem durch die kubanische Edition von 1930. Auf diese folgten fünf weitere kubanische Ausgaben zwischen 1959 und 1998 und schließlich im selben Jahr eine vom Madrider Consejo Superior de Investigaciones Científicas (CSIC) betreute Neuausgabe. Alle diese Ausgaben übernehmen Thrashers 'notes' als Fußnoten in Humboldts Text und unterlassen (man könnte auch sagen: *verweigern*) damit die editionsphilologisch notwendige Korrektur, auch wenn sie – wie dies bereits Ortiz gelingt – Thrashers Texteingriffe kommentieren und kontextualisieren.

84 Vgl. Zeuske, Michael: Humboldt, Historismus, Humboldteanisierung, o. S.

85 Ortiz, Fernando: El traductor de Humboldt en la historia de Cuba. In: Humboldt, Alexander von: *Ensayo político sobre la isla de Cuba. Con un mapa de Cuba. Tomo I.* Introducción por Fernando Ortíz y correcciones, notas y apéndices por Francisco Arango y Parreño, J. S. Thrasher y otros. La Habana: Cultural, S.A. 1930 (Colección de libros cubanos, 16), S. 181–222, S. 184 f.

86 In den ersten Jahren hieß diese Sammlung noch *Colección Cubana de Libros y Documentos Ineditos o Raros* und wurde erst 1927 eingängiger zur *Colección de Libros Cubanos*. Hier stand

> El lector que desee explicarse mejor el sentido del ensayo de Thrasher, puede conocer las profundas perturbaciones que a mediados del siglo XIX acongojaban a los cubanos, en la parcial antología de José Antonio Saco que, con el título de *Contra la anexión*, forma los volúmenes V y VI de esta *Colección* [...].[87]

Von einer solchen historischen Einbettung der Thrasher'schen Ausgabe, die sowohl eine editorische als auch translatorische, sowohl eine politische als auch publizistische Intervention war und in Saco, dem großen kubanischen Geschichtsschreiber der Sklaverei – zuerst ein Befürworter der Annexion, später einer ihrer deutlichsten Kritiker[88] –, einen würdigen Gegenpart findet, kann in der anglophonen Rezeption nicht die Rede sein. Thrashers Ausgabe blieb für die nächsten 150 Jahre die meistgelesene Fassung der Humboldt'schen Kuba-Studie in englischer Sprache. Dies unterstreicht vielleicht am besten die beinahe skurrile Neuausgabe seiner Übersetzung durch den Verlag Markus Wiener 2001. Der Herausgeber Luis Martínez-Fernández fügt zwar in seiner Ausgabe das von Thrasher entfernte '7te Capitel' wieder hinzu, lässt es allerdings aus einer nicht weiter spezifizierten *deutschen* Vorlage ins Englische rückübersetzen, anstatt sich des französischen Textes zu bedienen. Wer es mag, kann diese editionsphilologisch absurde Entscheidung als Huldigung an Humboldts mehrsprachigen und geradezu translingualen Werkcharakter verstehen. Als Neustart in eine quellenkritisch genaue und dringend revisionsbe-

---

nun weniger die Herausgabe bisher unedierter kubanischer Bücher im Vordergrund, als vielmehr die Neuedition von Werken, deren singulärer Wert für die kubanische Geistesgeschichte herausgestellt werden sollte, auch und gerade, wenn es sich dabei um Werke nicht-kubanischer Autoren handelte, so wie im Fall von Samuel Hazards *Cuba a pluma y lápiz* oder eben Humboldts *Ensayo político*. Unter Ortiz' Leitung erschienen in dieser Zeit mehr als 40 Bände. Die Reihe hatte es sich zur Aufgabe gemacht, eine kubanische Ideengeschichte des 19. Jahrhunderts zu schreiben. Als editorisches Großprojekt kannte sie keinen Vergleich, zumal Ortiz aktiv in den kollektiven Erinnerungsprozess einer gemeinsamen nationalen Geschichte eingreifen wollte: «[Ortiz] asume la posición del historiador activo, que no sólo reproduce el documento, sino que lo interroga, lo ubica, como el resultado, a su vez, de un conjunto de contradicciones circunstanciales y humanas. 'En particular – comenta Ortiz en 1927 – la protohistoria de Cuba y sus civilizaciones antecolombinas necesitan una nueva remodelación, pues aún se aceptan con sentido literal las crónicas de la conquista y sus visiones casi medievales'.» Matos Arévalos, José Antonio: *La historia en Fernando Ortiz*. La Habana: Fundación Fernando Ortiz 1999, S. 59 f. Vgl. hierzu auch García-Carranza, Araceli/Suárez Suárez, Norma u. a.: *Cronología Fernando Ortiz*. La Habana: Fundación Fernando Ortíz 1996, S. 15 ff.

87 Ortiz, Fernando: El traductor de Humboldt en la historia de Cuba, S. 185.

88 Vgl. Torres-Cuevas, Eduardo: José Antonio Saco: «El nacionalista sin nación». In: Torres-Cuevas, Eduardo (Hg.): *Historia del pensamiento cubano. Vol. 1, Tomo 2: Del liberalismo esclavista al liberalismo abolicionista*. Compilación introducciones, presentaciones y notas por Eduardo Torres-Cuevas. La Habana: Ed. de Ciencias Sociales 2006, S. 16–50, S. 21.

dürftige englischsprachige Rezeption von Humboldts Studie über Kuba ist diese Neuauflage allerdings völlig unbrauchbar und damit geradezu überflüssig.

An diesem offensichtlichen editionsphilologischen Missstand setzt das hier bereits mehrfach erwähnte Editions- und Forschungsprojekt *HiE – Alexander von Humboldt in English* der Vanderbilt University und der Universität Potsdam unter Leitung von Vera M. Kutzinski und Ottmar Ette an.[89] Seit 2007 arbeitet im Rahmen von *HiE* ein interdisziplinär ausgerichtetes Team von Wissenschaftlern und Übersetzern aus den USA, Lateinamerika und Deutschland an neuen, ungekürzten und jeweils neu übersetzten 'critical editions' zentraler Texte des amerikanischen Œuvres Alexander von Humboldts. 2011 erschien mit dem *Political Essay on the Island of Cuba* der erste von drei Bänden. Er ist tatsächlich die bis heute *einzige* Edition, die den Text der französischen Originalausgabe in zwei Bänden von 1826 vollständig wiedergibt. Man kann nur hoffen, dass Initiativen wie diese dazu beitragen werden, angelsächsische und von der Verve postkolonialer Theoriebildung überwältigte Lesarten wie die von Mary Louis Pratt in ihrer ebenso berühmten wie berüchtigten Studie *Imperial Eyes* in ihrer bescheidenen Textkenntnis zu entlarven und damit für ein zukünftiges Verständnis gerade des politischen Werks von Alexander von Humboldt obsolet zu machen. Wie Pratt zu argumentieren, Humboldts amerikanisches Reisewerk funktioniere renaturisierend, ahistorisch und ohne kulturspezifische Argumente, im selben Atemzug aber auf eine Untersuchung des *Essai politique sur le Royaume de la Nouvelle-Espagne* sowie des *Essai politique sur l'île de Cuba* verzichten zu wollen, darüber hinaus wesentliche 'Belegstellen' ihrer Argumentation aus den *Ansichten der Natur* zu ziehen,[90] dürfte anhand dieser neuen Textgrundlagen in Zukunft schwerer werden. Denn in Humboldts Werk *spricht* beileibe nicht nur die Natur, noch sind die von ihm bereisten Gebiete der hispanoamerikanischen Kolonien utopische Primärwelten, in denen «none of the obstacles to occidentalist progress appear in the landscape».[91] Das Gegenteil ist der Fall: die präkoloniale wie koloniale Geschichte der amerikanischen Völker, ihre komplexe und nur unzureichend verstandene Kulturgeschichte sowie der Zustand der hispanoamerikanischen Gesellschaften in Zeiten tiefer politischer, sozialer und ökonomischer Krisen dürfen als die Hauptinteressen und Fragestellungen der hier behandelten Werke verstanden werden. Dass die *Äquinctial-Gegenden des Neuen Kontinents* auch besonders

---

89 Vgl. hierzu auch Fn. 157.

90 Vgl. Pratt, Mary Louise: *Imperial Eyes*, S. 111 ff., besonders 126 ff.; identisch in Pratt, Mary Louise: *Imperial eyes. Travel writing and transculturation*. New York, Abingdon: Routledge ^{2}2008 [zitiert wird daher hier weiterhin nach der ersten Auflage].

91 Pratt, Mary Louise: *Imperial Eyes*, S. 127.

privilegierte Orte für Naturstudien, für topographische, mineralogische und klimatologische Phänomene, für anatomische und zoologische Forschung darstellte, findet seine Motivation nicht im europäischen *Begehren*, einen Kontinent im Angesicht der Natur quasi diskursiv zu entvölkern und zu enthistorisieren. Vielmehr entspricht er der gleichen Motivation, mit der heutige Biodiversitätsforscher deutlich seltener in entlegenen Wüsten, als in den Tropenzonen der Welt zu finden sind. Wer Humboldts Blick auf die Natur also politisch liest, ohne Humboldts politische Schriften, ohne Humboldts kultur- und differenzbewusste Argumentation ernst zu nehmen oder überhaupt zu kennen, der hat Humboldt bereits verstanden, bevor er ihn gelesen hat.

9 Exkurs: «... und sich wissenschaftliche Kultur über so viele Berggehänge und Hochebenen verbreitet ...» Von den Gefahren für europäische Forschungsreisende zur Verlässlichkeit wissenschaftlicher Institutionen in der Neuen Welt

Wissen zu vermitteln bedeutet bei Alexander von Humboldt stets auch dieses Wissen im Spannungsfeld seiner wissenschaftspolitischen und -praktischen Entstehung zu kontextualisieren. Das führt nicht selten zu dem Ergebnis, dass ein präsentierter Befund mit einem Erfahrungswert verknüpft wird, der in einer gegenläufigen Bewegung zwei Dinge zugleich befördert: eine verstärkende Beglaubigung wie eine Infragestellung des eben erst behaupteten Zugewinns an Wissen.

Diese widerprüchliche Bewegung im Text zwischen Beglaubigung und Relativierung, zwischen Fixierung und Dynamisierung, lässt sich nicht nur in Humboldts monographischen Arbeiten über Kuba und das Königreich Neu-Spanien aufzeigen, sondern ebenso in seinen unselbständigen Schriften. Ein Beispiel aus dem Jahr 1827 mag dies erläutern. Es ist das Jahr, in dem Humboldt Paris verlässt, um nach Berlin zurückzukehren «in die Enge des preußischen Hofes als Kammerherr Friedrich Wilhelm III.»,[1] wo er am 3. November an der Universität den ersten von insgesamt 61 Vorträgen über physikalische Erdbeschreibung hält, berühmt geworden als 'Kosmos-Vorlesungen'. Vier Monate zuvor, am 3. Juli 1827, hält er einen Vortrag an der Königlichen Akademie der Wissenschaften mit dem Titel 'Ueber die Hauptursachen der Temperaturverschiedenheit auf dem Erdkörper', «seit vielen Jahren ein Hauptgegenstand meiner Untersuchungen»,[2] wie der Berliner Wissenschaftler gleich zu Beginn ausführt. Der im selben Jahr in den *Annalen der Physik* publizierte Vortrag beschäftigt sich mit dem Phänomen der weltweit zu beobachtenden Unterschiede der Temperatur bei vermeintlich gleichen klimatischen Bedingungen innerhalb einer durch den jeweiligen Breitengrad definierten Klimazone. Bisher habe man dieses «Problem der geographischen Wärme-Vertheilung»[3] in erster Linie

1 Kossok, Manfred: Vorwort, S. 13.

2 Humboldt, Alexander von: Ueber die Hauptursachen der Temperatur-Verschiedenheit auf dem Erdkörper. In: *Annalen der Physik* 87 (1827) H. 9, S. 1–27, S. 1.

3 Ebda., S. 2.

durch massenhafte, doch weitgehend unstrukturierte meteorologische Beobachtungen festgehalten. Erst in jüngster Zeit sei man – so Humboldt – dazu übergegangen, das Phänomen umfassender und systematischer zu untersuchen und habe dabei festgestellt, die Variationen seien nicht in erster Linie eine Frage der jeweils spezifischen lokalen Bedingungen,

> sondern [sind] allgemeinen Gesetzen unterworfen, welche durch die Gestalt der Continental-Massen, durch ihre Umrisse, den Zustand ihrer Oberfläche, besonders aber durch ihre Stellungs- und Grössen-Verhältnis zu den benachbarten Meeren bestimmt wird.[4]

Nach diesem Auftakt geht Humboldts Studie auf Reisen und springt in einer ersten Bewegung von den Polarkreisexpeditionen bei Ost-Grönland zu den Orkneyinseln bei Feuerland, wo der britische Seefahrer und Robbenjäger James Weddell ein Meer entdeckte, das wir heute unter seinem Namen kennen.[5] Darauf folgt ein kurzer Anriss der vergleichenden Studien, die angestellt worden sind zwischen den Klimazonen der Tropen und der gemäßigten Zone, «in welcher, nach westlichen Sagen, die Menschheit zuerst (längs dem Mittelmeere, in Vorder-Asien und Iran) zu geistiger Bildung, zu Anmuth der Sitten und schaffendem Kunstgefühle erwacht ist».[6] In einem nächsten Schritt jedoch zeichnet der Verfasser der *Voyages aux régions équinoxiales du Nouveau Continent* nicht etwa weiter die Routen anderer Forschungsreisender nach wie gerade noch im Fall von Leopold von Buch oder Carsten Niebuhr, sondern vollzieht mit dem Leser den Weg über die Wasserpassage von der Nordwestküste Afrikas in das karibische Archipel, über die auch Alexander von Humboldt 1799 zum ersten Mal an die Küsten des Neuen Kontinents gelang:

> Folgen wir dem Meeresstrome, welcher das grosse Thale des Atlantischen Ozeans von Osten gegen Westen durchschneidet, so finden wir in der neuen Welt, von dem russischen Amerika und den Ansiedelungen kanadischer Jäger bis an den Plata-Strom und das südlichste Chili, in einer Länge von mehr als 1500 geographischen Meilen, reiche Quellen der Belehrung fast unerwartet eröffnet.[7]

4 Ebda.

5 Humboldt dürfte James Weddells Reisebericht gekannt haben, in dem dieser von der dritten seiner vier Antarktis-Expeditionen zwischen 1819–1824 berichtet: Weddell, James (1825): *A voyage towards the South Pole performed in the years 1822–24. Containing an examination of the Antarctic Sea, to the seventy-fourth degree of latitude; and a visit to Tierra del Fuego, with a particular account of the inhabitants. To which is added, much useful information on the coasting navigation of Cape Horn, and the adjacent lands.* London: Longman, Hurst, 2. erweiterte Ausgabe 1827 [mit Ergänzungen von der vierten Reise in die Antarktis 1824].

6 Humboldt, Alexander von: Ueber die Hauptursachen der Temperatur-Verschiedenheit auf dem Erdkörper, S. 2.

7 Ebda, S. 5.

Hatte Humboldt eben noch von den einzelnen Klimazonen gesprochen als separate, über den Globus verteilte Forschungsgebiete und sie als solche in weltweite Bezüge gesetzt, kehrt er nun die Perspektive um und richtet den Blick auf den einzigen Kontinent des Globus, von dem aus alle Klimazonen untersucht werden können: Amerika. Die Rede von den für die Entwicklung einer global konzipierten Klimatologie «reichen Quellen der Belehrung» klang nur ein Jahr zuvor, in seinem *Essai politique sur l'île de Cuba* noch etwas vorsichtiger:

> La Climatologie avance lentement, parce que l'on accumule au hasard des résultats obtenus dans des points du globe où commence à se développer la civilisation humaine. Ces points forment de petits groupes séparés les uns des autres par d'immenses espaces de terres inconnues aux météorologistes. Pour reconnoître les lois de la nature dans la distribution de la chaleur sur le globe, il faut donner aux observations une direction conforme aux besoins d'une science naissante et savoir quelles données numeriques sont les plus importantes.[8]

Der amerikanische Kontinent scheint, das macht Humboldt in seinem Berliner Vortrag unmissverständlich klar, für die Arbeit an einer «direction conforme aux besoins d'une science naissante» ein idealer Nährboden zu sein. Doch trägt dieser Gedanke bei Humboldt nicht die eurokoloniale oder imperiale Perspektive, die man vielleicht erwarten würde. Der Ausbeuter dieser «reichen Quellen der Belehrung» sind nicht in erster Linie die europäischen Wissenschaftler, deren Selbstverständnis als Eroberer weltweiter Wissensbestände Humboldt bereits in den zahlreichen Hinweisen auf die Expeditionen seiner Kollegen angedeutet hatte. Der Agens wechselt: er wird amerikanisch.

> Es sind nicht mehr fremde Naturforscher, die uns mittheilen, was sie bei dem kurzen Aufenthalte in wald- oder grasreichen Ebenen, wie auf dem beeiseten Rücken der Cordilleren flüchtig erforscht haben [...]: überall geht von den Einwohnern selbst gründliche und vollständige Belehrung aus.[9]

---

8 Humboldt, Alexander von: *Essai politique sur l'île de Cuba*, S. 81. Dt. Übers.: «Es macht die Klimatologie nur langsame Fortschritte, weil man vorerst noch nur Ergebnisse zusammenreiht, wie sie der Zufall auf einzelnen Puncten des Erdballs, wo die menschliche Civilisation sich zu entwickeln anfängt, ergeben hatte. Diese Puncte bilden kleine Gruppen, die durch weite Räume von Ländern, die den Meteorologen *unbekannt* sind, sich geschieden und getrennt finden. Um die Gesetze der Natur in Vertheilung der Wärme über den Erdball zu erforschen, muß den Beobachtungen die den Bedürfnissen einer im Entstehen begriffenen Wissenschaft entsprechende Richtung gegeben werden, und man muß wissen, welche numerischen Angaben die bedeutsamsten sind.» Humboldt, Alexander von/Bonpland, Aimé: *Reise in die Aequinoctial-Gegenden des neuen Continents. Sechster Theil. Erste Hälfte*, S. 57.

9 Humboldt, Alexander von: Ueber die Hauptursachen der Temperatur-Verschiedenheit auf dem Erdkörper, S. 5.

Zwar kann auch der europäische Wissenschaftler auf diesem Neuen und neu zu betrachtenden Kontinent weiterhin einiges über die Zusammenhänge der «verwickelte[n] Lehre von der Verbreitung der Wärme»[10] lernen, aber er ist nicht mehr automatisch deren einziger und wichtigster Erzeuger. Denn das Wissen von den globalen Klimazonen und den lokalen Bedingungen ihrer Temperaturverschiedenheit lässt sich nicht nur am besten von den amerikanischen Nord-Süd-Hemisphären aus begreifen, sondern auch am besten von den dort ansässigen Wissenschaftlern: *Humboldtian Science* als globales Projekt gleichberechtigter Partner.

Geradezu beiläufig unterwandert der erfahrene Tropenreisende, Mitglied der Pariser wie Berliner Akademie der Wissenschaften, hier nicht nur die Autorität eben der Wissenschaftsexpeditionen, die er gerade noch erwähnt hatte, sondern deutet auch, in Anspielung auf seine eigene Besteigung der verschneiten Gipfel der Kordilleren die notwendige Beschränktheit der eigenen Forschungsleistung an. In die subtile Selbstkritik mischt sich eine Bewunderung für das rasche Vorankommen der ehrgeizigen, amerikanischen Wissenschaftsinitiativen:

> Die Executive Gewalt der Vereinigten Staaten von Nord-Amerika lässt seit 5 Jahren [...] auf einem Flächenraume von 2400 Quadratmeilen, an siebzehn verschiedenen Punkten [...] täglich dreimal meteorologische Beobachtungen anstellen, aus denen sich die mittlere Temperatur der Tage, der Monate und des Jahres ergibt. Diese Beobachtungen, von dem General-Staabs-Arzte der Armee, Herrn Lovell, berechnet, sind in zwei Abhandlungen auf Kosten der Nord-Amerikanischen Regierung herausgegeben, und an alle wissenschaftlichen Institute in Europa verteilt worden. Wenn nach diesem schönen Beispiele, in dem östlichen Theile unseres alten Kontinents, in dem weitausgedehnten, der halben Mondfläche gleichen Raume zwischen der Weichsel und der Lena, in wohl ausgewählten Punkten, ähnliche unter sich vergleichbare Thermometer-Beobachtungen, auf Befehl und Kosten eines mächtigen Monarchen, gemacht würden: so müsste in wenigen Jahren die ganze Klimatologie eine neue und verbesserte Gestalt gewinnen.[11]

Doch gilt diese Prognose einer von den jungen amerikanischen Nationen ausgehenden Modernisierung der Wissenschaft nicht nur für Nord-Amerika, sondern genauso für die sich rasch entwickelnden Gesellschaften des «jetzt erst frei gewordenen spanischen Amerika»:[12]

> Zeitschriften, die in Bergstädten bis zu 9000 Fuß Höhe gedruckt werden, geben täglich, in der ungeheuren Ausdehnung von 28° nördlicher bis 40° südlicher Breite, den Stand des Thermometers, Barometers und Hygrometers, nach genauen, in Paris und London

---

10 Ebda, S. 19.
11 Ebda, S. 5.
12 Ebda, S. 7.

> angefertigten, Instrumenten an. So ist die nun vollendete politische Revolution dieser Länder nicht bloss ihrem eigenen Wohlstande und dem Erwerbfleisse von Europa erspriesslich geworden; sie wird auch unbezweifelt, je nachdem die Bevölkerung zunimmt, und sich wissenschaftliche Kultur über so viele Berggehänge und Hochebenen verbreitet, zu einer gründlicheren Kenntniss der höheren Schichten der Atmosphäre führen. Ganze Provinzen erheben sich dort zu der Höhe des Aetna und Pic's von Teneriffa, inselförmig im Luftmeere. Wo im alten Kontinente der reisende Physiker, der ewigen Schneegränze nahe, sein Zelt aufschlägt, da liegen hier volkreiche Städte.[13]

Von diesen Inseln «im Luftmeere» geht ein für die europäisch-amerikanischen Beziehungen seit dem 15. Jahrhundert typisches Versprechen einer Quelle neuer Ressourcen aus: Ressourcen des Wissens, die sich da ausbreiten, wo die «wissenschaftliche Kultur» Einzug erhält. Von der Entwicklung eben dieser Kultur(en) des Wissens scheint der Aufsatz bald mehr zu handeln als von der eigentlichen Bestimmung globaler, in den jeweiligen Klimazonen vergleichbarer Temperaturverhältnisse.

So erfüllt der an Humboldts eigene Überfahrt erinnernde Schwenk vom europäischen Festland über den atlantischen Meeresstrom zum amerikanischen Kontinent nicht nur den Zweck zu zeigen, wie vorteilhaft sich dort die Verschiedenheit der Temperatur in den Klimazonen untersuchen lässt. Es ist auch ein Loblied auf den Erfolg institutionalisierter Forschung. Dass dies wenige Jahre, nachdem Hegel im Wintersemester 1822/23 in seiner Berliner Vorlesung über die Philosophie der Weltgeschichte immer noch von der Schwachheit der (süd-)amerikanischen Menschen sprechen und damit der seit dem 18. Jahrhundert schwelenden 'Berliner Debatte'[14] neues Feuer geben konnte, in Berlin wohl nicht jedermanns Zustimmung erfahren haben dürfte, kann als sehr wahrscheinlich angenommen werden. Den Fokus dabei aber nicht auf eine etwaige Überlegenheit des amerikanischen Geistes zu legen, sondern auf eine offenbar größere Flexibilität der politischen wie wissenschaftlichen Institutionen, offenbart wiederum die Rafinesse, mit der Humboldt, dessen diplomatisches Geschick bekannt war, vor seinem Akademie-Publikum die vorteilhaften Forschungsbedingungen der Neuen in eine Reformbotschaft für die Alte Welt zu übersetzen wusste. Denn könnte man – in einem postnapoleonischen

---

13 Ebda.

14 Ottmar Ette hat diesen Begriff in Anlehnung an die Formulierung des 'Disputes um die Neue Welt' in die Forschung zu Aufklärung und Globalisierung eingebracht. Vgl. hierzu Ette, Ottmar: *Alexander von Humboldt und die Globalisierung*, S. 45 ff., 54 ff. Ein umfangreicher Material- und Forschungsband zum Thema erscheint 2014 als Bernaschina, Vicente/Kraft, Tobias u. a. (Hg.): *Globalisierung in Zeiten der Aufklärung. Texte und Kontexte zur 'Berliner Debatte' um die Neue Welt (17./18. Jh).* Frankfurt am Main: Peter Lang (HISPANO-AMERICANA. Geschichte, Sprache, Literatur).

Europa kaum vorstellbar – «auf Befehl und Kosten eines mächtigen Monarchen» hier ähnliche Projekte anschieben wie das die jungen Vereinigten Staaten von Amerika bereits taten, wäre auch aus Europa ein substantieller Beitrag zur Entwicklung der Klimatologie, «conforme aux besoins d'une science naissante», zu leisten. Die Übertragung der in ihrem Handlungsspielraum offenbar überlegenenen nord- wie hispanoamerikanischen Verhältnisse auf die europäische Wissenschaftslandschaft impliziert einen Systemvergleich, der kaum verholen die Sympathien offenlegt, die Humboldt auch zu einer Zeit, als er als Kammerherr am preußischen Hofe an die Krone gebunden war, für ein republikanisches Gesellschaftssystem und die «eben erst frei gewordenen» Völker hegte. Humboldts Rede kann daher auch als Auftaktdokument eines Bestrebens gelesen werden, das mit dem emblematischen Jahr 1827 als Rückkehr an den preußischen Hof auch den Beginn zahlreicher Anstrengungen markiert, die Alexander von Humboldt zur Verbesserung der wissenschaftlichen Kultur der Hauptstadt in den Folgejahren anregen sollte. Seine berühmten Kosmos-Vorlesungen sollten die Akzeptanz für eine Kultur wissenschaftlicher Auseinandersetzung mit der Welt verbreitern. Seine Bemühungen am Hof, Mittel für die Errichtung einer Berliner Sternwarte zu erwirken, folgten demselben Geist und ließen die angesprochenen Instanzen – zuvorderst den König – mehr als deutlich die eigenen Defizite erkennen.

Wichtiger noch als die implizite Kritik an der Unbeweglichkeit wissenschaftlicher Institutionen in einer monarchistischen und letztlich unfreien Gesellschaftsordnung, ist die Frage nach dem Verhältnis von institutionellem und individuellem Forschen. Die Institutionalisierung der preußischen Wissenschaftslandschaft war seit einigen Jahren in vollem Gange, Wilhelm von Humboldt hatte sie mit der Initiative zur Gründung der Berliner Universität und der Umstrukturierung der Akademie der Wissenschaften seit 1811 eingeleitet. Alexander selbst hatte im Oktober 1822 noch mit dem Gedanken gespielt, «nach Mexiko überzusiedeln und dort eine Akademie der Wissenschaften für die lateinamerikanischen Länder zu gründen».[15] In diese wissenschaftspolitische und auch 1827 noch hochaktuelle Frage mischt sich in Humboldts Berliner Vortrag über Klimatologie eine wissenschaftspraktische: behält neben der Breite der Untersuchung, sichergestellt durch große Forschungsprojekte einflussreicher Institutionen und Entscheidungsträger, auch die Empirie des Einzelfalls noch eine Autorität? Wie steht es mithin um Humboldts Leistung als Forschungsreisender auf eigene Kosten und ohne Auftrag? Und was bedeutet der Unterschied zwischen der kollektiv-strukturierten und der individuellen

15 Schwarz, Ingo: Alexander von Humboldt Chronologie.

Form der Herstellung von Wissen durch Sammeln, Messen und Auswerten von Daten für die Darstellung im Text?

Es fällt auf, dass Humboldt zwar die Entwicklung einer «wissenschaftlichen Kultur» erkennbar an den Aufbau wirkmächtiger Institutionen knüpft, aber zugleich in seiner eigenen Schreib- und Vermittlungspraxis in einem hohen Maße auf den Erfahrungswert des Einzelnen setzt, auch wenn er häufig deren Verbindlichkeit oder Zuverlässigkeit nur vermuten kann. Dies gilt besonders da, wo die Wissenschaft nach europäischem Modell noch keinen eigenen Zuschnitt in Form lokaler oder nationaler Institutionen erhalten hat. Humboldts Ausführungen zu den meteorologischen Untersuchungen in den Klimazonen Afrikas belegen das. Hier sind es weiterhin die einzelnen Forschungsreisenden, deren Leistung und Einsatz die Voraussetzungen für Humboldts Auswertung schaffen. Wurde die Institutionalisierung von Wissenserwerb gerade noch klar in einen wissenschaftspolitischen Kontext globalen Zuschnitts gestellt, ist die Rückkehr zum Bericht über individuelle Forschungsleistungen verbunden mit einem plötzlich den Text durchdringenden Narrativ der Reise. Humboldt betreibt in der nun folgenden Passage seines Berliner Vortrags nicht in erster Linie eine *Auf*zählung der klimatologischen Ergebnisse zu Afrika, sondern präsentiert vielmehr eine *Er*zählung ihres – zuweilen lebensgefährlichen – Zustandekommens.

> So wie Afrika, in neuere Zeiten, für einen an Palmen-Formen armen Weltteil erkannt worden ist, während es die Alten auf Münzen und Denkmählern als Palmenreich symbolisierten; so haben auch die letzten Entdeckungsreisen unsern Glauben an eine stete gleichförmige Tropenhitze in den afrikanischen Wüsten sonderbar modifiziert. Von Murzuk in Fezen aus reisend [...] starb Dr. Oudney vor Kälte, mitten in Afrika, an der Gränze von Bornu, unter dem 13ten Breiten-Grade, zu Ende Decemb. in einem Lande, das nach Barometer-Messungen nicht 1200 Fuss über dem Meeresspiegel erhaben ist. Man behauptet, Wasserschläuche, welche Oudney's Caravans trug, seien in derselben Nacht gefroren gewesen; doch hat mir Clapporton's Reisegefährte, Major Denham, den ich nach seiner Rückkehr vom See Tschad um mündliche Erläuterungen gebeten, erzählt, dass am Morgen, einige Stunden nach dem Tode des Dr. Oudney, die Luft-Temperatur nicht unter 7 1/2 Grad gewesen sey. In Süd-Amerika, dem Äquator näher, bei Bogota und Quito, habe ich, trotz der grossen kälteerzeugenden Wirkung der Strahlung hoher Ebenen, Wasser noch nicht in 8500 und 9000 Fuss Höhe mit Eis bedeckt gesehen. In den handschriftlichen Tagebüchern des jungen Beaufort, der vor Kurzem im oberen Senegal ein Opfer seines wissenschaftlichen Eifers geworden ist, finde ich, unter 16 Grad Breite, das Thermometer im Schatten, an demselben Tage, auf 36 Grad in der Mittagsstunde, und auf 12 Grad am frühen Morgen. [...] Als ich im vorigen Jahre der Akademie einen ausführlichen Bericht über die vortrefflichen Arbeiten von Ehrenberg und Hemperich [sic] vorlegte, habe ich bereits der Kälte erwähnt, welcher diese gelehrten Reisenden in der Wüste von Dongola, unter 19 Grad Breite, ausgesetzt waren. Nordwinde gelangten bis in diese südliche Tropen-Gegend, und im Dezember sank das Thermometer bis 2,5° R. über dem Gefrier-Punkte herab, also volle 12 Grad tiefer, als es, nach sorgfältig von mir gesammelten Erfahrungen,

> je unter derselben Breite, in Westindien, beobachtet wurde. [...] Die eigentlichen Ursachen dieses sonderbaren Erkältungs-Processes [...] sind bis jetzt nicht hinlänglich ergründet worden.[16]

In großer semantischer Dichte markiert Humboldt in dieser Passage die Vorläufigkeit der Ergebnisse, mit denen sich die noch junge Disziplin, deren Grundzüge und Perspektiven er in seinem Vortrag versucht zu konturieren, in einigen Weltregionen begnügen muss. So ist es kein gesicherter Wissensbestand, sondern lediglich ein durch Münzprägungen bis zurück in die Antike rekonstruierbarer «*Glauben* an eine stete gleichförmige Tropenhitze», der durch neue Expeditionserfahrungen modifiziert wird, deren Ergebnisse sich aber keineswegs in verbürgte, gesicherte Erkenntnis gießen lassen. Zugleich ist diesen Zeilen eine Art Mikrogenealogie des Wissens abzulesen, in der sich verschiedene Stufen abzeichnen, nach denen Humboldt in bester philologischer Manier diese hochgradig individualisierten Daten- und Erfahrungswerte sortiert.

Zu Beginn erwähnt Humboldt Walter Oudney, einer von drei Forschungsreisenden der vom Britischen Königreich finanzierten Borno Mission (1822–1825) zur Erforschung der Sahara und des Flussverlaufs des Niger,[17] der 1823 an Unterkühlung stirbt; eine Gefahr, der sich der schottische Arzt wohl als Folge von Unwissen über die lokalen Wetter- und Temperaturverhältnisse ausgesetzt hatte.[18] Nicht nur scheinen sich die genauen Umstände seines Todes nicht klar rekonstruieren zu lassen, auch der vermeintliche Grund erzeugt Widersprüche. Humboldt konsultiert Clapperton, als dieser von der Reise zurückkehrt, dessen Aussage, «dass am Morgen, einige Stunden nach dem Tode des Dr. Oudney, die Luft-Temperatur nicht unter 7 1/2 Grad gewesen sey», aber die vorherige anonyme Behauptung kontrastiert. Vom mündlichen Zeugenbericht eines Dritten springt er in einer Art erhöhten Beglaubigungsstufe zu seinen eigenen Beobachtungen, auf den südamerikanischen Bergketten – und damit

---

16 Humboldt, Alexander von: Ueber die Hauptursachen der Temperatur-Verschiedenheit auf dem Erdkörper, S. 7–9. Zu den ersten Berichten über die Entdeckung schneebedeckter Berge in Ostafrika vgl. die Briefe 66, 69, 77, 149a und 149b in Humboldt, Alexander von/Ritter, Carl: *Briefwechsel*. Herausgegeben von Ulrich Päßler unter Mitarbeit von Eberhard Knobloch. Berlin: Akademie Verlag 2010 (Beiträge zur Alexander-von-Humboldt-Forschung, 32).

17 Lockhart, Jamie Bruce/Clapperton, Hugh: In the Raw: Some Reflections on Transcribing and Editing Lieutenant Hugh Clappertons Writings on the Borno Mission of 1822–25. In: *History in Africa* 26 (1999), S. 157–195, S. 158.

18 Die Tatsache, dass Humboldt über die Ursachen von Oudneys Tod nur ungefähres zu berichten weiß und auf mündliche Schilderungen angewiesen ist, deutet darauf hin, dass er den Reisebericht, der 1826 in Boston und Philadelphia, im selben Jahr in einer zweiten Auflage in London und ebenfalls 1826 in einer zweibändigen Ausgabe bereits in französischer Übersetzung in Paris gedruckt wurde, nicht kannte.

in einer zumindest im Breitengrad vergleichbaren Klimazone – kein gefrorenes Wasser gefunden zu haben. Von dieser immer noch *mündlichen Empirie* (denn Humboldt gibt nur seinen Erfahrungswert weiter, zitiert sich aber nicht – wie sonst üblich – mit einer seiner Schriften selbst), geht er in einem nächsten Schritt über zur Lektüre der «handschriftlichen Tagebüchern des jungen Beaufort» – ebenfalls tödlich verunglückt. Doch auch hier gibt es kein gefrorenes Eis. Auf die Autorität, die er dieser nun immerhin schriftlichen, wenn auch nicht öffentlichen Quelle zukommen lässt, folgt der Hinweis auf den «ausführlichen Bericht über die vortrefflichen Arbeiten von Ehrenberg und Hemperich», mithin also der Verweis auf den eigenen Textkommentar, der jedoch ebenfalls keine gesicherten Daten über die Möglichkeiten gefrierenden Wassers im tropischen Klima erbringen kann.

So kommt es in Humboldts Vortrag zu einem fließenden Wechsel zwischen den Faktoren 'Breite der Untersuchung' und 'Empirie des Einzelfalls', zwischen dem Lob auf die Erweiterung der Messstationen auf dem nordamerikanischen Festland und der Bedeutung, die er Erfahrungswerten beimisst, deren Verbindlichkeit oder Zuverlässigkeit er nur vermuten kann. Diese Unsicherheit des Wissens wird zwar grammatikalisch markiert (durch eine Personalisierung der Rede, «mir hat er gesagt ... ich hörte», etc. Auch: «in seinen Tagebüchern nachgelesen») aber zugleich nicht minder gewertet als der Rest. Für ihre Verbindlichkeit steht nicht mehr in erster Linie die Zahl als solche (abgesichert durch eine entsprechend hohe Quanität der Untersuchungsmomente oder -schichten, wie in der Statistik), sondern die Verbindung mit dem Forscher (Humboldt), der sie zusammenträgt. Die Autorität des individuell hergeleiteten Messergebnisses ergibt sich durch die Tatsache, dass Humboldt sie erwähnt und miteinbezieht in seine Studie. Dass er für diese 'Bürgschaft' gerade steht, vermittelt die sprachliche Markierung, der eine subtile Geste des gegenseitigen Vertrauens eingeschrieben ist, die zugleich den Zweifel an der Haltbarkeit dieses unter Einsatz des eigenen Lebens erzielten Erfahrungswissens miteinschließt («Die eigentlichen Ursachen dieses sonderbaren Erkältungs-Processes [...] sind bis jetzt nicht hinlänglich ergründet worden.»).

Die Betonung der besonderen Gefahren, der sich Humboldts Kollegen (und bekanntermaßen auch er selbst) bei diesen Expeditionen regelmäßig und zuweilen geradezu systematisch ausgesetzt haben, ist darüber hinaus auch als eine erneute Selbstkritik an den europäischen Erkundungspraktiken zu verstehen. Die eigene Unkenntnis über lokale Verhältnisse betont mehr das Fehlen als das dabei fast akzidentell erlangte Wissen selbst. Die europäische Leichtfertigkeit im Umgang mit dem Unbekannten, der Anspruch, sich mitsamt seiner Lebensfähigkeit über die unbekannten Lebensbedingungen hinweg setzen zu können, ist als Anspruch gegenüber dem Nicht-Gewussten nicht nur leichtsinnig, sondern lebensgefährlich.

10 Schlusswort

> Die größte Ehre, welche man einem Manne, der es ernst mit seinem Wirken genommen, erweisen kann, ist, ihn begreifen zu wollen, sich hineinzuleben in seine Bestrebungen, ihn voll und ganz zu verstehen. Wenn irgend einer der großen Geister einen vorzüglichen Anspruch an dieses Opfer hat, so ist es nun unser Alexander von Humboldt.[1]

Als Friedrich Anton Heller von Hellwald diesen emphatischen Ausspruch an den Anfang seiner 1889 zum Abschluss der zwölfbändigen Ausgabe der *Gesammelten Werke* bei Cotta veröffentlichen Biographie Alexander von Humboldts stellte, war ein solches Vorgehen durchaus plausibel: unter Vorrangstellung des Lebens das Wirken und die Bedeutung Humboldts zu erhellen, ihn aus sich selbst heraus begreifen zu wollen. Ganz explizit verzichtete Hellwald auf eine Diskussion über Humboldts wissenschaftlichen Stellenwert. Man sollte

> sich hüten, in einseitiger Abschätzung trockener Forschungsergebnisse einen Maßstab für die Bedeutung des großen Mannes sehen zu wollen, dessen Leben in raschen Umrissen im folgenden entrollt werden soll.[2]

Eine rein wissenschaftliche Kritik, so fährt Hellwald fort, sei da angebracht, wo es sich um reine Spezialistenforschung handelte. Diese Kritik «wird aber und muss schiffbrüchig werden, wenn sie es wagt, an leitende Geister sich zu drängen, an Männer, die aus allen Quellen getrunken, [...] die [...] nach den höheren Ziele umfassender, durch zahlreiche Einzelerfahrungen geläuterter Ansichten hinstreben [...].»[3]

Heute kann eine solche, im Wesentlichen durch die Lebensgeschichte Humboldts erhellte Auseinandersetzung mit der fortdauernden Bedeutung und Wirkung dieses weltreisenden Naturforschers, Schriftstellers und «sicherlich berühmtesten Lateinamerikaforscher[s] seiner Zeit»[4] nicht mehr (alleine) tragen. Neben die Unmöglichkeit einer solchen (rein) biographischen Lektüre tritt jedoch die Chance zahlreicher anderer, in den Humboldt-Studien der letzten zwei Jahrzehnte zunehmend präsenteren Zugänge zu einem in seiner Komplexität genauso unbeherrschbaren wie unberechenbaren Œuvre. Humboldts Werk ist irreduzibel komplex. Das macht es auf faszinierende Weise unab-

---

1 Hellwald, Friedrich Anton Heller von: Alexander von Humboldt. Ein Lebensabriß. In: Humboldt, Alexander von: *Gesammelte Werke. Zwölfter Band. Cuba – Lebensbeschreibung*. Stuttgart: Cotta'sche Verlagsbuchhandlung 1889, S. 167–336, S. 170.

2 Ebda., S. 169.

3 Ebda., S. 170.

4 Ette, Ottmar: *Literatur in Bewegung*, S. 26.

schließbar. Humboldt selbst wusste das, sein Werk verfasste er in einem radikalen Sinne offen und für weitere Forschung öffnend, blieb doch fast jedes seiner großen Buchprojekte zum Ende hin unabgeschlossen.

Aber große (gemeint ist: voluminöse) Werke lösen auch Widerstände aus. Im Vorwort zu seiner Erzählung 'El jardín de senderos que se bifurcan' erläutert der argentinische Schriftsteller Jorge Luis Borges in der für ihn typischen Nonchalance, warum er es ablehne, umfangreiche Bücher zu schreiben:

> Desvarío laborioso y empobrecedor el de componer vastos libros: el de explayar en quinientas páginas una idea cuya perfecta exposición oral cabe en pocos minutos. Mejor procedimiento es simular que esos libros ya existen y ofrecer un resumen, un comentario.[5]

Alexander von Humboldt hätte diese Auffassung mit Borges sicher nicht geteilt. Seine Bücher und Buchprojekte sind von der Rastlosigkeit und Ausdauer eines Mannes geprägt, der offensichtlich Schwierigkeiten hatte, mit etwas abzuschließen und es bevorzugte, beständig an den Ausläufern des eigenen Werkes weiterzuarbeiten. Und selbst wenn man den *Kosmos* lesen wollte als ein ausführliches «resumen, un comentario» seines lebenslangen Wissenschaftsprojekts, so fiel dies keineswegs knapp aus. Der Verfasser der vorliegenden Studie hingegen hat in diesem Moment das Glück, das Vorhandensein einer längeren, wenn auch nicht 500 Seiten umfassenden Arbeit nicht simulieren zu müssen, sondern auf eben diese zurückgreifen zu können, um sie im Folgenden kommentierend zusammenzufassen.

Auf dem nun zurückgelegten Pfad sind nicht alle Wege beschritten worden, die ursprünglich beabsichtig und vorbereitet waren. Ein wenig Trost liegt wohl in der Tatsache, dass der Protagonist dieser Arbeit, Alexander von Humboldt, mit seinen Schriften nicht sehr viel anders verfahren ist. Druckfertige Manuskripte wurden immer wieder verändert, bereits gedruckte Bücher weiter überarbeitet, neue Projekte darauf aufgebaut und während dessen der ein oder andere Verleger und Mitarbeiter bis an die Grenzen der Belastbarkeit beansprucht.

Die Ergebnisse, die nun vorliegen, sind daher nicht mehr und nicht weniger als Stationen einer Reise, die noch lange nicht an ihrem Ende angekommen ist.

5 Borges, Jorge Luis: *Obras completas. [Tomo] 1. 1923–1949.* Edición dirigida y realizada por Carlos V. Frías. Barcelona: Emecé 1989, S. 429. Dt. Übers.: «Ein mühseliger und strapazierender Unsinn ist es, dicke Bücher zu schreiben; auf fünfhundert Seiten einen Gedanken auszuwalzen, dessen vollkommen ausreichende Darlegung wenige Minuten beansprucht. Besser ist es, so zu verfahren, daß man so tut, als gäbe es diese Bücher bereits, und ein Résumé, einen Kommentar vorlegt.» Borges, Jorge Luis: *Sämtliche Erzählungen. Das Aleph, Fiktionen, Universalgeschichte der Niedertracht.* München: Carl Hanser Verlag 1970, S. 135.

10.1 Zu den Ergebnissen dieser Untersuchung

Die vorliegende Arbeit hat sich zum Ziel gesetzt, Alexander von Humboldts Auseinandersetzung mit Natur, Kultur und Politik des 'Neuen Kontinents' einer kritischen Relektüre zu unterziehen. Das hierfür zentrale Korpus umfasste vier Schlüsseltexte aus Humboldts amerikanischem Reisewerk: den *Essai sur la géographie des plantes*, die *Vues des Cordillères et monumens des peuples indigènes de l'Amérique*, den *Essai politique sur le royaume de la Nouvelle-Espagne* sowie den *Essai politique sur l'île de Cuba*. Die Text- und Bildanalyse basierte auf der literaturwissenschaftlich motivierten Annahme, dass die ästhetischen und epistemologischen Prämissen eines *Humboldtian Writings* generische Text- sowie Text/Bild-Konzepte sichtbar werden lassen, mit denen Humboldt zum Kern seines Monumentalprojekts einer 29-bändigen *Voyage aux régions équinoxiales du Nouveau Continent* vordringt. Diese Annahme wurde inspiriert durch die offensichtliche Präsenz von Gattungs- und Formbegriffen, die dem wissenschaftlichen Projekt seiner *Voyage* einen diskursiv markierten und konzeptionell zu begreifenden Rahmen geben. Als Schlüsselbegriffe dieser Rahmung stehen daher das Tableau, der Atlas und der Essai im Zentrum. Sie alle drei weisen auf unterschiedliche Art mal einzeln, mal in Kombination auf verschiedene epistemische Besonderheiten des amerikanischen Reisewerks. Vor allem dem Oberbegriff des Essais kommt dabei die Funktion eines experimentellen Orts des Schreibens zu, von dem aus die Perspektiven einer neuen wissenschaftlichen Disziplin wie der Pflanzengeographie, einer neu auszurichtenden Disziplin wie der Geographie oder gleich einer noch zu erfindenden Analysepraxis wie jener der vergleichenden Kulturanthropologie entwickelt werden sollen. Damit bildet der noch am ehesten in den Kanon einer Gattungsgeschichte zu integrierende Begriff des Essais die tatsächlich am geringsten fixierte und an bisherige Traditionen anzubindende Form, insofern Humboldt seinen Essai und die damit verbundenen Schreib- und Sprechoptionen sozusagen *unterwegs* erfindet. Als epistemische Figur, die der Essai in diesem Sinne also auch und vielleicht vor allem darstellt, handelt es sich um ein zutiefst Humboldt'sches Arbeitsprinzip, in dem die Offenheit und Flexibilität der Form wichtiger ist als das Korsett einer durch Schulen oder Methoden vorgegebenen Norm.

Zugleich war mit dieser Wahl die Hoffnung verbunden, eine Art Narrativ der Humboldt'schen Kompositionsformen entwickeln zu können, anhand dessen es überhaupt möglich wurde, sich durch verschiedene und zum Teil sehr heterogene Aspekte von Humboldts amerikanischem Reisewerk zu bewegen und sie aufeinander zu beziehen. Dass dies möglich und vielleicht sogar notwendig ist, scheint mir die Anlage des Reisewerks selbst anzuzeigen, basiert es doch im besten Sinne auf der Idee des komplexen Zusammenwirkens aller von der Natur und dem Menschen ausgehenden Kräfte.

Weiterhin war es ein besonderes Anliegen der vorliegenden Arbeit, die politische Dimension in Humboldts Reisewerk genauer herauszuarbeiten. Je tiefer man dabei in die verschiedenen diskursiv wie visuell organisierten Argumentationsstrategien in Humboldts Werk eintaucht, desto augenfälliger wird der Befund, dass Humboldt stets ein politisch denkender und in seinem Werk – auch an den unerwartetsten Stellen – ein politisch handelnder Wissenschaftler war. Und dies geht weit über diplomatische Missionen im Dienste des Königs hinaus.

Dabei lässt sich das mit dieser Werkkonzeption verbundene politische Projekt in wenigstens drei Aspekte unterteilen: 1) Staatspolitisch geht es um eine graduelle und an institutionellen wie ökonomischen und sozialen Reformen orientierte *Realpolitik als Text*, mit der Humboldt in jeweils unterschiedlichen Schwerpunkten zu einer politischen Modernisierung der Americas – im speziellen Neu-Spaniens und Kubas – beitragen will. 2) Gesellschaftspolitisch argumentiert der Autor der *Relation historique* für eine Neuordnung der sozialen Beziehungen und im besonderen eine Anerkennung der Freiheitsrechte der indigenen, schwarzen und – in besonders exponierter Weise, der versklavten – Bevölkerungsgruppen. 3) Kulturanthropologisch weisen seine Texte auf eine Relativierung kultureller Hegemonie angesichts einer fundamentalen Eigenständigkeit der mesoamerikanischen Kulturen, ohne dabei die Humboldt'sche Überzeugung von der unverbrüchlichen Einheit des Menschengeschlechts aufzugeben.

In allen Fällen kann man diskursiv beobachten, dass diese mehrschichtige Argumentation selbst einer ständigen und für Humboldts Werk typischen, prozessualen Entwicklung unterzogen ist, während der sich Schlüsselbegriffe wie 'nation', 'civilisation', 'barbarie' und 'culture' graduell verschieben und dabei den Blick auf die politischen, sozialen und kulturellen Bedingungen eines neu zu organisierenden Zusammenlebens in den Gesellschaften des 'Neuen Kontinents' richten. Der generische Ort dieser diskursiven Neuausrichtung mit politischem Ziel ist der Essai, der in dieser Arbeit verstanden wurde als Formlaboratorium, dessen inhärent transgressive Qualität mit Blick auf Humboldts Konzeption auch als Ort eines transgenerischen Schreibens erfasst werden kann. Ein weiterer Schwerpunkt der Arbeit galt den mit diesem politischen und kulturanthropologischen Projekt verbundenen visuellen Strategien im amerikanischen Reisewerk. Der Blick, das Schauen, die Ansichten, berühren nicht nur paratextuell zentrale Aspekte des Humboldt'schen Œuvres. Der generische Ort dieser Verschiebung des Blicks ist das Tableau und der Atlas. Sie lassen sich – in seinem *Pittoresken Atlas* ebenso wie in den geographischen Atlanten, dem geognostischen Tableau oder dem berühmten 'Tableau physique des Andes et pays voisins' – als eine ebenso ästhetisch wie epistemologisch wirksame Bild-/

Text-Strategie begreifen, Wissen neu zu ordnen und Diskursformationen zu Territorialität kritisch zu hinterfragen.

Dabei entfalten Humboldts Atlanten ein umfassendes Bildprogramm. Neben physikalischer, portolaner und geognostischer Kartographie umfasst es ebenso landschaftsmalerische Bergdarstellungen wie kultur- und kolonialhistorische Bildkritiken. In der Kritik, die Humboldts Karten zum Ausdruck bringen und die einer zentralen Karte des neu-spanischen Atlas' gar zu ihrem Namen verhalf, wird deutlich, wie sich in Humboldts Wissenschaftspraxis politisches Handeln und (selbst-)reflexive Arbeit an der Formensprache der Wissenschaften ergänzen und gegenseitig bereichern.

Auf der Ebene ihrer visuellen Gestaltung suggerieren die Abbildungen in Humboldts Atlanten – ebenso die Karten wie die Bilder von Landschaften und Kulturmonumenten –, dass sie aus demselben Ordnungsfeld von Zeichen- und Wissenssystemen wie der Autor (und die Mehrzahl der Leser) des amerikanischen Reisewerks selbst stammen. Sie sind zweifellos europäisch. Doch was für den visuellen Code der Humboldt'schen Atlanten *grosso modo* zutrifft, gilt nicht mehr uneingeschränkt auf der Ebene der damit verbundenen Aussagen; denn Humboldt begegnet auf seinen amerikanischen Reisen nicht nur einer anderen, auf Papier in Text und Bild zu organisierenden Tier-, Pflanzen- und Gebirgswelt. Er begegnet auch anderen Formen kultureller Wertigkeit und Weltwahrnehmung, anderen Vorstellungen von mentalen gegenüber materiellen Repräsentationen, anderen Konzeptionen von Geschichte, Zeitlichkeit und Raum.

Humboldts Atlanten enthalten Spuren dieses Differenzbewusstseins, mehr noch: klare Hinweise auf den Versuch im Sinne einer geographisch wie kulturanthropologisch motivierten Kartographie eine Wissenschaften zwischen d(ies)en Welten zu entwickeln, die sich trotz ihrer klaren Verortung im okzidentalen Repräsentationskanon eine Beweglichkeit in Analysen und (Wert-)Urteil behält, die zwischen zwei (oder mehreren) Welten des Wissens zu vermitteln sucht. Diese Vermittlungsarbeit zu entschlüsseln gelingt nicht allein mit dem Blick auf die Karten und Bilder, sie entfaltet ihr Potential erst im Text und Bild integrierenden und aufeinander beziehenden Atlas.

Erst im Zusammenwirken von Essai, Tableau und Atlas also erschließt sich die Anlage des amerikanischen Reisewerks. In ihren wechselseitigen Bezügen wird das dialogische und polylogische Prinzip der *Humboldtian Science* beschreibbar. Als Trias der Form zeigt es sich in seiner epistemischen Innovationskraft als jenes «Mobile des Wissens»,[6] von dem auch in Zukunft ein nicht geringes Maß an Bewegung ausgehen wird.

6 Ette, Ottmar: *Alexander von Humboldt und die Globalisierung*.

10.2 Ein Ausblick

Abschließend ein paar Worte zu den jüngsten Entwicklungen im Feld der Alexander von Humboldt-Forschung. Als sich am 4. Juni 2012 wie jedes Jahr der Orden 'Pour le mérite für Wissenschaften und Künste' im Konzerthaus am Gendarmenmarkt in Berlin zu seinem jährlichen Festakt vor den Augen hunderter geladener Gäste versammelte, war auch Alexander von Humboldt, Gründungsmitglied und erste Kanzler des Ordens,[7] im Geiste und im Ohr zugegen: Zum Einzug der Ordensmitglieder wurde wie jedes Jahr die 'Humboldt-Kantate' von Felix Mendelssohn Bartholdy gespielt. Den Festvortrag zum Werk von Franz Liszt hielt Alfred Brendel. Der berühmte Pianist und Essayist erklärte darin, das «Lebenslicht des Kunstwerks» hänge mit Blick auf die wechselhafte und immer wieder polemisch geführte Fachdiskussion um Liszt wesentlich von der Qualität ihrer Interpretationen ab. Dieser Befund gilt in der Musik freilich in einem doppelten Sinne. Doch lässt sich Ähnliches auch für das Fortleben wichtiger Werke aus Wissenschaft und Literatur sagen und es gilt sicherlich für die ebenso traditionsreiche wie wechselhafte und immer wieder polemisch geführte Fachdiskussion um Alexander von Humboldt. Ob das im Fall der vorliegenden Untersuchung gelungen ist, sei dahin gestellt und kann ganz sicher nicht hier beantwortet werden. Doch es stimmt ausgenommen zuversichtlich, ja geradezu euphorisch zu wissen, dass diese Arbeit bald Teil einer wesentlich umfangreicheren Neubeschäftigung mit Humboldt sein wird, für die in der jüngeren Vergangenheit die Publikationen von Ulrich Päßler, Gregor Schuchardt, Nils Güttler und Johannes Görbert ebenso stehen wie es in Zukunft für die Arbeiten von Julia Bayerl, Pauline Barral, David Blankenstein, Amrei Buchholz, Julian Drews, Dominik Erdmann, Sebastian Krumpel, Markus Lenz, Aniela Mikolajczyk, Laura Péaud, Christian Thomas und Romy Werther zu erwarten ist. Das Lebenslicht der Werke Alexander von Humboldts, die Lebendigkeit seiner wissenschaftlichen und intellektuellen Lebensleistung darf angesichts dieser Perspektiven hoffen auf eine glänzende und in jedem Fall hell ausgeleuchtete Zukunft.

---

7 Albach, Horst: Alexander von Humboldt. Der erste Kanzler des Orden Pour le mérite. In: Albach, Horst/Neher, Erwin (Hg.): *Alexander von Humboldt und Charles Darwin. Zwei Revolutionäre wider Willen*. Göttingen: Wallstein 2011, S. 19–34

11 Anhang

11.1 Sigelverzeichnis

ANE	Alle Kartenangaben der ANE-Sigel befolgen soweit wie möglich die Humboldt'-sche Orthographie und beziehen sich auf Humboldt, Alexander von: *Atlas géographique et physique du royaume de la Nouvelle-Espagne fondé sur des observations astronomiques, des mesures trigonométriques et des nivellemens barométriques.* Paris: Schoell 1811. Die Titel in eckiger Klammer verweisen auf die zumeist von der Karte abweichenden Angaben in der 'Analyse raisonée' (AR) und beziehen sich auf Humboldt, Alexander von: *Essai politique sur le royaume de la Nouvelle-Espagne. Tome premier.* Paris: Schoell 1811, S. 3–185.

* * *

ANE I	Carte générale du Royaume de la Nouvelle Espagne [AR: Carte réduite du royaume de la Nouvelle-Espagne]
ANE II	Carte du Mexique et des pays limitrophes situés au Nord et à l'Est [AR: Carte de la Nouvelle-Espagne et des pays limitrophes au nord et à l'est]
ANE III	Carte de la Vallée de Mexico et des montagnes voisines [AR: Carte de la Vallée de Mexico, ou de l'ancien Tenochtitlan]
ANE IV	Points de partage et Communications projettées entre le Grand Océan et l'Océan Atlantique [AR: Carte qui présente les points sur lesquels on a projeté des communications entre l'Océan Atlantique et la mer du Sud]
ANE V	Carte Réduite de la Route d'Acapulco à Mexico [AR: Carte réduite de la route d'Acapulco à Mexico]
ANE VI–VIII	Carte de la Route qui mène depuis la Capitale de la Nouvelle Espagne jusqu'à S. Fe du Nouveau Mexique [AR, VI: Carte de la route de Mexico à Durango] [AR, VII: Carte de la route de Durango à Chihuahua] [AR, VIII: Carte de la route de Chihuahua à Santa-Fe del Nuevo-Mexico]
ANE IX	Carte réduite de la Partie orientale de la Nouvelle Espagne depuis le Plateau de la Ville de Mexico jusqu'au Port de la Veracruz [AR: Carte de la partie orientale de la Nouvelle-Espagne, depuis le plateau de Mexico jusqu'aux côtes de Vera-Cruz]
ANE X	Carte des Fausses Positions de Mexico, Acapulco, Veracruz et du Pic d'Orizaba [AR: Carte de fausses positions]
ANE XI	Plan du Port de Veracruz [AR: Plan du port de Vera-Cruz]
ANE XII	Tableau physique de la pente Orientale du Plateau de la Nouvelle Espagne (Chemin de Mexico à Veracruz par Puebla et Xalapa) [AR: Tableau physique de la pente orientale du plateau d'Anahuac]
ANE XIII	Tableau physique de la pente Occidentale du Plateau de la Nouvelle Espagne (Chemin de Mexico à Acapulco)

	[AR: Tableau physique de la pente occidentale du plateau de la Nouvelle-Espagne]
ANE XIV	Tableau du Plateau central des Montagnes du Mexique, entre les 19 et 21º de Latitude boréale (Chemin de Mexico à Guanaxuato) [AR: Tableau physique du plateau central de la Cordillère de la Nouvelle-Espagne]
ANE XV	Profil du Canal de Huehuetoca (Desague Real.) Creusé pour préserver la Ville de Mexico du danger des Inondations [AR: Profil du canal de Huehuetoca]
ANE XVI	Volcans de la Puebla [AR: Vue pittoresque des volcans de Mexico ou de la Puebla]
ANE XVII	Pic d'Orizaba [AR: Vue pittoresque du pic d'Orizaba]
ANE XVIII	Plan du Port d'Acapulco [AR: Plan du port d'Acapulco]
ANE XIX	Carte des diverses Routes par lesquelles les richesses métalliques refluent d'un Continent à l'autre [AR: Carte des diverses routes par lesquelles les richesses métalliques refluent d'un continent dans l'autre]
ANE XX	Tableau comparatif de l'étendue territoriale des Intendances de la Nouvelle-Espagne [AR: Figures représentant la surface de la Nouvelle-Espagne et de ses intendances, les progrès de l'exploitation métallique, et d'autres objets relatifs aux colonies des Européens dans les deux Indes]

11.2 Abbildungen

Abbildung 1: Systême figuré des connoissances humaines, in: Diderot, Denis/D'Alembert, Jean-Baptiste le Rond (Hg.): *Encyclopédie ou dictionnaire raisonné des sciences, des arts et des métiers, par une société de gens de lettres*. Tome première [A–Azyme]. Paris: Briasson, David, Le Breton, Durand 1751, Quelle: Wikimedia Commons

Abbildung 2: Zusammenstellung der Schemata bei Rütimeyer, in: Ong, Walter J.: *Ramus and the Decay of Dialogue. From the Art of Discourse to the Art of Reason [1958]*. With a new foreword by Adrian Johns. Chicago, London: Chicago University Press 2004, S. 317, Quelle: Google Books

Abbildung 3: Esquisse geognostique des formations entre la Valle de Mexico, Moran et Totonilco, Humboldt, Alexander von: *Atlas géographique et physique des régions équinoxiales du Nouveau Continent, fondé sur des observations astronomiques, des mesures trigonométriques et des nivellemens barométriques*. Paris: Librairie de Gide 1814–1834[–1838], S. 7, Quelle: Universität Potsdam, Institut für Romanistik

Abbildung 4: 'Tableau physique des Andes et pays voisins', in Humboldt, Alexander von/Bonpland, Aimé: *Essai sur la Géographie des Plantes accompagné d'un tableau physique des régions équinoxiales. Fondé sur des mesures exécutées, depuis le dixième degré de latitude boréale jusqu'au dixième degré de latitude australe, pendant les années 1799, 1800 1801, 1802 et 1803*. Avec un planche. Paris, Tübingen: Schoell, Cotta 1805, Quelle: Biodiversity Heritage Library

Abbildung 5: 'Geographie der Pflanzen in den Tropenländern; ein Naturgemälde der Anden', in Humboldt, Alexander von/Bonpland, Aimé: *Ideen zu einer Geographie der Pflanzen, nebst einem Naturgemälde der Tropenländer*. Mit einer Kupfertafel. Paris, Tübingen: Schoell, Cotta 1807. Wegen der im Vergleich zu Abbildung 4 höheren Auflösung der mir vorliegenden Reproduktion wurde für diesen Ausschnitt die deutsche Fassung gewählt, Quelle: Zentralbibliothek Zürich, Wikimedia Commons

Abbildung 6: Ausschnitt aus ANE V, Quelle: David Rumsey Map Collection, Cartography Associates

Abbildung 7: Ausschnitt aus 'Tableau physique des Andes et pays voisins', in Humboldt, Alexander von/Bonpland, Aimé: *Essai sur la Géographie des Plantes accompagné d'un tableau physique des régions équinoxiales. Fondé sur des mesures exécutées, depuis le dixième degré de latitude boréale jusqu'au dixième degré de latitude australe, pendant les années 1799, 1800 1801, 1802 et 1803*. Avec un planche. Paris, Tübingen: Schoell, Cotta 1805, Quelle: Biodiversity Heritage Library

Abbildung 8: Géographie des plantes près de l'Equateur. Tableau physique des Andes et pais voisins, dressé sur les observations et mesures faits sur les lieux en 1799–1803. Quelle: Biblioteca Luis Ángel Arango del Banco de la República

Abbildung 9: Ausschnitt aus Géographie des plantes près de l'Equateur. Tableau physique des Andes et pais voisins, dressé sur les observations et mesures faits sur les lieux en 1799–1803. Quelle: Biblioteca Luis Ángel Arango del Banco de la República.

Abbildung 10: Tafel XXIV, 'Maison de l'Inca à Callo dans le Royaume de Quito' Humboldt, Alexander von: *Vues des Cordillères et monumens des peuples indigènes de l'Amérique*. Paris: Schoell [1810–]1813.

Abbildung 11: Ausschnitt aus Tafel XVIII, 'Abriß von dem Pallaste der Koenige Yngas, Callo genannt/Vue du Palais des Incas appellé Callo', Juan y Santacilla, Jorge/Ulloa, Antonio de: *Voyage historique de l'Amérique méridionale fait par ordre du Roi d'Espagne. Ouvrage orné des figures, plans et carts necessaires, et qui contient une histoire des Yncas du Perou, Et les Observations Astronomiques & Physiques, faites pour déterminer la Figure & la Grandeur de la Terre*. Tome premier. Amsterdam, Leipzig: Arkstee & Merkus 1752, S. 386–387. Quelle: Google Books.

Abbildung 12: Tafel 23, 'Palazzo degli Inca appellato Callo', Ferrario, Giulio: *Il costume antico e moderno o storia del governo, della milizia, della religione, delle arti, scienze ed usanze di tutti popoli antichi e moderni provata coi monumenti dell'antichità e rappresentata cogli analoghi disegni. America*. Volumen terzo. Edizione seconda riveduta ed accresciuta. Firenze: Vincenzo Batelli 1828, S. 174–175. Quelle: Google Books

Abbildung 13: Ausschnitt aus ANE I, Quelle: David Rumsey Map Collection, Cartography Associates, Quelle: David Rumsey Map Collection, Cartography Associates

Abbildung 14: Ausschnitt aus ANE I, Quelle: David Rumsey Map Collection, Cartography Associates

Abbildung 15: ANE X, Quelle: David Rumsey Map Collection, Cartography Associates

Abbildung 16: Ausschnitt aus ANE I: David Rumsey Map Collection, Cartography Associates

Abbildung 17: Ausschnitt aus ANE III, Quelle: David Rumsey Map Collection, Cartography Associates

Abbildung 18: Ausschnitt aus ANE III, Quelle: David Rumsey Map Collection, Cartography Associates

Abbildung 19: Ausschnitt aus ANE III, Quelle: David Rumsey Map Collection, Cartography Associates

Abbildung 20: Ausschnitt aus ANE IX, Quelle: David Rumsey Map Collection, Cartography Associates

Abbildung 21: Ausschnitt aus ANE I, Quelle: David Rumsey Map Collection, Cartography Associates

Abbildung 22: Ausschnitt aus ANE I, Quelle: David Rumsey Map Collection, Cartography Associates

Abbildung 23: Ausschnitt aus ANE I, Quelle: David Rumsey Map Collection, Cartography Associates

Abbildung 24: Ausschnitt aus ANE I, Quelle: David Rumsey Map Collection, Cartography Associates

Abbildung 25: Ausschnitt aus ANE I, Quelle: David Rumsey Map Collection, Cartography Associates

Abbildung 26: Tafel XXXII, 'Histoire hiéroglyphique des Aztèques, depuis le Déluge jusqu'à la fondation de la Ville de Mexico', in Humboldt, Alexander von: *Vues des Cordillères et monumens des peuples indigènes de l'Amérique*. Paris: Schoell [1810–]1813, S. 225.

Abbildung 27: Tafel XXXVIII, 'Migrations des peuples Aztèques', in Humboldt, Alexander von: *Vues des Cordillères et monumens des peuples indigènes de l'Amérique*. Paris: Schoell [1810–]1813, S. 225.

Abbildung 28: Manuskriptseite 1 der *Tablas geográfico politicas del Reino de Nueva España que manifiestan la superficie, población, agricultura, fabricas, comercio, minas, ventas y fuerza militar*. In: Humboldt, Alexander von: Papiere über die Statistik und Geographie von Mexico und Cuba. (53 × 70 cm, 244p) Biblioteka Jagiellońska, Kraków. Berol. Nachlass: AvH 2, Nr. 5591.
Abbildung 29: Erste Seite der Tabelle 'Quantité d'or et d'argent enregistrée, retirée des mines de l'Amérique, depuis l'année 1492 jusqu'en 1803', in: Humboldt, Alexander von: *Essai politique sur le royaume de la Nouvelle-Espagne. Tome quatrième*. Paris: F. Schoell 1811., S. 239. Quelle: Google Books
Abbildung 30: ANE XX, Quelle: David Rumsey Map Collection, Cartography Associates
Abbildung 31: Ausschnitt aus ANE XX, Quelle: David Rumsey Map Collection, Cartography Associates

11.3 Literaturverzeichnis

Adams, Richard E. W.: Introduction to a Survey of the Native Prehistoric Cultures of Mesoamerica. In: Adams, Richard E. W./MacLeod, Murdo J. (Hg.): *The Cambridge History of the Native Peoples of the Americas. Volume II: Mesoamerica. Part 1.* Cambridge: Cambridge University Press 2000, S. 1–44.

Albach, Horst: Alexander von Humboldt. Der erste Kanzler des Orden Pour le mérite. In: Albach, Horst/Neher, Erwin (Hg.): *Alexander von Humboldt und Charles Darwin. Zwei Revolutionäre wider Willen.* Göttingen: Wallstein 2011, S. 19–34.

Alessio Robles, Vito: Liminar del Atlas. In: Humboldt, Alexander von: *Ensayo político sobre el reino de la Nueva España. Tomo V – Atlas.* Edición crítica, con una Introducción Biobibliográfica, Notas y Arreglo de la Versión Española por Vito Alessio Robles. México, D.F.: Editorial Pedro Robredo [6]1941, S. 9–33.

Anonymous: [Rezension] Paris, im Bureau der Pasigraphie, (verlegt von Decker in Basel und Röhss in Schleswig): Pasigraphie, oder Anfangsgründe der neuen Kunstwissenschaft, in einer Sprache alles so zu schreiben und zu drucken, dass es in jeder andern ohne Uebersetzung gelesen und verstanden werden kann. Erfunden und verfasset von J.*** von M.***, ehemaligen (m) Infanteriemajor in Deutschland. Erste Ausgabe, die, wie die französische, Originalausgabe ist. 1797. I. Th 84 S. II. Th. 62 S. 4. (4 Rthlr). In: *Allgemeine Literatur-Zeitung* (1800) 3, 241, S. 441–448.

Anonymous: Nécrologie: Notice sur la vie et les travaux du lieutenant-colonel Pierre-Antoine Clerc. In: *Revue générale de l'architecture et des travaux publics* 5 (1844), S. 276–280.

Arndt, Hans Werner: Die Entwicklungsstufen von Leibniz' Begriff einer Lingua Universalis. In: Gadamer, Hans-Georg (Hg.): *Das Problem der Sprache. Achter deutscher Kongress für Philosophie, Heidelberg 1966.* München: Wilhelm Fink 1967 (Deutscher Kongreß für Philosophie, 8), S. 71–79.

Arnold, Heinz Ludwig (Hg.): *Kindlers Literatur Lexikon. Online-Ausgabe.* 3., völlig neu bearbeitete Auflage. Stuttgart, Weimar: J. B. Metzler 2009. <http://www.kll-online.de>

Bachmann-Medick, Doris: *Cultural Turns. Neuorientierungen in den Kulturwissenschaften.* 3., neu bearbeitete Auflage. Reinbek bei Hamburg: Rowohlt Taschenbuch 2009.

Bachtin, Michail M.: *Chronotopos.* Aus dem Russischen von Michael Dewey. Mit einem Nachwort von Michael C. Frank und Kirsten Mahlke. Frankfurt am Main: Suhrkamp 2008 (suhrkamp taschenbuch wissenschaft, 1879).

Backe, Hans-Joachim: Medialität und Gattung. In: Zymner, Rüdiger (Hg.): *Handbuch Gattungstheorie.* Stuttgart, Weimar: J. B. Metzler 2010, S. 105–107.

Ballstaedt, Steffen-Peter: Text und Bild: ein didaktisches Traumpaar. In: Heck, Karsten (Hg.): *Bildendes Sehen.* Berlin: Akademie Verlag 2009 (Bildwelten des Wissens. Kunsthistorisches Jahrbuch für Bildkritik, 7,1), S. 45–55.

Bancarel, Gilles: *L'Histoire des deux Indes* ou la découverte de la mondialisation. In: *HiN – Internationale Zeitschrift für Humboldt-Studien* XII (2011) H. 22, S. 23–34. <http://www.hin-online.de>

Baron, Frank/Seeger, Scott: Moritz Harttmann (1817–1900) in Kansas: A Forgotten German Pioneer of Lawrence and Humboldt. In: *Yearbook for German-American Studies* 39 (2004), S. 1–22.

Barrow, John: Researches concerning the Institutions and Monuments of the ancient Inhabitants of America; with Descriptions and Views of some of the most striking Scenes in the Cordilleras. Written in French, by Alexander Humboldt, and translated into

English by Helen Maria Williams. 2 vols. London 1814. In: *The Quarterly Review* 15 (1816) July, 30, S. 440–468.

Barth, Reinhard: *Alexander von Humboldt. Abenteurer, Forscher, Universalgenie.* 300 Min. Dortmund: Aktive Musik 2008.

Baxmann, Inge/Franz, Michael u. a.: Einleitung. In: Baxmann, Inge/Franz, Michael u. a. (Hg.): *Das Laokoon-Paradigma. Zeichenregime im 18. Jahrhundert.* Berlin: Akademie Verlag 2000 (Historische und semantische Studien zu einer vergleichenden Zeichentheorie der Künste, 2), S. IX–XII.

Baxter, Maurice G.: Webster, Daniel. In: *American National Biography Online.* Oxford University Press 2000. <https://www.anb.org>

Bayo, Armando: *Humboldt.* La Habana: Editorial de Ciencias Sociales del Instituto del Libro 1970.

Beck, Hanno: *Alexander von Humboldt. Band 1. Von der Bildungsreise zur Forschungsreise 1769–1804.* Wiesbaden: Franz Steiner Verlag 1959.

Beck, Hanno: *Alexander von Humboldt und Mexiko. Beiträge zu einem geographischen Erlebnis.* Bad Godesberg: Inter Nationes 1966.

Beck, Hanno: Geographie und Statistik. Die Lösung einer Polarität. In: Rassem, Mohammed (Hg.): *Statistik und Staatsbeschreibung in der Neuzeit. Vornehmlich im 16.–18. Jahrhundert. Bericht über ein interdisziplinäres Symposion in Wolfenbüttel, 25.–27. September 1978.* Paderborn: Schöningh 1980 (Quellen und Abhandlungen zur Geschichte der Staatsbeschreibung und Statistik, 1), S. 269–281.

Beck, Hanno: Alexander von Humboldts Beitrag zur Kartographie. In: Hein, Wolfgang-Hagen (Hg.): *Alexander von Humboldt. Leben und Werk.* Ingelheim am Rhein: C. H. Boehringer Sohn 1985, S. 239–248.

Beck, Hanno: Die Geographie Alexander von Humboldts. In: Hein, Wolfgang-Hagen (Hg.): *Alexander von Humboldt. Leben und Werk.* Ingelheim am Rhein: C. H. Boehringer Sohn 1985, S. 221–238.

Beck, Hanno: Kommentar. In: Humboldt, Alexander von: *Mexico-Werk. Politische Ideen zu Mexico. Mexicanische Landeskunde.* Herausgegeben und kommentiert von Hanno Beck. Mit 17 Tafeln im Beiheft. Darmstadt: Wissenschaftliche Buchgesellschaft 1991 (Alexander von Humboldt Studienausgabe, Sieben Bände, 4), S. 527–578.

Bernaschina, Vicente/Kraft, Tobias u. a. (Hg.): *Globalisierung in Zeiten der Aufklärung. Texte und Kontexte zur 'Berliner Debatte' um die Neue Welt (17./18. Jh).* Frankfurt am Main: Peter Lang [im Druck] (HISPANO-AMERICANA. Geschichte, Sprache, Literatur).

Bierbach, Christine: Zwischen Humanismus und Glottophagie. Die Sprachenfrage in der Kolonisierung der Neuen Welt (am Beispiel Mexiko). In: Berkenbusch, Gabriele/Bierbach, Christine (Hg.): *Soziolinguistik und Sprachgeschichte. Querverbindungen: Brigitte Schlieben-Lange zum 50. Geburtstag von ihren Schülerinnen und Schülern überreicht.* Tübingen: Gunter Narr Verlag 1994 (Tübinger Beiträge zur Linguistik, 398), S. 111–129.

Biermann, Kurt-R.: F. W. Bessels Projekt einer populären Astronomie in seinem Briefwechsel mit Alexander von Humboldt. In: *Miscellanea Humboldtiana.* Berlin: Akademie-Verlag 1990, S. 140–145.

Biermann, Kurt-R.: *Beglückende Ermunterung durch die akademische Gesellschaft. Alexander von Humboldt als Mitglied der Berliner Akademie der Wissenschaften.* Berlin: Akademie Verlag 1991 (Beiträge zur Alexander-von-Humboldt-Forschung, 17).

Binoche, Bertrand: *Nouvelles lectures du* Tableau historique *de Condorcet.* Québec: Presses de l'Université Laval 2010 (Les collections de la République des Lettres Symposiums).

Blumenberg, Hans: *Die Lesbarkeit der Welt*. Frankfurt am Main: Suhrkamp 1981.

Bluntschli, Johann Caspar/Brater Karl (Hg.): *Deutsches Staats-Wörterbuch*. Zehnter Band. Stuttgart, Leipzig: Expedition des Staats-Wörterbuchs 1867.

Böhme, Hartmut: Ästhetische Wissenschaft. Aporien der Forschung im Werk Alexander von Humboldts. In: Ette, Ottmar/Hermanns, Ute u. a. (Hg.): *Alexander von Humboldt. Aufbruch in die Moderne*. Berlin: Akademie Verlag 2001 (Beiträge zur Alexander-von-Humboldt-Forschung, 21), S. 17–32.

Böhme, Hartmut: Natürlich/Natur. In: Barck, Karlheinz/Fontius, Martin u. a. (Hg.): *Ästhetische Grundbegriffe (ÄGB). Band 4: Medien – Populär*. Studienausgabe. Stuttgart, Weimar: J. B. Metzler 2010, S. 432–498.

Borges, Jorge Luis: *Sämtliche Erzählungen. Das Aleph, Fiktionen, Universalgeschichte der Niedertracht*. München: Carl Hanser Verlag 1970.

Borges, Jorge Luis: *Obras completas. [Tomo] 1. 1923–1949*. Edición dirigida y realizada por Carlos V. Frías. Barcelona: Emecé 1989.

Brand, Friedrich L.: *Alexander von Humboldts physikalische Meßinstrumente und Meßmethoden*. Berlin: Alexander von Humboldt-Forschungsstelle ²2002 (Berliner Manuskripte zur Alexander-von-Humboldt-Forschung, 18).

Branly, Miguel A.: *Presencia de Humboldt en Cuba*. La Habana: Imprenta del Archivo Nacional 1959.

Braudel, Fernand: Géohistoire und geographischer Determinismus [1949]. In: Dünne, Jörg/Günzel, Stephan (Hg.): *Raumtheorie. Grundlagentexte aus Philosophie und Kulturwissenschaften*. Frankfurt am Main: Suhrkamp 2006 (suhrkamp taschenbuch wissenschaft, 554), S. 395–408.

Braun, Michael: Fragment. In: Lamping, Dieter (Hg.): *Handbuch der literarischen Gattungen*. Stuttgart: Alfred Kröner Verlag 2009, S. 281–286.

Bredekamp, Horst: *Die Fenster der Monade. Gottfried Wilhelm Leibniz' Theater der Natur und Kunst*. Berlin: Akademie Verlag 2004 (Acta humaniora. Schriften zur Kunstwissenschaft und Philosophie).

Bredekamp, Horst: *Darwins Korallen. Frühe Evolutionsmodelle und die Tradition der Naturgeschichte*. Berlin: Wagenbach ²2006.

Bredekamp, Horst: *Antikensehnsucht und Maschinenglauben. Die Geschichte der Kunstkammer und die Zukunft der Kunstgeschichte* [1993]. Berlin: Wagenbach ³2007.

Bredekamp, Horst: Blue Marble. Der blaue Planet (1972 n. Chr). In: Markschies, Christoph/Reichle, Ingeborg u. a. (Hg.): *Atlas der Weltbilder*. Berlin: Akademie Verlag 2011 (Interdisziplinäre Arbeitsgruppen, Forschungsberichte, 25), S. 366–375.

Bredekamp, Horst: *Thomas Hobbes – Der Leviathan. Das Urbild des modernen Staates und seine Gegenbilder. 1651–2001*. 4., korrigierte Auflage. Berlin: Akademie Verlag 2012 (Acta humaniora. Schriften zur Kunstwissenschaft und Philosophie).

Breidbach, Olaf: *Bilder des Wissens. Zur Kulturgeschichte der wissenschaftlichen Wahrnehmung*. München: Wilhelm Fink 2005.

Brock, W. H.: Humboldt and the British: A note on the character of British science. In: *Annals of science* 50 (1993) H. 4, S. 365–372.

Brooks, Philip C.: Spain's Farewell to Louisiana, 1803–1821. In: *The Mississippi Valley Historical Review* 27 (1940) H. 1, S. 29–42.

Bruhns, Karl: *Alexander von Humboldt. Eine wissenschaftliche Biographie im Verein mit R. Avé-Lallemant, J. V. Carus, A. Dove, H. W. Dove, J. W. Ewald, A. H. R. Grisebach, J. Löwenberg, O. Peschel, G. H. Wiedemann, W. Wundt. Bearbeitet und herausgegeben von Karl Bruhns. Dritter Band*. Leipzig: F. A. Brockhaus 1872.

Bunzl, Matti: Franz Boas and the Humboldtian Tradition: From Volksgeist and Nationalcharakter to an anthropological concept of culture. In: Stocking, George W. (Hg.): *Volksgeist As Method and Ethic: Essays on Boasian Ethnography and the German Anthropological Tradition*. Madison: The University of Wisconsin Press 1996 (History of Anthropology, 8), S. 17–78.

Campbell, Stanley W.: Fugitive Slave Act. In: Boyer, Paul (Hg.): *The Oxford Companion to United States History. Online-Edition*. Oxford University Press 2001. <https://www.anb.org>

Cañizares-Esguerra, Jorge: *How to Write the History of the New World. Historiographies, Epistemologies, Identities in the Eighteenth-century Atlantic World.* Stanford: Stanford University Press 2002.

Cañizares-Esguerra, Jorge: *Nature, Empire, and Nation. Explorations of the History of Science in the Iberian World.* Stanford: Stanford University Press 2006.

Cannon, Susan Faye: *Science in Culture: The Early Victorian Period.* New York: Dawson 1978.

Capel, Horacio/García, Lourdes u. a. (Hg.): *Los ingenieros militares en España siglo XVIII. Repertorio biográfico e inventario de su labor científica y espacial.* Barcelona: Edicions de la Universitat de Barcelona 1983 (Geo Crítica. Textos de apoyo, 3).

Cohen, Floris: *Die zweite Erschaffung der Welt. Wie die moderne Naturwissenschaft entstand.* Aus dem Niederländischen von Andreas Ecke und Gregor Seferens. Bonn: Bundeszentrale für politische Bildung 2011.

Condorcet: *Tableau historique des progrès de l'esprit humain. Projets, Esquisse, Fragments et Notes (1772–1794)*. Édité sous la direction de Jean-Pierre Schandeler et Pierre Crépel. Paris: Institut national d'études démographiques 2004 (Classiques de l'économie et de la population).

Corrigan, Mary Beth: Imaginary Cruelties? A History of the Slave Trade in Washington, D.C. In: *Washington History* 13 (2001/2002) 2 (Fall/Winter), S. 4–27.

Cortés, Hernán: *Die Eroberung Mexikos. Drei Berichte an Kaiser Karl V.* Mit 112 Lithographien von Max Slevogt. Übersetzungen von Mario Spiro und C. W. Koppe. Herausgegeben von Claus Litterscheid. Frankfurt am Main: Insel 1980 (Insel Taschenbuch, 393).

Cortés, Hernán: *Cartas de relación. Edición de Mario Hernández.* Madrid: Historia 16 1985 (Crónicas de América, 10).

Cortés, Hernán: *Cartas de relación*. Edición, introducción y notas de Angel Delgado Gómez. Madrid: Castalia 1993 (Clásicos Castalia, 198).

Courtney, Cecil Patrick: The Art of Compilation and the Communication of Knowledge. The Colonial World in Enlightenment Encyclopedic Histories: the Example of Raynal's *Histoire philosophique des deux Indes*. In: Lüsebrink, Hans-Jürgen (Hg.): *Das Europa der Aufklärung und die außereuropäische koloniale Welt.* Göttingen: Wallstein 2006 (Das achtzehnte Jahrhundert. Supplementa, 11), S. 39–50.

Courtney, Cecil Patrick/Goggi, Gianluigi: Bibliographie sommaire des éditions de *l'Histoire des deux Indes*. In: Raynal, Guillaume-Thomas: *Histoire philosophique et politique des établissements & du commerce des Européens dans les deux Indes. Édition critique. Tome 1 [Livres I à V]*. Ferney-Voltaire: Centre international d'Étude du XVIIIe siècle 2010, S. LIII–LXXX.

Courtney, Cecil Patrick/Goggi, Gianluigi u. a.: Introduction générale. In: Raynal, Guillaume-Thomas: *Histoire philosophique et politique des établissements & du commerce des Européens dans les deux Indes. Édition critique. Tome 1 [Livres I à V]*. Ferney-Voltaire: Centre international d'Étude du XVIIIe siècle 2010, S. XXIX–LII.

Covarrubias, José Enrique: ¿Un estudio del hombre desde el concepto de naturaleza humana o el de especie humana? Algunas observaciones críticas sobre la tesis de un Humboldt antropólogo. In: *Históricas. Boletín del Instituto de Investigaciones Históricas, UNAM* (2003) 68 (Septiembre–Diciembre), S. 4–17.

Covarrubias, José Enrique: La recepción de la figura y obra de Humboldt en México 1821–2000. In: *HiN – Internationale Zeitschrift für Humboldt-Studien* 10 (2009) H. 19, S. 92–104. <http://www.hin-online.de>

Covarrubias, José Enrique/Souto Mantecón, Matilde: Introducción. In: Covarrubias, José Enrique/Souto Mantecón, Matilde (Hg.): *Economía, ciencia y política. Estudios sobre Alexander von Humboldt a 200 años del* Ensayo político sobre el reino de la Nueva España. México, D.F.: Instituto Mora, Instituto de Investigaciones Históricas (UNAM) 2012, S. 7–26.

Culler, Jonathan: *Literaturtheorie. Eine kurze Einführung*. Aus dem Englischen übersetzt von Andreas Mahler. Stuttgart: Philipp Reclam jun. 2002 (Reclam Universal-Bibliothek, 18166).

Current, Richard N.: Lincoln and Daniel Webster. In: *Journal of the Illinois State Historical Society (1908–1984)* 48 (1955) H. 3, S. 307–321.

Daum, Andreas W.: *Wissenschaftspopularisierung im 19. Jahrhundert: bürgerliche Kultur, naturwissenschaftliche Bildung und die deutsche Öffentlichkeit, 1848–1914*. 2., ergänzte Auflage. München: Oldenbourg 2002.

Daum, Andreas W.: Die Ironie des Unzeitgemäßen. Anmerkungen zu Alexander von Humboldt. In: *Zeitschrift für Ideengeschichte* 4 (2010) H. 1, S. 5–23.

Dettelbach, Michael: Alexander von Humboldt zwischen Aufklärung und Romantik. In: Ette, Ottmar/Hermanns, Ute u. a. (Hg.): *Alexander von Humboldt. Aufbruch in die Moderne*. Berlin: Akademie Verlag 2001 (Beiträge zur Alexander-von-Humboldt-Forschung, 21), S. 137–149.

Dettelbach, Michael: Describing the Nation: Local and Universal in Humboldt's Administrative Practice and in Late Eighteenth-Century Cameralism. In: Kutzinski, Vera M./Ette, Ottmar u. a. (Hg.): *Alexander von Humboldt and the Americas*. Berlin: edition tranvía 2012 (POINTS – Potsdamer inter- und transkulturelle Texte, 3), S. 179–204.

Diderot, Denis/D'Alembert, Jean-Baptiste le Rond (Hg.): *Encyclopédie ou dictionnaire raisonné des sciences, des arts et des métiers, par une société de gens de lettres. Tome première [A–Azyme]*. Paris: Briasson, David, Le Breton, Durand 1751.

Diderot, Denis/Jaucourt, Luis de (Hg.): *Encyclopédie ou dictionnaire raisonné des sciences , des arts et des métiers, par une société de gens de lettres. Tome quinzième. Sen–Tch*. Neufchastel: Samuel Faulche 1765.

Diener, Pablo: Humboldt und die Kunst. In: Holl, Frank (Hg.): *Alexander von Humboldt. Netzwerke des Wissens. Katalog der Ausstellung im Haus der Kulturen der Welt (Berlin) vom 6. Juni bis 15. August 1999 und in der Kunst- und Ausstellungshalle der Bundesrepublik Deutschland (Bonn) vom 15. September 1999 bis 9. Januar 2000*. Bonn: Kunst- und Ausstellungshalle der Bundesrepublik Deutschland 1999, S. 136–151.

Dorn, Ronald I./Krinsley, David H. u. a.: Revisiting Alexander von Humboldt's Initiation of Rock Coating Research. In: *Journal of Geology* 120 (2012) H. 1, S. 1–14.

Dove, Alfred: Alexander von Humboldt auf der Höhe seiner Jahre (Berlin 1827–59). In: Bruhns, Karl: *Alexander von Humboldt. Eine wissenschaftliche Biographie im Verein mit R. Avé-Lallemant, J. V. Carus, A. Dove, H. W. Dove, J. W. Ewald, A. H. R. Grisebach, J. Löwenberg, O. Peschel, G. H. Wiedemann, W. Wundt. Bearbeitet und herausgegeben von Karl Bruhns*. Zweiter Band. Leipzig: F. A. Brockhaus 1872, S. 95–484.

Dunn, Mary Maples: Preface to the 1988 Printing. In: Humboldt, Alexander von: *Political Essay on the Kingdom of New Spain*. The John Black translation [abridged]. Edited with an introduction by Mary Maples Dunn. Norman, London: University of Oklahoma Press 1988, S. IX–X.

Eagleton, Terry: *Einführung in die Literaturtheorie*. Aus dem Englischen von Elfi Bettinger und Elke Hentschel. 4., erweiterte und aktualisierte Auflage. Stuttgart, Weimar: J. B. Metzler 1997 [1983] (Sammlung Metzler, 246).

Edney, Matthew H.: Theory and the History of Cartography. In: *Imago Mundi* 48 (1996), S. 185–191.

Edney, Matthew H.: Reconsidering Enligthenment Geography and Map Making: Reconnaissance, Mapping, Archive. In: Livingstone, David N./Withers, Charles W. J. (Hg.): *Geography and Enlightenment*. Chicago: The University of Chicago Press 2000, S. 165–198.

Engelmann, Gerhard: Alexander von Humboldts kartographische Leistung. In: Lehmann, Edgar (Hg.): *Wissenschaftliche Veröffentlichungen des Geographischen Instituts der Deutschen Akademie der Wissenschaften (bisher Deutsches Institut für Länderkunde)*. Neue Folge 27/28. Leipzig: VEB Bibliographisches Institut 1970, S. 5–21.

Erdbeer, Robert Matthias: *Die Signatur des Kosmos. Epistemische Poetik und die Genealogie der Esoterischen Moderne*. Mit 31 Farbtafeln und zahlreichen Abbildungen im Text. Berlin, New York: de Gruyter 2010 (Studien zur deutschen Literatur, 190).

Ette, Ottmar: Anmerkungen. In: Humboldt, Alexander von: *Reise in die Äquinoktial-Gegenden des Neuen Kontinents. Band 2*. Herausgegeben von Ottmar Ette. Mit Anmerkungen zum Text, einem Nachwort und zahlreichen zeitgenössischen Abbildungen sowie einem farbigen Bildteil. Frankfurt am Main, Leipzig: Insel 1991, S. 1515–1562.

Ette, Ottmar: Der Blick auf die Neue Welt. Nachwort. In: Humboldt, Alexander von: *Reise in die Äquinoktial-Gegenden des Neuen Kontinents. Band 2*. Herausgegeben von Ottmar Ette. Mit Anmerkungen zum Text, einem Nachwort und zahlreichen zeitgenössischen Abbildungen sowie einem farbigen Bildteil. Frankfurt am Main, Leipzig: Insel 1991, S. 1563–1597.

Ette, Ottmar: Eine «Gemütsverfassung moralischer Unruhe» – Humboldtian Writing: Alexander von Humboldt und das Schreiben in der Moderne. In: Ette, Ottmar/Hermanns, Ute u. a. (Hg.): *Alexander von Humboldt. Aufbruch in die Moderne*. Berlin: Akademie Verlag 2001 (Beiträge zur Alexander-von-Humboldt-Forschung 21), S. 33–55.

Ette, Ottmar: *Literatur in Bewegung. Raum und Dynamik grenzüberschreitenden Schreibens in Europa und Amerika*. Weilerswist: Velbrück Wissenschaft 2001.

Ette, Ottmar: *Weltbewußtsein. Alexander von Humboldt und das unvollendete Projekt einer anderen Moderne*. Weilerswist: Velbrück Wissenschaft 2002.

Ette, Ottmar: Alexander von Humboldt: Perspektiven einer Wissenschaft für das 21. Jahrhundert. In: Hamel, Jürgen/Knobloch, Eberhard u. a. (Hg.): *Alexander von Humboldt in Berlin. Sein Einfluß auf die Entwicklung der Wissenschaften*. Beiträge zu einem Symposium. Augsburg: ERV 2003, S. 281–314.

Ette, Ottmar: Erich Auerbach oder Die Aufgabe der Philologie. In: Estelmann, Frank/Krügel, Pierre u. a.: *Tradition der Entgrenzung. Beiträge zur romanistischen Wissenschaftsgeschichte*. Frankfurt am Main, Berlin, Bern, Bruxelles, New York, Oxford, Wien: Peter Lang 2003 (Sprache, Mehrsprachigkeit und sozialer Wandel, 1). S. 21–42.

Ette, Ottmar: Die Ordnung der Weltkulturen. Alexander von Humboldts Ansichten der Kultur. In: *HiN – Internationale Zeitschrift für Humboldt-Studien* 5 (2004) H. 9, S. 10–32. <http://www.hin-online.de>

Ette, Ottmar: De cómicos e histéricos. Una réplica a la sátira sobre eruditos de Daniel Kehlmann. In: *Humboldt* 48 (2006) H. 145, S. 19–21. <http://www.hin-online.de>

Ette, Ottmar: Unterwegs zu einer Weltwissenschaft? Alexander von Humboldts Weltbegriffe und die transarealen Studien. In: *HiN – Internationale Zeitschrift für Humboldt-Studien* VII (2006) H. 13, S. 34–54. <http://www.hin-online.de>

Ette, Ottmar: Die Fehler im System und die Kunst des Scheiterns. Alexander von Humboldt oder das Glück, niemals anzukommen. In: Ingold, Felix Phillip/Sánchez, Yvette (Hg.): *Fehler im System. Irrtum, Defizit und Katastrophe als Faktoren kultureller Produktivität.* Göttingen: Wallstein 2008, S. 35–51.

Ette, Ottmar: *Alexander von Humboldt und die Globalisierung. Das Mobile des Wissens.* Frankfurt am Main, Leipzig: Insel 2009.

Ette, Ottmar: Editorische Notiz. In: Humboldt, Alexander von: *Geographischer und physischer Atlas der Äquinoktial-Gegenden des Neuen Kontinents. Unsichtbarer Atlas aller von Alexander von Humboldt in der* Kritischen Untersuchung *aufgeführten und analysierten Karten.* Frankfurt am Main: Insel 2009, S. 242–247.

Ette, Ottmar: Nachwort. In: Humboldt, Alexander von: *Geographischer und physischer Atlas der Äquinoktial-Gegenden des Neuen Kontinents. Unsichtbarer Atlas aller von Alexander von Humboldt in der* Kritischen Untersuchung *aufgeführten und analysierten Karten.* Frankfurt am Main: Insel 2009, S. 227–241.

Ette, Ottmar: *Konvivenz. Literatur und Leben nach dem Paradies.* Berlin: Kulturverlag Kadmos 2012 (Ableger, 13).

Ette, Ottmar: *TransArea. Eine literarische Globalisierungsgeschichte.* Berlin, Boston: de Gruyter 2012 (mimesis – Romanische Literaturen der Welt, 54).

Faraoni, Sara: Giulio Ferrario, intellettuale milanese ed editore della società tipografica de' classici italiani. In: *Aevum* 77 (2003) H. 3, S. 683–691.

Ferrario, Giulio: *Il costume antico e moderno o storia del governo, della milizia, della religione, delle arti, scienze ed usanze di tutti popoli antichi e moderni provata coi monumenti dell'antichità e rappresentata cogli analoghi disegni. America. Volumen terzo.* Edizione seconda riveduta ed accresciuta. Firenze: Vincenzo Batelli 1828.

Ferrer, Ada: Cuba en la sombra de Haití: noticias, sociedad y esclavitud. In: González-Ripoll, María Dolores/Naranjo Orovio, Consuelo u. a. (Hg.): *El rumor de Haití en Cuba. Temor, raza y rebeldía, 1789–1844.* Madrid: Consejo Superior de Investigaciones Científicas 2004, S. 179–231.

Fiedler, Horst/Leitner, Ulrike: *Alexander von Humboldts Schriften. Bibliographie der selbständig erschienenen Werke.* Berlin: Akademie Verlag 2000 (Beiträge zur Alexander-von-Humboldt-Forschung, 20).

Fisch, Jörg: Zivilisation, Kultur. In: Brunner, Otto/Conze, Werner u. a. (Hg.): *Geschichtliche Grundbegriffe. Historisches Lexikon zur politisch-sozialen Sprache in Deutschland. Bd. 7: Verw–Z.* Stuttgart: Klett-Cotta 1992, S. 679–774.

Flegel, Eva: *«Alles ist Wechselwirkung» – Dillentantismus als Lebens-Kunst-Programm. Naturwissenschaftler in der Nachfolge Goethes.* Hamburg: Verlag Dr. Kovac 2010 (Schriften zur Kunstgeschichte, 30).

Fleischer, Dirk: Schlözer, August Ludwig von. In: *Neue Deutsche Biographie. Band 23: Schinzel – Schwarz.* Onlinefassung. 23. Auflage. 2007, S. 98–99. <http://www.deutsche-biographie.de>

Fletcher, Angus: Francis Bacon's Forms and the Logic of Ramist Conversion. In: *Journal of the History of Philosophy* 43 (2005) H. 2, S. 157–169.

Folkerts, Menso: Humboldt und Oltmanns. In: Lindgren, Uta (Hg.): *Alexander von Humboldt. Weltbild und Wirken auf die Wissenschaften*. Wien: Böhlau 1990 (Bayreuther Historische Kolloquien, 4), S. 103–132.

Foner, Philip Sheldon: *Historia de Cuba y sus relaciones con Estados Unidos. Tomo 2: 1845–1895*. De la era del anexionismo al inicio de la segunda guerra de independencia. La Habana: Editorial de Ciencias Sociales del Instituto del Libro ^{2}1973.

Foucault, Michel: *Archäologie des Wissens* [1973]. Frankfurt am Main: Suhrkamp ^{14}1981 (suhrkamp taschenbuch wissenschaft, 356).

Foucault, Michel: *Die Ordnung der Dinge. Eine Archäologie der Humanwissenschaften* [1971]. Frankfurt am Main: Suhrkamp ^{21}2009 (suhrkamp taschenbuch wissenschaft, 96).

Fritscher, Bernhard: Zwischen Werner und Kant. Physische Geographie bei Alexander von Humboldt. In: Leitner, Ulrike/Mikosch, Regina u. a. (Hg.): *Studia Fribergensia. Alexander-von-Humboldt-Kolloquium Freiberg 1991*. Berlin: Akademie Verlag 1994 (Beiträge zur Alexander-von-Humboldt-Forschung 18), S. 53–61.

Gara, Larry: Pierce, Franklin. In: *American National Biography Online*. Oxford University Press 2000. <https://www.anb.org>

García, Gloria: Vertebrando la resistencia: la lucha de los negros contra el sistema esclavista, 1790–1845. In: González-Ripoll, María Dolores/Naranjo Orovio, Consuelo u. a. (Hg.): *El rumor de Haití en Cuba. Temor, raza y rebeldía, 1789–1844*. Madrid: Consejo Superior de Investigaciones Científicas 2004, S. 233–320.

García, Gloria: Ensayo introductorio. Tradición y modernidad en Arango y Parreño. In: *Obras. Volumen I*. Ensayo introductorio, compilación y notas Gloria García Rodríguez. La Habana: Ediciones Imágen Contemporánea 2005 (Colección Biblioteca de Clasicos Cubanos, 22), S. 1–56.

García-Carranza, Araceli/Suárez Suárez, Norma u. a.: *Cronología Fernando Ortiz*. La Habana: Fundación Fernando Ortíz 1996.

Gauly, Bardo Maria: *Senecas Naturales Quaestiones. Naturphilosophie für die römische Kaiserzeit*. München: C.H. Beck 2004 (Zetemata, 122).

Genette, Gérard: *Palimpseste. Die Literatur auf zweiter Stufe*. Aus dem Französischen von Wolfram Bayer und Dieter Hornig 1993 (Edition Suhrkamp, Neue Folge, 683).

Genette, Gérard: *Paratexte. Das Buch vom Beiwerk des Buches* [1987]. Mit einem Vorwort von Harald Weinrich. Aus dem Französischen von Dieter Hornig. Frankfurt am Main: Suhrkamp 2001 (suhrkamp taschenbuch wissenschaft, 1510).

Gerbi, Antonello: *The Dispute of the New World. The History of a Polemic, 1750–1900*. Translated by Jeremy Moyle [1973]. Pittsburgh: University of Pittsburgh Press 2010.

Gipper, Andreas: *Wunderbare Wissenschaft. Literarische Strategien naturwissenschaftlicher Vulgarisierung in Frankreich: Von Cyrano de Bergerac bis zur Encyclopédie*. München: W. Fink 2002.

Goethe, Johann Wolfgang von: *Goethes Werke. IV Abteilung: Goethes Briefe. Bd. 12: Briefe 1797*. Herausgegeben im Auftrag der Großherzogin Sophie von Sachsen. Weimar: Böhlau 1893, S. 79–80.

Goethe, Johann Wolfgang von/Humboldt, Wilhelm von u. a.: *Goethes Briefwechsel mit Wilhelm und Alexander von Humboldt*. Herausgegeben von Ludwig Geiger. Mit einer Gravüre die beiden Standbilder in Berlin darstellend. Berlin: Bondy 1909.

Gould, Stephen Jay: The Heart of the Andes: Eine Begegnung von Kunst und Wissenschaft im Schicksalsjahr 1859, als Church malte, Humboldt starb, Darwin schrieb und die Natur blinzelte. In: Gould, Stephen Jay: *Das Ende vom Anfang der Naturgeschichte*. Aus dem

Amerikanischen von Sebastian Vogel. Frankfurt am Main: S. Fischer Verlag 2005, S. 125–148.

Graczyk, Annette: *Das literarische Tableau zwischen Kunst und Wissenschaft*. München: Wilhelm Fink 2004.

Guerra, François-Xavier: *Modernidad e independencias. Ensayos sobre las revoluciones hispánicas* [1992]. Madrid: Ediciones Encuentro 2009 (Historia – Ensayos, 386).

Gutiérrez Mendoza, Gerardo/König, Viola u. a. (Hg.): *Códice Humboldt Fragmento 1 (Ms. amer. 2) y Códice Azoyú 2 reverso. Nómina de tributos de Tlapa y su provincia al Imperio Mexicano*. México, D.F., Berlin: CIESAS; Stiftung Preussischer Kulturbesitz 2009.

Hadot, Pierre: *Zur Idee der Naturgeheimnisse: beim Betrachten des Widmungsblattes in den Humboldt'schen «Ideen zu einer Geographie der Pflanzen»*. Wiesbaden: Steiner 1982 (Abhandlungen der Akademie der Wissenschaften und der Literatur, Geistes- und Sozialwissenschaftiche Klasse, 8).

Hard, Gerhard: Der 'Totalcharakter der Landschaft'. Re-Interpretation einiger Textstellen bei Alexander von Humboldt. In: *Erdkundliches Wissen. Schriftenfolge für Forschung und Praxis* (1970) H. 23, S. 49–73.

Hartwig, Susanne/Stenzel, Hartmut: *Einführung in die französische Literatur- und Kulturwissenschaft*. Unter Mitarbeit von Esther Suzanne Pabst. Mit 78 Abbildungen. Stuttgart, Weimar: J. B. Metzler 2007.

Hassler, Gerda: Die Erkenntnisfunktion der Sprache – ein Diskussionsthema an der Wende vom 18. zum 19. Jahrhundert. In: Niederehe, Hans-Josef/Koerner, E. F. K. (Hg.): *History and historiography of linguistics. Papers from the Fourth International Conference on the History of the Language Sciences; Trier, 24–28 August 1987*. Amsterdam: John Benjamins Publishing Company 1990 (Amsterdam studies in the theory and history of linguistic science, 51,2), S. 529–540.

Hellwald, Friedrich Anton Heller von: Alexander von Humboldt. Ein Lebensabriß. In: Humboldt, Alexander von: *Gesammelte Werke. Zwölfter Band. Cuba – Lebensbeschreibung*. Stuttgart: Cotta'sche Verlagsbuchhandlung 1889, S. 167–336.

Helmreich, Christian: Geschichte der Natur bei Alexander von Humboldt. In: *HiN – Internationale Zeitschrift für Humboldt-Studien* 10 (2009) H. 18, S. 53–67. <http://www.hin-online.de>

Hernández Eduardo, Jorge/Torres Delgado, Daisy: Los amigos de Alejandro de Humboldt en Cuba. Humboldt, el amigo de Cuba. In: Holl, Frank (Hg.): *Alejandro de Humboldt en Cuba. Catálogo para la exposición en la Casa Humboldt, Habana Vieja, Octubre 1997–Enero 1998*. Augsburg: Wissner 1997, S. 27–36.

Hey'l, Bettina: *Das Ganze der Natur und die Differenzierung des Wissens. Alexander von Humboldt als Schriftsteller*. Berlin, New York: de Gruyter 2007 (Quellen und Forschungen zur Literatur- und Kulturgeschichte, 47).

Hobbes, Thomas: *Leviathan. Or the Matter, Forme & Power of a Commonwealth, ecclesiaticall and civill* [1651]. The text edited by A. R. Waller. Cambridge: Cambridge University Press 1904.

Höffe, Otfried: *Immanuel Kant*. München: C.H. Beck 1983 (Beck'sche Schwarze Reihe, 506).

Holl, Frank (Hg.): *Alejandro de Humboldt en México*. México, D.F.: Instituto Nacional de Antropología e Historia 1997.

Holl, Frank: Introducción. In: Holl, Frank (Hg.): *Alejandro de Humboldt en Cuba. Catálogo para la exposición en la Casa Humboldt, Habana Vieja, Octubre 1997–Enero 1998*. Augsburg: Wissner 1997, S. 15–26.

Holz, Hans Heinz: Realität. In: Barck, Karlheinz/Fontius, Martin u. a. (Hg.): *Ästhetische Grundbegriffe (ÄGB). Band 5: Postmoderne – Synästhesie*. Studienausgabe. Stuttgart, Weimar: J. B. Metzler 2010, S. 197–227.

Hoock, Jochen: Statistik und politische Ökonomie. Zum Wandel der politischen und ökonomischen Wissensformen in Frankreich in der zweiten Hälfte des 17. Jahrhunderts. In: Rassem, Mohammed (Hg.): *Statistik und Staatsbeschreibung in der Neuzeit. Vornehmlich im 16.–18. Jahrhundert. Bericht über ein interdisziplinäres Symposion in Wolfenbüttel, 25.–27. September 1978*. Paderborn: Schöningh 1980 (Quellen und Abhandlungen zur Geschichte der Staatsbeschreibung und Statistik, 1), S. 307–323.

Hood, Laura: Biodiversity: Facts and figures. In: *SciDev.Net* (2010). <http://www.scidev.net>

Hoppe, Brigitte: Physiognomik der Vegetation zur Zeit von Alexander von Humboldt. In: Lindgren, Uta (Hg.): *Alexander von Humboldt. Weltbild und Wirken auf die Wissenschaften*. Wien: Böhlau 1990 (Bayreuther Historische Kolloquien, 4), S. 77–102.

Hoppe, Günter: Die Entwicklung der Ansichten Alexander von Humboldts über den Vulkanismus und die Meteorite. In: Leitner, Ulrike/Mikosch, Regina u. a. (Hg.): *Studia Fribergensia. Alexander-von-Humboldt-Kolloquium Freiberg 1991*. Berlin: Akademie Verlag 1994 (Beiträge zur Alexander-von-Humboldt-Forschung, 18), S. 93–106.

Hornay, Wilhelm: *Alexander von Humboldt. Sein Leben und Wollen für Volk und Wissenschaft*. Nach Originalien von Hornay. Hamburg: Hoffmann und Campe 1860.

Humboldt, Alexander von: Umschlag mit dem Titel «Alte Noten zur Geschichte». Collectaneen. Noten. Aegyptiaca. Staatsbibliothek zu Berlin Preußischer Kulturbesitz. Nachlass Alexander von Humboldt, großer Kasten 8, Nr. XVIII.

Humboldt, Alexander von: Papiere über die Statistik und Geographie von Mexico und Cuba. (53 × 70 cm, 244p) Biblioteka Jagiellońska, Kraków. Berol. Nachlass: AvH 2, Nr. 5591.

Humboldt, Alexander von: *Versuche über die gereizte Muskel- und Nervenfaser nebst Vermuthungen über den chemischen Process des Lebens in der Thier- und Pflanzenwelt. Erster Band mit Kupfertafeln*. Posen, Berlin: Decker, Rottmann 1797.

Humboldt, Alexander von: *Versuche über die gereizte Muskel- und Nervenfaser nebst Vermuthungen über den chemischen Process des Lebens in der Thier- und Pflanzenwelt. Zweiter Band*. Posen, Berlin: Decker, Rottmann 1797.

Humboldt, Alexander von: Voyage d'Espagne aux Canaries et à Cumana. Obs. astron. de Juin à Oct. 1799 [Tagebüch der Amerikanischen Reise, I]. Quart-Format, Ledereinband. Staatsbibliothek zu Berlin Preußischer Kulturbesitz. Nachl. Alexander von Humboldt (Tagebücher) I [1799].

Humboldt, Alexander von: Esquisse d'un tableau géologique de l'Amérique méridionale. In: *Journal de physique, de chimie, d'histoire naturelle et des arts* 53 (1801), S. 30–59.

Humboldt, Alexander von: Skizze einer Geologischen Schilderung des südlichen Amerika. In: *Allgemeine geographische Ephemeriden* 9 (1802) Viertes Stück, April, S. 310–329.

Humboldt, Alexander von: Geognostische Skizze von Südamerika, mit erläuternden Bemerkungen des Herausgebers. In: *Annalen der Physik* 16 (1804) H. 4, S. 394–449.

Humboldt, Alexander von: *Ansichten der Natur mit wissenschaftlichen Erläuterungen*. Erster Band. Tübingen: Cotta'sche Buchhandlung 1808.

Humboldt, Alexander von: *Versuch über den politischen Zustand des Königreichs Neu-Spanien. Erster Band*. Tübingen: Cotta'sche Buchhandlung 1809.

Humboldt, Alexander von: *Vues des Cordillères et monumens des peuples indigènes de l'Amérique*. Paris: Schoell [1810–]1813.

Humboldt, Alexander von: *Atlas géographique et physique du royaume de la Nouvelle-Espagne fondé sur des observations astronomiques, des mesures trigonométriques et des nivellemens barométriques*. Paris: Schoell 1811.

Humboldt, Alexander von: *Essai politique sur le royaume de la Nouvelle-Espagne. Tome premier.* Paris: Schoell 1811.

Humboldt, Alexander von: *Essai politique sur le royaume de la Nouvelle-Espagne. Tome deuxième.* Paris: Schoell 1811.

Humboldt, Alexander von: *Essai politique sur le royaume de la Nouvelle-Espagne. Tome quatrième.* Paris: Schoell 1811.

Humboldt, Alexander von: *Versuch über den politischen Zustand des Königreichs Neu-Spanien. Vierter Band.* Tübingen: Cotta'sche Buchhandlung 1813.

Humboldt, Alexander von: *Atlas géographique et physique des régions équinoxiales du Nouveau Continent, fondé sur des observations astronomiques, des mesures trigonométriques et des nivellemens barométriques.* Paris: Librairie de Gide 1814–1834[–1838].

Humboldt, Alexander von: *Ensayo político sobre el reino de la Nueva-España. Tomo primero.* Traducido al español por Don Vicente González Arnao, con dos mapas. Paris: Rosa 1822.

Humboldt, Alexander von: *Essai géognostique sur le gisement des roches dans les deux hémisphères.* Paris: Levrault 1823.

Humboldt, Alexander von: *Geognostischer Versuch über die Lagerungen der Gebirgsarten in beiden Erdhälften.* Deutsch bearbeitet von Karl Cäsar Ritter von Leonhard. Straßburg: Levrault 1823.

Humboldt, Alexander von: *Essai politique sur le royaume de la Nouvelle-Espagne. Tome premier.* Deuxième édition. Paris: Antoine-Augustin Renouard 1825.

Humboldt, Alexander von: *Essai politique sur l'île de Cuba. Avec une carte et un supplément qui renferme des considérations sur la population, la richesse territoriale et le commerce de l'archipel des Antilles et de Colombia. Tome I.* Paris: Librairie de Gide Fils 1826.

Humboldt, Alexander von: Ueber die Hauptursachen der Temperatur-Verschiedenheit auf dem Erdkörper. In: *Annalen der Physik* 87 (1827) H. 9, S. 1–27.

Humboldt, Alexander von: *Examen critique de l'histoire de la géographie du Nouveau Continent et des progrès de l'astronomie nautique aux quinzième et seizième siècles. Tome premier.* Paris: Gide 1836.

Humboldt, Alexander von: *Atlas der Kleineren Schriften. Umrisse von Vulkanen aus den Cordilleren von Quito und Mexico. Ein Beitrag zur Physiognomik der Natur.* Stuttgart, Tübingen: Cotta'sche Verlagsbuchhandlung 1853.

Humboldt, Alexander von: *Kleinere Schriften. Geognostische und physikalische Erinnerungen. Mit einem Atlas, enthaltend Umrisse von Vulkanen aus den Cordilleren von Quito und Mexico. Erster Band.* Stuttgart, Tübingen: Cotta'sche Verlagsbuchhandlung 1853.

Humboldt, Alexander von: *The Island of Cuba.* Translated from the Spanish, with Notes and a Preliminary Essay by J. S. Thrasher. New York: Derby & Jackson 1856.

Humboldt, Alexander von: Insel Cuba. In: *Berlinische Nachrichten von Staats- und gelehrten Sachen* (25. 7. 1856), S. 4.

Humboldt, Alexander von: *Correspondance scientifique et littéraire.* Recueillie, publiée et précédée d'une notice et d'une introduction par M. de la Roquette. Paris: Ducrocq 1865.

Humboldt, Alexander von: Lettres d'Alexandre de Humboldt à Marc Auguste Pictet (1795–1824). In: *Le Globe* (1868) H. 7, S. 129–204.

Humboldt, Alexander von: *Alexander von Humboldt und das Preußische Königshaus. Briefe aus den Jahren 1835–1857.* Herausgegeben von Conrad Müller. Leipzig: K. F. Koehler 1928.

Humboldt, Alexander von: *Tablas Geográficas Políticas del Reino de Nueva España y Correspondencia Mexicana*. Edición de homenaje. México, D.F.: Dirección General de Estadística 1970.
Humboldt, Alexander von: *Alexander von Humboldt über die Sklaverei in den USA. Alejandro de Humboldt sobre la Esclavitud en los EE.UU.* Eine Dokumentation mit einer Einführung und Anmerkungen herausgegeben von Philip S. Forner. [Übersetzung und Bearbeitung der deutschen Fassung: Ingo Schwarz]. Berlin: Humboldt-Universität zu Berlin 1984 (Wissenschaftliche Schriftenreihe).
Humboldt, Alexander von: *Ansichten der Natur, mit wissenschaftlichen Erläuterungen und sechs Farbtafeln nach Skizzen des Autors*. Franz Greno: Nördlingen 1986 (Die Andere Bibliothek).
Humboldt, Alexander von: Ideen zu einer Physiognomik der Gewächse. In: Humboldt, Alexander von: *Ansichten der Natur, mit wissenschaftlichen Erläuterungen und sechs Farbtafeln nach Skizzen des Autors*. Franz Greno: Nördlingen 1986 (Die Andere Bibliothek), S. 235–390.
Humboldt, Alexander von: *Reise in die Äquinoktial-Gegenden des Neuen Kontinents. Band 1.* Herausgegeben von Ottmar Ette. Mit Anmerkungen zum Text, einem Nachwort und zahlreichen zeitgenössischen Abbildungen sowie einem farbigen Bildteil. Frankfurt am Main, Leipzig: Insel 1991.
Humboldt, Alexander von: *Reise in die Äquinoktial-Gegenden des Neuen Kontinents. Band 2.* Herausgegeben von Ottmar Ette. Mit Anmerkungen zum Text, einem Nachwort und zahlreichen zeitgenössischen Abbildungen sowie einem farbigen Bildteil. Frankfurt am Main, Leipzig: Insel 1991.
Humboldt, Alexander von: *Briefe aus Amerika 1799–1804*. Bearbeitet von Ulrike Moheit. Berlin: Akademie Verlag 1993 (Beiträge zur Alexander-von-Humboldt-Forschung, 16).
Humboldt, Alexander von: *Ensayo político sobre la Isla de Cuba*. [Edición de Miguel Ángel Puig-Samper, Consuelo Naranjo Orovio, Armando García González]. Madrid: Edición Doce Calles, Junta de Castilla y León 1998 (Theatrum naturae. Colección de Historia Natural. Serie: Textos clásicos).
Humboldt, Alexander von: *Lateinamerika am Vorabend der Unabhängigkeitsrevolution. Eine Anthologie von Impressionen und Urteilen aus seinen Reisetagebüchern*. Mit einer einleitenden Studie von Manfred Kossok. 2., durchgesehene und verbesserte Auflage. Berlin: Akademie Verlag 2003 (Beiträge zur Alexander-von-Humboldt-Forschung, 5).
Humboldt, Alexander von: *Reise auf dem Rio Magdalena, durch die Anden und Mexiko. Teil I: Texte*. Herausgegeben von Margot Faak. Mit einer einleitenden Studie von Kurt R. Biermann. Zweite, durchgesehene und verbesserte Auflage. Berlin: Akademie Verlag 2003 (Beiträge zur Alexander-von-Humboldt-Forschung, 8).
Humboldt, Alexander von: *Alexander von Humboldt und die Vereinigten Staaten von Amerika. Briefwechsel*. Herausgegeben von Ingo Schwarz. Berlin: Akademie Verlag 2004 (Beiträge zur Alexander-von-Humboldt-Forschung, 19).
Humboldt, Alexander von: *Ansichten der Kordilleren und Monumente der eingeborenen Völker Amerikas*. Aus dem Französischen von Claudia Kalscheuer. Ediert und mit einem Nachwort versehen von Oliver Lubrich und Ottmar Ette. Frankfurt am Main: Eichborn 2004.
Humboldt, Alexander von: *Kosmos. Entwurf einer physischen Weltbeschreibung*. Ediert und mit einem Nachwort versehen von Ottmar Ette und Oliver Lubrich. Frankfurt am Main: Eichborn 2004.

Humboldt, Alexander von: *Das große Lesebuch*. Herausgegeben von Oliver Lubrich. Frankfurt a. M.: S. Fischer Verlag 2009.
Humboldt, Alexander von: *Tablas Geográfico-Políticas de la Nueva España*. Estudio introductorio de Gerardo Sánchez Díaz. Transcripción y notas de J. Ricardo Aguilar González. Morelia: UMSNH, Instituto de Investigaciones Históricas 2005.
Humboldt, Alexander von: *Es ist ein Treiben in mir. Entdeckungen und Einsichten*. Herausgegeben von Frank Holl. München: dtv 2009.
Humboldt, Alexander von: *Kritische Untersuchung zur historischen Entwicklung der geographischen Kenntnisse von der Neuen Welt und den Fortschritten der nautischen Astronomie im 15. und 16. Jahrhundert. Mit dem geographischen und physischen Atlas der Äquinoktial-Gegenden des Neuen Kontinents Alexander von Humboldts sowie dem Unsichtbaren Atlas der von ihm untersuchten Kartenwerke*. Mit einem vollständigen Namen- und Sachregister. Nach der Übersetzung aus dem Französischen von Julius Ludwig Ideler ediert und mit einem Nachwort versehen von Ottmar Ette. Frankfurt am Main, Leipzig: Insel 2009.
Humboldt, Alexander von: *Mein vielbewegtes Leben. Der Forscher über sich und seine Werke*. Ausgewählt und mit biographischen Zwischenstücken versehen von Frank Holl. Frankfurt am Main: Eichborn 2009.
Humboldt, Alexander von: *Political Essay on the Island of Cuba. A Critical Edition*. Edited with an Introduction by Vera M. Kutzinski and Ottmar Ette. Translated by J. Bradford Anderson, Vera M. Kutzinski, and Anja Becker. With Annotations by Tobias Kraft, Anja Becker, and Giorleny D. Altamirano Rayo. Chicago, London: The University of Chicago Press 2011 (Alexander von Humboldt in English, 1).
Humboldt, Alexander von: *Views of the Cordilleras and Monuments of the Indigenous Peoples of the Americas. A Critical Edition*. Edited with an Introduction by Vera M. Kutzinski and Ottmar Ette. Translated by J. Ryan Poynter. Annotations by Giorleny Altamirano Rayo and Tobias Kraft. Chicago, London: The University of Chicago Press 2012 (Alexander von Humboldt in English, 2).
Humboldt, Alexander von: *Vistas de las Cordilleras y Monumentos de los Pueblos Indígenas de América*. Traducción de Gloria Luna Rodrigo y Aurelio Rodríguez Castro. Madrid: Universidad Autónoma de Madrid, Marcial Pons Historia 2012.
Humboldt, Alexander von/Arago, François: *Correspondance d'Alexandre de Humboldt avec François Arago (1809–1853)*. Publiée avec une préface et des notes par le Dr E.-T. Hamy. Paris: E. Guilmoto 1907 (Bibliothèque d'Histoire Scientifique, 1).
Humboldt, Alexander von/Böckh, August: *Briefwechsel*. Herausgegeben von Romy Werther. Berlin: Akademie Verlag 2011 (Beiträge zur Alexander-von-Humboldt-Forschung, 33).
Humboldt, Alexander von/Bonpland, Aimé: *Essai sur la Géographie des Plantes accompagné d'un tableau physique des régions équinoxiales. Fondé sur des mesures exécutées, depuis le dixième degré de latitude boréale jusqu'au dixième degré de latitude australe, pendant les années 1799, 1800 1801, 1802 et 1803*. Avec un planche. Paris, Tübingen: Schoell, Cotta 1805.
Humboldt, Alexander von/Bonpland, Aimé: *Ideen zu einer Geographie der Pflanzen, nebst einem Naturgemälde der Tropenländer*. Mit einer Kupfertafel. Paris, Tübingen: Schoell, Cotta 1807.
Humboldt, Alexander von/Bonpland, Aimé: *Voyage aux régions équinoxiales du Nouveau Continent, fait en 1799, 1800, 1801, 1802, 1803 et 1804. Première Partie. Relation historique. Tome premier*. Paris: J. Smith et Gide Fils 1814 [–1817].

Humboldt, Alexander von/Bonpland, Aimé: *Voyage aux régions équinoxiales du Nouveau Continent, fait en 1799, 1800, 1801, 1802, 1803 et 1804. Première Partie. Relation historique. Tome second.* Paris: J. Smith et Gide Fils 1819 [–1821].

Humboldt, Alexander von/Bonpland, Aimé: *Voyage aux régions équinoxiales du Nouveau Continent, fait en 1799, 1800, 1801, 1802, 1803 et 1804. Première Partie. Relation historique. Tome troisième.* Paris: J. Smith et Gide Fils 1825[–1831].

Humboldt, Alexander von/Bonpland, Aimé: *Reise in die Aequinoctial-Gegenden des neuen Continents in den Jahren 1799, 1800, 1801, 1802, 1803 und 1804. Fünfter Theil.* Stuttgart, Tübingen: Cotta'sche Buchhandlung 1826.

Humboldt, Alexander von/Bonpland, Aimé: *Reise in die Aequinoctial-Gegenden des neuen Continents in den Jahren 1799, 1800, 1801, 1802, 1803 und 1804. Sechster Theil. Erste Hälfte.* Stuttgart, Tübingen: Cotta'sche Buchhandlung 1829.

Humboldt, Alexander von/Bonpland, Aimé: *Reise in die Aequinoctial-Gegenden des neuen Continents in den Jahren 1799, 1800, 1801, 1802, 1803 und 1804. Sechster Theil. Zweite Hälfte.* Stuttgart, Tübingen: Cotta'sche Buchhandlung 1832.

Humboldt, Alexander von/Bonpland, Aimé: *Essay on the Geography of Plants.* Edited with an introduction by Stephen T. Jackson. Translated by Sylvie Romanowski. Chicago, London: The University of Chicago Press 2009.

Humboldt, Alexander von/Cotta, Johann Friedrich von u. a.: *Briefwechsel.* Herausgegeben von Ulrike Leitner unter Mitarbeit von Eberhard Knobloch. Berlin: Akademie Verlag 2009 (Beiträge zur Alexander-von-Humboldt-Forschung, 29).

Humboldt, Alexander von/Oltmanns, Jabbo: *Recueil d'observations astronomiques, d'opérations trigonométriques et des mesures barométriques. Premier volume.* Paris: Schoell 1810 [1808–1811].

Humboldt, Alexander von/Ritter, Carl: *Briefwechsel.* Herausgegeben von Ulrich Päßler unter Mitarbeit von Eberhard Knobloch. Berlin: Akademie Verlag 2010 (Beiträge zur Alexander-von-Humboldt-Forschung, 32).

Humboldt, Alexander von/Varnhagen Ense, Karl August Ludwig Philipp von: *Briefe von Alexander von Humboldt an Varnhagen von Ense, aus den Jahren 1827 bis 1858. Nebst Auszügen aus Varnhagen's Tagebüchern, und Briefen von Varnhagen und Andern an Humboldt* [Herausgegeben von Ludmilla Assing]. 4. Auflage. Leipzig: F. A. Brockhaus 1860.

Humboldt, Alexander von/Varnhagen Ense, Karl August Ludwig Philipp von: *Briefe von Alexander von Humboldt an Varnhagen von Ense, aus den Jahren 1827 bis 1858. Nebst Auszügen aus Varnhagen's Tagebüchern, und Briefen von Varnhagen und Andern an Humboldt.* [Herausgegeben von Ludmilla Assing]. New York: Friedrich Gerhard 1860.

International School of Information Sciene (ISIS): *Description de l'Egypte.* Digital Collection. <http://descegy.bibalex.org>

Jackson, Stephen T.: Introduction: Humboldt, Ecology and the Cosmos. In: *Essay on the Geography of Plants.* Edited with an introduction by Stephen T. Jackson. Translated by Sylvie Romanowski. Chicago, London: The University of Chicago Press 2009, S. 1–46.

Jacob, Christian: Toward a Cultural History of Cartography. In: *Imago Mundi* 48 (1996), S. 191–198.

Jacob, Christian/Conley, Tom: *The sovereign map. Theoretical approaches in cartography throughout history.* Chicago, London: The University of Chicago Press 2006.

Jahn, Ilse/Lange, Fritz G. (Hg.): *Die Jugendbriefe Alexander von Humboldts 1787–1799.* Berlin: Akademie-Verlag 1973.

Jakobson, Roman: Linguistik und Poetik [1960]. In: Jakobson, Roman: *Poetik. Ausgewählte Aufsätze 1921–1971*. Herausgegeben von Elmar Holenstein und Tarcisius Schelbert. Frankfurt am Main: Suhrkamp 92010 (suhrkamp taschenbuch wissenschaft, 262), S. 83–121.

Johnson, Linck C.: «Liberty Is Never Cheap»: Emerson, «The Fugitive Slave Law,» and the Antislavery Lecture Series at the Broadway Tabernacle. In: *The New England Quarterly* 76 (2003) 4 (Dec), S. 550–592.

Juan y Santacilla, Jorge/Ulloa, Antonio de: *Voyage historique de l'Amérique méridionale fait par ordre du Roi d'Espagne. Ouvrage orné des figures, plans et carts necessaires, et qui contient une histoire des Yncas du Perou, Et les Observations Astronomiques & Physiques, faites pour déterminer la Figure & la Grandeur de la Terre. Tome premier.* Amsterdam, Leipzig: Arkstee & Merkus 1752.

Kant, Immanuel: Was heißt: Sich im Denken orientiren? In: Königlich Preußischen Akademie der Wissenschaften (Hg.): *Kant's gesammelte Schriften. Abt. 1: Kant's Werke*. Berlin: Reimer 1912 (Gesamtausgabe Bd. 8: Abhandlungen nach 1781), S. 133–148.

Kautzleben, Heinz: Die Förderung von Geodäsie und Geophysik durch Alexander von Humboldt und seine Wirkung bis in die Gegenwart. In: Heikenroth, Heinz/Deters, Inga (Hg.): *Alexander-von-Humboldt-Ehrung in der DDR. Festakt und Wissenschaftliche Konferenz aus Anlaß des 125. Todestages Alexander von Humboldts 3. und 4. Mai 1984 in Berlin*. Berlin: Akademie Verlag 1984, S. 76–82.

Knobloch, Eberhard: Naturgenuss und Weltgemälde. Gedanken zu Humboldts Kosmos. In: *HiN – Internationale Zeitschrift für Humboldt-Studien* V (2004) H. 9, S. 33–47. <http://www.hin-online.de>

Knobloch, Eberhard: Erkundung und Erforschung. Alexander von Humboldts Amerikareise. In: *HiN – Internationale Zeitschrift für Humboldt-Studien* 8 (2006) H. 13, S. 55–73. <http://www.hin-online.de>

Knobloch, Eberhard: Nomos und physis. Alexander von Humboldt und die Tradition antiker Denkweisen und Vorstellungen. In: *HiN – Internationale Zeitschrift für Humboldt-Studien* 11 (2010) H. 21, S. 45–55. <http://www.hin-online.de>

Knupfer, Peter B.: Compromise of 1850. In: Boyer, Paul (Hg.): *The Oxford Companion to United States History. Online-Edition*. Oxford University Press 2001. <https://www.anb.org>

Koblin, Aaron: *Visualizing ourselves ... with crowd-sourced data*. TED Conferences, LLC 2011. <http://www.ted.com>

Kohlhepp, Gerd: Scientific findings of Alexander von Humboldt's expedition into the Spanish-American Tropics (1799–1804) from a geographical point of view. In: *Anais da Academia Brasileira de Ciências* 77 (2005) H. 2, S. 325–342.

Kossok, Manfred: Vorwort. In: *Lateinamerika am Vorabend der Unabhängigkeitsrevolution. Eine Anthologie von Impressionen und Urteilen aus seinen Reisetagebüchern*. Mit einer einleitenden Studie von Manfred Kossok. 2., durchgesehene und verbesserte Auflage. Berlin: Akademie Verlag 2003 (Beiträge zur Alexander-von-Humboldt-Forschung, 5), S. 11–19.

Krafft, Fritz: Alexander von Humboldts *Mineralogische Beobachtungen über einige Basalte am Rhein* und die Neptunismus-Vulkanismus-Kontroverse um die Basalt-Genese. In: Leitner, Ulrike/Mikosch, Regina u. a. (Hg.): *Studia Fribergensia. Alexander-von-Humboldt-Kolloquium Freiberg 1991*. Berlin: Akademie Verlag 1994 (Beiträge zur Alexander-von-Humboldt-Forschung, 18), S. 117–150.

Kraft, Lothar: *Martin Deutinger. Das Wesen der musikalischen Kunst.* Inaugural-Dissertation. Bonn 1963.

Kraft, Tobias: El *Essai politique sur l'île de Cuba* de Alexander von Humboldt en los debates sobre esclavitud y anexionismo en Cuba y los EE.UU. en torno al proyecto editorial 'HiE – Humboldt in English'. In: Gómez, Liliana/Müller, Gesine (Hg.): *Relaciones caribeñas. Entrelazamientos de dos siglos. Relations caribeénnes. Enchevêtrements de deux siècles.* Frankfurt am Main, Berlin, Bern u. a.: Peter Lang 2011, S. 37–60.

Kraft, Tobias: Von den Sprachen in die Welt und wieder zurück. Anschwellende Redevielfalt und mehrsprachige Textgenesen im Werk Alexander von Humboldts. In: Baillot, Anne (Hg.): *Netzwerke des Wissens. Das intellektuelle Berlin um 1800.* Berlin: BWV Berliner Wissenschafts-Verlag 2011 (Berliner Intellektuelle um 1800, 1), S. 369–398.

Kraft, Tobias: From Total Impression to Fractal Representation: the Humboldtian 'Naturbild'. In: Kutzinski, Vera M./Ette, Ottmar u. a. (Hg.): *Alexander von Humboldt and the Americas.* Berlin: edition tranvía 2012 (POINTE – Potsdamer inter- und transkulturelle Texte, 3), S. 144–160.

Kraft, Tobias: Textual Differences in Alexander von Humboldt's *Essai politique sur l'île de Cuba.* An editorial commentary on the first volume of the 'Humboldt in English' (HiE) book series. In: *HiN – Internationale Zeitschrift für Humboldt-Studien* 13 (2012) H. 24, S. 75–85. <http://www.hin-online.de>

Krohn, Wolfgang: *Francis Bacon.* 2., überarbeitete Auflage. München: C.H. Beck 2006 (Beck'sche Reihe, 509).

Kulke, Ulli: *Alexander von Humboldt. Reise nach Südamerika.* München: Frederking & Thaler Verlag 2010.

Kutzinski, Vera M.: Translations of Cuba: Fernando Ortiz, Alexander von Humboldt, and the curious case of John Sidney Thrasher. In: *Atlantic Studies: Literary, Cultural and Historical Perspectives* 6 (2009) H. 3, S. 303–326.

Kutzinski, Vera M./Ette, Ottmar: The Art of Science: Alexander von Humboldt's Views of the Cultures of the World. In: Humboldt, Alexander von: *Views of the Cordilleras and Monuments of the Indigenous Peoples of the Americas. A Critical Edition.* Edited with an Introduction by Vera M. Kutzinski and Ottmar Ette. Translated by J. Ryan Poynter. Annotations by Giorleny Altamirano Rayo and Tobias Kraft. Chicago, London: The University of Chicago Press 2012 (Alexander von Humboldt in English, 2), S. XV–XXXV.

Labastida, Jaime: Las aportaciones de Humboldt a la investigación científica. In: Wionczek, Miguel S. (Hg.): *El Humboldt venezolano. Homenaje en el bicentenario de su nacimiento.* Caracas: Edición del Banco Central de Venezuela 1977, S. 23–44.

Labastida, Jaime: Humboldt, México y Estados Unidos. Historia de una intriga. In: Humboldt, Alexander von: *Atlas geográfico y físico del reino de la Nueva España.* México, D.F.: siglo veintiuno editores 2003, S. 131–147.

Lalla, Sebastian: Einleitung in die *Dialecticae libri duo.* In: Ramus, Petrus: *Dialecticae libri duo.* Herausgegeben und eingeleitet von Sebastian Lalla. Unter Mitarbeit von Karlheinz Hülser. Stuttgart, Bad Cannstatt: frommann-holzboog 2011 (Editionen zur Frühen Neuzeit – Lateinisch-deutsche Quellenedition, 2), S. XIII–LVII.

Lamping, Dieter: Einführung. In: Lamping, Dieter (Hg.): *Handbuch der literarischen Gattungen.* Stuttgart: Alfred Kröner Verlag 2009, S. XV–XXVI.

Laxton, Paul: Introduction. Meaning, Knowledge and Power in the Map Philosophy of J. B. Harley. In: Harley, John Brian (Hg.): *The new nature of maps. Essays in the history of cartography.* Edited by Paul Laxton. Baltimore: Johns Hopkins University Press 2001, S. 1–32.

Leitner, Ulrike: Las obras de Alejandro de Humboldt sobre Cuba. In: Holl, Frank (Hg.): *Alejandro de Humboldt en Cuba. Catálogo para la exposición en la Casa Humboldt, Habana Vieja, Octubre 1997–Enero 1998.* Augsburg: Wissner 1997, S. 51–60.

Leitner, Ulrike: Alexander von Humboldts Tagebuchnotizen auf dem Weg von Mexiko-Stadt nach Veracruz. In: Humboldt, Alexander von: *Von Mexiko-Stadt nach Veracruz: Tagebuch*. Herausgegeben von Ulrike Leitner. Berlin: Akademie Verlag 2005 (Beiträge zur Alexander-von-Humboldt-Forschung, 25), S. 7–47.

Leitner, Ulrike: Einleitung. In: Humboldt, Alexander von/Cotta, Johann Friedrich von u. a.: *Briefwechsel*. Herausgegeben von Ulrike Leitner unter Mitarbeit von Eberhard Knobloch. Berlin: Akademie Verlag 2009 (Beiträge zur Alexander-von-Humboldt-Forschung, 29), S. 9–43.

Lepenies, Wolf: *Das Ende der Naturgeschichte. Wandel kultureller Selbstverständlichkeiten in den Wissenschaften des 18. und 19. Jahrhunderts*. Frankfurt am Main: Suhrkamp 1976.

Lepenies, Wolf: Vorbemerkung. In: Lepenies, Wolf: *Autoren und Wissenschaftler im 18. Jahrhundert. Linné – Buffon – Winckelmann – Georg Forster – Erasmus Darwin*. München, Wien: Carl Hanser Verlag 1988, S. 7.

Lindgren, Uta (Hg.): *Alexander von Humboldt. Weltbild und Wirken auf die Wissenschaften*. Wien: Böhlau 1990 (Bayreuther Historische Kolloquien, 4).

Lobsien, Eckhard/Frank, Hilmar: Landschaft. In: Barck, Karlheinz/Fontius, Martin u. a. (Hg.): *Ästhetische Grundbegriffe (ÄGB). Band 3: Harmonie – Material*. Studienausgabe. Stuttgart, Weimar: J. B. Metzler 2010.

Lockhart, Jamie Bruce/Clapperton, Hugh: In the Raw: Some Reflections on Transcribing and Editing Lieutenant Hugh Clapperton's Writings on the Borno Mission of 1822–25. In: *History in Africa* 26 (1999), S. 157-195.

Löschner, Renate: *Lateinamerikanische Landschaftsdarstellungen der Maler aus dem Umkreis von Alexander von Humboldt*. Dissertation. Berlin 1976.

Löschner, Renate: Alexander von Humboldts Bedeutung für die Altamerikanistik. In: Hein, Wolfgang-Hagen (Hg.): *Alexander von Humboldt. Leben und Werk*. Ingelheim am Rhein: C. H Boehringer Sohn 1985, S. 249–262.

Lubowski-Jahn, A.: A Comparative Analysis of the Landscape Aesthetics of Alexander von Humboldt and John Ruskin. In: *The British Journal of Aesthetics* 51 (2011) H. 3, S. 321–333.

Lubrich, Oliver: «Egipcios por doquier». Alejandro de Humboldt y su visión 'orientalista' de América. In: *HiN – Internationale Zeitschrift für Humboldt-Studien* III (2002) H. 5, o. S. <http://www.hin-online.de>

Lubrich, Oliver: *Das Schwinden der Differenz. Postkoloniale Poetiken. Alexander von Humboldt, Bram Stoker, Ernst Jünger, Jean Genet*. 2., durchgesehene Auflage. Bielefeld: Aisthesis-Verlag 2009.

Lubrich, Oliver/Ette, Ottmar: Die Reise durch eine andere Bibliothek. Nachwort. In: Humboldt, Alexander von: *Ansichten der Kordilleren und Monumente der eingeborenen Völker Amerikas*. Aus dem Französischen von Claudia Kalscheuer. Ediert und mit einem Nachwort versehen von Oliver Lubrich und Ottmar Ette. Frankfurt am Main: Eichborn 2004, S. 407–422.

Lubrich, Oliver/Ette, Ottmar: Editorische Notiz. In: *Ansichten der Kordilleren und Monumente der eingeborenen Völker Amerikas*. Aus dem Französischen von Claudia Kalscheuer. Ediert und mit einem Nachwort versehen von Oliver Lubrich und Ottmar Ette. Frankfurt am Main: Eichborn 2004, S. 428–432.

Lüsebrink, Hans-Jürgen: Die *Geschichte beider Indien* – ein verdrängter Bestseller. In: Raynal, Guillaume-Thomas/Diderot, Denis: *Die Geschichte beider Indien*. Ausgewählt und erläutert von Hans-Jürgen Lüsebrink. Nördlingen: Greno 1988 (Die Andere Bibliothek), S. 329–344.

Lütkehaus, Ludger: Hinaus, immer nur hinaus. Vielseitig? Allseitig! Alexander von Humboldt und Charles Darwin reisen um die Welt. In: *Die Zeit* (30. 4. 2009), S. 61.

Lutz, Gerhard: Geographie und Statistik im 18. Jahrhundert. Zu Neugliederung und Inhalten von 'Fächern' im Bereich der historischen Wissenschaften. In: Rassem, Mohammed (Hg.): *Statistik und Staatsbeschreibung in der Neuzeit. Vornehmlich im 16.–18. Jahrhundert. Bericht über ein interdisziplinäres Symposion in Wolfenbüttel, 25.–27. September 1978*. Paderborn: Schöningh 1980 (Quellen und Abhandlungen zur Geschichte der Staatsbeschreibung und Statistik, 1), S. 249–268.

Markschies, Christoph/Reichle, Ingeborg u. a.: Vorbemerkung. In: Markschies, Christoph/Reichle, Ingeborg u. a. (Hg.): *Atlas der Weltbilder*. Berlin: Akademie Verlag 2011 (Interdisziplinäre Arbeitsgruppen, Forschungsberichte, 25), S. XIII–XVI.

Matos Arévalos, José Antonio: *La historia en Fernando Ortiz*. La Habana: Fundación Fernando Ortiz 1999.

McEwan, Colin/López Luján, Leonardo: Introduction. In: McEwan, Colin/López Luján, Leonardo (Hg.): *Moctezuma. Aztec Ruler*. London: British Museum Press 2009, S. 18–23.

Mecke, Jochen: Literatur und Literaturwissenschaft. In: Mecke, Jochen/Wetzel, Hermann H. (Hg.): *Französische Literaturwissenschaft. Eine Einführung*. Mit CD-ROM. Tübingen: Narr Francke Attempto Verlag 2009, S. 1–24.

Michael Dettelbach: The Face of Nature: Precise Measurement, Mapping, and Sensibility in the Work of Alexander von Humboldt. In: *Studies in History and Philosophy of Science Part C: Studies in History and Philosophy of Biological and Biomedical Sciences* 30 (1999) H. 4, S. 473–504.

Michalsky, Tanja: Geographie – das Auge der Geschichte. Historische Reflexionen über die Macht der Karten im 16. Jahrhundert. <http://voss-stiftung.de>

Michalsky, Tanja: *Projektion und Imagination. Die niederländische Landschaft der Frühen Neuzeit im Diskurs von Geographie und Malerei*. Paderborn: Wilhelm Fink 2011.

Michelet, Jules: *Tableau de la France: géographie physique, politique et morale*. Paris: Lacroix 1875.

Minguet, Charles: *Alexandre de Humboldt. Historien et géographe de l'Amérique espagnole (1799–1804)*. Nouvelle édition entièrement révisée et refondue. Paris, Montreal: L'Harmattan 1997.

Model, Fritz: Alexander von Humboldts Isothermen. In: *Deutsche Hydrografische Zeitschrift* 12 (1959) H. 1, S. 29–33.

Moncada Maya, J. Omar: *Ingenieros Militares en Nueva España. Inventario de su labor científica y espacial. Siglos XVI y XVIII*. México, D.F.: UNAM 1993.

Morales y Morales, Vidal: El Barón de Humboldt en la isla de Cuba. 1800–1801–1804. I. In: *El Figaro* (6. 6. 1897), S. 258.

Morris, Madeleine F.: *Le Chevalier de Jaucourt: un ami de la terre, 1704–1780*. Genève: Librairie Droz 1979.

Müller, Irmgard: Alexander von Humboldt – ein Teil, Ganzes oder Außenseiter der Gelehrtenrepublik. In: Knoche, Michael/Ritter-Santini, Lea (Hg.): *Die europäische Republique des lettres in der Zeit der Weimarer Klassik*. Göttingen: Wallstein 2007, S. 193–209.

Nickel, Gunther (Hg.): *Daniel Kehlmanns* Die Vermessung der Welt. *Materialien, Dokumente, Interpretationen.* Reinbek bei Hamburg: Rowohlt Taschenbuch 2008 (rororo, 24725).

Nünning, Vera/Nünning, Ansgar: Produktive Grenzüberschreitungen: transgenerische, intermediale und interdisziplinäre Ansätze in der Erzähltheorie. In: Nünning, Vera/ Nünning, Ansgar (Hg.): *Erzähltheorie transgenerisch, intermedial, interdisziplinär.* Trier: WVT 2002 (WVT-Handbücher zum literaturwissenschaftlichen Studium, 5), S. 1–22.

Olsen, Jon Flemming: *Der Fritten-Humboldt. Meine Reise ins Herz der Imbissbude.* München: Goldmann Verlag 2010.

Ong, Walter J.: *Ramus and the Decay of Dialogue. From the Art of Discourse to the Art of Reason* [1958]. With a new foreword by Adrian Johns. Chicago, London: Chicago University Press 2004.

Opatrný, Josef: El estado-nación o la 'cubanidad': los dilemas de los portavoces de los criollos cubanos de la época antes de la escalera. In: González-Ripoll, María Dolores/ Naranjo Orovio, Consuelo u. a. (Hg.): *El rumor de Haití en Cuba. Temor, raza y rebeldía, 1789–1844.* Madrid: Consejo Superior de Investigaciones Científicas 2004, S. 321–416.

Ortega y Medina, Juan A.: Anexo I: Cronología Humboldtiana. Datos de la vida de Alejandro de Humboldt. In: Humboldt, Alexander von: *Ensayo político sobre el Reino de la Nueva España.* Estudio preliminar, revisión del texto, cotejos, notas y anexos de Juan A. Ortega y Medina. México, D.F.: Editorial Porrúa ^{3}1978 [1966], S. LV–CXXI.

Ortega y Medina, Juan A.: Anexo II: Fuentes hispánicas citadas por Humboldt en el Ensayo (E) y en la Introducción geográfica (IG), ya en ambas. In: Humboldt, Alexander von: *Ensayo político sobre el Reino de la Nueva España.* Estudio preliminar, revisión del texto, cotejos, notas y anexos de Juan A. Ortega y Medina. México, D.F.: Editorial Porrúa ^{3}1978 [1966], S. CXXII–CXLII.

Ortega y Medina, Juan A.: Estudio preliminar. In: Humboldt, Alexander von: *Ensayo político sobre el Reino de la Nueva España.* Estudio preliminar, revisión del texto, cotejos, notas y anexos de Juan A. Ortega y Medina. México, D.F.: Editorial Porrúa ^{3}1978 [1966], S. IX–LIII.

Ortiz, Fernando: Introducción biobibliográfica. In: Guiteras, Pedro José: *Historia de la Isla de Cuba. Tomo I.* Segunda edición con correcciones inéditas por el autor y una introducción por Fernando Ortíz. La Habana: Cultural 1927 (Colección de libros cubanos, 1), S. I–XXIV.

Ortiz, Fernando: El traductor de Humboldt en la historia de Cuba. In: Humboldt, Alexander von: *Ensayo político sobre la isla de Cuba. Con un mapa de Cuba. Tomo I.* Introducción por Fernando Ortíz y correcciones, notas y apéndices por Francisco Arango y Parreño, J. S. Thrasher y otros. La Habana: Cultural, S.A. 1930 (Colección de libros cubanos, 16), S. 181–222.

Osterhammel, Jürgen: Alexander von Humboldt: Historiker der Gesellschaft, Historiker der Natur. In: *Archiv für Kulturgeschichte* 81 (1999), S. 105–131.

Osterhammel, Jürgen: Welten des Kolonialismus im Zeitalter der Aufklärung. In: Lüsebrink, Hans-Jürgen (Hg.): *Das Europa der Aufklärung und die außereuropäische koloniale Welt.* Göttingen: Wallstein 2006 (Das achtzehnte Jahrhundert. Supplementa, 11), S. 19–36.

Osterhammel, Jürgen: *Die Verwandlung der Welt. Eine Geschichte des 19. Jahrhunderts.* München: C.H. Beck ^{2}2009.

Paetzold, Heinz: Phänomenologie der Kultur des Flanierens. In: Paetzold, Heinz (Hg.): *Integrale Stadtkultur.* Weimar: Verlag der Bauhaus-Universität 2006 (Philosophische Diskurse 7), S. 48–77.

Päßler, Ulrich: *Ein Diplomat aus den Wäldern des Orinoko. Alexander von Humboldt als Mittler zwischen Preußen und Frankreich.* Stuttgart: Franz Steiner Verlag 2009 (Pallas Athene. Beiträge zur Universitäts- und Wissenschaftsgeschichte, 29).

Päßler, Ulrich: Einführung. In: Humboldt, Alexander von/Ritter, Carl: *Briefwechsel.* Herausgegeben von Ulrich Päßler unter Mitarbeit von Eberhard Knobloch. Berlin: Akademie Verlag 2010 (Beiträge zur Alexander-von-Humboldt-Forschung, 32), S. 11–23.

Peitsch, Helmut: *Georg Forsters* Ansichten vom Niederrhein. *Zum Problem des Übergangs vom bürgerlichen Humanismus zum revolutionären Demokratismus.* Frankfurt am Main, Bern, Las Vegas: Peter Lang 1978 (Europäische HochschulschriftenReihe 1, Deutsche Sprache und Literatur, 230).

Perrot, Jean-Claude: Économie politique. In: Reichardt, Rolf/Schmitt, Eberhard (Hg.): *Handbuch politisch-sozialer Grundbegriffe in Frankreich 1680–1820. Heft 8.* München: Oldenbourg 1988 (Ancien Régime, Aufklärung und Revolution, 10), S. 51–104.

Petitier, Paule: D'un tableau l'autre. Le *Tableau de la France* de Michelet et le *Tableau de la géographie de France* de Vidal de la Blache. In: Robic, Marie-Claire (Hg.): *Le* Tableau de la géographie de la France *de Paul Vidal de la Blache. Dans le labyrinthe des formes.* Paris: Éd. du CTHS 2000 (Mémoire de la section de géographie physique et humaine, 20), S. 127–150.

Pfammatter, René: *Essay – Anspruch und Möglichkeit. Plädoyer für die Erkenntniskraft einer unwissenschaftlichen Darstellungsform.* Hamburg: Verlag Dr. Kovac 2002 (Poetica. Schriften zur Literaturwissenschaft, 67).

Pfotenhauer, Helmut: *Um 1800: Konfigurationen der Literatur, Kunstliteratur und Ästhetik.* Berlin, New York: Walter de Gruyter 1991 (Untersuchungen zur deutschen Literaturgeschichte, 59).

Pratt, Mary Louise: *Imperial Eyes. Travel Writing and Transculturation.* London, New York: Routledge 1992.

Pratt, Mary Louise: *Imperial eyes. Travel writing and transculturation.* New York, Abingdon: Routledge ^{2}2008.

Prem, Hanns J.: *Die Azteken. Geschichte – Kultur – Religion.* 2., durchgesehene Auflage. München: C.H. Beck 1999 (Beck'sche Reihe, 2035).

Puig-Samper, Miguel Ángel: Humboldt, ein Preuße am Hof Karl IV. In: Ette, Ottmar/Bernecker, Walther L. (Hg.): *Ansichten Amerikas. Neuere Studien zu Alexander von Humboldt.* Frankfurt am Main: Vervuert 2001, S. 19–49.

Puig-Samper, Miguel Ángel/Naranjo Orovio, Consuelo u. a.: Estudio introductorio. In: Humboldt, Alexander von: *Ensayo político sobre la Isla de Cuba.* [Edición de Miguel Ángel Puig-Samper, Consuelo Naranjo Orovio, Armando García González]. Madrid: Edición Doce Calles, Junta de Castilla y León 1998 (Theatrum naturae. Colección de Historia Natural. Serie: Textos clásicos), S. 19–98.

Puig-Samper, Miguel Ángel/Rebok, Sandra: *Sentir y medir. Alexander von Humboldt en España.* Madrid: Doce Calles 2007.

Rahden, Wolfert von: Revolution und Evolution. In: *Forum interdisziplinäre Begriffsgeschichte* (2012) H. 1, S. 1–20.

Rassem, Mohammed/Stagl, Justin: Exposé. In: Rassem, Mohammed (Hg.): *Statistik und Staatsbeschreibung in der Neuzeit. Vornehmlich im 16.–18. Jahrhundert. Bericht über ein interdisziplinäres Symposion in Wolfenbüttel, 25.–27. September 1978.* Paderborn: Schöningh 1980 (Quellen und Abhandlungen zur Geschichte der Staatsbeschreibung und Statistik, 1), S. 11–16.

Rawley, James A./Behrendt, Stephen D.: *The Transatlantic Slave Trade: A History*. University of Nebraska Press 2005.

Raynal, Guillaume-Thomas: *Histoire philosophique et politique des établissemens et du commerce des Européens dans les deux Indes. Tome sixième*. Genève: Pellet ³1781.

Raynal, Guillaume-Thomas: *Histoire philosophique et politique des établissements & du commerce des Européens dans les deux Indes. Édition critique. Tome 1 [Livres I à V]*. Ferney-Voltaire: Centre international d'Étude du XVIIIe siècle 2010.

Raynal, Guillaume-Thomas/Diderot, Denis: *Die Geschichte beider Indien*. Ausgewählt und erläutert von Hans-Jürgen Lüsebrink. Nördlingen: Greno 1988 (Die Andere Bibliothek).

Rebling, Gaby: *Oskar trifft Alexander von Humboldt*. Dortmund: Aktive Musik 2009.

Rebok, Sandra: *Alexander von Humboldt und Spanien im 19. Jahrhundert: Analyse eines wechselseitigen Wahrnehmungsprozesses*. Frankfurt am Main: Vervuert 2006 (Editionen der Iberoamericana: Serie C, Geschichte und Gesellschaft, 11).

Reich, David/Patterson, Nick u. a.: Reconstructing Native American population history. In: *Nature* (2012) H. 488, S. 370–374.

Reich, Karin: Alexander von Humboldt und Carl Friedrich Gauß als Wegbereiter der neuen Disziplin Erdmagnetismus. In: *HiN – Internationale Zeitschrift für Humboldt-Studien* 12 (2011) H. 22, S. 35–55. <http://www.hin-online.de>

Reich, Karin: Sternschnuppen und Erdmagnetismus – ein von Alexander von Humboldt und Carl Friedrich Gauß während der Universitätsfeierlichkeiten in Göttingen im September 1837 initiiertes Projekt. In: *HiN – Internationale Zeitschrift für Humboldt-Studien* 12 (2011) H. 23, S. 41–67. <http://www.hin-online.de>

Rey, Alain (Hg.): *Dictionnaire historique de la langue française. Tome 2, M–Z*. Paris: Dictionnaires le Robert 1992.

Richter, Thomas: *Alexander von Humboldt: Ansichten der Natur. Naturforschung zwischen Poetik und Wissenschaft*. Tübingen: Stauffenburg 2009 (Stauffenburg Colloquium, 67).

Rinke, Stefan: *Revolutionen in Lateinamerika. Wege in die Unabhängigkeit 1760–1830*. München: C.H. Beck 2010.

Robic, Marie-Claire: Introduction. In: Robic, Marie-Claire (Hg.): *Le 'Tableau de la géographie de la France' de Paul Vidal de la Blache. Dans le labyrinthe des formes*. Paris: Éd. du CTHS 2000 (Mémoire de la section de géographie physique et humaine, 20), S. 7–17.

Röhlig, Marc: Humboldts letzte Rätsel lösen. Wie die Sammlung des Berliner Naturkundemuseums zum Computerspiel wird. In: *Der Tagesspiegel* (28. 3. 2014), S. 25.

Rosen, Charles: *The Romantic Generation*. Cambridge: Harvard University Press 1998.

Roussanova, Elena: Russland ist seit jeher das gelobte Land für Magnetismus gewesen: Alexander von Humboldt, Carl Friedrich Gauß und die Erforschung des Erdmagnetismus in Russland. In: *HiN – Internationale Zeitschrift für Humboldt-Studien* 12 (2011) H. 22, S. 56–83. <http://www.hin-online.de>

Rousseau, Jean: August-Ludwig von Schlözer: un chaînon manquant dans la genèse de la théorie linguistique de Wilhelm von Humboldt. In: Tintemann, Ute/Trabant, Jürgen (Hg.): *Sprache und Sprachen in Berlin um 1800*. Hannover: Wehrhahn 2004 (Berliner Klassik. Eine Großstadtkultur um 1800, 3), S. 138–149.

Rupke, Nicolaas A.: *Alexander von Humboldt. A Metabiography*. Frankfurt am Main, Berlin, Bern u. a.: Peter Lang 2005.

Saage, Richard: August Ludwig Schlözer als politischer Theoretiker. In: Herrlitz, Hans-Georg/ Kern, Horst (Hg.): *Anfänge Göttinger Sozialwissenschaft. Methoden, Inhalte und soziale Prozesse im 18. und 19. Jahrhundert*. Göttingen: Vandenhoeck & Ruprecht 1987 (Göttinger Universitätsschriften: Ser. A, Schriften, 4), S. 13–54.

Sachs, Aaron Jacob: The Ultimate «Other»: Post-Colonialism and Alexander Von Humboldt's Ecological Relationship with Nature. In: *History and Theory* 42 (2003) H. 4, S. 111–135.

Sánchez Díaz, Gerardo: La estancia y recorridos de Alexander von Humboldt en la Nueva España. In: Humboldt, Alexander von: *Tablas Geográfico-Políticas de la Nueva España.* Estudio introductorio de Gerardo Sánchez Díaz. Transcripción y notas de J. Ricardo Aguilar González. Morelia: UMSNH, Instituto de Investigaciones Históricas 2005, S. 11–40.

Schabacher, Gabriele: *Topik der Referenz. Theorie der Autobiographie, die Funktion 'Gattung' und Roland Barthes'* Über mich selbst. Würzburg: Königshausen & Neumann 2007 (Studien zur Kulturpoetik, 7).

Schärf, Christian: Essay. In: Lamping, Dieter (Hg.): *Handbuch der literarischen Gattungen.* Stuttgart: Alfred Kröner Verlag 2009, S. 224–233.

Schick, Rolf: *Erdbeben und Vulkane.* München: C.H. Beck 1997 (Wissen, 2062).

Schlegel, Friedrich von: *Kritische Friedrich-Schlegel-Ausgabe. Abteilung 2: Schriften aus dem Nachlaß. [Bd. 6]: Philosophische Lehrjahre; 1796–1806; nebst philosophischen Manuskripten aus den Jahren 1796–1828. Band 18.* Herausgegeben von Ernst Behler. Paderborn: Schöningh 1963.

Schlögel, Karl: *Im Raume lesen wir die Zeit. Über Zivilisationsgeschichte und Geopolitik.* Frankfurt am Main: Fischer [3]2009 [2003].

Schlözer, Kurd von: *Jugendbriefe 1841–1856.* Herausgegeben von Leopold von Schlözer. Stuttgart, Berlin: Deutsche Verlagsanstalt 1920.

Schmauks, Dagmar: Ikon/Ikonizität. In: Nünning, Ansgar (Hg.): *Metzler-Lexikon Literatur- und Kulturtheorie. Ansätze – Personen – Grundbegriffe.* 4., aktualisierte und erweiterte Auflage. Stuttgart: J. B. Metzler 2008, S. 309–310.

Schmidt-Biggemann, Wilhelm: *Topica Universalis. Eine Modellgeschichte humanistischer und barocker Wissenschaft.* Hamburg: Felix Meiner 1983 (Paradeigmata, 1).

Schneider, Birgit: Berglinien im Vergleich. Bemerkungen zu einem klimageografischen Diagramm Alexander von Humboldts. In: *HiN – Internationale Zeitschrift für Humboldt-Studien* XIV (2013) H. 26, S. 26–43. <http://www.hin-online.de>

Schneider, Ivo: Mathematisierung des Wahrscheinlichen und Anwendung auf Massenphänomene im 17. und 18. Jahrhundert. In: Rassem, Mohammed (Hg.): *Statistik und Staatsbeschreibung in der Neuzeit. Vornehmlich im 16.–18. Jahrhundert. Bericht über ein interdisziplinäres Symposion in Wolfenbüttel, 25.–27. September 1978.* Paderborn: Schöningh 1980 (Quellen und Abhandlungen zur Geschichte der Staatsbeschreibung und Statistik, 1), S. 53–73.

Schneider, Ute: *Die Macht der Karten. Eine Geschichte der Kartographie vom Mittelalter bis heute.* Sonderausgabe. 2., überarbeitete Auflage. Darmstadt: Primus 2006.

Schoenwaldt, Peter: Alexander von Humboldt und die Vereinigten Staaten von Amerika. In: Pfeiffer, Heinrich (Hg.): *Alexander von Humboldt. Werk und Weltgeltung.* München: Piper 1969, S. 431–482.

Schuchardt, Gregor: *Fakt, Ideologie, System. Die Geschichte der ostdeutschen Alexander von Humboldt-Forschung.* Stuttgart: Franz Steiner Verlag 2010 (Boethius. Texte und Abhandlungen zur Geschichte der Mathematik und der Naturwissenschaften, 63).

Schulz, Heinz: Alexander von Humboldt und Leopold von Buch, zwei befreundete Freiberger Naturforscher – frühe Wanderungen und Untersuchungen in den Alpen und angrenzenden Vulkangebieten im Zeitraum 1795–1805. Verlauf und Aspekte. In: Leitner, Ulrike/Mikosch, Regina u. a. (Hg.): *Studia Fribergensia. Alexander-von-Humboldt-*

Kolloquium Freiberg 1991. Berlin: Akademie Verlag 1994 (Beiträge zur Alexander-von-Humboldt-Forschung, 18), S. 271–280.

Schwarz, Ingo: Alexander von Humboldt Chronologie. Basierend auf *Alexander von Humboldt. Chronologische Übersicht über wichtige Daten seines Lebens*. Bearbeitet von Kurt-R. Biermann, Ilse Jahn und Fritz G. Lange. <http://avh.bbaw.de/chronologie>

Schwarz, Ingo: Einführung. In: Humboldt, Alexander von: *Alexander von Humboldt und die Vereinigten Staaten von Amerika. Briefwechsel*. Herausgegeben von Ingo Schwarz. Berlin: Akademie Verlag 2004 (Beiträge zur Alexander-von-Humboldt-Forschung, 19), S. 11–65.

Schwarz, Ingo: Einführung. In: Humboldt, Alexander von/Spiker, Samuel Heinrich: *Briefwechsel*. Herausgegeben von Schwarz, Ingo unter Mitarbeit von Eberhard Knobloch. Berlin: Akademie Verlag 2007 (Beiträge zur Alexander-von-Humboldt-Forschung, 27), S. 11–27.

Schwarz, Ingo: «Humbug und Taktlosigkeit» oder «ein anlockendes Aushängeschild». Alexander von Humboldt als Held einer Novelle – 1858. In: *HiN – Internationale Zeitschrift für Humboldt-Studien* 8 (2007) H. 14, S. 74–79. <http://www.hin-online.de>

Sicard, [Roch-Ambroise Cucurron]: An den Erfinder der Pasigraphie. In: Maimieux, Joseph de: *Pasigraphie. Anfangsgründe der neuen Kunstwissenschaft in einer Sprache alles so zu schreiben und zu drucken, dass es in jeder andern ohne Übersetzung gelesen und verstanden werden kann*. Erste Ausgabe, die, wie die französische, Originalausgabe ist [sic]. Paris: Bureau der Pasigraphie 1797.

Solís Olguín, Felipe: Family histories: the ancestors of Moctezuma II. In: McEwan, Colin/ López Luján, Leonardo (Hg.): *Moctezuma. Aztec Ruler*. London: British Museum Press 2009, S. 24–39.

Steudtner, Robert: *Alexander von Humboldt. Bis ans Ende der Welt*. Feature-Hörspiel mit Originaltönen und Musik. Köln: Headroom 2011.

Stevens-Middleton, Rayfried Lionel: *La obra de Alexander von Humboldt en Mexico*. Obra publicada en colaboración con el [sic] Sociedad Mexicana de Geografía y Estadística. México, D.F.: Instituto Panamericano de Geografía e Historia 1956 (Publicación No. 202).

Stichweh, Rudolf: *Zur Entstehung des modernen Systems wissenschaftlicher Disziplinen. Physik in Deutschland 1740–1890*. Frankfurt am Main: Suhrkamp 1984.

Stierle, Karlheinz: Baudelaires »Tableaux parisiens« und die Tradition des »tableau de Paris«. In: *Poetica* 6 (1974) H. 1, S. 285–322.

Suchlicki, Jaime: *Historical Dictionary of Cuba*. Second edition. Lanham, London: The Scarecrow Press 2001 (Latin American Historical Dictionaries, 27).

Terra, Helmut de: Alexander von Humboldt's Correspondence with Jefferson, Madison, and Gallatin. In: *Proceedings of the American Philosophical Society* 103 (1959) H. 6, S. 783–806.

Texas State Historical Association (Hg.): *Handbook of Texas Online* 1999. <https://www.tshaonline.org/handbook>

Thomas, Hugh: *Cuba or The Pursuit of Freedom*. New York: Da Capo Press 1998.

Thrasher, John S.: Preliminary Essay. In: Humboldt, Alexander von: *The Island of Cuba*. Translated from the Spanish, with Notes and a Preliminary Essay by J, S. Thrasher. New York: Derby & Jackson 1856, S. 13–95.

Thrasher, John S.: Humboldt and Thrasher in Cuba. To the Editor of the Herald. In: *The New York Herald* (17. 8. 1856), S. 2, col. E.

Thrasher, John S.: *Preliminary Essay on the Purchase of Cuba*. New York: Derby & Jackson 1859.

Torres-Cuevas, Eduardo: José Antonio Saco: «El nacionalista sin nación». In: Torres-Cuevas, Eduardo (Hg.): *Historia del pensamiento cubano. Vol.1, Tomo 2: Del liberalismo esclavista al liberalismo abolicionista*. Compilación introducciones, presentaciones y notas por Eduardo Torres-Cuevas. La Habana: Ed. de Ciencias Sociales 2006, S. 16–50.

Torres-Cuevas, Eduardo: José Antonio Saco: La Polémica Económica. Introducción. Imitar o crear, dilema de la elección. In: Torres-Cuevas, Eduardo (Hg.): *Historia del pensamiento cubano. Vol. 1, Tomo 2: Del liberalismo esclavista al liberalismo abolicionista*. Compilación introducciones, presentaciones y notas por Eduardo Torres-Cuevas. La Habana: Ed. de Ciencias Sociales 2006, S. 249–279.

Trabulse, Elías: *El círculo roto. Estudios históricos sobre la ciencia en México*. México, D.F.: Fondo de Cultura Económica [3]1996 [1984].

Trabulse, Elías: El destino de un manuscrito. Estudio preliminar. In: Humboldt, Alexander von: *Tablas geográficas políticas del Reyno de Nueva España*. Acompañadas de: Correspondencia mexicana, 1803–1854. Diario de viaje (de Acapulco a Veracruz). Introducción a la pasigrafía geológica. México, D.F.: siglo veintiuno editores 2003. S. 9–22.

Treude, Linda/Freyberg, Sascha: Diagrammatik und Wissensorganisation. In: *LIBREAS. Library Ideas* 8 (2012) 2 (21), S. 3–15.

Troll, Carl: Die Lebensformen der Pflanzen. Alexander von Humboldts Ideen in der ökologischen Sicht von heute. In: Pfeiffer, Heinrich (Hg.): *Alexander von Humboldt. Werk und Weltgeltung*. München: Piper 1969, S. 197–246.

Valentin, Jean-Marie: Alexander von Humboldt – une icône du monde globalisé? In: *Études germaniques* 66 (2011) Janvier–mars, 1, S. 11–20.

van Geuns, Jan: *Tagebuch einer Reise mit Alexander von Humboldt durch Hessen, die Pfalz, längs des Rheins und durch Westfalen im Herbst 1789*. Bearbeitete Hörbuchfassung. Bochum: tacheles! 2011.

Voltaire [François-Marie Arouet]: *Oeuvres complètes. Nouvelle édition. Correspondance XVII (Années 1774–1776, No. 9092–9750)*. Herausgegeben von Louis Moland. Paris: Garnier Frères 1882.

Vossler, Karl: *Die Dichtungsformen der Romanen*. Herausgegeben von Andreas Bauer. Stuttgart: K. F. Koehler 1951.

Walls, Laura Dassow: Rediscovering Humboldt's Environmental Revolution. In: *Environmental History* 10 (2005) H. 4, S. p 758–760.

Walls, Laura Dassow: *The Passage to Cosmos. Alexander von Humboldt and the Shaping of America*. Chicago, London: The University of Chicago Press 2009.

Walton, Craig: Ramus and Bacon on Method. In: *Journal of the History of Philosophy* 9 (1971) H. 3, S. 289–302.

Weigel, Sigrid: Editorial. In: *Trajekte. Zeitschrift des Zentrums für Literatur- und Kulturforschung* 9 (2008) H. 16.

Weigl, Engelhard: Wald und Klima: ein Mythos aus dem 19. Jahrhundert. In: *HiN – Internationale Zeitschrift für Humboldt-Studien* 5 (2004) H. 9, S. 80–99. <http://www.hin-online.de>

Weiner, Richard: La riqueza legendaria de México: lectura selectiva del legado del *Ensayo político* de Humboldt. In: Covarrubias, José Enrique/Souto Mantecón, Matilde (Hg.): *Economía, ciencia y política. Estudios sobre Alexander von Humboldt a 200 años del* Ensayo político sobre el reino de la Nueva España. México, D.F.: Instituto Mora, Instituto de Investigaciones Históricas (UNAM) 2012, S. 261–291.

Werner, Petra: Übereinstimmung oder Gegensatz? Zum widersprüchlichen Verhältnis zwischen A. v. Humboldt und F. W. J. Schelling. In: *HiN – Internationale Zeitschrift für Humboldt-Studien* 1 (2000) H. 1, o. S. <http://www.hin-online.de>

Werner, Petra: *Himmel und Erde. Alexander von Humboldt und sein Kosmos*. Berlin: Akademie Verlag 2004 (Beiträge zur Alexander-von-Humboldt-Forschung, 24).

Werner, Petra: Himmelsblau. Bemerkungen zum Thema «Farben» in Humboldts Alterswerk *Kosmos. Entwurf einer physischen Weltbeschreibung*. In: *HiN – Internationale Zeitschrift für Humboldt-Studien* 7 (2006) H. 12, S. 83–96. <http://www.hin-online.de>

Werner, Petra: Grenzüberschreitungen. Humboldt zwischen Wissenschaft und Kunst. In: Kästner, Ingrid/Kiefer, Jürgen (Hg.): *Universitäten und Akademien. Beiträge der Tagung vom 19. und 20. Juni 2009 an der Akademie Gemeinnütziger Wissenschaften zu Erfurt*. Aachen: Shaker 2010 (Europäische Wissenschaftsbeziehungen, 2), S. 225–250.

Whitehead, Alfred North: *Wissenschaft und moderne Welt*. Übersetzt von Hans Günter Holl. Frankfurt a. M.: Suhrkamp 1984 [1925] (suhrkamp taschenbuch wissenschaft, 753).

Wolfzettel, Friedrich: Zum Problem mythischer Strukturen im Reisebericht. In: *Reiseberichte und mythische Struktur. Romanistische Aufsätze 1983–2003*. Stuttgart: Franz Steiner Verlag 2003, S. 11–38.

Woodward, David/Lewis, G. Malcolm: Introduction. In: Woodward, David/Lewis, G. Malcolm (Hg.): *The history of cartography. Vol. 2, Book 3: Cartography in the traditional African, American, Arctic, Australian, and Pacific societies*. Chicago, London: Chicago University Press 1998, S. 1–10.

Wulff, Matthias: Ein Jahrhundertcoup. Alexander von Humboldts Reisetagebücher werden der Öffentlichkeit gezeigt. In: *Die Welt kompakt* (5. 3. 2014). <http://www.welt.de>

Zeitlin, Robert N./Zeitlin, Judith Francis: The Paleoindian and Archaic Cultures of Mesoamerica. In: Adams, Richard E. W./MacLeod, Murdo J. (Hg.): *The Cambridge History of the Native Peoples of the Americas. Volume II: Mesoamerica. Part 1*. Cambridge: Cambridge University Press 2000, S. 45–121.

Zeller, Joachim: *Bilderschule der Herrenmenschen. Koloniale Reklamesammelbilder*. Berlin: Ch. Links 2008 (Geschichte in Bild und Text).

Zeuske, Michael: Humboldt, Historismus, Humboldteanisierung. Der «Geschichtsschreiber von Amerika», die Massensklaverei und die Globalisierungen der Welt. In: *HiN – Internationale Zeitschrift für Humboldt-Studien* 2 (2001) H. 3, o. S. <http://www.hin-online.de>

Zeuske, Michael: Humboldt, Historismus, Humboldteanisierung. Der «Geschichtsschreiber von Amerika», die Massensklaverei und die Globalisierungen der Welt. (Fortsetzung von HiN 3). In: *HiN – Internationale Zeitschrift für Humboldt-Studien* 3 (2002) H. 4, o. S. <http://www.hin-online.de>

Zeuske, Michael: Comparando el Caribe: Alexander Humboldt, Saint-Domingue y los comienzos de la comparación de la esclavitud en las Américas. In: *Estudos Afro-Asiáticos* 26 (2004) H. 2, S. 381–416.

Zeuske, Michael: Alexander von Humboldt y la comparación de las esclavitudes en las Américas. In: *HiN – Internationale Zeitschrift für Humboldt-Studien* 6 (2005) H. 11, S. 65–89. <http://www.hin-online.de>

Zeuske, Michael: Arango y Humboldt/Humboldt y Arango. Ensayos científicos sobre la esclavitud. In: González-Ripoll, María Dolores/Álvaerz Cuartero, Izaskun (Hg.): *Francisco de Arango y la invención de la Cuba azucarera*. Salamanca: Ediciones de la Universidad de Salamanca 2009 (Aquilafuente, 158), S. 245–260.

Zeuske, Michael: Humboldt en Cuba, 1800/1801 y 1804 – Huellas de un enigma. In: *HiN – Internationale Zeitschrift für Humboldt-Studien* 11 (2010) H. 20, S. 7–19. <http://www.hin-online.de>

Zeuske, Michael/Zeuske, Max: *Kuba 1492–1902. Kolonialgeschichte, Unabhängigkeitskriege und erste Okkupation durch die USA*. Leipzig: Leipziger Universitätsverlag 1998.

11.4 Personenregister

FSC
www.fsc.org
MIX
Papier | Fördert
gute Waldnutzung
FSC® C083411

Kolibri 360 GmbH
Ferdinand-Jühlke-Straße 7
99095 Erfurt, Deutschland
produktsicherheit@kolibri360.de